IDL程序设计

——数据可视化与 ENVI 二次开发

IDL Chengxu Sheji ——Shuju Keshihua yu ENVI Erci Kaifa

董彦卿　编著

高等教育出版社·北京
HIGHER EDUCATION PRESS　BEIJING

内容简介

本书根据学习编程语言的特点，首先介绍了IDL的编写环境、代码的编写优化与调试、语法和控制基础、输入与输出等基础内容；然后针对IDL的快速、高效可视化特点介绍了直接图形法、对象图形法、快速可视化、智能化编程、界面程序与事件处理、图像处理与分析等内容；对IDL中的数学与统计分析、数据库、小波与信号处理和医学应用等内容进行了描述；最后讲述了IDL与其他语言的混合编程调用和ENVI二次开发。

本书可以作为高校地理信息系统、遥感、计算机、图形图像处理及相关专业本科生和研究生的实验教材，也可以作为计算机软件开发人员的工具书。

图书在版编目(CIP)数据

IDL程序设计：数据可视化与ENVI二次开发/董彦卿编著.—北京：高等教育出版社，2012.9（2014.3重印）

ISBN 978-7-04-035497-3

Ⅰ.①I… Ⅱ.①董… Ⅲ.①软件工具-程序设计-高等学校-教材 Ⅳ.①TP311.56

中国版本图书馆CIP数据核字（2012）第184327号

策划编辑 关 焱　　责任编辑 关 焱　　封面设计 李卫青　　版式设计 余 杨
责任校对 杨雪莲　　责任印制 韩 刚

出版发行 高等教育出版社
社　　址 北京市西城区德外大街4号
邮政编码 100120
印　　刷 涿州市星河印刷有限公司
开　　本 787mm×1092mm 1/16
印　　张 30.5
字　　数 740千字
购书热线 010-58581118
咨询电话 400-810-0598
网　　址 http://www.hep.edu.cn
　　　　 http://www.hep.com.cn
网上订购 http://www.landraco.com
　　　　 http://www.landraco.com.cn
版　　次 2012年9月第1版
印　　次 2014年3月第2次印刷
定　　价 86.00元（含光盘）

物 料 号 35497-00

前　言

交互式数据语言——IDL（Interactive Data Language）是一门适用于应用程序开发特别是可视化分析应用的编程语言，它功能强大，简单易学。作为第四代语法简单、面向矩阵运算的计算机语言，IDL 拥有图像处理、交互式二维和三维图形技术、面向对象编程方式、OpenGL 硬件加速、复杂数据可视化表达、集成数学统计与分析软件包、信号分析、跨平台应用开发（Windows、Unix、Linux 和 Macintosh 等）和兼容 ODBC 数据库以及方便地与其他常用语言相互调用等功能。

自 1977 年发布以来，IDL 在地球科学（包括气象、水文、海洋、土壤和地质等）、医学影像、图像处理、地理信息系统、软件开发、测试、天文、航空航天、信号处理、防御工程、数学统计与分析和环境工程等领域，得到了广泛而深入的应用。例如，美国国家航空航天局（NASA）在太空飞船中使用 IDL 研究紫外线放射现象，利用 IDL 编写应用系统来辅助监测海洋和大气；生物专家利用 IDL 开发的 MRIViewer 可用于观察人大脑的核磁共振图；地理学家使用 IDL 开发了 World Topography Viewer 来实现 DEM 构建和飞行观察等功能。1994 年，使用 IDL 语言编写的遥感软件 ENVI 正式发布。ENVI 具有完整、丰富的遥感图像处理功能，并提供完善的 IDL 二次开发函数接口。1998 年，IDL 被誉为 NASA 最近 40 年来的“里程碑技术”。

笔者从 2007 年开始接触 IDL，由于 IDL 相关教材极少，遇到每一个小问题都需要仔细翻看帮助文档、编写测试代码或与他人探讨分析，学习起来非常困难。随着对 IDL 的熟悉和使用的深入，笔者有了编写一本详细而且实用的教材的想法。

本书内容以 IDL 8.2 的基本知识点和应用为主线，综合笔者在学习和使用 IDL 中的心得，结合 IDL 培训过程中的素材以及学员的反馈信息，分析了常见错误。同时，对 IDL 中直接图形法中的常用函数、对象图形法中的对象类、数学与统计扩展函数以及 ENVI 二次开发函数等进行了归纳列表。

全书共 20 章，分为三大部分：第 1～12 章是 IDL 语言的基础部分，介绍了 IDL 语言的编程环境、代码编写方式、基础语法、数据输入与输出、直接图形法、对象图形法、快速可视化与智能化编程工具、界面构建与事件处理以及图像处理与分析等基础内容；第 13～18 章介绍了 IDL 中的数学分析函数库、数据库、小波分析、信号处理、医学应用以及混合编程等扩展应用内容；第 19 章和第 20 章则重点介绍了遥感图像处理软件 ENVI 的功能扩展与二次开发。

在读者学习本书中的示例代码时，可以手工输入，也可以使用随书附赠实验数据光盘中的示例代码文件。示例代码中，“;”为注释符，即当前行中“;”后面的内容均为注释；“$”为续行符，即“$”后面的代码需要与当前行代码一起执行。若代码前为“IDL >”，则代码是在 IDL 下运行的；若为“ENVI >”，则需要在 ENVI + IDL 环境下运行。

实验数据光盘中除了包含本书中所有示例源代码之外，还提供了一些完整的应用程序源码，便于读者进一步学习和拓展 IDL 编程思路。

感谢 Esri 中国信息技术有限公司遥感事业部陈秋锦女士、邓书斌先生和徐恩惠女士在本书的编写和出版过程中给予的支持、鼓励和帮助。在深入学习和研究 ENVI/IDL 中，感谢陈刚、胡显志、屈新原、杨鹤松和李晶晶等人给予的帮助。最后，感谢我的家人在生活上的全力支持。

鉴于作者水平有限，错误之处在所难免，欢迎各位读者批评指正，以进一步提高本书质量。

作 者

2012 年 6 月

目　录

第1章 IDL简介

交互式数据语言——IDL（Interactive Data Language）是美国ExelisVis（原ITTVis）公司的产品，它是进行应用程序开发、科学数据分析与可视化表达的理想工具。

IDL是基于矩阵运算的计算机语言，它语法简单，自带大量的功能函数，用很少的几行代码就能实现其他语言很难实现的功能。利用IDL可以快速地进行科学数据读写、三维数据可视化、数值计算和三维图形建模等。IDL可以应用在地球科学（包括气象、水文、海洋、土壤和地质等）、医学影像、图像处理、GIS系统、软件开发、测试、天文、航空航天、信号处理、防御工程、数学统计与分析以及环境工程等领域。

ExelisVis公司于2012年5月推出了当前最新的IDL 8.2及其系列产品，本书主要介绍Windows操作系统平台下IDL的使用。

1.1 IDL的特点

IDL语法简单，拥有灵活的数据读取和分析、复杂数据的可视化表达和完善的信号分析功能，集成了图形用户界面工具包、数学分析与统计软件包、与ODBC兼容的数据连接工具包，支持交互式二维和三维可视化技术、OpenGL硬件图形加速技术以及跨平台大型应用开发等。主要特点简要介绍如下。

1. 语法简单

IDL是第四代计算机语言，自身的语法与其他常用语言有着很多相通之处，简单易学，容易上手。用户利用内建的数据可视化和分析函数以及成熟完备的开发环境（IDL工作台）可进行科学数据分析和应用程序开发。

2. 支持丰富的数据格式

IDL提供了大量的数据读写工具，支持常见数据格式的直接读写，如通用图像数据格式（BMP、DCM、JPEG、JPEG2000、GIF、PNG、TIFF/GeoTIFF等；图1.1），支持在NASA和NOAA（美国国家海洋和大气管理局）等机构中大量使用的HDF、HDF5、CDF、HDF-EOS和NCDF等科学数据格式，以及常见的ASCII、Binary、DXF、Shapefile、VRML、WAV、XML、GRIB和DICOM等格式。

3. 强大的数据分析功能

IDL集成了数学分析和统计软件包，包括工业标准的数学模型算法、内部函数和IMSL（国际数学/统计学）函数库，能够支持强大、复杂的科学计算（图1.2）。内置的函数和程序考虑到处理大量数据的情况，采用了多进程设计，在多处理器系统上能够充分发挥多处理器效能，提高处理速度。

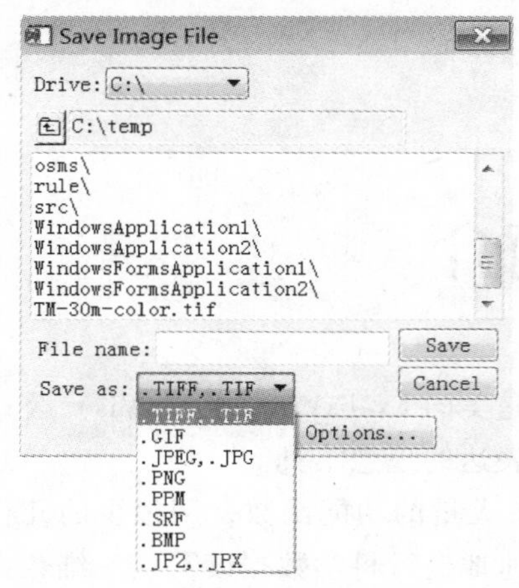

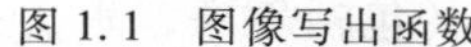

图 1.1　图像写出函数

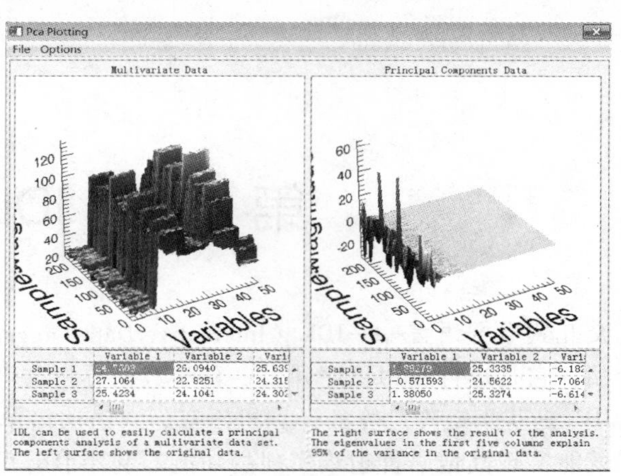

图 1.2　主成分分析

4. 自带小波工具箱

IDL 中的小波工具箱包含了小波可视化工具包和小波变换工具（图 1.3）。小波分析是流行的数据处理和图像分析技术。利用小波函数可以将一幅图像的能量信号分解为功能的空间维数（或时间）和小波尺度（或频率）。很多领域都会用到小波变换，如地球物理（地震事件）、医学（心电图和医学影像学）、天文（图像处理）和计算机科学（物体识别和图像压缩）等。

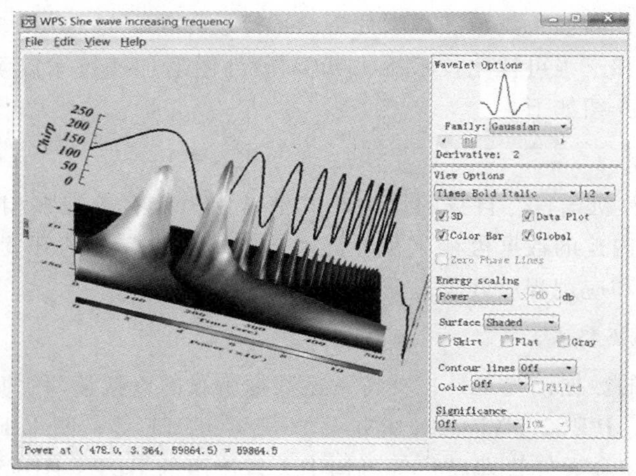

图 1.3　IDL 小波分析工具（IDL Wavelet Toolkit）

5. 多样的可视化功能

IDL 提供了大量可视化工具，如绘制二维图形、二维图像、三维表面、三维体、等值线图和投影地图等，用户只需一条语句就能够对数据进行可视化表达。从简单的二维绘图、多维绘图、图像显示和动画，到利用 OpenGL 硬件加速功能进行交互式的三维图形浏览、GPU 渲染以及多处理器快速进行体数据渲染，使用 IDL 可以获得丰富的可视化效果。

为了更方便地进行数据的分析和可视化，IDL 自 8.0 版本起增加了快速绘图函数，它整合了对象图形法和直接图形法的优点，可以快速绘制出高质量的图形。

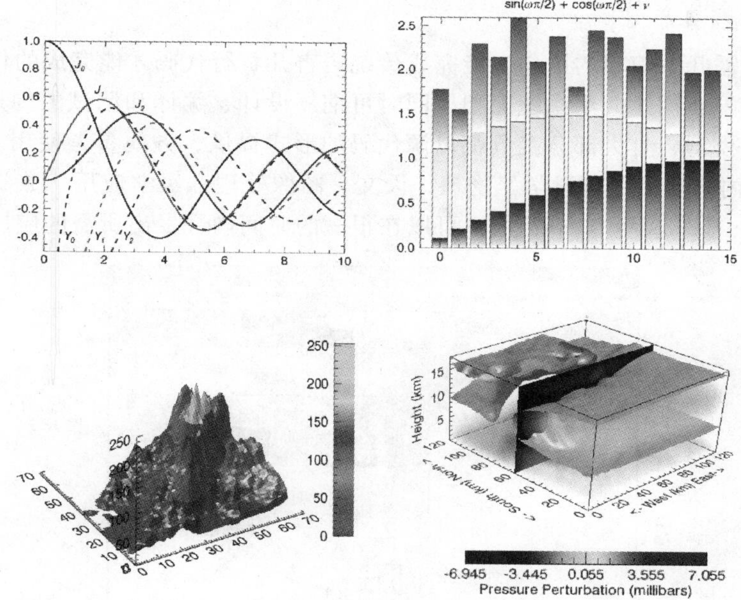

图 1.4　多样的可视化

IDL 提供了智能化工具（iTools），用户不需要编写任何代码就能拥有可视化能力。iTools 基于 IDL 对象图形系统，是结合数据分析和可视化功能的一系列预建的交互式高质量图形显示工具，既可以用于大型的程序开发，也可以独立地作为一套完整的应用程序使用。

6. 地图工具

IDL 提供了 30 多种投影类型的地图转换功能，同时支持自定义投影。这使得 IDL 在处理遥感图像或带坐标的数据时更加方便。利用 iTools 智能工具还可以交互式地显示具有地理信息的图像和等高线数据。

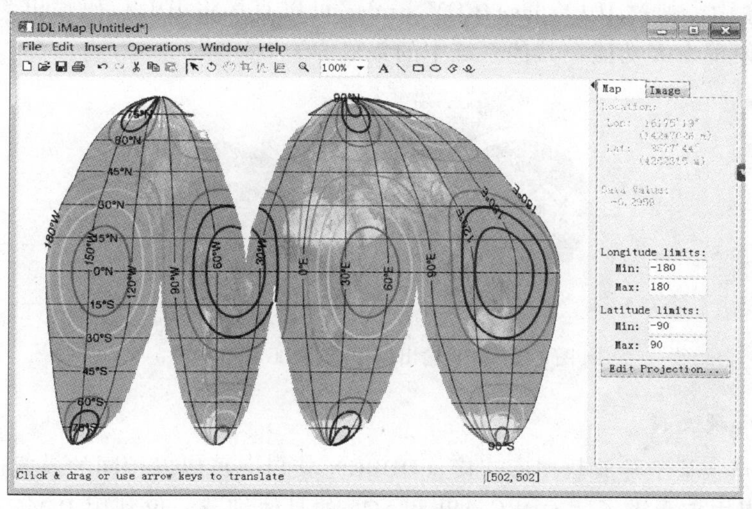

图 1.5　iMap 中的 Interrupted Goode 投影

7. 快速构建项目原型

在 IDL 中只需几条简单的语句就能完成传统语言几百行代码才能完成的任务，从而可快速实现可视化效果或构建应用系统原型，同时可缩短设计、编译和测试的周期。IDL 内置了大量算法和应用模型，且大部分工具都以源代码的形式提供，方便参考使用。同时，IDL 自带的 Demo 程序内容涵盖地球科学、物理、天文、图像处理、医学应用、数学和统计分析等领域（图 1.6）。基于这些 Demo，用户可以在很短的时间内开发出所需的应用程序。

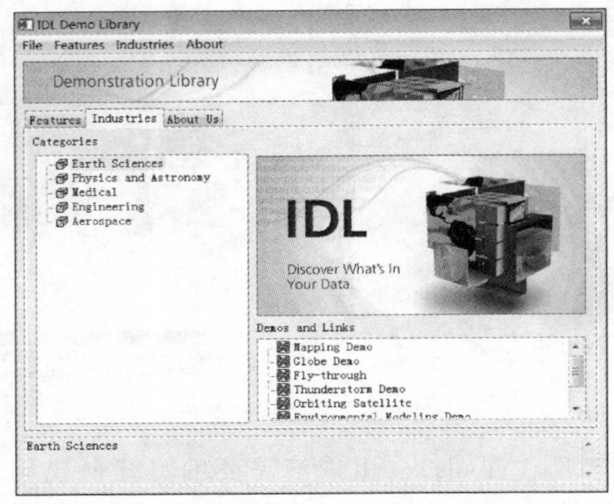

图 1.6　丰富的 Demo

8. 灵活的外部语言接口

IDL 支持动态模块加载（DLM）方式的功能扩展，具备调用 Windows 的控件、Java 代码和 DLL 等功能。利用这些方式可以方便地扩展 IDL 的功能。

利用 IDL 的 ActiveX 技术可以将 IDL 图形图像功能嵌入 VB、VC ++ 、DotNet 等常用语言编写的应用程序中。通过 IDL - Java/COM Bridge 可以直接将 IDL 代码输出为 Java 类对象或 COM 组件，方便了 IDL 功能在其他系统中的集成。

图 1.7　IDL 输出助手支持 Java 和 COM

9. 数据库管理支持

IDL DataMiner 基于开放数据库连接（ODBC）接口，可以以相同的模式连接到不同的数据提供者，使得用户无需了解 ODBC API 和 SQL 的具体细节，仅利用 DataMiner 即可完成对数据库的大部分操作。

10. 医学解决方案

IDL DICOM Network Services 模块是 IDL 医学解决方案的核心，它提供了查询、获取和分发/存储远程 DICOM 文件的能力，使 IDL 与医学影像工作处理流程有机地集成到一起。

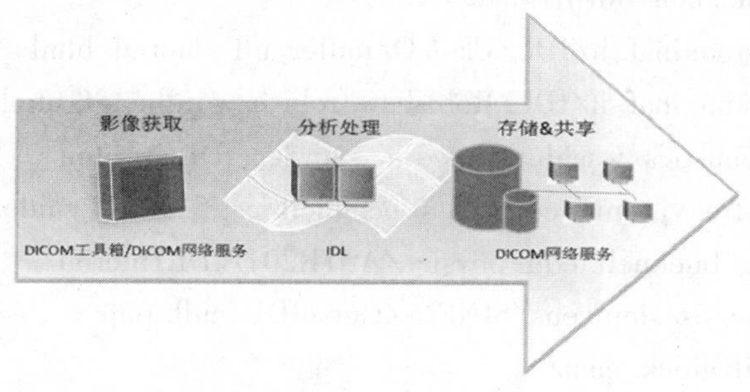

图 1.8 医学影像解决方案

11. 跨平台开发和部署

IDL 支持 Windows、UNIX、Macintosh、Linux 等多种操作平台，代码可以“一次编写，多处运行”，消除了对计算机硬件的依赖性。这种特性使得 IDL 开发在多系统平台环境下的应用程序变得容易，实现了跨平台的程序共享。

IDL 语言支持免费的虚拟机（IDL Virtual Machine）和 IDL Runtime 两种方式发布部署，可根据实际应用需求灵活地部署 IDL 应用程序。

1.2 IDL 学习资源

学习 IDL，可以利用软件帮助、网络视频教程以及其他网上资源。

1. 软件帮助

IDL 的帮助包括帮助搜索系统和独立帮助文档。要启动帮助搜索系统可以单击安装程序菜单或工作台中的帮助菜单。在 IDL 8. * 安装子目录“ * \IDL\IDL8 * \help\pdf”中的“Using IDL”系列文档中也包含了丰富的学习资源。

2. ExelisVis 网站资源

ExelisVis 网站上有着丰富的资料，包含功能介绍、软件操作、解决方案以及用户使用心得。例如，主页中的 User Community - Code Library 提供了一个供 ENVI/IDL 爱好者进行技术交流和资源分享的平台，具有丰富的 IDL 代码和 ENVI 扩展供免费下载。

3. Esri 中国信息技术有限公司资源

通过 ENVI/IDL 中文网站（http://www. esrichina. com. cn），可以获得最新的产品和技术文档以及市场活动信息。

通过官方技术交流论坛（http://bbs. esrichina-bj. cn）中的 ENVI/IDL 板块，能够与各地的 ENVI/IDL 爱好者分享各种资源。

此外，还可以通过以下网站获取学习资源：

- http: //dfanning. com
- http: //fermi. jhuapl. edu/s1r/idl/s1rlib/local_idl. html

- http：//idlastro. gsfc. nasa. gov/homepage. html
- http：//idl. tamu. edu/Home. html#
- http：//michaelgalloy. com/
- http：//objectmix. com/idl-pvwave/
- http：//ross. iasfbo. inaf. it/IDL/US-VO/miller_idl_tutorial. html
- http：//ross. iasfbo. inaf. it/IDL/Robishaw/robishaw_idlnotes. html
- http：//www. acoustics. washington. edu/ ~ towler/IDLviz. html
- http：//www. astro. virginia. edu/class/oconnell/astr511/IDLguide. html
- http：//www. eg. bucknell. edu/physics/ASTR201/IDLTutorial/
- http：//www. iac. es/sieinvens/SINFIN/CursoIDL/cidl. php
- http：//www. kilvarock. com/
- http：//www. metvis. com. au/idl/index. html#
- http：//www. ncnr. nist. gov/staff/dimeo/IDLAppI. html
- groups. google. com/group/comp. lang. idl-pvwave/topics
- http：//blog. sina. com. cn/enviidl
- http：//hi. baidu. com/new/dyqwrp

第 2 章　IDL 工作台

工作台（workbentch）是进行代码编写、管理、编译、调试和运行的图形化操作环境，也就是 IDL 的集成开发环境（IDE）。本章主要介绍 IDL 工作台的启动方式、组件组成和工作台帮助系统的使用。

2.1　启动工作台

IDL 工作台是一个具备代码管理、开发和调试功能的图形化界面工具集。自 IDL 7.0 版本起，IDL 工作台基于 Eclipse 框架运行，因此在各种操作系统如 Windows、Macintosh、Solaris 或 Linux 下均具备同样的操作界面和快捷键，便于在不同操作系统的平台下进行源码开发。

以 Windows 系统下的 IDL 工作台为例，单击菜单［开始］-［程序］-［IDL＊］-［idl］或［开始］-［ENVI＊］-［IDL＊］，选择一个工作空间，即可启动 IDL 工作台。工作台界面如图 2.1 所示。

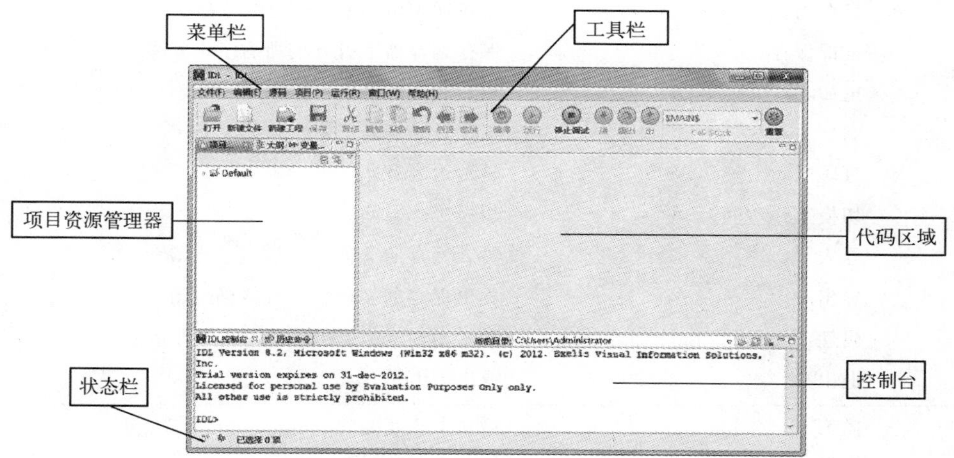

图 2.1　IDL 工作台

单击菜单［开始］-［程序］-［IDL＊］-［Tools］-［IDL Command Line］，启动类似 DOS 界面的命令行界面（图 2.2），则可以在命令行提示符下直接输入运行 IDL 命令。

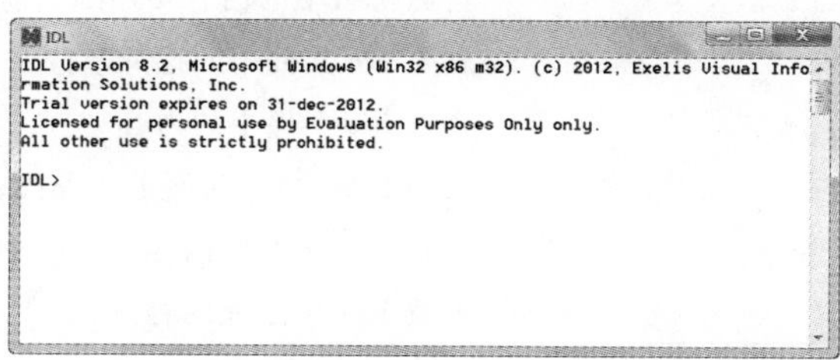

图 2.2　IDL 命令行

2.2 工作台组成

IDL 工作台的组成包括菜单栏、工具栏、项目资源管理器、代码区域、控制台和状态栏等几部分（图 2.1）。各组件都可以根据需要任意改变大小和位置。当鼠标焦点在某组件上时，可以通过快捷键 Ctrl + M 切换组件的最大化/当前状态显示。

2.2.1 菜单栏

菜单栏包含了 IDL 的主要功能，具有文件、编辑、源码、项目、运行、窗口和帮助七个子菜单。IDL 菜单名称与功能介绍见表 2.1。

表 2.1 工作台菜单

主菜单	子菜单	功能描述
文件	打开文件	打开 IDL 支持的文件，如 pro、sav 类型
	新建文件	新建 IDL 源码 pro 文件
	新建工程	新建 IDL 工程
	关闭	关闭编译器下正在编辑的 pro 文件
	全部关闭	关闭编译器下打开的所有 pro 文件
	保存	保存编译器下正在编辑的 pro 文件
	另存为	将正在编辑中的 pro 文件另存
	全部保存	保存编译器下打开的所有 pro 文件
	重命名	重命名工程名
	刷新	工程目录刷新显示
	打印	显示内容打印
	切换工作空间	切换工作空间
	导入	导入保存的文件、工程或断点等
	导出	导出保存的文件、工程或断点等
	属性	显示当前 pro 文件或工程的属性信息
	退出	退出 IDL 编译器
编辑	撤销	撤销上一步操作
	重做	恢复上一步操作
	剪切	剪切 pro 文件中的选择部分或整个文件
	复制	复制 pro 文件中的选择部分或整个文件
	粘贴	将剪切板中的内容粘贴到当前位置
	删除	删除 pro 文件中的选择部分或文件
	全部选中	全选 pro 文件中的内容
	查找/替换	启动查找/替换界面进行查找、替换操作
	查找下一个	查找下一个匹配内容
	查找上一个	查找上一个匹配内容

续表

主菜单	子菜单	功能描述
编辑	搜索	对当前工作空间或工作集进行搜索
	跳到匹配的括号	跳转到匹配的括号，并用红框突出显示当前括号
	转至行	跳转到指定行
	设置编码	设置当前 ASCII 码文件编码
	后退	在打开的 pro 文件之间向左切换
	前进	在打开的 pro 文件之间向右切换
源码	格式	对当前 pro 文件进行预定义格式化操作
	右移	对当前光标所在行或选择内容进行右移操作
	左移	对当前光标所在行或选择内容进行左移操作
	内容辅助	弹出编程内容提示辅助工具界面
	源码模版	选择预定义代码模版
	注释	对当前光标所在行或选择内容添加注释
	转小写	对选择内容进行转小写操作
	转大写	对选择内容进行转大写操作
	添加程序注释	对当前程序或函数添加注释
	添加文件注释	对当前文件添加注释
项目	打开项目	打开工程项目
	关闭工程	关闭工程项目
	全部构建	对当前工作空间下所有打开的项目进行构建
	构建工程	多当前打开的工程进行构建
	设置已选为当前工作目录	将当前的目录设置为当前工作目录
	属性	弹出工程属性界面
运行	继续	程序调试时继续运行
	暂停	程序调试时暂停运行
	停止调试	退出调试过程
	单步跳入	调试时进入功能子函数内部进行调试
	单步跳过	调试时跳过该行语句，进入下一行进行调试
	单步返回	跳出当前函数，返回到调用源进行调试
	跳过	跳过下一步
	运行至行	运行到指定行
	编译	编译源码 pro 文件
	运行所选文本	命令行中执行鼠标选择文本
	运行	运行 pro 文件
	运行工程	运行工程
	切换行断点	切换到下一个断点
	除去所有断点	移除所有断点

续表

主菜单	子菜单	功能描述
窗口	隐藏/显示工具栏	控制工具栏隐藏或显示
	断点	显示断点组件对源码中的断点进行查看管理
	历时命令	显示历史命令查看历史命令
	控制台	控制台已开启则置前，未开启则开启置前
	大纲	大纲视图开启则置前，未开启则开启置前
	剖析工具	剖析视图开启则置前，未开启则开启置前
	项目资源管理器	项目资源管理器开启则置前，未开启则开启置前
	变量查看器	变量查看器开启则置前，未开启则开启置前
	显示视图	选择开启其他视图
	视图重置	恢复视图到默认设置，关闭自定义打开的视图
	首选项	系统详细参数设置界面
帮助	选中项目帮助	开启帮助并在帮助中搜索查询选中内容
	帮助内容	开启帮助
	键辅助	启动浮点窗口，对快捷键进行说明
	关于 IDL	弹出“关于”对话框

2.2.2 工具栏

在 IDL 中，为了在操作处理时更加方便地进行快速操作，工具栏提供了常用工具的快速入口，见图 2.3。工具栏中各工具与同名菜单的功能一致。

图 2.3 工具栏

通过“重置”按钮可以对编译器进行“快速重启”。单击该按钮后，编译器要进行的操作包括：

- 如果有程序正在运行则程序退出；
- 重置!Map、!P、!X 和!path 等系统变量；
- 关闭所有文件指针及日志操作；
- 销毁程序界面、系统变量和自定义变量；
- 清除系统编译的程序。

2.2.3 项目资源管理器

项目资源管理器是 IDL 工作台中一个组件（图 2.4），用来管理文件及工程项目资源。可根据需要调整该组件到任意大小或移动到任意位置。

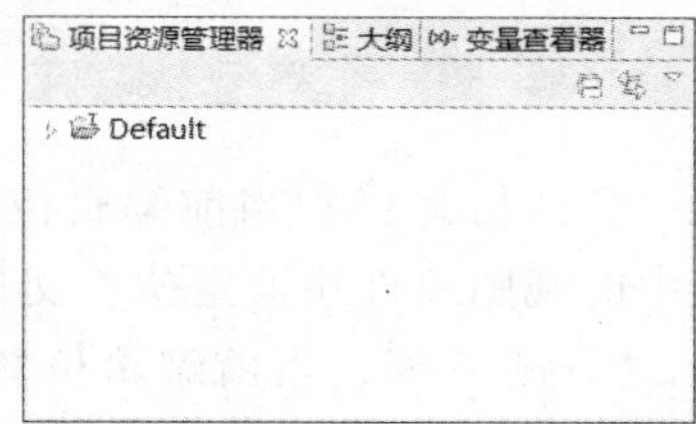

图 2.4　项目资源管理器

2.2.4　代码区域

代码区域一般是工作台的最大区域（图 2.5），用来显示代码和编辑代码等。在该区域左侧空白处右击，弹出右键菜单，选择“显示行号”，则在代码显示时可以显示行号。

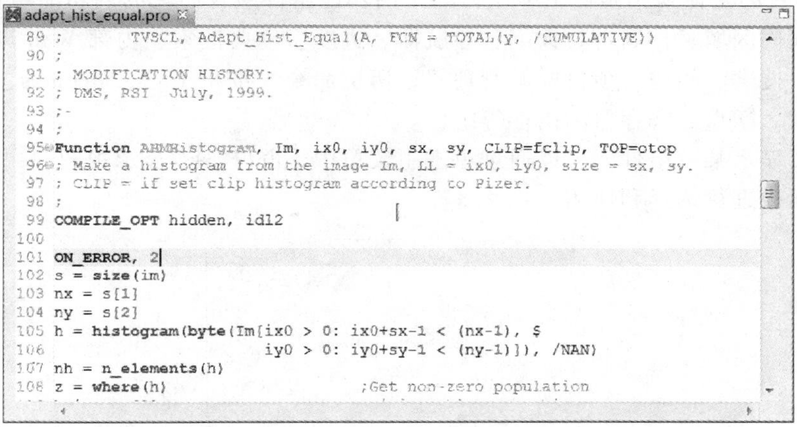

```
adapt_hist_equal.pro
;   TVSCL, Adapt_Hist_Equal(A, FCN = TOTAL(y, /CUMULATIVE))
;
; MODIFICATION HISTORY:
; DMS, RSI  July, 1999.
;-
;
Function AHMHistogram, Im, ix0, iy0, sx, sy, CLIP=fclip, TOP=otop
; Make a histogram from the image Im, LL = ix0, iy0, size = sx, sy.
; CLIP = if set clip histogram according to Pizer.
;
COMPILE_OPT hidden, idl2

ON_ERROR, 2
s = size(im)
nx = s[1]
ny = s[2]
h = histogram(byte(Im[ix0 > 0: ix0+sx-1 < (nx-1), $
              iy0 > 0: iy0+sy-1 < (ny-1)]), /NAN)
nh = n_elements(h)
z = where(h)                    ;Get non-zero population
```

图 2.5　代码区域

2.2.5　控制台

控制台是 IDL 工作台的信息显示和命令行操作区域（图 2.6），通过该组件可以查看相关信息，通过命令行调用运行功能函数。

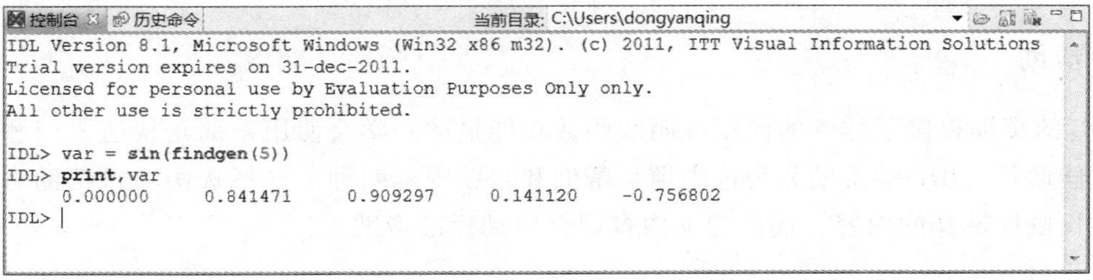

```
控制台  历史命令    当前目录: C:\Users\dongyanqing
IDL Version 8.1, Microsoft Windows (Win32 x86 m32). (c) 2011, ITT Visual Information Solutions
Trial version expires on 31-dec-2011.
Licensed for personal use by Evaluation Purposes Only only.
All other use is strictly prohibited.

IDL> var = sin(findgen(5))
IDL> print,var
     0.000000      0.841471      0.909297      0.141120     -0.756802
IDL>
```

图 2.6　控制台

2.2.6　状态栏

状态栏包含视图快速启动栏、文件信息栏和当前编辑位置等（图 2.7）。状态栏左侧部分为视图快速启动按钮和工作台中的视图组件快速定位；文件信息栏显示出当前编辑源码文件的基本属性信息，如“可写”、“只读”等；当前编辑位置部分则显示了当前编辑位置的行列号，如图 2.7 中的“8 : 3”表示当前光标所在位置为第 8 行第 3 列。

图 2.7　状态栏

2.2.7　视图

IDL 工作台的整体视图是由 IDL 编译器中的功能组件组合而成的。功能组件包括项目资源管理器、代码区域、控制台、大纲、导航器、进度、经典搜索、内部 Web 浏览器、任务、书签、属性、搜索、问题、项目资源管理器、历史命令、剖析工具、Modules、变量查看器、表达式、调试、断点、寄存器和内存等组件。

如果需要显示某一组件，可以通过单击主菜单中［窗口］-［显示视图］-［其他］，在弹出的设置界面中进行选择和使用（图 2.8）。

图 2.8　显示视图选择

2.3　帮助

IDL 的帮助提供了详细的使用说明和函数功能描述。学会使用帮助是快速入门和解决问题的最佳途径。IDL 的帮助分为选中项目帮助和帮助内容两种。选择选中项目帮助可启动帮助并查找鼠标选择的内容；选择帮助内容则会启动标准帮助。

2.3.1　启动帮助

帮助的启动方式有以下三种：

- 单击主菜单［帮助］下的［选中项目帮助］或［帮助内容］；

- 在工作台编辑代码时，按 F1 或选择一个函数后按 F1；
- 在命令行中输入“?”并回车。

2.3.2　使用帮助

帮助文档分为搜索、内容列表和索引三部分内容，见图 2.9 所示。

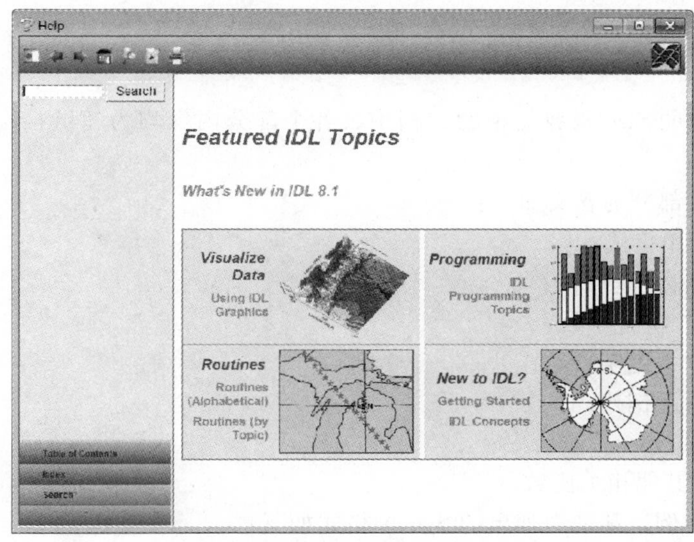

图 2.9　帮助文档主界面

1. 搜索

例如，搜索 size 函数，在左侧导航界面的搜索框中输入“size”，单击 Search 按钮，在搜索结果中单击“SIZE”，右侧可显示出详细信息，并高亮显示搜索词 size，如图 2.10 所示。单击工具栏中“Remove search highlighting”按钮，可消除图中高亮部分（图 2.11）。

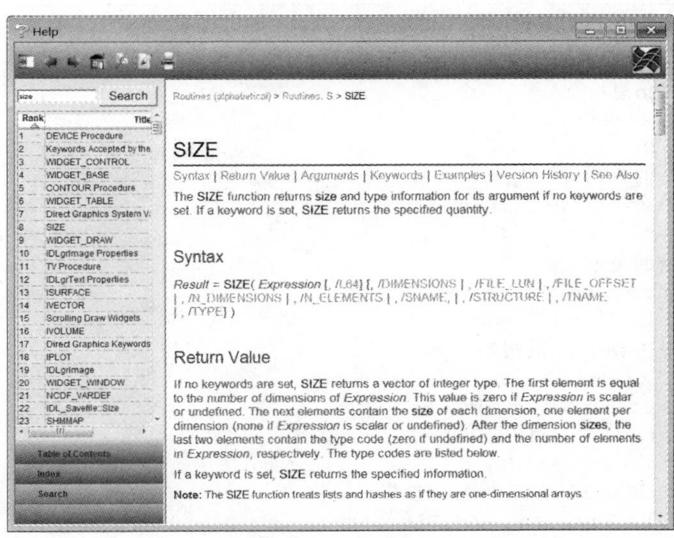

图 2.10　帮助文档中对“size”的搜索结果

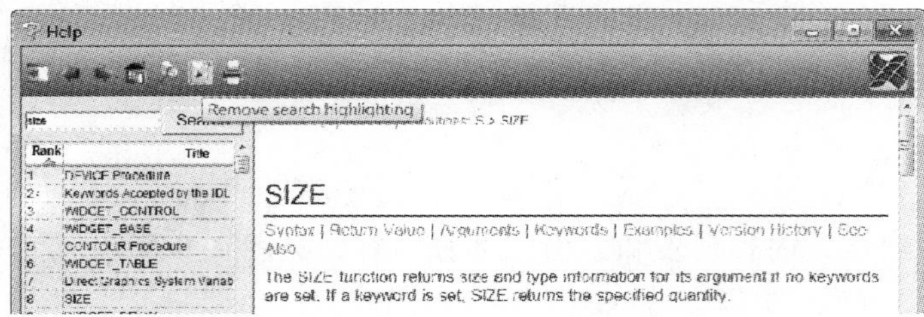

图 2.11　搜索结果的高亮消除

2. 解析

在以上搜索出的 Size 函数的帮助文档中，各个部分内容均为超链接，单击超链接可查看详细说明。

帮助文档中各部分的含义如下：

- Syntax：调用格式；
- Return Value：返回值；
- Arguments：位置参数；
- Keywords：关键字参数；
- Examples：示例代码；
- Version History：版本历史；
- See Also：其他相关函数。

以 Size 函数为例，帮助中列出的 Syntax 格式如下：

```
Result = SIZE(Expression[,/L64][,/DIMENSIONS|,/FILE_LUN|,/FILE_OFFSET|,/N_DIMENSIONS|,/N_ELEMENTS|,/SNAME,|,/STRUCTURE|,/TNAME|,/TYPE])
```

其中，result 为返回值；size 为函数名；Expression 是位置参数（必选）；其他由“[]”包含的均为关键字参数，参数之间由竖线“|”分隔则表示关键字不能同时使用，每个参数的含义可单击链接进行查看。以下为创建数组并调用 SIZE 函数的示例代码：

```
IDL>;创建数组变量
IDL>arr=indgen(3,4)
IDL>;获取变量信息
IDL>print,size(arr)
           2           3           4           2          12
IDL>;获得变量的行列号
IDL>print,size(arr,/dimension)
           3           4
IDL>;获取变量的类型
IDL>print,size(arr,/type)
           2
IDL>;下面两个参数互斥,故报错
IDL>print,size(arr,/type,/N_Elements)
% SIZE:Conflicting keywords.
% Error occurred at:$MAIN$
% Execution halted at:$MAIN$
IDL>;使用 L64 和 N_Elements 两个参数
IDL>print,size(arr,/L64,/N_Elements)
                             12
```

3. 索引

单击左侧导航界面中的“Index”可进入索引界面，IDL下的所有程序和函数均会按字母顺序显示（图2.12）。

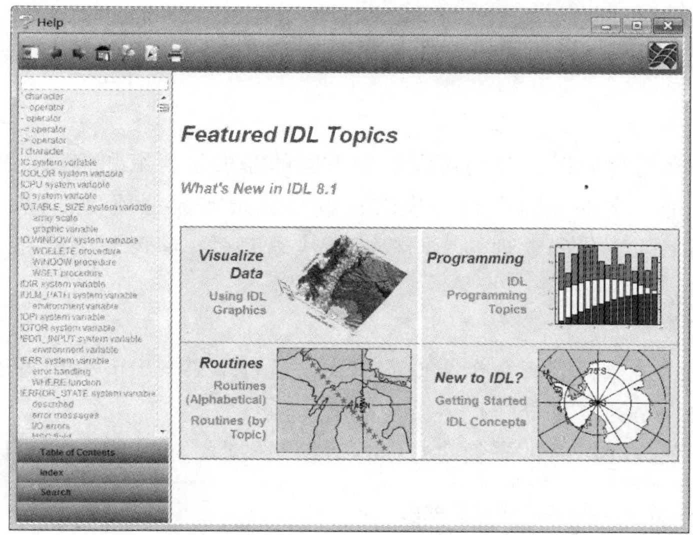

图2.12 帮助文档的索引显示

4. 内容

单击左侧导航界面中“Table of Contents”可显示帮助文档所有内容的组织结构（图2.13）。

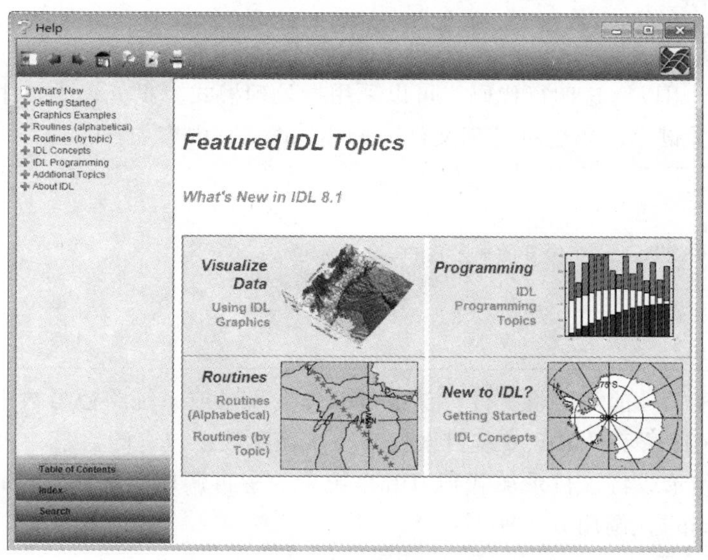

图2.13 帮助文档的内容

第3章 代码编写与运行

在编写和编译运行代码时，我们可以根据不同的需求来组织和管理代码。例如，编写简单功能时采用批处理、文件或命令行等模式；编写复杂或大型项目工程时采取工程项目模式。本章主要介绍IDL下代码管理的不同模式及代码编写、编译、调试和运行等内容。

3.1 批处理模式

批处理文件模式是执行多行命令文件的模式，运行结果与IDL命令行下运行多条命令一样。使用批处理文件是为了重复执行多条功能语句。

例如，绘制正弦曲线图时，先创建数据，后绘制图形，在命令行中可以键入如下命令：

```
IDL>;创建200个索引元素的浮点型数组
IDL>arr = findgen(200)
IDL>;对数据求正弦
IDL>data = sin(arr/20)
IDL>;创建大小400像素*300像素的显示窗口,设置标题
IDL>window,2,xsize =400,ysize =300,title ='Plot Sin'
IDL>;绘制曲线
IDL>plot,data
```

若需要多次调用以上这四行代码，可以采用批处理模式。批处理文件中只包含命令，无需PRO、END等关键字。新建批处理文件“batch_plot”，内容如下：

```
;对数据求正弦
data = sin(arr/20)
;创建大小400像素*300像素的显示窗口,设置标题
window,2,xsize =400,ysize =300,title ='Plot Sin'
;绘制曲线
plot,data
```

在调用批处理文件前需要将文件存储在IDL安装目录或系统路径参数中包含的目录。若“batch_plot”所在目录不是IDL安装目录或系统路径参数中包含的目录，执行前则需要先设置该目录为当前目录或将该目录加载到IDL系统参数中再调用。例如，“batch_pro”文件所在目录是“c:\temp”，调用方法如下：

```
IDL>;先将目录"c:\temp"设置为当前目录
IDL>CD,"c:\temp"
IDL>; 创建400个元素的浮点型索引数组
IDL>arr = findgen(400)
IDL>;调用批处理文件 batch_pro 进行绘图
IDL>@ batch_plot
```

3.2　文件模式

文件模式是执行文件中包含一个或多个功能模块的代码的方式。在IDL中，功能模块只能是过程（Procedure）或函数（Function），它们必须经过编译来运行或通过调用来执行。

3.2.1　过程

过程是由一个或多个IDL语句序列构成的能够进行编译的规范格式集合。在编写时，过程必须以“pro”开始，以“end”结束；“pro”后面为过程名称，如果有关键字，以“,”分隔。格式示范：

```
PRO Name,Parameter1,…,Parametern
  ; Statements defining procedure.
  Statement1
  …
; End of procedure definition.
END
```

单击IDL主菜单［文件］-［新建文件］，编写如下内容：

```
PRO FIRSTIDL
  ;控制台输出
  PRINT,'first IDL'
  ;控制台输出
  void = DIALOG_MESSAGE('Hello,IDL world!',/information)
END
```

单击主菜单［文件］-［保存］，文件名设置为“firstIDL.pro”，然后单击工具栏中“编译”按钮，控制台输出下面信息：

```
IDL>.compile -v 'C:\temp\firstIDL.pro'
% Compiled module:FIRSTIDL.
```

单击工具栏中的“运行”按钮或在命令行中输入“firstIDL”（过程名）来执行程序。该过程运行后，控制台输出一行字符“firstIDL”并弹出一个对话框。需要注意的是：如果已经编译，程序会存储在内存中，即使删除源码文件，在命令行输入“firstIDL”仍然可以运行。

3.2.2　函数

函数与过程类似，编写时需要以“function”开始，以“end”结束。function后面为函数名称，如果有关键字，则以“,”分隔；end结束之前一般有return语句。格式示范：

```
FUNCTION Name,Parameter1,…,Parametern
   Statement1
   ...
   RETURN,Expression
END
```

例如，编写一个两个变量求和的功能函数，代码如下：

```
FUNCTION FUN_TOTAL,x,y
  RETURN,x + y
END
```

保存为 fun_total. pro 后进行编译。如果直接单击“运行”按钮，则控制台会输出提示：

```
IDL > FUN_TOTAL
% Attempt to call undefined procedure/function:'FUN_TOTAL'.
% Error occurred at: $ MAIN $
% Execution halted at: $ MAIN $
```

正确的函数调用方式为“result = funName( )”，调用 fun_total 的示例代码：

```
IDL > result = FUN_TOTAL(4,6)
IDL > print,result
      10
```

3.3 命令行模式

命令行模式是在命令行下执行 IDL 函数或命令的模式。命令行下还可以通过使用点命令（DotCommand）进行源码文件的编译和运行。

例如，绘制一条正弦曲线（图 3.1），可在命令行下输入如下代码：

```
IDL > ;创建正弦数据
IDL > data = sin(findgen(200)/10)
IDL > ;绘制曲线(图 3.1)
IDL > plot,data
```

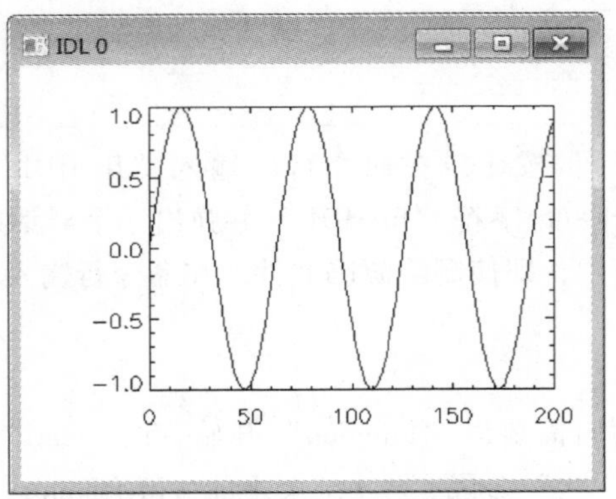

图 3.1 正弦曲线

点命令（表 3.1）可以在命令行中进行源代码（pro 文件）的编辑、编译、调试及运行等，而且只能在命令行下执行。

表 3.1　点　命　令

命令	功能
COMPILE	编译代码
CONTINUE	继续执行代码
EDIT	在编辑器中打开代码以便编辑
FULL_RESET_SESSION	编译器完全重置（包括 DLM 等）
GO	执行最近编译过的主函数
OUT	执行当前程序直至返回
RESET_SESSION	编译器重置，等同于单击工具栏的“重置”
RETURN	程序返回
RENEW	新建一个 pro 文件
RUN	编译内存中的程序并执行主程序
SKIP	跳过程序段
STEP	执行 1 个或 *n* 个程序
STEPOVER	执行 1 个程序段，如果程序段中调用了其他函数则调试进入函数
TRACE	程序异常时继续运行

使用点命令在命令行下进行源码编译和运行的示例代码如下：

```
IDL >;编译源码文件,注意源码文件路径是字符串,要加引号''或" ".
IDL >.compile 'C:\temp\firstIDL.pro'
% Compiled module:MYFUN.
% Compiled module:FIRSTIDL.
% Compiled module:TEST.
IDL >;调用源码中的 pro 执行
IDL >firstidl
abc
```

3.4　工程项目模式

工程项目模式是用来组织、管理项目源码和资源配置文件的模式。工程项目模式下，每个工程是工作空间下的一个目录，可以存放源代码和资源文件，便于对工程下的源码文件进行管理。

3.4.1　工作空间

工作空间是包含一个或多个工程（project）的空间，工程中可以包含源代码文件和资源文件。初次启动 IDL 工作台，系统会提示用户选择一个工作空间目录（图 3.2）。

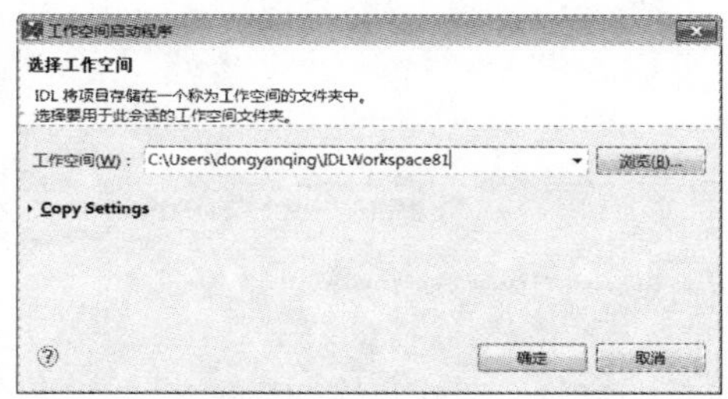

图 3.2　选择工作空间目录

工作台在每次启动时，都会提示选择工作空间。如果需要禁止这个工作空间选择项，可以在选择界面上勾选“设置为默认工作空间”；切换工作空间时，单击系统主菜单［文件］-［切换工作空间］。

为避免运行程序界面中的汉字出现乱码，单击菜单［窗口］-［首选项］，设置［常规］-［工作空间］-［文本文件编码］，选择“其他”选项，通过下拉菜单设定编码为“GB2312”或“GBK”。

3.4.2 新建工程

单击工具栏中“新建工程”按钮或菜单［文件］-［新建工程］，弹出工程名称与路径设置界面，见图 3.3 所示，默认工程名为“NewProject”。

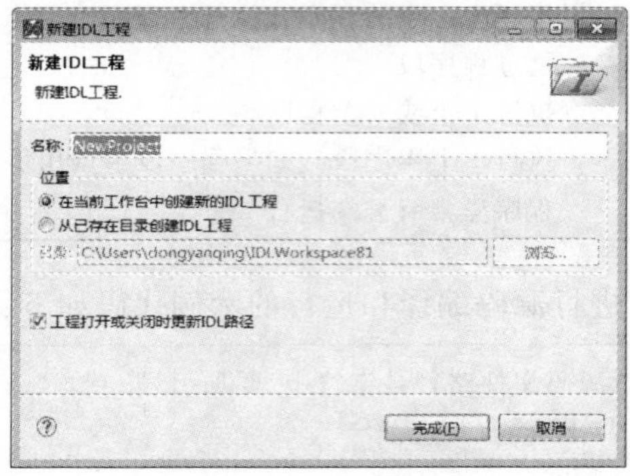

图 3.3 新建工程

单击“完成”按钮，然后单击“新建文件”，编写如下代码，保存到 NewProject 目录下，名称为“NewProject. pro”。

```
PRO newProject
  tmp = DIALOG_MESSAGE('Hello IDL!',/information)
END
```

这样，就形成了一个完整结构的工程项目（图 3.4）。

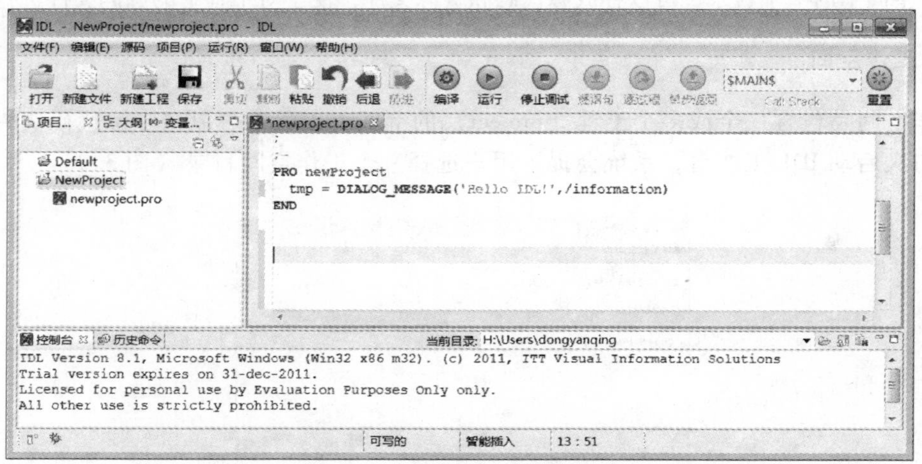

图 3.4 工程项目

3.4.3　运行工程

运行工程前需要构建工程，以“NewProject”工程为例，操作步骤如下：

（1）在项目资源管理器中右击“NewProject”，在弹出菜单中选择“构建工程”（图3.5）；

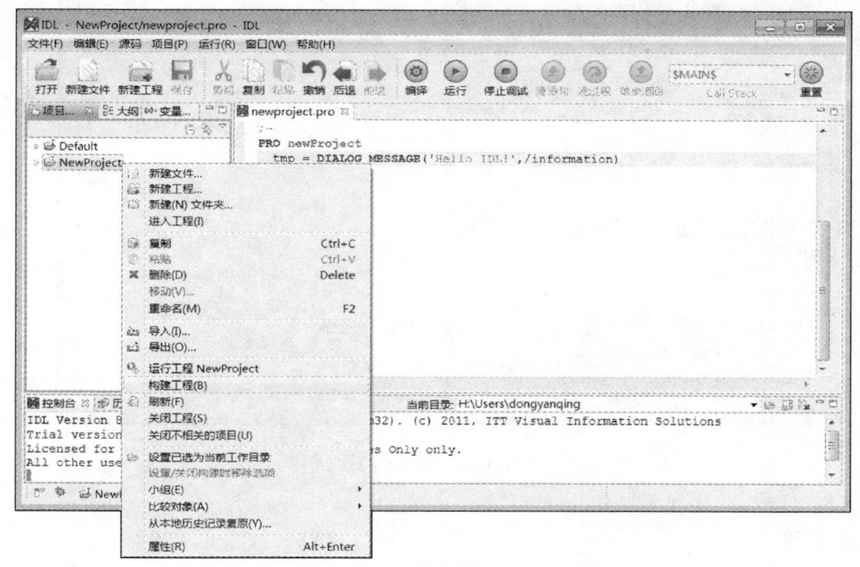

图3.5　构建工程项目

（2）单击右键弹出菜单中的“运行工程 NewProject”，即可执行该工程。

3.4.4　导入工程

对已经存在的工程，可以直接导入到当前工作空间下，操作步骤如下：

（1）右击项目资源管理器中的空白处，在弹出菜单中选择“导入”，选择导入界面中[常规]-[现有项目到工作空间中]，见图3.6所示；

（2）单击“浏览”按钮，选择导入工程所在文件夹，工作台会自动将目录下所有项目自动列出，见图3.7所示；

图3.6　工程导入选项

图3.7　导入工程选项设置

（3）在导入界面中勾选“将项目复制到工作空间中”选项，则可将项目内的文件复制到当前工作空间中；不勾选，则使用项目所在原文件夹内的文件。单击“完成”按钮完成，见图 3.8 所示。

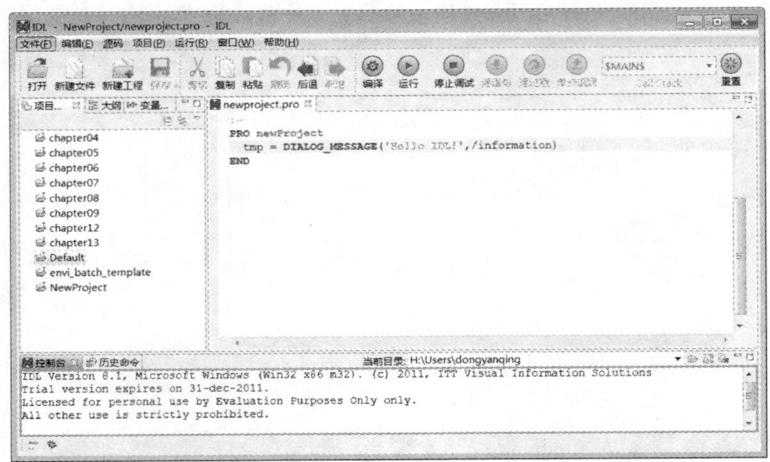

图 3.8 导入完成

3.4.5 导出工程

（1）在“项目资源管理器”中选中要导出的工程“NewProject”，在右键菜单中选择“导出”功能（图 3.9）；

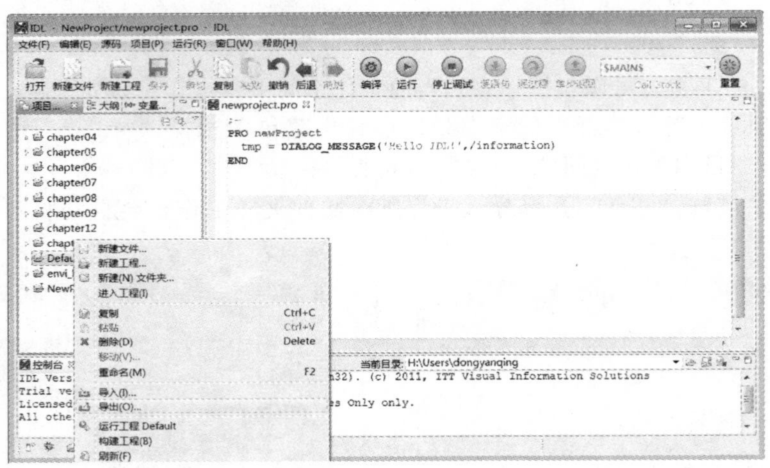

图 3.9 选择“导出”功能

（2）在“导出”选项设置界面中选择“文件系统”，单击“下一步”，见图 3.10 所示；

（3）在导出资源界面列表中选择要导出的工程“NewProject”，选择输出目录为“c:\temp”；在“选项”中选择第三项“仅创建所选目录”，单击“完成”按钮（图 3.11），IDL 会在输出目录“c:\temp”下导出“NewProject”工程下的所有文件。

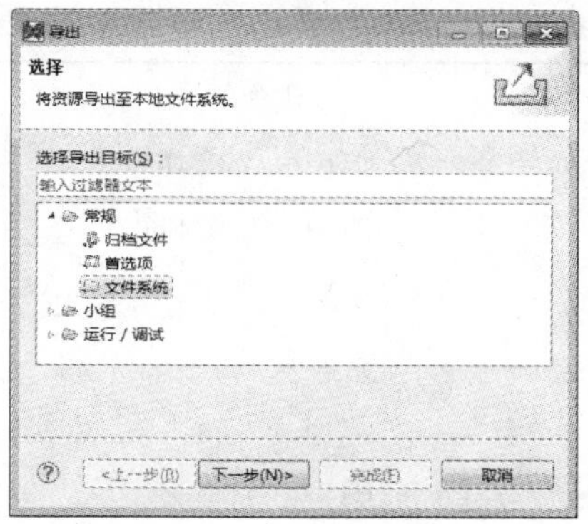

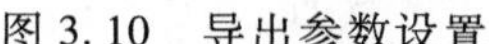
图3.10　导出参数设置

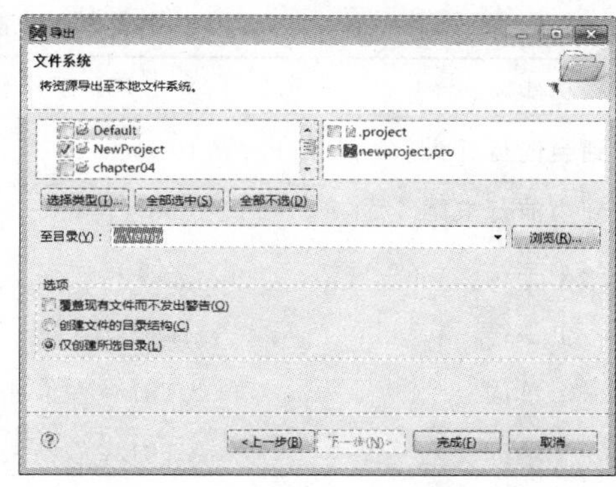

图3.11　导出文件设置

3.5　符号与快捷键

3.5.1　符号

符号是指编写代码过程中常用的符号，包括续行符、同行符和注释符等。

1. 续行符

续行符“$”主要应用于当一条语句过长或参数过多时进行换行或格式化显示的情况。示例代码如下：

```
PRO using_continuationline
  s ='abc'
  print,'esri'+s
  ;与上面一行同样功能
  print,'esri'+ $
  s
END
```

2. 同行符

使用了同行符“&”相当于两行代码写在一行之中。示例代码如下：

```
IDL >a =3 & b =5
;相当于
IDL >a =3
IDL >b =5
```

3. 注释符

IDL中的注释符为“;”，编译器对注释符之后的该行所有代码都看做注释，不参与编译运行。

3.5.2　快捷键

编写或编辑代码时，熟练使用快捷键将会大大提高代码操作效率。命令行或工作台的常用快捷键见表3.2。

表 3.2 常用快捷键

功能	IDL 工作台	命令行
跳转到当前行开头	Home	CTRL + A 或 Home
跳转到当前行末尾	End	CTRL + E 或 End
左移一个字符	左箭头	左箭头
右移一个字符	右箭头	右箭头
左移一个单词	CTRL + 左箭头	CTRL + 左箭头
右移一个单词	CTRL + 右箭头	CTRL + 右箭头
删除光标位置到行开头	Shift + Home 选中删除	CTRL + U
删除光标位置到行末尾	Shift + End 选中删除	CTRL + K
删除当前行	CTRL + D	

3.6 断点与调试

断点是程序中“中断的点”，一般设置在可能出现错误的地方。添加断点后，程序运行时会暂停在断点位置，可以通过手动控制程序“逐语句”或“逐函数”执行，从而进行调试。

调试是编写和试运行程序的重要基本技能之一，通过调试能够从最基本的语句运行来分析发现程序中存在或隐含的错误，确保程序的正确执行。

3.6.1 断点操作

1. 添加断点

右击代码编辑区的左侧弹出菜单，选择“显示行号”则可显示代码行号。在行号左侧单击鼠标可添加断点，如图 3.12 所示。

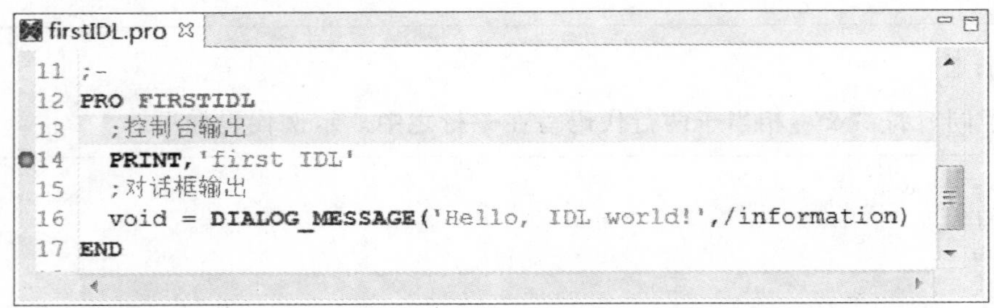

图 3.12 添加断点

2. 移除断点

在断点位置双击鼠标可以移除断点，也可以单击菜单［运行］-［移除所有断点］来移除多个断点。

3.6.2 调试步骤

添加断点后，程序运行到断点位置时会暂停运行，工具栏中［运行］等按钮自动切换为［恢复］等按钮（图3.13）。单击［停止调试］、［逐语句］、［逐过程］等按钮，可手动控制程序运行。

图 3.13　调试状态时的工具按钮

- 停止调试：单击该按钮可终止调试运行中的程序。
- 逐语句：单击该按钮可逐行语句进行调试。如果遇到自定义函数，则进入该函数定义部分逐行语句调试运行。
- 逐过程：单击该按钮可逐过程进行调试。如果遇到自定义函数不进入函数，直接一步得到函数结果。

在调试过程中，查看变量有三种方式：右键菜单中选择“print，<selected_text>，打印变量”和“help，<选择文本>”进行查看；在命令行中使用 print 和 help 函数查看，如图 3.14 所示；在变量查看器中对变量进行查看、删除和重命名等操作。

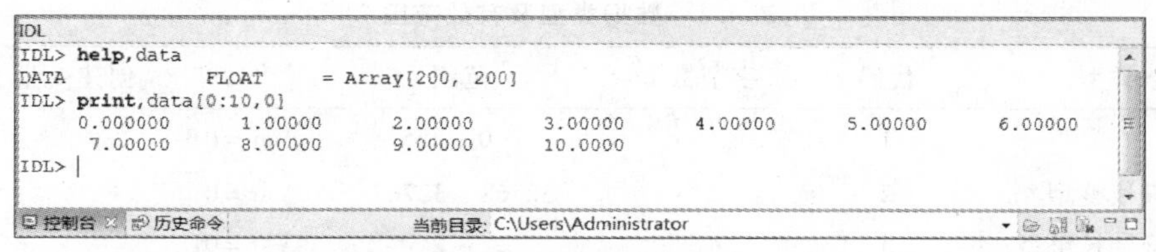

IDL
IDL> help,data
DATA FLOAT = Array[200, 200]
IDL> print,data[0:10,0]
0.000000 1.00000 2.00000 3.00000 4.00000 5.00000 6.00000
7.00000 8.00000 9.00000 10.0000
IDL>
控制台
历史命令
当前目录: C:\Users\Administrator

图 3.14　在命令行中查看变量

在变量查看器界面的右下角，单击倒三角形按钮选择“布局”选项，可以设置菜单和删除变量，如图 3.15 所示。

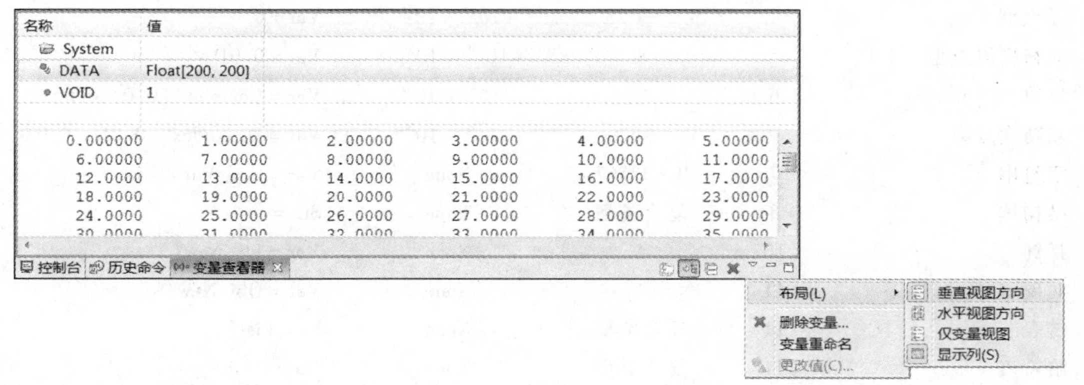

图 3.15　变量查看器的显示变量

第4章 语法基础

语法是编程语言的根本，也是学习一门语言首先要掌握的内容。本章主要介绍 IDL 的基础语法，包括基本数据类型、变量、数组、字符串、结构体、指针、对象、链表、哈希表和运算符等内容。在 IDL 中，绝大多数运算都可以基于数组进行。数组运算时，IDL 与其他常用语言如 C、C#、JAVA 等区别很大。数组运算是 IDL 中非常重要的部分。

4.1 数据类型

IDL 中有 17 种基本数据类型。表 4.1 中列出了基本数据类型的名称、类型代码、字节大小、创建方式和范围等。

表 4.1 数据类型及有效范围

数据类型	代码	字节数	范围	创建变量
字节型	1	1	0 ~ 255	Var = 0B
16 位有符号整型	2	2	- 32768 ~ 32767	Var = 0
32 位有符号长整型	3	4	$-2^{31} \sim 2^{31}-1$	Var = 0L
64 位有符号整型	14	8	$-2^{63} \sim 2^{63}-1$	Var = 0LL
16 位无符号整型	12	2	0 ~ 65535	Var = 0U
32 位无符号长整型	13	4	$0 \sim 2^{32}-1$	Var = 0UL
64 位无符号整型	15	8	$0 \sim 2^{64}-1$	Var = 0ULL
浮点型	4	4	$-10^{38} \sim 10^{38}$	Var = 0.0
双精度浮点型	5	8	$-10^{308} \sim 10^{308}$	Var = 0.0D
复数	6	8	$-10^{38} \sim 10^{38}$	Var = Complex（0.0，0.0）
双精度复数	9	16	$-10^{308} \sim 10^{308}$	Var = Dcomplex（0.0D，0.0D）
字符串	7	0 ~ 32767	None	Var = ''或 Var = ""
结构体	8	复合类型	None	St1 = {}
指针	10	4	None	Var = Ptr_New()
对象	11	4	None	Var = Obj_New()
链表	11	复合类型	None	Ls = List()
哈希表	11	复合类型	None	Hs = Hash()

变量的类型代码通过 Size（var，/type）来获得，示例代码如下：

```
IDL >var =16.0
IDL >print,Size(var,/type)
           4
```

4.2 常量与变量

4.2.1 常量

常量是不能修改的固定值，分为整型常量、浮点型常量、复数型常量和字符型常量等类型。例如，“1”为整型常量，“a”为字符常量。

4.2.2 变量

变量分为局部变量和系统变量。两者区别在于生命周期不同：局部变量在所属的函数或过程中有效；而系统变量则在当前编译器进程中始终有效。

通常，局部变量简称为“变量”，即不加特别说明，变量指的就是局部变量。

1. 变量命名规则

在 IDL 中，变量名不区分大小写，如 var、Var 和 VAR 表示同一个变量。变量名长度不能超过 255 个字符，首位只能是字母或下划线，中后部可以是字母、数字、下划线“_”和续行符“$”。

正确变量命名示例：

```
abc_3$d  ok_24_bit  IDL_type  variable  _day_month_year
```

错误变量命名示例：

```
abc.cha  one% file  4_lists  $file
```

注意：变量名最好具有一定的含义，这样程序会具有较好的可读性。

在 IDL 中，可以利用函数 IDL_Validname 检查变量名。如果变量不符合规范，可设置关键字进行处理，生成符合规范的变量名，示例代码如下：

```
IDL>print,IDL_Validname('abc')
abc
IDL>print,IDL_Validname('a b c',/CONVERT_SPACES)
_a_b_c_
IDL>print,IDL_Validname(['and','or'],/CONVERT_ALL)
_and _or
```

变量无需预先定义，如需要动态定义，可以利用 Scope_Varfetch 或 Execute 函数实现，示例代码如下：

```
IDL>str='var'
IDL>(Scope_Varfetch(str,/enter))=5
IDL>help,var
VAR             INT       =        5
IDL>str1='var1=5'
IDL>void=Execute(str1)
IDL>str1='var1=6'
IDL>void=Execute(str1)
IDL>help,var1
VAR1            INT       =        6
```

判断变量是否已经被定义，可以使用 N_Elements 函数，示例代码如下：

```
IDL >var =0
IDL >;变量已经定义
IDL >print,N_Elements(var)
           1
IDL >;变量未曾定义
IDL >print,N_Elements(var1)
           0
```

2. 变量类型转换

变量可以通过类型转换函数（表 4.2）进行强制类型转换。

表 4.2 类型转换函数及示例

类型转换	函数名称	示例	
		操作	结果
字节型	BYTE	BYTE（1.2）	1B
整型	FIX	FIX（2.5）	2
无符号整型	UINT	UINT([5.5, -3])	5 65533
长整型	LONG	LONG（65538.5）	65538
无符号长整型	ULONG	ULONG([5.5, -3])	5 4294967293
64 位长整型	LONG64	LONG64([5.5, -3])	5 -3
无符号 64 位长整型	ULONG64	ULONG64([5.5, -3])	5 18446744073709551613
浮点型	FLOAT	FLOAT([5.5, -3])	5.50000 -3.00000
双精度类型	DOUBLE	DOUBLE([5.5, -3])	5.5000000 -3.0000000
复数类型	COMPLEX	COMPLEX（1, 2）	（1.00000, 2.00000）
双精度复数类型	DCOMPLEX	DCOMPLEX（1, 2）	（1.0000000, 2.0000000）

常用的类型转换示例代码如下：

```
IDL >;整型转换为浮点
IDL >print,float(1)
      1.00000
IDL >;浮点数取整
IDL >print,fix(1.3 +1.8)
       3
IDL >;fix 还可以指定输出类型
IDL >help,fix(1.3,type =5)
<Expression >     DOUBLE     =         1.3000000
IDL >;整型转字节型
IDL >print,byte(1.2)
   1
IDL >print,byte(-1)
 255
IDL >;字符串转字节型
IDL >print,byte('01ABC')
   48  49  65  66  67
```

```
IDL >;字节型转字符串
IDL >print,string([65b,66b,67b])
ABC
```

类型转换时，要注意转换前后的数据避免越界，如下面取整运算：

```
IDL >a =33000
IDL >print,fix(a)
  -32536
```

上面示例出现错误结果是因为IDL下整型变量默认为16位，最大值为32767，此种情况下用长整型强制转换函数long(a) 即可。另外，需要注意整型变量的运算，如下面除法运算：

```
IDL >result =8 /5
IDL >print,result
     1
```

上面示例期望的结果是1.6，但运算结果是1。原因在于参与运算的两个数字为整数，运算结果依然是整数，所以在运算时需要增加强制类型转换，将整型类型转换为浮点类型，正确的运算示例代码如下：

```
IDL >result =8 /float(5)
IDL >print,result
     1.60000
```

浮点类型和双精度类型的取整操作函数可参考表4.3。

表4.3 数据取整操作及结果

函数名称	功能	示例	
		操作	结果
floor	向下取整	floor(2.4) floor(2.5)	2 2
ceil	向上取整	ceil(2.4) ceil(2.5)	3 3
round	临近取整（四舍五入）	round(2.4) round(2.5)	2 3

3. 变量类型的动态性

在使用过程中，可以随时修改变量类型，即变量类型具备动态性。例如，在命令行中运行代码：

```
IDL >num =6
IDL >help,num
NUM             INT         =         6
IDL >num =num *1.2
IDL >help,num
NUM             FLOAT       =         7.20000
```

变量 num 初始化为一个整数 6，经过 num * 1.2 运算，变为浮点类型。该特性使得 IDL 在数学运算中将低精度类型提升为高精度类型，确保计算结果具备足够的精度。

需要注意以下情况：在运算时对数组中的部分元素不改变数组数据类型。

```
IDL >  data = bytarr(3,3)
IDL > help,data
DATA            BYTE      = Array[3,3]
IDL > data[*,0] = [2,4,258]
IDL > help,data
DATA            BYTE      = Array[3,3]
```

4. 系统变量

系统变量分为预定义系统变量和自定义系统变量。预定义系统变量是 IDL 中预先定义的系统变量，一般情况下不允许修改；自定义系统变量是用户创建的系统变量。

(1) 预定义系统变量。

预定义系统变量可以分为常数变量（表 4.4）、图形变量（表 4.5）、系统配置（表 4.6）和错误处理（表 4.7）四类。

表 4.4 常数变量

变量名称	含义
! COLOR	系统预定义颜色结构体，可根据名字获得 RGB 值
! DPI	π 值，双精度类型
! DTOR	度到弧度的转换系数，π/180
! MAP	包含了经纬度到投影坐标的转换参数
! NULL	未定义变量
! PI	π 值，浮点类型
! RADEG	弧度到度的转换系数，180/π
! VALUES	包含 IEEE 规定的浮点及双精度类型无穷值及非数（NaN）

表 4.5 图形变量

变量名称	含义
! P	直接图形法下绘图的基本设置参数
! X	直接图形法下绘制 X 坐标轴的参数
! Y	直接图形法下绘制 Y 坐标轴的参数
! Z	直接图形法下绘制 Z 坐标轴的参数
! D	当前图形显示输出设备信息

表 4.6 系统配置

变量名称	含义
! CPU	当前系统 CPU 的参数
! DIR	包含当前 IDL 的主目录，可查看系统参数设置选项
! DLM_PATH	记录 IDL 搜索 DLM（动态链接模块）路径

续表

变量名称	含义
!EDIT_INPUT	是否记录 IDL 命令行下的命令控制
!HELP_PATH	记录 IDL 自动寻找离线帮助文件路径
!JOURNAL	记录日志文件的 ID
!MAKE_DLL	记录 MAKE_DLL 和 CALL_EXTERNAL 函数使用的参数
!PATH	记录 IDL 搜索库文件及文件的路径
!PROMPT	用户输入命令行前的提示符，默认为 IDL >
!QUIET	控制系统信息是否打印
!VERSION	IDL 当前版本的信息结构体

表 4.7　错误处理

变量名称	含义
!ERR	包含在结构体!ERROR_STATE 中
!ERROR_STATE	系统最近一次错误信息
!EXCEPT	是否出现数学运算错误
!MOUSE	最近一次鼠标信息
!WARN	编译或运行时的警告信息

（2）自定义系统变量。

自定义系统变量的命名形式与预定义系统变量相同，即“!+变量名”。自定义系统变量的创建格式为：Defsysv，变量名，变量值。示例代码如下：

```
IDL>defsysv,'!sys_var',88
IDL>help,!sys_var
<Expression>    INT      =       88
IDL>!sys_var=6.8
IDL>help,!sys_var
<Expression>    INT      =        6
```

自定义系统变量创建成功后，值可以修改，但类型不能修改；生命周期是从初始化成功到 IDL 进程关闭。由于该类型变量的生命周期长，故在编程时应尽量减少使用。

4.3　数组

数组是 IDL 中最重要的数据组织形式，IDL 中的绝大部分函数都支持数组运算。IDL 中的数组支持 0~8 维，下标顺序先列标、后行标，例如数组 **Array**[3，4] 是 4 行 3 列。

4.3.1　创建数组

IDL 中数组的创建方式有赋值创建和函数创建两种。

1. 赋值创建

通过方括号 [ ] 赋值创建数组，示例代码如下：

```
IDL > arr = [1,2,3]
IDL > help,arr
ARR             INT         = Array[3]
IDL > arr = [[1,2,3],[4,5,6]]
IDL > help,arr
ARR             INT         = Array[3,2]
```

2. 函数创建

利用数组创建函数（表 4.8）可创建不同类型或维数的数组。

表 4.8 数组创建函数

数据类型	创建全 0 数组	创建索引数组
字节	bytArr( )	bindgen( )
16 位有符号整数	intarr( )	indgen( )
32 位有符号长整数	lonarr( )	lindgen( )
64 位有符号整数	lon64arr( )	l64indgen( )
16 位无符号整数	uintarr( )	uindgen( )
32 位无符号长整数	ulongarr( )	ulindgen( )
64 位无符号整数	ulon64arr( )	ul64indgen( )
浮点数	fltarr( )	findgen( )
双精度浮点数	dblarr( )	dindgen( )
复数	complexarr( )	cindgen( )
双精度复数	dcomplexarr( )	dcindgen( )
字符串	strarr( )	sindgen( )
指针	ptrarr( )	
对象	objarr( )	

例如，创建 3 × 3 初始值为零的字节类型数组，输入：

```
IDL > arr = BytArr(3,3)
IDL > help,arr
ARR             BYTE         = Array[3,3]
IDL > print,arr
     0    0    0
     0    0    0
     0    0    0
```

创建一个含有 6 个元素的浮点类型数组，初始数值为从 0 到 5，代码如下：

```
IDL > arr = Findgen(6)
IDL > help,arr
ARR             FLOAT        = Array[6]
IDL > print,arr
0.000000    1.00000    2.00000    3.00000    4.00000    5.00000
```

创建特定类型或数值的数组可以用 MAKE_ARRAY( ) 函数，调用格式为

Result = MAKE_ARRAY ([D1 [,…,D8]] [,/INDEX] [,DIMENSION = vector] [,/NOZERO] [,SIZE = vector] [,TYPE = type_code] [,VALUE = value])

```
IDL > arr = make_array(2,2,/integer,/index)
IDL > print,arr
         0       1
         2       3
IDL > arr = make_array(2,2,/integer,value = 8)
IDL > print,arr
         8       8
         8       8
```

4.3.2 存储数组

IDL 中的数组在内存中是按行存储的，这是因为 IDL 最初的设计目的是用来处理行扫描卫星数据。

1. 一维数组

m 个元素的一维数组 **arr**[*m*] 的存储方式为

arr[0]→arr[1]→ …→arr[*m* - 1]

2. 二维数组

n 行 *m* 列的二维数组 **arr**[*m*, *n*] 的存储方式为

arr[0,0]→arr[1,0]→arr[2,0]…arr[*m* - 1,0]→

arr[0,1]→arr[1,1]→arr[2,1]…arr[*m* - 1,1]→

…

arr[0,*n* - 1]→arr[1,*n* - 1]→arr[2,*n* - 1]…arr[*m* - 1,*n* - 1]

```
IDL > arr = indgen(4,3)
IDL > print,arr
         0       1       2       3
         4       5       6       7
         8       9      10      11
```

3. 三维数组

t * *m* * *n* 三维数组 **arr**[*n*, *m*, *t*] 的存储方式为

arr[0,0,0] → arr[1,0,0] → …→ arr[*n* - 1,0,0]

arr[0,1,0] → arr[1,1,0] → …→ arr[*n* - 1,1,0]→

… … …

arr[0,*m* - 1,0]→ arr[1,*m* - 1,0]→ …→ arr[*n* - 1,*m* - 1,0]

arr[0,0,1] → arr[1,0,1] → …→ arr[*n* - 1,0,1]

arr[0,1,1] → arr[1,1,1] → …→ arr[*n* - 1,1,1]

… … …

arr[0,*m* - 1,1]→ arr[1,*m* - 1,1] → …→ arr[*n* - 1,*m* - 1,1]

```
      …                …                …
      …                …                …
arr[0,0,t-1] → arr[1,0,t-1] → …→ arr[n-1,0,t-1]
arr[0,1,t-1] → arr[1,1,t-1] → …→ arr[n-1,1,t-1]
      …                  …                  …
arr[0,m-1,t-1]→arr[1,m-1,t-1]→ …→arr[n-1,m-1,t-1]
```

4.3.3 使用数组

1. 下标方式

按照“数组名［下标］”或“数组名（下标）”对数组中元素进行存取。数组下标起始值为0。函数的调用格式为“函数名（参数）”，为避免混淆，数组下标使用时一般用“[ ]”。

```
IDL>array=indgen(8)
IDL>print,array
       0       1       2       3       4       5       6       7
IDL>print,array[3]
       3
```

IDL从8.0版本开始，支持负下标。其中，-1为最后一个元素的下标，可根据下标值依次获取元素。示例代码如下：

```
IDL>array=indgen(8)
IDL>print,arr[-1]
       7
IDL>print,arr[-5:-1]
       3       4       5       6       7
```

2. 向量方式

下标可以通过向量方式表示，如读取数组中第一，二，四和第六个元素代码：

```
IDL>array=indgen(8)
IDL>indices=[0,1,3,5]
IDL>print,array[indices]
       0       1       3       5
```

对30行20列的索引数组取出第6~10列中第12~15行的数据，可以通过“:”方式：

```
IDL>array=Indgen(20,30)
IDL>subarray=array[5:9,11:14]
IDL>help,subarray
SUBARRAY        INT       =Array[5,4]
```

提取第10行的值，可用“*”表示读取所有列：

```
IDL>vector=array[*,9]
IDL>help,vector
VECTOR          INT       =Array[20]
```

对一个 5 * 5 的数组，提取对角线元素的代码如下：

```
IDL > arr = indgen(5,5)
IDL > ;子数组下标组合,subarr = arr[indgen(n),indgen(n)]
IDL > print,arr[indgen(5),indgen(5)]
       0       6      12      18      24
IDL > ;一维下标,subarr = arr[indgen(n) * (n + 1)]
IDL > print,arr[indgen(5) * (5 + 1)]
       0       6      12      18      24
IDL > ;一维下标,subarr = arr[0:(n * n - 1):(n + 1)]
IDL > print,arr[0:(5 * 5 - 1):(5 + 1)]
       0       6      12      18      24
```

4.3.4 数组运算

1. 求大、求小和求余

数组求大（ < value）是将数组中小于 value 的元素赋为 value；求小（ > value）是将数组中大于 value 的值赋为 value。

数组求余（mod）是计算数组中各元素的余数。

```
IDL > arr = indgen(4)
IDL > print,arr
       0       1       2       3
IDL > print,arr > 3
       3       3       3       3
IDL > print,arr  < 2
       0       1       2       2
IDL > print,arr mod 2
       0       1       0       1
```

2. 数组与数运算

数组与数运算遵循的原则是每个元素都与数进行运算，如加法运算示例代码如下：

```
IDL > arr1 = indgen(5)
IDL > print,arr1
       0       1       2       3       4
IDL > arr2 = arr1 + 6
IDL > print,arr2
       6       7       8       9      10
```

3. 数组与数组运算

数组与数组运算，结果中的元素个数与参与运算数组中最少的元素个数一致；多维数组需要转换为一维数组来运算。

```
IDL > arr1 = [2,4,6,8]
IDL > arr2 = [3,5]
IDL > print,arr1 + arr2
       5              9
IDL > arr1 = [[1,2,3],[4,5,6]]
```

```
IDL > arr2 = [[1,2],[3,4]]
IDL > print,arr1 + arr2
       2       4
       6       8
```

4. 数组合并

数组与数组的合并需要两个数组的行数或列数相同。

```
IDL > a = indgen(2,5)
IDL > b = indgen(4,5)
IDL > ;行数相同,可直接用[]
IDL > c = [a,b]
IDL > help,c
C               INT       = Array[6,5]
IDL > d = indgen(2,3)
IDL > ;列数相同,需要用[[],[]]
IDL > e = [[a],[d]]
IDL > help,e
E               INT       = Array[2,8]
```

4.3.5 相关函数

1. 信息获取

Size( )函数能够获取数组的相关信息。调用格式为

```
Result = Size(变量,[/KeyWords])
```

其中，输入变量可以是常量、数组、字符串、结构体、指针和对象等任何数据类型。不设置关键字时，函数返回变量的基本信息：第一个返回值是变量的维数 N_dims，但当变量是常量或未定义时返回值为 0；第二个到第 N_dims + 1 个返回值依次对应每一维的数值；倒数第二个返回值是数组类型代码；最后一个返回值是元素总个数。若设置关键字 N_Dimensions、N_Elements、Dimensions、Tname 和 Type，则依次返回数组的维数、元素个数、每一维的维数、类型名称和类型代码信息。

```
IDL > var = 5
IDL > ;依次为 0 维           整型         共 1 个元素
IDL > print,size(var)
           0           2           1
IDL > str   = ['abc','def']
IDL > ;依次对应 1 维    1 维上 2 个元素    字符串型    共 2 个元素
IDL > print,size(str)
           1           2           7           2
IDL > arr = FindGen(5,6)
IDL > help,size(arr,/N_elements)
 <Expression>    LONG      =          30
IDL > help,size(arr,/Dimensions)
 <Expression>    LONG      = Array[2]
```

2. 条件查找

函数 WHERE( )能返回数组中满足指定条件的元素下标。调用格式为

```
Result =Where(数组表达式 [,count] [,Complement =变量1] [,/L64] [,NCOMPLEMENT =变量2])
```

其中，关键字 count 返回符合指定条件的元素个数；变量 1 为不满足条件的数组元素下标；变量 2 为不满足条件的数组元素个数。

```
IDL >arr =indgen(10)
IDL >print,arr
       0       1       2       3       4       5       6       7       8       9
IDL >result =where(arr GT 5,count,complement =res_c,ncomplement =res_n)
IDL >print,count
           4
IDL >print,result
           6           7           8           9
IDL >print,res_c
           0           1           2           3           4           5
IDL >print,res_n
    6
IDL >void =where(arr eq 14)
IDL >idx =where(arr eq 14)
IDL >print,idx
           14
IDL >print,array_indices(arr,idx)
           4           1
IDL >print,arr[4,1]
       14
```

3. 调整大小

（1） Reform( )函数：可以在不改变数组元素个数的前提下改变数组的维数。调用格式为

```
Result =Reform(Array,D1 [,…,D8] [,关键字])
```

```
IDL >arr =indgen(10,10,10)
IDL >b =reform(arr,200,5)
IDL >c =arr[0,*,*]
IDL >help,c
C               INT       =Array[1,10,10]
IDL >d =reform(arr[0,*,*])
IDL >help,d
D               INT       =Array[10,10]
```

（2） Rebin( )函数：可以修改数组大小，修改后数组的行数或列数必须是原数组行数或列数的整数倍。默认抽样算法是双线性内插。调用格式为

```
Result =Rebin(数组,D1 [,…,D8] [,/Sample])
```

其中，Sample 为使用最近临值抽样算法。

```
IDL >arr =[[0,6],[2,8]]
IDL >print,arr
       0       6
       2       8
```

```
IDL >print,rebin(arr,4,4)
        0       3       6       6
        1       4       7       7
        2       5       8       8
        2       5       8       8
IDL >print,rebin(arr,4,4,/sample)
        0       0       6       6
        0       0       6       6
        2       2       8       8
        2       2       8       8
IDL >print,rebin(arr,3,4)
% REBIN:Result dimensions must be integer factor of original dimensions
% Error occurred at: $MAIN$
% Execution halted at: $MAIN$
```

(3) Congrid()函数：可以将数组调整为同维任意大小。处理一维或二维数组时，默认算法是最近邻重采样；处理三维数组时，算法是双线性内插。在对数组进行缩小操作时，Rebin()函数进行插值处理；Congrid()函数仅进行重采样。调用格式为

```
Result =Congrid(数组,X,Y,Z [,关键字])
```

其中，关键字 INTERP 为抽样采用线性内插；关键字 CUBIC 为采用卷积内插法。

```
IDL >print,arr
        0       6
        2       8
IDL >print,congrid(arr,3,4)
        0       6       6
        0       6       6
        2       8       8
        2       8       8
```

(4) Interpolate()函数：可以将数组调整到同维任意大小，并支持任意定位插值。调用格式为

```
Interpolate(数组,X [,Y [,Z]] [,关键字])
```

其中，X [, Y [, Z]] 为待调整数组下标索引，可以是单个变量或数组。若 X 为 0.5，则表示计算下标［0］和下标［1］中间位置的数值。关键字选择 GRID 为采用网格插值方式生成插值点；否则，采用线性内插方式。关键字选择 Missing 为插值点坐标超出数组自身坐标范围时赋予该值。

```
IDL >arr =findgen(2,2)
IDL >print,arr
      0.000000      1.00000
       2.00000      3.00000
IDL >print,interpolate(arr,[0,.5,1.5],[0,.5,1.5])
    0.000000      1.50000      3.00000
IDL >print,interpolate(arr,[0,.5,1.5],[0,.5,1.5],/grid)
      0.000000      0.500000      1.00000
       1.00000       1.50000      2.00000
       2.00000       2.50000      3.00000
```

```
IDL >print,interpolate(arr,[0,.5,1.5],[0,.5,1.5],/grid,missing=0)
     0.000000     0.500000     0.000000
      1.00000      1.50000     0.000000
     0.000000     0.000000     0.000000
```

4. 数组反转

Reverse ( )函数可以对数组进行反转。调用格式为

```
Result = Reverse (数组,index[,/overwrite])
```

其中，关键字 Index 为数组的维数索引。

```
IDL >arr = indgen(2,2)
IDL >print,arr
       0       1
       2       3
IDL >;行反转
IDL >print,reverse(arr,1)
       1       0
       3       2
IDL >;列反转
IDL >print,reverse(arr,2)
       2       3
       0       1
```

5. 数组转置

Transpose ( )函数可以对数组进行转置。调用格式为

```
Result = Transpose (数组,[P])
```

其中，关键字 P 为需要调整维数的数组列表，如果不设置，则完全反转。

```
IDL >arr = indgen(2,3,4)
IDL >help,arr
ARR             INT        = Array[2,3,4]
IDL >help,transpose(arr,[0,2,1])
 <Expression >      INT        = Array[2,4,3]
IDL >help,transpose(arr,[2,1,0])
 <Expression >      INT        = Array[4,3,2]
```

6. 数组旋转

(1) Rotate( )函数：可以以 90°的整倍数角度对数组进行旋转操作。调用格式为

```
Result = Rotate (数组,Direction)
```

其中，Direction 取值范围为 0 ~ 7。对应的图像旋转方式见表 4.9。

表 4.9 Rotate 函数 Direction 参数说明

Direction	是否转置	顺时针旋转角度	旋转后坐标 X_1	旋转后坐标 Y_1
0	否	0	X0	Y0
1	否	90°	Y0	– X0

续表

Direction	是否转置	顺时针旋转角度	旋转后坐标 X_1	旋转后坐标 Y_1
2	否	180°	– X0	– Y0
3	否	270°	– Y0	X0
4	是	0	Y0	X0
5	是	90°	– X0	Y0
6	是	180°	– Y0	– X0
7	是	270°	X0	– Y0

Rotate( )函数的调用示例代码如下：

```
IDL > arr = indgen(2,3)
IDL > print,arr
       0       1
       2       3
       4       5
IDL > print,rotate(arr,1)
       4       2       0
       5       3       1
IDL > print,rotate(arr,2)
       5       4
       3       2
       1       0
```

（2） Rot( )函数：可以以任意角度对图像进行旋转，同时能进行放大和缩小控制。调用格式为

```
Result = Rot (数组,Angle,[Mag,X0,Y0],[关键字])
```

其中，Angle 为数组旋转的角度，单位为度（°）；Mag 为放大的倍数；X0 为旋转中心的 X 坐标，默认为列中心；Y0 为旋转中心的 Y 坐标，默认为行中心；关键字选择 PIVOT 可控制旋转后（$X0$，$Y0$）点是否仍然在原图像中的位置，不设置则（$X0$，$Y0$）点在图像的中心位置。

```
IDL > data = bytscl(dist(256))
IDL > tv,data
IDL > tv,rot(data,33,1.5,/interp)
```

7. 数组平移

Shift( )函数可以基于指定平移量 $S_1 \cdots S_n$ 对数组进行第 1…n 维平移，其中，S_i 值为正表示向前平移；S_i 为负表示向后平移。调用格式为

```
Result = Shift(数组,S1…Sn)
```

```
IDL > arr = indgen(5)
IDL > print,arr
IDL > ;数组右移了一个元素
       0       1       2       3       4
IDL > print,shift(arr,1)
```

```
        4        0        1        2        3
IDL>;数组右移了负一个元素(左移)
IDL>print,shift(arr,-1)
        1        2        3        4        0
IDL>arr=indgen(4,4)
IDL>;数组整体右移了两个元素
IDL>print,shift(arr,2)
       14       15        0        1
        2        3        4        5
        6        7        8        9
       10       11       12       13
IDL>;数组X方向右移了一个元素,Y方向下移一个元素
IDL>print,shift(arr,1,1)
       15       12       13       14
        3        0        1        2
        7        4        5        6
       11        8        9       10
```

8. 数组排序

Sort()函数实现数组的排序功能，返回结果是排序后数组的下标索引。调用格式为

```
Result=Sort(数组[,/L64])
```

```
IDL>arr=[5,2,1,3,4]
IDL>;数组排序后索引
IDL>print,sort(arr)
                 2              1              3              4              0
IDL>;排序后数组
IDL>print,arr[sort(arr)]
        1        2        3        4        5
```

9. 求不同值

Uniq()函数能返回数组中相邻元素不同值的索引。注意，该函数只能发现相邻值；若不相邻，则会认为是两个值。如果先对数组进行排序，则可求出数组中包含的不同值。调用格式为

```
Result=Uniq(数组 [,Index])
```

```
IDL>arr=[1,2,1,3,3]
IDL>print,arr[uniq(arr)]
        1        2        1        3
IDL>print,arr[uniq(arr[sort(arr)])]
        2        1        3
```

10. 判断数组

Array_Equal()函数用来判断两个数组是否完全相同。调用格式为

```
Result=Array_Equal (数组,/关键字)
```

其中，Result返回0或1；关键字No_TypeConv用于将两数组转换为同一类型，来判断数组

元素是否相同；为 1 时，数组可直接比较，不转换数据类型。

```
IDL>arr1 = [1,1]
IDL>arr2 = [1b,1b]
IDL>print,array_equal(arr1,arr2)
    1
IDL>print,array_equal(arr1,arr2,/no_typeconv)
    0
```

11. 求元素个数

N_Elements ( )函数计算数组元素的个数。调用格式为

```
Result = N_Elements(数组)
```

```
IDL>arr = intarr(4,5,2)
IDL>print,n_elements(arr)
          40
```

12. 求最大值

Max( )函数返回数组元素中的最大值。调用格式为

```
Result = Max(数组 [,关键字],min = 变量 1)
```

其中，Result 返回数组的最大值；变量 1 返回数组的最小值。

```
IDL>arr = findgen(2,3,2)
IDL>print,arr
      0.000000      1.00000
       2.00000      3.00000
       4.00000      5.00000

       6.00000      7.00000
       8.00000      9.00000
       10.0000      11.0000
IDL>print,max(arr,min = minVal)
       11.0000
IDL>print,minVal
      0.000000
```

13. 求最小值

Min( )函数与 Max( )函数类似，但它返回数组元素的最小值。调用格式为

```
Result = Min(数组 [,关键字],max = 变量 1)
```

其中，Result 返回数组的最小值；变量 1 返回数组的最大值。

```
IDL>arr = findgen(2,3,2)
IDL>print,min(arr,max = maxVal)
      0.000000
IDL>print,maxVal
      11.0000
```

14. 求和

Total( )函数可以计算数组中所有或部分元素的和。调用格式为

```
Result = Total(数组,Dimension,[,关键字])
```

其中，Result 返回数组元素求和结果；Dimension 为求和元素的行列控制；Cumulative 返回同大小数组，数组第 i 个元素值为 $0\sim i$ 元素值的和；Double 返回双精度值；Integer 返回整型值；preserve_type 结果类型与原数组类型一致，设置该关键字时，double 等关键字无效。

```
IDL > arr = FINDGEN(2,3)
IDL > print,arr
      0.000000      1.00000
       2.00000      3.00000
       4.00000      5.00000
IDL > ;数组求和
IDL > print,total(arr)
       15.0000
IDL > ;新数组,每个值为原数组 0 - i 个元素的和
IDL > print,total(arr,/cumulative)
      0.000000      1.00000
       3.00000      6.00000
       10.0000      15.0000
IDL > ;按行求和
IDL > print,total(arr,1)
       1.00000      5.00000      9.00000
IDL > ;按列求和
IDL > print,total(arr,2)
       6.00000      9.00000
```

15. 乘积计算

Product( )函数计算数组中所有或部分元素的乘积。调用格式为

```
Result = Product(数组,Dimension,[,关键字])
```

其中，关键字与 total 函数的基本一致。

```
IDL > arr = FINDGEN(2,3) + 1
IDL > print,arr
     1.00000      2.00000
     3.00000      4.00000
     5.00000      6.00000
IDL > ;数组元素乘积
IDL > print,product(arr)
      720.00000
IDL > ;新数组,每个值为原数组 0 - i 个元素的乘积
IDL > print,product(arr,/cumulative)
      1.0000000      2.0000000
      6.0000000      24.000000
      120.00000      720.00000
IDL > ;按行求乘积
IDL > print,product(arr,1)
```

```
      2.0000000      12.000000      30.000000
IDL>;按列求乘积
IDL>print,product(arr,2)
      15.000000      48.000000
```

16. 阶乘计算

Factorial( )函数计算数 N 的阶乘，即 $N!$。调用格式为

```
Result = Factorial (数组,[,关键字])
```

其中，关键字 Stirling 返回结果为 Stirling 近似值，计算公式为

$$N! = \sqrt{2\pi N}\left[\frac{N}{e}\right]^N$$

```
IDL>;求 5 的阶乘
IDL>print,factorial(5)
      120.00000
```

17. 平均值计算

Mean( )函数计算数组元素的平均值。调用格式为

```
Result = Mean (数组,[,关键字])
```

```
IDL>arr = [65,63,67,64]
IDL>print,mean(arr)
     64.7500
```

18. 方差计算

Variance( )函数计算数组的方差。调用格式为

```
Result = Variance (数组,[,关键字])
```

```
IDL>arr = [1,1,1,2,5]
IDL>print,variance(arr)
     3.00000
```

19. 标准差计算

Stddev( )函数计算数组的标准差。调用格式为

```
Result = Stddev(数组,[,关键字])
```

```
IDL>arr = [1,1,1,2,5]
IDL>print,stddev(arr)
     1.73205
```

20. 平均值、方差、倾斜度及频率曲线峰态计算

Moment( )函数可以计算数组的平均值、方差、倾斜度及频率曲线峰态。调用格式为

```
Result = Moment (数组,[,关键字])
```

```
IDL>arr=[1,1,1,2,5]
IDL>print,moment(arr)
    2.00000      3.00000     0.923760      -1.13333
```

4.3.6 矩阵运算

矩阵是线性代数中的一个概念，在计算机中，矩阵可以用一种数组表示。矩阵与数组的区别在于，矩阵的元素是数，数组的元素还可以是字符或其他类型，所以矩阵可以算作是数组的子集。

矩阵相乘，***A*#*B*** 表示 ***A*** 的列乘以 ***B*** 的行，要求 ***A*** 的行数必须跟 ***B*** 的列数一致。

```
IDL>A=[[0,1,2],[3,4,5]]
IDL>B=[[0,1],[2,3],[4,5]]
IDL>print,a
       0       1       2
       3       4       5
IDL>print,b
       0       1
       2       3
       4       5
IDL>print,a#b
           3           4           5
           9          14          19
          15          24          33
```

对转置矩阵乘运算可参考 MATRIX_MULTIPLY 函数。

A*##*B 表示 ***A*** 的行乘以 ***B*** 的列，此时要求 ***A*** 的列数必须与 ***B*** 的行数一致。

```
IDL>print,a##b
          10          13
          28          40
```

表 4.10 矩阵运算函数

函数名	函数描述
INVERT	求逆
DETERM	行列数求值
MATRIX_POWER	矩阵乘积

4.4 字符串

4.4.1 创建字符串

字符串和字符串数组通过赋值或函数方式来创建。在 IDL 中字符串用" " 或''括起来表示。例如，下面为字符串和字符串数组创建代码：

```
IDL > s1 = "abcdef"
IDL > help,s1
S1              STRING     ='abcdef'
IDL > s2 = strarr(4)
IDL > help,s2
S2              STRING     = Array[4]
```

创建字符串时，使用" "或''的效果是一样的，但以"为首的字符串的首字符不能为数字，因为以"开头的数字串代表一个8进制数，如"11表示8进制的11，即10进制的9。

```
IDL > help,"11
<Expression>     INT       =        9
```

当字符串中需要包含'或"时，可以在字符串里面写两个同样的'或"符号，示例代码如下：

```
IDL > s1 = "abcde"
IDL > help,s1
S1              STRING     ='abcde'
IDL > s2 = "a'b'c"
IDL > help,s2
S2              STRING     ='a'b'c'
IDL > s3 ='ab''c'
IDL > help,s3
S3              STRING     ='ab'c'
IDL > s4 = "ab""""c"
IDL > help,s4
S4              STRING     ='ab""c'
```

4.4.2 字符串连接

字符串连接直接用加号“+”。

```
IDL > s1 = "abc"
IDL > s2 = "def"
IDL > s3 = s1 + s2
IDL > help,s3
S3              STRING     ='abcdef'
```

4.4.3 字符串转换

使用类型转换函数可将字符串转换到其他数据类型。字符串可以直接转换为字节类型(byte)，而整型（int）、浮点型（float）等其他类型不允许直接转换，需要先将字符串转换为字节类型再转为其他类型；逆变换也是如此。

```
IDL > s1 = "abc"
IDL > print,byte(s1)
  97  98  99
IDL > print,fix(s1)
% Type conversion error:Unable to convert given STRING to Integer.
```

```
% Detected at: $MAIN$
    0
IDL>print,fix(byte(s1))
     97      98      99
IDL>print,string([97,98,99])
     97       98       99
IDL>print,string(byte([97,98,99]))
abc
```

4.4.4 处理函数

字符串操作在文件读取、命令行输入以及窗口参数输入时经常被用到。在IDL中，字符串操作都是通过字符串处理函数来实现的。字符串处理函数见表4.11所示。

表4.11 字符串处理函数

函数名及参数	函数描述
STRCMP(str1,str2,N,/FOLD_CASE)	对两个字符串进行比较，如果存在 *N*，只对前 *N* 个进行比较；/FOLD_CASE 表示模糊比较
STRCOMPRESS(str1)	删除字符串 str1 中的空格
STREGEX()	正则表达式
STRJOIN()	字符串相连接
STRLEN()	返回字符串的长度
STRLOWCASE()	将所有大写字母改写成小写字母
STRMATCH(Str1,Str2)	字符串 Str1 中是否存在 Str2，可以使用通配符
STRMID(Str1,po1,Len,REVERSE_OFFSET)	从字符串 Strl 的 po1 处开始取出 Len 个字符；字符串第一个字符的位置为0
STRPOS(Exp_Str1,Sea_Str2,Pos,REVERSE_OFFSET,/REVERSE_SEARCH])	从一个字符串中查找与另一个字符串完全匹配的起始点所在位置。Pos 是查找点的起始位置，默认值为0、1（如果指定/REVERSE_SEARCH]）；指定时，则表示从开始的 Pos 起，或者从末尾开始的 Pos 起（如果指定 REVERSE_OFFSET）
STRPUT,Des_Var_str,Sou_str,Pos	将字符串 Sou_str 插入到字符串 Des_Var_str 之中，Pos 是插入点的位置，依次将字符串 Sou_str 覆盖插入到 Des_Var_str 中，且结果字符串最大长度与 Des_Var_str 一致
STRSPLIT(Str1)	根据特定的要求拆分字符串 str1
STRTRIM(str,Flag)	移去字符串中的空格. Flag：0（移去尾部空格）；1（移去首部空格）；2（移去两边的空格）
STRUPCASE()	将所有小写字母改写成大写字母

利用表4.11中的字符串处理函数可以实现字符串的截取、去除空格和字符串子串匹配等操作。下面对常用的字符串操作进行举例。

1. 字符串截取

例如，某 MODIS 数据文件名为“AMOD0320040707140331. hdf”，其中 A 代表上午星 Terra；MOD 代表传感器为 MODIS；03 代表 GEOLOCATION 数据；20040707 代表数据采集日期为 2004 年 7 月 7 日；140331 代表该轨数据是在国际标准时间 14 时 03 分 31 秒入境。利用字符串操作函数提取采集时间的示例代码如下：

```
IDL>;文件完整路径
IDL>file='c:\temp\AMOD0320040707140331.hdf'
IDL>;获取文件完整路径的文件名
IDL>basename=file_baseName(file)
IDL>print,basename
AMOD0320040707140331.hdf
IDL>;获取文件名中的时间部分字符
IDL>print,strMid(basename,6,8)
20040707
```

基于文件名计算文件名的扩展名的代码如下：

```
IDL>file='c:\temp\AMOD0320040707140331.hdf'
IDL>basename=file_baseName(file)
IDL>;查找文件名中"."的位置
IDL>pPos=STRPOS(baseName,'.',/REVERSE_SEARCH)
IDL>;如存在"."则输出大写格式的扩展名
IDL>if pPos[0] ne -1 then print,StrUpCase(StrMid(baseName,pPos[0]+1,3))
HDF
```

2. 多子串截取

字符串函数可以用于同时提取多子串，示例代码如下：

```
IDL>str='abcdefghijklmnopqrst'
IDL>;数组截取可以采取下标数组的方式
IDL>str1=STRMID(str,INDGEN(4)*5,5)
IDL>help,str1
STR1            STRING    =Array[4]
IDL>print,str1
abcde fghij klmno pqrst
```

3. 空格去除

去除空格的函数有 StrTrim 和 StrCompress，示例代码如下：

```
IDL>;定义整型变量
IDL>var=41
IDL>;转换为字符串
IDL>str=string(var)
IDL>;转换后前面包含空格
IDL>help,str
STR             STRING    ='          4'
IDL>;定义前后都包含空格的字符串
IDL>str=" 6  "
IDL>; StrTrim 函数去除前后空格
```

```
IDL>help,StrTrim(str,2)
<Expression>    STRING    ='6'
IDL>;字符串前后和中间均有空格
IDL>str="  5 6 7  "
IDL>;函数 StrCompress 去除字符串中的所有空格
IDL>help,StrCompress(str,/Remove_all)
<Expression>    STRING    ='567'
```

4. 数组处理

利用字符串操作函数实现求整型数组中以2开头的子数组。例如，数组 arr=[12，23，45，65，25]，求出的结果应该为［23，25］，示例代码如下：

```
IDL>arr=[12,23,45,65,25]
IDL>print,arr[WHERE(STRMATCH(StrTrim(arr,2),'2*') EQ 1)]
      23      25
```

4.4.5 特殊字符

ASCII 码是对字母、数字和一些特殊符号的统一二进制编码。IDL 支持绝大多数 ASCII 码的显示输出，但有一部分是无法打印输出的特殊字符，见表 4.12 所示。

表 4.12 特殊字符对照表

ASCII 字符	数据值（字节型）	ASCII 字符	数据值（字节型）
Bell	7B	竖直 TAB	11B
后退	8B	走纸	12B
水平 TAB	9B	回车	13B
换行	10B	ESC（取消）	27B

4.5 结构体

结构体是一种复合变量，它可以是变量、数组或结构等类型的集合，通常用于程序参数传递或数据交换。IDL 中的结构体分为命名结构体和匿名结构体。

4.5.1 创建结构体

1. 命名结构体

创建结构体时用大括号｛｝，同时需要赋予结构体名称。例如，创建具有两个成员变量 *A*、*B* 的命名为 str1 的结构体：

```
IDL>struct1={str1,a:1,b:2}
IDL>help,struct1,/structure
** Structure STR1,2 tags,length=4,data length=4:
   A            INT            1
   B            INT            2
```

注意，通过“help，struct1，/structure”语句可以查看结构体 struct1 的基本信息：名称为 STR1，成员变量为两个；成员 *A* 整型变量值为 1；成员 *B* 整型变量值为 2。

命名结构体支持结构体继承，例如，对结构体 struct1 继承并增加成员 *C* 的新结构体 struct2 的示例代码如下：

```
IDL > struct2 = {str2,inherits str1,c:3}
IDL > help,struct2,/str
* * Structure STR2,3 tags,length = 6,data length = 6:
   A              INT               0
   B              INT               0
   C              INT               3
```

可以用 replicate 函数创建结构体数组，调用方法如下：

```
IDL > structs = replicate(struct2,10)
IDL > help,structs
STRUCTS         STRUCT     = -> STR2 Array[10]
```

2. 匿名结构体

创建匿名结构体的方法与创建命名结构体类似，区别在于创建时不需要赋予结构体名；

```
IDL > person = {name:'jack',country:'USA',work:'Esri'}
IDL > help,person
* * Structure <139f2d78 >,3 tags,length = 36,data length = 36,refs = 1:
  NAME           STRING    'jack'
  COUNTRY        STRING    'USA'
  WORK           STRING    'Esri'
```

结构体信息输出的 <139f2d78 >是 ID 号。注意，此 ID 号不作为结构体标识。

4.5.2 访问结构体

创建结构体后，可以通过结构体“变量名.成员名”或“变量名.(index)”的方式来访问。如访问本书第 4.5.1 节创建结构体——匿名结构体中创建的 person 结构体成员变量，示例代码如下：

```
IDL > print,person.NAME
jack
IDL > print,person.(0)
Jack
```

需要注意，结构体一旦创建（无论是命名结构体还是匿名结构体），其成员变量个数与数据类型将无法修改，赋值操作时结构体成员变量会自动进行类型转换，示例代码如下：

```
IDL > person.NAME = indgen(3)
% Expression must be a scalar in this context: < STRING     Array[3] >.
% Error occurred at: $ MAIN $
% Execution halted at: $ MAIN $
IDL > person.NAME = 678
IDL > help,person.NAME
 < Expression >     STRING     ='     678'
```

4.5.3 结构体操作函数

结构体操作函数可以参考表4.13。

表4.13　结构体操作函数

函数名	用途
CREATE_STRUCT()	根据给定的名字和值创建结构体，并能连接结构体
Help, * * *, /Struct	返回输入结构体的相关信息
N_TAGS()	返回结构体中的成员个数
TAG_NAMES()	返回结构体成员的名字

以结构体成员遍历功能为例，功能实现代码如下：

```
PRO TRAVERSE_STRUCT
  ;初始化结构体
  struct1 = {a:1,b:2,c:3,d:'a'}
  ;获取成员变量个数
  tagnumber = N_TAGS(struct1)
  ;获取成员名字
  tagNames = TAG_NAMES(struct1)
  ;依次输出成员变量
  FOR i = 0,tagnumber - 1 DO BEGIN
    PRINT,'Name:',tagnames[i],'value:',struct1.(i)
  ENDFOR
END
```

4.6 指针

IDL自5.0版本起增加了指针数据类型。创建指针时，其数据存储在IDL堆变量中。IDL的指针与C、C++和FORTRAN等其他程序语言的指针不同，它所处的堆变量是可以动态分配内存的全局变量，不指向真正的内存地址。

4.6.1 创建和访问指针

指针用指针函数Ptr_New()来创建，通过“*”+指针变量名来访问。

```
IDL >  pointer = Ptr_New(3d)
IDL >  help,pointer
POINTER         POINTER    = <PtrHeapVar41 >
IDL >print,*pointer
     3.0000000
```

指针赋值与变量赋值不一样，指针赋值是使两个指针指向同一个堆变量，修改任意一个会影响另一个。

```
IDL >var1 =1.0
IDL >var2 =var1
```

```
IDL>ptr1 = Ptr_New(var1)
IDL>ptr2 = ptr1
IDL>help,var1,var2,ptr1,ptr2
VAR1            FLOAT     =       1.00000
VAR2            FLOAT     =       1.00000
PTR1            POINTER   = <PtrHeapVar42>
PTR2            POINTER   = <PtrHeapVar42>
IDL> *ptr1 = 6
IDL>print, *ptr1, *ptr2
       6       6
```

指针数组用 PtrArr( ) 函数来创建。

```
IDL>ptrs = PtrArr(8)
IDL>help,ptrs
PTRS            POINTER   =Array[8]
```

4.6.2 空指针和非空指针

Ptr_New( ) 函数可以创建空指针，空指针不指向任何堆变量。如果创建指针以备后续指向某些数据，可利用 Ptr_New( ) 函数的 ALLOCATE_HEAP 关键字来实现。

```
IDL>ptr1 = Ptr_New()
IDL>help,ptr1
PTR1            POINTER   = <NullPointer>
IDL> *ptr1 = 3
% Unable to dereference NULL pointer:PTR1.
% Error occurred at: $MAIN$
% Execution halted at: $MAIN$
IDL>ptr2 = Ptr_New(/Allocate_heap)
IDL>help,ptr2
PTR2            POINTER   = <PtrHeapVar43>
IDL> *ptr2 = 10
```

4.6.3 内存控制

1. 分配内存

Ptr_New( ) 函数创建指针时，变量会被复制到堆变量中，原变量仍然保留在内存中。调用 Ptr_New 时，若设置 NO_COPY 关键字，则原变量不会保留在内存中。

```
IDL>arr = indgen(200,200)
IDL>ptr1 = Ptr_New(arr)
IDL>help,arr,ptr1
ARR             INT       =Array[200,200]
PTR1            POINTER   = <PtrHeapVar44>
IDL>ptr2 = Ptr_New(arr,/no_copy)
IDL>help,arr,ptr2
ARR             UNDEFINED = <Undefined>
PTR2            POINTER   = <PtrHeapVar45>
```

2. 释放内存

销毁指针可以释放占用的内存。IDL 中用 Ptr_Free 销毁指针，或者通过 HEAP_GC 或重置当前 IDL 进程来销毁指针。

```
IDL > ptr = Ptr_new(indgen(10))
IDL > help, * ptr
<PtrHeapVar47 >   INT        = Array[10]
IDL > Ptr_Free,ptr
IDL > help, * ptr
% Invalid pointer:PTR.
% Error occurred at: $MAIN$
% Execution halted at: $MAIN$
```

4.6.4 指针有效判断

指针创建后可以用 Ptr_Valid( ) 函数来判断是否有效。

```
IDL > ptr = Ptr_new(indgen(10))
IDL > print,Ptr_Valid(ptr)
   1
IDL > Ptr_Free,ptr
IDL > print,Ptr_Valid(ptr)
   0
```

4.7 对象

对象是数据（属性）和程序（方法）封装在一起的实体。对象的功能操作或接收到外界信息后的处理操作称为对象方法。

4.7.1 创建对象

IDL 中用 Obj_New 函数或 ObjArr 函数来创建对象。ObjArr( ) 函数用来创建对象数组；Obj_New( ) 函数用来创建某一特定类的对象，调用格式为

```
Result = OBJ_NEW([ObjectClassName [Arg1,…,Argn]])
```

其中，Result 为返回的对象实体；ObjClassName 为类名；Arg1、Argn 为参数。

IDL 自 8.0 版本起支持以对象类名函数的方式创建对象，调用格式为

```
Result = ObjClassName( )
```

下面为创建对象的示例代码：

```
IDL > imgdata = BYTSCL(DIST(300))
IDL > ;创建图像对象
IDL > oImg1 = Obj_New('IDLgrImage',imgdata)
IDL > help,oImg1
OIMG1          OBJREF      = <ObjHeapVar3(IDLGRIMAGE)>
IDL > ;创建图像对象,使用了 No_Copy 关键字
IDL > oImg2 = Obj_New('IDLgrImage',imgdata,/No_Copy)
```

```
IDL >help,oImg2
OIMG2           OBJREF      = <ObjHeapVar9(IDLGRIMAGE)>
IDL >help,imgdata
IMGDATA         UNDEFINED = <Undefined>
IDL >oImg3 = IDLgrImage()
IDL >help,oImg3
OIMG3           OBJREF      = <ObjHeapVar10(IDLGRIMAGE)>
```

4.7.2 调用对象

调用对象即调用对象中的方法，对象方法包括过程（Procedure）方法和函数（Function）方法两类，两者的调用格式不同。

1. 过程方法

调用格式为

```
Obj.Procedure_Name,Argument,[Optional_Argument]
```

或

```
Obj ->Procedure_Name,Argument,[Optional_Argument]
```

下面为对象形式显示一个图像对象的示例代码：

```
IDL >;创建图像对象
IDL >oImage = Obj_New('IDLgrImage',dist(300))
IDL >;创建 IDLgrModel 对象
IDL >oModel = Obj_New('IDLgrModel')
IDL >;建立对象层次关系
IDL >oModel.Add,oImage
IDL >;创建 IDLgrView 对象
IDL >oView = Obj_New('IDLgrView',viewPlane_rect = [0,0,300,300])
IDL >oView.Add,oModel
IDL >;创建 IDLgrWindow 对象
IDL >oWindow = Obj_New('IDLgrWindow')
IDL >;调用 IDLgrWindow 对象的 Draw 方法
IDL >oWindow.Draw,oView
```

oWindow. Draw、oView 和 oWindow -> Draw 中，oView 都是调用 oWindow 的 Draw 方法进行显示。

2. 函数方法

调用格式为

```
Result = Obj.Function_Name(Argument,[Optional_Argument])
```

或

```
Result = Obj ->Function_Name(Argument,[Optional_Argument])
```

在以上“过程方法”中示例代码运行后，继续输入以下命令：

```
IDL >;调用 IDLgrWindow 的 Read 函数方法
```

```
IDL>img=oWindow.Read()
IDL>help,img
IMG             OBJREF      =<ObjHeapVar51(IDLGRIMAGE)>
```

通过 Read( )方法可以获得 oWindow 绘制的内容，返回的是一个 IDLgrImage 对象。IDLgrImage 对象通过 GetProperty 方法可以得到显示内容的数组数据，进一步可以保存为图像文件。

4.7.3 销毁对象

销毁对象用 Obj_Destroy 函数，调用格式为

```
Obj_Destroy,ObjRef [,Arg1,…,Argn]
```

```
IDL>help,oWindow
OWINDOW         OBJREF      =<ObjHeapVar50(IDLGRWINDOW)>
IDL>Obj_Destroy,oWindow
IDL>help,oWindow
OWINDOW         OBJREF      =<ObjHeapVar50>
```

4.7.4 相关函数

IDL 中除了对对象进行创建、调用和销毁外，还有几个相关的处理函数。

1. OBJ_CLASS 函数

该函数用来获得对象的基类或继承类名称。调用示例代码如下：

```
IDL>oWindow=Obj_New('IDLgrWindow',Dimension=[300,300])
IDL>print,Obj_Class(oWindow)
IDLGRWINDOW
```

2. OBJ_HASMETHOD 函数

该函数用来判断对象是否具备某个方法。调用示例代码如下：

```
IDL>oWindow=Obj_New('IDLgrWindow',Dimension=[300,300])
IDL>print,Obj_Class(oWindow)
IDLGRWINDOW
IDL>print,Obj_HasMethod(oWindow,"read")
    1
IDL>print,Obj_HasMethod(oWindow,"readimg")
    0
```

3. OBJ_ISA 函数

该函数用来判断对象是否是某个类的实例。调用示例代码如下：

```
IDL>print,Obj_Isa(oWindow,"IDLGRWINDOW")
    1
IDL>print,Obj_Isa(oWindow,"IDLGRIMAGE")
    0
```

4. OBJ_VALID 函数

该函数用来判断对象是否有效，如果对象已经被销毁，则函数返回值为0。

```
IDL>print,Obj_Valid(oWindow)
   1
IDL>Obj_Destroy,oWindow
IDL>print,Obj_Valid(oWindow)
   0
```

4.8 链表

链表（list）是一个复合数据类型，它可以包含变量、数组、结构体、指针、对象、链表和哈希表等数据类型。链表中的元素是有次序的，可以通过索引来进行编辑操作。

4.8.1 创建链表

链表由 list()函数来创建，调用格式为

```
Result=LIST([Value1,Value2,…,Valuen][,/EXTRACT][,LENGTH=value][,/NO_COPY])
```

```
IDL>list_ex=list('a',1,ptr_new(5),{n:6})
IDL>help,list_ex
LIST_EX         LIST   <ID=23  NELEMENTS=4>
```

4.8.2 访问链表

链表访问与数组访问一样，通过下标索引实现。示例代码如下：

```
IDL>list_ex=list('a',1,ptr_new(5),{n:6})
IDL>help,list_ex
LIST_EX         LIST   <ID=23  NELEMENTS=4>
IDL>print,n_elements(list_ex)
           4
IDL>print,list_ex[0]
   a
IDL>help,list_ex[3]
** Structure <12e7de10>,1 tags,length=2,data length=2,refs=2:
   N           INT          6
```

4.8.3 链表其他操作

1. 增加链表

增加链表的调用格式为

```
list.Add,Value[,Index][,/EXTRACT][,/NO_COPY]
```

示例代码如下：

```
IDL>list=LIST(1,2,3)
```

```
IDL>list.Add,4
IDL>PRINT,list
       1
       2
       3
       4
IDL>list.Add,100,0
IDL>PRINT,list
     100
       1
       2
       3
       4
```

2. 删除链表

删除链表的调用格式为

list.Remove[,Indices][,/ALL]或 Value=list.Remove([,Indices][,/ALL])

示例代码如下：

```
IDL>list1=list(1,'a',[2,3])
IDL>list1.remove,[1]
IDL>print,list1
       1
       2       3
IDL>list1.remove,/all
IDL>help,list1
LIST1           LIST   <ID=35   NELEMENTS=0>
```

3. 链表反转

链表反转的调用格式为

list.Reverse

示例代码如下：

```
IDL>list2=list(1,'a',[2,3])
IDL>print,list2
       1
a
       2       3
IDL>list2.reverse
IDL>print,list2
       2       3
a
       1
```

4. 转为数组

链表转的数组的调用格式为

Result=list.ToArray([MISSING=value][,TYPE=value])

示例代码如下：

```
IDL > arr = list1.ToArray()
IDL > help,arr
ARR             INT       = Array[4]
IDL > arr = list1.ToArray(Type = "float")
IDL > help,arr
ARR             FLOAT     = Array[4]
IDL > list1 = LIST(1,'23 ',!null)
IDL > print,list1.ToArray(missing = -99)
      1      23     -99
```

5. 链表连接

两个或多个链表的连接与字符串连接一样用“ + ”来实现。示例代码如下：

```
IDL > list1 = LIST('zero',1,2.0)
IDL > list2 = LIST(!PI ,[5,5])
IDL > list3 = list1 + list2
IDL > print,list3
zero
       1
      2.00000
      3.14159
       5       5
```

6. 链表比较

链表比较与数组比较类似，是对各个元素的比较。示例代码如下：

```
IDL > list1 = LIST('alpha',5,19.9)
IDL > list2 = LIST('alpha','abc',19.9)
IDL > PRINT,list1 EQ list2
    1   0   1
IDL > PRINT,list1 NE list2
    0   1   0
```

4.8.4 销毁链表

链表可以用 Obj_Destroy 函数来销毁。示例代码如下：

```
IDL > list1 = LIST('alpha',5,19.9)
IDL > help,list1
LIST1            LIST    < ID = 121   NELEMENTS = 3 >
IDL > Obj_Destroy,list1
IDL > help,list1
LIST1            OBJREF      = < ObjHeapVar121 >
```

4.9 哈希表

哈希表（Hash）是一个高效的复合数据类型，可以包括变量、数组、结构体、指针、对象、链表和哈希表等数据类型。哈希表的特点是关键字（Keys）与值对应，通过链表函数或关键字快速访问处理。

4.9.1 创建哈希表

哈希表可通过创建函数 hash( )创建，创建格式有以下四种：

- Result = HASH([Key1,Value1,Key2,Value2,…,Keyn,Valuen] [,/NO_COPY])
- Result = HASH(Keys,Values)
- Result = HASH(Keys)
- Result = HASH(Structure)

其中，Keys 为关键字；Value 为对应值。

```
IDL > hash1 = HASH("one",1.0,"blue",[255,0,0],"Pi",!DPI)
IDL > help,hash
HASH            HASH   < ID = 1   NELEMENTS = 3 >
IDL > print,hash1["one"]
     1.00000
IDL > keys = ['A','B','C','D']
IDL > values = list('one',6,Ptr_New(8),{b:3})
IDL > hash1 = hash(keys,values)
IDL > help,hash1
HASH1           HASH   < ID = 41   NELEMENTS = 4 >
```

4.9.2 访问哈希表

访问哈希表是根据关键字进行的，即 result = Hash [Keys]。示例代码如下：

```
IDL > keys = ['A','B','C','D']
IDL > values = list('one',6,Ptr_New(8),{b:3})
IDL > hash1 = hash(keys,values)
IDL > print,hash1["A"]
one
```

4.9.3 哈希表添加

哈希表元素的添加与数组元素的添加类似，即 Hash[key] = value。示例代码如下：

```
IDL > hash1 = HASH('key1',1,'key2',2)
IDL > hash1['key3'] = 3
IDL > print,hash1
key2:        2
key1:        1
key3:        3
```

4.9.4 哈希表其他操作

哈希表其他操作包括关键字的输出、查询，哈希表删除和转换为结构体等。

1. 关键字输出

关键字输出可调用 Hash::Keys( )函数，示例代码如下：

```
IDL>hash=HASH('black',0,'gray',128,'grey',128,'white',255)
IDL>list=hash.Keys()
IDL>print,list
white
black
gray
grey
```

2. 关键字查询

关键字查询可调用 Hash::HasKey()函数，示例代码如下：

```
IDL>hash=HASH('black',0,'gray',128,'grey',128,'white',255)
IDL>print,hash.HasKey('gray')
     1
IDL>print,hash.HasKey(['grey','red','white'])
     1       0       1
```

3. 删除哈希表

通过 Hash::Remove()函数可删除哈希表，示例代码如下：

```
IDL>hash=HASH("one",1.0,"blue",[255,0,0],"Pi",!DPI)
IDL>PRINT,hash
one:        1.00000
blue:        255       0       0
Pi:         3.1415927
IDL>hash.Remove,["one","Pi"]
IDL>PRINT,hash
blue:        255       0       0
IDL>PRINT,hash.Remove()
     255       0       0
```

4. 转换为结构体

哈希表转换为结构体可调用 Hash::ToStruct()函数，示例代码如下：

```
IDL>hash1=HASH('black',0,'gray',128,'grey',128,'white',255)
IDL>struct1=hash1.ToStruct()
IDL>help,hash1
HASH1           HASH    <ID=147   NELEMENTS=4>
IDL>help,struct1
** Structure <13453b90>,4 tags,length=8,data length=8,refs=1:
   WHITE           INT            255
   BLACK           INT              0
   GRAY            INT            128
   GREY            INT            128
```

5. 哈希表组合

哈希表用“+”来实现组合，示例代码如下：

```
IDL>hash1=HASH('key1',1,'key2',2)
IDL>hash2=HASH('key3','three','key4',4.0)
```

```
IDL > hash3 = hash1 + hash2
IDL > print,hash3
key2:        2
key1:        1
key4:      4.00000
key3:three
```

6. 哈希表比较

哈希表比较返回的结果是给出哈希表中共同的元素或不同元素，示例代码如下：

```
IDL > hash = HASH('key1',1.414,'key2',3.14,'key3',1.414)
IDL > result = hash EQ 1.414
IDL > print,result
key1
key3
IDL > hash1 = HASH('key1',1,'key2',2,'key3',3,'anotherkey',3.14)
IDL > hash2 = HASH('key1',1,'key3',3.5)
IDL > result = hash1 NE hash2
IDL > print,result
key2
anotherkey
key3
```

4.9.5 销毁哈希表

与链表类似，哈希表用 Obj_Destroy 函数来销毁，示例代码如下：

```
IDL > hash2 = HASH('key1',1,'key3',3.5)
IDL > help,hash2
HASH2           HASH    < ID = 269   NELEMENTS = 2 >
IDL > Obj_Destroy,hash2
IDL > help,hash2
HASH2           OBJREF      = < ObjHeapVar269 >
```

4.10 运算符

运算符用于执行代码的运算。例如，操作 2 + 3，经过执行运算符“ + ”之后的结果是 5。IDL 中的运算符分为数学运算符、逻辑运算符、位运算符、关系运算符、矩阵运算符以及括号、条件运算符等其他常用运算符。

4.10.1 数学运算符

数学运算符是指进行数学运算的运算符，IDL 中支持的数学运算符见表 4.14。

表 4.14 数学运算符

运算符	功能描述	运算符	功能描述
+	加	-	减
++	增运算	--	减运算

续表

运算符	功能描述	运算符	功能描述
*	乘	mod	取余
/	除	<	取小
^	幂	>	取大

4.10.2 逻辑运算符

逻辑运算符包括逻辑与（&&）、逻辑或（‖）和逻辑非（~）。

逻辑与运算后若为真或非零，则返回1；否则，返回0。示例代码如下：

```
IDL>print,5 && 2
    1
IDL>print,5 && 0
    0
IDL>print,"sd" && "d"
    1
IDL>print,"sd" && ""
    0
IDL>print,"sd" && " "
    1
```

逻辑或运算符为“‖”，使用示例代码如下：

```
IDL>print,5 || 2
    1
IDL>print,5 || 0
    1
IDL>print,0 || 0
    0
IDL>print,(5 GT 3) || (4 GT 5)
    1
```

逻辑非运算符为“~”，使用示例代码如下：

```
IDL>print,~3
    0
IDL>print,~0
    1
```

4.10.3 位运算符

位运算符是基于位的，IDL中包含四个位运算符：位加符、位取反符、位或符和位与或符。

1. 位加符

位加符是“AND”，示例代码如下：

```
IDL>print,5 AND 6
       4
```

原理如下：

5→0101
6→0110
———————
4→0100

2. 位取反符

位取反符是“NOT”，示例代码如下：

```
IDL>print,NOT 1
      -2
```

结果为-2，计算基本原理如下：计算机中二进制编码的最高位表示符号位。如果用4位二进制位来表示，1为“0001”，位取反后为“1110”，因最高位为符号位，即为负数。负数在计算机中是用补码表示的，补码“110”对应的值是按照“取反加1”得到，即“010”，十进制中的2，所以1取反后的值为-2。

3. 位或符

位或符是“OR”，示例代码如下：

```
IDL>print,5 or 10
       15
```

5→0101
10→1010
———————
15→1111

4. 位异或符

位异或符是“XOR”，示例代码如下：

```
IDL>print,3 XOR 5
       6
```

3→0011
5→0101
———————
6→0110

4.10.4　关系运算符

关系运算符包括等于、不等于、大于等于、大于、小于等于、小于。运算后，返回值是真（1）或假（0）。

1. 等于（EQ）

EQ（equal to）运算符，如果运算符两边相同，则返回真；否则，返回假，示例代码如下：

```
IDL>print,2 EQ 2.0
    1
```

2. 不等于（NE）

NE（not equal to）运算符，如果运算符两边不等，则返回真；否则，返回假，示例代码如下：

```
IDL >print,2 NE 2.0
    0
IDL >print,2 NE 1
    1
```

3. 大于等于（GE）

GE（greater than or equal to）运算符，如果运算符左边大于等于右边，则返回真；否则，返回假，示例代码如下：

```
IDL >print,2 GE 1
    1
IDL >print,2 GE 12
    0
```

4. 大于（GT）

GT（greater than）运算符，如果运算符左边大于右边，则返回真；否则，返回假，示例代码如下：

```
IDL >print,2 GT 1
    1
IDL >print,2 GT 12
    0
IDL >print,2 GT 2
    0
```

5. 小于等于（LE）

LE（less than or equal to）运算符，如果运算符左边小于等于右边，则返回真；否则，返回假，示例代码如下：

```
IDL >print,2 LE 1
    0
IDL >print,2 LE 12
    1
IDL >print,2 LE 2
    1
```

6. 小于（LT）

LT（less than）运算符，如果运算符左边小于右边，则返回真；否则，返回假。示例代码如下：

```
IDL >print,2 LT 1
    0
IDL >print,2 LT 12
    1
```

```
IDL >print,2 LT 2
    0
```

4.10.5 矩阵运算符

1. 数组乘

数组乘“#”是第一个数组的列元素乘以第二个数组的行元素并求和。示例代码如下：

```
IDL >arr1 = [[1,2,1],[2,-1,2]]
IDL >print,arr1
        1        2        1
        2       -1        2
IDL >arr2 = [[1,3],[0,1],[1,1]]
IDL >print,arr2
        1        3
        0        1
        1        1
IDL >print,arr1#arr2
        7              -1             7
        2              -1             2
        3               1             3
```

2. 矩阵乘

矩阵乘“##”，与数组乘类似，区别是行乘以列。示例代码如下：

```
IDL >print,arr1#arr2
           7              -1             7
           2              -1             2
           3               1             3
IDL >print,arr1##arr2
           2          6
           4          7
```

3. 使用扩展

求100 * 100 图像中某个点周围5 * 5 元素的平均值，示例代码：

```
IDL >arr = indgen(100,100)
IDL >iw = intarr(5) +1
IDL >m = indgen(5) -5 /2
IDL >;构建 5 * 5 下标矩阵 x 坐标
IDL >mX = m#iw
IDL >;构建 5 * 5 下标矩阵 y 坐标
IDL >mY = iw#m
IDL >;求第 50 行 50 列为中心的 5 * 5 区域所有值的平均值
IDL >xLoc = 49
IDL >yLoc = 49
IDL >print,mean(arr[xLoc + mX,yLoc + mY])
     4949.00
IDL >;输出 5 * 5 区域各个元素值
IDL >print,arr[xLoc + mX,yLoc + my]
```

```
    4747    4748    4749    4750    4751
    4847    4848    4849    4850    4851
    4947    4948    4949    4950    4951
    5047    5048    5049    5050    5051
    5147    5148    5149    5150    5151
```

4.10.6 其他运算符

1. 圆括号

圆括号“( )”用来对表达式进行组合或一系列表达式控制优先级。示例代码如下：

```
IDL >print,3 +4 * 2^2 /2
      11
IDL >print,3 + (4 * 2)^2 /2
      35
```

2. 方括号

方括号“ [ ]”用来数组连接或对数组进行元素调用。示例代码如下：

```
IDL >C = [0,1,3]
IDL >print,[C,5]
       0       1       3       5
IDL >print,C[2]
       3
```

3. 条件运算符

条件运算符是“?:”，调用格式为

```
value = expr1?expr2:expr3
```

如果 expr1 是 true，那么 value 等于 expr2；否则，value = expr3。示例代码如下：

```
IDL >A = 6 & B = 4
IDL >print,(A GT B)?A * 2:B * 4
      12
```

4. 对象方法调用符

对象方法调用符为“.”或“ ->”两种，对象可以通过这两种符号来调用相关的方法。示例代码如下：

```
IDL >oWindow -> Draw
IDL >oWindow.Draw
```

5. 指针引用符

指针调用符为“ * ”，引用格式为 * 指针变量名。

```
IDL >point1 = ptr_New(34)
IDL >print, * point1
      34
```

4.10.7 运算符优先级

不同的运算符有不同的优先级。IDL 中运算符的优先级参考表 4.15。

表 4.15 运算符优先级

优先级	操作符
一级（最高）	()（公式表达式） []（数组连接）
二级	.（结构体域表达式） []（数组元素调用） ()（函数引用）
三级	*（指针引用） ^（幂运算） ++（增运算） --（减运算）
四级	*（乘） #和##（矩阵乘） /（除） MOD（取余数）
五级	+（加） -（减或取反） <（求小） >（求大） NOT（位取反） ~（逻辑取反）
六级	EQ（等于） NE（不等于） LE（小于等于） LT（小于） GE（大于等于） GT（大于）
七级	AND（位与） OR（位或） XOR（位异或）
八级	&&（逻辑与） ‖（逻辑或）
九级	?:（条件运算符）

第5章　程序控制与优化

对应用程序而言，运算赋值语句是“血肉”，程序控制语句是“骨架”，两者有机地结合才能形成一个整体。与其他语言一样，IDL程序控制语句分为循环语句、条件语句和跳转语句三种。同时，IDL程序在传递参数时有灵活的参数传递方法，这也是IDL与其他语言的不同之处。本章首先讲述程序控制语句和参数传递；然后介绍程序错误检测和优化控制；最后通过实例的代码编写来分析如何编写高效率的IDL程序。

5.1　控制条件

IDL控制条件可以简单地理解为“True”（真）或“False”（假）。不同类型变量与对照值见表5.1。

表5.1　控制条件列表

数据类型	True（真）	False（假）
Byte、Integer、Long	奇数	偶数
Float、complex	非0值	0值
String	非空字符串	空串""
Pointer、Objects	非空指针或非空对象	空指针或空对象
List、Hash	至少包含一个成员	无成员

5.2　循环语句

5.2.1　For

for语句每次循环执行一个语句或语句块，调用格式为

```
for i = v1,v2 do 语句
```

或

```
for i = v1,v2, inc do 语句
```

或

```
for i = v1,v2,inc do begin
   语句块
endfor
```

其中，inc是增量，默认条件下为1，也可以任意设定。

```
;增量 1 的 for 循环
FOR i =0,5 DO BEGIN
  PRINT,i
ENDFOR
;增量 2 的 for 循环
FOR i =0,10,2 DO BEGIN
  PRINT,i
ENDFOR
;增量为 -0.2 的 for 循环
FOR i =1.0,0,-0.2 DO BEGIN
  PRINT,i
ENDFOR
```

5.2.2 ForEach

IDL 自 8.0 版本开始，可以直接用 ForEach 循环。ForEach 的调用格式为：

```
FOREACH Element, Variable [, Key] DO 语句
```

或

```
FOREACH Element, Variable [, Key] DO BEGIN
    语句块
ENDFOREACH
```

```
IDL >array = [1, 3, 5]
IDL >FOREACH element, array DO PRINT,'Element =',element
Element =        1
Element =        3
Element =        5
IDL >arr = INDGEN(3,3)
IDL >FOREACH element, arr[2, * ] DO PRINT, element
      2
      5
      8
```

5.2.3 While

循环中需要满足指定的条件时才执行某个功能，这时可以使用 while 循环。While 语句的调用格式为

```
while 条件 do 语句
```

或

```
while 条件 do begin
    语句块
endwhile
```

5.2.4 Repeat

循环中需要一直进行，直到特定条件满足才结束，此时可以调用 Repeat…Until 循环语

句。调用格式为

```
REPEAT 语句 UNTIL 条件满足
```

或

```
REPEAT BEGIN
    语句块
ENDREP UNTIL 条件满足
```

5.3 条件语句

5.3.1 If

当满足单个条件时执行某个功能，此时可以用 if 语句。调用格式为

```
If 条件 then 语句
```

或

```
if 条件 then 语句  else  语句
```

或

```
if 条件 then begin
    语句块
endif
```

或

```
if 条件 then begin
    语句块
endif else begin
    语句块
endelse
```

5.3.2 Case

寻找几个现有条件中与当前条件匹配时可以用 case 语句，调用格式为

```
case  表达式  of
   情况 1:语句
          或
          begin
            语句块
          end
   情况 2:语句
          或
          begin
            语句块
```

```
          end
    …
    else:语句
         或
         begin
           语句块
         end
endcase
```

程序执行时，若表达式与其中的某个情况匹配，则执行该情况下对应的语句，然后跳到endcase语句结束；如果没有匹配项，则执行else下的语句；但如果没有写else语句，程序则将提示错误。一般在使用case语句时，都需加上else来确保程序正确执行。

```
index = 1
CASE index OF
  0: PLOT,SIN(FINDGEN(100)*0.25)
  1: SURFACE,dist(32)
  2: BEGIN
    ERASE
    image = dist(400)
    TVSCL,image
  END
  ELSE: PRINT,index
ENDCASE
```

5.3.3 Switch

Switch的调用格式与Case一样，但与case的不同之处在于，遇到与条件相一致的情况时，它会从此情况开始依次执行下面的各个情况直至endswitch。调用示例代码如下：

```
PRO TEST_SWITH
  x = 2
  SWITCH x OF
    1: PRINT,'one'
    2: PRINT,'two'
    3: PRINT,'three'
  ENDSWITCH
  PRINT,'end'
END
```

执行该程序的输出内容：

```
IDL > test_swith
% Compiled module: TEST_SWITH.
two
three
end
```

5.4 跳转语句

5.4.1 Break

当进行条件循环时，一般等到满足指定条件时循环就会结束。Break 提供了一个从循环（for、while 和 repeat）或 case、switch 等状态中快速退出的方法。以 while 循环为例，使用 Break 的示例代码如下：

```
PRO TEST_BREAK
  I = 0
  WHILE (1) DO BEGIN
    i = i +1
    IF ( i EQ 5 ) THEN BREAK
    PRINT,i
  ENDWHILE
  print,'Start For'
  FOR i = 2,10 DO BEGIN
    IF i EQ 5 THEN CONTINUE
    PRINT,i
  ENDFOR
END
```

程序执行后的输出如下：

```
IDL > test_break
% Compiled module: TEST_BREAK.
       1
       2
       3
       4
Start For
       2
       3
       4
       6
       7
       8
       9
      10
```

5.4.2 Continue

Continue 提供了从当前循环的某一步中（如 for、while 和 repeat）退出进入下一步循环的方法。下面是 for 循环中使用 continue 的示例代码：

```
PRO test_continue
  FOR i =1,5 DO BEGIN
    IF ( i GT 2 ) THEN CONTINUE
    PRINT, i
  ENDFOR
  PRINT,'end'
END
```

执行程序的输入内容如下：

```
IDL >test_continue
% Compiled module: TEST_CONTINUE.
       1
       2
end
```

5.4.3 Goto

Goto 可以使程序跳转到某一标签处，标签的格式为“字符串:”，参考下面示例程序：

```
PRO test_goto
  GOTO, JUMP1
  PRINT,'Skip this'; This statement is skipped
  PRINT,'Skip this'; This statement is also skipped
  JUMP1: PRINT,'Do this'
END
```

程序执行后输出内容如下：

```
IDL >test_goto
% Compiled module: TEST_GOTO.
Do this
```

5.5 参数及关键字

IDL 过程或函数中可以使用位置参数和关键字参数来进行参数传递。

5.5.1 位置参数

位置参数在过程或函数中用来传递变量或表达式。以下面的过程为例：

```
PRO using_parameters, param1,param2
  HELP,param1,param2
  PRINT,N_PARAMS()
END
```

调用格式为

```
test_parameters, ‘par’,’par2’,
```

即此时的传入参数是与位置顺序依次对应的。程序调用时，位置参数不一定是必需的，部分位置参数是可选的。程序调用时位置参数可以用函数 N_Params( )来获得参数个数。下面两种调用方式的不同输出：

```
IDL >using_parameters
PARAM1          UNDEFINED = <Undefined >
PARAM2          UNDEFINED = <Undefined >
           0
IDL >using_parameters,'aa',0
PARAM1          STRING    = 'aa'
PARAM2          INT       =        0
           2
```

5.5.2 关键字参数

关键字参数是IDL程序中可选择设置的参数，它的特点是不仅支持变量传入，还支持返回变量。参数传入可以是一个预先定义的参数或一个Bool值；可以用来返回所需要的值。

关键字参数在程序调用时不依靠位置，而是依靠名字来确定，故它可以放在函数的任意位置。关键字在调用时有加反斜杠“/”的写法，添加“/”相当于在调用时该关键字传入值为1。

关键字用keyword_set()函数检测，若已定义，则函数返回1；否则，返回0。编写下面测试代码：

```
PRO USING_KEYWORDS, input, keyword1 = keyword1, keyword2 = keyword2,swap = swap
  COMPILE_OPT idl2
  HELP,input
  HELP,keyword1
  HELP,keyword2
  PRINT, KEYWORD_SET(swap)
  IF KEYWORD_SET(swap) THEN BEGIN
    PRINT,'swap'
  ENDIF
END
```

程序调用及输出信息如下：

```
IDL >USING_KEYWORDS,'3',keyword1 =1,/swap
INPUT           STRING     ='3'
KEYWORD1         LONG       =              1
KEYWORD2         UNDEFINED = <Undefined >
       1
swap
```

从运行结果中可以看出，“/swap”的写法相当于“swap =1”。

5.5.3 参数继承

IDL下支持关键字继承，这一点与面向对象中类的方法继承类似。编写下面测试代码：

```
PRO USING_EXTRAARGM, a, b, _EXTRA = e
  PLOT, a, b,  _EXTRA = e
END
```

在IDL下进行如下调用：

```
IDL >USING_EXTRAARGM,findgen(200),sin(findgen(200)),color =16777751,thick
=2
```

“_EXTRA = e”将调用时输入参数的“color = 16777751, thick = 2”全部继承并传递给plot命令。

5.5.4 参数传递

参数传递分值传递和地址传递两种。地址传递，子程序中对变量的修改会在主程序中生效；值传递，子程序中对变量的修改在主程序中无效。IDL中地址传递和值传递的变量对应关系见表5.2。

表5.2 地址传递和值传递列表

地址传递	值传递	地址传递	值传递
变量	常数	_EXTRA	_REF_EXTRA
完整数组	数组元素		系统变量
结构体	结构体成员		表达式

示例代码如下：

```
PRO USING_ARGMECHANISM, arg
  arg = 3 * arg
END
PRO TEST_ARGMECHANISM
  s = 5
  ;变量 - 地址传递
  USING_ARGMECHANISM,s
  PRINT,s
  PRINT,'------------'
  DEFSYSV,'!sValue',33
  ;系统变量 - 值传递
  USING_ARGMECHANISM,!sValue
  PRINT,!sValue
  PRINT,'------------'
  arr = INDGEN(5)
  ;数组 - 地址传递
  USING_ARGMECHANISM, arr
  PRINT,arr
  PRINT,'------------'
  arr = INDGEN(5)
  ;数组元素 - 值传递
  USING_ARGMECHANISM,arr[0:3]
  PRINT,arr
  PRINT,'------------'
END
```

运行后，控制台的输出信息如下：

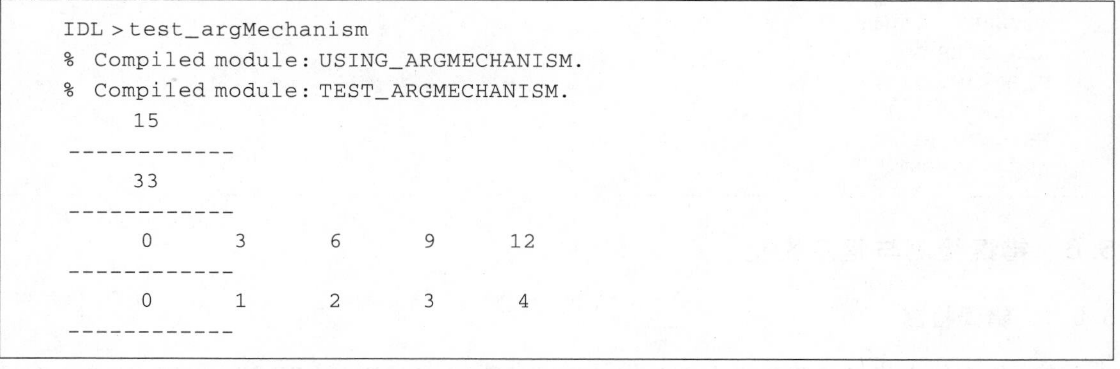

```
IDL>test_argMechanism
% Compiled module: USING_ARGMECHANISM.
% Compiled module: TEST_ARGMECHANISM.
      15
------------
      33
------------
       0       3       6       9      12
------------
       0       1       2       3       4
------------
```

5.5.5 相关函数

程序在互相调用时，可通过相关函数来判断函数参数的传递或设置。函数列表见表 5.3。

表 5.3 相关函数

函数	功能
N_PARAMS()	返回参数个数（不包括关键字参数）
N_ELEMENTS()	返回变量元素个数
KEYWORD_SET()	关键字参数是否设置
ARG_PRESENTS()	引用参数是否设置

程序中调用参数传递函数与相关函数的示例程序如下：

```
PRO USING_PARM,x,y,position = position
  PRINT,'N_PARAMS():',N_PARAMS()
  PRINT,'N_ELEMENTS():',N_ELEMENTS(x)
  PRINT,'KEYWORD_SET():',KEYWORD_SET(y)
  PRINT,'ARG_PRESENT',ARG_PRESENT(y)
END
PRO TEST_PARAM
  USING_PARM,INDGEN(10)
  USING_PARM,INDGEN(10),SIN( INDGEN(10))
  USING_PARM,INDGEN(10),SIN( INDGEN(10)),position = [0,0]
END
```

程序运行后输出如下：

```
IDL > test_param
% Compiled module: USING_PARM.
% Compiled module: TEST_PARAM.
N_PARAMS():           1
N_ELEMENTS():           10
KEYWORD_SET():        0
ARG_PRESENT       0
N_PARAMS():           2
N_ELEMENTS():           10
KEYWORD_SET():        1
ARG_PRESENT       0
N_PARAMS():           2
N_ELEMENTS():           10
KEYWORD_SET():        1
ARG_PRESENT       0
```

5.6 错误检测与程序恢复

5.6.1 错误检测

IDL 下有三个错误检测程序：CATCH、ON_ERROR 和 ON_IOERROR。CATCH 是一个错

误捕获程序，它会捕获 IDL 程序中的错误并允许程序员对其进行处理。错误发生时，若为输入/输出错误，IDL 首先查找 ON_IOERROR，若存在，则进行处理；若不存在，则进行常规错误触发处理。然后在当前程序中查找错误发生位置，这就是一个“CATCH”。若未发现任何“CATCH”，IDL 就会返回至调用该程序的过程或函数中查找“CATCH”，如没有就触发 ON_ERROR，处理流程见图 5.1 所示。

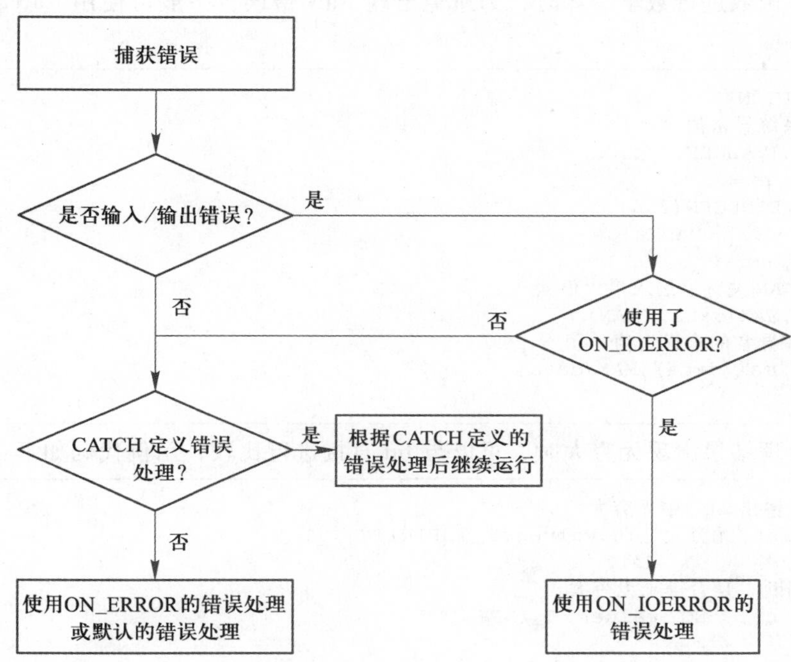

图 5.1　IDL 中的错误处理流程

5.6.2　数学错误

IDL 可以检测数学运算错误。操作系统中浮点数运算一般执行的是 IEEE（美国电气和电子工程师协会）浮点标准，IDL 编译器依靠系统变量！EXCEPT 和 CHECK_MATH 函数来检测系统是否出现数学运算错误。!EXCEPT 的值为 0、1 和 2，其中，值为 0 时，程序异常则不提示任何错误信息；值为 1 时，程序异常则会提示如下信息：

```
% Program caused arithmetic error: Integer divide by 0
```

值为 2 时，程序异常则会提示如下信息：

```
% Program caused arithmetic error: Integer divide by 0
% Detected at $MAIN $
```

IDL 下的浮点数错误会用 NaN 和 Infinity 来取代，查看 IDL 中的 NaN 代码：

```
IDL > PRINT, !VALUES.F_NAN
        NaN
```

FINITE 函数可以用来检测数据是否有效，测试代码：

```
IDL >print,FINITE(!VALUES.F_NAN)
  0
IDL >print,FINITE(1)
  1
```

调用 IDL 函数进行数学运算时，为避免出现 NaN 错误，一般可使用 NaN 关键字，调用示例代码如下：

```
PRO AVOID_NAN
  ;输出系统异常值
  PRINT,!VALUES.F_NAN
  NaNValue =0/0.
  data = FINDGEN(3,4)
  data[ * ,3] = NaNValue
  PRINT,data;
  ;添加 NAN 关键字后求最大值
  PRINT,MAX(data,/NAN)
  ;不考虑异常的求最大值
  PRINT,'max(data)',MAX(data)
END
```

当数据处理结果出现无穷大时，可以与 Inf 直接进行比较，示例代码如下：

```
  IDL >;输出 IDL 中无穷大
IDL >print,'无穷大是:',!values.F_INFINITY
无穷大是:          Inf
IDL >;判断 1 是否等于无穷大
IDL >print, 1 EQ !values.F_INFINITY
   0
IDL >;判断 1/0. 的结果是否为无穷大
IDL >print, 1/0. EQ !values.F_INFINITY
   1
```

5.6.3 程序恢复

程序恢复就是程序在出现错误时能够自动提示并继续运行，而不是直接关闭。根据本书第 5.6 节错误检测与程序恢复中的内容，IDL 中的程序恢复可利用 CATCH 进行错误检测处理，保障程序在合理的异常范围内继续运行。CATCH 的调用方式可参考下面代码：

```
PRO USING_CATCH
  CATCH, error_status
  A = INDGEN(6)
  ;检测错误
  IF Error_status NE 0 THEN BEGIN
    PRINT,'Error index:', Error_status
    PRINT,'Error message:', !ERROR_STATE.Msg
    ;重新定义 A
    A = INDGEN(7)
    CATCH, /CANCEL
  ENDIF
  A[6]=12
  PRINT, A
END
```

程序运行后输出信息如下：

```
% Compiled module: USING_CATCH.
Error index:          -162
Error message: Attempt to subscript A with <INT      (      6)>is out of range.
       0       1       2       3       4       5       12
```

分析：从程序的运行中可以发现，当程序遇到 A[6] =7 数组越界的错误后会进入检测错误中，原程序段重新定义了满足要求的数组，使得程序正常运行。

5.7 编译规则

COMPILE_OPT 允许对 IDL 编译器的默认编译规则稍微进行修改，常用关键字有 DEFINT32、STRICTARR 和 LOGICAL_PREDICATE。

- COMPILE_OPT DEFINT32：把默认 IDL 的整型数据 16 位修改为 32 位；
- COMPILE_OPT STRICTARR：默认数组元素的选取用方括号，不能够用圆括号，避免出现与函数调用混淆。
- COMPILE_OPT LOGICAL_PREDICATE：逻辑控制中的判断规则，如果设置了该规则，则所有非 0 均为“真”、0 均为“假”（可参考第 5.1 节的控制条件）。

此外，常用 COMPILE_OPT IDL2 语句，其功能相当于同时使用 COMPILE_OPT DEFINT32 和 STRICTARR，即编译规则中添加“IDL 整型数据为 32 bit”和“数组下标引用必须用方括号”。

```
IDL>;重置 IDL 进程,回复默认编译规则
IDL>.reset
IDL>data = indgen(3,4)
IDL>;允许使用圆括号选取数组元素
IDL>print,data(*)
     0      1      2      3      4      5      6      7      8      9     10     11
IDL>;编译规则严格限制
IDL>compile_opt strictarr
IDL>;圆括号选取数组出错
IDL>print,data(*)
print,data(*)
          ^
% Syntax error.
```

5.8 高效编程

对计算机来说，程序运行时最大的矛盾就是时间与空间的矛盾，程序的高效率也体现在这两个方面，即内存占用少且运行时间短。在程序编写时可以充分发挥 IDL 语言自身的特性进行程序的时间和空间优化。

5.8.1 时间优化

IDL 一个突出的特点是很多函数基于数组整体运算，这样在程序编写过程中很多循环操作可以通过函数直接实现。

1. 图像翻转

不同软件显示图像时，图像坐标原点可能会在左上角（如 ENVI），也可能在左下角（如 IDL），那么对同一图像，显示时需要考虑图像翻转的问题。（下面算法部分代码仅为代码运行效率优化示例，IDL 下坐标原点可用 order 关键字来控制，无需翻转图像。）

例如，对大小为 512 像素 * 512 像素的图像进行翻转，可有以下几种算法。

（1）循环交换像素。对 IDL 初学者来说，最常规的方法是循环交换像素，示例代码如下：

```
;循环进行像素交换
FUNCTION DO_METHOD_01, img
  ;列循环
  FOR i = 0,511 DO BEGIN
    ;图像上一半行循环
    FOR j = 0,255  DO BEGIN
      ;保存当前点坐标
      tmp = img[i,j]
      ;用中间对称点替换
      img[i,j] = img[i,511 - j]
      ;交换数据
      img[i,511 - j] = temp
    ENDFOR
  ENDFOR
  ;返回翻转结果
  RETURN, img
END
```

（2）基于行交换。在循环交换像素运算基础上，利用 IDL 的数组操作优势，以行为单位进行交换，从而提高运行效率。示例代码如下：

```
;利用 IDL 特点行交换
FUNCTION DO_METHOD_02, img
  ;图像上一半行循环
  FOR j = 0,255  DO BEGIN
    ;保存当前行坐标
    tmp = img[*,j]
    ;用中间对称点替换
    img[*,j] = img[*,511 - j]
    ;交换数据
    img[*,511 - j] = tmp
  ENDFOR
  ;返回翻转结果
  RETURN, img
END
```

（3）基于行交换的改进算法。如果先将原数组复制，再基于行进行交换，则循环进一步减少，提高了代码运行效率，只是运行时多占用了内存。示例代码如下：

```
FUNCTION DO_METHOD_03, img
  ;数据复制一份
  img2 = img
```

```
    ;图像倒序赋值
    FOR j =0,511 DO img2[*,j] = img[*,511 - j]
    ;返回翻转结果
    RETURN, img2
END
```

(4) 改进的行交换算法优化。利用 IDL 的数组下标索引优势，避免了循环。示例代码如下：

```
FUNCTION DO_METHOD_04, img
    ;利用 IDL 特性将图像倒序赋值
    img2 = img[*,511 - INDGEN(512)]
    ;返回翻转结果
    RETURN, img2
END
```

(5) 直接调用函数方法。利用现有的 IDL 函数，不用循环，代码最简洁，示例如下：

```
FUNCTION DO_METHOD_05, img
    Img2 = ROTATE(img,7)
    RETURN, img2
END
```

分别利用以上五种方法，以翻转 2048 像素 * 2048 像素大小的图像为例测试，源码如下：

```
PRO TEST_REVERSEIMAGE
    ;定义数组 2048 * 2048
    img = fltarr(2048,2048)
    ;记录开始时间
    starttime = systime(1)
    ;翻转图像
    img = DO_METHOD_01(img)
    ;输出花费时间
    print,'Method01:',systime(1) - starttime
    ;记录开始时间
    starttime = systime(1)
    ;翻转图像
    img = DO_METHOD_02(img)
    ;输出花费时间
    print,'Method02:',systime(1) - starttime
    ;记录开始时间
    starttime = systime(1)
    ;翻转图像
    img = DO_METHOD_03(img)
    ;输出花费时间
    print,'Method03:',systime(1) - starttime
    ;记录开始时间
    starttime = systime(1)
    ;翻转图像
    img = DO_METHOD_04(img)
    ;输出花费时间
```

```
  print,'Method04:',systime(1) - starttime
  ;记录开始时间
  starttime = systime(1)
  ;翻转图像
  img = DO_METHOD_05(img)
  ;输出花费时间
  print,'Method05:',systime(1) - starttime
END
```

程序运行后输出信息如下：

```
IDL >test_reverseimage
% Compiled module:DO_METHOD_01.
% Compiled module:DO_METHOD_02.
% Compiled module:DO_METHOD_03.
% Compiled module:DO_METHOD_04.
% Compiled module:DO_METHOD_05.
% Compiled module:TEST_REVERSEIMAGE.
Method01:      1.1450000
Method02:    0.023999929
Method03:    0.020999908
Method04:    0.031000137
Method05:    0.016000032
```

2. 元素求和

如果 A、B 两个数组的行列数相同，欲将数组 B 中大于 0 的元素加到数组 A 对应元素上，有下面几种算法。

（1）循环判断累加。

```
FOR i =0,N_ELEMENTS(B) DO IF (B[i] GT 0) THEN A[i] + =B[i]
```

（2）先筛选符合条件再求和。

```
A =A + (B GT 0) * B
```

（3）逻辑运算。

```
A =A + (B >0)
```

3. 避免循环，提高效率

由于 IDL 自带函数的底层做了优化，故运行速度非常快。对比测试循环和系统函数分别在数组求和方面所花费的时间示例代码：

```
PRO LoopAndFunctionTime
  ;定义数组
  a =  DIST(2000,2000)
  sum =0.
  sum1 =0.
  ;测试循环运行时间
  start = SYSTIME(1)
  FOR i =0L,N_ELEMENTS(a) -1L DO IF(a[i] GT 100.0)THEN sum = sum  +a[i]
```

```
    PRINT,'for time: ',SYSTIME(1) - start
    i = 0L
    start = SYSTIME(1)
    WHILE i LT N_ELEMENTS(a) -1L DO BEGIN
      IF(a[i] GT 100.0)THEN sum = sum + a[i]
      i ++
    ENDWHILE
    PRINT,'while time: ',SYSTIME(1) - start
    ;测试函数运算花费时间
    start = SYSTIME(1)
    sum = TOTAL(a * (a GT 100.0))
    PRINT,'function time: ',SYSTIME(1) - start
  END
```

程序调用和运行后输出信息如下，可以看出，IDL 中的函数运行速度比常规循环运算至少快一个数量级，因此编写 IDL 代码要尽量少用或不用循环语句。

```
IDL > loopandfunctiontime
% Compiled module: LOOPANDFUNCTIONTIME.
% Compiled module: DIST.
for time:       0.71900010
while time:        1.1099999
function time:     0.030999899
```

4. 逻辑判断

欲计算数组 C 为 A 数组各元素的平方根，条件如下：若 A[i]大于0，则 C = SQRT(A[i])；若 A[i]小于0，则 C = -SQRT(-A[i])，下面给出三种参考算法。

（1）循环运算。此种算法最基本，运算速度最慢。

```
FOR i = 0,N_ELEMENTS(A) DO IF A[i] LE 0 THEN C[i] = - SQRT(-A[i]) ELSE C[i] =
SQRT(A[i])
```

（2）利用 where 函数。此种算法运算速度快。

```
negs = WHERE(A LT 0,count)
C = SQRT(ABS(A))
IF count GT 0 THEN C[negs] = -C[negs]
```

（3）利用逻辑运算。充分利用了 IDL 的优势，数组的逻辑运算表达式简洁，运算速度最快。

```
C = ((A GT 0) * 2 -1) * SQRT(ABS(A))
```

5. BLAS_AXPY 函数

BLAX_AXPY 函数是 IDL 提供的进一步提高数组运行效率的函数，它支持的计算公式为

$$Y = aX + Y$$

其中，a 为系数。与数组直接运算相比，它的运算速度更快且占用内存更少。测试代码如下：

```
pro Using_BLAS_AXPY
  ;初始化测试数组
  X = lindgen(4000,4000)
  Y = lindgen(4000,4000)
  ;记录开始时间
  start = systime(1)
  for i = 0,9 do begin
    Y = x * 3 + Y
  endfor
  print,'数组直接运算用时:',systime(1) - start
  X = lindgen(4000,4000)
  Y = lindgen(4000,4000)
  start = systime(1)
  for i = 0,9 do begin
    BLAS_AXPY, Y, 3, X
  endfor
  print,'BLAS_AXPY 运算用时:',systime(1) - start
end
```

运行输出结果如下：

```
IDL >using_blas_axpy
% Compiled module: USING_BLAS_AXPY.
数组直接运算用时:        1.0039999
BLAS_AXPY 运算用时:        0.39699984
```

5.8.2 空间优化

对计算机程序而言，空间的优化就是内存占用的优化。在 IDL 中，内存优化分为数组存取和内存释放两种。

1. 数组存取

在对数组进行读写操作时，如果按照数组在内存中存储的顺序进行读写，则所花费的时间会大大减少。下面的测试针对一幅图像进行简单的乘 2 运算，输出结果是分别按照列循环和行循环所花费的时间。

```
PRO AcessArrayTime
  ;定义数组
  a =  DIST(2000,2000)
  ;按行循环
  start = SYSTIME(1)
  FOR i = 0L,1999 DO a[* ,i] = a[* ,i] * 2
  PRINT,'row time: ',SYSTIME(1) - start
  a =  DIST(2000,2000)
  ;按列循环
  start = SYSTIME(1)
  FOR j = 0L,1999 DO a[j, * ] = a[j, * ] * 2
  PRINT,'column time: ',SYSTIME(1) - start
END
```

运行后，控制台的输出信息如下：

```
IDL > acessarraytime
% Compiled module: ACESSARRAYTIME.
row time:     0.024999857
column time:       0.10300016
```

分析：从时间上看，按行循环运算所消耗时间约为列循环运算消耗时间的 1/40，这是由于在 IDL 中，数组在内存中是按行存储的。

2. 内存清理

一般情况下，在 IDL 命令行下运行如下代码：

```
IDL > arr = DblArr(10000,10000)
% Unable to allocate memory: to make array.
  Not enough space
% Execution halted at: $MAIN $
```

如果出现这样的提示，说明 IDL 无法提供足够的内存进行数组创建，此时需要清理内存。

在 IDL 程序中，变量的内存占用处理可以用函数 DELVAR、Temporary( ) 和空变量! Null 来进行。DELVAR 可以直接删除数组并释放内存，但只能在主程序中使用。Temporary( ) 函数和! Null 对变量、数组、指针、结构体和对象等类型均有效。

例如，在 IDL 命令行下运行下面代码：

```
IDL > a = dist(500,500)
IDL > a = a +1.0
```

分析：第一行创建了浮点型数组 $\boldsymbol{a}$，该数组占用的字节数为 10^6 （500 * 500 * 4），第二行代码执行时，系统需要开辟出 10^6 字节来进行做加运算，也就是说，这两行代码执行完后，系统分配了 2×10^6 字节。

优化算法如下：

```
IDL > b = temporary(a) +1.0
IDL > help,a,b
A               UNDEFINED = < Undefined >
B               FLOAT     = Array[500, 500]
```

分析：语句执行完后，A 为未定义，B 仅占用了 10^6 字节内存，所以在程序中，特别是在数据运算操作中，遇到 b = a + 1.0 类似的情况时最好用 b = temporary(a) + 1.0 格式。

使用系统变量! Null 更加方便，对不需要的变量直接赋! NULL。示例代码如下：

```
IDL > a = dist(400,400)
IDL > help,a
A               FLOAT     = Array[400, 400]
IDL > b = a * 2
IDL > a = !null
IDL > help,a,b
A               UNDEFINED = !NULL
B               FLOAT     = Array[400, 400]
```

5.8.3 程序分析

如果调试的程序比较复杂，不能快速发现程序需要优化的部分，那么可以借助 profiler 函数来进行时间分析。示例代码：

```
PRO USING_PROFILER
  ;初始化 profiler
  PROFILER, /SYSTEM
  a =  DIST(2000,2000)
  sum = 0.
  sum1 = 0.
  FOR i = 0L,N_ELEMENTS(a) - 1L DO IF(a[i] GT 100.0)THEN sum = sum + a[i]
  i = 0L
  WHILE i LT N_ELEMENTS(a) - 1L DO BEGIN
    IF(a[i] GT 100.0)THEN sum = sum + a[i]
    i ++
  ENDWHILE
  sum = TOTAL(a * (a GT 100.0))
  PROFILER,/REPORT
END
```

编译运行后，控制台中会提示以下信息：

```
IDL >using_profiler
% Compiled module: USING_PROFILER.
Module          Type  Count     Only(s)     Avg.(s)     Time(s)     Avg.(s)
FINDGEN         (S)        1    0.000013    0.000013    0.000013    0.000013
FLTARR          (S)        1    0.000014    0.000014    0.000014    0.000014
N_ELEMENTS      (S)  4000002    5.333756    0.000001    5.333756    0.000001
ON_ERROR        (S)        1    0.000006    0.000006    0.000006    0.000006
SQRT            (S)     1001    0.026894    0.000027    0.026894    0.000027
TOTAL           (S)        1    0.008763    0.008763    0.008763    0.008763
```

分析：通过 profiler 函数可以对每个功能运行时所耗费的时间进行分析，以便进一步优化。

第6章 输入与输出

IDL 可以快速、高效地读写各种类型的文件，方便进行后续分析与可视化。

本章主要介绍各种格式的输入与输出，如标准格式、ASCII 码与二进制格式、常用图像格式、科学数据格式与 GRIB 格式等。

6.1 标准输入与输出

6.1.1 输入与输出函数

标准输入是键盘输入；标准输出是输出到屏幕。IDL 中标准输入输出函数见表 6.1。

表 6.1 标准输入输出函数

函数	作用
Print	标准输出写出格式化数据
Read	标准输入读入格式化数据
Reads	从字符串中读取格式化数据

6.1.2 格式化输入与输出

在标准输入、输出时，可以对格式进行自由控制，即通过调用格式化控制符：[n]FC[+][-][width]来实现，调用时各个字符代表的含义见表 6.2。

表 6.2 格式化控制含义

字段	含义
n	代表格式控制符的重复次数，默认为 1 次
FC	Format Codes：格式控制符，详细说明见表 6.3 及例子
+	在输出的数字前面加"+"前缀符号，仅数字格式化输出有效
-	控制字符串和数字的输出为左对齐，默认输出是右对齐
width	输出数字或字符的宽度

下面通过实例来使用格式化控制中的"n"、"+"、"-"和"width"字段，示例代码如下：

```
IDL>;格式符控制重复三次
IDL>print, format='(3I6)', [0,10,20]
     0    10    20
```

```
IDL >;6 个字符宽度输出整数,前加“+”则输出正数时前加“+”
IDL >print, format ='(I +6)',[ -10,0,10]
  -10
    +0
  +10
IDL >;6 个字符宽输出整数,前加“-”,则输出为左对齐
IDL >print, format ='(I -6)',[ -10,0,10]
-10
0
10
IDL >;6 个字符宽输出整数
IDL >print, format ='(I6)', -10
  -10
IDL >;格式符宽度与字符串宽不符,字符串短则右对齐输出,长则截断
IDL >print,format ='(a4)',['abcdef','ab']
abcd
  ab
IDL >;格式符宽度与数字长度不符,数字短则右对齐输出,长则输出为"*"
IDL >print, format ='(I3)',[12,123,1234]
 12
123
***
IDL >;格式输出数字时前加 0,数字短则左侧自动补 0
IDL >print, format ='(I03)',[12,123,1234]
012
123
***
IDL >;格式符宽度为 0 则依照原始格式输出
IDL >print, format ='(I0)',[12,123,1234]
12
123
    1234
```

格式化控制符是精确控制输出格式的符号，如控制输出字符个数、位置、浮点数小数点位置等格式。IDL 中的格式化控制符见表 6.3。

表 6.3　格式化控制符

格式代码	含义
a	字符及字符串的格式化输入输出
:	若没有有效的变量，则终止输入输出
$	不输出换行符，这样可实现多次输出为一行
F, D, E, G	用于浮点数的输入输出
B, I, O, Z	整数输入输出时的进制转换，B 是二进制；I 为十进制；O 是八进制；Z 为 16 进制
Q	读取获得当前行的字符数
字符串和 H	用引用字符或 H 直接输出字符
T	变量输出的绝对位置
TL	从当前位置向左（后）移动
TR	从当前位置向右（前）移动
C ()	用于输出日期数据（Julian data 格式，/ 格式，时间格式）
C printf - Style	提供 C 语言风格的格式化输出
/	换行输出

下面通过实例来使用格式化控制中的字段，示例代码如下：

```
IDL>; a 用来控制字符输出
IDL>print,format='(a3)','0123456'
012
IDL>print,format='(a10)','0123456'
   0123456
IDL>; ":" 控制分割符号的输出,默认是空格
IDL>arr = indgen(6)
IDL>print,format='(6I)',arr
       0       1       2       3       4       5
IDL>print,format='(6(I,:,","))',arr
       0,       1,       2,       3,       4,       5
IDL>print,format='(6(I,:,"$"))',arr
       0 $       1 $       2 $       3 $       4 $       5
IDL>; "$":抑制换行符,则输出后不控制换行
IDL>str1 ='abc'
IDL>str2 ='def'
IDL>openw,lun,'demo.txt',/get_lun
IDL>printf,lun,str1 & printf,lun,str2
IDL>free_lun,lun
; demo.txt 文件的内容为
abc
def
IDL>openw,lun,'demo.txt',/get_lun
IDL>;如添加了抑制换行符
IDL>printf,lun,format='($,a)',str1 & printf,lun, str2
IDL>free_lun,lun
IDL>; demo.txt 文件内容为
       abcdef
IDL>; 读取某一行字符时,可以通过 Q 关键字获得当前行的字符数
IDL>read, charnumber, format='(q)'
: abcdefgh
IDL>print,charnumber
       8.00000
IDL>;'c:\temp\test.txt'文件中包含一行字符"123"
IDL>openr,lun,'c:\temp\test.txt',/get_lun
IDL>readf,lun, curlun,format='(q)'
IDL>free_lun,lun
IDL>print, curlun
       3.00000
IDL>;输出时如需要输出其他字符,有直接输出或 H 格式字符两种方法来输出
IDL>var =8
IDL>print,format='("value:",I0)',var
value:8
IDL>print,format='(6HValue:,I0)',var
Value:8
IDL>;绝对位置输出时用 T 格式化符
IDL>print,format = '("ab", T6, "cd")'
ab   cd
IDL>print,format = '("ab", T2, "cd")'
acd
IDL>;空格输出用 nX,其中 n 是空格个数
IDL>print,format='("ab","cd","ef")'
```

```
abcdef
IDL>print,format='("ab",2X,"cd",4X,"ef")'
ab  cd    ef
IDL>;把字符从当前位置向左移动用 Tl
IDL>print,format='("ab","cd","ef")'
abcdef
IDL>print,format='("ab","cd",TL2,"ef")'
abef
IDL>print,format='("ab","cd",TL3,"ef")'
aefd
IDL>;把字符从当前位置向右移动用 Tr
IDL>print,format='("ab","cd","ef")'
abcdef
IDL>print,format='("ab",Tr2,"cd","ef")'
ab  cdef
IDL>print,format='("ab",Tr2,"cd",Tr4,"ef")'
     ab  cd    ef
```

1. 浮点数格式符

浮点数输出格式符包含 F、D、E、G 四个，调用格式为

```
[n]F[+][-][w][.d]
[n]D[+][-][w][.d]
[n]E[+][-][w][.d]
[n]G[+][-][w][.d]
```

其中，F 是以定点计数法输出浮点型（单精度和双精度）数值。把数值四舍五入到 d 位的精度，保留 w 个字符宽度。D 和 F 功能一样，主要是兼容 FORTRAN 语言习惯，便于习惯使用 FORTRAN 的用户。E 以指数形式（科学格式）输出，把数值四舍五入到 d 位的精度，保留 w 个字符宽度。G 根据数据大小自动选择科学格式 E 或者 F 格式输出。

对浮点数据的格式化输出，IDL 提供默认字符宽度和精度，见表 6.4。浮点数输出格式符 F、D、E、G 的使用可以参考表 6.5 中给出的对应示例代码。

表 6.4　IDL 中浮点数的精度

类型	w 字符宽度	d 小数点精度	E 指数位数
Float、Complex	15	7	3（非 Windows 为 2）
Double	25	16	3（非 Windows 为 2）
其他	25	16	3（非 Windows 为 2）

表 6.5　浮点数格式化输出

格式字符	示例代码
F/D	IDL>var=10.0 IDL>print,var 10.0000 IDL>print,var, format='(f)' 10.0000000 IDL>print,var, format='(f10.3)' 10.000 IDL>print,var, format='(f4.3)' ****

续表

格式字符	示例代码
E	IDL > var = 10.0 IDL > print, var, format ='(e11.4)' 1.0000e+001
G	IDL > var = 10.0 IDL > print, var, format ='(g11.4)' 10.00 IDL > var = 1000000.0 IDL > print, var, format ='(g11.4)' 1.000e+006

2. 进制转换

进制转换包括二进制、十进制、八进制和十六进制四种进制的转换，分别用 B、I、O、Z 格式符，调用格式为

```
[n]B[-][w][.m]
[n]I[+][-][w][.m]
[n]O[-][w][.m]
[n]Z[-][w][.m]
```

不同进制之间的转换输出可以参考表 6.6 中的示例代码。

表 6.6 不同进制下的输出

格式字符	含义	使用举例
B	输出二进制数	IDL > var = 2 IDL > print, var, format ='(B)' 10 IDL > var = 22 IDL > print, var, format ='(B)' 10110 IDL > print, String(var, format ='(B08)') 00010110
I	输出十进制数	IDL > print, var, format ='(I)' 1000 IDL > print, var, format ='(I4)' 1000 IDL > print, var, format ='(I2)' * *
O	输出八进制数	IDL > var = 7 IDL > print, var, format ='(O)' 7 IDL > var = 8 IDL > print, var, format ='(O)' 10
Z	输出十六进制数	IDL > var = 9 IDL > print, var, format ='(Z)' 9 IDL > var = 10 IDL > print, var, format ='(Z)' A

3. C()日期与时间输出

日期与时间的输出控制复杂一些，因包含CMOA、CMOI、CDI、CYI、CHI、CMI、CSI、CSF、CDWA、CAPA等格式控制符（表6.7）。

表6.7 日期格式化输出

格式字符	含义	使用举例
CMOA	字符串形式输出月(可控制大小写)	IDL > print,curtime,format='(c(cmoa))' dec IDL > print,curtime,format='(c(cMoa))' Dec IDL > print,curtime,format='(c(cMOA))' DEC
CMOI	数字形式输出月	IDL > print,curtime,format='(c(cMOI))' 12
CDI	数字形式输出天	IDL > print,curtime,format='(c(cdi))' 19
CYI	数字形式输出年	IDL > print,curtime,format='(c(cyi))' 2010
CHI	数字形式输出小时	IDL > print,curtime,format='(c(chi))' 11
CMI	数字形式输出分钟	IDL > print,curtime,format='(c(cmi))' 27
CSI	数字形式输出秒	IDL > print,curtime,format='(c(csi))' 31
CSF	浮点数形式输出秒	IDL > print,curtime,format='(c(csf))' 31.00
CDWA	字符串形式输出星期 (可控制大小写)	IDL > print,curtime,format='(c(cdwa))' sun IDL > print,curtime,format='(c(CDwa))' Sun IDL > print,curtime,format='(c(CDWA))' SUN
CAPA	字符串形式输出上午或下午 (可控制大小写)	IDL > print,curtime,format='(c(capa))' pm IDL > print,curtime,format='(c(CApa))' Pm IDL > print,curtime,format='(c(CAPA))' PM

IDL中使用systime()函数输出当前系统时间和日期，通过关键字控制可以输出协调世界时（UTC）、秒制协调世界时和儒略日等格式，systime()函数的调用示例代码如下：

```
IDL >；输出当前日期,默认为 UTC
IDL >print,systime()
Sun Dec 19 23:26:26 2010
IDL >print,systime(/utc)
Sun Dec 19 15:26:28 2010
```

```
IDL >;输出秒制当前日期,自 1970 年 1 月 1 日起算
IDL >print,systime(1)
  1.2927724e +009
IDL >print,systime(/julian)
      2455550.5
IDL >;设置变量 curtime,表格 1.7 中使用
IDL >curtime = systime(/julian)
IDL >;默认格式输出当前时间
IDL >print,curtime,format ='(c())'
Sun Dec 19 23:27:31 2010
IDL >;输出年月日
IDL >print,curtime,format ='(c(CYI,":",CMOI,":",CDI))'
2010:12:19
IDL >;输出时分秒
IDL >print,curtime,format ='(c(CHI,":",CMI,":",CSI))'
23:27:31
```

4. C 语言格式控制

IDL 支持 C 语言格式化控制输出，支持转义字符“\”，见表 6.8，输出时在 format 中添加“%”即可。

```
IDL >;IDL 格式化输出
IDL >print,format ='("I have ", I0, " monkeys, ", A, ".")',23,'Scott'
I have 23 monkeys, Scott.
IDL >;C 语言格式化输出
IDL >print,format ='(% "I have % d monkeys, % s.")', 23,'Scott'
I have 23 monkeys, Scott.
```

表 6.8　转义字符

换码序列	ASCII 码代码	换码序列	ASCII 码代码
\a	响铃（7B）	\t	水平 Tab（9B）
\b	回退（8B）	\v	竖直 Tab（11B）
\f	换页符（12B）	\000	八进制 000
\n	换行符（10B）	\xhh	十六进制 hh
\r	回车符（13B）		

6.2　ASCII 码与二进制格式

6.2.1　打开文件

在 IDL 中，读写 ASCII 码或二进制文件时，先将一个逻辑设备号与文件进行关联，然后对设备逻辑号进行读、写或更新等操作。逻辑设备号范围为 -2 ~ 128，其中 1 ~ 99 可以由用户任意指定；100 ~ 128 由 IDL 内部进行管理；其他值为专用设备号。

例如，0 是常规标准输入，一般是键盘。以下是功能完全一样的两条命令：

```
IDL >read, x
IDL >read,0, x
```

-1 是常规标准输出，一般是显示屏幕，如以下代码：

```
IDL >print, x
    0.000000
IDL >printf, -1,x
    0.000000
```

-2 是错误流，一般是显示屏幕。

文件的打开和读写等操作由文件操作函数来实现。IDL 中的文件操作函数见表 6.9。

表 6.9 文件操作函数列表

函数名称	功能描述
APP_USER_DIR	构建程序相关路径
APP_USER_DIR_QUERY	查询是否存在符合 APP_SUER_DIR 定义的路径
CLOSE	关闭一个文件
DIALOG_PICKFILE	对话框方式选择文件
EOF()	检测是否到文件末
FILE_BASENAME	获取完整文件名字符串中的文件名部分，不包含目录部分
FILE_CHMOD	修改文件或目录的权限
FILE_COPY	复制文件或目录
FILE_DELETE	删除文件或目录
FILE_DIRNAME	获取完整文件名中的目录部分
FILE_EXPAND_PATH	与当前工作目录组合成完整路径
FILE_INFO	获取文件的状态信息
FILE_LINES	获取 txt 文件的行数
FILE_LINK	在 Unix 下创建文件链接
FILE_MKDIR	创建目录
FILE_MOVE	移动或重命名文件或目录
FILE_POLL_INPUT	检测是否成功进行字节读取操作
FILE_READLINK	获取 Unix 下文件链接对应文件的完整路径
FILE_SAME	判断两个文件或文件夹是否完全一致
FILE_SEARCH	查找文件或文件夹
FILE_TEST	检测文件或目录是否存在
FILE_WHICH	获取文件的完全路径
FILEPATH	路径分隔符，Windows 下为“\”；Linux 下为“/”
Free_Lun	释放一个逻辑设备号并关闭文件
FSTAT	返回一个已打开文件的信息

续表

函数名称	功能描述
OpenR	打开文件，只能进行读操作
OpenW	新建一个文件，可以进行读、写操作
OpenU	打开文件，可以对内容进行更新
PATH_SEP	返回当前系统的路径分隔符

6.2.2 ASCII 码文件读写

IDL 利用 ReadF 函数从 ASCII 码（即文本）文件中读出数据；利用 Printf 函数将数据写出到文件。读写方法可分自由读写和格式化读写两种。一般来说，适合自由读写的文件是元素间用逗号或空白（tab 键或空格键）分隔的；格式化读写的文件是按照特定格式排列的。

例如，读取文件“asciiFile. txt”，具体内容如下：

```
2 4 4
Column 1: Band Number
Column 2: X:1 Y:1 ~ ~2
   1.000000  0.107994
   2.000000  0.027035
   3.000000  0.085975
   4.000000  0.021942
```

1. 自由读写

读写时，如果读入到字符串变量，则当前行所有字符都将被一次读入；复数数据必须包含实数和虚数两部分，以逗号分隔并用括号括起来。读取示例代码如下：

```
PRO READASCIIFILE
  ;对话框选择文件
  asciifile = DIALOG_PICKFILE(title ='输入 ascii.txt', $
      filter ='*.txt', $
      path = FILE_DIRNAME(ROUTINE_FILEPATH('READASCIIFILE')))
  ;打开文件
  OPENR,lun,asciifile,/get_lun
  IF lun EQ -1 THEN BEGIN
      void = DIALOG_MESSAGE('文件错误!',/error)
      RETURN
  ENDIF
  ;第一种读法:逐行读取,并在控制台输出字符串
  tmp =''
  WHILE(~EOF(lun)) DO BEGIN
      READF,lun,tmp
      PRINT,tmp
  ENDWHILE
  ;关闭文件
  FREE_LUN,lun
  …
```

2. 格式化读写

特定格式读写可根据文件格式自定义变量类型及大小，或者用 Format 关键字进行格式

化输入和输出。格式说明符 Format 的用法可参考第 6.1.2 节。例如，对文件“asciiFile.txt”进行格式化读取的示例代码如下：

```
  …
  ;第二种读法
  ;基于数据类型读取
  tmp = INTARR(3)
  str = STRARR(2)
  data = FLTARR(2,4)
  OPENR,lun,asciifile,/get_lun
  READF,lun,tmp
  READF,lun,str
  READF,lun,data
  ;关闭文件
  FREE_LUN,lun
END
```

3. 向导式读取

IDL 中提供了 ASCII_TEMPLATE、QUERY_ASCII 和 READ_ASCII 等向导式读取函数。

```
IDL > ;调用 QUERY_ASCII 函数
IDL > print,QUERY_ASCII('d:\ascii.txt',info)
          1
IDL > ;查看文件信息结构体
IDL > help,info,/structure
 * * Structure < 14282dd0 >, 5 tags, length = 48, data length = 48, refs = 1:
   NAME          STRING    'd:\ascii.txt'
   TYPE          STRING    'ASCII'
   BYTES         LONG64                   151
   LINES         LONG64                     7
   WORDS         LONG64                    18
```

利用向导式读取函数读文件”ascii.txt”，在命令行中输入：

```
IDL > ;调用函数 Ascii_template
IDL > template = Ascii_template('d:\ascii.txt')
```

对 ASCII 码文件的向导式解析，可针对数据实际情况选择数据分隔类型（固定宽度或字符分割）、忽略字符和读取起始行（图 6.1）。

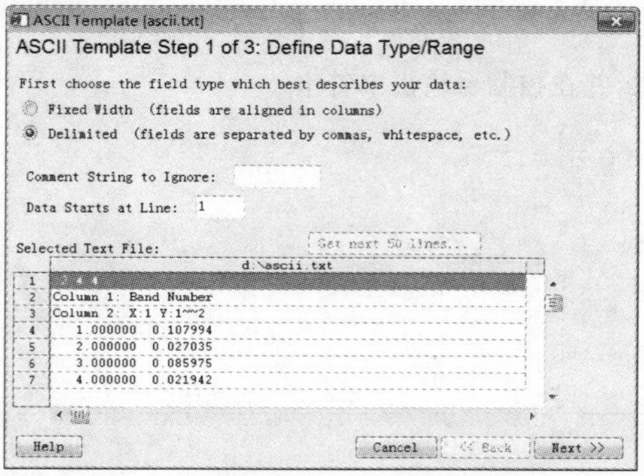

图 6.1 起始行设置

起始行设置为4，单击 Next 按钮，选择默认分隔符为空格（White Space），见图6.2所示。

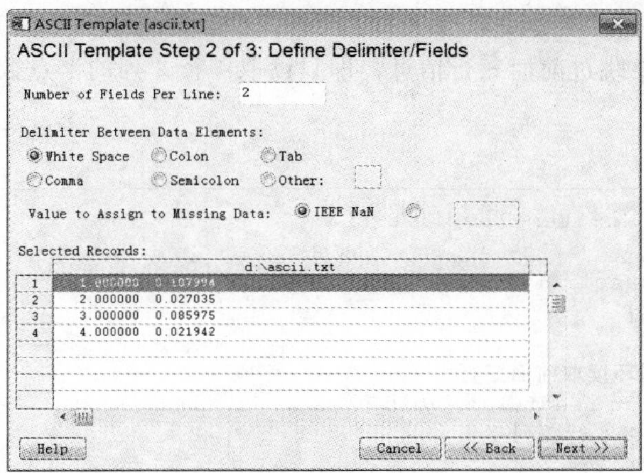

图6.2 数据分隔符

单击 Next 按钮，选择数据类型，默认为浮点型（FLoating），见图6.3所示。

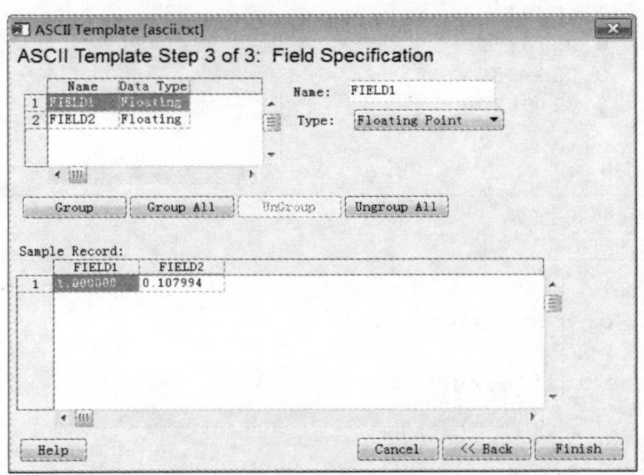

图6.3 数据类型

单击 Finish 按钮完成数据读取模板，再利用 read_ascii 函数读取文件内容。

```
IDL >;Read_Ascii 函数读取文件
IDL >data = Read_ascii('d:\ascii.txt',TEMPLATE = template)
IDL >;查看读取后的数据信息
IDL >IDL >help,data,/structure
* * Structure <142ae108 >, 2 tags, length =32, data length =32, refs =1:
   FIELD1          FLOAT     Array[4]
   FIELD2          FLOAT     Array[4]
IDL >print,data.(0)
     1.00000      2.00000      3.00000      4.00000
IDL >print,data.(1)
    0.107994    0.0270350    0.0859750    0.0219420
```

4. 自我描述格式

在实际应用中，可能会遇到文件前一部分是信息说明（头文件），后一部分是数据。此时，有两种读取方法：一种是读取头文件到临时变量中；另一种是直接跳行。例如，对“ascii. txt”文件，需要跳过前面三行信息，即只读取 4 行 2 列的浮点数组，参考下面两种方法的代码示例。

方法一：

```
IDL>asciifile='c:\temp\ascii.txt'
IDL>;打开文件
IDL>OPENR,lun,asciifile,/get_lun
IDL>;定义空字符串
IDL>void=''
IDL>;利用 for 循环读取前面三行
IDL>for i=0,2 do readf,lun, void
IDL>;定义浮点数组 4 行 2 列
IDL>arr=fltarr(2,4)
IDL>;读取数组
IDL>readf,lun,arr
IDL>;控制台输出
IDL>print,arr
     1.00000     0.107994
     2.00000     0.0270350
     3.00000     0.0859750
     4.00000     0.0219420
IDL>;关闭文件
IDL>free_lun,lun
```

方法二：

```
IDL>;定义文件
IDL>asciifile='c:\temp\ascii.txt'
IDL>;打开文件
IDL>OPENR,lun,asciifile,/get_lun
IDL>;跳过 3 行
IDL>skip_lun, lun,3,/lines
IDL>;定义浮点数组 4 行 2 列
IDL>arr=fltarr(2,4)
IDL>;读取数组
IDL>readf,lun,arr
IDL>;控制台输出
IDL>print,arr
     1.00000     0.107994
     2.00000     0.0270350
     3.00000     0.0859750
     4.00000     0.0219420
IDL>;关闭文件
IDL>free_lun,lun
```

5. 字符串读取

利用 ReadS 函数可以从字符串变量中读取有用的信息。示例代码如下：

```
IDL >;第一行内容,一行字符串,包括行数、列数和日期
IDL >firstLine ='10 24500 12 June 1996'
IDL >;定义行、列和日期变量
IDL >column =0
IDL >row =0
IDL >date =''
IDL >;用 ReadS 函数从第一行内容中读取
IDL >reads, firstLine,column,row,date
IDL >;分别输出显示
IDL >print,column
      10
IDL >print,row
   24500
IDL >print, date
  12 June 1996
```

6.2.3 二进制文件读写

二进制文件是数据内容按照二进制字节方式存储在文件中。二进制文件存储起来比ASCII码文件的大小要小得多，它更适用于存储大数据。IDL读写二进制数据是利用ReadU函数和WriteU函数，读写步骤与ASCII文件的一样。

1. 直接读写

例如，新建一个二进制文件并写入一整型数组的IDL代码如下：

```
IDL >;新建一个 binary.dat 文件
IDL >openW,lun,'c:\temp\binary.dat',/get_lun
IDL >;写入 5 * 4 的数组
IDL >writeu,lun, indgen(4,5)
IDL >;关闭文件
IDL >free_lun,lun
```

对生成的binary. dat文件，用Windows自带的记事本工具可以打开（图6.4）。

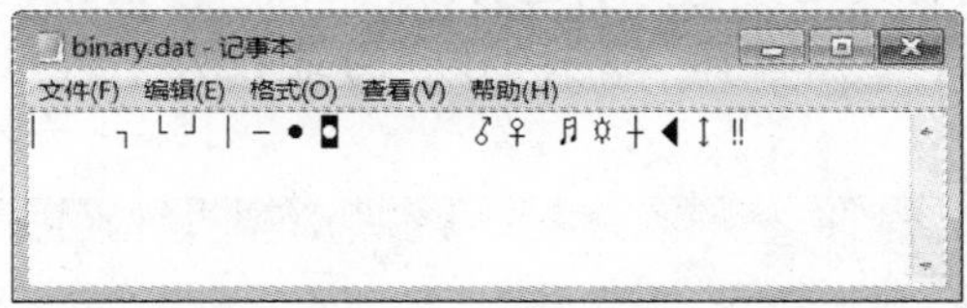

图6.4 记事本打开二进制文件

用ReadU函数读取的示例代码如下：

```
IDL >;打开 binary.dat 文件
IDL >openR,lun,'c:\temp\binary.dat',/get_lun
IDL >;定义整型 5 * 4 的数组
IDL >arr =intarr(4,5)
IDL >;读取数组
IDL >readu,lun,arr
IDL >;关闭文件
```

```
IDL > free_lun,lun
IDL > ;控制台输出读取的数组内容
IDL > print,arr
       0        1        2        3
       4        5        6        7
       8        9       10       11
      12       13       14       15
      16       17       18       19
```

2. 向导式读取

与 ASCII 码文件向导式读取类似，对二进制文件的向导式读取有两个函数 Binary_Template( )和 Read_Binary( )，读取步骤如下：

（1）输入以下代码，启动向导式读取工具（图 6.5）。

```
IDL > ; 向导式定制读取模板
IDL > sTemplate = BINARY_TEMPLATE('c:\temp\binary.dat')
```

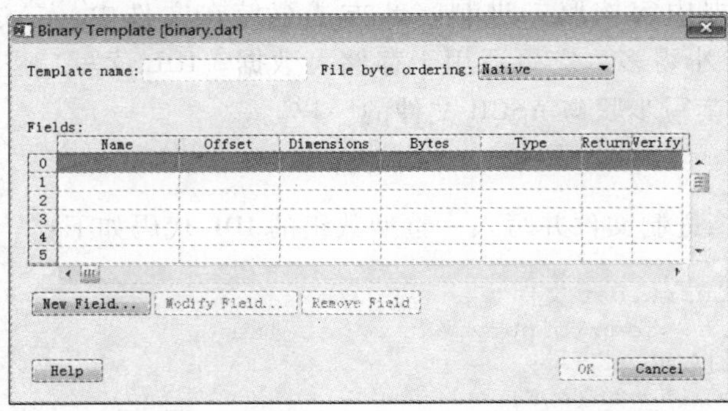

图 6.5 编辑二进制文件模板

（2）设置二进制读取参数模板。选择 New Field，在“field”编辑选项中设置名称（Field name）为“binary”；类型（Type）选择“Integer”；偏移量（Offset）选择“0”；数据维数（Number of dimensions）选择“2”；对应的维数大小（Size）分别设置为“4”和“5”（图 6.6）。

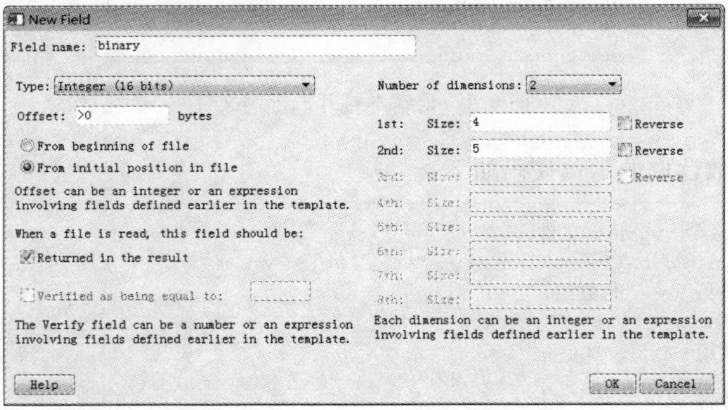

图 6.6 设置二进制模板参数

单击 OK 按钮后，该 Field 的信息会在模板设置界面中以表格形式显示出来（图 6.7）。如果有多个字段（Field），可依次设置。

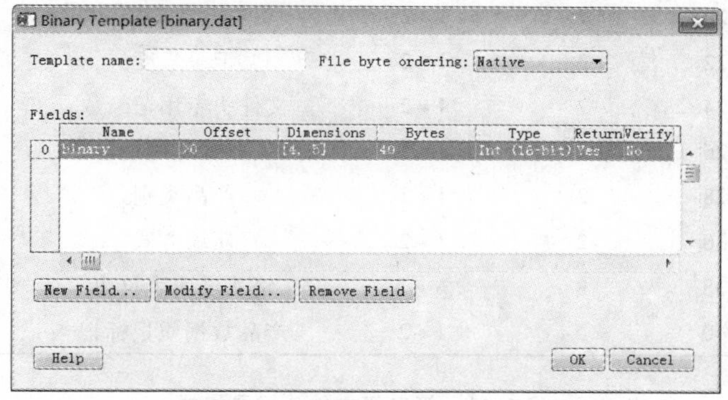

图 6.7 参数确定后的模板

（3）读取。利用函数 Read_Binary( )读取，函数的返回值是结构体。

```
IDL >；读取数据
IDL >data = READ_BINARY('c:\temp\binary.dat',template = sTemplate)
IDL >；查看读取结果信息
IDL >help,data
* * Structure <16050c68 >, 1 tags, length = 40, data length = 40, refs = 1:
BINARY        INT         Array[4, 5]
IDL >；控制台输出结果
IDL >print,data
{      0        1        2        3
       4        5        6        7
       8        9       10       11
      12       13       14       15
      16       17       18       19
}
```

3. 自我描述格式

二进制文件若含有文件头数据，读取时可以用 Point_Lun 函数直接按字节跳过。

Point_Lun 函数的调用格式为 POINT_LUN, Unit, Position，其中，Unit 是文件打开后的 lun；Position 一般是需要跳转的字节数。

以风云二号 C 卫星（FY－2C）的 9210 卫星黑体亮度温度产品 AWX 文件为例，进行文件的解析和字节跳跃读取。文件格式可参考国家卫星气候中心的《风云二号 C 卫星业务产品释用手册》，表 6.10 和表 6.11 为手册的部分内容。

表 6.10 第一级文件头记录格式

序号	字节序号	字节数	类型	描述内容	具体数值或字符
1	1－12	12	A＊12	文件名	TMG#####. AWX
2	13－14	2	I＊2	整型数的字节顺序	0
3	15－16	2	I＊2	第一级文件头长度	40
4	17－18	2	I＊2	第二级文件头长度	80

续表

序号	字节序号	字节数	类型	描述内容	具体数值或字符
5	19 - 20	2	I * 2	填充段数据长度	1081
6	21 - 22	2	I * 2	记录长度	1201
7	23 - 24	2	I * 2	文件头专用记录数	2
8	25 - 26	2	I * 2	产品数据专用记录数	1201
9	27 - 28	2	I * 2	产品类别	3
10	29 - 30	2	I * 2	压缩方式	0
11	31 - 38	8	A * 8	格式说明字符串	SAT2004
12	39 - 40	2	I * 2	产品数据质量标记	2

表 6.11 第二级文件头记录格式

序号	字节序号	字节数	类型	描述内容	具体数值或字符
1	41 - 48	8	A * 2	卫星名	FY2C
2	49 - 50	2	I * 2	格点场要素	19
3	51 - 52	2	I * 2	格点数据字节	1
4	53 - 54	2	I * 2	格点数据基准值	100
5	55 - 56	2	I * 2	格点数据比例因子	1
6	57 - 58	2	I * 2	时间范围代码	1（或 2、3、4）
7	59 - 60	2	I * 2	开始年	####
8	61 - 62	2	I * 2	开始月	##
9	63 - 64	2	I * 2	开始日	##
10	65 - 66	2	I * 2	开始时	##
11	67 - 68	2	I * 2	开始分	##
12	69 - 70	2	I * 2	结束年	####
13	71 - 72	2	I * 2	结束月	##
14	73 - 74	2	I * 2	结束日	##
15	75 - 76	2	I * 2	结束时	##
16	77 - 78	2	I * 2	结束分	##
17	79 - 80	2	I * 2	网格左上角纬度	6000
18	81 - 82	2	I * 2	网格左上角经度	4500
19	83 - 84	2	I * 2	网格右上角纬度	- 6000
20	85 - 86	2	I * 2	网格右上角经度	16500

基于以上格式说明，数据格式解析的程序如下；读取出的数据显示见图 6.8 所示。

```
IDL > file ='c:\temp\FY2C_TBB_IR1_OTG_20061130_AOAD.AWX'
IDL > OpenR, file_lun, file ,/Get_Lun
IDL > ;定位到信息部分,序号 1 - 5 对应的 20 个字节内容对文件解析无用处,故跳过
IDL > point_lun,file_lun,20
```

```
IDL >;定位到 20 字节,从序号 6 即 21 个字节读取,再定义三个整型数据,实际内容为:
IDL >;      记录长度、头文件记录数和数据记录数
IDL >;      文件总字节数 = 记录长度 * (头文件记录数 + 数据记录数)
IDL > HeadLine = indgen(3)
IDL > readu,file_lun,HeadLine
IDL >;定位到第 58 字节的信息,参考第二级文件头的序号 6 描述
IDL >;      后面从读取日期
IDL > point_lun,file_lun,58
IDL >;定义 5 个元素的整数数组,从 59 字节开始年月日时分
IDL > BeginDate = indgen(5)
IDL >;定义 5 个元素的整数数组,从 69 字节开始年月日时分
IDL > EndDate = indgen(5)
IDL >;定义 4 个元素的整数数组,从 69 字节开始为左上角纬度经度右下角经度纬度
IDL > LatLong = indgen(4)
IDL > readu,file_lun,BeginDate
IDL > readu,file_lun,EndDate
IDL > readu,file_lun,LatLong
IDL >;基于信息数组 HeadLine,定义字节数组,行列数分别为记录长度和数据记录数
IDL > data = bytarr(HeadLine[2],HeadLine[0])
IDL >;定位到数据部分,文件头字节大小为文件头记录数 * 记录长度
IDL > point_lun,file_lun,HeadLine[0] * HeadLine[1]
IDL >;读取实际数据
IDL > readu,file_lun,data
IDL >;查看数据信息
IDL > help,data
DATA            BYTE      = Array[1201, 1201]
IDL >;创建大小 400 * 400 的窗体
IDL > window,0,xsize = 400,ysize = 400
IDL >;显示数据(插值到 400 * 400 显示,见图 6.8)
IDL > tv, congrid(data,400,400)
```

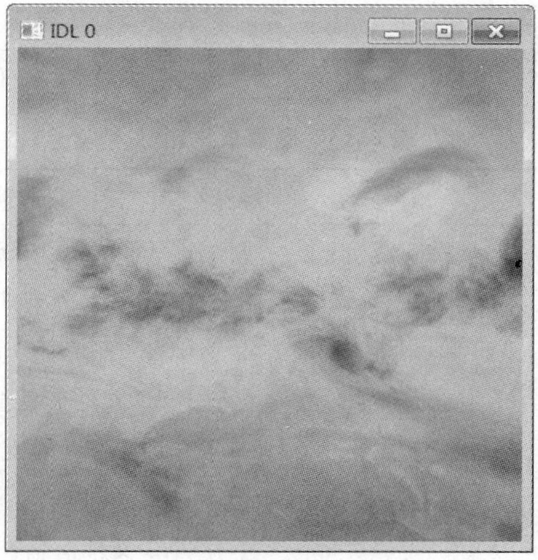

图 6.8　AWX 文件读取显示

6.3　图像格式

IDL 自带了丰富的图像文件格式读、写函数（表 6.12）。

表 6.12 IDL 支持的文件格式

文件格式	读	写
BMP	Read_BMP	Write_BMP
DICOM	IDLffDICOM 对象	IDLffDICOM 对象
DXF	IDLffDXF 对象	IDLffDXF 对象
GIF	Read_GIF	Write_GIF
Interfile	Read_Interfile	
JPEG	Read_JPEG	Write_JPEG
JPEG 2000	IDLffJPEG2000 对象	IDLffJPEG2000 对象
PICT	Read_PICT	Write_PICT
PBM/PPM	Read_PPM	Write_PPM
PNG	Read_PNG	Write_PNG
PostScript	无	PS 或打印设备
Sun Rasterfiles	Read_SRF	Write_SRF
SYLK	Read_SYLK	Write_SYLK
TIFF/GeoTIFF	Read_TIFF	Write_TIFF
WAVE	Read_WAVE	Write_WAVE
X11 - bitmap	Read_X11_Bitmap	
XWD	Read_XWD	

6.3.1 图像信息查询

IDL 提供了图像格式的查询函数（表 6.13），利用这些函数可以查询图像文件的信息。

表 6.13 图像查询函数

函数名称	功能描述
Query_BMP	BMP 文件信息查询
Query_DICOM	DICOM 服务查询
Query_GIF	GIF 文件信息查询
Query_JPEG	JPEG 文件信息查询
Query_IMAGE	查询文件是否支持直接读取
Query_PICT	PICT 文件信息查询
Query_PNG	PNG 文件信息查询
Query_PPM	PPM 文件信息查询
Query_SRF	SRF 文件信息查询
Query_TIFF	TIFF 文件信息查询

6.3.2 JPEG 文件

JPEG 是与平台无关的一种图像格式，它应用广泛，支持各种级别的压缩，但要注意，压缩会损失图像的质量。

1. 信息查询

JPEG 文件可以通过 Query_Image 或 Query_Jpeg 进行文件具体信息的查询。

```
IDL>;定义文件名称
IDL>jpegFile='c:\temp\idl.jpg'
IDL>;利用 Query_Image 查询文件
IDL>result=Query_Image(jpegFile, infor, supported_read=supportInfor, type
=type)
IDL>;输出查询结果,1 表示文件是 IDL 支持的图像类型
IDL>print,result
        1
IDL>;查看文件信息结构体,包含维数、行列数、索引、像素类型和图像类型等信息
IDL>help,infor,/structure
** Structure <14577ae0>, 7 tags, length=40, data length=36, refs=1:
   CHANNELS         LONG              3
   DIMENSIONS       LONG      Array[2]
   HAS_PALETTE      INT            0
   IMAGE_INDEX      LONG              0
   NUM_IMAGES       LONG              1
   PIXEL_TYPE       INT            1
   TYPE            STRING    'JPEG'
IDL>;输出 IDL 支持读取的文件类型
IDL>print,supportInfor
BMP GIF JPEG PNG PPM SRF TIFF DICOM JPEG2000
IDL>;输出当前文件类型
IDL>print,type
JPEG
IDL>;用 Query_Image 函数查询当前 JPEG 文件
IDL>result=Query_Jpeg(jpegFile, infor)
IDL>;输出查询结果,1 表示该文件是 IDL 支持的 JPEG 格式
IDL>print,result
        1
IDL>;查看文件信息结构体,与 Query_Image 返回结构体内容一样
IDL>help,infor,/structure
** Structure <14577cc8>, 7 tags, length=40, data length=36, refs=1:
   CHANNELS         LONG              3
   DIMENSIONS       LONG      Array[2]
   HAS_PALETTE      INT            0
   IMAGE_INDEX      LONG              0
   NUM_IMAGES       LONG              1
   PIXEL_TYPE       INT            1
   TYPE            STRING    'JPEG'
```

2. 文件读取

JPEG 文件可以用 Read_Image 或 Read_Jpeg 函数来读取。

```
IDL>;定义文件名称
IDL>jpegFile='c:\temp\idl.jpg'
IDL>;利用 Read_Image 函数读取文件
IDL>imgarr=Read_image(jpegFile)
IDL>;查看读取的数据信息
```

```
IDL >help,imgarr
IMGARR          BYTE       = Array[3, 482, 294]
IDL >;利用 read_jpeg 来读取 JPEG 文件
IDL >read_jpeg, jpegFile, image
IDL >;查看读取的数据信息
IDL >help,image
IMAGE           BYTE       = Array[3, 482, 294]
IDL >;创建与图像大小一致的窗体
IDL >window, 0, xsize =482, ysize =294
IDL >;真彩色显示图像(图 6.9)
IDL >tv, image,true =1
```

显示图像时使用了关键字 true。true 的值是根据数据排列方式而定的，如 true =1 代表数据格式为(3,m,n)；true =2 代表数组格式为(m,3,n)；true =3 代表数组格式为(m,n,3)。其中，m 和 n 分别是图像的行列数。

图 6.9　以彩色显示 JPEG 文件

3. 文件写出

JPEG 文件的写出可以用 Write_Image 或 Write_Jpeg 函数，如以下对图 6.9 的内容写出 JPEG 文件（图 6.10）。在直接图形法中，是通过对图形窗口拷屏（tvrd 函数）实现的。

```
IDL >;彩色方式复制直接图形法绘图窗口内容
IDL >copyimage =tvrd(true =1)
IDL >;查看复制的数组信息
IDL >help,copyimage
COPYIMAGE       BYTE       = Array[3, 482, 294]
IDL >;利用 write_image 写出为 jpg 文件
IDL >write_image,'c:\temp\copy.jpg','JPEG', copyimage
IDL >;利用 write_jpeg 写出为彩色 jpg 图像,设置图像质量为 50(图 6.10)
IDL >write_jpeg,'c:\temp\copy1.jpg',copyimage,true =1,quality =50
```

图 6.10　写出的 JPEG 文件

6.3.3 BMP 文件

BMP 是一种图像文件格式，使用非常广泛。它采用位映射存储方式，不采用任何压缩，因此这种格式占用的空间非常大。IDL 可直接对 BMP 文件进行查询、读和写操作。

1. 信息查询

```
IDL>;定义文件名称
IDL>bmpFile='c:\temp\idl.bmp'
IDL>;利用函数 Query_Image 查询文件信息
IDL>result=Query_Image(bmpFile,infor)
IDL>;查看文件信息结构体
IDL>help,infor,/structure
** Structure <1424f5f0>, 7 tags, length=40, data length=36, refs=1:
   CHANNELS        LONG              3
   DIMENSIONS      LONG      Array[2]
   HAS_PALETTE     INT            0
   NUM_IMAGES      LONG              1
   IMAGE_INDEX     LONG              0
   PIXEL_TYPE      INT            1
   TYPE            STRING    'BMP'
IDL>;利用 query_bmp 函数进行查询
IDL>query_status=Query_Bmp(bmpFile,bmpInfor)
IDL>;输出文件查询状态
IDL>print,query_Status
       1
IDL>;查看文件信息结构体
IDL>help, bmpInfor,/structures
** Structure <17cf8e60>, 7 tags, length=40, data length=36, refs=1:
   CHANNELS        LONG              3
   DIMENSIONS      LONG      Array[2]
   HAS_PALETTE     INT            0
   NUM_IMAGES      LONG              1
   IMAGE_INDEX     LONG              0
   PIXEL_TYPE      INT            1
   TYPE            STRING    'BMP'
```

2. 文件读取

BMP 文件可以通过 Read_Image 和 Read_Bmp 函数来读取。

```
IDL>; Read_Image 函数读取 BMP 文件
IDL>data=Read_Image(bmpFile)
IDL>;查看读取的数组信息
IDL>help,data
DATA            BYTE      = Array[3, 482, 294]
IDL>; Read_Bmp 函数使用 RGB 关键字读取真彩色数据
IDL>arr=Read_bmp(bmpFile,/rgb)
IDL>;基于文件大小创建显示窗口
IDL>window,1,xsize=482,ysize=294
IDL>;真彩色显示图像(图 6.11)
IDL>tv,arr,/true
```

图 6.11　显示 BMP 文件

3. 文件写出

通过屏幕拷贝函数 tvrd 进行拷屏并输出。

```
IDL >;利用 tvrd 函数进行屏幕的真彩色拷贝
IDL >copybmp = tvrd(/true)
IDL >;查看数组信息
IDL >help,copybmp
COPYBMP         BYTE      = Array[3, 482, 294]
IDL >;利用 write_image 函数将数据写出为 bmp 文件
IDL >write_image,'c:\temp\copy.bmp','bmp',copybmp
IDL >;利用 write_bmp 函数加 RGB 关键字输出真彩色 bmp 文件
IDL >write_bmp,'c:\temp\copy1.bmp',copybmp,/rgb
```

6.3.4　TIFF 文件

TIFF 是一种广泛应用的文件格式，它可以存储多波段图像，还可以包含投影信息。例如，美国 NASA 的陆地卫星 Landsat-7 的各波段数据是直接用 tif 格式存储的。

1. 信息查询

TIFF 文件可以通过 Query_Image 或 Query_Tiff 函数进行信息的查询。

```
IDL >;定义 TIFF 文件名称
IDL >tifffile ='c:\temp\tm.tif'
IDL >;利用 Query_Image 查询 tif 文件
IDL >query_status = query_image(tifffile,tifinfor)
IDL >;查看文件信息结构体
IDL >help, tifinfor,/str
** Structure <14570210 >, 18 tags, length =120, data length =116, refs =1:
   CHANNELS        LONG               6
   DIMENSIONS      LONG       Array[2]
   …
IDL >;利用 Query_Tiff 函数查询文件信息,并设置 GeoTiff 关键字返回投影信息
IDL >query_status = query_tiff(tifffile, infor, GeoTiff = geoInfor)
IDL >;查看投影信息结构体
```

```
IDL>help,geoInfor,/str
** Structure <14570930>, 7 tags, length=88, data length=82, refs=1:
  MODELPIXELSCALETAG
                DOUBLE    Array[3]
  MODELTIEPOINTTAG
                DOUBLE    Array[6,1]
  …
```

2. 文件读取

TIFF 文件可以用 Read_Image 或 Read_TIFF 函数读取。Read_TIFF 函数还可以通过 sub_rect 关键字指定特定矩形区域进行读取。

```
IDL>;利用 read_image 函数读取 tiff 文件
IDL>data=read_image(tifffile)
IDL>;输出数据信息
IDL>help,data
DATA          BYTE      = Array[6,467,533]
IDL>;利用 read_tiff 函数读取 tiff 文件
IDL>arr=read_tiff(tifffile)
IDL>;输出数据信息,6 个波段的 533 行*467 列大小
IDL>help,arr
ARR           BYTE      = Array[6,467,533]
IDL>;设置 sub_rect 读取从第 100 列起 200 列、第 50 行起 150 行的矩形区域数据
IDL>arr=read_tiff(tifffile,sub_rect=[99,49,200,150])
IDL>;输出数据信息
IDL>help,arr
ARR           BYTE      = Array[6,200,150]
```

3. 文件写出

TIFF 文件可以用 write_Image 或 write_Tiff 函数写出。

```
IDL>;利用 write_image 直接写出 tm 的原数据 TIFF 文件
IDL>write_image,'c:\temp\copy.tif','TIFF',arr
IDL>;**下面对原数据中的区域部分进行存储并包含投影信息
IDL>;利用 query_tiff 函数查询文件信息,并通过 GeoTiff 关键字返回投影信息
IDL>query_status=query_tiff(tifffile, infor, GeoTiff=geoInfor)
IDL>;对原文件的投影信息中的起点坐标信息进行赋值
IDL>oriArr=geoinfor.MODELTIEPOINTTAG
IDL>;因裁剪后的 arr 从原数据第 99 列、49 行开始,故需要对坐标进行计算
IDL>;    需要注意的是,坐标 x 方向是增加,y 方向是减小
IDL>oriArr[3:4]+=[99,-49]*(geoinfor.MODELPIXELSCALETAG)[0:1]
IDL>;修改后的坐标信息赋值给原结构体
IDL>geoinfor.MODELTIEPOINTTAG=oriArr
IDL>;写成 tiff 文件,并设置 GeoTiff 信息
IDL>write_tiff,'c:\temp\copy1.tiff',arr,GEOTIFF= geoInfor
```

在 ENVI 中，打开“copy1. tiff”和“tm. tiff”两个文件并进行地理关联（Geo Link），两者投影信息完全匹配（图 6. 12）。

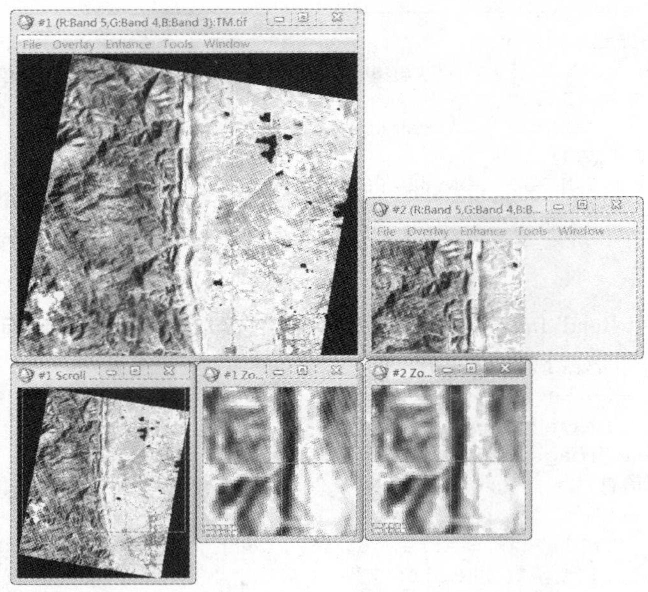

图 6.12　TM 数据与写出后的 TIFF 地理关联显示

6.4　科学数据格式

IDL 中支持的科学数据格式包括 CDF、HDF、HDF5、HDF-EOS 和 NetCDF 等，这些数据格式都具备数据集的自我描述性。

6.4.1　CDF 文件

CDF 是美国国家空间科学数据中心（NSSDC）的数据格式。IDL 中读写 CDF 的函数格式均为“CDF_*”。函数功能介绍及应用请参考 IDL 帮助文档。

CDF 创建代码可参考本书附赠实验数据光盘中的“第 6 章\create_cdf.pro”，读取并显示（图 6.13）的代码可参考光盘中“第 6 章\read_cdf.pro”。

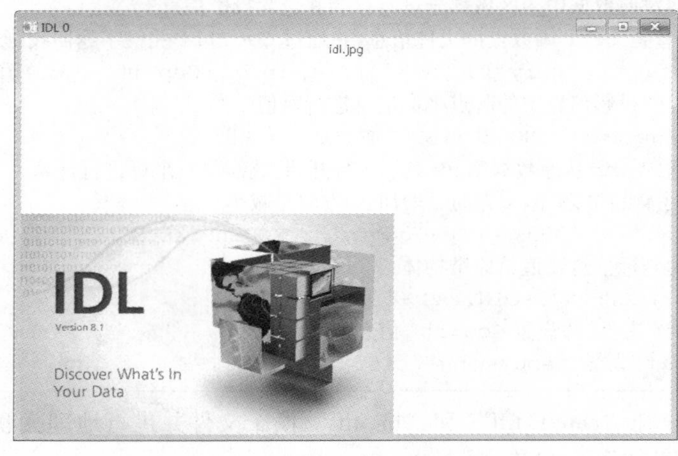

图 6.13　读取显示 CDF 文件

6.4.2　HDF 文件

HDF(Hierarchical Data Format)数据格式是美国伊利诺伊大学国家超级计算应用中心(National Central for Supercomputing Applications，NCSA）于 1987 年研制开发的，用于存储和分发科学数据的一种自我描述、多对象的层次数据格式，主要用来存储不同计算机平台产生的各种类型数据，适用于多计算机平台。HDF 格式已经被广泛应用于环境科学、地球科学、航空、海洋和生物等领域的数据。

1993 年，美国国家航空航天局（NASA）把 HDF 格式作为存储和发布 EOS（Earth Observing System）数据的标准格式。扩展了标准 HDF 格式为 HDF - EOS，用于处理 EOS 产品，增加了点、条带和栅格三种特殊数据类型，并引入了元数据（Metadata）的概念。

HDF 包括组对象（Group）和数据集对象（Dataset）两种基本对象；包括辅助对象如数据类型对象（Datatype）、数据空间对象（Dataspace）和属性对象（Attribute）等。

1. HDF_ * 函数

通常所说的 HDF 文件一般是指 HDF4 数据格式。对 HDF 文件进行打开和读写数据等操作都需要专门的函数来处理。参考本书附赠实验数据光盘中的“第 6 章\hdf_info. pro”代码，了解如何进行 HDF 文件的打开和信息读取操作的基本步骤：先检测某数据集是否存在，如果存在则解析数据集的个数，然后再依次获取数据集信息。

2. 文件读写

IDL 的程序目录下包含几个 HDF 读写的例子，如“hdf_info. pro”利用“HDF_ * ”函数解析并读取 HDF 文件中的对象和属性信息。该源码在 IDL 8. 1 版本下的默认路径为“C:\Program Files\ITT\IDL\IDL81\examples\doc\sdf\hdf_info. pro”。

HDF 文件的创建可参考本书附赠实验数据光盘中的代码“第 6 章\create_hdf. pro”，用到的数据是“idl. jpg”。对 HDF 文件，可以利用光盘中的代码“第 6 章\read_hdf. pro”读取并显示，也可以利用程序“hdf_explorer. exe”查看（图 6. 14）。

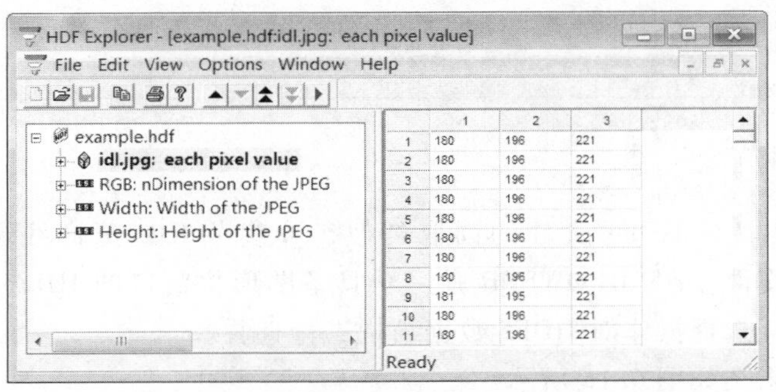

图 6. 14　创建的 HDF 文件结构

3. MODIS 文件读取

MODIS（中分辨率成像光谱仪）是 EOS 系列卫星上最主要的仪器，最大空间分辨率可达 250 m。MODIS 的多波段数据可以同时提供反映陆地、云边界、云特性、海洋水色、浮游植物、生物地理、化学、大气中水汽、地表温度、云顶温度、大气温度、臭氧和云顶高度等特征的信息，用于对陆表、生物圈、固态地球、大气和海洋进行长期全球观测。

下面以二级 MODIS（MODIS02）数据为例，使用 HDF_Explorer 软件打开该数据（图 6.15）。

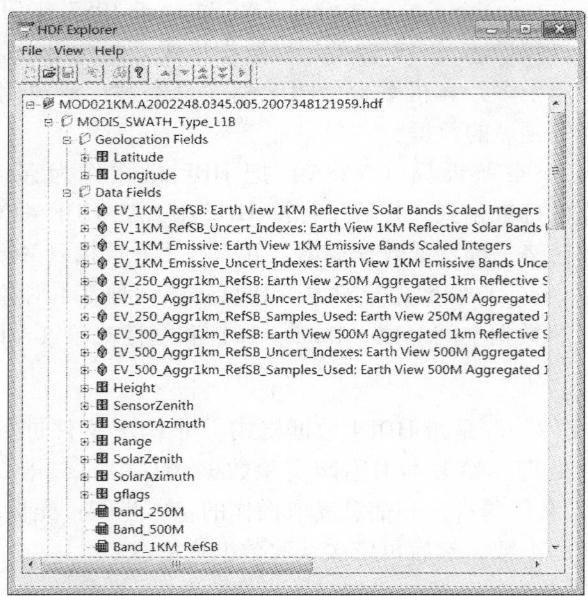

图 6.15　利用 HDF_Explorer 软件打开 MODIS02 数据

打开文件并读取该数据中的经纬度及部分数据集数据的 IDL 代码可参考实验数据光盘中“read_modis. pro”文件，编译、运行后的控制台输出信息如下：

```
IDL > read_modis
% Compiled module: READ_MODIS.
% Loaded DLM: HDF.
degrees
DATA          UINT      = Array[1354, 2030, 15]
```

6.4.3　HDF5 文件

HDF5 文件的读取与 HDF4 文件的读取类似，可参考 IDL 安装目录下 lib 子目录中的“h5_browser. pro”文件。H5_BROWSER 是一个具备图形化窗口的 HDF5 文件操作程序，运行后可通过鼠标交互选择操作对 HDF5 数据结构进行查看。

源码如下，效果图如图 6.16 所示。

```
IDL > ;定义 HDF5 数据文件
IDL > h5File = 'c:\temp\HJ1A - HSI - 448 - 66 - B2 - 20090331 - L20000089929.H5'
IDL > ;利用函数 H5_Browser 打开该文件
IDL > result = H5_Browser(h5File)
```

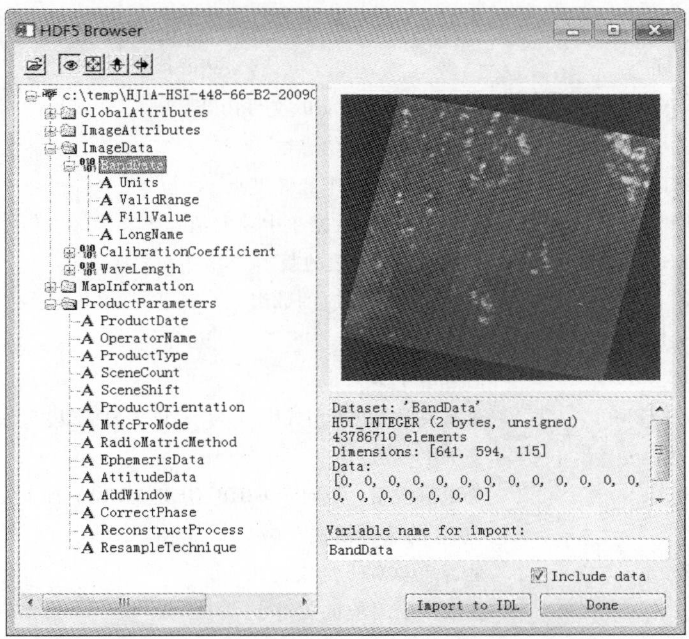

图 6.16　利用 H5_BROWSER 程序打开 HDF5 文件

在 IDL 的安装目录下，提供了一系列示例和学习程序源码（表 6.14），可作为学习资源。存储目录为 IDL 安装目录下的“...\Example\doc\sdf”目录。

表 6.14　科学数据集读写程序

程序名称	功能描述
cdf_cat. pro	查看 CDF 数据内容信息
cdf_rdwr. pro	读写 CDF 格式数据
hdf_cat. pro	查看 HDF 格式数据集信息
hdf_info. pro	查看 HDF 格式数据信息
hdf_rdwr. pro	读写 HDF 格式数据
ncdf_cat. pro	查看 Net_CDF 数据内容信息
ncdf_rdwr. pro	读写 Net_CDF 格式数据

6.5　GRIB 格式

GRIB（GRIdded Binary）码是与计算机硬件无关的压缩二进制代码，该编码有利于资料的存储和快速传输。气象行业中通常用它来存储数值天气分析与预报的格点资料，现行的 GRIB 码有 GRIB 1 和 GRIB 2 两种格式。IDL 自 8.1 版本起提供了在 Linux 和 OS X 系统下对 GRIB1 和 GRIB2 的完整支持。

GRIB 文件读取可参考实验数据光盘中目录“第 06 章”下的“grib_read_example. pro”；文件写出可参考“grib_write_example. pro”；相关函数参考表 6.15。

表 6.15 GRIB 数据读写函数表

函数名称	功能描述
GRIB_CLONE	“克隆”现有的 grib 文件内容
GRIB_COUNT	返回文件中的信息数
GRIB_FIND_NEAREST	查找最近的 4 个经纬度点
GRIB_GET	从关键字/值数据集中获取值
GRIB_GET_API_VERSION	当前 GRIB 函数的版本
GRIB_GET_ARRAY	读取关键字对应的数组
GRIB_GET_DOUBLE_ELEMENTS	关键字的数量
GRIB_GET_MESSAGE_SIZE	信息的字节大小
GRIB_GET_NATIVE_TYPE	获取关键字的类型代码(1 为字节、3 为整型、5 为双精度、7 为字符串)
GRIB_GET_SIZE	关键字个数
GRIB_GET_VALUES	获取值数组，等同于 GRIB_GET_ARRAY 加上 values 关键字
GRIB_GRIBEX_MODE	GRIB 的兼容模式
GRIB_GTS_HEADER	是否启动 GTS 的文件头
GRIB_INDEX_GET	获取索引对应的关键字
GRIB_INDEX_GET_SIZE	获取索引关键字个数
GRIB_INDEX_NEW_FROM_FILE	文件添加索引
GRIB_INDEX_READ	读取文件中的索引
GRIB_INDEX_RELEASE	关闭 GRIB 指针释放占用的内存
GRIB_INDEX_SELECT	根据关键字和值提取信息
GRIB_IS_MISSING	检测关键字是否存在
GRIB_ITERATOR_DELETE	关闭所有 iterator 指针，释放内存
GRIB_ITERATOR_NEW	创建新的 iterator
GRIB_ITERATOR_NEXT	从当前 iterator 获得下一个
GRIB_KEYS_ITERATOR_DELETE	删除 iterator
GRIB_KEYS_ITERATOR_GET_NAME	获取 iterator 的名字
GRIB_KEYS_ITERATOR_NEW	创建 iterator
GRIB_KEYS_ITERATOR_NEXT	下一个 iterator
GRIB_KEYS_ITERATOR_REWIND	前一个 iterator
GRIB_MULTI_NEW	创建新的多字段集
GRIB_MULTI_RELEASE	多字段集删除并释放内存
GRIB_MULTI_SUPPORT	多字段支持模式开关
GRIB_NEW_FROM_FILE	文件 ID 中获取 GRID 文件指针
GRIB_NEW_FROM_INDEX	创建新文件指针
GRIB_NEW_FROM_SAMPLES	基于 .../resource/grib/share/samples 下的模版创建 GRIB
GRIB_OPEN	打开 GRIB 文件获取指针
GRIB_RELEASE	销毁 GRIB 句柄并清空内存
GRIB_SET_MISSING	设置无效字符串

第7章 直接图形法

IDL中的直接图形法（direct graphics）是依靠当前显示设备快速显示图形的可视化模式，也是IDL的基本图形显示系统。直接图形法占用内存少，可视化方便、快捷、易用。本章主要介绍直接图形法使用过程中的颜色、字体、图形图像显示和地图投影等内容。

7.1 显示设备

直接图形法是在图形设备上直接快速显示图形。表7.1列出了IDL支持的图形设备，通过系统变量“!d.name”可以查看当前图形设备名称。

```
IDL>print,!d.name
WIN
```

表7.1 IDL直接图形法支持的图形设备

设备名称	描述
CGM	计算机图元文件
HP	惠普图形语言（HP-GL）
METAFILE	Windows图元文件格式（WMF）
NULL	没有图形输出
PCL	惠普打印机控制语言（PCL）
PRINTER	系统打印机
PS	PostScript
REGIS	吉斯图形议定书（DEC systems only）
TEK	泰克兼容终端
WIN	微软Windows
X	X Window系统
Z	Z轴缓冲伪设备

7.2 颜色显示

对图像或图形显示来说颜色非常重要。常用的颜色体系包括索引颜色（Index）和真彩色（RGB）两个模式；图像可分为灰度显示或彩色显示（真彩色和伪彩色）。

7.2.1 索引颜色

IDL中通过Device命令设置颜色模式。Decomposed=0表示索引颜色模式；颜色表默认索引为0，即黑白显示，若需要伪彩色显示则需要加载其他颜色表。

```
IDL > ;设置颜色模式
IDL > DEVICE, decomposed = 0
IDL > ;构建 IDL 目录下的 jpg 文件路径
IDL > file = FILEPATH('r_seeberi.jpg', $
IDL >    SUBDIRECTORY = ['examples','data'])
IDL > ;加载 Grayscale 关键字读取灰度图像
IDL > READ_JPEG, file, image, /GRAYSCALE
IDL > ;查看图像信息
IDL > HELP,image
IMAGE           BYTE        = Array[280, 195]
IDL > ;创建与图像大小一致的显示窗口,ID 为 1
IDL > WINDOW,1,xsize = 280,ysize = 195
IDL > ;显示图像(图 7.1)
IDL > TV,image
IDL > ;加载颜色表 13(IDL 系统自带)
IDL > loadct,13
IDL > ;显示图像(图 7.2).
IDL > TV,image
```

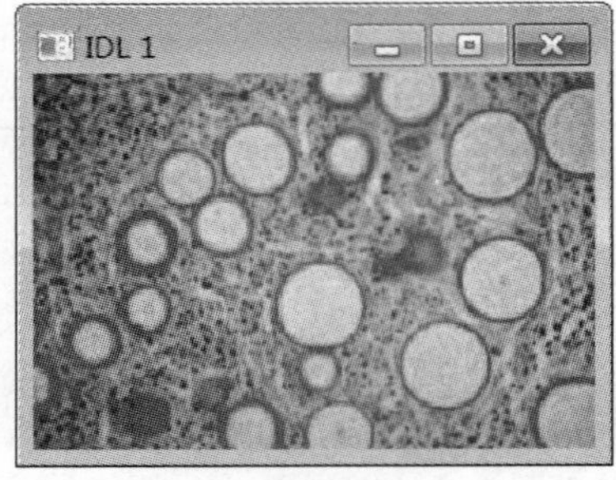

图 7.1　灰度显示

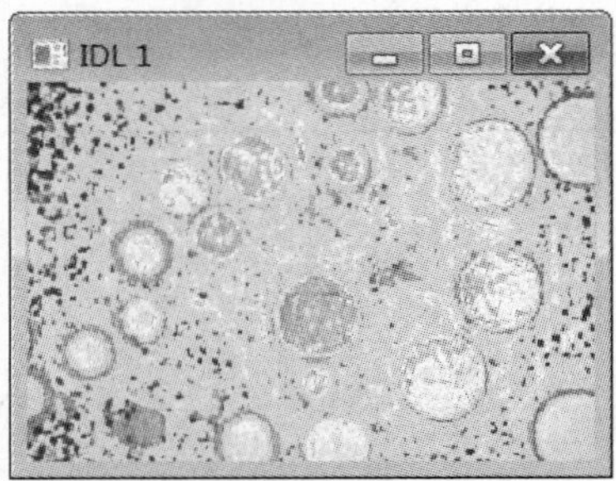

图 7.2　载入颜色表显示（伪彩色）

1. 颜色表

颜色表是一个 256 * 3 的数组，分别对应 0 ~ 255 每个灰度值的 RGB 值，对照原理见图 7.3 所示。

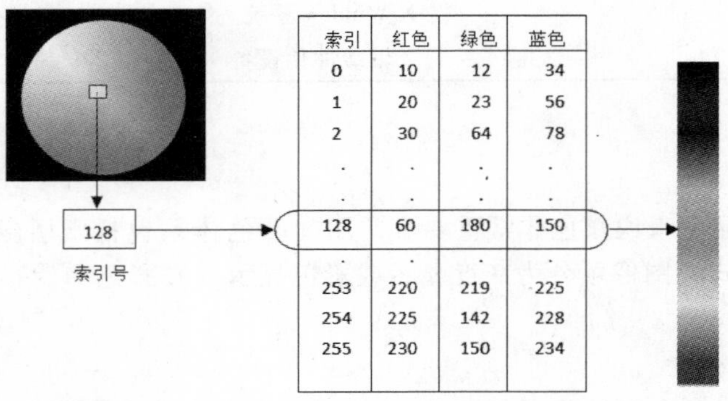

图 7.3　颜色表对照原理

2. 使用颜色表

颜色表调用可通过 loadct 命令完成，调用颜色表显示图像的示例代码如下，效果见图 7.4。

```
IDL >;输入 loadct
IDL >loadct
0 -          B - W LINEAR   14 -              STEPS   28 -          Hardcandy
1 -          BLUE/WHITE   15 -      STERN SPECIAL   29 -              Nature
2 -   GRN - RED - BLU - WHT   16 -                 Haze   30 -              Ocean
3 -   RED TEMPERATURE   17 - Blue - Pastel - R   31 -          Peppermint
4 - BLUE/GREEN/RED/YE   18 -             Pastels   32 -             Plasma
5 -     STD GAMMA - II   19 - Hue Sat Lightness   33 -           Blue - Red
6 -              PRISM   20 - Hue Sat Lightness   34 -           Rainbow
7 -        RED - PURPLE   21 -   Hue Sat Value 1   35 -         Blue Waves
8 - GREEN/WHITE LINEA   22 -   Hue Sat Value 2   36 -          Volcano
9 - GRN/WHT EXPONENTI   23 - Purple - Red + Stri   37 -            Waves
10 -         GREEN - PINK   24 -              Beach   38 -         Rainbow18
11 -           BLUE - RED   25 -        Mac Style   39 -   Rainbow + white
12 -           16 LEVEL   26 -              Eos A   40 -   Rainbow + black
13 -            RAINBOW   27 -              Eos B
Enter table number: 12
IDL >;再显示图像(图 7.4)
IDL >tv,image
```

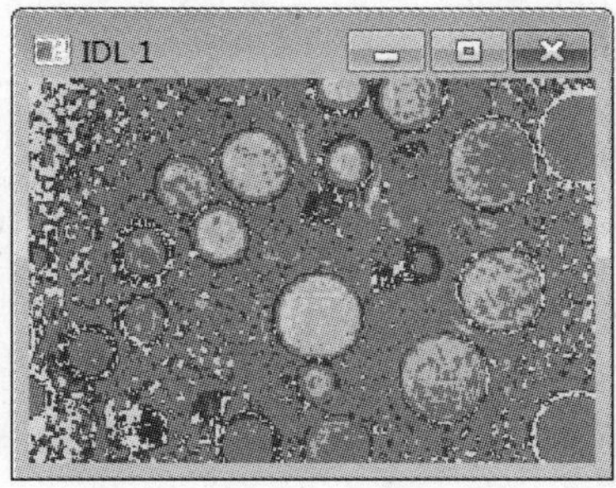

图 7.4　加载颜色表显示

运行 loadct 命令后，控制台中列出颜色表索引。IDL 系统中预置了 41 个颜色表。为了更直观地选择颜色表，IDL 提供了一个可视化界面选取颜色表的功能函数 XLoadCT，调用方式如下：

```
IDL >;调用 XLoadCT 界面(图 7.5)
IDL >xLoadCT
IDL >;显示图像(图 7.6)
IDL >tv,image
```

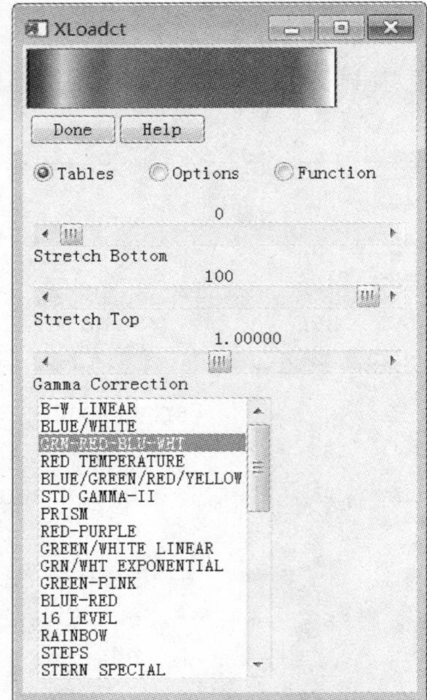

图 7.5 XLoadCT 界面

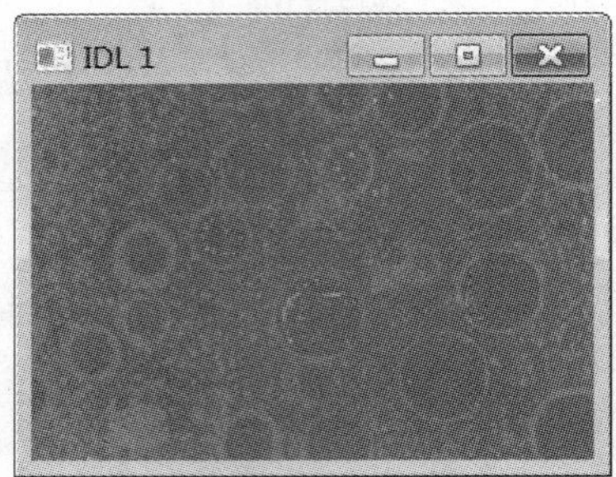

图 7.6 显示图像

```
IDL >;载入索引 13 的颜色表,RGB 对照表赋给变量 rgb
IDL >loadct,13,rgb_table = rgb
IDL >;查看变量 rgb 的信息
IDL >help,rgb
RGB             BYTE      = Array[256, 3]
```

3. 自定义颜色表

获取 IDL 中的颜色表内容方法如下：

有时基于实际需求，用户需要自定义颜色表，则可利用 tvlct 命令，示例代码如下：

```
IDL >;定义颜色表的 R、G、B 分量
IDL >R = BYTSCL(SIN(FINDGEN(256)))
IDL >G = BYTSCL(COS(FINDGEN(256)))
IDL >B = BINDGEN(256)
IDL >;载入自定义的 R、G、B 分量
IDL >TVLCT, R, G, B
IDL >;显示图像(图 7.7)
IDL >tv,image
```

如果需要修改系统预置的颜色表，可调用 MODIFYCT 命令。

```
IDL >;索引为 41 的颜色表,若存在则修改,不存在则自动创建
IDL >MODIFYCT, 41,'Sin And Cos', newRed,newGreen,newBlue
IDL >;调用 XLoadCT,查看修改的颜色表(图 7.8)
IDL >XLoadCT
```

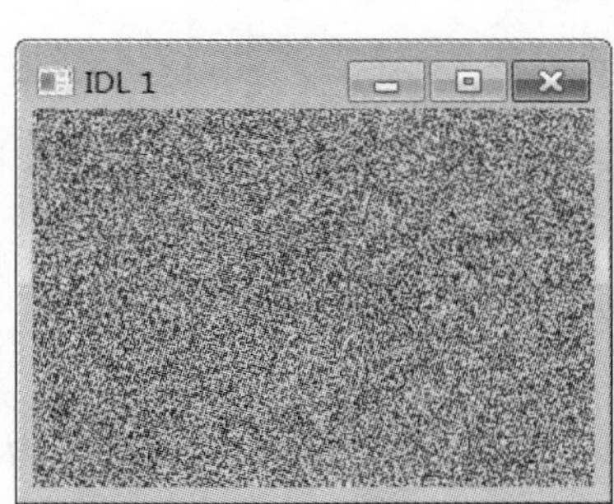

图 7.7 应用自定义颜色表显示图像

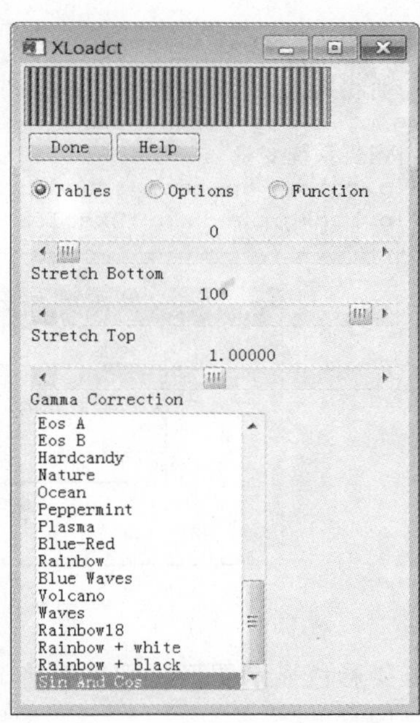

图 7.8 查看修改后的颜色表

7.2.2 彩色显示

在彩色显示模式下，显示时有 256 * 256 * 256 种颜色。读取彩色 JPG 图像并显示的示例代码如下：

```
IDL >;定义文件名称
IDL >jpegFile ='c:\temp\idl.jpg'
IDL >;利用 read_jpeg 过程来读取 JPEG 文件
IDL >read_jpeg, jpegFile, image
IDL >;查看读取的数据信息
IDL >help,image
IMAGE           BYTE      = Array[3,482,294]
IDL >;创建与图像大小一致的窗体
IDL >window, 0, xsize =482, ysize =294
IDL >;真彩色显示图像(图 6.9)
IDL >tv, image,true =1
```

直接图形法中的 plot 等图形绘制函数默认设置是黑色背景、白色图形。颜色反转显示参考下面代码：

```
IDL >;保存系统变量
IDL >oriBkcolor = !p.background
IDL >!p.background = !p.color
IDL >!p.color = oriBKcolor
IDL >;创建一个正弦曲线数据
IDL >xdata = findgen(200)/10
IDL >;创建 400 * 300 的窗口
```

```
IDL >window,xsize =400,ysize =300
IDL >;曲线黑色显示,白色背景(图 7.9)
IDL >plot,xData,sin(xData)
IDL >;恢复系统变量
IDL >!p.color = !p.background
IDL >!p.background = oriBkcolor
```

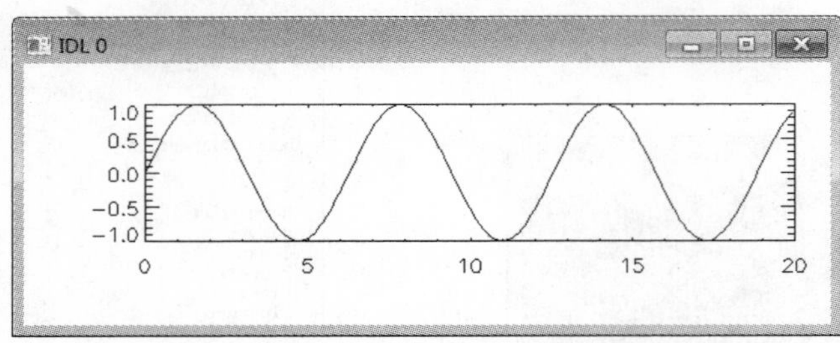

图 7.9　绘制白底黑色曲线

如果需要彩色显示图形，则需要将 RGB 颜色转换为索引颜色值，转换算法为：

index = long(red) +256L * long(green) +256L^2 * long(blue)

例如，红色的 RGB 值是[255,0,0]，转换为索引值为 255L；蓝色的 RGB 值是[0,0,255]，转换为索引值为 16711680L；白色的 RGB 值是[255,255,255]，转换为索引值为 16777215L。

```
IDL >;设置颜色转换模式
IDL >Device,decomposed =1
IDL >;创建一个正弦曲线数据
IDL >xdata = findgen(200)/10
IDL >;创建 600 * 200 的窗口
IDL >window,xsize =600,ysize =200
IDL >;曲线蓝色虚线显示,白色背景(图 7.10)
IDL >plot,xData,sin(xData),color =16711680L,background =16777215L,LINESTYLE =2
```

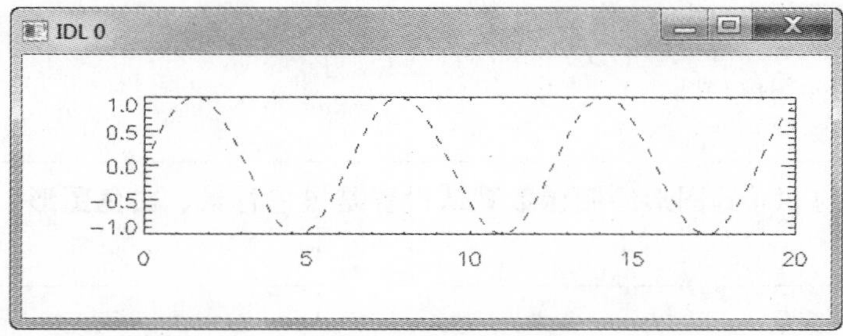

图 7.10　绘制蓝色虚线曲线

7.3　显示区域

绘制图像或图形时，位置和显示区域由系统变量!p. position 和!p. region 或绘图函数的关键字来控制。

!p.position 是一个四元素数组，即 [x_s, y_s, x_e, y_e]，其中，[x_s, y_s] 和 [x_e, y_e] 分别表示图像左下角和右上角坐标，不包括坐标轴的标注或数字区域。坐标类型有设备坐标、数据坐标和归一化坐标三种。函数调用时，默认为归一化坐标系。设置关键字 device 可按照设备实际尺寸来显示，设置关键字 data 则可依据数据实际范围绘制。在归一化坐标系中，显示区域的左下角为[0,0]，右上角为[1,1]。

!p.region 也是一个四元素数组，包含了坐标轴和图形的整个区域范围，参考下面示例代码：

```
IDL>;保存系统变量值
IDL>oriBkcolor = !p.background
IDL>!p.background = !p.color
IDL>!p.color = oriBKcolor
IDL>;创建 600*200 的窗口
IDL>window,xsize = 600,ysize = 200
IDL>;创建一个正弦曲线数据
IDL>xdata = findgen(200)/10
IDL>;默认参数绘制曲线(图 7.11)
IDL>plot,xData,sin(xData)
IDL>;在窗口四分之一的左下角部分绘图(图 7.12)
IDL>plot,xData,sin(xData),position = [0,0,0.5,0.5]
IDL>;显示区域为窗口四分之一的左下角部分
IDL>!p.REGION = [0,0,0.5,0.5]
IDL>;绘图(图 7.13)
IDL>plot,xData,sin(xData)
```

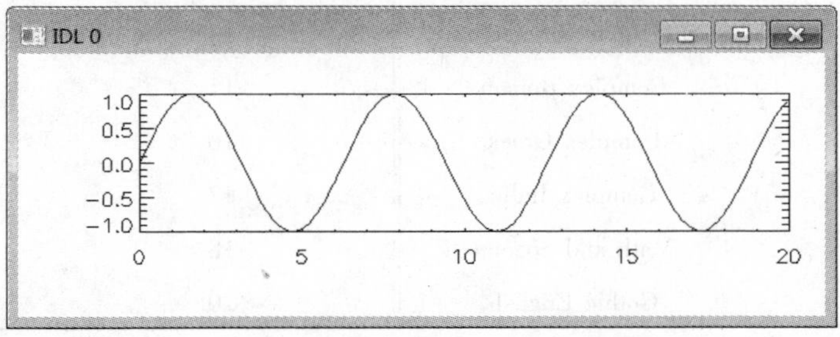

图 7.11　默认参数

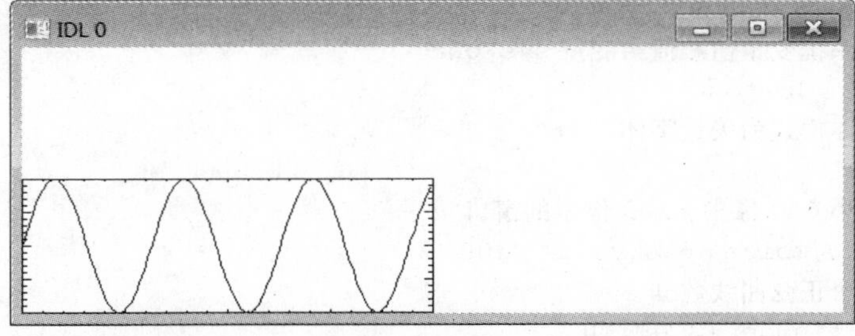

图 7.12　设置 position 关键字

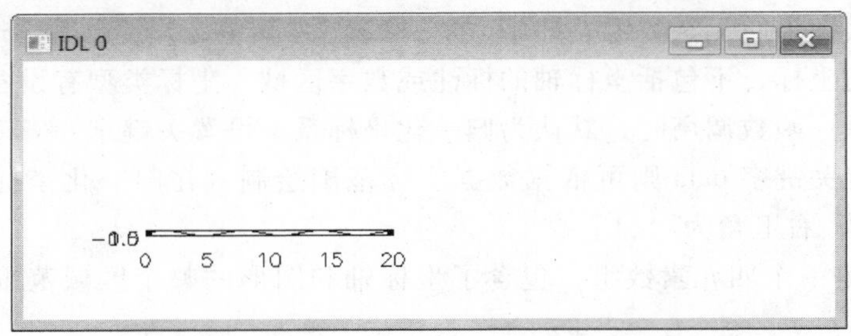

图 7.13　设置!p.region

7.4 字体

在 IDL 中，字体包括矢量字体（也可称 Hershey 字体）、设备字体（系统字体）和 TrueType（全真字体）三种。IDL 是根据系统变量!P.Font 的值来使用不同字体的。!P.Font 值为 -1 表示使用矢量字体；为 0 表示使用系统字体；为 1 表示使用 TrueType 字体。

7.4.1 矢量字体

矢量字体（表 7.2）是 IDL 的自带字体，可用 ShowFont 和 EFont 命令显示和编辑。

表 7.2　矢量字体

索引	名称	索引	名称
3 -	Simplex Roman	12	Simplex Script
4	Simplex Greek	13	Complex Script
5	Duplex Roman	14	Gothic Italian
6	Complex Roman	15	Gothic German
7	Complex Greek	16	B Cyrilic
8	Complex Italic	17	Triplex Roman
9	Math and Special	18	Triplex Italic
11	Gothic English	20	Miscellaneous

通过在字符串前添加"!index"可进行字体设置，其中 index 为字体索引（表 7.2），字号大小可通过关键字 charsize 进行控制。

```
IDL>;将当前系统变量值赋值给变量 sysFont
IDL>sysFont = !p.font
IDL>;设置字体模式为矢量字体
IDL>!p.font = -1
IDL>;创建大小 600 像素 * 200 像素的窗口
IDL>window,1,xsize=600,ysize=200
IDL>;创建一个正弦曲线数据
IDL>xdata = findgen(200)/10
IDL>;默认参数绘制曲线
```

```
IDL>plot,xData,sin(xData),title='!12sin plot',xtitle='!3x axis'
IDL>;中心点输出字符串'Center Point'(图7.14)
IDL>xyouts,0.5,0.5,'!13Center Point',/normal,charsize=2
IDL>;恢复系统变量字体初值
IDL>!p.font=sysFont
```

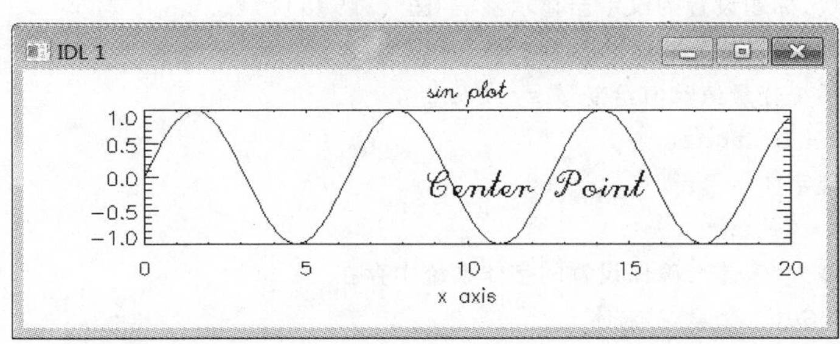

图7.14 设置绘图标题的字体

7.4.2 设备字体

当!P.Font为0或绘图函数的关键字Font为0，用IDL的直接图形法绘图时使用设备字体（也称系统字体）。当前操作系统的系统字体能够通过Device命令获得，示例代码：

```
IDL>;调用Device命令和关键字来返回当前系统中的字体名和字体格式
IDL>Device,Set_Font='*',Get_FontNames=DFontsNames, $
Get_FontNum=DFontsNumber
IDL>;系统字体名称,可用print进行查看
IDL>help,DFontsNames
  DFONTSNAMES     STRING     = Array[363]
IDL>;系统字体个数
IDL>help,DFontsNumber
DFONTSNUMBER    LONG      =          363
```

设置字体可用Device命令配合关键字set_font来实现，并可使用表7.3中的参数来控制文字的具体样式。

表7.3 设备字体参数

字体参数	关键字
宽度	THIN, LIGHT, BOLD, HEAVY
显示质量	DRAFT, PROOF
强度	FIXED, VARIABLE
斜体	ITALIC
中线	STRIKEOUT
下划线	UNDERLINE
大小	整数（单位为像素）

直接图形法下设置使用设备字体的示例代码如下：

```
IDL>;创建一个正弦曲线数据
IDL>xdata=findgen(200)/10
IDL>;创建大小600像素*200像素的窗口
IDL>window,1,xsize=600,ysize=200
IDL>;绘制曲线,标题设置为汉字会显示乱码(图7.15(a))
IDL>plot,xData,sin(xData),title='正弦曲线'
IDL>;将当前系统变量值赋值给变量sysFont
IDL>sysFont=!p.font
IDL>;使用系统字体
IDL>!p.font=0
IDL>;设置字体为"宋体",确保设置的字体系统中存在
IDL>Device, Set_Font='宋体'
IDL>;绘制曲线(图7.15(b))
IDL>plot,xData,sin(xData),title='正弦曲线'
IDL>;设置字体为"楷体",大小为12
IDL>Device, Set_Font='楷体*12'
IDL>;绘制曲线(图7.15(c))
IDL>plot,xData,sin(xData),title='正弦曲线'
IDL>;设置字体为黑体,大小为16,设置斜体(ITALTC)和显示下划线(UNDERLINE)
IDL>Device, Set_Font='黑体*ITALIC*UNDERLINE*16'
IDL>;绘制曲线(图7.15(d))
IDL>plot,xData,sin(xData),title='正弦曲线'
IDL>;恢复系统变量字体初值
IDL>!p.font=sysFont
```

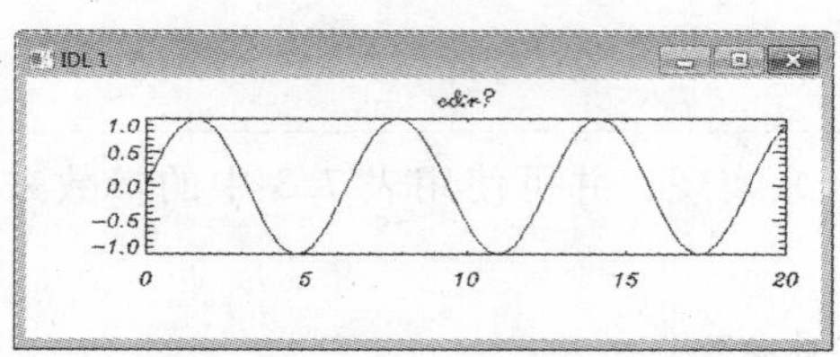

(a)

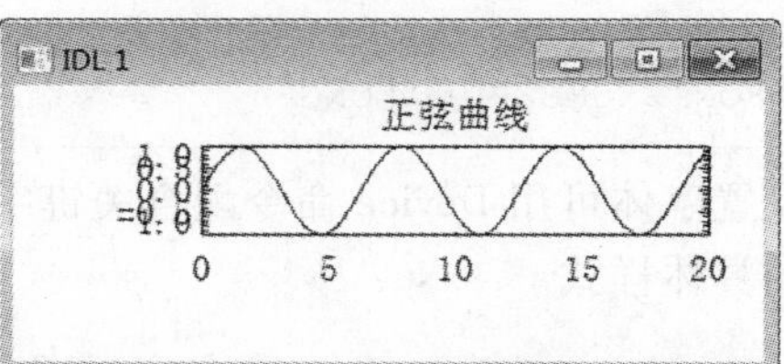

(b)

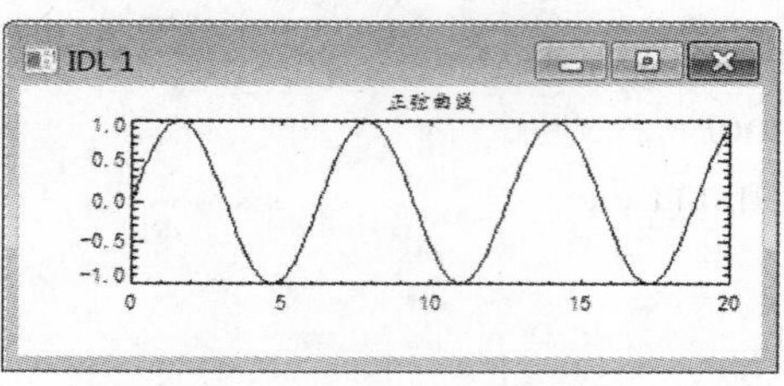

(c)

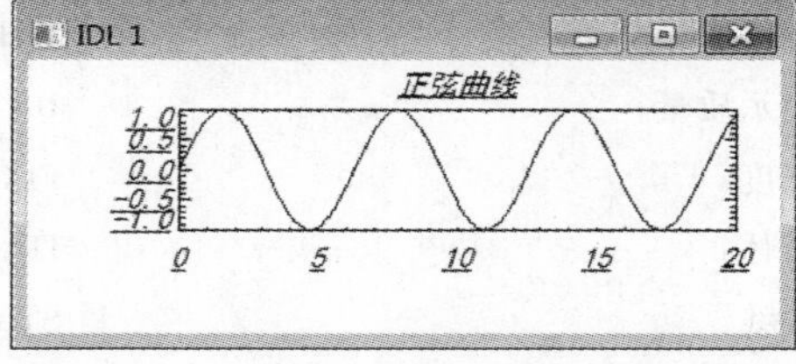

(d)

图 7.15 使用不同设备字体显示曲线标题

7.4.3　TrueType 字体

TrueType 字体是通过一系列外形轮廓描述的，这些轮廓又是通过系列的多边形来填充的，也称为轮廓字体。IDL 系统自带的 TrueType 字体系列见表 7.4 所示。

表 7.4　TrueType 字体

字体名称	斜体名称	粗体名称	粗斜体名称
Courier	Courier Italic	Courier Bold	Courier Bold Italic
Helvetica	Helvetica Italic	Helvetica Bold	Helvetica Bold Italic
Monospace Symbol			
Times	Times Italic	Times Bold	Times Bold Italic
Symbol			

当! p. font 为 1 或绘图命令关键字 font 设置为 1 时，直接图形法字体使用 TrueType 字体，调用示例代码：

```
IDL >;创建大小 600 像素 * 200 像素的窗口
IDL >window,1,xsize = 600,ysize = 200
IDL >;创建一个正弦曲线数据
IDL >xdata = findgen(200)/10
IDL >;将当前系统变量值赋值给变量 sysFont
IDL >sysFont = !p.font
IDL >;使用 TrueType 字体
IDL >!p.font =1
IDL >;设置 Helvetica 字体并加粗、倾斜
IDL >DEVICE, SET_FONT ='Helvetica Bold Italic', /TT_FONT
IDL >;绘制曲线(图 7.16(a))
IDL >plot,xData,sin(xData),title ='sin Plot'
IDL >;设置 Courier 字体倾斜并设置为[10,12]像素大小
IDL >DEVICE, SET_FONT ='Courier Italic', /TT_FONT, $
SET_CHARACTER_SIZE = [10,12]
IDL >;绘制曲线(图 7.16(b))
IDL >plot,xData,sin(xData),title ='sin Plot'
IDL >;恢复系统变量字体初值
IDL >!p.font = sysFont
```

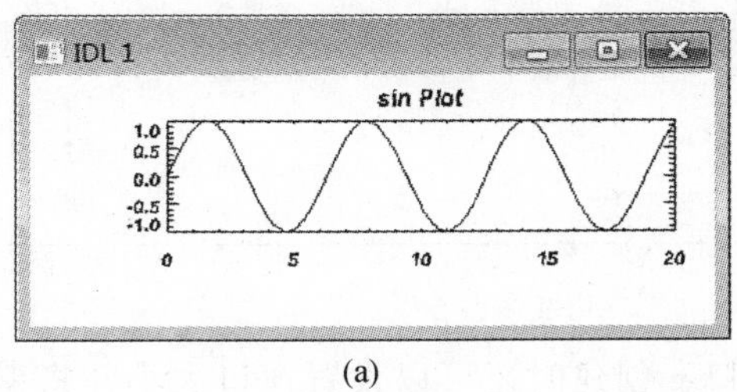

(a)

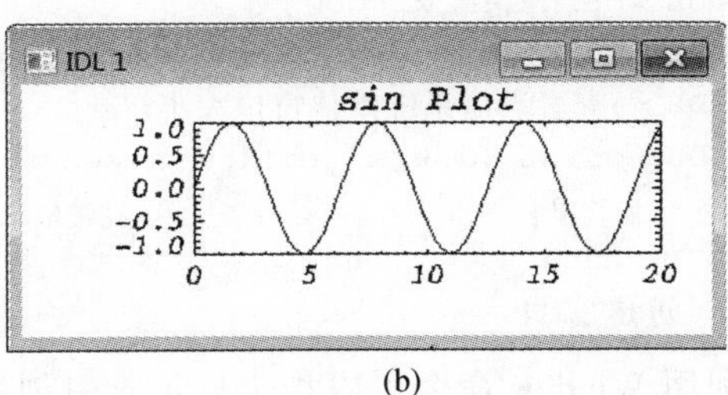

(b)

图 7.16　TrueType 字体显示曲线标题

如果将某些特定图形符号存储为 TrueType 字体，通过字符调用可快速、方便地显示符号。操作方式是将 TrueType 字体文件（扩展名一般为 ttf）复制到 IDL 安装目录的“\resource\fonts\tt”目录下，修改 ttfont. map 文件（可直接用记事本打开），添加相应的字体信息说明。

例如，使用 2008 年奥运会字体的具体操作步骤如下：

（1）复制“Olympic_Beijing_Pictos. ttf”文件到 IDL 安装目录下“... \ resource\fonts\tt”目录；

（2）用记事本打开“ttfont. map”文件，按照已有文件内容格式添加内容：“BeiJing2008” Olympic_Beijing_Pictos. ttf 1. 0；

（3）重启 IDL，按照下面方式的调用。

```
IDL>;设置调用 TrueType 字体"beijing2008"
IDL>device, set_font ='beijing2008',/tt_font
IDL>;创建大小为 900 像素 * 200 像素的显示窗体
IDL>window,1,xsize =900,ysize =200
IDL>;按照设备坐标从左下角[0,0]起显示当前 TrueType 字体(font =1)
IDL>;显示内容为'012abc'(图 7.17)
IDL>xyouts,0,0,'012abc',charsize =20,/device,font =1
```

图 7.17　调用自定义 TrueType 字体

7.5　显示图形和图像

7.5.1　窗体控制

在 IDL 中使用绘图命令时，系统会自动创建窗口。同时，IDL 提供了 Window、Wset、Wshow 和 Wdelete 等窗口控制命令。窗口的具体信息可通过系统变量！D 来查看。

```
IDL>;查看绘图窗口 ID,-1 表示无绘图窗口
IDL>print,!D.window
        -1
IDL>;查看当前系统默认窗口大小
IDL>print,!d.x_size,!d.y_size
     840         525
```

1. *创建窗口*

利用 Window 命令可以指定显示索引创建窗口，创建时还可以设置窗口大小并将窗口索引值存储到系统变量！D. Window 中。

```
IDL >;查看系统当前显示窗口
IDL >print,!d.window
      -1
IDL >;创建 ID 为 8,大小为 400 像素 * 300 像素的窗口(图 7.18)
IDL >window,8,xsize =400,ysize =300
IDL >;输出系统变量,8 即新创建的窗口 ID 标识
IDL >print,!d.window
       8
```

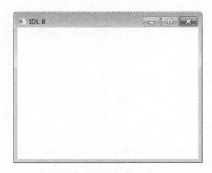

图 7.18　创建窗口

2. 选择窗口

IDL 绘图时默认在! d. window 指定的窗口上显示；当有多窗口时，可通过 Wset 命令指定窗口。

3. 暴露窗口

当有多个显示窗口时，只有一个处于“暴露”状态，其他窗口均是隐藏状态。如果要更改特定窗口为“暴露”状态，可以用命令 Wshow 完成。

4. 删除窗口

删除窗口可以用鼠标单击窗口右上角的关闭按钮实现，也可通过使用 Wdelete 命令实现。创建两个显示窗口并进行控制的示例代码如下：

```
IDL >;依次创建两个显示窗口(图 7.19)
IDL >window,1,xsize =300,ysize =200
IDL >window,2,xsize =300,ysize =200
IDL >;设置颜色转换模式
IDL >Device,decomposed =1
IDL >;绘制红色曲线,显示在最后创建的"2"窗口中
IDL >plot,(findgen(20)/10)^3,color =255L
IDL >;暴露"1"窗口
IDL >wset,1
IDL >;绘制蓝色曲线(图 7.20)
IDL >plot,(findgen(20)/10)^3,color =16711680L
IDL >;删除所有显示窗口
IDL >wdelete,1,2
```

图 7.19 创建两个窗口

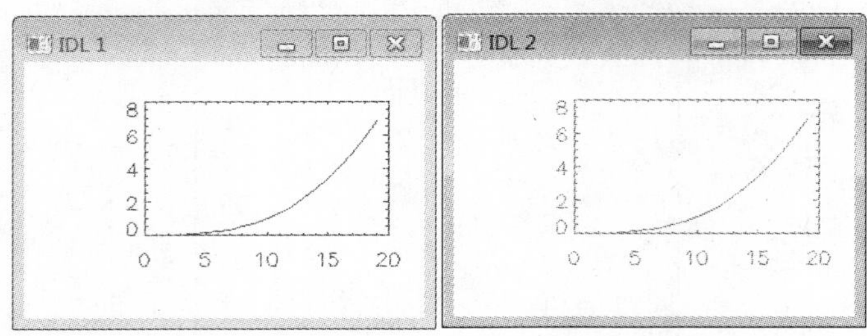

图 7.20 窗口显示不同内容

7.5.2 多图形绘制

在一个窗口中显示多个图形或图像可以通过修改系统变量!P.Multi实现。该系统变量是一个包含五个数组元素的数组，各个元素含义如下。

- !P.Multi [0]：显示的图形个数。若为0，则后续绘制图形时会执行擦除（erase）命令；
- !P.Multi [1]：显示的图形列数；
- !P.Multi [2]：显示的图形行数；
- !P.Multi [3]：*Z* 方向上叠加显示的图形数（三维坐标系下）；
- !P.Multi [4]：按行显示（自左到右、自上到下）或按列显示（自右向左、自下到上）。

7.5.3 曲线绘制

1. Plot

利用Plot命令可以绘制线图形，同时可以通过关键字来控制曲线的类型和风格等属性，如设置标题（title）、背景颜色（background）。下面对plot常见的几种用法进行示例。

(1) 简单曲线。

在一个窗口中绘四条曲线的示例代码如下：

```
IDL >;创建大小为800像素*600像素的窗口
IDL >window,0,xsize =800,ysize =600
IDL >;设置多图显示,2行2列
IDL >!p.multi = [4,2,2,0,0]
```

```
IDL>;构建0-19的索引数组数据
IDL>data=FINDGEN(20)
IDL>;数组数据绘图,见图7.21第一个图形
IDL>plot,data
IDL>;数组正弦和余弦图,见图7.21第二个图形
IDL>PLOT, SIN(data/3), COS(data/6)
IDL>;使用polar关键字绘制极射图,见图7.21第三个图形
IDL>PLOT, data, data, /POLAR, TITLE='Polar'
IDL>;绘制曲线,符号显示并设置x、y轴标题,见图7.21第四个图形
IDL>PLOT, SIN(data/10), PSYM=4, XTITLE='X', YTITLE='Y'
IDL>;恢复多图控制参数
IDL>!p.multi=0
```

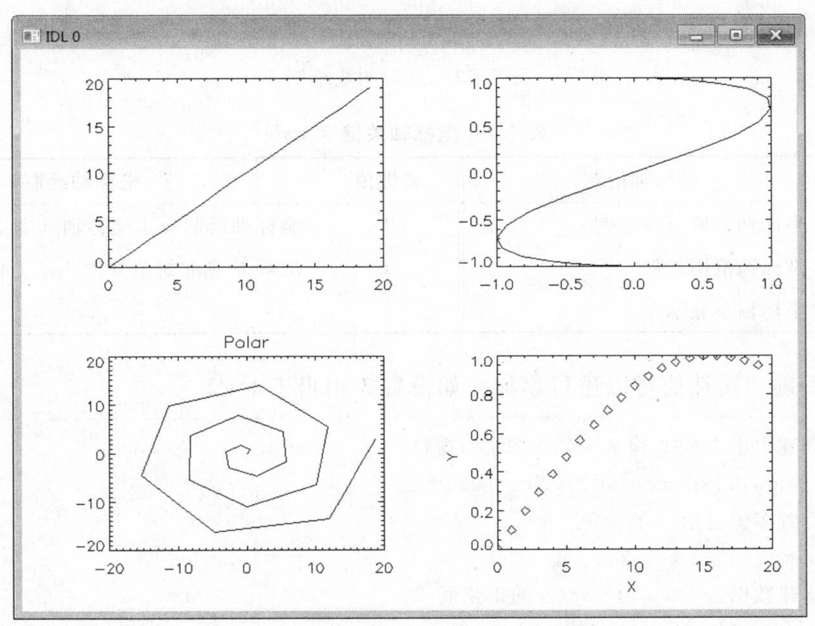

图7.21 Plot曲线绘制

(2) 点对绘制线。根据数据点对绘制对应曲线的示例代码如下:

```
IDL>;创建几个变量
IDL>SOCKEYE=[463,459,437,433,431,433,431,428,430,431,430]
IDL>YEAR=[1967,1970,INDGEN(9)+1975]
IDL>;绘制年份与红鲑鱼种群数量曲线(图7.22),注意Title、xTitle和yTitle的使用
IDL>PLOT, YEAR, SOCKEYE, TITLE='Sockeye Population', XTITLE='Year', YTITLE=
'Fish (thousands)'
```

(3) 坐标轴显示风格。坐标轴 x、y 和 z 可分别用xstyle、ystyle和zstyle关键字控制,表7.5列出了关键字(style)属性值的含义。

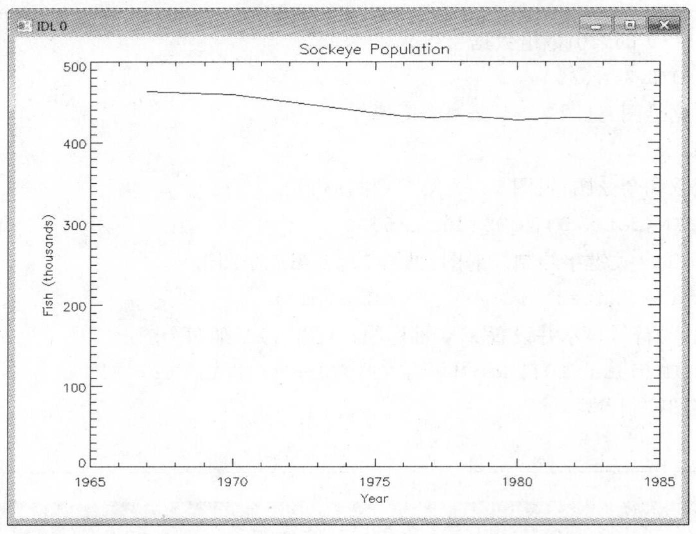

图 7.22　点对曲线绘制

表 7.5　坐标轴关键字 style

属性值	坐标轴绘制	属性值	坐标轴绘制
1	坐标轴精确范围绘制	8	坐标轴绘制一半坐标轴（非全框模式）
2	坐标轴范围扩展	16	屏蔽 Y 轴起始值 0（只有 Y 轴有此属性）
4	坐标轴不显示		

注意：关键字属性值可以进行累加，如设置 3 相当于 1 + 2。

```
IDL >;创建大小为 800 像素 * 600 像素的窗口
IDL >window,0,xsize = 800,ysize = 600
IDL >;设置多图显示,2 行 2 列
IDL >!p.multi = [4,2,2,0,0]
IDL >;构建数据,ydata 为 xdata 的正弦值
IDL >xdata = findgen(200)/10 +3
IDL >ydata = sin(xdata)
IDL >;直接绘制曲线,见图 7.23 的第一个图形
IDL >plot,xdata,ydata
IDL >;设置 x 轴显示风格为 1,见图 7.23 的第二个图形
IDL >plot,xdata,ydata,/xstyle
IDL >;设置 y 轴显示风格为 4,见图 7.23 的第三个图形
IDL >plot,xdata,ydata,/xstyle,ystyle = 4
IDL >;设置 y 轴显示风格为 8,见图 7.23 的第四个图形
IDL >plot,xdata,ydata,/xstyle,ystyle = 8
IDL >;恢复多图控制参数
IDL >!p.multi = 0
```

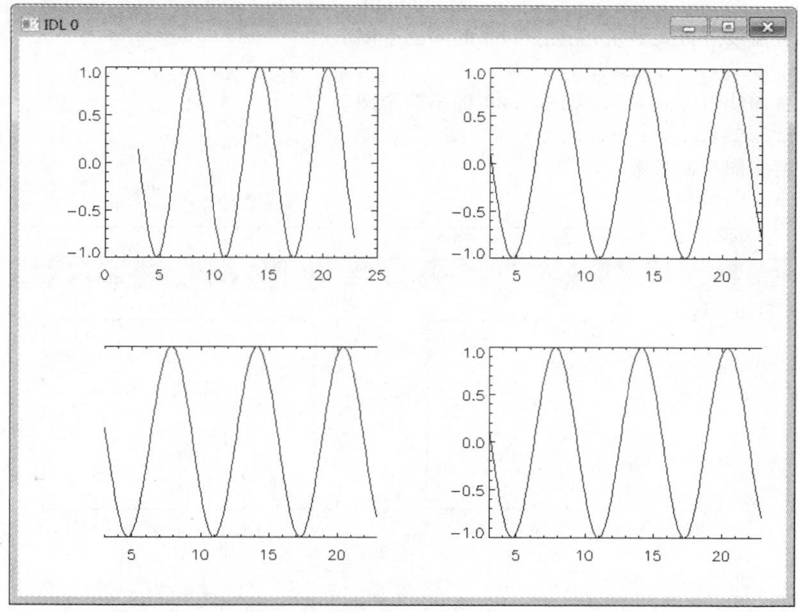

图 7.23　坐标轴显示风格

（4）符号化绘制。在绘制曲线时显示符号，可以通过对关键字 PSYM 赋不同的值来显示不同符号。表 7.6 列出了绘图符号的索引。

表 7.6　PSYM 索引与符号

索引号	绘图符号	索引号	绘图符号
0	不显示符合，线连接	5	三角形（△）
1	加号（+）	6	方形（□）
2	星号（*）	7	叉号（×）
3	点（.）	8	自定义符号（可用 UserSym 来定义）
4	菱形（◇）	10	直方图模式

```
IDL >;创建大小为 800 像素 * 600 像素的窗口
IDL >window,0,xsize =800,ysize =600
IDL >;设置多图显示,2 行 2 列
IDL >!p.multi = [4,2,2,0,0]
IDL >;构建数据,ydata 为 xdata 的正弦值
IDL >xdata = findgen(20)/4
IDL >ydata = sin(xdata)
IDL >;直接绘制正弦曲线,见图 7.24 的第一个图形
IDL >plot,xdata,ydata
IDL >;设置曲线点方式显示,见图 7.24 的第二个图形
IDL >plot,xdata,ydata,psym =3
```

```
IDL > ;设置曲线点方式显示,见图 7.24 的第三个图形
IDL > plot,xdata,ydata,psym = 4
IDL > ;设置曲线点方式显示,见图 7.24 的第四个图形
IDL > plot,xdata,ydata,psym = 10
IDL > ;恢复多图控制参数
IDL > !p.multi = 0
```

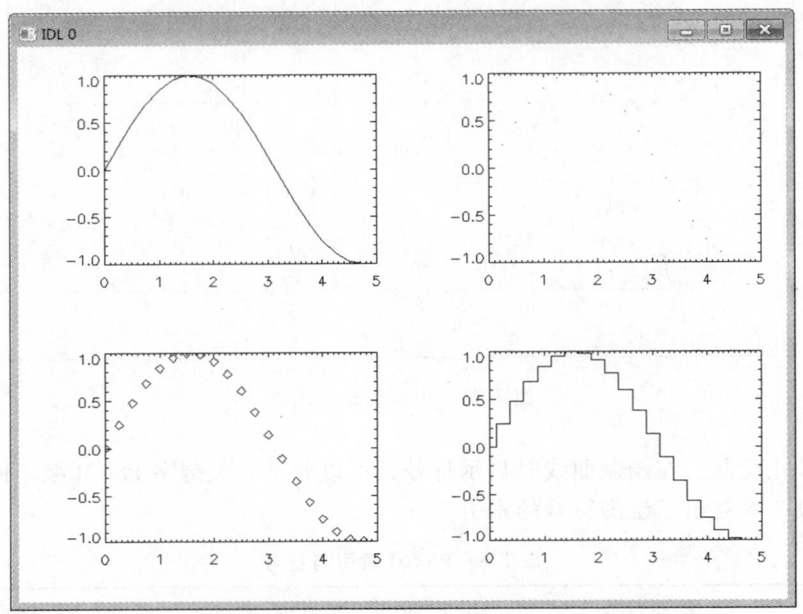

图 7.24　曲线符号化绘制

（5）柱形图绘制。

柱形图的绘制（图 7.25）可参考附赠实验数据光盘中的程序代码“barPlot_example.pro”。

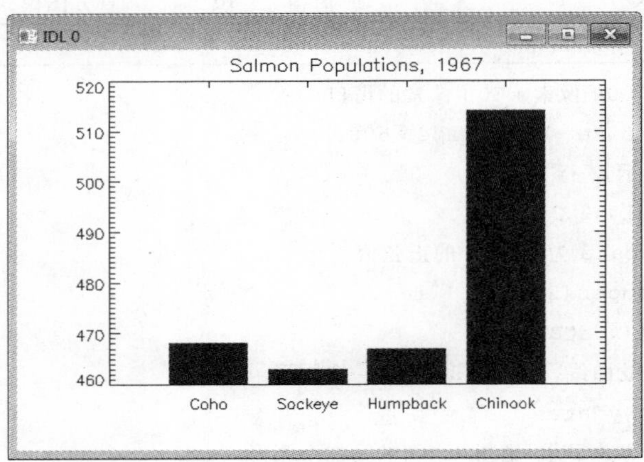

图 7.25　柱形图

2. Contour

（1）等值线绘制。与绘制曲线类似，绘制等值线也很简单（图7.26），示例代码如下：

```
IDL >;创建大小为 800 像素 * 600 像素的窗口
IDL >window,0,xsize = 800,ysize = 600
IDL >;设置多图显示,2 行 2 列
IDL >!p.multi = [4,2,2,0,0]
IDL >;创建 200 * 200 的数组,可利用 tv,data 查看数据分布
IDL >data = Dist(200)
IDL >;直接绘制数据等值线,见图 7.26 的第一个图形
IDL >contour,data
IDL >;设置等值线为 10 级并填充,显示注记,见图 7.26 的第二个图形
IDL >contour,data,NLEVELS = 10, /FOLLOW
IDL >;创建一个随机曲面数据
IDL >A = RANDOMU( seed, 5, 6)
IDL >;等值线前线做平滑处理
IDL >B = MIN_CURVE_SURF(A)
IDL >;绘制 5 级等值线及山脚朝向线,见图 7.26 的第三个图形
IDL >CONTOUR, B, NLEVELS = 5, /DOWNHILL
IDL >;调用 IDL 自身的独立颜色对照表
IDL >TEK_COLOR
IDL >;5 级填充显示并设置不同颜色,见图 7.26 的第四个图形
IDL >CONTOUR, B, /FILL, NLEVELS = 5, C_COLOR = INDGEN(5) + 2
IDL >;恢复多图控制参数
IDL >!p.multi = 0
```

等值线的填充可以由关键字 Fill、C_Fill、NLevels 和 C_Orientation 等控制，其中 Fill 和 C_Fill 控制填充方式是单色填充还是线填充；Nlevels 控制等值线的级数；C_Orientation 控制填充图形曲线的倾斜度（单位是角度）。

线平滑可以用关键字 MIN_CURVE_SURF，它可以对规律或离散的网格点进行差值平滑，进而生成最小曲率表面或薄板样条曲面。

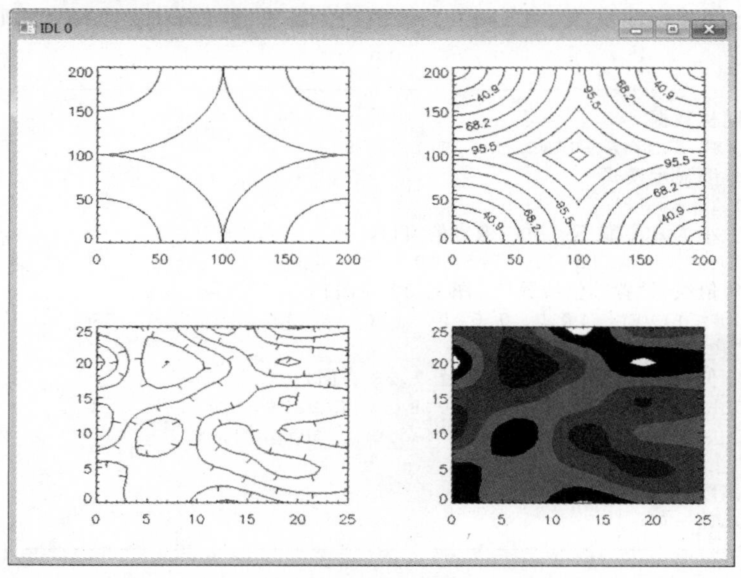

图 7.26　等值线绘制

（2）离散点绘制等值线。对离散点绘制等值线（图 7.27），不需要先插值成网格数据，参考示例代码如下：

```
IDL > ;生成 50 个随机点
IDL > x = RANDOMN( seed, 50)
IDL > y = RANDOMN( seed, 50)
IDL > ;计算 XY 表达式值 Z
IDL > Z = EXP( - (x^2 + y^2))
IDL > ;根据离散点生成 Delaunay 三角网
IDL > TRIANGULATE, X, Y, tri
IDL > ;创建大小为 400 像素 * 300 像素的窗口
IDL > WINDOW,0,xsize = 400,ysize = 300
IDL > ;绘制等值线(图 7.27)
IDL > CONTOUR, Z, X, Y, TRIANGULATION = tri
```

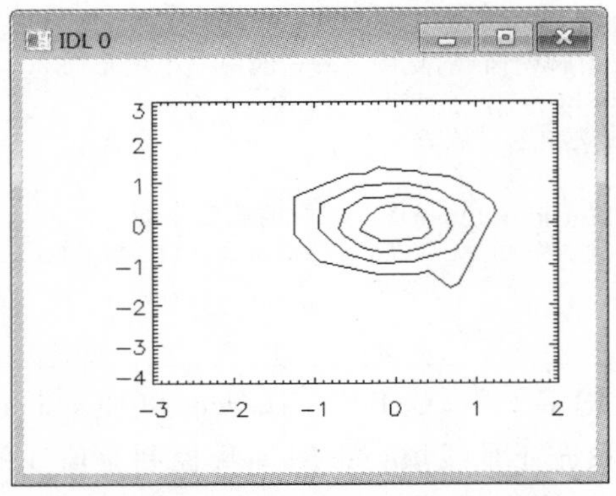

图 7.27　离散点绘制等值线

（3）等值线标注。等值线的标注可以根据数据自动计算，也可自定义。关键字 C_LABELS：等值线上是否标注文本；LEVEL：等值线对应的数值；C_ANNOTATION：等值线上标注的文本。

```
IDL > ;生成随机数据
IDL > SEED = 20 & DATA = RANDOMU( SEED, 6, 8)
IDL > ;设置多图显示模式
IDL > !P.MULTI = [0,2,1]
IDL > ;创建大小为 800 像素 * 400 像素的窗口
IDL > WINDOW,0,xsize = 800,ysize = 400
IDL > ;绘制等值线,设置等值线数值(图 7.28 左图)
IDL > CONTOUR, LEVEL = [0.2, 0.5, 0.8], C_LABELS = [1, 1, 1], $
IDL >       C_CHARSIZE = 1.25, DATA
IDL > ;绘制等值线,设置显示标注内容(图 7.28 右图)
IDL > CONTOUR, LEVEL = [0.2, 0.5, 0.8], C_LABELS = [1, 1, 1], $
IDL >       C_ANNOTATION = ["Low", "Medium", "High"], $
IDL >       C_CHARSIZE = 1.25, DATA
IDL > ;恢复多图显示控制参数
IDL > !P.MULTI = 0
```

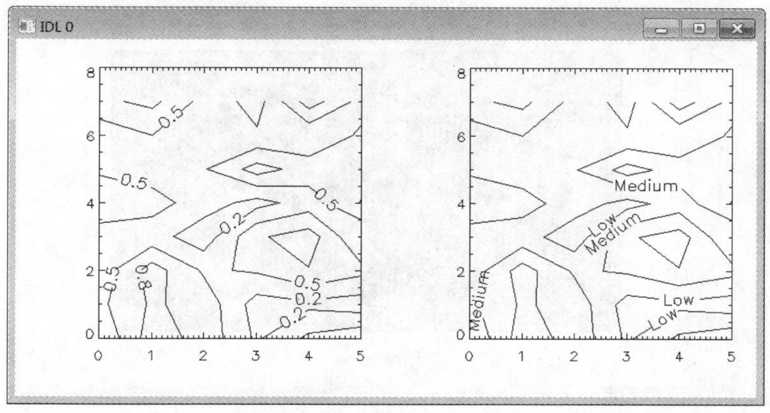

图 7.28 等值线标注

(4) 图像叠加显示等值线。在一图像上叠加显示等值线的关键在于两者的位置对应，即计算在窗口中显示图像后显示等值线的绘制起点范围。示例代码如下：

```
IDL >;载入颜色表 14
IDL >DEVICE, DECOMPOSED =0
IDL >LOADCT,14
IDL >;数据初步处理,拉伸及重采样
IDL >RESTORE, FILEPATH('marbells.dat', SUBDIR =['examples','data'])
IDL >X =326.850 +.030 * FINDGEN(72)
IDL >Y =4318.500 +.030 * FINDGEN(92)
IDL >image = BYTSCL(elev, MIN =2658, MAX =4241)
IDL >new = REBIN(elev, 350 /5, 450 /5)
IDL >;设置图像绘制位置:!X.window -绘图起点归一化坐标,!D.x_Vsize 绘图大小
IDL >PX = !X.WINDOW * !D.X_VSIZE
IDL >PY = !Y.WINDOW * !D.Y_VSIZE
IDL >;计算显示区域图像像素尺寸
IDL >SX = PX[1] - PX[0] +1
IDL >SY = PY[1] - PY[0] +1
IDL >;从左下角起根据计算的图像绘制位置显示图像
IDL >TVSCL, CONGRID(image, SX, SY), PX[0], PY[0]
IDL >;绘制等值线,NoErase 关键字控制不擦除原栅格图像(图 7.29)
IDL >;也可参考 IDL 的 lib 目录中的 image_cont,该命令包含源码,可直接调用!
IDL >CONTOUR, new, X, Y, LEVELS =2750 + FINDGEN(6) * 250., $
        XSTYLE =1, YSTYLE =1, YMARGIN =5, MAX_VALUE =5000, $
        C_LINESTYLE = [1, 0], $
        C_THICK = [1, 1, 1, 1, 1, 3], $
        TITLE ='Maroon Bells Region', $
        SUBTITLE ='250 meter contours', $
        XTITLE ='UTM Coordinates(KM)', $
        /NoErase
IDL >;恢复颜色显示设置
IDL >DEVICE, DECOMPOSED =1
```

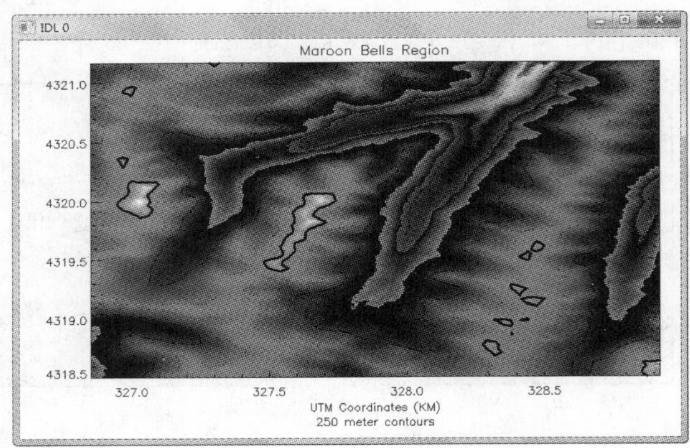

图 7.29　等值线标注

（5）等值线显示时序信息。曲面上的时序温度等值线绘制示例如下：

```
IDL > ;显示行数 37
IDL > number_samples = 37
IDL > ;用 TimeGen 函数生成日期序列,起始日期为 Julianday 格式
IDL > date_time = TIMEGEN(number_samples, UNITS = 'Seconds', $
IDL > START = JULDAY(3, 30, 2000, 14, 59, 30))
IDL > ;角度序列数据
IDL > angle = 10. * FINDGEN(number_samples)
IDL > ;序列温度数据
IDL > temperature = BYTSCL(SIN(10. * !DTOR *  $
    FINDGEN(number_samples))# COS(!DTOR * angle))
IDL > ;载入颜色表 5
IDL > DEVICE, DECOMPOSED = 0
IDL > LOADCT, 5
IDL > ;利用 LABEL_DATE 函数生成日期标注值
IDL > date_label = LABEL_DATE(DATE_FORMAT = $
     ['% I:% S', '% H', '% D % M, % Y'])
IDL > ;基于数据绘制等值线、显示标注
IDL > CONTOUR, temperature, angle, date_time, $
     LEVELS = BYTSCL(INDGEN(8)), /XSTYLE, /YSTYLE, $
     C_COLORS = BYTSCL(INDGEN(8)), /FILL, $
;注意主标题,字符串中间加!C 会换行显示
  TITLE = 'Measured Temperature!C(degrees Celsius)', $
    XTITLE = 'Angle(degrees)', $
    YTITLE = 'Time(seconds)', $
  POSITION = [0.25, 0.2, 0.9, 0.85], $
    YTICKFORMAT = ['LABEL_DATE', 'LABEL_DATE', 'LABEL_DATE'], $
  YTICKUNITS = ['Time', 'Hour', 'Day'], $
  YTICKINTERVAL = 5, $
     YTICKLAYOUT = 2
IDL > ;在刚才显示基础上增加绘制等值线(图 7.30)
IDL > CONTOUR, temperature, angle, date_time, /OVERPLOT, $
    LEVELS = BYTSCL(INDGEN(8))
IDL > ;恢复颜色显示设置
IDL > DEVICE, DECOMPOSED = 1
```

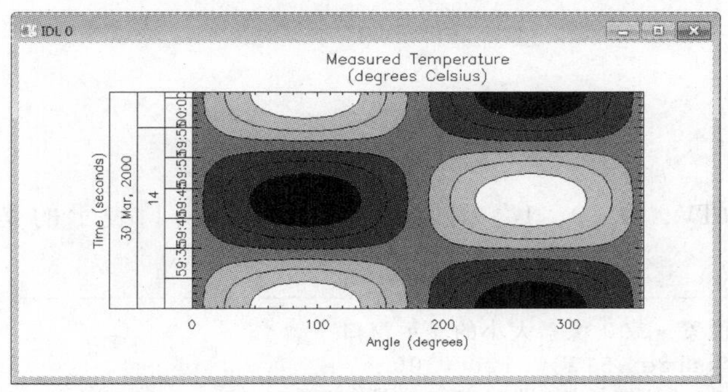

图 7.30 绘制温度等值线

7.5.4 图像显示

图像显示可以通过 TV 和 TVSCL 这两个命令完成，其调用格式和参数基本一样。不同点在于 TV 对显示数据不做处理，而 TVSCL 会将数据调整到直接图形法下的颜色数（系统变量！D. TABLE_SIZE）范围内。一般情况下，TVSCL 会将图像的数值范围调整到 0～255。

1. 灰度图像

在一个窗口中显示多幅灰度图像（图 7.31）的示例代码如下：

```
IDL >;创建 512 像素 * 256 像素大小的显示窗口
IDL >WINDOW,0,xsize =512,ysize =256
IDL >;创建 256 * 256 的数组
IDL >D =DIST(256)
IDL >;原数据绘制,图像绘制在窗口的左下角
IDL >TV, D
IDL >;拉伸显示,1 表示图像显示在第二个索引位置
IDL >TVSCL, D,1
```

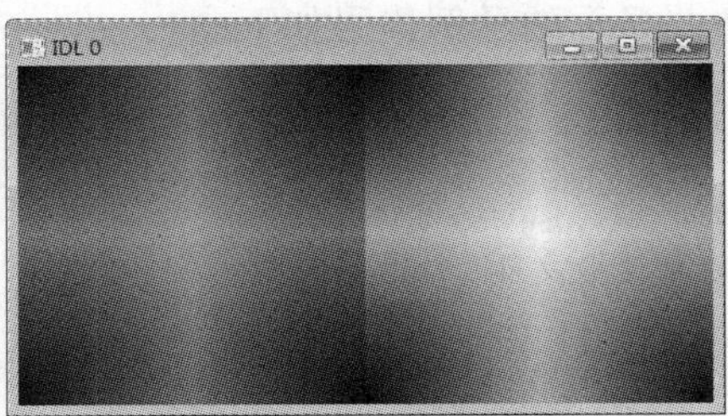

图 7.31 多图绘制

上面代码段中位置索引 0、1 是显示窗口依据当前图像大小计算所得的，计算顺序是自左向右、自上到下。如果一个大小为 512 像素 * 512 像素的区域，图像大小为 128 像素 * 128 像素，则索引结果依次为

```
0  1  2  3
4  5  6  7
8  9  10  11
12  13  14  15
```

如果按照格式“TV，D，0，1”调用，则其中［0，1］表示的是图像左下角的像素位置。

```
IDL>;创建512像素*300像素大小的显示窗口
IDL>WINDOW,0,xsize=512,ysize=300
IDL>;在[128,22]的位置绘制,即居中显示图像(图7.32)
IDL>tv,dist(256),128,22
```

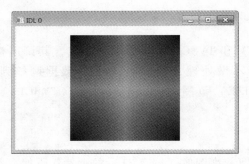

图 7.32　在指定坐标位置显示图像

2. 彩色图像

要将图像显示为真彩色时，数据至少是三维数组［m，n，k］，显示可以使用命令 TV 或 TVSCL 并配合关键字 True。True 的取值范围为 1 ~ 3，对照关系见表 7.7。若数据为单波段灰度图像，可以假彩色显示（参考本书第 7.2 节中颜色显示的索引显示部分。

表 7.7　True 与数组格式对照

True 取值	数组格式
1	[3, m, n]
2	[m, 3, n]
3	[m, n, 3]

例如，读取彩色 jpg 文件并显示的示例代码如下：

```
IDL>;构造 IDL 安装目录 example\data 目录下的 rose.jpg 文件全路径
IDL>file=FILEPATH('rose.jpg', $
IDL>      SUBDIRECTORY=['examples','data'])
IDL>;调用 READ_IMAGE 函数读取文件
IDL>image=READ_IMAGE(file)
IDL>;查看图片信息
IDL>HELP,image
IMAGE           BYTE      =Array[3,227,149]
IDL>;创建400像素*300像素大小的显示窗口
IDL>WINDOW,0,xsize=400,ysize=300
IDL>;因图像格式符合[3,m,n],故true取1,可写为/true格式(图7.33)
IDL>TV,image,81,75,/true
IDL>;QUERY_IMAGE 函数查询文件信息
IDL>queryStatus=QUERY_IMAGE(file, imageInfo)
```

```
IDL >;获取数据的维数大小
IDL >imageDims = SIZE(image, /DIMENSIONS)
IDL >;查询函数的结果
IDL >imagesize = imageinfo.dimensions
IDL >;利用判断算法来计算 true 的值
IDL >trueValue = WHERE((imageDims NE imageSize[0])AND(imageDims NE imageSize[1])) +1
IDL >;查看计算结果
IDL >print,trueValue
     1
```

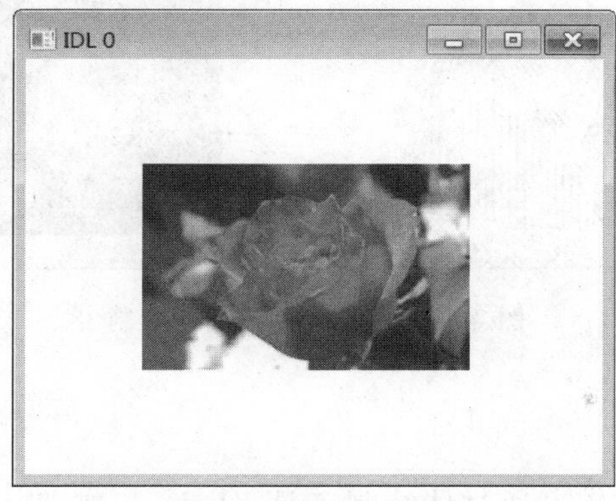

图 7.33　真彩色显示图像

7.5.5　绘制曲面

绘制曲面可以用 Surface 命令。Surface 命令与 Plot、Contour 等命令的用法基本一致，示例代码如下：

```
IDL >;创建大小为 800 像素 * 600 像素的窗口
IDL >WINDOW,0,xsize = 800,ysize = 600
IDL >;设置多图显示,2 行 2 列
IDL >!p.multi = [4,2,2,0,0]
IDL >D = DIST(30)
IDL >;直接绘制网格曲面,见图 7.34 的第一个图像
IDL >SURFACE, D
IDL >;曲面绕 z 转 60°且绕 x 旋转 35°,见图 7.34 的第二个图像
IDL >SURFACE, d,  Az = 60,  Ax = 35
IDL >;添加"裙边"后曲面,见图 7.34 的第三个图像
IDL >SURFACE, D, SKIRT = 0.0, TITLE = 'Surface Plot '
IDL >;阴影曲面绘制,见图 7.34 的第四个图像
IDL >SHADE_SURF, D, TITLE = 'Shaded Surface '
```

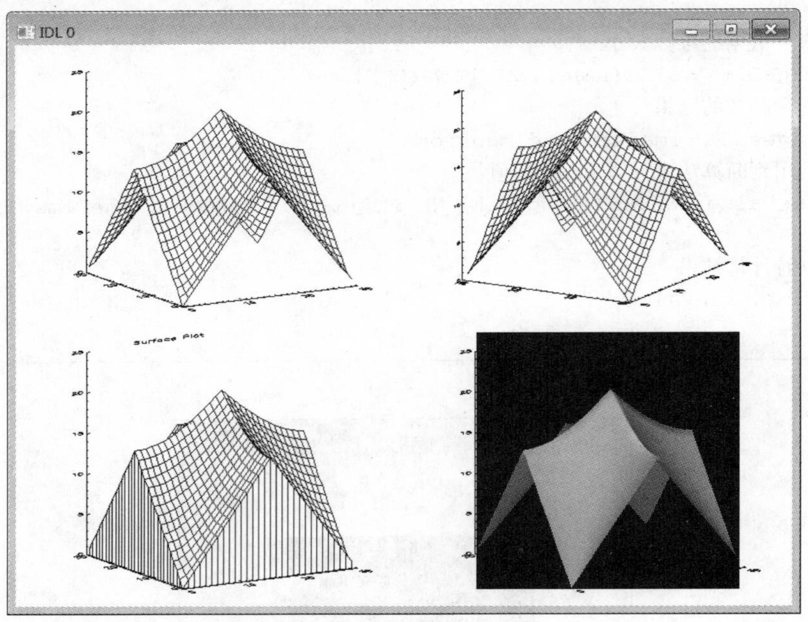

图 7.34 不同风格的曲面绘制

7.5.6 体数据显示

体数据的显示和交互操作可通过体绘制工具 XVolume 或 iTools 下的 iVolumne 实现。函数 EXTRACT_SLICE 可以对体数据实现切片提取，交互式切片提取可以使用 Slicer3 函数。示例代码如下：

```
IDL > DEVICE, DECOMPOSED = 1
IDL > ;构建完整的文件路径
IDL > file = Filepath('head.dat', SUBDIRECTORY = ['examples', 'data'])
IDL > ;读取体数据到 volume 数组
IDL > volume = Read_binary(file, DATA_DIMS = [80, 100, 57])
IDL > ;重采样为小数据
IDL > smallVol = Congrid( volume, 40, 50, 27)
IDL > ;XVolume 交互式显示数据(图 7.35)
IDL > XVolume, smallVol, /INTERPOLATE
IDL > ;创建 200 像素 * 100 像素的显示窗口(图 7.36)
IDL > WINDOW,0,xsize = 200,ysize = 100
IDL > ;设置多图显示,2 行 2 列
IDL > !p.multi = [2,1,2,0,0]
IDL > ;特定方位切片,输入参数依次为切片大小、中心点坐标、绕 XYZ 轴的角度
IDL > slice = Extract_Slice(volume,40,40, 40,50,28, 30,0,0)
IDL > ;显示结果切片
IDL > TV,slice ,0
IDL > ;显示垂直切片
IDL > TV,volume[23, *, *],1
IDL > ;调用 Slicer3 进行交互式操作,注意输入为指针(图 7.37)
IDL > SLICER3,Ptr_new(volume,/No_Copy)
```

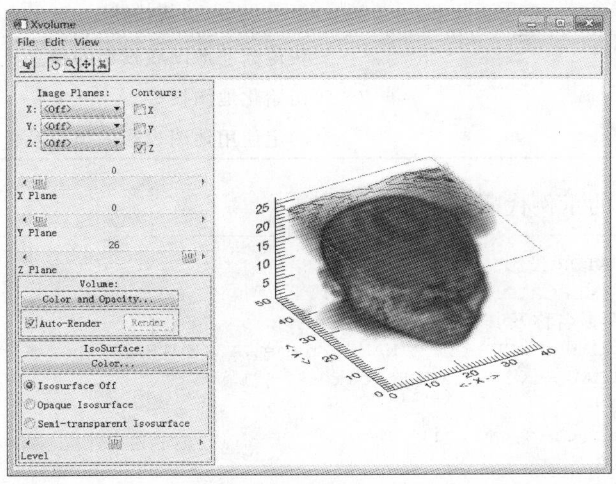

图 7.35　XVolume 显示体数据

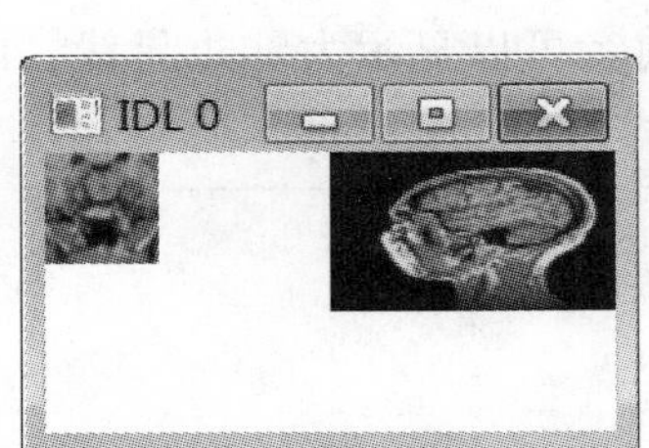

图 7.36　切片

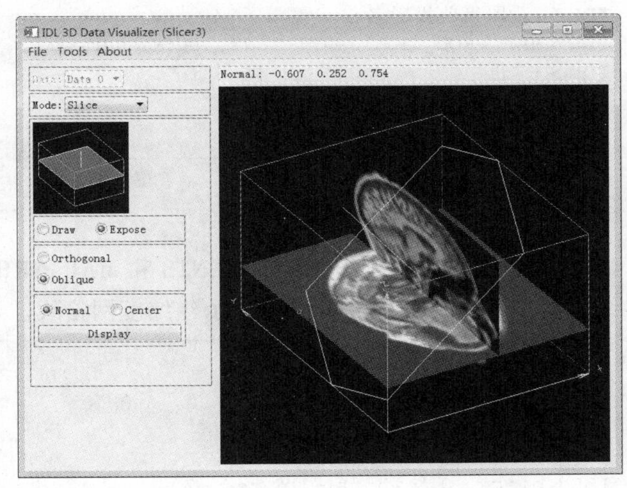

图 7.37　Slicer3 交互式任意方向切片展示

7.6　地图投影

IDL 提供交互式地图显示和静态地图显示。交互式地图显示可以调用 IMAP（智能化编程地图工具）；静态地图显示可使用地图投影函数。

7.6.1　创建投影

投影的创建与设置函数参考表 7.8。

表 7.8 投影的创建与设置函数

函数名称	功能描述
MAP_PROJ_INFO	获得当前地图或投影的信息
MAP_PROJ_INIT	初始化地图投影
MAP_SET	确定使用地图投影的类型及范围

创建与设置投影的示例代码如下：

```
IDL >;设置 MERCATOR 投影
IDL >MAP_SET, /MERCATOR
IDL >;获取当前投影名称及其他信息
IDL >MAP_PROJ_INFO, /CURRENT, NAME = name, AZIMUTHAL = az, $
 >     CYLINDRICAL = cyl, CIRCLE = cir
IDL >;输出
IDL >   print,name,az,cyl,cir
Mercator      0      1      0
IDL >;创建 Goodes Homolosine 投影
IDL >sMap = MAP_PROJ_INIT('Goodes Homolosine')
IDL >;使用该投影,赋值给系统变量!MAP 即可
IDL >!Map = sMap
IDL >;获取当前投影名称
IDL >MAP_PROJ_INFO, /CURRENT, NAME = name
IDL >;输出
IDL >print,name
GoodesHomolosine
```

7.6.2 显示投影

显示投影的函数有 MAP_CONTINENTS 和 MAP_GRID，前者可以显示大陆边界线、国家边界线、海岸线和河流；后者可以显示经纬度网格线。示例代码如下：

```
IDL >DEVICE, DECOMPOSED = 0
IDL >;载入系统自定义颜色表
IDL >tek_color
IDL >;设置颜色名称对应索引值
IDL >black = 0 & white = 1 & red = 2
IDL >green = 3 & dk_blue = 4 & lt_blue = 5
IDL >;设置 MERCATOR 投影,创建空白显示窗口
IDL >MAP_SET, /MERCATOR
IDL >;默认显示 MAP_CONTINENTS 选项
IDL >MAP_CONTINENTS
IDL >;设置显示大陆边界填充,填充色为白色
IDL >MAP_CONTINENTS, /FILL_CONTINENTS, COLOR = white
IDL >;叠加显示河流,河流颜色设置为浅蓝色 lt_blue
IDL >MAP_CONTINENTS, /RIVERS, COLOR = lt_blue
IDL >;叠加显示国家边界线,线粗为 2,颜色为红色
IDL >MAP_CONTINENTS, /COUNTRIES, COLOR = red, MLINETHICK = 2
IDL >;叠加经纬度网格
IDL >MAP_GRID
```

7.6.3 投影转换

投影转换是将图像或坐标点从原投影转换到其他投影坐标系下。转换与计算函数可参考表7.9。

表7.9 投影转换相关函数

函数名称	功能描述
MAP_IMAGE	对图像进行投影转换并返回图像（图像比窗口大）
MAP_PATCH	对图像进行投影转换并返回图像（图像比窗口小）
MAP_PROJ_FORWARD	经纬度坐标到笛卡儿坐标转换
MAP_PROJ_INVERSE	从笛卡儿坐标转换到经纬度坐标
MAP_PROJ_IMAGE	将图像从经纬度坐标转换到指定地图投影
LL_ARC_DISTANCE	给定弧度距离和方位角计算该点的经纬度
MAP_2POINTS	返回两点直接的矢量信息，通过不同的关键字计算两点之间大圆距离或方位，或两点之间大圆连线

以下是投影转换与显示的示例代码：

```
IDL>;载入系统 Example 目录下的 avhrr.img 文件
IDL>file=FILEPATH('avhrr.png', SUBDIRECTORY=['examples','data'])
IDL>;读取数据的三个波段数据,分别存在变量 r、g、b 中
IDL>data=READ_PNG(file, r, g, b)
IDL>;数据进行重采样处理
IDL>red0=REBIN(r[data], 360, 180)
IDL>green0=REBIN(g[data], 360, 180)
IDL>blue0=REBIN(b[data], 360, 180)
IDL>;调用 iImage 创建三区域,显示重采样后数据在最上面区域
IDL>iImage, RED=red0, GREEN=green0, BLUE=blue0, $
IDL>    DIMENSIONS=[500,600], VIEW_GRID=[1,3]
IDL>;创建投影 Interrupted Goode
IDL>sMap=MAP_PROJ_INIT('Interrupted Goode')
IDL>;对第一个波段 red0 进行投影转换,获得掩膜区域文件 mask 和
IDL>;  笛卡儿坐标范围 uvrange、X 和 Y 的索引转换对应关系 xIndex 和 yIndex
IDL>red1=MAP_PROJ_IMAGE(red0, MAP_STRUCTURE=sMap, MASK=mask, $
IDL>    UVRANGE=uvrange, XINDEX=xindex, YINDEX=yindex)
IDL>;利用 xIndex 和 yIndex 转换第二个波段 green0 和第三个波段 blue0
IDL>green1=MAP_PROJ_IMAGE(green0, XINDEX=xindex, YINDEX=yindex)
IDL>blue1=MAP_PROJ_IMAGE(blue0, XINDEX=xindex, YINDEX=yindex)
IDL>;调用 iImage 显示转换后的图像文件,显示在区域中间位置
IDL>IIMAGE, RED=red1, GREEN=green1, BLUE=blue1, ALPHA=mask*255b, $
>    /VIEW_NEXT
IDL>;创建新的 Mollweide 投影
IDL>mapStruct=MAP_PROJ_INIT('Mollweide', /GCTP)
IDL>;与上面类似进行各个波段的投影转换
IDL>red2=MAP_PROJ_IMAGE(red1, uvrange, IMAGE_STRUCTURE=sMap, $
IDL>    MAP_STRUCTURE=mapStruct, MASK=mask, $
IDL>    XINDEX=xindex2, YINDEX=yindex2)
IDL>green2=MAP_PROJ_IMAGE(green1, XINDEX=xindex2, YINDEX=yindex2)
IDL>blue2=MAP_PROJ_IMAGE(blue1, XINDEX=xindex2, YINDEX=yindex2)
```

```
IDL > ;调用 iImage 显示转换后的图像文件,显示在区域最下方
IDL > IIMAGE, RED = red2, GREEN = green2, BLUE = blue2, ALPHA = mask * 255b, $
 >     /VIEW_NEXT
```

7.7 函数列表

IDL 中包含了丰富的直接图形法功能函数，函数及功能列表见表 7.10。

表 7.10 直接图形法函数列表

函数或命令	功能描述
ANNOTATE	启动一个界面，在已有的窗口上进行交互式标注
ARROW	绘制箭头线
AXIS	根据类型和范围绘制坐标轴
BAR_PLOT	创建柱形图
BOX_CURSOR	创建基于鼠标可移动的矩形
CONVERT_COORD	在 IDL 的坐标系统之间进行坐标转换
CONTOUR	绘制等值线
CREATE_VIEW	修改系统坐标变量，定义坐标系或设置三维显示
CURSOR	获取当前鼠标位置信息
CVTTOBM	转换数组到坐标图像显示
DEFROI	鼠标交互式创建多边形，鼠标左键画点；中键擦除上一点；右键关闭多边形
DEVICE	设置或读取系统的设备参数
DRAW_ROI	交互式创建多边形并可设置填充属性
EMPTY	清空显示设备的缓冲输出
ERASE	擦除当前设备显示窗口内容
ERRPLOT	绘制误差柱形图
FLICK	两幅图像之间闪烁显示
FLOW3	绘制 3D 流速线
FORMAT_AXIS_VALUES	字符串格式化为坐标值输出显示
IMAGE_CONT	图像叠加等值线
LABEL_REGION	生成连贯模糊区域
LOADCT	加载已有颜色表索引
MAP_HORIZON	绘制水平线
MAP_POINT_VALID	判断经纬度坐标点对是否在当前投影范围内
OPLOT	在已有窗口中叠加曲线
OPLOTERR	叠加绘制误差柱形图
PLOT	曲线绘制
PLOT_3DBOX	绘制三维空间下的两个变量
PLOT_FIELD	绘制 2D 箭头

续表

函数或命令	功能描述
PLOTERR	基于误差绘制独立点
PLOTS	叠加绘制图形
POLAR_CONTOUR	极坐标下绘制等值线
POLAR_SURFACE	曲面从极坐标转换到平面坐标
POLYFILL	多边形填充
POLYSHADE	创建阴影曲面
PROFILE	提供交互式环境创建自由剖面线并提取数据
PROJECT_VOL	三维坐标系下将体数据转换为二维坐标系下图像
RDPIX	获取鼠标位置的数据值（探针功能）
SCALE3	设置三维坐标系基础参数
SCALE3D	将三维单位立方体（边长为1）变换到显示区域
SET_PLOT	直接图形法下设置曲线输出参数
SET_SHADING	设置阴影渲染灯光参数
SHADE_SURF	绘制显示阴影曲面
SHADE_SURF_IRR	绘制显示不规则阴影曲面
SHADE_VOLUME	绘制显示阴影立方体
SHOW3	集合图像、曲面和曲线到三维显示框架中
SURFACE	绘制二维曲面
THREED	二维数组假定为三维曲线
TV	绘制图像
TVCRS	定位显示窗口中的鼠标位置
TVLCT	载入颜色表
TVRD	对当前显示窗体进行“拍照”，返回特定矩形范围内容
TVSCL	拉伸显示图像
VEL	绘制风场箭头（长度基于强度）
VELOVECT	绘制风场
WINDOW	创建特定索引显示窗口
WSET	设置当前显示窗口
WSHOW	最小化或“暴露”显示窗口
XYOUTS	输出显示文本
ZOOM	部分放大显示
ZOOM_24	部分真彩色放大显示

第8章 对象图形法

传统的结构化程序开发方法在程序的重用性、可修改性及可维护性方面都较差，基于面向对象的程序设计则可以解决传统开发方法中的问题。对象类是将数据和方法封装在一起的程序包，基于一个对象类可以创建多个对象实体。

IDL 自 5.0 版本引入了面向对象编程的概念，提供了一套完整的图形原子对象类，利用这些对象类可以创建图形原子对象。使用对象图形法可以形象地理解为“垒积木”，构建场景就要将不同的“积木”按照一定的规则堆起来。从这个层次上讲，对象图形法与直接图形法是不一样的。与适用于命令行操作的直接图形法比起来，对象图形法更加适合开发应用程序。

本章首先介绍对象的基本操作，对如何使用 IDL 中典型图形图像对象类进行了详细的分析和代码示例；然后介绍如何编写自定义对象类；最后给出了 IDL 中相关示例代码功能及源码位置，便于大家进一步学习。

8.1 基本操作

8.1.1 类名解析

在 IDL 中，对象类的名字格式是 IDLxxYyyy，其中 xx 有下面几种：gr（grahpics objects）表示图形对象类；db（database objects）表示数据库对象类；an（analysis）表示分析类。Yyyy 是类名，如 Axis 表示坐标轴；Surface 表示曲面。具体类列表可参阅第 8.4 节中的表格。

8.1.2 基本操作

1. 创建对象

用 OBJ_NEW 函数可以基于对象类创建一个的新对象，调用格式为

```
object = OBJ_NEW( ["ObjectClassName" [ Arg1......Argn]] )
```

```
IDL >;创建 IDLgrModel 对象
IDL >object = Obj_new("IDLgrModel")
IDL >help,object
OBJECT          OBJREF     =< ObjHeapVar1(IDLGRMODEL) >
```

IDL 自 8.0 版本起，可以通过对象类名函数方式创建，格式为

```
object = ObjClassName([Arg1,......Argn])
```

```
IDL >;创建 IDLgrModel 对象
IDL >object = IDLgrModel()
IDL >help,object
OBJECT          OBJREF     =< ObjHeapVar2(IDLGRMODEL) >
```

对象一旦创建成功就分配了内存，直到对象销毁才释放内存。

2. 对象方法调用

对象创建成功后，通过对象方法调用来获得或设置对象的属性。对象方法的调用分为过程调用和函数调用两种。除基础“容器”类 IDL_Container 外，所有对象都具备四种基本方法：Init、Cleanup、Setproperty 和 GetProperty。

过程调用为

```
Object.ProcedureName,Argument[,Optional_Arguments]
```

其中，Object 是一个对象实例；“.”是对象调用符号，也可以用“->”；ProcedureName 是过程名；Argument 是过程参数；Optional_Arguments 是调用该过程时的可选参数。

函数调用为

```
Result=Object.FunctionName(Argument[,Optional_Arguments])
```

其中，Object 是一个对象实例；FunctionName 是函数名；Argument 是函数输入参数；Optional_Arguments 是调用该函数时的可选参数。

3. 对象属性修改

对象具备一定的属性，如线对象（IDLgrPolyline）具有颜色、线型和线宽度等属性。对象初始化时，可以设置属性；初始化后，可通过调用 SetProperty 的方法修改属性，格式分别为

```
Obj=OBJ_NEW('ObjectClass', Property=value, ... )
```

或

```
Obj.SetProperty, Property=value, ...
```

其中，Property 是对象的属性；value 是对象属性变量值。属性值能够通过 GetProperty 方法获得，调用格式为

```
Obj.GetProperty, Property=value, ...
```

对象初始化时设置属性，例如，初始化 IDLgrPlot 曲线对象并设置曲线为红色的示例代码如下：

```
IDL>myPlot=OBJ_NEW('IDLgrPlot', xdata, ydata, COLOR=[255,0,0])
```

对象初始化后的属性修改，示例代码如下：

```
IDL>myPlot.SetProperty, COLOR=[255,0,0]
```

此外，还可以通过 Widget_PropertySheet 进行交互属性修改，可参考本书第 12 章的内容。

4. 对象销毁

对象可以通过 OBJ_DESTROY 销毁，还可以通过 IDL 编译器的重置来实现所有对象的销毁。

5. 对象比较

通过 EQ 或 NE 等逻辑运算符可以判断两个对象是否相同。

```
IDL>;对象类创建的基础是命名结构体
IDL>struct1 = {class1, data1:0}
IDL>;基于 class1 类创建 class2
IDL>struct2 = {class2, data2a:0,data2b:0L,INHERITS class1}
IDL>;基于 class2 创建对象 obj_a
IDL>obj_a = OBJ_NEW('class2')
IDL>;将对象 obj_a 赋值给 obj_b
IDL>obj_b = obj_a
IDL>help, obj_a
OBJ_A           OBJREF      =<ObjHeapVar33(CLASS2)>
IDL>help, obj_b
OBJ_B           OBJREF      =<ObjHeapVar33(CLASS2)>
IDL>;判断两个对象是否相同
IDL>print,obj_a EQ obj_b
   1
IDL>;创建一新的空对象
IDL>obj_c = Obj_new()
IDL>help, obj_c
OBJ_C           OBJREF      =<NullObject>
IDL>;判断对象 obj_a 是否与空对象一致
IDL>print,obj_a EQ obj_c
   0
```

6. 相关函数

对象可以通过 OBJ_CLASS( )、OBJ_ISA( )和 OBJ_VALID( )等函数得到对象类的相关信息。

(1) OBJ_CLASS：可获取对象的类名或继承类名，函数使用示例代码如下。

```
IDL>;输出对象类名
IDL>print, OBJ_CLASS(obj_a)
CLASS2
IDL>;输出对象的继承类类名
IDL>print, OBJ_CLASS(obj_a,/SuperClass)
CLASS1
```

(2) OBJ_ISA：可判断当前对象是否是类名或继承基类的对象，若是则返回 1，若不是则返回 0。函数使用示例代码如下。

```
IDL>print,OBJ_ISA(obj_a, 'class2')
   1
IDL>print,OBJ_ISA(obj_a, 'class1')
   1
IDL>print,OBJ_ISA(obj_a, 'class0')
   0
```

(3) OBJ_VALID：可以判断变量是否为有效的对象，示例代码如下。

```
IDL >;对象是否有效
IDL >print, OBJ_VALID(obj_a)
  1
IDL >;销毁对象
IDL >OBJ_DESTROY, obj_a
IDL >;对象是否有效
IDL >print,OBJ_VALID(obj_a)
  0
```

以上代码中，在 OBJ_DESTROY 销毁操作之前，obj_a 是个有效对象，销毁后为无效对象。

8.2 显示图形图像

8.2.1 框架体系

对象图形法显示是由一系列对象实现的，并且各对象直接有明确的框架体系（图 8.1）。

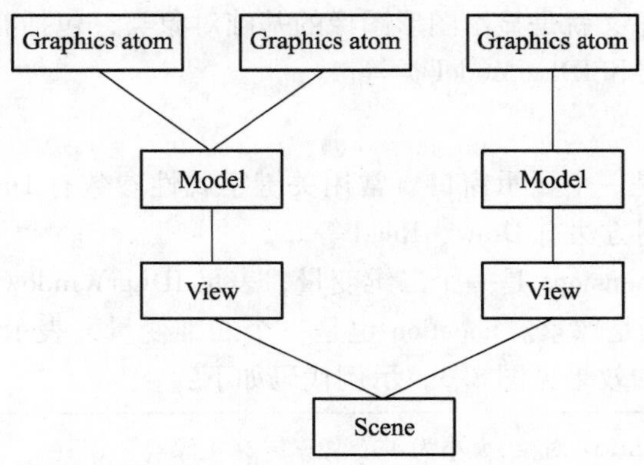

图 8.1　对象图形系统对象框架体系

在框架提示图中，Graphics atom 是原子对象；Model（IDLgrModel）是显示的框架对象；View（IDLgrView 或 IDLgrViewGroup）是视图对象；Scene（IDLgrScene）是场景对象。

例如，显示一个文字对象，代码如下：

```
IDL >;创建 window 对象
IDL >oWindow = Obj_new('IDLgrWindow',dimension = [600,400])
IDL >;创建一个显示 view
IDL >oView = Obj_new('IDLgrView')
IDL >;创建 model 对象
IDL >oModel = Obj_new('IDLgrModel')
IDL >;model 添加到 view
IDL >oView.Add,oModel
IDL >;创建一个文本对象
IDL >oText = Obj_new('IDLgrText','Using IDL Objects!')
IDL >;添加对象到 model 中
IDL >oModel.Add,oText
IDL >;window 对象绘制 view 对象(图 8.2)
IDL >oWindow.Draw, oView
```

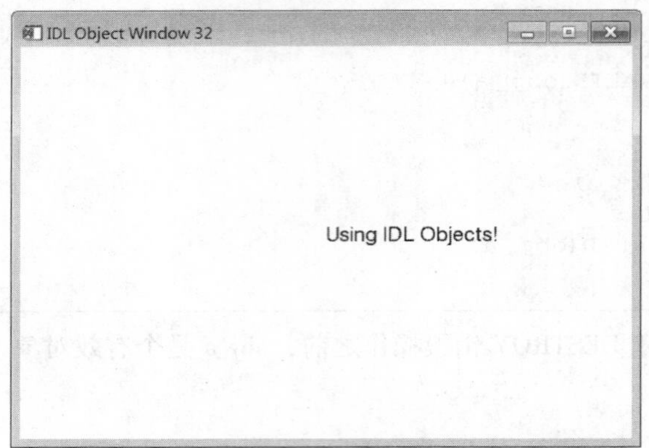

图 8.2　对象图形法

8.2.2　基础框架类

基础框架类，顾名思义就是显示图形图像的基础对象类，包括有 IDLgrWindow 类、IDLgrView 类、IDLgrScene 类和 IDLgrModel 类等。

1. IDLgrWindow 类

该对象类初始化后是一个显示窗口，常用关键字属性参数有 Dimensions、Location、Retain 和 Renderer 等，常用方法有 Draw、Read 等。

（1）属性参数。Dimensions 是一个二维变量，表示 IDLgrWindow 对象的大小，单位与关键字“unit”有关，默认是像素。Location 也是一个二维变量，表示窗口偏离显示器左上角的大小。不同属性参数的效果见图 8.3，示例代码如下：

```
IDL>;创建 IDLgrWindow 对象,大小为 400 像素 * 300 像素
IDL>owindow = Obj_new('idlgrwindow', $
IDL>   dimensions = [400,300], $
IDL>   title = '400 * 300 ')
IDL>;创建 IDLgrWindow 对象,大小为 200 像素 * 200 像素,与左上角偏移量为 400 像素 * 50 像素
IDL>owindow = Obj_new('idlgrwindow', $
IDL>  dimension = [200,200], $
IDL>  title = '200 * 200 ', Location = [400,50])
```

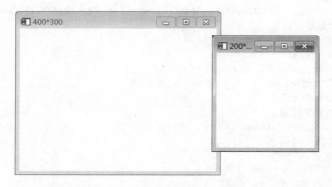

图 8.3　初始化参数不同的窗体对象

Retain 参数控制显示时是否自动进行备份，创建 IDLgrWindow 对象时，不使用 Retain 参数，则按照默认值为 0 创建，此时不备份；设为 1 时操作系统进行备份；设为 2 时 IDL 进行备份。例如，创建一灰色背景窗体的示例代码如下，运行后显示见图 8.4（a）。

```
IDL >;实例化 IDLgrWindow 对象
IDL >owindow = Obj_new('idlgrwindow',dimension = [400,300])
IDL >;建立 IDLgrView 对象,背景色为灰色
IDL >oView = Obj_new('IDLgrView',color = (bytarr(3) +1) *128)
IDL >;绘制显示(图 8.4(a))
IDL >oWindow.Draw,oView
```

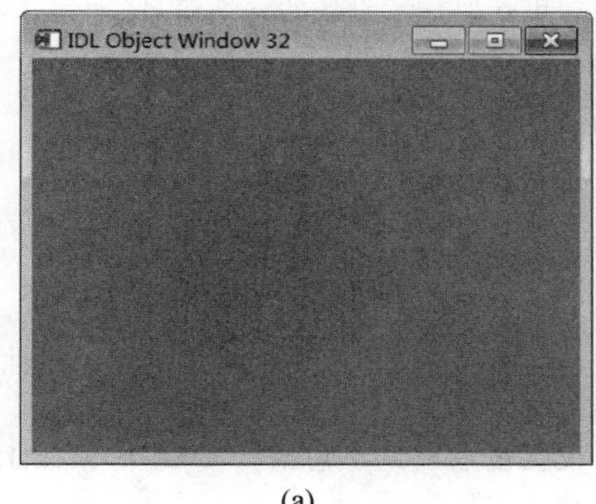

(a)

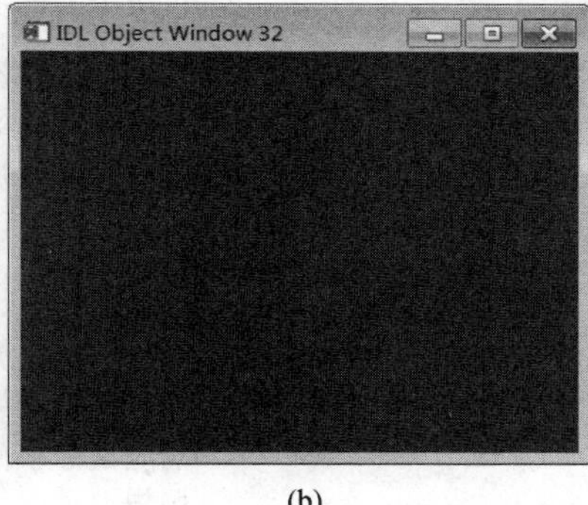

(b)

图 8.4　Retain 为默认值时的显示窗体

由于创建时未设置 Retain 参数，故当有其他窗口遮挡该窗口后再挪开，则遮挡部分变为黑色（图 8.4（b））。如果设置 Retain 参数值为 2 后创建窗体则 IDL 会自动备份。需要注意的是：一旦窗口创建成功则不能进行修改，设置了备份则显示时刷新速度会变慢。

```
IDL >;设置 IDLgrWindow 的 retain 自动备份
IDL >owindow = Obj_new('idlgrwindow',dimension = [200,200],retain =2)
IDL >;绘制显示,则此时窗口内容不会被遮挡
IDL >oWindow.Draw,oView
```

Render 参数控制渲染方式，设 0 时为 OpenGL 硬件加速，设 1 时为软件加速。

（2）常用方法。调用 Draw 方法可以渲染显示 IDLgrScene、IDLgrView 等对象。调用示例代码如下：

```
IDL >;第一种方式:直接渲染显示 oView 对象
IDL >oWindow.Draw,oView
IDL >;第二种方式:先将 oView 对象设置为 oWindow 的一个属性
IDL >oWindow.SetProperty, Grahpics_Tree = oView
```

利用 Read 方法可以获取 IDLgrWindow 的显示内容，返回 IDLgrImage 对象。调用示例代码如下：

```
IDL >;通过 Read 方法返回的是窗口显示内容的 IDLgrImage 对象
IDL >oImage = oWindow.READ()
IDL >;调用 IDLgrImage 的 GetProperty 方法获取实际内容
IDL >oImage. GETPROPERTY, data = data
```

IDLgrWindow 对象类支持的所有方法名称和功能见表 8.1。

表 8.1　IDLgrWindow 类方法

方法名称	功能描述
CleanUp	类的销毁方法，对象销毁时系统会自动调用，无需程序单独控制，除非以该类为基类进行了类继承
Draw	渲染显示
Erase	擦除，默认颜色是白色
GetContiguousPixels	获取与当前颜色模式一致的颜色个数数组
GetDeviceInfo	由多个关键字控制可获取显示设备的详细信息
GetDimensions	获取当前显示设备的尺寸大小
GetFontNames	获取当前系统中的字体名称
GetProperty	获取属性参数，可调用所有可调用属性参数
GetTextDimensions	获取文字或坐标轴对象的尺寸，返回 x，y，z 三方向尺寸
Iconify	窗口还原
Init	对象初始化方法，与 CleanUp 方法类似，无需程序单独控制，除非以该类为基类进行了类继承
OnEnter	响应鼠标事件，仅在被输出助手输出为 COM 对象或 JAVA 类时可调用
OnExit	退出事件，仅用于输出助手
OnExpose	暴露事件，仅用于输出助手
OnKeyboard	键盘实现，仅用于输出助手
OnMouseDown	鼠标单击事件，仅用于输出助手
OnMouseMotion	鼠标移动事件，仅用于输出助手
OnMouseUp	鼠标弹起事件，仅用于输出助手
OnResize	窗口大小修改响应事件，仅用于输出助手
OnWheel	鼠标滚轮响应事件，仅用于输出助手
PickData	二维或三维显示场景下的数据获取
QueryRequiredTiles	窗口中包含分块图像的块号，当显示大数据进行图像分块显示时调用
Read	读取当前显示窗口中的内容，类似直接图形法下的 TVRD( ) 函数
Select	对指定位置和范围进行对象选取操作
SetCurrentCursor	设置当前鼠标形状
SetCurrentZoom	设置当前窗口放缩比例系数
SetProperty	设置属性参数，可设置所有可设置属性参数
Show	显示或隐藏窗口，类似于直接图形法下的 Wshow 命令
ZoomIn	按照放缩系数进行放大处理
ZoomOut	按照放缩系数进行缩小处理

下面是显示一个曲线并存储为 JPEG 图像的完整示例代码：

```
IDL >;创建 window 对象
IDL > oWindow = Obj_new('IDLgrWindow',dimension = [600,400])
IDL >;创建一个显示 view
IDL > oView = Obj_new('IDLgrView')
IDL >;创建 model 对象
IDL > oModel = Obj_new('IDLgrModel')
IDL >;model 添加到 view
IDL > oView.Add,oModel
IDL >;创建一个曲线对象
IDL > x = findgen(200)/100 -1
IDL > oSinPlot = Obj_new('IDLgrPlot',x,sin(x * 2 * !pi))
IDL >;添加对象到 model 中
IDL > oModel.Add,oSinPlot
IDL >;window 对象绘制 view 对象(图 8.5)
IDL > oWindow.Draw, oView
IDL >;window 调用 Read 方法获取当前显示内容,注意返回值是 IDLgrImage 对象
IDL > oImage = oWindow.Read()
IDL >;调用 IDLgrImage 的 GetProperty 方法来获取数据
IDL > oImage.GetProperty,data = winData
IDL >;将获取的数据写出为 JPEG 文件
IDL > write_jpeg,'c:\temp\winData.jpg',winData,/True
```

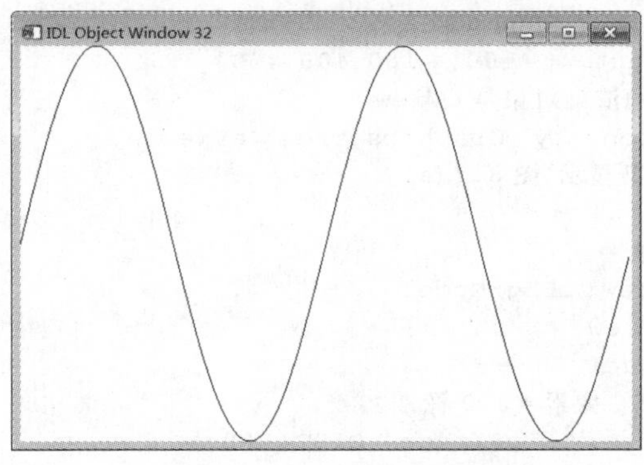

图 8.5 正弦曲线

2. IDLgrView 类

该对象类用来显示各种图像原子对象。常用关键字有 Dimensions、Eye、Location、Projection、ViewPlane_Rect、Transparent 和 zClip 等。

(1) Dimensions、Location 和 ViewPlane_rect。

关键字 Dimensions 和 Location 是 IDLgrView 对象的大小和起点位置，默认单位是像素，是相对于窗口对象（IDLgrWindow）的（图 8.6）。

ViewPlane_Rect 数组 [*x*, *y*, width, height] 显示区域（Viewport）的起点位置和大小，可形象地将 IDLgrView 类比作数码照相机镜头，照相机的镜头实际大小为 Dimensions，镜头在相机上的位置为 Location，拍摄时通过移动相机和变焦来拍摄不同区域、不同范围的场景，场景的左下角起点和大小为 ViewPlane_Rect。

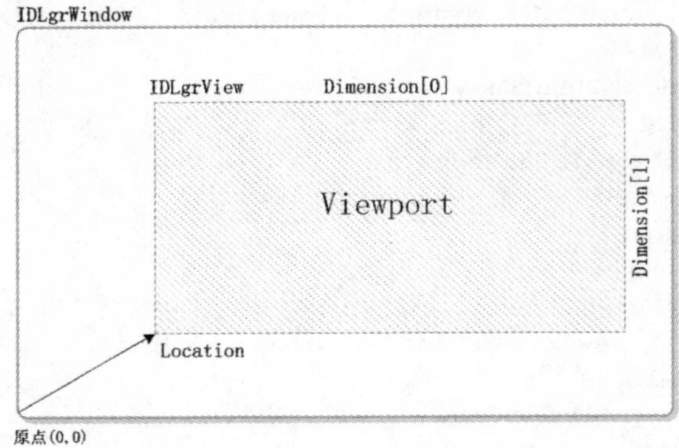

图 8.6 IDLgrView 的位置关系

创建 IDLgrView 对象并修改参数 Dimensions 和 Location 的示例代码如下：

```
IDL > ;创建 window 对象
IDL > oWindow = Obj_new('IDLgrWindow',retain = 2,dimensions = [400,300])
IDL > ;创建一个显示 view,灰色背景
IDL > oView = Obj_new('IDLgrView', $
IDL >   color = [128,128,128], $
IDL >   ViewPlane_Rect = [-100, -100,400,400])
IDL > ;设置 oWindow 的渲染对象是 oView
IDL > oWindow.SetProperty, Graphics_tree = oView
IDL > ;window 对象渲染显示,图 8.7(a)
IDL > oWindow.Draw
IDL > ;创建 model 对象
IDL > oModel = Obj_new('IDLgrModel')
IDL > ;model 添加到 view
IDL > oView.Add,oModel
IDL > ;创建一个图像 200 像素 * 200 像素
IDL > oImage = Obj_new('IDLgrImage',DIST(200))
IDL > ;添加对象到 model 中
IDL > oModel.Add,oImage
IDL > ;window 对象渲染显示,图 8.7(b)
IDL > oWindow.Draw
IDL > oView.SetProperty,dimensions = [200,150]
IDL > ;window 对象擦除,可对比查看有何不同
IDL > oWindow.Erase
IDL > ;window 对象渲染显示,图 8.7(c)
IDL > oWindow.Draw
IDL > oView.SetProperty,location = [100,100]
IDL > ;window 对象擦除
IDL > oWindow.Erase
IDL > ;window 对象渲染显示,图 8.7(d)
IDL > oWindow.Draw
```

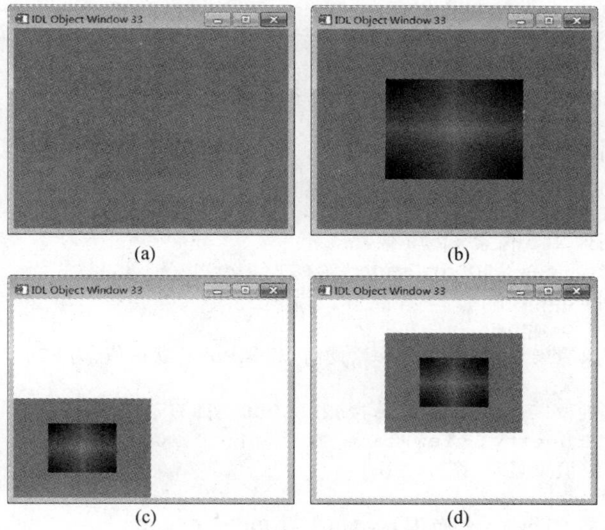

图 8.7　不同 Dimensions 和 Location 的显示

以上代码中，对象层次体系结构见图 8.8，也是图 8.1 中框架体系的一个的应用实例。

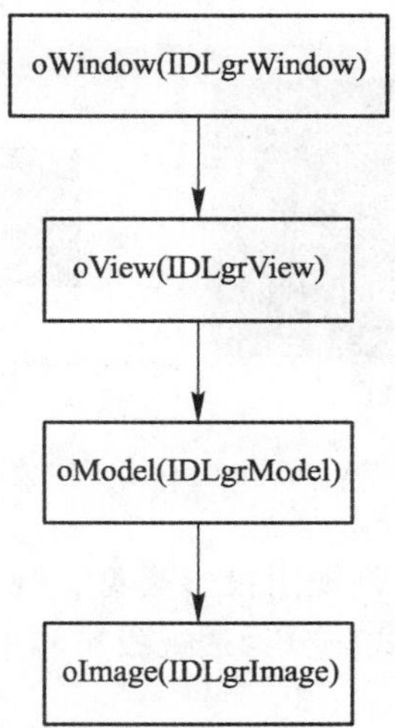

图 8.8　对象层次体系结构

使用 IDLgrView 对象和修改参数 ViewPlane_Rect 的示例代码如下：

```
IDL >;创建 window 对象
IDL > oWindow = Obj_new('IDLgrWindow',retain = 2,dimension = [400,300])
IDL >;创建一个显示 view
IDL > oView = Obj_new('IDLgrView')
IDL >;设置 oWindow 的渲染对象是 oView
IDL > oWindow.SetProperty, Graphics_tree = oView
IDL >;创建 model 对象
IDL > oModel = Obj_new('IDLgrModel')
IDL >;model 添加到 view
IDL > oView.Add,oModel
IDL >;创建一个图像 200 像素 * 200 像素
IDL > oImage = Obj_new('IDLgrImage',DIST(200))
IDL >;添加对象到 model 中
IDL > oModel.Add,oImage
IDL >;window 对象渲染显示,图 8.9(a),此时 ViewPort 默认值,为[0,0,1,1]
IDL > oWindow.Draw
IDL >;设置 View 的 ViewPort 范围[0,0,200,200],即显示区域与原图一致
IDL > oView.SetProperty, viewPlane_Rect = [0,0,200,200]
IDL >;window 对象渲染显示,图 8.9(b)
IDL > oWindow.Draw
IDL >;设置 View 的 ViewPort 范围[ -100, -100,400,400]
IDL > oView.SetProperty, viewPlane_Rect = [ -100, -100,400,400]
IDL >;window 对象渲染显示,图 8.9(c)
IDL > oWindow.Draw
IDL >;设置 View 的 ViewPort 范围[100,100,200,200]
IDL > oView.SetProperty, viewPlane_Rect = [100,100,200,200]
IDL >;window 对象渲染显示,图 8.9(d)
IDL > oWindow.Draw
```

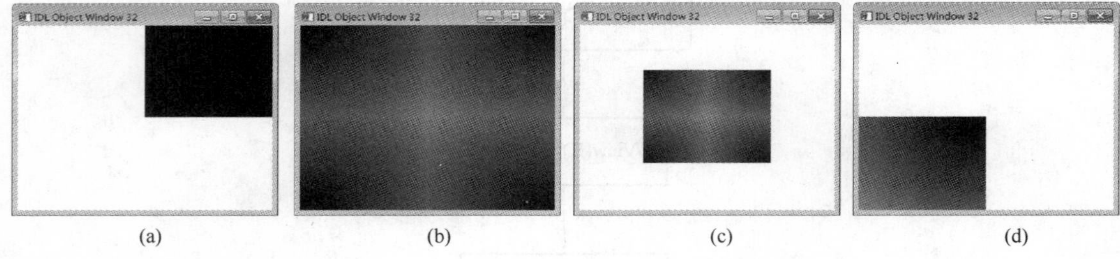

(a)　(b)　(c)　(d)

图 8.9　ViewPlane_Rect 不同值时效果

（2）Projection 参数。Projection 是视图投影类型，视图投影与地图投影不同，它表示三维图像转换到二维场景中的转换方式，分为透视投影和平行投影两种（图 8.10），实际效果见图 8.11 所示。

（3）zClip、Eye。zClip 表示显示范围中 z 方向的可视范围。Eye 表示视点的高度，特别是透视投影下，从不同视点 Eye 处看到的对象或范围是有变化的（图 8.12）。图 8.12 中，若 ZCLIP 范围值为两竖线位置值［2.0，-3.0］，则图形 1 可被看到，图形 2 看不到。

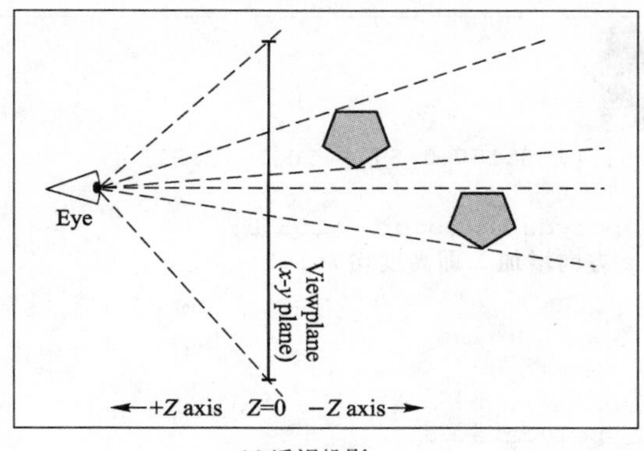

(a) 透视投影

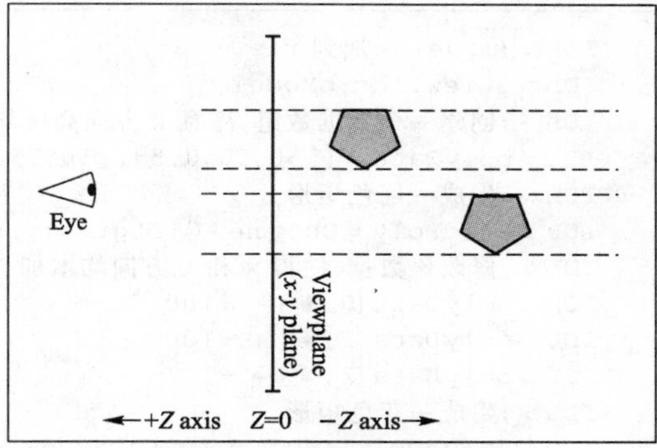

(b) 平行投影

图 8.10 透视投影和平行投影

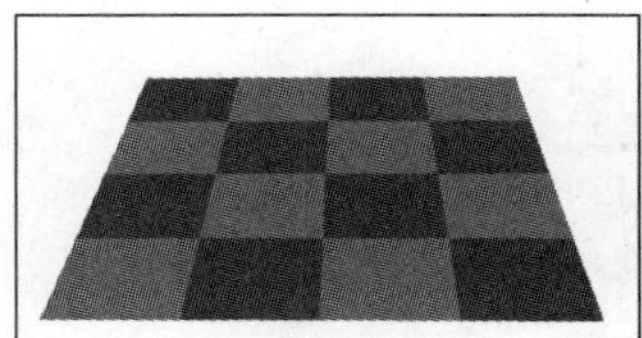

图 8.11 同一网格在不同视图投影下的显示

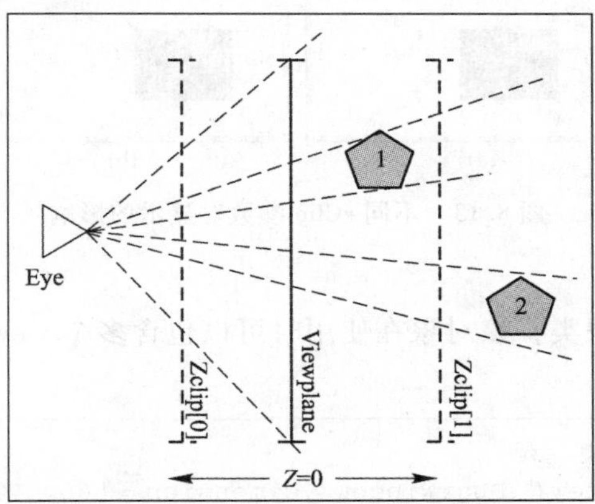

图 8.12 透视投影下的 Z 方向可视参数

利用 IDLgrView 对象修改属性参数实现的代码如下：

```
IDL >;创建 window 对象
IDL >oWindow = Obj_new('IDLgrWindow',dimension = [400,300])
IDL >;创建一个显示 view,默认 zClip 为 [-1,1]
IDL >oView = Obj_new('IDLgrView', $
IDL >  zClip = [1,-1], $
IDL >  eye =5, $
IDL >  viewPlane_Rect = [0,0,300,300])
IDL >;设置 oWindow 的渲染对象是 oView
IDL >oWindow.SetProperty, Graphics_tree = oView
IDL >;创建 model 对象
IDL >oModel = Obj_new('IDLgrModel')
```

```
IDL > ;model 添加到 view
IDL > oView.Add,oModel
IDL > ;创建一个数据数组,注意 z 方向高度均为 0.5
IDL > polyData = [[50,50,0.5],[50,150,0.5],[150,150,0.5],[150,50,0.5]]
IDL > ;生成一红色矩形
IDL > oRedPoly = Obj_new('IDLgrPolygon', polydata, color = [255,0,0])
IDL > ;修改该数据,使得 x 和 y 方向均增加 100,z 方向增加 1 即高度均为 1.5
IDL > polyData[0, * ] + =100
IDL > polyData[1, * ] + =100
IDL > polyData[2, * ] + =1
IDL > ;生成一蓝色矩形
IDL > oBluePoly = Obj_new('IDLgrPolygon', polydata, $
IDL >   color = [0,255,0])
IDL > ;添加对象到 model 中
IDL > oModel.Add,[oRedPoly,oBluePoly]
IDL > ;window 对象渲染显示(图 8.13(a))
IDL > oWindow.Draw
IDL > ;设置 view 对象 z 方向可视范围为[ -1,2]
IDL > oView.SetProperty,zClip = [2, -1]
IDL > ;window 对象渲染显示(图 8.13(b))
IDL > oWindow.Draw
```

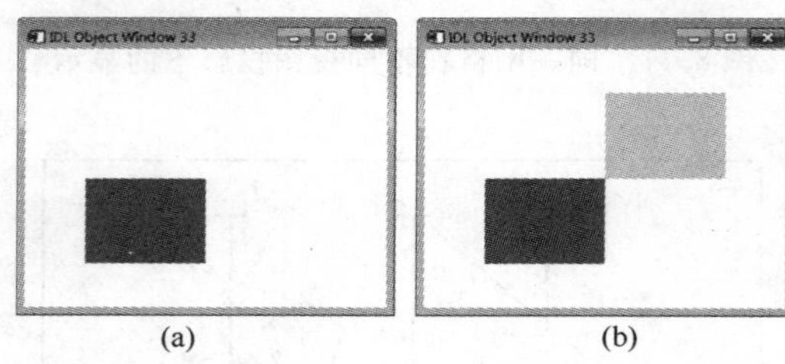

(a) (b)

图 8.13 不同 zClip 参数对显示的影响

3. IDLgrScene 类

IDLgrScene 是场景对象类，该对象在使用时可以包含多个 view 对象（图 8.14），调用示例代码如下：

```
IDL > ;创建 window 对象
IDL > oWindow = Obj_new('IDLgrWindow',dimension = [600,400])
IDL > ;创建 scene 对象
IDL > oScene = Obj_new('IDLgrScene')
IDL > ;新建 view,大小为窗体四分之一,位于左下角,设为浅灰色, units 为 3 即归一化坐标
IDL > oView1 = Obj_new('IDLgrView', $
IDL >   location = [0,0.5], dimension = [0.5,0.5], $
IDL >   color = [100,100,100],units =3)
IDL > ;新建 view,大小为窗体四分之一,位于右下角,设为红色
IDL > oView2 = Obj_new('IDLgrView', $
IDL > location = [0.5,0], dimension = [0.5,0.5],$
IDL > color = [255,0,0],units =3)
IDL > ;添加 oView 和 oView2 对象到场景 oScene 中
IDL > oScene.Add,[oView1,oView2]
IDL > ;window 对象渲染 scene 对象,即绘制场景(图 8.15)
IDL > oWindow.Draw,oScene
```

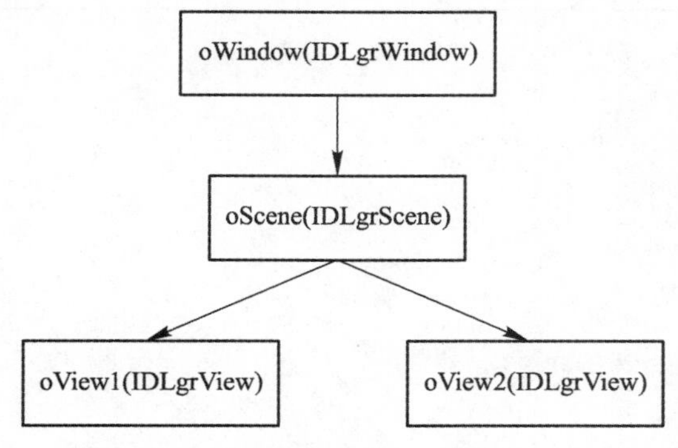

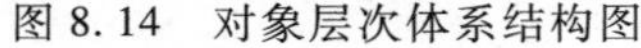
图 8.14 对象层次体系结构图

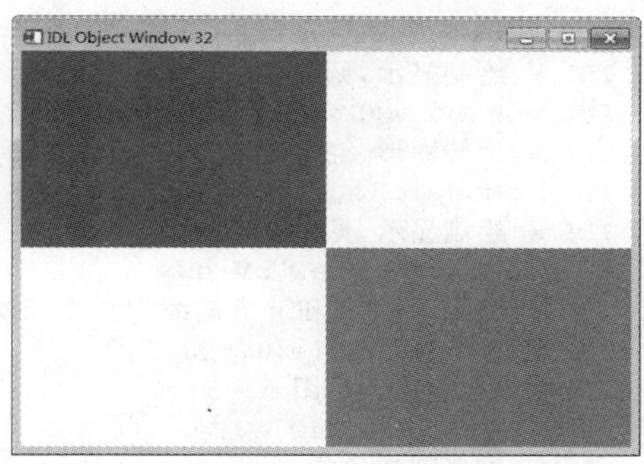

图 8.15 使用 IDLgrScene 显示两个 view 对象

4. IDLgrModel 类

IDLgrModel 是对象图形体系结构中的容器对象类，实例的类对象可以容纳所有的原子对象，并可以通过方法实现平移、旋转和放缩等操作。原子对象必须在容器中才能渲染显示。若一个原子对象已经被添加到 IDLgrModel 对象中，如果需要再被添加到另一个 IDLgrModel 对象中，需要将关键字 alias 设置为 1，示例代码如下：

```
IDL>;创建 IDLgrModel 容器对象
IDL>oModel1 = Obj_new('IDLgrModel')
IDL>;创建 IDLgrImage 图像对象
IDL>oImage = Obj_new('IDLgrImage',dist(200))
IDL>;添加图像对象到容器对象中
IDL>oModel1.Add,oImage
IDL>;创建 IDLgrModel 容器对象
IDL>oModel2 = Obj_new('IDLgrModel')
IDL>;将图像对象添加到容器对象中,此时会报错!
IDL>oModel2.Add,oImage
% IDLGRMODEL::ADD: Objects can only have one parent at a time:
IDL>;设置关键字 alias 为 1 则可以添加
IDL>oModel2.Add,oImage,/alias
```

使用 IDLgrModel 进行图像显示与控制操作的示例代码如下：

```
IDL>;初始化显示窗体,大小为 400 像素*400 像素
IDL>oWindow = Obj_new('IDLgrWindow',dimension = [400,400],retain = 2)
IDL>;创建 View 对象,显示范围([-1,-1,2,2]),表示左下角为[-1,-1]左上角为[1,1]
IDL>oView = Obj_new('IDLgrView',viewPlane_Rect = [-1,-1,2,2])
IDL>;绘制显示,见图 8.16(a)
IDL>oWindow.Draw,oView
IDL>;创建左下角在[-1,-1]、边长为 1 的红色正方形
IDL>oPolygon = Obj_new('IDLgrPolygon',[[-1,-1],[-1,0],[0,0],[0,-1]],$
color = [255,0,0])
IDL>;设置显示体系层次
IDL>oModel = Obj_new('IDLgrModel')
IDL>oModel.Add,oPolygon
IDL>oView.Add,oModel
IDL>;绘制显示,见图 8.16(b)
IDL>oWindow.Draw,oView
IDL>;平移图形,x 和 y 方向移动 0.5,z 方向不动
```

```
IDL >oModel.Translate,0.5,0.5,0
IDL >;绘制显示,见图 8.16(c)
IDL >oWindow.Draw,oView
IDL >;旋转图形,绕 Z 轴顺时针 45
IDL >oModel.Rotate,[0,0,1],45
IDL >;绘制显示,见图 8.16(d)
IDL >oWindow.Draw,oView
IDL >;缩放图形,x 和 y 方向缩为 0.5,z 方向不变
IDL >oModel.Scale,0.5,0.5,1
IDL >;绘制显示,见图 8.16(e)
IDL >oWindow.Draw,oView
IDL >;恢复到初始状态
IDL >oModel.RESET
IDL >;绘制显示,见图 8.16(f)
IDL >oWindow.Draw,oView
```

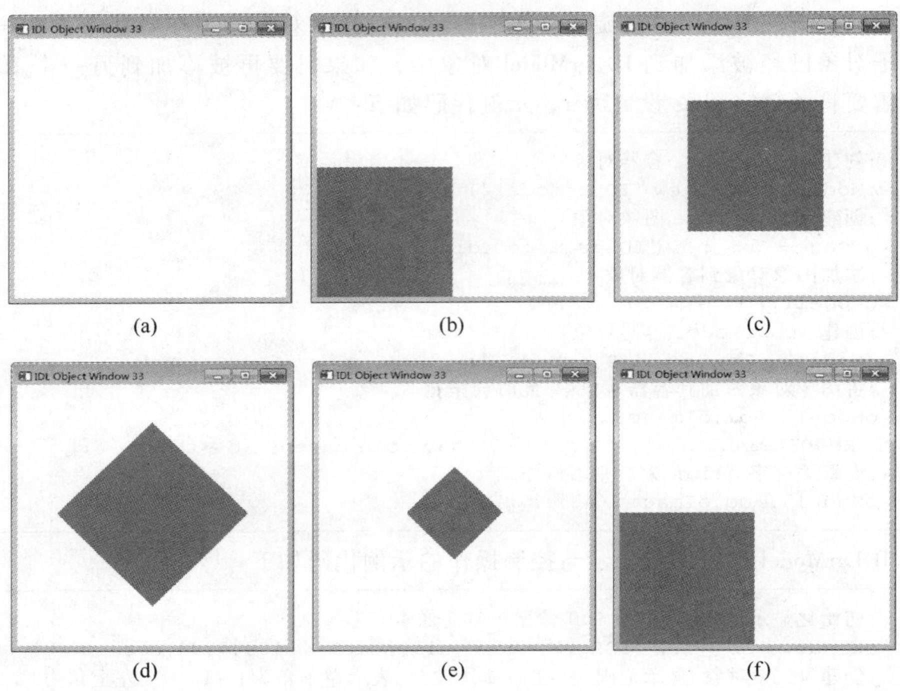

图 8.16 利用 IDLgrModel 对象控制原子对象示例

8.2.3 二维图形类

IDL 中的二维图形易于绘制和控制，以下依次对二维图形中线对象、多边形对象、文字对象、坐标轴对象和图像对象进行示例调用和常用属性修改。

1. 线对象

对线对象（IDLgrPolyline）进行绘制、显示和属性设置的示例代码如下：

```
IDL >;创建 window 对象
IDL >oWindow = Obj_new('IDLgrWindow',dimension = [400,300])
IDL >;创建 IDLgrView 对象
IDL >oView = Obj_new('IDLgrView')
IDL >;创建 IDLgrModel 对象
IDL >oModel = Obj_new('IDLgrModel')
IDL >;设置显示体系层次
IDL >oView.Add,oModel
IDL >x = [-.5,.5]
IDL >y = [-.5,.5]
IDL >;创建 Idlgrpolyline 对象
IDL >oPolyline = Obj_new('IDLgrPolyline',x,y)
IDL >oModel.Add,oPolyline
IDL >;绘制显示,见图 8.17(a)
IDL >oWIndow.Draw,oView
IDL >;对线对象进行颜色的修改
IDL >oPolyline.Setproperty,color = [255,0,0]
IDL >;绘制显示,见图 8.17(b)
IDL >oWIndow.Draw,oView
IDL >;修改线粗为 5
IDL >oPolyline.Setproperty,thick = 5
IDL >;绘制显示,见图 8.17(c)
IDL >oWIndow.Draw,oView
IDL >;创建一折线数据段
IDL >data = fltarr(2,4)
IDL >data[0,*] = [-.5,-.5,.5,.5]
IDL >data[1,*] = [-.5,.5,.5,-.5]
IDL >;赋值
IDL >oPolyline.Setproperty,data = data
IDL >;绘制显示,见图 8.17(d)
IDL >oWIndow.Draw,oView
IDL >;交叉图形链接关系
IDL >polylines = [4,0,1,3,2]
IDL >oPolyline.Setproperty,polylines = polylines
IDL >;绘制显示,见图 8.17(e)
IDL >oWIndow.Draw,oView
IDL >;正方形链接关系
IDL >polylines = [5,0,1,2,3,0]
IDL >oPolyline.Setproperty,polylines = polylines
IDL >;绘制显示,见图 8.17(f)
IDL >oWIndow.Draw,oView
IDL >;X 形链接关系
IDL >polylines = [2,0,2,2,1,3]
IDL >oPolyline.Setproperty,polylines = polylines
IDL >;绘制显示,见图 8.17(g)
IDL >oWIndow.Draw,oView
IDL >;正方形 + 对角线链接关系
IDL >polylines = [5,0,1,2,3,0,2,0,2,2,1,3]
IDL >oPolyline.Setproperty,polylines = polylines
IDL >;绘制显示,见图 8.17(h)
IDL >oWIndow.Draw,oView
```

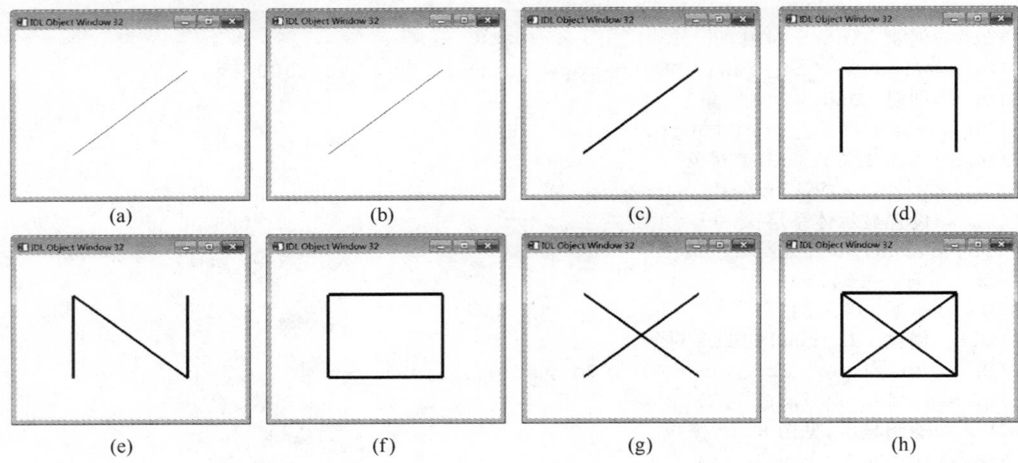

图 8.17 使用 IDLgrPolyline 对象类

如果多边形对象有 12 个顶点，可按照如下四角链接关系设置，显示效果见图 8.18 所示。

```
IDL >;自定义顶点连接顺序
IDL >verts = [ v0 , v1 , v2 , v3 , v4 , v5 , v6 , v7 , v8 , v9 , v10 ,v11]
IDL >;链接关系中的四边形顶点顺序
IDL >polyline_list = [5 , 0 , 1 , 5 , 4 , 0 , $
IDL >                 5 , 1 , 2 ,6 , 5 , 1 ,  $
IDL >                 5 , 2 , 3 , 7 , 6 , 2 ,  $
IDL >                 5 , 4 , 5 , 9 , 8 , 4 ,  $
IDL >                 5 , 5 , 6 , 10 , 9 , 5 ,  $
IDL >                 5 , 6 , 7 , 11 , 10 , 6]
IDL >;或
IDL >polygon_list = [4 , 0 , 1 , 5 , 4 ,  $
IDL >                 4 , 1 , 2 ,6 , 5 ,  $
IDL >                 4 , 2 , 3 , 7 , 6 ,  $
IDL >                 4 , 4 , 5 , 9 , 8 ,  $
IDL >                 4 , 5 , 6 , 10 , 9 ,  $
IDL >                 4 , 6 , 7 , 11 , 10 ,  $
IDL >                 3 , 0 , 4 , 8]
```

如果多边形对象有 6 个顶点，可按照如下链接关系设置，显示效果见图 8.19。

```
IDL >;自定义顶点连接顺序
IDL >verts = [ v0 , v1 , v2 , v3 , v4 , v5]
IDL >;链接关系中的四边形顶点顺序
IDL >polyline_list[4 , 0 , 1 , 2 , 0  , $
IDL >            3 , 0 , 2 , 3 , 0  , $
IDL >            3 , 0 , 3 , 4 , 0  , $
IDL >        3 , 0 , 4 , 5 ,0])
IDL >;或
IDL >polygon_list = [3 , 0 , 1 , 2 ,  $
IDL >            3 , 0 , 2 , 3 ,  $
IDL >            3 , 0 , 3 , 4 ,  $
IDL >            3 , 0 , 4 , 5])
```

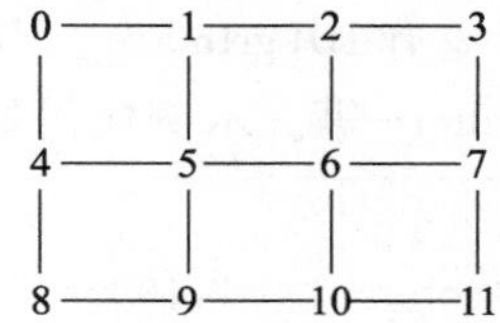

图 8.18　四角形链接关系示意

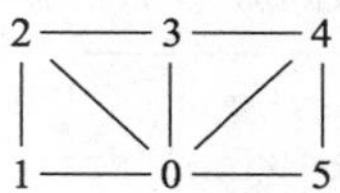

图 8.19　三角形链接关系示意

2. 多边形对象

IDL 对象图形法中，利用多边形对象（IDLgrPolygon）可以直接绘制多边形，IDLgrPolygon 与 IDLgrPolyline 对象的区别是 IDLgrPolygon 绘制出来的多边形默认是闭合的（图 8.20）。IDLgrPolygon 对象的关键字 polygons 可以设置点连接顺序，与 IDLgrPolyline 的 polylines 属性关键字作用类似。

```
IDL >;创建 window 对象
IDL >oWindow = Obj_new('IDLgrWindow',dimension = [400,400])
IDL >;创建 IDLgrView 对象
IDL >oView = Obj_new('IDLgrView')
IDL >;创建 IDLgrModel 对象
IDL >oModel = Obj_new('IDLgrModel')
IDL >;创建 IDLgrPolyline 对象
IDL >oPolyline = Obj_new('IDLgrPolyline')
IDL >oPolygon = Obj_new('IDLgrPolygon')
IDL >;设置显示体系层次
IDL >oView.Add,oModel
IDL >oModel.Add,[oPolyline,oPolygon]
IDL >;创建一折线数据段
IDL >data = fltarr(2,4)
IDL >data[0,*] = [-.5,-.5,-.1,-.1]
IDL >data[1,*] = [-.5,-.1,-.1,-.5]
IDL >;设置线对象为红色,值为 data
IDL >oPolyline.Setproperty,color = [255,0,0],data = data
IDL >;设置多边形对象为蓝色,值为 data 向 x 和 y 方向偏移 0.5
IDL >oPolygon.Setproperty,color = [0,0,255],data = data + 0.5
IDL >;绘制显示(图 8.20)
IDL >oWIndow.Draw,oView
```

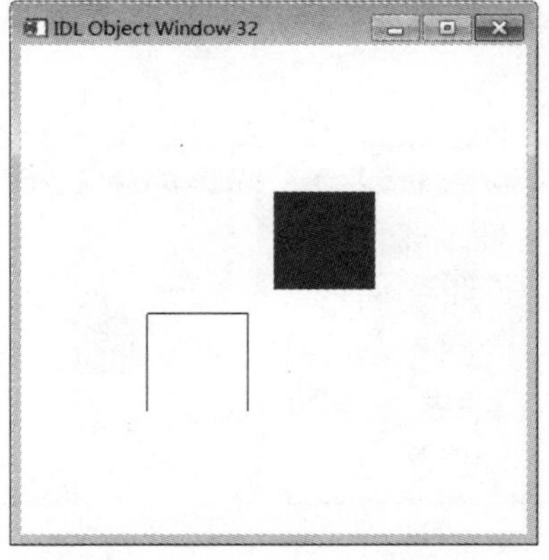

图 8.20　显示多边形与线对象

若对多边形设置显示风格或填充类型，涉及的对象有 IDLgrImage、IDLgrPattern；属性有 Texture_Map、Texture_Coord、Texture_Interp 和 Fill_Pattern 等。示例代码如下：

```
IDL>;创建 window 对象
IDL>oWindow=Obj_new('IDLgrWindow',dimensions=[400,400])
IDL>;创建 IDLgrView 对象
IDL>oView=Obj_new('IDLgrView')
IDL>;创建 IDLgrModel 对象
IDL>oModel=Obj_new('IDLgrModel')
IDL>;创建 IDLgrPolygon 对象
IDL>oPolygon=Obj_new('IDLgrPolygon')
IDL>;设置显示体系层次
IDL>oView.Add,oModel
IDL>oModel.Add,oPolygon
IDL>;创建一正方形
IDL>data=fltarr(2,4)
IDL>data[0,*]=[-.5,-.5,.5,.5]
IDL>data[1,*]=[-.5,.5,.5,-.5]
IDL>;设置多边形对象为蓝色,值为 data
IDL>oPolygon.Setproperty,color=[0,0,255],data=data
IDL>;绘制显示,见图 8.21(a)
IDL>oWIndow.Draw,oView
IDL>;创建样式对象
IDL>oPattern=Obj_new('IDLgrPattern',1)
IDL>;设置多边形样式填充
IDL>oPolygon.SetProperty, fill_pattern=oPattern
IDL>;绘制显示,见图 8.21(b)
IDL>oWIndow.Draw,oView
IDL>;读取纹理文件,注意纹理文件路径
IDL>read_jpeg,'c:\data\tree.jpg',imgData,/true
IDL>;创建纹理对象
IDL>oImage=Obj_new('IDLgrImage',imgData,BLEND_FUNCTION=[3,4])
IDL>;为 IDLgrPolygon 对象赋值纹理对象,因已设置样式,故需要清除样式
IDL>oPolygon.SetProperty, Texture_Map=oImage,Fill_Pattern=Obj_new(),$
IDL>   Texture_Coord=[[0,0], [0,1], [1,1], [1,0]],color=[255,255,255]
IDL>;绘制显示,见图 8.21(c)
IDL>oWIndow.Draw,oView
IDL>;设置纹理坐标,此时的纹理坐标表示图像在 x 和 y 方向各填充两次
IDL>Texture_Coord=[[0,0], [0,2], [2,2], [2,0]]
IDL>oPolygon.SetProperty,Texture_Coord=Texture_Coord
IDL>;绘制显示,见图 8.21(d)
IDL>oWIndow.Draw,oView
```

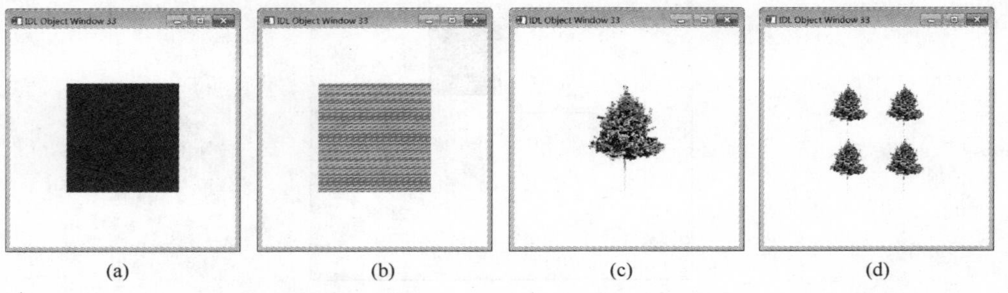

(a) (b) (c) (d)

图 8.21 多边形对象样式设置与纹理填充

如果多边形的形状为凹多边形，则显示前需要用对象 IDLgrTessellator 进行定点和链接关系的处理，示例代码如下：

```
IDL>;创建 window 对象
IDL>oWindow=Obj_new('IDLgrWindow',dimension=[400,300])
IDL>;创建 IDLgrView 对象
IDL>oView=Obj_new('IDLgrView')
IDL>;创建 IDLgrModel 对象
IDL>oModel=Obj_new('IDLgrModel')
IDL>;创建 IDLgrPolygon 对象
IDL>oPolygon=Obj_new('IDLgrPolygon')
IDL>;设置显示体系层次
IDL>oView.Add,oModel
IDL>oModel.Add,oPolygon
IDL>;创建一凹多边形
IDL>data=fltarr(2,8)
IDL>data[0,*]=[-.75,.75,.75,.25,.25,-.25,-.25,-.75]
IDL>data[1,*]=[-.75,-.75,.75,.75,0,0,.75,.75]
IDL>;设置多边形对象为蓝色,值为 data
IDL>oPolygon.Setproperty,color=[0,0,255],data=data
IDL>;绘制显示,见图 8.22(a)
IDL>oWIndow.Draw,oView
IDL>;创建 IDLgrTessellator 对象
IDL>oTessellator=Obj_new('IDLgrTessellator')
IDL>;添加多边形对象
IDL>oTessellator.AddPolygon,data
IDL>;计算多边形转换为三角形的顶点和链接关系
IDL>tmp=oTessellator.Tessellate(vert,poly)
IDL>;设置多边形对象的顶点数据和链接关系
IDL>oPolygon.Setproperty,data=vert, polygons=poly
IDL>;绘制显示,见图 8.22(b)
IDL>oWIndow.Draw,oView
```

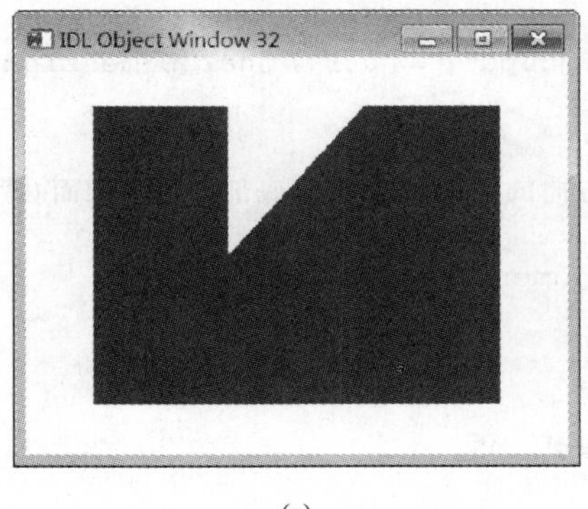

(a)

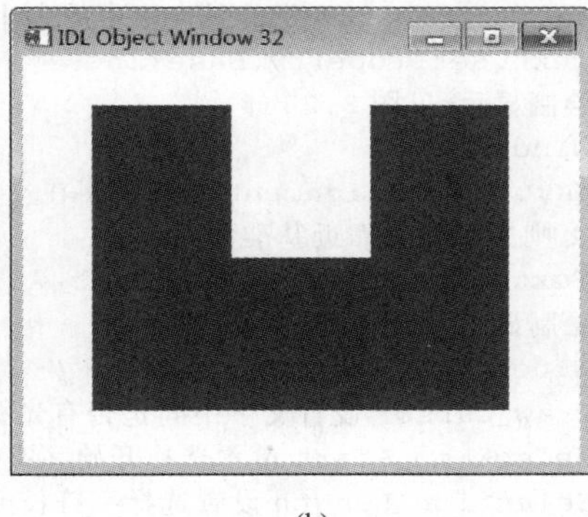

(b)

图 8.22　凹多边形显示

3. 文字对象

文字对象（IDLgrText）能够在特定位置、特定平面上显示特定大小、粗细和走向的文字。常用关键字包括 Color、Align、Vertical_align、Baseline、Updir、Char_dimensions、Onglass、Location、Recompute_dimension、Selection_start、Sselect_length 和 Envable_formatting 等，与其相关的对象有字体对象 IDLgrFont 等。以下是显示文字对象、修改相应属性关键字并显示的示例代码如下：

```
IDL>;创建 window 对象
IDL>oWindow=Obj_new('IDLgrWindow',dimension=[400,300])
IDL>;创建 IDLgrView 对象
IDL>oView=Obj_new('IDLgrView')
IDL>;创建 IDLgrModel 对象
IDL>oModel=Obj_new('IDLgrModel')
IDL>;设置显示体系层次
IDL>oView.Add,oModel
IDL>oWindow.SetProperty,graphics_tree=oView
IDL>oText=Obj_new('IDLgrText','Hello IDL!',Alignment=0.5)
IDL>;添加对象到 model 中
IDL>oModel.Add,oText
IDL>;绘制显示,见图 8.23(a)
IDL>oWIndow.Draw
IDL>;修改字体颜色为红色
IDL>oText.SetProperty,Color=[255,0,0]
IDL>;绘制显示,见图 8.23(b)
IDL>oWIndow.Draw
IDL>oText.SetProperty,Strings=['IDL','ENVI']
IDL>;绘制显示,见图 8.23(c)
IDL>oWindow.Draw,oView
IDL>oText.SetProperty, Location=[[0,0],[.5,.5]]
IDL>;绘制显示,见图 8.23(d)
IDL>oWindow.Draw
IDL>;baseline 是文字的基准方向,由二维或三维的矢量组成
IDL>oText.SetProperty, Baseline=[1,1]
IDL>;绘制显示,见图 8.23(e)
IDL>oWIndow.Draw
IDL>;char_dimension 指的是文字占的大小
IDL>oText.SetProperty,Baseline=[1,0],Updir=[0,1], Char_Dimension=[.5,.5]
IDL>;绘制显示,见图 8.23(f)
IDL>oWIndow.Draw
IDL>;Vertical_Alignment 是指文字在 y 方向的位置,0 则文字底部靠近基准面(默认)
IDL>; 1 则文字顶部靠近基准面
IDL>oText.SetProperty, Vertical_Alignment=1
IDL>;绘制显示,见图 8.23(g)
IDL>oWIndow.Draw
IDL>;Draw_Cursor 设置文字中间是否有光标
IDL>;Selection_Start 设置选择开始字符索引
IDL>;Selection_Length 设置选择字符长度
IDL>oText.SetProperty,Draw_Cursor=1, Selection_Start=1, Selection_Length=2
IDL>;绘制显示,见图 8.23(h)
IDL>oWIndow.Draw
```

本书第 7.4 节介绍了字体的相关知识，直接图形法与对象图形法中对字体的操作函数对照见表 8.2 所示。

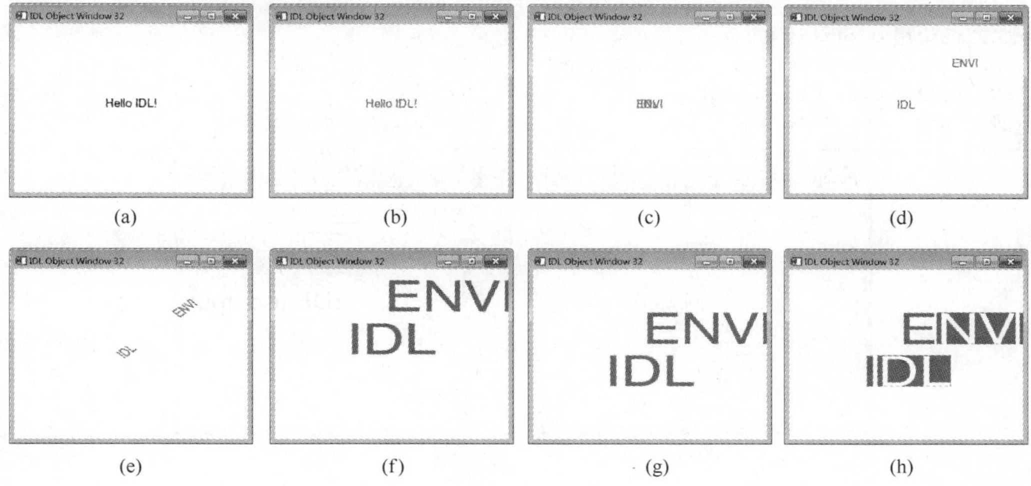

(a) (b) (c) (d)

(e) (f) (g) (h)

图 8.23　文字显示与属性设置

表 8.2　直接图形法和对象图形法中的字体操作

功能	相关命令	图像方法
获取字体列表	DEVICE, GET_FONTNAMES = fontnames, SET_FONT = ' * '	直接图形法
	fontnames = IDLgrWindow. GetFontnames( )	对象图形法
获取字体个数	DEVICE, GET_FONTNUM = numfonts, SET_FONT = ' * '	直接图形法
	Numfonts = N_Elements(fontnames)	对象图形法
设置字体	DEVICE, SET_FONT = '字体名', / TT_FONT	直接图形法
	oFont = Obj_ new('IDLgrFont', 字体名) oText. Setproperty, font = oFont	对象图形法
字体查看工具	EFONT, SHOWFONT	直接图形法

调用字体对象 IDLgrFont 的示例代码如下：

```
IDL >;创建 window 对象
IDL >oWindow =Obj_new('IDLgrWindow',dimension =[400,300])
IDL >;创建 IDLgrView 对象
IDL >oView =Obj_new('IDLgrView')
IDL >;创建 IDLgrModel 对象
IDL >oModel =Obj_new('IDLgrModel')
IDL >;设置显示体系层次
IDL >oView.Add,oModel
IDL >oWindow.SetProperty,graphics_tree =oView
IDL >;创建 IDLgrText 对象
IDL >oText =Obj_new('IDLgrText','IDL uses fonts!',font =myFont)
IDL >oModel.Add,oText
IDL >;绘制显示,见图 8.24(a)
IDL >oWIndow.Draw
IDL >;创建 IDLgrFont 对象
IDL >oFont =OBJ_NEW('IDLgrFont', 'times', SIZE =20)
```

```
IDL >;使用 oFont 对象
IDL >oText.Setproperty, font =oFont
IDL >;绘制显示,见图 8.24(b)
IDL >oWindow.Draw
```

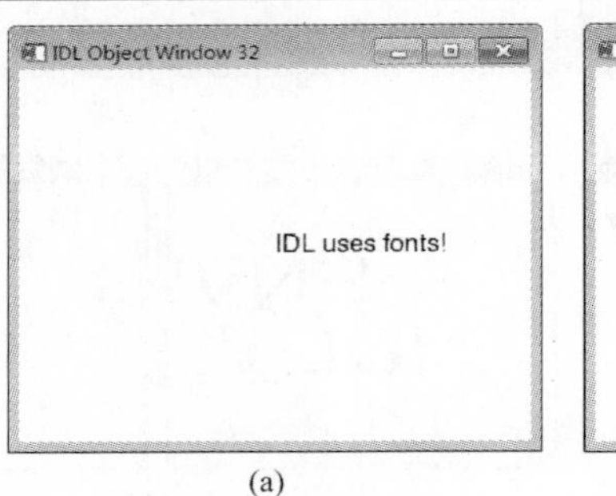

(a)

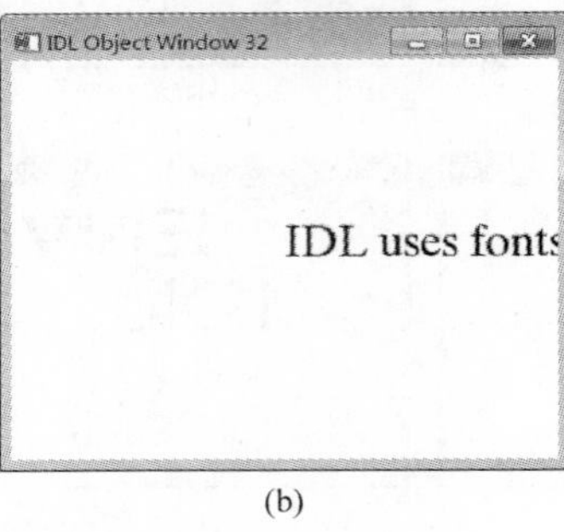

(b)

图 8.24 修改字体

4. 坐标轴对象

利用坐标轴对象（IDLgrAxis）可以绘制坐标轴，调用示例代码如下：

```
IDL >;创建 window 对象
IDL >oWindow =Obj_new('IDLgrWindow',dimension =[400,200])
IDL >;创建 IDLgrView 对象
IDL >oView =Obj_new('IDLgrView',viewPlane_Rect =[-10,-1,200,2])
IDL >;创建 IDLgrModel 对象
IDL >oModel =Obj_new('IDLgrModel')
IDL >;设置显示体系层次
IDL >oView.Add,oModel
IDL >oWindow.SetProperty,graphics_tree =oView
IDL >;创建坐标轴,0 为 x 轴(1 为 y 轴,2 为 z 轴),线粗为 2,红色
IDL >oAxis =OBJ_NEW('IDLgrAxis',0,range =[0,180], $
IDL >    location =[0,-0.5],thick =2, color =[255,0,0])
IDL >oModel.ADD,oAxis
IDL >;绘制显示,见图 8.25(a)
IDL >oWindow.DRAW
IDL >;10 个大刻度线,中间 5 个小刻度线,tickdir 控制刻度线在 x 轴下
IDL >oAxis.SETPROPERTY, major =10,minor =5, tickdir =1
IDL >;绘制显示,见图 8.25(b)
IDL >oWindow.DRAW
IDL >;文字标注对齐,textAlign 分别是[水平方向,竖直方向]
IDL >oAxis.SETPROPERTY, textAlign =[0,1]
IDL >;绘制显示,见图 8.25(c)
IDL >oWindow.DRAW
IDL >;文字标注对齐
IDL >oAxis.SETPROPERTY, textAlign =[1,1]
IDL >;绘制显示,见图 8.25(d)
IDL >oWindow.DRAW
IDL >;设置 X 坐标轴标题,黑色
IDL >oText =OBJ_NEW('IDlgrText','X Axis',color =[0,0,0])
IDL >oAxis.SETPROPERTY, title =oText,tickValues =[0,60,120,150,180]
IDL >;绘制显示,见图 8.25(e)
```

```
IDL > oWindow.DRAW
IDL > ;设置坐标轴文字基线
IDL > oAxis.SETPROPERTY, TextBaseline = [ -1,0,0]
IDL > ;绘制显示,见图 8.25(f)
IDL > oWindow.DRAW
IDL > ;设置坐标轴文字基线
IDL > oAxis.SETPROPERTY, TextBaseline = [1,0,0]
IDL > ;绘制显示,见图 8.25(g)
IDL > oWindow.DRAW
IDL > ;创建坐标轴文本对象
IDL > oTickText = OBJ_NEW('IDLgrText',['A','B','C','D','E'], color = [0,0,255])
IDL > ;设置文本字符,use_text_color 控制是否显示文字对象颜色
IDL > oAxis.SETPROPERTY, TextBaseline = [1,0,0], $
IDL >   tickText = otickText,/USE_TEXT_COLOR
IDL > ;绘制显示,见图 8.25(h)
IDL > oWindow.DRAW
```

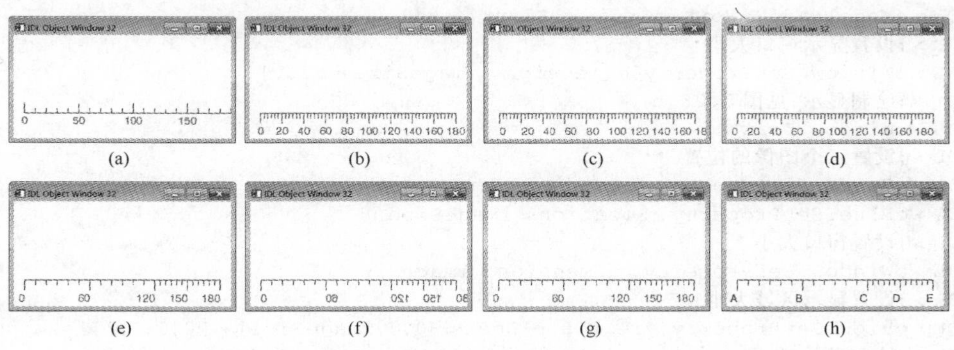

图 8.25　坐标轴显示及参数设置

5. 图像对象

利用图像对象（IDLgrImage）可以用来创建、显示图像对象，调用示例代码如下：

```
IDL > ;创建 window 对象
IDL > oWindow = OBJ_NEW('IDLgrWindow',dimension = [400,300])
IDL > ;创建 IDLgrView 对象
IDL > oView = OBJ_NEW('IDLgrView')
IDL > ;创建 IDLgrModel 对象
IDL > oModel = OBJ_NEW('IDLgrModel')
IDL > ;设置显示体系层次
IDL > oView.ADD,oModel
IDL > oWindow.SETPROPERTY,graphics_tree = oView
IDL > ;构建 jpg 文件名
IDL > file = FILEPATH('rose.jpg', SUBDIRECTORY = ['examples', 'data'])
IDL > ;查询图像信息
IDL > queryStatus = QUERY_IMAGE(file, imageInfo)
IDL > imageSize = imageInfo.dimensions
IDL > ;读取图像数据
IDL > image = READ_IMAGE(file)
IDL > ;创建图像对象
IDL > oImage = Obj_new('IDLgrImage',image)
IDL > oModel.Add,oImage
```

```
IDL>;设置显示区域范围
IDL>oView.SetProperty,viewPlane_Rect=[0,0,imageSize]
IDL>;设置显示窗口大小
IDL>oWindow.SetProperty,dimension=imageSize
IDL>;绘制显示,见图 8.26(a)
IDL>oWindow.Draw
IDL>;销毁图像对象
IDL>Obj_Destroy,oImage
IDL>;设置显示区域为 x 方向为图像三倍
IDL>oView.SetProperty,viewPlane_Rect=[0,0,imageSize]*[0,0,3,1]
IDL>;创建 R、G、B 波段图像对象
IDL>oRed=Obj_new('IDLgrImage',image[0,*,*])
IDL>oGreen=Obj_new('IDLgrImage',image[1,*,*], $
IDL>  Location=[imageSize[0],0])
IDL>oBlue=Obj_new('IDLgrImage',image[2,*,*], $
IDL>  Location=[imageSize[0]*2,0])
IDL>;添加对象
IDL>oModel.Add,[oRed, oGreen, oBlue]
IDL>;设置显示窗口大小
IDL>oWindow.SetProperty,dimension=imageSize*[3,1]
IDL>;绘制显示,见图 8.26(b)
IDL>oWindow.Draw
IDL>;设置三个图像的位置
IDL>oGreen.SetProperty, Location=imageSize*.5
IDL>oBlue.SetProperty, Location=imageSize
IDL>;设置窗口大小
IDL>oWindow.SetProperty, dimension=imageSize*2
IDL>;设置显示区域大小
IDL>oView.SetProperty,viewPlane_Rect=[0,0,imageSize]*[0,0,2,2]
IDL>;绘制显示,见图 8.26(c)
IDL>oWindow.Draw
```

(a)

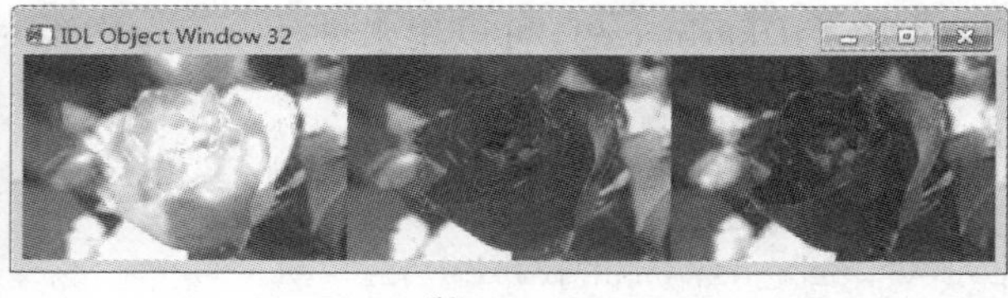

(b)

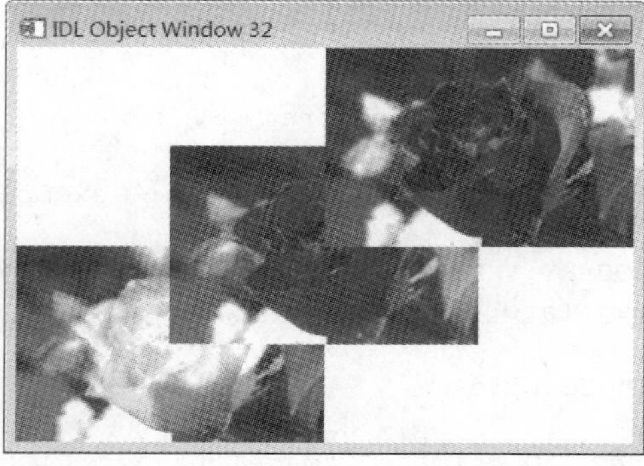

(c)

图 8.26 不同位置显示图像

8.2.4 颜色显示

对象图形法中的显示颜色分为索引颜色（Index）和真彩色颜色（RGB）。对象图形法中使用索引颜色需要在 IDLgrImage 对象中设置 palette 参数为 IDLgrPalette 对象，即颜色表是通过调用 IDLgrPalette 对象来实现的。

```
IDL>;创建 window 对象
IDL>oWindow=Obj_new('IDLgrWindow',dimension=[400,300])
IDL>;创建 IDLgrView 对象,显示区域为[-100,-50,400,300]
IDL>;可根据显示效果体会该参数的含义
IDL>oView=Obj_New('IDLgrView', ViewPlane_Rect=[-100,-50,400,300])
IDL>;创建 IDLgrModel 对象
IDL>oModel=Obj_New('IDLgrModel')
IDL>;设置显示体系层次
IDL>oView.Add,oModel
IDL>;创建单波段图像对象
IDL>oImage=Obj_New('IDLgrImage',Bytscl(dist(200)))
IDL>;添加对象到 Model 中
IDL>oModel.Add,oImage
IDL>;绘制显示,见图 8.27(a)
IDL>oWindow.Draw,oView
IDL>;创建 IDLgrPalette 对象,载入索引为 2 的系统颜色表
IDL>oPalette=Obj_new('IDLgrPalette')
IDL>oPalette.LoadCT,2
IDL>;设置图像颜色表
IDL>oImage.SetProperty, palette=oPalette
IDL>;绘制显示,见图 8.27(b)
IDL>oWindow.Draw,oView
```

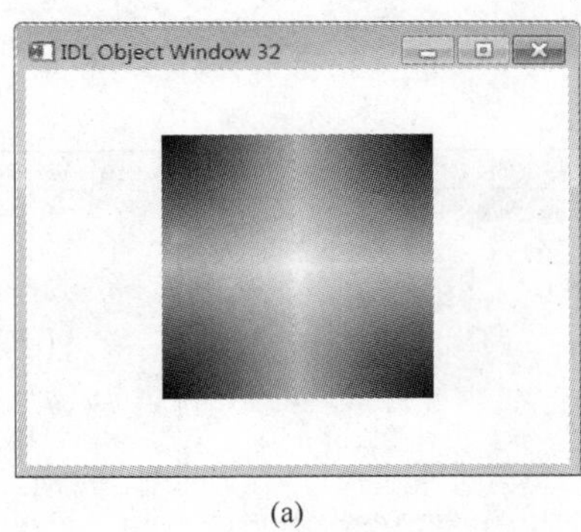

(a)

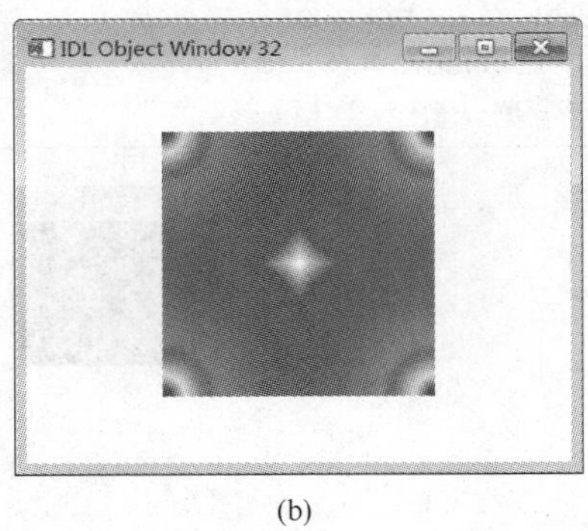

(b)

图 8.27　对象图形法中使用颜色表

8.2.5 坐标系

当在同一界面下显示多个或多种对象时，需要首先确定一个基准坐标系，即坐标系统一，其他各个对象都基于该坐标系相对定位。IDL 中的坐标系分为归一化坐标系、设备坐标系和数据坐标系三类。

归一化坐标系，顾名思义就是坐标系中各方向的坐标范围均为［0，1］。以下为利用对象图形法在归一化坐标系中显示图形和图像的示例代码：

```
IDL > ;创建 window 对象
IDL > oWindow = Obj_new('IDLgrWindow',dimensions = [400,300])
IDL > ;创建 IDLgrView 对象
IDL > oView = Obj_New('IDLgrView')
IDL > oView.GetProperty, ViewPlane_Rect = vp
IDL > ;查看 vp 的值,即此为 IDLgrView 对象初始化参数
IDL > print,vp
 -1.0000000      -1.0000000       2.0000000       2.0000000
IDL > ;创建 IDLgrModel 对象
IDL > oModel = Obj_new('IDLgrModel')
IDL > ;设置显示体系层次
IDL > oView.Add,oModel
IDL > ;创建单波段图像对象
IDL > oImage = Obj_New('IDLgrImage',Bytscl(dist(200)))
IDL > ;添加对象到 Model 中
IDL > oModel.Add,oImage
IDL > ;绘制显示,见图 8.28(a)
IDL > oWindow.Draw,oView
IDL > ;获取对象的 x 方向和 y 方向的数据范围
IDL > oImage.GetProperty, XRange = xr, YRange = yr
IDL > ;设置对象的归一化转换系数,利用函数 Norm_Coord 求解!
IDL > oImage.SetProperty, XCoord_Conv = Norm_Coord(xr), YCoord_Conv = Norm_Coord(yr)
IDL > ;绘制显示,见图 8.28(b)
IDL > oWindow.Draw,oView
IDL > ;设置 view 的显示范围是[0,0,1,1]
IDL > oView.SetProperty, viewPlane_Rect = [0,0,1,1]
IDL > ;绘制显示,见图 8.28(c)
IDL > oWindow.Draw,oView
IDL > polyData = [[0.3,0.3],[0.3,0.7],[0.7,0.7],[0.7,0.3]]
IDL > ;添加矩形对象,颜色设置为红色
IDL > oModel.Add,Obj_New('IDLgrPolygon',polyData, $
IDL >   color = [255,0,0])
IDL > ;绘制显示,见图 8.28(d)
IDL > oWindow.Draw,oView
```

(a) (b) (c) (d)

图 8.28 归一化坐标系显示对象图形

设备坐标系是基于显示设备的坐标系，左下角为［0，0］，右上角为［V_{x-1}，V_{y-1}］，V_x 和 V_y 是显示设备的行与列，可通过系统变量！D 的成员变量！D. X_Size 和！D. Y_Size 获得。设备坐标一般在界面组件定位和大小控制时使用。

数据坐标系是基于显示或处理的数据范围而确定的坐标系。

以下举例是在 400 像素 * 300 像素大小的程序界面中 300 像素 * 200 像素区域绘制、显示正弦曲线的综合应用示例代码。

```
IDL >;创建 400 像素 * 300 像素的界面
IDL > wTlb = Widget_Base(xSize = 400,ysize = 300)
IDL >;创建 wDraw 组件,对象图形法的 Draw,大小为 300 像素 * 200 像素,并居中显示
IDL >;注意,此时的大小和定位坐标均为实际像素尺寸(设备坐标系)
IDL > wDraw = Widget_Draw(wTlb, $
IDL > Graphics_Level = 2, $
IDL > xSize = 300,ysize = 200, $
IDL > xOffset = 50,yOffset = 50)
IDL >;组件绘制,见图 8.29(a)
IDL > Widget_Control, wTlb,/Realize
IDL >;获得 wDraw 组件的 value,此即 IDLgrWindow 对象
IDL > Widget_Control, wDraw,Get_Value = oWindow
IDL >;创建 IDLgrView 对象
IDL > oView = Obj_New('IDLgrView')
IDL >;创建 IDLgrModel 对象
IDL > oModel = Obj_New('IDLgrModel')
IDL >;设置显示体系层次
IDL > oView.Add,oModel
IDL >;创建正弦曲线对象
IDL > oPlot = Obj_New('IDLgrPLot',Sin(findgen(300)))
IDL >;添加对象到 Model 中
IDL > oModel.Add,oPlot
IDL >;绘制显示,见图 8.29(b),注意此时两者坐标系不匹配!
IDL > oWindow.Draw,oView
IDL >;设置显示范围为数据坐标系
IDL > oView.SetProperty,viewPlane_Rect = [0, -1,300,2]
IDL >;绘制显示,见图 8.29(c)
IDL > oWindow.Draw,oView
IDL >;设置 IDLgrView 对象归一化坐标系区域
IDL > oView.SetProperty, viewPlane_Rect = [0,0,1,1]
IDL >;获取图形数据范围
IDL > oPlot.GetProperty, XRange = xr,yRange = yr
IDL >;设置对象的归一化转换系数
IDL > oPlot.SetProperty, XCoord_Conv = Norm_Coord(xr), $
IDL > YCoord_conv = Norm_Coord(yr)
IDL >;绘制显示,见图 8.29(d)
IDL > oWindow.Draw,oView
```

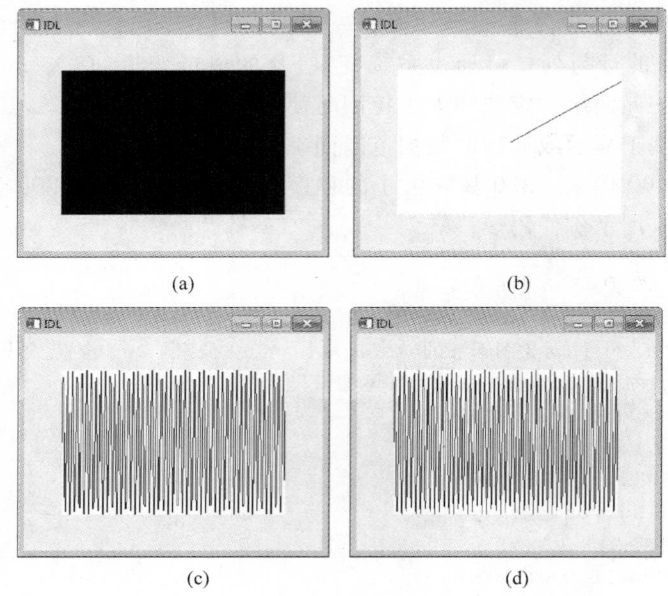

图 8.29　不同坐标系下的正弦曲线绘制

8.2.6　三维显示

IDL 中的三维坐标系使用的是右手笛卡尔坐标系，与 Microsoft Direct3D 中左手坐标系有区别，见图 8.30 所示。

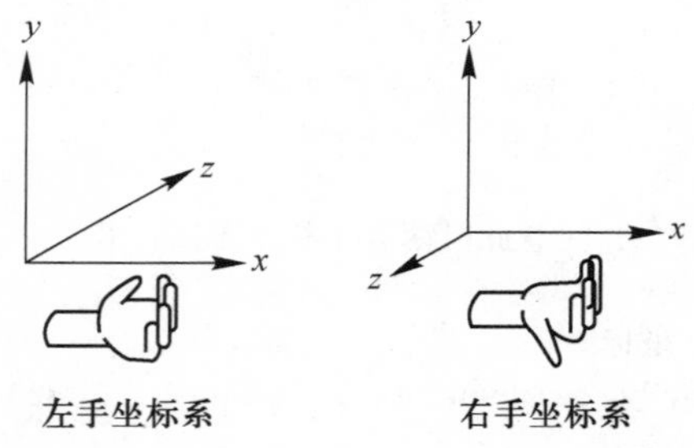

图 8.30　左手与右手坐标系

以下是创建三维立方体并将各顶点设置为不同颜色的示例代码：

```
IDL >;创建 window 对象
IDL >oWindow = OBJ_NEW('IDLgrWindow',dimension = [400,400],retain =2)
IDL >;创建 view 对象,显示区域及 z 方向范围、视角高度等参数
IDL >oView = OBJ_NEW('IDLgrView',viewPlane_Rect = [-1,-1,3,3],zClip = [4,-4],eye =5)
IDL >oModel = OBJ_NEW('IDLgrModel')
IDL >;创建多边形
IDL >oPoly = OBJ_NEW('IDLgrPolygon')
IDL >;设置对象层次体系结构
IDL >oView.add,oModel & oModel.add,oPoly
IDL >;顶点坐标
```

```
IDL > verts = [[0,0,0],[1,0,0],[1,1,0],[0,1,0], $
[0,0,1],[1,0,1],[1,1,1],[0,1,1]]
IDL > ;顶点链接顺序
IDL > connect = [4, 0,1,2,3, $
IDL >         4,0,1,5,4, $
IDL >         4,1,2,6,5, $
IDL >         4,2,3,7,6, $
IDL >         4,3,0,4,7, $
IDL >         4, 4,5,6,7]
IDL > ;设置多边形顶点与链接关系,类型显示为线
IDL > oPoly.setproperty,data = verts, polygons = connect,style = 1
IDL > ;旋转 45 度
IDL > oModel.rotate ,[1,1,0],45
IDL > ;绘制显示,见图 8.31(a)
IDL > oWindow.draw,oView
IDL > ;设置立方体顶点颜色
IDL > vertscolor = [[0,0,0],[1,0,0],[1,1,0],[0,1,0], $
IDL >             [0,0,1],[1,0,1],[1,1,0],[0,1,1]] * 255
IDL > ;设置立方体面显示,并渲染显示颜色
IDL > oPoly.setproperty, vert_color = vertsColor, $
IDL >   style = 2, shading = 1
IDL > ;绘制显示,见图 8.31(b)
IDL > oWindow.draw,oView
```

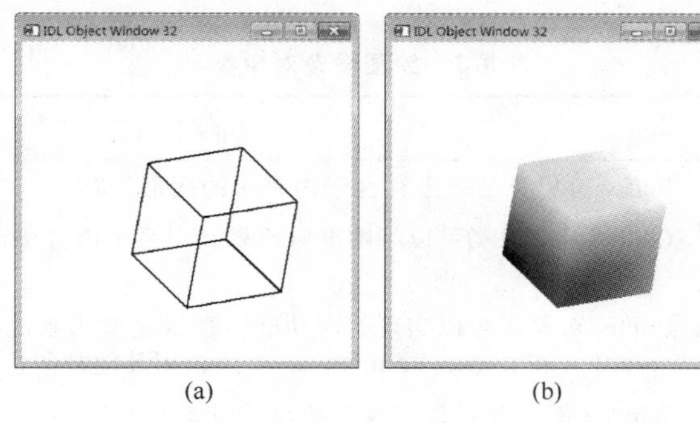

(a) (b)

图 8.31 三维立方体

8.3 对象交互

8.3.1 属性修改

对象的属性可以通过调用 SetProperty 修改；自 IDL 8.0 版本起，还支持“.”属性设置。交互式属性修改可参考本书第 11.1.1 节界面单元组件中关于 widget_propertysheet 组件的用法介绍。

8.3.2 对象选择

IDL 对象图形法程序中，调用 IDLgrWindow 对象的 Select 和 PickData 方法可以实现对象的选择和鼠标位置数据值获取功能。可参考 IDL 安装目录中自带的示例代码：

- ... \examples\doc\objects\sel_obj. pro，运行效果见图 8.32（a）。
- ... \examples\doc\objects\surf_track. pro，运行效果见图 8.32（b）。

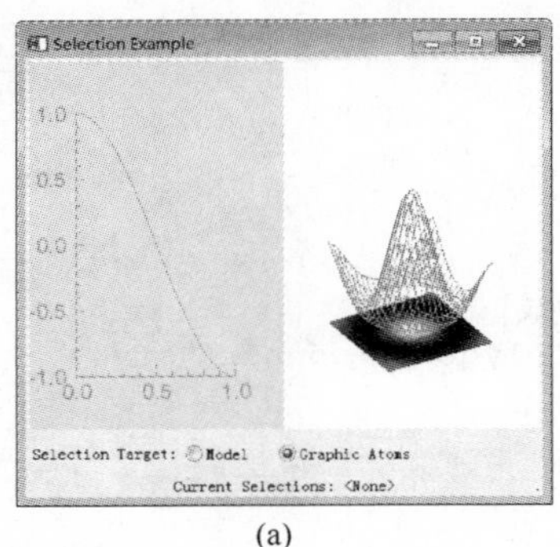

(a)

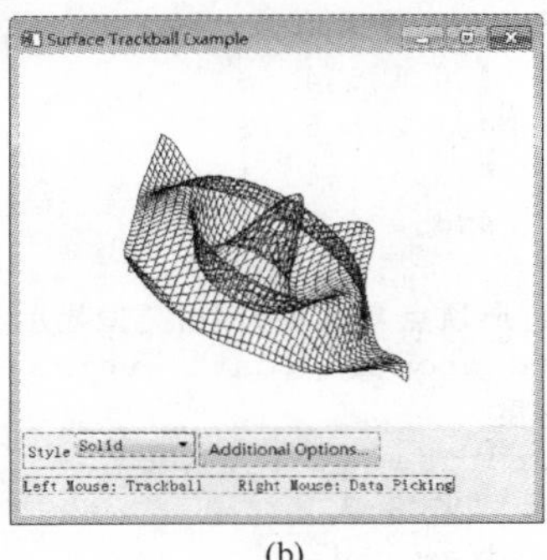

(b)

图 8.32　对象选择

8.4　对象类列表

IDL 中的对象类可分为绘图设备对象类（表 8.3）、基础框架对象类（表 8.4）、可视化对象类（表 8.5）、文件对象类（表 8.6）、几何分析对象类（表 8.7）、网络对象类（表 8.8）和其他类（表 8.9），详细类名称与功能描述请参考相应表格。

表 8.3　绘图设备对象类

类名	功能描述
IDLgrBuffer	Buffer 对象类是一个存在于内存中的图形设备
IDLgrClipboard	Clipboard 对象类可以将图形对象复制到系统内存中，或复制成 bitmap、vector（eps）文件
IDLgrPrinter	Printer 对象类可以实现打印功能，默认是调用系统打印机，也可以用 Dialog_printJob 和 Dialog_PrinterSetup 功能调用其他打印机
IDLgrWindow	Window 对象类可以实现对象显示设备的创建

表 8.4　基础框架对象类

类名	功能描述
IDLgrScene	场景对象类，是显示体系的基础层
IDLgrViewGroup	容器对象类，与 IDLgrScene 类似。在显示设备对象调用 Draw 方法时不会自动擦除，也可以包含不具备 Draw 方法的对象
IDLgrView	用来显示的对象类，并可以设置显示区域实现放大或缩小的效果。该类具有 Add 和 Remove 方法，可以添加或移除 IDLgrModel 对象，一个完整的对象显示体系至少包含一个 IDLgrView 对象
IDLgrModel	Model 对象类，可以理解为一个“容器”，用来容纳一个或多个原子对象（线对象和文字对象等），能进行旋转、缩放和平移等操作

表 8.5　可视化对象类

类名	功能描述
IDLgrAxis	坐标轴对象类，显示坐标轴
IDLgrColorbar	色标对象类，显示色标
IDLgrContour	等值线对象，可以对数据绘制等值线，支持 IDLgrPattern 对象类设置样式
IDLgrFilterChain	依据显卡 shader 对象执行图像滤波
IDLgrFont	字体对象类，设置不同的字体
IDLgrImage	图像对象类，用来显示二维数据
IDLgrLegend	图例对象类，显示图像图例
IDLgrLight	灯光对象类，设置显示场景内的灯光显示
IDLgrPalette	颜色表对象类，通过该对象使用颜色表
IDLgrPattern	样式对象类，多边形填充时可设置不同样式
IDLgrPlot	曲线对象类，可以显示曲线
IDLgrPolygon	多边形对象类，如果是凹多边形要使用 IDLgrTessellator 设置
IDLgrROI	感兴趣区对象类，具备方法进行区域统计或点是否在 ROI 内的判断
IDLgrROIGroup	感兴趣区组类，实现多个 ROI 操作
IDLgrShader	基于显卡 GPU 对图像进行操作的对象类
IDLgrShaderBytscl	基于显卡 GPU 对图像进行拉伸运行
IDLgrShaderConvol3	基于显卡 GPU 对图像进行卷积运算
IDLgrSurface	曲面对象类，显示三维曲面数据
IDLgrSymbol	符号对象类，可在折线或多边形中应用相应符号
IDLgrTessellator	对多边形的凹凸性进行判断
IDLgrText	文字对象类，用来显示字符串文字
IDLgrTextEdit	文字鼠标选择类，利用该类可实现鼠标选择文字的功能
IDLgrVolume	体数据对象类，渲染显示三维实体数据

表 8.6　文件格式对象类

类名	功能描述
IDLffDICOM	DICOM 对象类，用来对 DICOM 标准服务产品进行读写
IDLffDXF	DXF 对象类，用来对 DXF 文件数据及属性信息进行读写
IDLffJPEG2000	JPEG2000 对象类，用来对 JPEG2000 文件进行读写
IDLffLangCat	对 XML 语言浏览和查找的功能
IDLffMJPEG2000	MJPEG2000 对象类，用来创建和显示 MJPEG2000 动画文件
IDLffMrSID	MrSID 对象类，实现对 MrSID 文件（*.sid）的信息查询和读取
IDLgrMPEG	MPEG 对象类，实现对多维数组按照图像帧方式写出为 MPEG 视频文件
IDLffShape	ShapeFiles 对象类，对 Esri 的矢量文件格式（*.shp）进行读写操作
IDLffXMLSAX IDLffXMLDOM	XML 对象类，可以对 XML 文件进行读写
IDLgrVRML	VRML 对象类，可以将当前显示输出为 VRML2.0 文件

表 8.7 几何分析对象类

类名	功能描述
IDLanROI	感兴趣区对象，可以操控点、线和多边形数据，能够计算多边形面积、周长和长轴等，判断点是否在多边形内
IDLanROIGroup	多感兴趣区对象，功能与对象 IDLanROI 类似

表 8.8 网络相关类

类名	功能描述
IDLnetOGCWCS	OGC 标准 WCS 服务对象类，访问发布的 WCS 服务
IDLnetOGCWMS	OGC 标准 WMS 服务对象类，访问发布的 WMS 服务
IDLnetURL	网络服务对象类，可以作为客户端连接 HTTP 或 FTP 服务器

表 8.9 其他对象类

类名	功能描述
IDL_Container	基础“容器”类，可以容纳多个对象，这样方便实现对象的移动和销毁等操作
IDL_IDLBridge	线程创建和控制类，利用该类可实现多线程
IDL_Savefile	Save 文件读写类，利用该类可实现 save 文件的查询和读写
IDLcomActiveX	ActiveX 控件使用类，可实现 ActiveX 在 IDL 下的访问和控制
IDLcomIDispatch	COM 使用类，可实现 COM 类在 IDL 下的调用
IDLjavaObject	Java 使用类，可实现 Java 在 IDL 下的调用
IDLsysMonitorInfo	显示器类，可以获得系统中的显示器信息，特别是使用到多显示器的程序
TrackBall	“虚拟轨迹球”对象，用于三维显示下鼠标对显示对象的控制

8.5 自定义对象类

8.5.1 新对象类

编写新对象类时首先要创建一个与类名同名的结构体，类名（ClassName）与过程的名称（ClassName__DEFINE）的关系必须严格按照下面的格式，即对象类的定义名称是由类名、两个下划线“__”和“DEFINE”组合而成的。

```
PRO ClassName__DEFINE
  struct = { ClassName, data1:value1, … , dataN:valueN }
END
```

IDL 提供了一个隐式引用变量 self，便于控制对象本身。以下是圆对象类的定义代码与调用示例：

```
;属性获取方法
PRO IDLgrCircle::GetProperty,Center = Center, Radius = Radius
  IF(ARG_PRESENT(Center))THEN center = self.center
  IF(ARG_PRESENT(Radius))THEN radius = self.radius
END
```

```
;绘制显示方法
PRO IDLgrCircle::Show
  XOBJVIEW,OBJ_NEW('IDLgrPolygon',self.xcoords,self.ycoords,style=1)
END
;基于圆心和半径创建圆
PRO IDLgrCircle::BuildCircle
  self.xcoords=self.Center[0]+self.Radius*COS(INDGEN(361)*!DtoR)
  self.ycoords=self.Center[1]+self.Radius*SIN(INDGEN(361)*!DtoR)
END
;圆对象类初始化
FUNCTION IDLgrCircle::INIT, Center, Radius
  initSucess=1b
  ;圆心须设定且为二维
  IF(N_ELEMENTS(Center)NE 0)THEN BEGIN
    IF(N_ELEMENTS(Center)EQ 2)THEN  self.Center=center ELSE initSucess=0b
  ENDIF ELSE initSucess=0b
  ;圆半径须设定
  IF(N_ELEMENTS(Radius)NE 0)THEN BEGIN
    IF(N_ELEMENTS(Radius)EQ 1)THEN  self.Radius=Radius ELSE initSucess=0b
  ENDIF ELSE initSucess=0b
  ;调用 buildCircle 方法计算
  self.BUILDCIRCLE
  ;返回初始化成功标志
  RETURN,initSucess
END
;圆对象类定义
PRO IDLGRCIRCLE__DEFINE
  struct={ IDLgrCircle, $
    center:FLTARR(2), $
    oCircle: OBJ_NEW(), $
    xcoords:FINDGEN(361), $
    ycoords:FINDGEN(361), $
    Radius:0.}
END
```

保存并编译上面圆对象类源码文件，在命令行中进行以下调用：

```
IDL>;创建圆对象
IDL>oCircle=Obj_New('IDLgrCircle',[0,0])
IDL>;注意,因参数 radius 未设置,故对象未创建成功
IDL>print,Obj_Valid(oCircle)
   0
IDL>;按照正确参数设置创建圆对象
IDL>oCircle=Obj_New('IDLgrCircle',[0,0],1.5)
IDL>;调用 GetProperty 方法获取圆半径
IDL>oCircle.GETPROPERTY,Radius=r
IDL>;输出查看
IDL>print,r
      1.50000
IDL>;调用 Show 方法进行显示绘制(图 8.33)
IDL>oCircle.SHOW
```

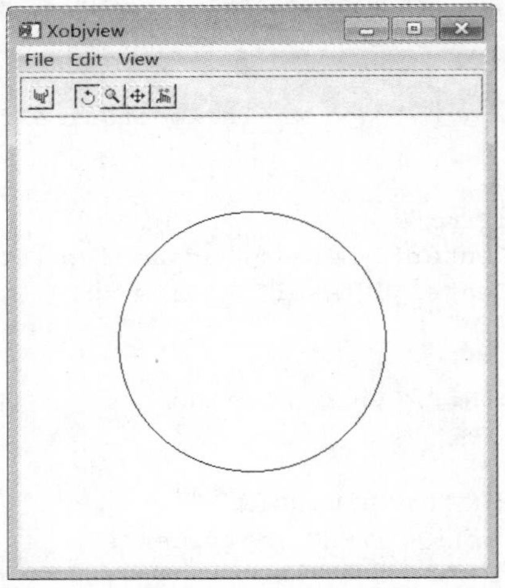

图 8.33 自定义圆类对象的绘制

8.5.2 继承类

编写继承类是以扩展基本类（即基类）的方式定义对象类。继承类包含了基类的属性变量，同时能够调用基类的方法。

继承类的创建格式如下：

```
PRO ClassName__DEFINE
  struct = {ClassName, $
    ;继承 BaseClass 类
    INHERITS BaseClass, $
    data1:value1,…,dataN:valueN}
END
```

创建一个基于 IDLgrPolygon 对象的圆 IDLgrCircle 类，定义代码如下：

```
;析构函数
PRO IDLgrCircle::CLEANUP
  ;调用 IDLgrPolygon 的析构函数
  self.IDLGRPOLYGON::CLEANUP
END
;属性获取
PRO IDLgrCircle::GetProperty,Center = Center, $
    Radius = Radius, _REF_EXTRA = _extra ;获取设置父类的属性，要使用_Ref_Extra
  IF(ARG_PRESENT(Center))THEN center = self.center
  IF(ARG_PRESENT(Radius))THEN radius = self.radius
  ;self.IDLGRPOLYGON::GETPROPERTY, _EXTRA = re
  if(N_Elements(_extra)gt 0)then  self.IDLgrPolygon::GetProperty, _EXTRA = _extra
END
;属性设置
PRO IDLgrCircle::SetProperty, Center = Center, $
    Radius = Radius, _REF_EXTRA = e ;获取设置父类的属性，要使用_Ref_Extra
  ;圆心须设定且为二维
  IF(N_ELEMENTS(Center)NE 0)THEN BEGIN
```

```
    IF(N_ELEMENTS(Center)EQ 2)THEN   self.Center = center
  ENDIF
  ;圆半径须设定
  IF(N_ELEMENTS(Radius)NE 0)THEN BEGIN
    IF(N_ELEMENTS(Radius)EQ 1)THEN   self.Radius = Radius
  ENDIF
  ;创建圆
  self.BUILDCIRCLE
  ;创建多边形
  self.IDLGRPOLYGON::SETPROPERTY, $
    DATA = TRANSPOSE([[self.xcoords],[self.ycoords]]), _EXTRA = e
END
;绘制显示
PRO IDLgrCircle::Show
  XOBJVIEW, self
END
;基于圆心和半径创建圆
PRO IDLgrCircle::BuildCircle
  self.xcoords = self.Center[0] + self.Radius * COS(INDGEN(361) * !DtoR)
  self.ycoords = self.Center[1] + self.Radius * SIN(INDGEN(361) * !DtoR)
END
;圆对象类初始化
FUNCTION IDLgrCircle::INIT, Center = Center, $
    Radius = Radius,_EXTRA = e ;初始化父类,用_Extra
  initSucess = 1b
  ;圆心须设定且为二维
  IF(N_ELEMENTS(Center)NE 0)THEN BEGIN
    IF(N_ELEMENTS(Center)EQ 2)THEN   self.Center = center ELSE BEGIN
      self.center = [0,0]
      initSucess = 0b
    ENDELSE
  ENDIF ELSE self.center = [0,0]
  ;圆半径须设定
  IF(N_ELEMENTS(Radius)NE 0)THEN BEGIN
    IF(N_ELEMENTS(Radius)EQ 1)THEN   self.Radius = Radius ELSE BEGIN
      initSucess = 0b
      self.Radius = 1
    ENDELSE
  ENDIF ELSE self.Radius = 1
  ;调用 buildCircle 方法计算
  self.BUILDCIRCLE
  ;继承 IDLgrPolygon 对象的初始化方法
  initSucess = self.IDLGRPOLYGON::INIT(self.xcoords, $
    self.YCOORDS, self.zcoords, _EXTRA = e)
  ;返回初始化成功标志
  RETURN, initSucess
END
;圆对象类定义
PRO IDLGRCIRCLE__DEFINE
  struct = { IDLgrCircle, $
    INHERITS IDLGRPOLYGON, $
    center:FLTARR (2), $
    xcoords:FINDGEN(361), $
    ycoords:FINDGEN(361), $
```

```
    zcoords:FINDGEN(361), $
    Radius:0.}
END
```

调用该对象类的代码如下：

```
IDL>;圆对象类定义
IDL>oCircle=Obj_New('IDLgrCircle')
IDL>;显示圆对象,见图 8.34(a)
IDL>oCircle.SHOW
IDL>;设置圆对象参数,红色
IDL>oCircle.SETPROPERTY,color=[255,0,0]
IDL>;显示圆对象,见图 8.34(b)
IDL>oCircle.SHOW
IDL>;设置圆对象参数,类型为线
IDL>oCircle.SETPROPERTY,style=1
IDL>;显示圆对象,见图 8.34(c)
IDL>oCircle.SHOW
IDL>;设置圆对象参数
IDL>oCircle.SETPROPERTY,thick=5
IDL>;显示圆对象,见图 8.34(d)
IDL>oCircle.SHOW
IDL>;获取圆对象颜色参数
IDL>oCircle.GETPROPERTY,color=circleColor
IDL>;输出颜色
IDL>print,circleColor
255   0   0
IDL>;销毁圆对象
IDL>Obj_Destroy,oCircle
```

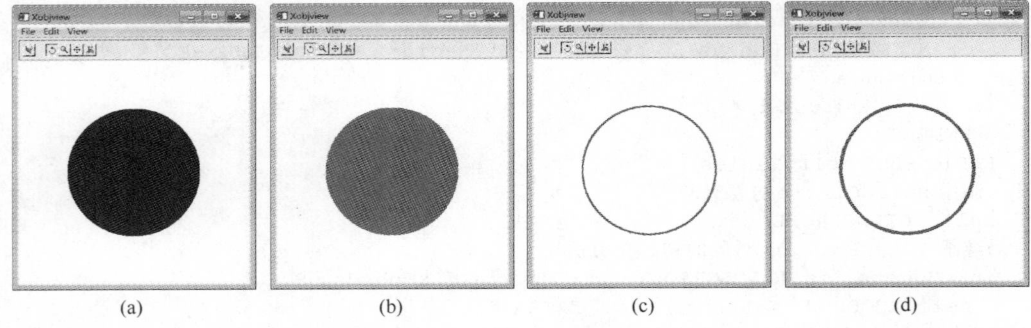

图 8.34　继承多边形类的圆对象

8.6　源码参考

IDL 安装目录下提供了丰富的示例源码，见表 8.10 所示，可作为学习 IDL 对象图形法的素材。源码文件存储在 IDL 安装目录下“Example\doc\objects”子目录中。

表 8.10 IDL 自带示例代码

源码名称	功能描述
alias_obj. pro	一个对象可添加到多个 model 中
alphacomposite_image_doc. pro	图像叠加并设置透明度
alphaimage_obj_doc. pro	灰度与彩色图像透明叠加显示
animation_doc. pro	图像动画播放控制
animation_image_doc. pro	简单图像动画播放
animation_surface_doc. pro	简单曲面动画播放
applycolorbar_indexed_object. pro	假彩色显示图像并显示颜色棒
applycolorbar_rgb_object. pro	真彩色显示图像并显示颜色棒
colorcircle_doc __ define. pro	继承 IDLgrPolygon 对象类的圆对象定义源码
decimate. pro	曲面显示 Dem，并可进行三方向截断和数据获取
displaybinaryimage_object. pro	对象法显示二进制文件
displaygrayscaleimage_object. pro	显示灰度图像文件
displayindexedimage_object. pro	显示索引颜色图像
displaymultiples_object. pro	多对象显示
ejfract. pro	检验 abnorm. dat 文件的射血分数
ex_reverse_plot. pro	对象图形法绘制曲线
hexrgb_doc __ define. pro	将十六进制颜色值转换为 RGB 颜色值的对象类
highlightfeatures_object. pro	图像特征增强
idlneturl_widget. pro	登录 OGC WCS 服务器下载文件
maponsphere_object. pro	地球并加载纹理图像
mj2_frames_doc. pro	创建 mj2 动画文件并显示 mj2 文件帧
mj2_morphthin_doc. pro	图像形态学细化处理后的多个图像生成动画文件
mj2_palette_doc. pro	创建具备颜色表的动画文件
mj2_simple_sequential_doc. pro	基于定时器的动画显示
mj2_tile_doc. pro	创建 JPEG2000 的压缩格式文件
mj2_timer_doc. pro	定时器控制的 JPEG2000 文件显示
myarrayoper_doc __ define. pro	数组操作功能对象类定义
obj_axis. pro	常规坐标轴对象使用
obj_logaxis. pro	对数等坐标轴对象使用
obj_plot. pro	曲线绘制
obj_tess. pro	凹多边形绘制
obj_vol. pro	体数据显示
object_examples. pro	对象法示例程序主程序
orb __ define. pro	球体对象定义类
panning_object. pro	图像平移显示
penta. pro	创建五边形

续表

源码名称	功能描述
planet. pro	行星运动仿真，通过该例子可以掌握对象的坐标变换
rot_text. pro	文字对象动画展示
sel_obj. pro	鼠标选择对象
show3_track. pro	三维曲面旋转控制
show_isocontour. pro	展示叠加纹理的 DEM
show_stream. pro	彩色流线显示
spacecraftarray_doc __ define. pro	宇宙飞船数组插入元素操作功能定义类
spacecraftlist_doc __ define. pro	宇宙飞船链表插入元素操作功能定义类
spacecraftobject_doc __ define. pro	宇宙飞船定义类
spiro. pro	呼吸描记器仿真
spring. pro	统计学中时序分析中的基本原则
store_array_doc __ define. pro	存储 100 个数组的对象类
surf_track. pro	曲面旋转
test_surface. pro	简单曲面展示
tetra. pro	四角面的对象切割
tilingjp2_doc. pro	调用 JPEG2000 文件，实现大数据分块调度显示
tornado. pro	龙卷风动态仿真
torus. pro	简单对象显示
transparentwarping_object. pro	感兴趣区处理与分析
url_docs_ftp_cmd. pro	执行 ftp 命令
url_docs_ftp_dir. pro	列表 ftp 站点目录
url_docs_ftp_get. pro	获取 ftp 站点文件
velocityobject_doc __ define. pro	对象相加演示，运行 ADD_VELOCITIES
zooming_object. pro	图像放大

第9章 快速可视化

IDL自8.0版本起增加了数据或图像快速可视化函数。快速可视化是介于直接图形法和对象图形法之间的一种可视化模式，它可以通过很简单的代码进行曲线、曲面、等值线、图像和地图等图形的快速绘制，并支持鼠标和键盘进行编辑。

9.1 可视化函数及应用

快速可视化函数包括基本的曲线、曲面、等值线、图像和地图等显示函数以及线、箭头和符号等标注函数。在IDL工作台的菜单中选择［文件］-［打开文件］时，如所选文件是jpg、png、gif、tif或shape等格式，IDL会自动调用快速可视化函数来显示文件。

9.1.1 可视化函数

IDL中包含23个可视化函数，其功能可参考表9.1，利用这些函数可以快速、方便地实现可视化。

表9.1 可视化函数

函数名称	功能	函数名称	功能
AXIS	在已有图形上绘制坐标轴	PLOT	绘制曲线
BARPLOT	绘制矩形棒	PLOT3D	绘制3D曲线
COLORBAR	添加颜色色标	POLARPLOT	绘制极坐标曲线
CONTOUR	绘制二维等值线	POLYGON	绘制多边形注记
ELLIPSE	绘制椭圆注记	POLYLINE	绘制曲线注记
ERRORPLOT	绘制误差图	STREAMLINE	绘制流线型曲线
GETWINDOWS	获取已经绘制图形的窗体句柄	SURFACE	绘制
IMAGE	绘制图像	TEXT	添加文本
LEGEND	绘制2D或3D的图例	VECTOR	绘制矢量或风向标
MAP	绘制地图数据	WIDGET_WINDOW	创建图形界面
MAPCONTINENTS	叠加显示地图边界	WINDOW	创建一空白图形界面
MAPGRID	显示地图网格		

9.1.2 应用举例

1. 曲线绘制

快速绘制、显示正弦波曲线，效果见图9.1所示，代码如下：

```
IDL >;生成正弦波形曲线数据
IDL >theory = SIN(2.0 * FINDGEN(200) * !PI/25.0) * EXP(-0.02 * FINDGEN(200))
IDL >;曲线可视化(图 9.1)
IDL >plot = PLOT(theory, "r4D-", TITLE = "Sine Wave")
```

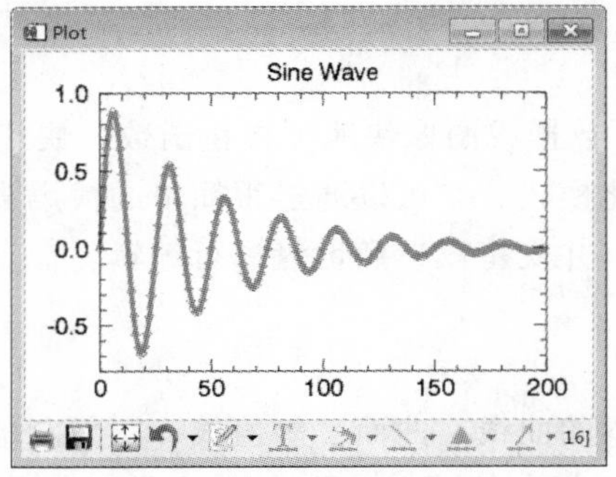

图 9.1　快速可视化显示曲线

2. 地图显示

绘制大陆边界并显示河流，示例代码如下：

```
IDL >;设置地图显示区域
IDL >ant_map = MAP('STEREOGRAPHIC', $
IDL >   Limit = [10,80,50,130], $
IDL >   CENTER_LATITUDE = 30, $
IDL >   CENTER_LONGITUDE = 105, $
IDL >   title = 'Map Example', $
IDL >   FILL_COLOR = 'Light Blue')
IDL >;显示大陆边界,设置背景颜色
IDL >mc = MAPCONTINENTS(/COUNTRIES, FILL_COLOR = 'beige')
IDL >;显示河流
IDL >rivers = MAPCONTINENTS(/RIVERS, COLOR = 'blue')
```

3. 曲面显示

绘制 DEM 数据并添加显示颜色棒，效果见图 9.2，示例代码如下：

```
IDL >;读取 Dem 数据
IDL >dem = read_binary(file_which('elevbin.dat'), data_dims = [64,64])
IDL >;显示 Dem
IDL >c1 = CONTOUR(dem, $
IDL >   RGB_TABLE = 30, $
IDL >   /FILL, $
IDL >   PLANAR = 0, $
IDL >   TITLE = 'L.A. Basin and Santa Monica Mountains')
IDL >;添加颜色棒(图 9.2)
IDL >cbar = COLORBAR(TARGET = c1, ORIENTATION = 1, POSITION = [0.9, 0.2, 0.95,
0.75])
```

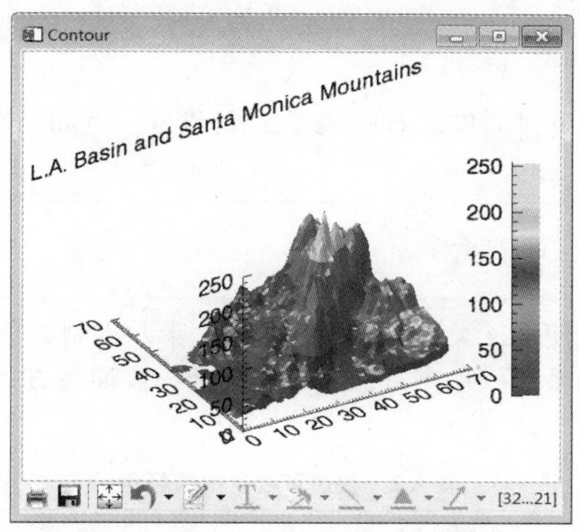

图 9.2 快速可视化等高线效果

9.2 可视化控制

在快速可视化界面中，通过鼠标或工具栏按钮能够对可视化对象进行选择和平移等操作。工具栏上有打印、保存、恢复视图、撤销、标注、文字标注、颜色填充、线型、符号和箭头等按钮。本节中可视化控制示例代码均是在实现效果图 9.1 的代码基础上运行的。

9.2.1 位置移动

位置移动可使用 translate 方法。移动时的坐标可以是数据坐标、设备坐标和归一化坐标，分别由关键字 data、device 和 Normal 控制，也具备 reset 关键字来恢复显示。

调用 translate 方法移动曲线，效果见图 9.3 所示，示例代码如下：

```
IDL >;基于数据坐标 x 方向移动 20(图 9.3)
IDL >plot.TRANSLATE,20,0,0,/data
IDL >;恢复初始化显示(图 9.1)
IDL >plot.TRANSLATE,/reset
```

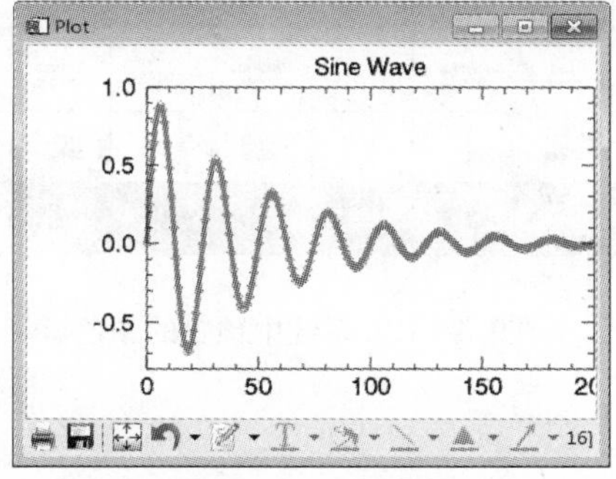

图 9.3 曲线 x 方向平移 20

9.2.2 颜色设置

图形或图像颜色可以通过对象的 color 参数进行设置。例如，设置曲线颜色为蓝色的示例代码如下。

```
IDL >;设置为蓝色(图 9.4)
IDL >plot.COLOR ='blue'
```

在快速可视化时，可使用三类颜色：系统颜色、十六进制颜色代码和 RGB 值。系统颜色指可以直接使用名称的系统颜色支持，名称支持全词或简写方式（表 9.2）。IDL 中的预置颜色名称可参考图 9.4。

表 9.2 快速可视化中的颜色

颜色名字	缩略字符	颜色名字	缩略字符
Blue（蓝色）	b	Magenta（紫色）	m
Green（绿色）	g	Yellow（黄色）	y
Red（红色）	r	Black（黑色）	k
Cyan（青色）	c	White（白色）	w

DEEP PINK 40	FUCHSIA 48	MAGENTA 85									
MEDIUM PURPLE 90	MEDIUM ORCHID 89	ORCHID 107	VIOLET 141	PLUM 116	THISTLE 138	PINK 115	LIGHT PINK 74	ROSY BROWN 120	PALE VIOLET RED 111	MEDIUM VIOLET RED 95	HOT PINK 58
DARK BLUE 21	NAVY 101	MIDNIGHT BLUE 96	INDIGO 60	DARK SLATE BLUE 35	MEDIUM SLATE BLUE 92	SLATE BLUE 130	PURPLE 118	DARK MAGENTA 28	BLUE VIOLET 10	DARK VIOLET 39	DARK ORCHID 31
POWDER BLUE 117	LIGHT BLUE 67	LIGHT STEEL BLUE 80	LIGHT SKY BLUE 77	SKY BLUE 129	DEEP SKY BLUE 41	DODGER BLUE 44	CORNFLOWER 17	STEEL BLUE 135	ROYAL BLUE 121	BLUE 9	MEDIUM BLUE 88
LIGHT SEA GREEN 76	TEAL 137	DARK CYAN 22	CADET BLUE 13	MEDIUM AQUAMARINE 87	AQUAMARINE 3	DARK TURQUOISE 38	MEDIUM TURQUOISE 94	TURQUOISE 140	AQUA 2	CYAN 20	PALE TURQUOISE 110
FOREST GREEN 47	DARK GREEN 25	OLIVE 103	OLIVE DRAB 104	DARK OLIVE GREEN 29	SEA GREEN 125	DARK SEA GREEN 34	PALE GREEN 109	LIGHT GREEN 71	SPRING GREEN 134	MEDIUM SPRING GREEN 93	MEDIUM SEA GREEN 91
ORANGE 105	DARK GOLDENROD 23	GOLDENROD 52	GOLD 51	YELLOW 145	GREEN YELLOW 55	CHARTREUSE 14	LAWN GREEN	LIME	LIME GREEN	YELLOW GREEN 146	GREEN 54
FIREBRICK 45	INDIAN RED 59	LIGHT CORAL 68	SALMON 123	DARK SALMON 33	LIGHT SALMON 75	CORAL 16	TOMATO 139	CRIMSON 19	RED	ORANGE RED 106	DARK ORANGE 30
KHAKI 62	DARK KHAKI 27	BURLYWOOD 12	TAN 136	SANDY BROWN 124	PERU 114	CHOCOLATE 15	SIENNA 127	SADDLE BROWN 122	BROWN 11	MAROON 86	DARK RED 32
PAPAYA WHIP 112	LIGHT YELLOW 81	BEIGE 5	BLANCHED ALMOND 8	BISQUE 6	PEACH PUFF 113	LEMON CHIFFON 66	LIGHT GOLDENROD 70	WHEAT 142	MOCCASIN 99	NAVAJO WHITE 100	PALE GOLDENROD 108
SNOW 133	SEASHELL 126	LINEN 84	MISTY ROSE 98	LAVENDER BLUSH 64	LAVENDER 63	FLORAL WHITE 46	IVORY 61	GHOST WHITE 50	OLD LACE 102	ANTIQUE WHITE 1	CORNSILK 18
DARK GRAY 24	SILVER 128	LIGHT GRAY 72	LIGHT GREY 73	GAINSBORO 49	LIGHT CYAN 69	ALICE BLUE 0	AZURE 4	MINT CREAM 97	HONEYDEW 57	WHITE SMOKE 144	WHITE 143
BLACK 7	DARK SLATE GRAY 36	DARK SLATE GREY 37	SLATE GRAY 131	SLATE GREY 132	LIGHT SLATE GRAY 78	LIGHT SLATE GREY 79	DIM GRAY 42	DIM GREY 43	GREY 56	GRAY 53	DARK GREY 26

图 9.4 IDL 系统中预置的颜色

9.2.3 坐标轴

坐标轴属性包含 x、y、z 三个轴的颜色和线型等参数，见表格 9.3。属性使用示例代码如下：

```
IDL >;修改 x 坐标轴线粗为 4
IDL >plot.XTHICK = 4
IDL >;修改 y 轴的文本颜色为红色(图 9.5)
IDL >plot.YTEXT_COLOR ='red'
```

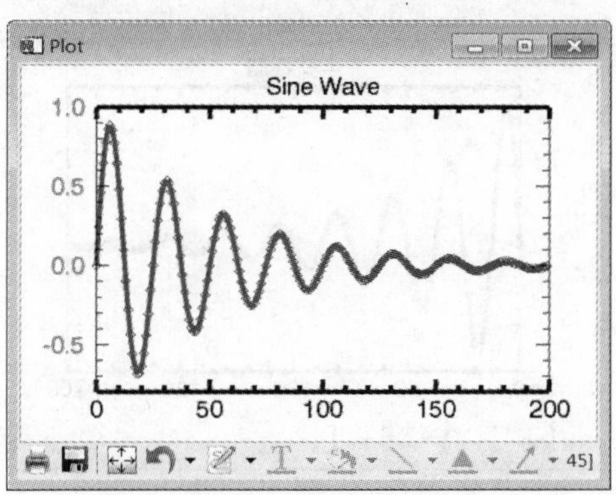

图 9.5 坐标轴属性修改

表 9.3 坐标轴的属性

属性名称	描述	属性名称	描述
[XYZ]COLOR	设置 x、y 或 z 轴颜色	[XYZ]TICKFONT_SIZE	坐标轴文字大小
[XYZ]GRIDSTYLE	坐标轴刻度线线型	[XYZ]TICKFONT_STYLE	文字样式（常规、加粗、倾斜等）
[XYZ]LOG	控制是否为对数坐标	[XYZ]TICKFORMAT	刻度线标识文字格式
[XYZ]MAJOR	坐标轴刻度线最大值	[XYZ]TICKINTERVAL	刻度线标识文字间隔
[XYZ]MINOR	坐标轴刻度线最小值	[XYZ]TICKLAYOUT	刻度线标识设置
[XYZ]SUBTICKLEN	短刻度线与长刻度线比例(默认为 0.5)	[XYZ]TICKLEN	刻度线长度（默认为 0.05）
[XYZ]TEXT_COLOR	刻度标识文字颜色	[XYZ]TICKNAME	刻度线文字
[XYZ]TEXTPOS	刻度标识文字位置	[XYZ]TICKUNITS	刻度线单位
[XYZ]THICK	刻度线宽度	[XYZ]TICKVALUES	刻度线标识文字值
[XYZ]TICKDIR	刻度线方向	[XYZ]TITLE	坐标轴标题
[XYZ]TICKFONT_NAME	坐标轴文字字体	[XYZ]TRANSPARENCY	坐标轴透明度

9.2.4 标题

Plot 函数绘的曲线标题是一个文字标注，修改内容及字体可以按照以下方式实现，也可以通过鼠标选中标题后单击工具栏中的工具按钮进行修改。

```
IDL >;设置 title 内容为"中文标题"
IDL >plot.TITLE ='中文标题'
IDL >;因默认显示中文为乱码,故需要修改字体
IDL >;将当前 title 赋值给 oTitle 对象
IDL >oTitle = plot.TITLE
IDL >;修改 title 的字体为"youyuan"(幼圆),
```

```
IDL > ;字体名称根据当前计算机中安装的字体为准(图 9.6)
IDL > oTitle.FONT_NAME = 'youyuan'
```

标题的其他属性请参考文字标注（text）的属性。

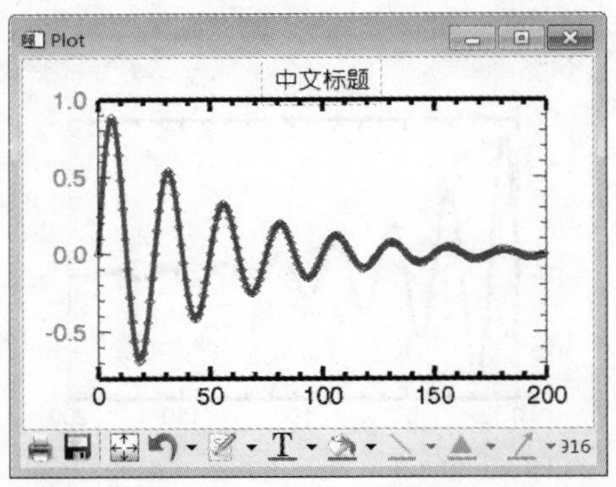

图 9.6 修改标题

9.2.5 标注

1. 文字

利用 text 函数可以为绘制的图形添加文字标注。调用示例代码如下：

```
IDL > ;在绘图区域正中位置([0.5,0.5]的归一化坐标)添加一红色文字('r')注记
IDL > oText = text(0.5,0.5,'abc','r')
IDL > ;填充黄色
IDL > oText.FILL_COLOR = 'y'
IDL > ;修改字体为 times new roman
IDL > oText.FONT_NAME = 'times new roman'
IDL > ;文字标注加粗(图 9.7)
IDL > oText.FONT_STYLE = 'Bold'
```

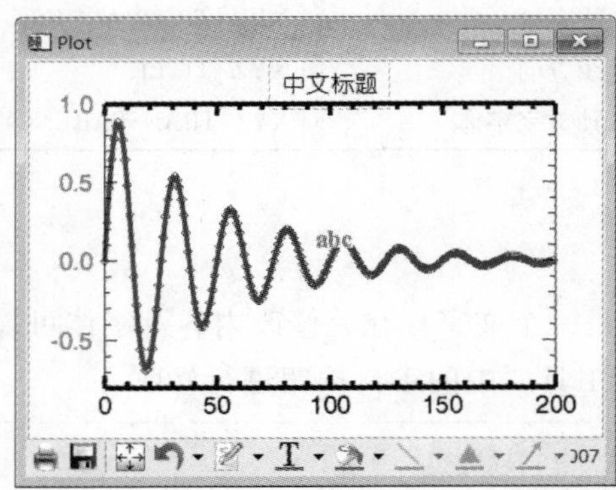

图 9.7 修改字体及颜色后的文字

利用 Text 函数还可以添加数学符号、希腊字母和公式，可参考表 9.4。

表 9.4 Text 函数支持的数学符号和希腊字母

符号	命令	符号	命令	符号	命令	符号	命令
α	\alpha	β	\beta	χ	\chi	δ	\delta
ε	\epsilon	η	\eta	γ	\gamma	ι	\iota
κ	\kappa	λ	\lambda	μ	\mu	ν	\nu
ω	\omega	ο	\omicron	ϕ	\phi	π	\pi
ψ	\psi	ρ	\rho	σ	\sigma	τ	\tau
θ	\theta	υ	\upsilon	ξ	\xi	ζ	\zeta
A	\Alpha	B	\Beta	X	\Chi	Δ	\Delta
E	\Epsilon	H	\Eta	Γ	\Gamma	I	\Iota
K	\Kappa	Λ	\Lambda	M	\Mu	N	\Nu
Ω	\Omega	O	\Omicron	Φ	\Phi	Π	\Pi
Ψ	\Psi	P	\Rho	Σ	\Sigma	T	\Tau
Θ	\Theta	Υ	\Upsilon	Ξ	\Xi	Z	\Zeta
ε	\varepsilon	φ	\varphi	ϖ	\varpi	ς	\Varsigma
ϑ	\vartheta						
ℵ	\aleph	∠	\angle	≅	\approxeq	≈	\approx
⊥	\bot	•	\bullet	∩	\cap	·	\cdot
®	\circledR	∘	\circ	♣	\clubsuit	©	\copyright
∪	\cup	°	\deg	◆	\diamondsuit	◇	\diamond
÷	\div	↓	\downarrow	⇓	\Downarrow	≡	\equiv
∃	\exists	∀	\forall	≥	\geq	ℏ	\hbar
♥	\heartsuit	ℑ	\Im	∞	\infty	∫	\int
∈	\in	〈	\langle	⌈	\lceil	…	\ldots
←	\leftarrow	⇐	\Leftarrow	↔	\leftrightarrow	⇔	\Leftrightarrow
≤	\leq	⌊	\lfloor	∣	\mid	∇	\nabla
≠	\neq	∍	\ni	∉	\notin	⊄	\nsubset
⊕	\oplus	Ø	\oslash	⊗	\otimes	∂	\partial
±	\pm	'	\'	′	\prime	∏	\prod
∝	\propto	〉	\rangle	⌉	\rceil	ℜ	\Re
⌋	\rfloor	→	\rightarrow	⇒	\Rightarrow	~	\sim
/	\slash	♠	\spadesuit	√	\sqrt	⊆	\subseteq
⊂	\subset	Σ	\sum	⊇	\supseteq	⊃	\supset
∴	\therefore	×	\times	↑	\uparrow	⇑	\Uparrow
∨	\vee	∧	\wedge	℘	\wp		
å	\aa	Å	\AA	æ	\ae	Æ	\AE
ð	\dh	Đ	\DH	ø	\o	Ø	\O
ß	\ss	þ	\th	Þ	\TH		

输入上标或下标时可以前后调用“ $ ”，输入下标使用“_”，输入上标用“^”；“{ }”符号用来区分符号的级别，使用方法见示例代码。

```
IDL >;在中间(0.5)偏下(0.3)位置显示数学符号
IDL >oMathText1 =text(0.5,0.3,'$ a_N^2 $','b')
IDL >;在中间(0.5)偏上(0.7)位置显示希腊字母及数学符号(图 9.8)
IDL >oMathText2 =text(0.5,0.7,'$ \alpha \beta a_{b_m}e^{x^2} $','b')
```

2. 线

绘制线标注可使用 polyline 函数，其调用格式与文本标注相同。

```
IDL >;绘制一正弦曲线
IDL >plot = PLOT(sin(findgen(200)/10))
IDL >;设置线段四个转折点的 x 坐标
IDL >xdata = [0,50,100,150]
IDL >;设置 y 坐标
IDL >ydata = [-0.5,-1,0,0.5]
IDL >;绘制红色线段,注意 data 关键字表示 x、y 坐标均为数据坐标
IDL >pline = polyline(xData,yData,'r',/data)
IDL >;绘制箭头线段,归一化坐标,显示箭头,金黄色,线粗为 2(图 9.9)
IDL >pline1 = polyline([0.3,0.7],[0.6,0.5],/normal, color = !color.gold,thick = 2)
```

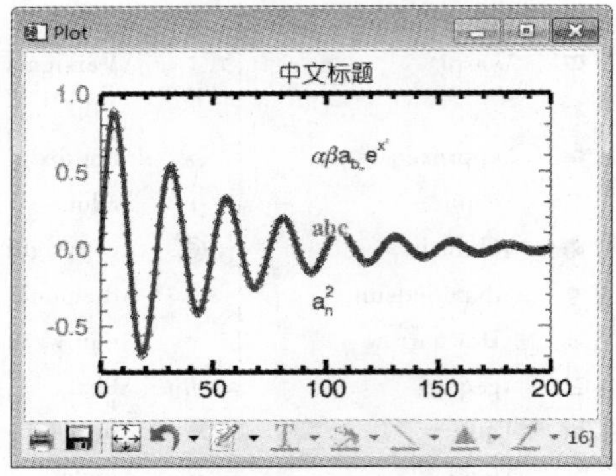

图 9.8 数学符号及公式

图 9.9 线段标注

3. 箭头

标注箭头可使用 arrow 函数，其调用格式与文字标注相同。以下为绘制箭头的示例代码：

```
IDL >;绘制显示一个图像
IDL >  im = IMAGE(FILEPATH('muscle.jpg', $
IDL >    SUBDIRECTORY = ['examples','data']), $
IDL >    TITLE = 'Muscle Cell Abnormality')
IDL >;绘制箭头(图 9.10)
IDL >  arrow1 = ARROW([125,252], [233,55], /DATA, ARROW_STYLE = 1, $
IDL >    COLOR = !COLOR.CHARTREUSE, THICK = 3)
IDL >  ;绘制箭头
IDL >  arrow2 = ARROW([400,365], [375,79], /DATA, ARROW_STYLE = 1, $
IDL >    COLOR = !COLOR.GOLD, THICK = 3, FILL_BACKGROUND = 0)
IDL >  ;箭头 1 文字注记,字体是宋体(Win7 及 Vista 系统中为'stsong')
IDL >  t1 = TEXT(81,242,'箭头 1', /DATA, TARGET = im, $
IDL >    FONT_NAME = 'stsong', $
IDL >    COLOR = !COLOR.CHARTREUSE)
IDL >  ;箭头 2 文字注记,字体是楷体
IDL >  t2 = TEXT(372,387,'箭头 2', /DATA, TARGET = im, $
IDL >    FONT_NAME = 'stkaiti', $
 >    COLOR = !COLOR.GOLD)
```

4. 多边形

多边形标注用 polygon 函数，调用格式与文字标注一致。示例代码如下：

```
IDL >;绘制一个正弦曲线
IDL >plot = PLOT(sin(findgen(200)/10))
IDL >;红色实线绘制矩形
IDL >poly = polygon([0.4,0.4,0.6,0.6],[0.4,0.6,0.6,0.4],'r')
IDL >;设置线型为长划线
IDL >poly.LINESTYLE = 2
IDL >;米黄色填充(图 9.11)
IDL >poly.FILL_COLOR = !color.BEIGE
```

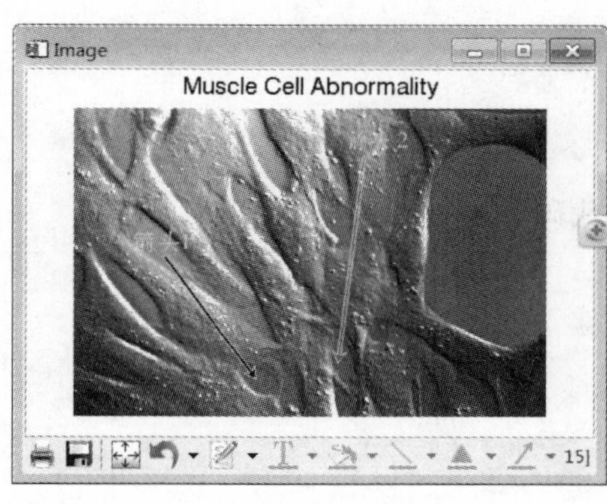

图 9.10　标注箭头

图 9.11　多边形标注

多边形有连接关系的属性，连接关系表示多边形的各个点之间的连接顺序，图 9.12（a）中是默认的连接顺序，即首尾相连。多边形也支持自定义连接关系，连接关系的格式为 [n, $i0$, $i1$, $\cdots in-1$, m, $i0\cdots im-1$]，其中，n 和 m 分别表示连接的点个数；$i0$、$in-1$ 等表示点的任意索引，连接关系的修改及效果如下。

```
IDL >;绘制正弦曲线
IDL >plot = PLOT(sin(findgen(200)/10))
IDL >;隐藏曲线,也可以直接用 window 函数创建
IDL >plot.hide = 1
IDL >;绘制四个矩形(红色、绿色、蓝色和黄色),坐标均为 4 个点
IDL >;点顺序:自左下点起顺时针方向,见图 9.12(a)
IDL >poly1 = polygon([0.2,0.2,0.4,0.4],[0.2,0.4,0.4,0.2],'r')
IDL >poly2 = polygon([0.2,0.2,0.4,0.4],[0.6,0.8,0.8,0.6],'g')
IDL >poly3 = polygon([0.6,0.6,0.8,0.8],[0.6,0.8,0.8,0.6],'b')
IDL >poly4 = polygon([0.6,0.6,0.8,0.8],[0.2,0.4,0.4,0.2],'y')
IDL >;修改矩形 1 连接关系为:2 个点连接(第一个和第二个点)
IDL >poly1.CONNECTIVITY = [2,0,1]
IDL >;修改矩形 2 连接关系为:3 个点连接(第一个、第二个和第三个点)
IDL >poly2.CONNECTIVITY = [3,0,1,2]
IDL >;修改矩形 3 连接关系为:4 个点连接(第一个、第二个、第三个和第四个点)
IDL >poly3.CONNECTIVITY = [4,0,1,2,3]
IDL >;修改矩形 4 连接关系为:2 个点连接(第一个和第三个点) +2 个点连接(第二个和第四个点),
见图 9.12(b)
IDL >poly4.CONNECTIVITY = [2,0,2,2,1,3]
```

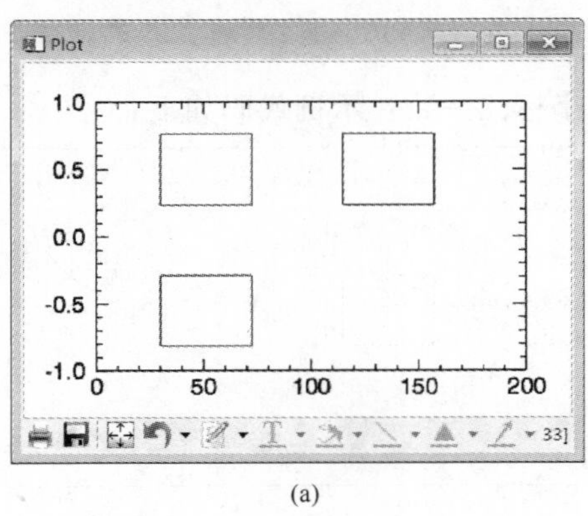

(a)

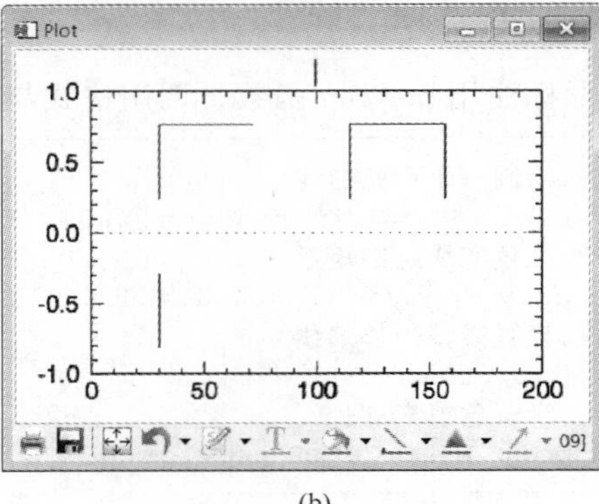

(b)

图 9.12　多边形注记

5. 椭圆

添加椭圆注记可使用 ellipse 函数，调用示例代码如下：

```
IDL>;创建空白显示窗口
IDL>w=WINDOW(WINDOW_TITLE="Plot Window")
IDL>;绘制椭圆,用黄色填充
IDL>elp=ellipse(0.3,0.5,major=0.2,minor=0.1,fill_color='y')
IDL>;绘制椭圆,用蓝色填充并逆时针旋转45°(图9.13)
IDL>elp1=ellipse(0.7,0.5,major=0.2,minor=0.1,fill_color='b',THETA=45)
```

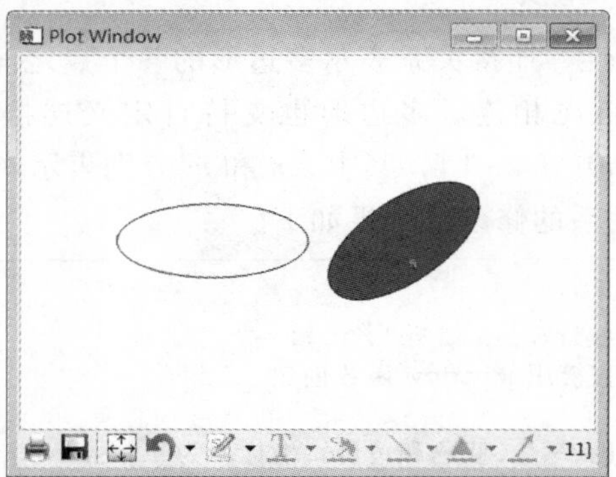

图 9.13　椭圆标注

9.2.6　图例

图形的图例绘制可使用 legend 函数，图像的颜色条绘制可使用 colorbar 函数。调用示例代码如下：

```
IDL>;创建算法数据集
IDL>theory=SIN(2.0*FINDGEN(201)*!PI/25.0)*EXP(-0.02*FINDGEN(201))
IDL>;算法数据集基础上加随机数模拟观测实际数据
IDL>observed=theory+RANDOMU(seed,201)*0.4-0.2
IDL>;绘制模拟观测数据
IDL>p1=plot(observed, NAME='Observed')
```

```
IDL >;绘制算法数据(红色加粗)
IDL >p2 =plot(theory, /OVERPLOT,'r2 ', NAME ='Theory ')
IDL >;添加图例(图 9.14)
IDL >l = legend(TARGET = [p1,p2], POSITION = [140,0.9], /DATA)
```

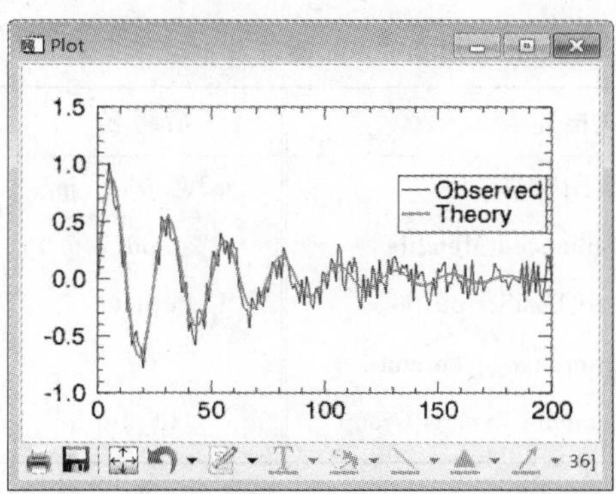

图 9.14 添加图例

9.2.7 多图绘制

在绘制多个图形或图像时，有时希望能在同一个窗口中的不同位置显示。快速可视化中可以对图形或图像在窗口中的显示位置进行设置（position），并且使用关键字 current 来选择在当前窗口中绘制。

```
IDL >;生成正弦数据
IDL >sinewave = SIN(2.0 * FINDGEN(200)) * EXP(-0.02 * FINDGEN(200))
IDL >;生成余弦数据
IDL >cosine = COS(2.0 * FINDGEN(200)) * EXP(-0.02 * FINDGEN(200))
IDL >;指定显示区域红色绘制正弦数据曲线
IDL >p = PLOT(sinewave, '-r', AXIS_STYLE =1, $
 >POSITION = [.075,.075,.90,.90])
IDL >;指定显示区域蓝色绘制余弦数据曲线(图 9.15)
IDL >p = PLOT(cosine, '-b', AXIS_STYLE =1, $
 > /CURRENT, POSITION = [.60,.60,.90,.90])
```

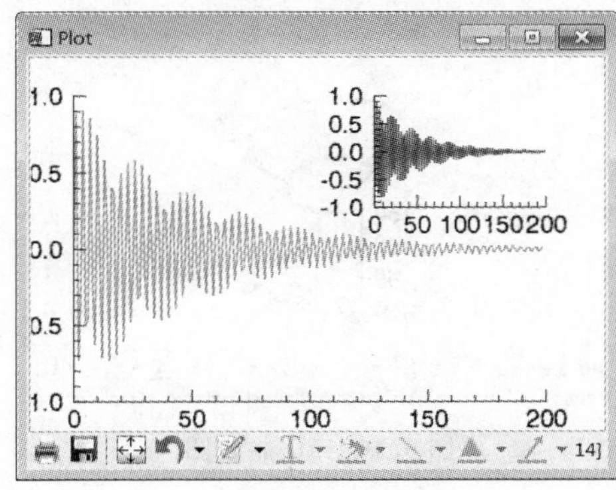

图 9.15 多图绘制

9.2.8 图像保存

快速可视化显示的图像可以直接用 save 方法来保存，支持的保存格式见表 9.5。

表 9.5 图像保存格式

后缀名	格式描述	后缀名	格式描述
. bmp	Windows 位图文件	. jp2、. j2k、. jpx	JPEG2000
. emf	Windows Enhanced Metafile	. pdf	Portable Document Format
. eps、. ps	Encapsulated PostScript	. pict	Macintosh PICT
. gif	Graphics Interchange Format	. png	Portable Network Graphics
. jpeg、. jpg	Joint Photographic Experts Group	. tif、.tiff	Tag Image File Format

例如，绘制 3D 曲线（图 9. 16）并保存为 bmp 位图文件，示例代码如下：

```
IDL >;定义 200 个元素的索引数组
IDL >x = FINDGEN(200)
IDL >;绘制 3D 曲线(图 9.16)
IDL >plot3d = PLOT3D(x * COS(x/10), x * SIN(x/10), x, 'b2d')
IDL >;获得当前系统目录
IDL >cd, current = curdir
IDL >;输出查看
IDL >print,curdir
C:\Users\Administrator
IDL >;修改系统目录为 'c:\temp'
IDL >cd, 'c:\temp'
IDL >;保存为 bmp 文件,300 的分辨率
IDL >plot3d.save,'plot3d.bmp',resolution = 300
```

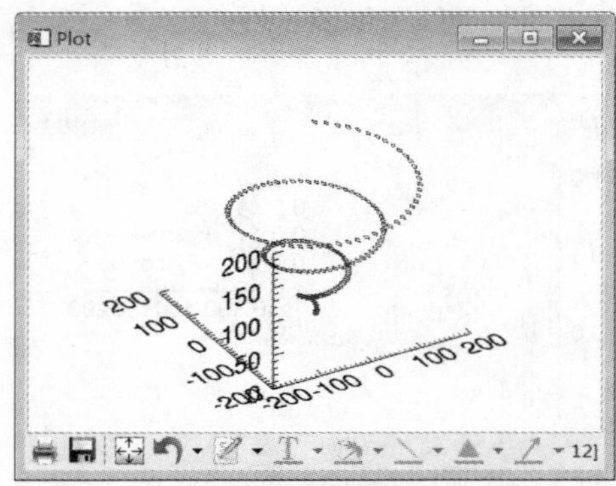

图 9. 16 3D 曲线图

第10章 智能化编程工具

智能化编程工具（Intelligent Tools，iTools）是 IDL 走向易用性和易扩展性的重要一步。iTools 是基于对象图形法创建的，由一系列基础对象类构成。iTools 工具包中包含 iContour、iImage、iMap、iPlot、iSurface、iVector 和 iVolume 七个命令（表 10.1）。利用这些工具，使用者可以通过鼠标完成数据的读取、可视化以及分析等工作。

表 10.1 iTools 智能化编程工具

工具名称	功能描述
iContour	等值线、等高线的绘制、显示和处理操作
iImage	图像数据显示、感兴趣区域基本操作
iMap	矢量和具有地理坐标的影像数据显示
iPlot	二维和三维曲线图形绘制
iSurface	2D 数据和不规则取样数据曲面展示
iVector	矢量数据显示和编辑
iVolume	体数据展示和分析

10.1 iTools 使用

iTools 工具中的每一个命令均可作为单独的应用程序来使用，也可以作为功能函数直接调用，或在其现有功能基础上进行二次开发。由于各个命令之间的内在关联比较紧密，调用时它们之间有很多公共的关键字，在操作时也有很多公共操作。

10.1.1 公共关键字

iTools 可以在命令行下直接进行调用，设置不同的关键字从而实现不同类型的 iTools 工具。关键字中一部分是公共关键字（表 10.2），即各个命令都能使用。

表 10.2 iTools 公共关键字

关键字名称	描述
ANISOTROPIC_SCALE_2D	X、Y 方向的比例系数
ANISOTROPIC_SCALE_3D	X、Y、Z 方向的比例系数
AXIS_STYLE	坐标轴风格
BACKGROUND_COLOR	视图背景颜色
CURRENT	设为 1 则新建视图在当前界面中
CURRENT_ZOOM	当前视图缩放系数

续表

关键字名称	描述
DEPTHCUE_BRIGHT	Z 方向视深值 1
DEPTHCUE_DIM	Z 方向视深值 2
DEVICE	设为 1 则指定坐标为设备坐标
DIMENSIONS	视图界面的大小
DISABLE_SPLASH_SCREEN	设为 1 则不显示启动屏幕
FIT_TO_VIEW	设为 1 则新创建的可视化视图适应当前视图
FONT_COLOR	字体颜色
FONT_NAME	字体名称
FONT_SIZE	字体大小
FONT_STYLE	字体风格
IDENTIFIER	创建的当前 iTools 标识
LAYOUT	视图布局
LOCATION	创建的可视化视图位置
MACRO_NAMES	可视化后运行的宏命令
MARGIN	设置当前可视化的范围
NAME	设置当前可视化的名称
NO_SAVEPROMPT	设为 1 则不提示保存修改
NORMAL	设为 1 则指定坐标为归一化坐标
OVERPLOT	设为 1 则在之前 iTools 的界面中叠加绘制
POSITION	绘图区域，一般为归一化坐标
RENDERER	渲染方法
SCALE_ISOTROPIC	数据显示 X、Y、Z 方向拉伸方法
STRETCH_TO_FIT	拉伸适应显示 View
STYLE_NAME	风格设置
TITLE	最新创建的显示区域标题
VIEW_GRID	设置多个显示区域布局
VIEW_NEXT	设置下一个显示区域
VIEW_NUMBER	设置当前显示区域索引
VIEW_TITLE	当前窗体中显示区域的标题
VIEW_ZOOM	初始化 View 比例系数，默认为 2
WINDOW_TITLE	iTool 窗体界面标题
[XYZ] GRIDSTYLE	X、Y、Z 轴的网格线型
[XYZ] LOG	X、Y、Z 轴的对数坐标轴
[XYZ] MAJOR	X、Y、Z 轴的极大刻度线个数
[XYZ] MINOR	X、Y、Z 轴的极小刻度线个数
[XYZ] RANGE	X、Y、Z 轴的数据范围

续表

关键字名称	描述
[XYZ] SUBTICKLEN	X、Y、Z 轴的极大刻度与极小刻度比值
[XYZ] TEXT_COLOR	X、Y、Z 轴的文字颜色
[XYZ] TEXTPOS	X、Y、Z 轴的文字位置
[XYZ] TICKDIR	X、Y、Z 轴的刻度方向
[XYZ] TICKFONT_INDEX	X、Y、Z 轴的刻度字体索引
[XYZ] TICKFONT_SIZE	X、Y、Z 轴的刻度字体大小
[XYZ] TICKFONT_STYLE	X、Y、Z 轴的刻度字体样式
[XYZ] TICKFORMAT	X、Y、Z 轴的刻度标识格式
[XYZ] TICKINTERVAL	X、Y、Z 轴的第一个极大刻度与轴的距离
[XYZ] TICKLAYOUT	X、Y、Z 轴的刻度绘制风格
[XYZ] TICKLEN	X、Y、Z 轴的刻度长度
[XYZ] TICKNAME	X、Y、Z 轴的刻度名称标识
[XYZ] TICKUNITS	X、Y、Z 轴的单位，包括 Numeric、Years、Months、Days、Hours、Minutes、Seconds、Time 和空串
[XYZ] TICKVALUES	X、Y、Z 轴的刻度值
[XYZ] TITLE	X、Y、Z 轴的标题
ZOOM_ON_RESIZE	设为 1 时，改变界面大小则显示区域也随之改变

10.1.2　公共操作

iTools 工具都是基于 iTools 基础类实现的，故各工具具备公共的功能界面，例如文件菜单、旋转操作、图像变换、滤波、形态学处理、直方图、统计分析、ROI 操作和打印操作等。

1. 输入与输出

iTools 工具中进行数据输入与输出可以通过多种方式来实现，以 iImage 工具为例，操作步骤如下。首先，在命令行中运行 iImage，启动可视化界面。

（1）选择文件。单击菜单［File］-［Open］弹出对话框，选择要打开的文件。文件类型下拉列表中显示 iTools 支持的丰富数据格式（图 10.1）。

（2）导入向导。单击菜单［File］-［Import］弹出对话框，选择导入方式（图 10.2）：从文件导入（From a File）或从 IDL 变量导入（From an IDL Variable）。

如果选择从文件导入：①选择“From a File”选项，单击 Next 按钮；②选择导入的文件“C:\temp\idl. jpg”，设置数据名称为“idl. jpg”（图 10.3），单击 Next 按钮；③选择可视化类型，默认设置为 <Default>（图 10.4）；④单击 Finish 按钮完成数据导入，IDL 会启动 iImage 界面显示图像（图 10.5）。

图 10.1 iTools 文件选择对话框

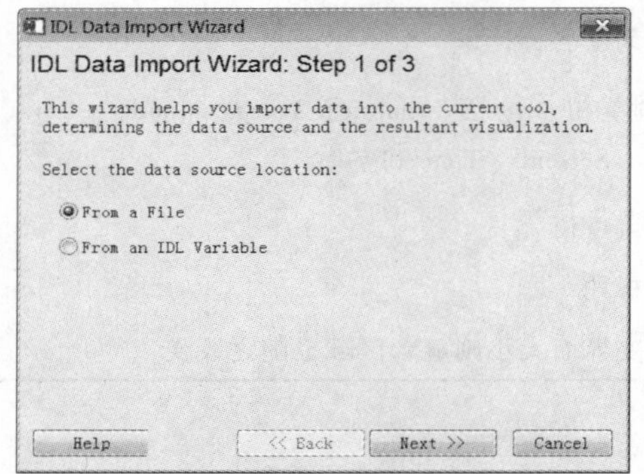

图 10.2 选择从文件导入

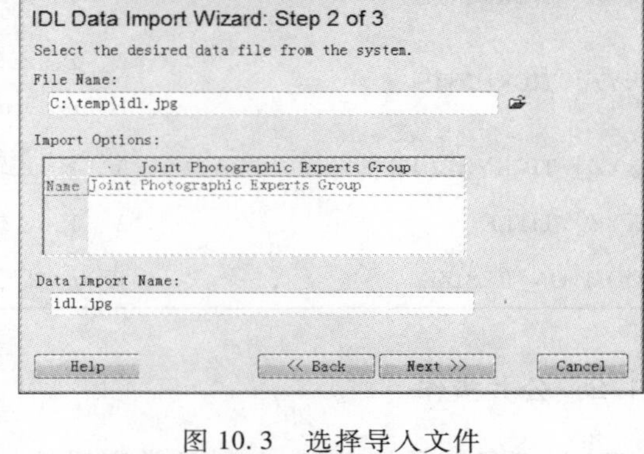

图 10.3 选择导入文件

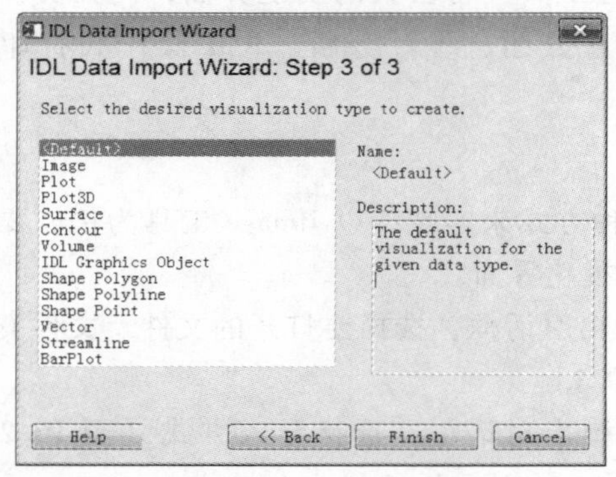

图 10.4 选择可视化类型

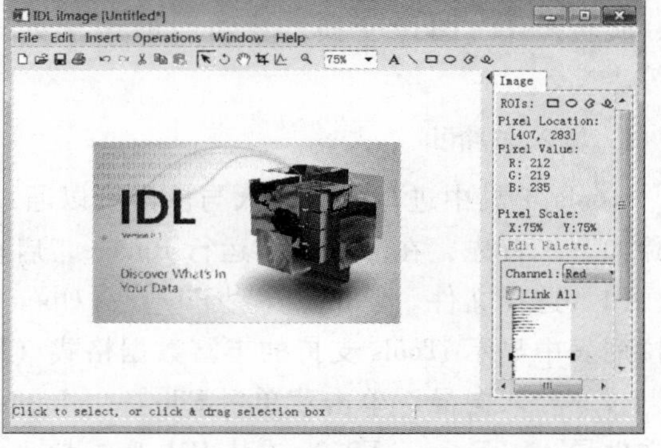

图 10.5 可视化界面

如果选择从 IDL 变量导入：①先在命令行中读取文件“idl.jpg”，代码如下：

```
IDL > read_jpeg,'c:\temp\idl.jpg',img,/true
```

通过变量查看器可看到系统中已经存在变量“IMG”（图 10.6）。②选择菜单［File］-［Import］，在弹出对话框中选择“From an IDL Variable”（图 10.7），单击 Next 按钮。③选择要导入的变量名“IMG”（图 10.8），然后单击 Next 按钮。④根据导入变量选择可视化的类型，本例选择默认设置 <Default>（图 10.9），单击 Finish 按钮即可完成变量导入。

图 10.6 变量查看器

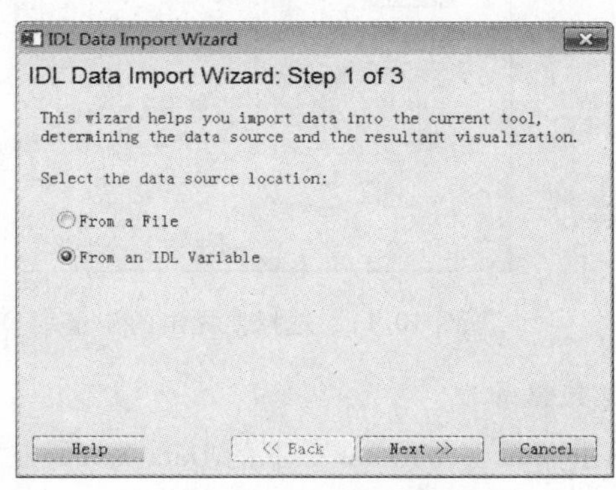

图 10.7 选择从变量导入

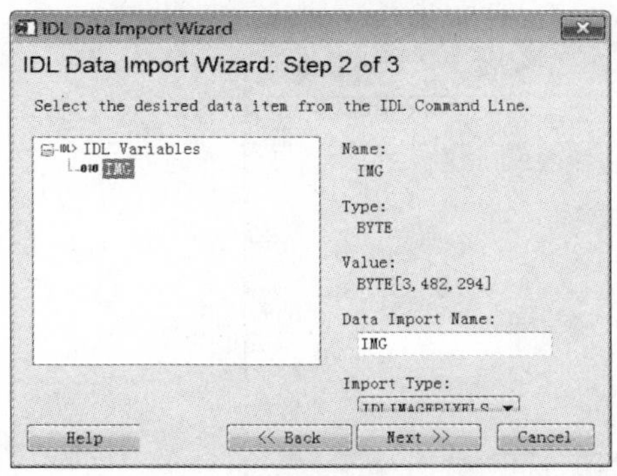

图 10.8 设置导入的变量

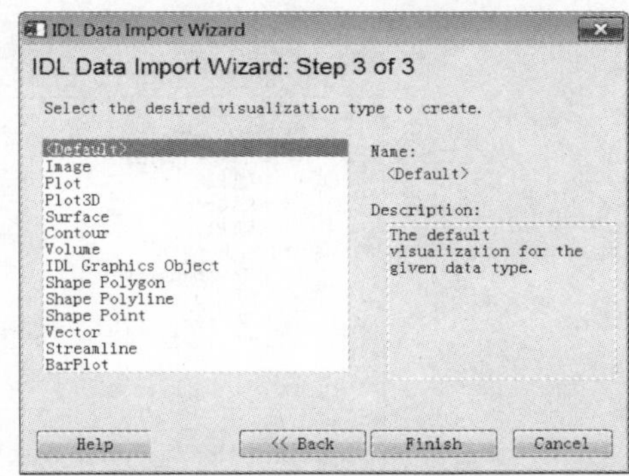

图 10.9 选择可视化类型

导出数据时，可以将 iTools 中的数据输出为文件或 IDL 变量。

• 输出为文件：单击菜单［File］-［Export］，弹出输出文件选择对话框（图 10.10）输入文件名并选择保存的文件类型，单击保存按钮即可。

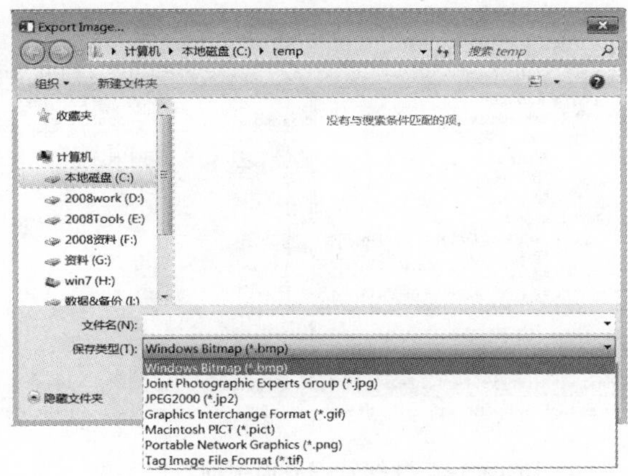

图 10.10 选择输出文件

• 输出为 IDL 变量：单击菜单［File］-［Export Data to IDL］选择导出的变量（图 10.11），然后单击 Export 按钮即可。在 IDL 的变量查看器中可以看到导出后的变量（图 10.12）。

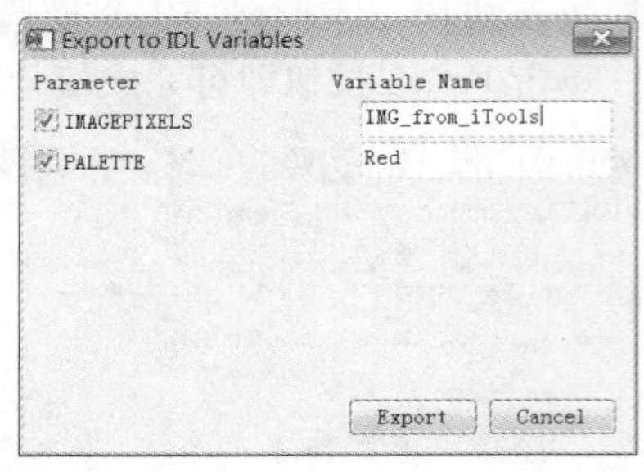

图 10.11　选择要导出的变量

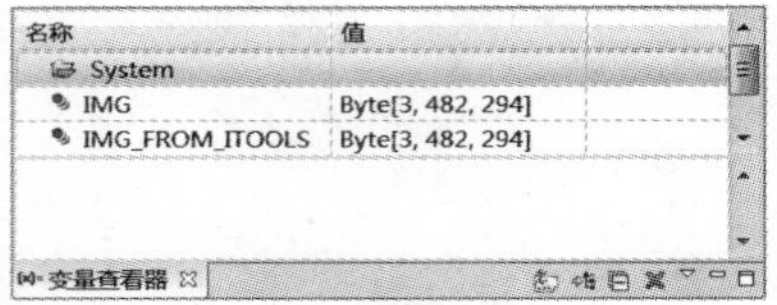

图 10.12　变量查看器

2. 数据管理

单击菜单［Window］下的 Data Manager 和 Visualization Browser，分别弹出数据管理窗口和可视化对象浏览窗口（图 10.13）。

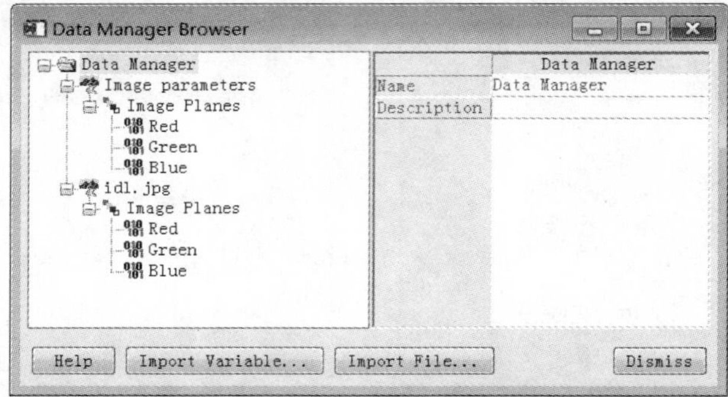

图 10.13　数据管理界面

可以通过“Import Variable…”和“Import File…”按钮分别导入变量和文件对数据进行管理，还可以通过右键菜单实现数据的删除、复制等操作（图 13.14）。

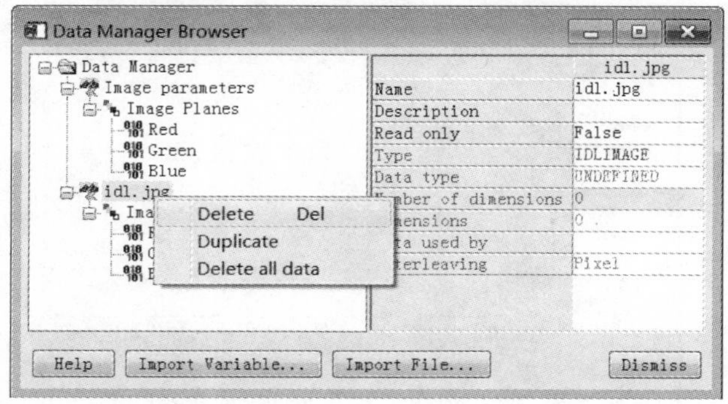

图 10.14　数据管理界面中的右键菜单

可视化对象浏览界面是对 IDL 中的对象所实现的属性进行浏览和修改的管理界面，可以对列表列出的可视化对象进行属性编辑（图 10.15）。

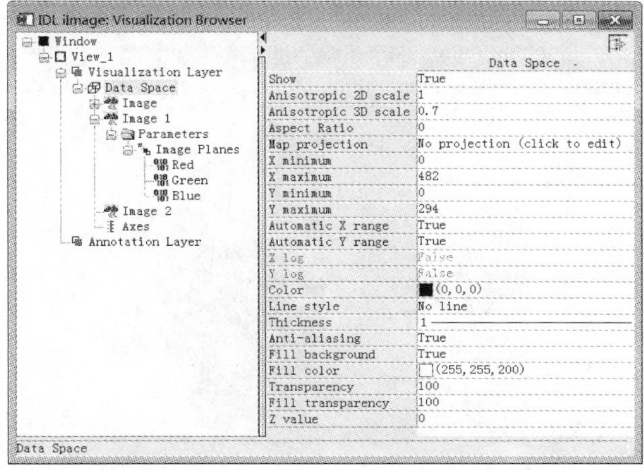

图 10.15　可视化对象编辑

3. 显示操作

iTools 工具对对象进行显示操作时，可使用菜单［Edit］或工具栏按钮（图 10.16）。

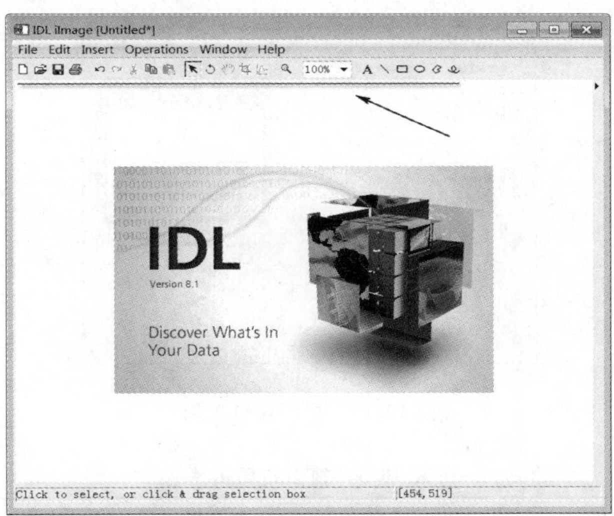

图 10.16　工具栏

- 对象选择：选择工具栏中↖图标，可以对各个对象进行选择操作。
- 撤销/重做：单击工具栏上↶ ↷图标或菜单下［Edit］-［UnDo…/ReDo…］，可实现撤销/重做操作。
- 旋转：单击工具栏上↻图标，可对选择的对象进行旋转处理。
- 数据缩放：对象处于被选择状态时，鼠标选中三维对象会自动出现对象外框线，可拖动外框角点进行缩放。
- 视图缩放：单击工具栏上的视图比例下拉列表，选择相应的显示比例（图 10.17）。

● 平移：选择工具栏上的按钮，进入鼠标平移状态。

● 视图布局：选择菜单［Window］-［Layout］，可在弹出的窗口界面中设置窗口个数及位置等属性值（图 10.18）；窗口布局中的参数含义见表 10.3。

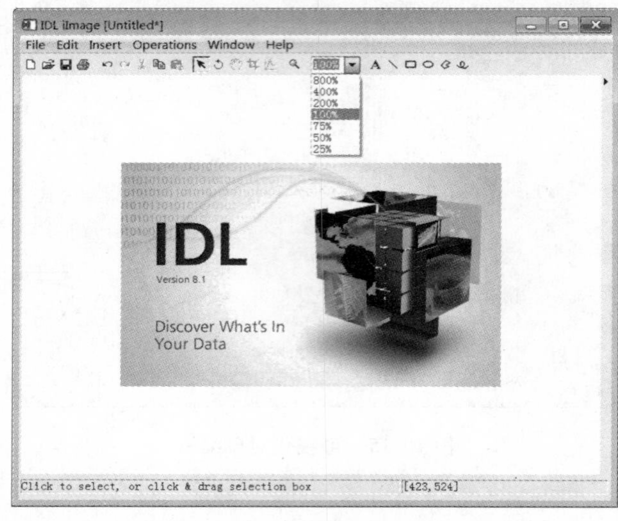

图 10.17　视图缩放工具栏

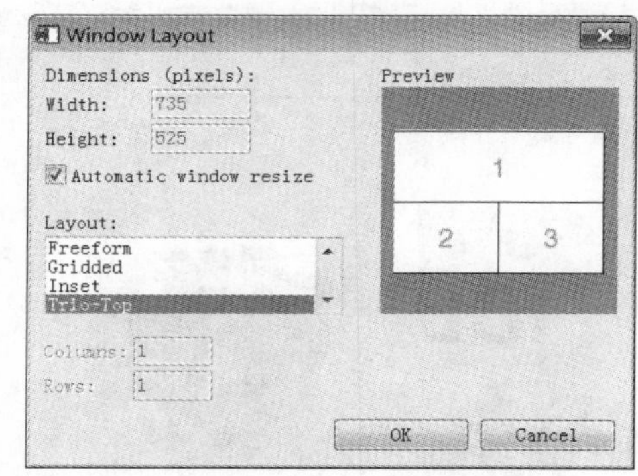

图 10.18　视图窗口布局

表 10.3　视图布局属性

属性值	描述
Freedom	单个视图，可自由变换（鼠标在选择状态时可修改视图位置和大小）
Gridded	标准格网显示，可设置行列格网数
Insert	两个视图，都可以自由变换
Trio-Top	三个视图，上半部分为第一个视图，其他两个视图为下半部分
Trio-Bottom	三个视图，下半部分为第一个视图，其他两个视图为上半部分
Trio-Left	三个视图，左半部分为第一个视图，其他两个视图为右半部分
Trio-Right	三个视图，右半部分为第一个视图，其他两个视图为左半部分

4. 标注

选择工具栏上的A按钮可进行文字标注。常用的快捷键见表10.4。

表10.4　文字标注快捷键

快捷键	功能描述	快捷键	功能描述
Ctrl + Enter	回车换行	Ctrl + D	输入下标文字
Ctrl + U	输入上标文字	Ctrl + N	恢复文字正常输入状态

需要注意：IDL创建文字标注时无法直接输入汉字。创建文字标注后，双击文字对象弹出属性界面，在界面的Text String中输入汉字并设置字体Textfont即可正确显示（图10.19）。

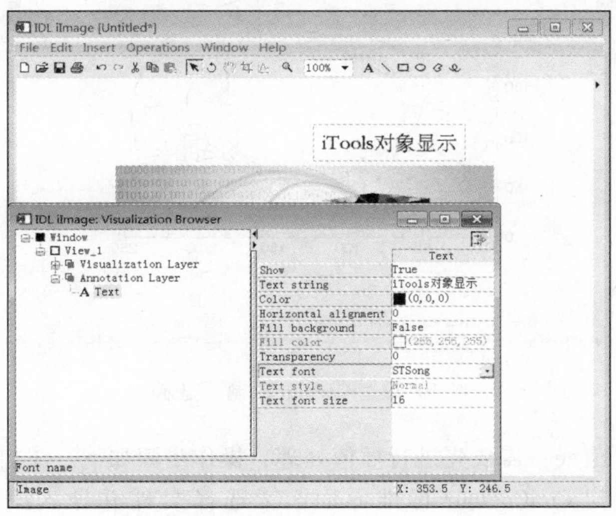

图10.19　中文字符标注

选择工具栏上的、、、和按钮可以分别标注线段、矩形、椭圆、多边形和自由画线。

10.1.3　iContour

利用iContour可以绘制、显示等值线并设置属性，启动方法有以下三种：

- 命令行运行“iContour”；
- 命令行运行“iContour + 关键字”；
- 在其他iTools界面中选择菜单［File］-［New］-［iContour］。

1. 绘制等值线

通过iContour可直接对二维栅格数据绘制等值线；或先对离散点进行格网插值，再绘制等值线。

- 直接绘制：对于二维栅格数据，可直接通过iContour绘制等值线并显示（图10.20），示例代码如下：

```
IDL >;查找例子数据文件
IDL > file = FILEPATH('convec.dat','SUBDIRECTORY = ['examples','data'])
IDL >;读取 248 * 248 的二进制数据
IDL > data = READ_BINARY(file,DATA_DIMS = [248,248])
IDL >;调用 iContour 绘制
IDL > ICONTOUR,data
```

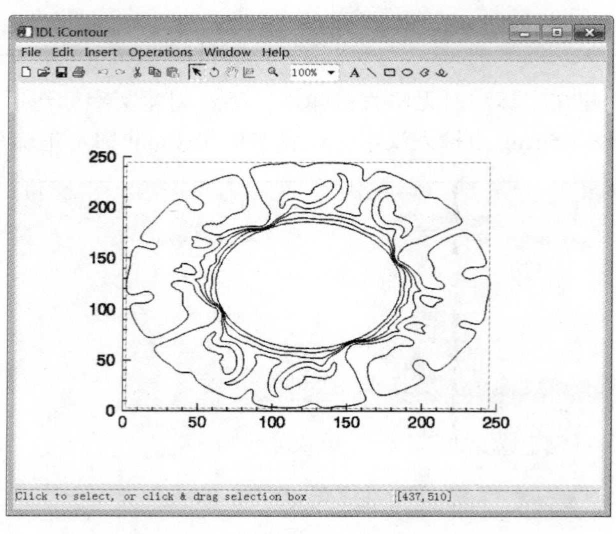

图 10.20　iContour 绘制、显示

• 离散点绘制等值线：需要先进行插值处理，操作步骤如下。①启动 iContour；命令行中输入“iContour”，启动 iContour 标准界面。②选择文件并导入：单击菜单［File］-［Open］，选择 IDL 安装目录下“\example\data\irreg_grid1.txt”文件（图 10.21）。③按照 ASCII 读取向导说明操作（图 10.22～图 10.24）。④选择格网插值（图 10.25）。⑤设置参数（图 10.26～图 10.28）。⑥显示结果（图 10.29）。

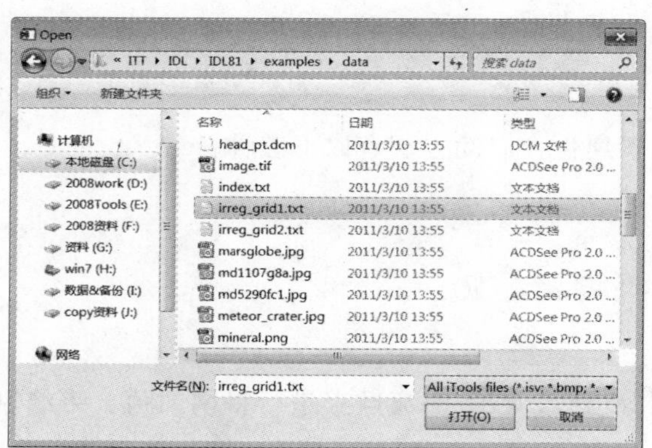

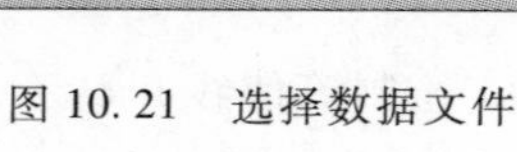
图 10.21　选择数据文件

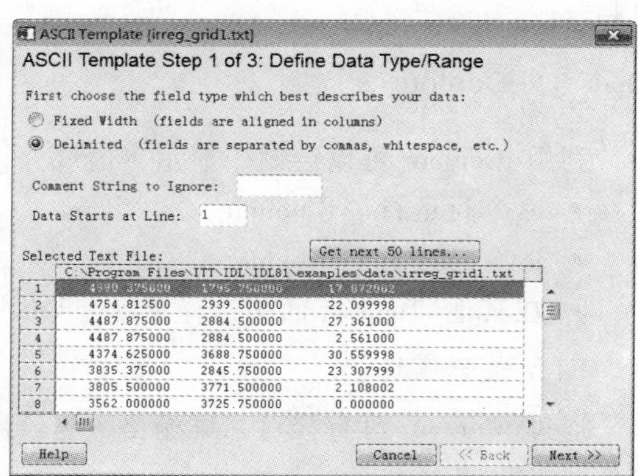

图 10.22　设置数据导入开始行数

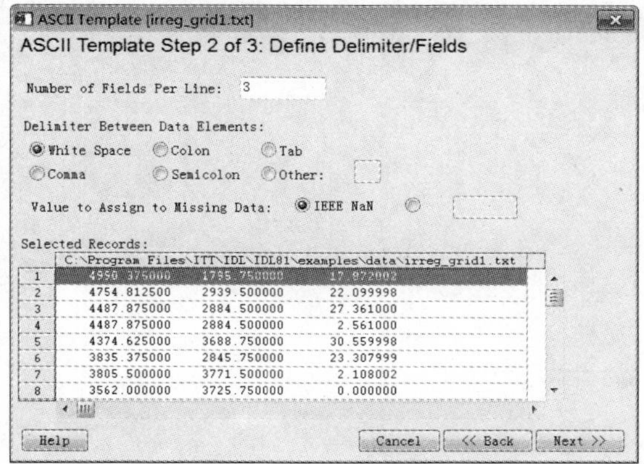

图 10.23　设置数据导入分隔符

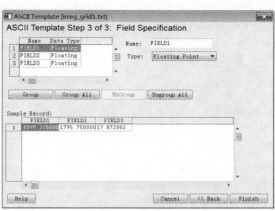

ASCII Template [irreg_grid1.txt]

ASCII Template Step 3 of 3: Field Specification

	Name	Data Type
1	FIELD1	Floating
2	FIELD2	Floating
3	FIELD3	Floating

Name: FIELD1

Type: Floating Point

Group　Group All　UnGroup　Ungroup All

Sample Record:

	FIELD1	FIELD2	FIELD3
1	4990.375000	1795.750000	17.872002

Help　Cancel　<< Back　Finish

图 10.24　设置数据导入变量类型

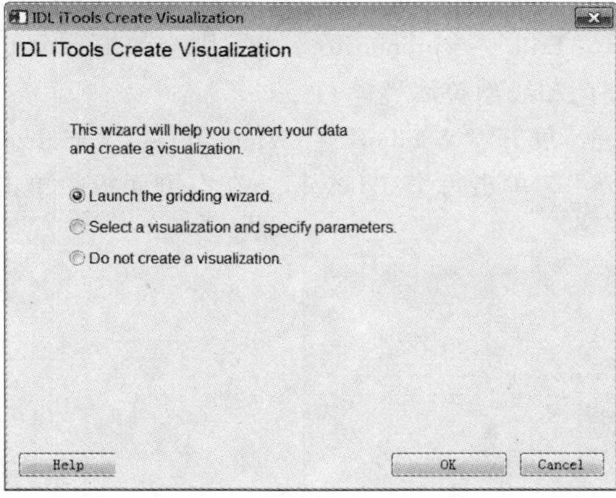

图 10.25　启动格网插值

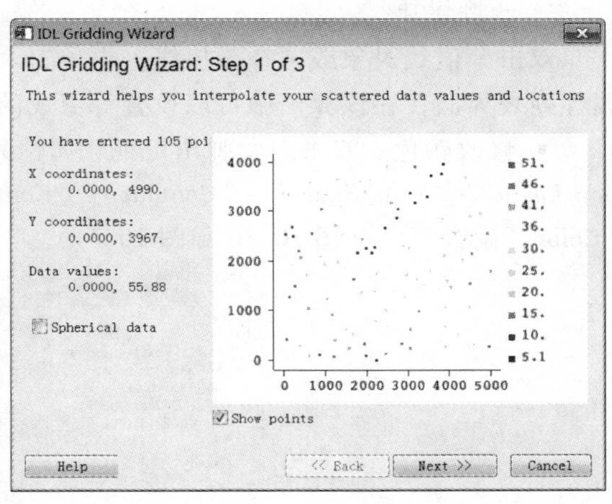

图 10.26　数据概览

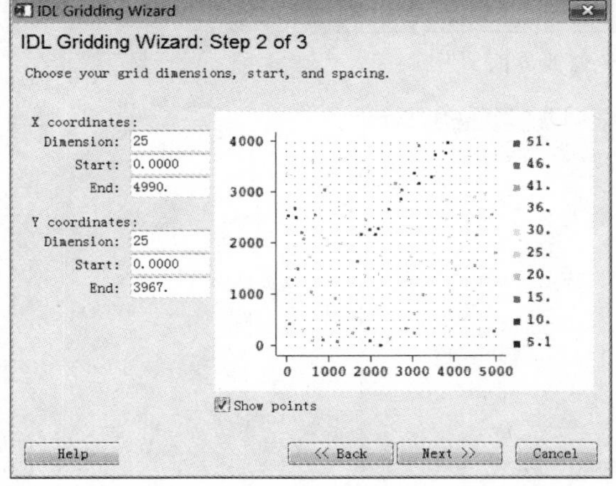

图 10.27　设置 X、Y 数据范围

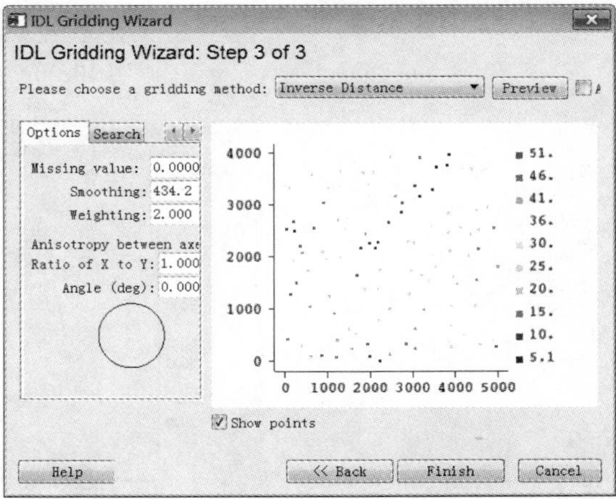

图 10.28　设置插值方法与参数并预览

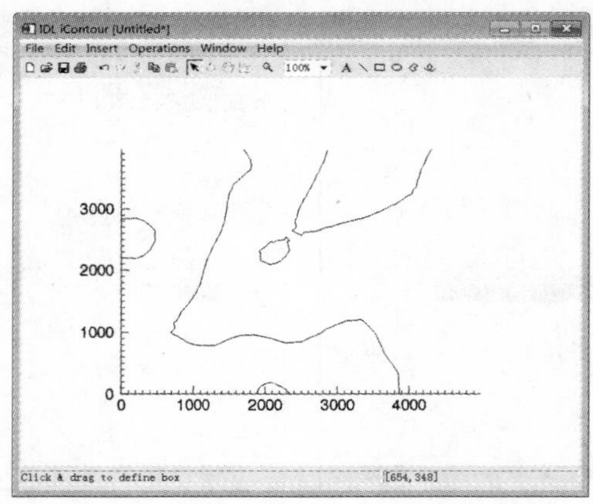

图 10.29　插值结果显示

2. 其他操作

双击等值线对象或选择等值线，再单击菜单［Edit］-［properties...］，则会弹出 contour 属性列表界面，在该界面中可以设置等值线的颜色和线型等属性。

- 修改颜色：双击对象弹出可视化属性列表，展开“Window”-“View_1”-“Visualization Layer”-“Data Space”-“Contour”-“Contours”，单击每个“Level”，在右侧面板中单击“Color”设置颜色（图 10.30 和图 10.31）。

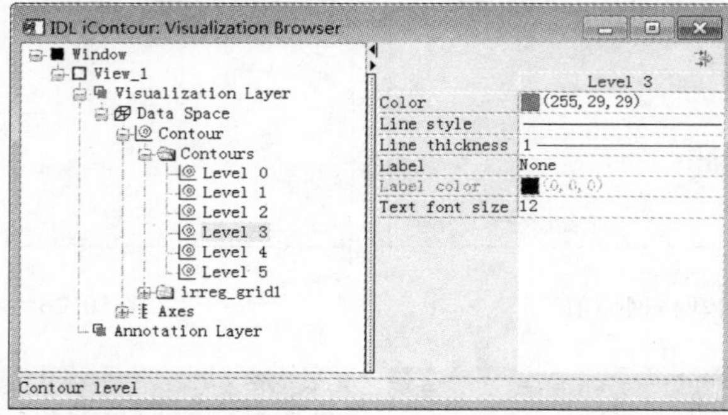

图 10.30　颜色修改界面

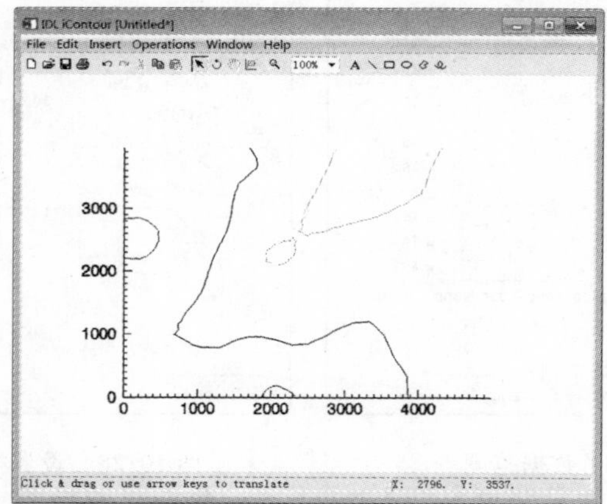

图 10.31　颜色修改后

• 修改线型：打开[Window]–[View_1]–[Visualization Layer]–[Data Space]–[Contour]，设置等值线的线属性，如设置线风格（Line Style）和线划粗细（Line thickness；图10.32）。

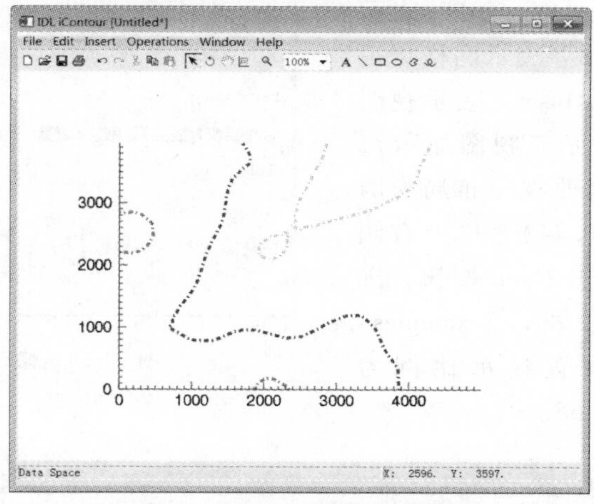

图10.32　线型修改

10.1.4　iImage

iImage是进行图像可视化的工具，启动方式有以下四种：

• 在IDL主界面中选择菜单［文件］–［打开］，选择图像文件；
• 在命令行输入“Image”；
• 在命令行输入“Image+关键字”；
• 在其他iTools界面中选择［File］–［New］–［iImage］。

1. 显示图像

图像文件可以通过iImage快速、方便地进行绘制、显示、增强处理和格式转换等操作。

（1）启动iImage。在命令行运行“iImage”，单击Open按钮导入数据，文件选择安装目录下的“\examples\data\afrpolitsm.png”文件（图10.33）。

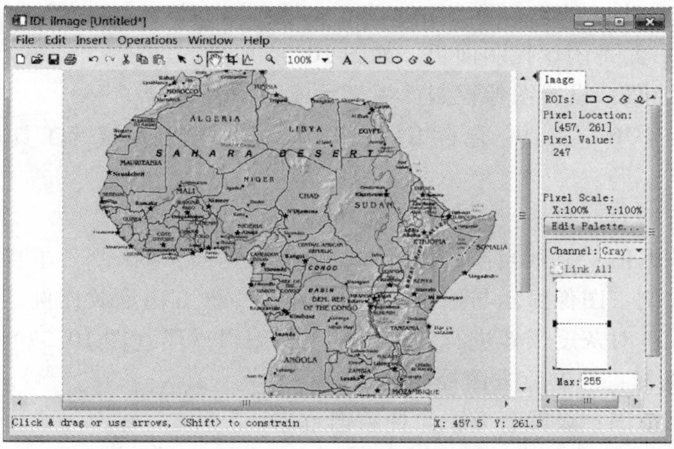

图10.33　iImage显示图像

(2) 设置参数。创建多个显示窗口显示图像，选择菜单［Window］- Layout，选择“Gridded”（其中“Freeform”表示自由放置视图；“Gridded”表示网格化视图，可以设置行列数；“Inset”表示视图叠加；“Trio - Top”表示三视图显示），设置“Columns”为 2 修改视图布局为两列水平并排显示（图 10.34）。单击右侧新创建的显示区域，单击 Open 按钮，选择 IDL 安装目录下文件：“...\examples\data\africavlc.png”，设置显示比例为 75%，显示效果见图 10.35。

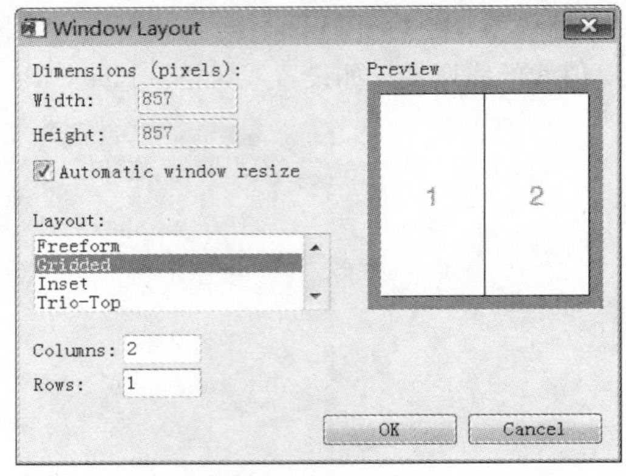

图 10.34 修改视图布局

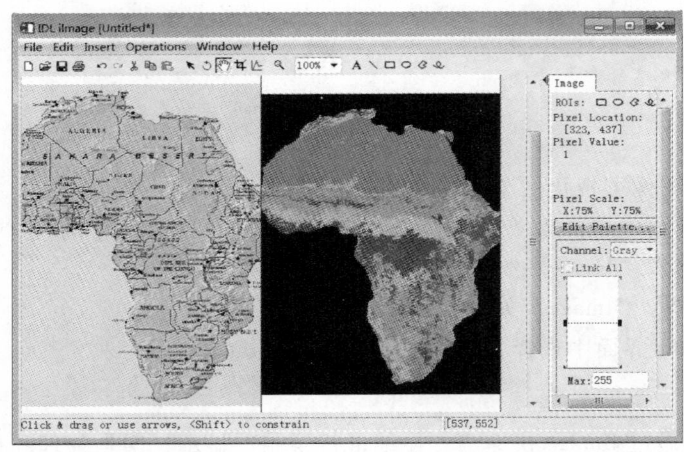

图 10.35 多窗口显示

2. 控制面板

iImage 界面的右侧是图像控制面板，如图 10.36 所示。

- 面板显示/隐藏：设置图像控制面板显示或隐藏。
- 感兴趣区（ROIs）工具：包含矩形、椭圆、多边形和曲线等工具进行感兴趣区绘制和处理。
- 当前位置行列号：显示当前鼠标所在位置的行列号。
- 当前位置数据值：显示当前鼠标所在位置的数据值，“探针”工具。
- 像素缩放比例：图像显示与原始图像大小的 X、Y 方向缩放比例。
- 编辑调色板：对灰度图像进行调色板设置和编辑操作（图 10.37）。
- RGB 通道选择：控制直方图控制的通道。
- 直方图数据范围：设置直方图拉伸数据范围。

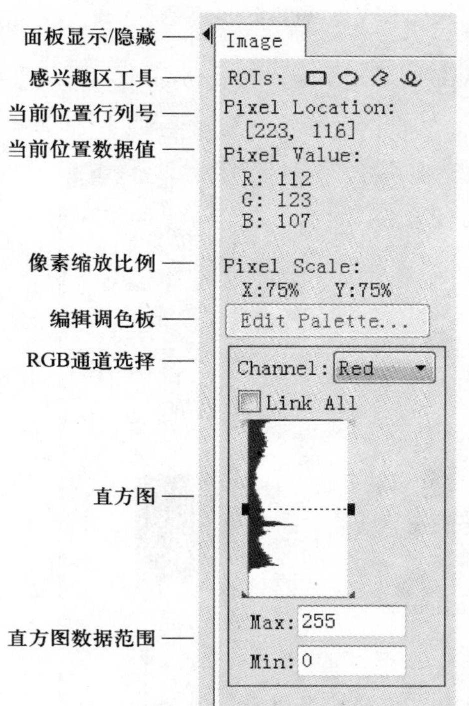

图 10.36　图像控制面板

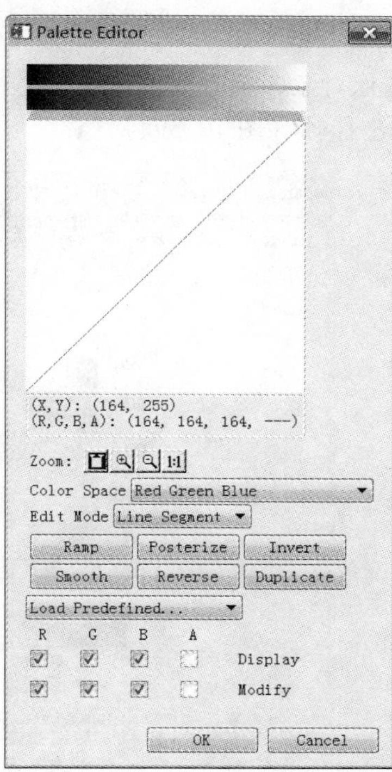

图 10.37　调色板设置界面

3. 添加颜色棒

在命令行输入“data = dist（200）”，然后输入“iImage”，在数据导入选项中导入变量“data”，颜色表选择为“Mac Style”。选中图像，单击菜单［Insert］-［Colorbar］插入颜色棒（图 10.38）。

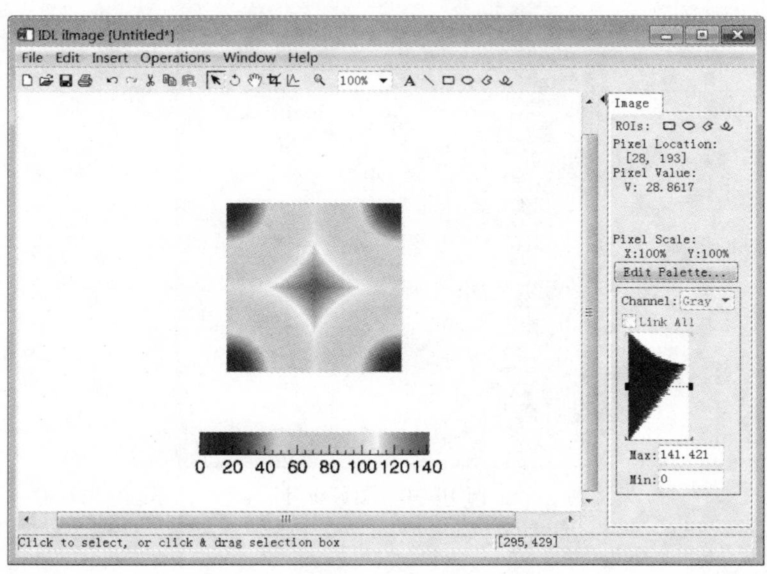

图 10.38　添加颜色棒

4. 添加坐标轴

选中图像对象，单击菜单［Insert］-［Axis］-［X Axis］和［Insert］-［Axis］-［Y Axis］插入 X、Y 坐标轴（图 10.39）。

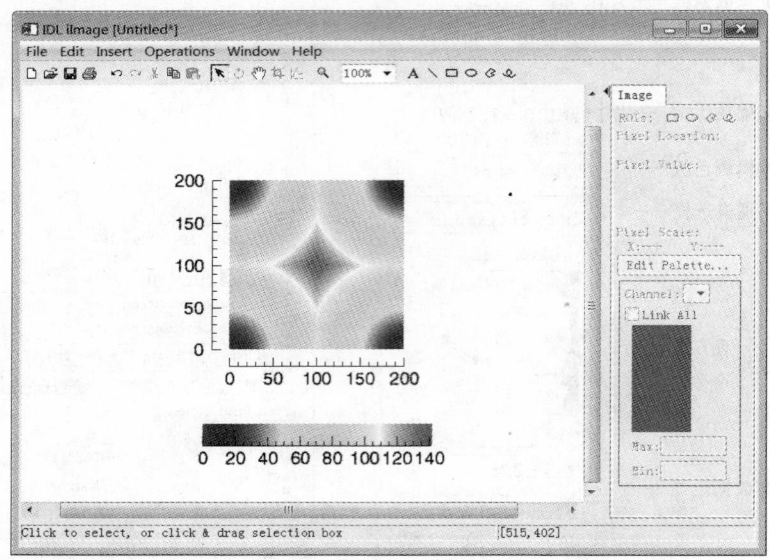

图 10.39　显示坐标轴

5. 图像统计

选中图像对象，单击菜单［Operations］-［Statistics］（图 10.40），弹出界面中会显示出被统计文件的大小、平均值、元素和、最大/最小值、方差、标准差等统计量值。

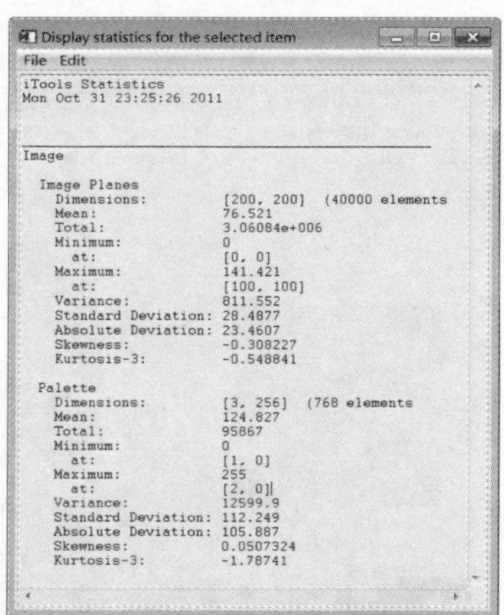

图 10.40　图像统计

6. 投影处理

例如，选择菜单［Operations］-［Map Projections］可进行投影转换（图 10.41）。

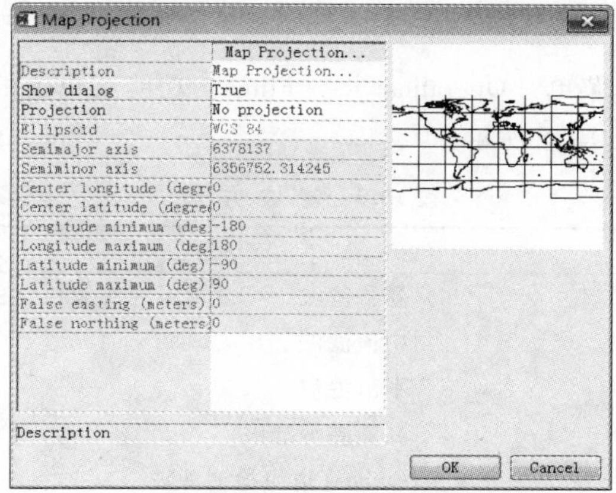

图 10.41　投影选择界面

选择菜单［Operations］-［Map Register Images］，可对文件添加投影（图 10.42）。

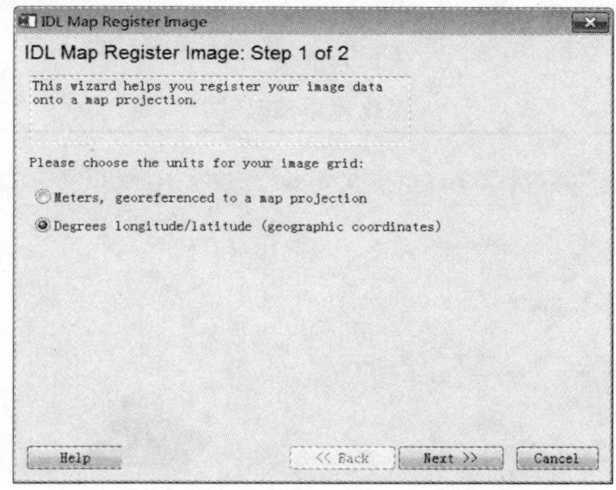

图 10.42　图像添加投影步骤之一

7. 直方图

选择菜单［Operations］-［Histogram］，可单独启动一个 iTools 界面来显示直方图（图 10.43）。

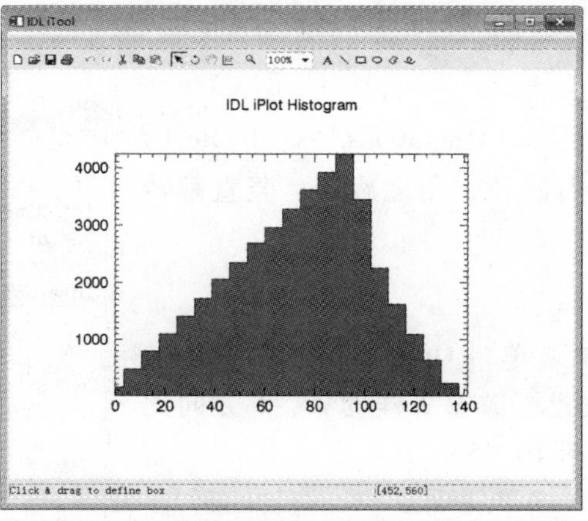

图 10.43　图像直方图

8. 滤波处理

选中图像对象，选择菜单［Operations］-［Filter］功能菜单下的图像处理进行图像滤波处理。不同滤波描述见表 10.5 所示。

表 10.5　滤 波 方 法

方法	描述
Convolution	卷积滤波，可设置不同滤波核（图 10.44）
Median	中值滤波
Smooth	平滑滤波
Different of Gaussians	高斯差分滤波
Emboss	Emboss 边缘检测滤波
Laplacian	拉普拉斯滤波
Prewitt	Prewitt 边缘检测滤波
Roberts	Roberts 滤波
Sobel	索贝尔滤波
Unsharp Mask	锐化遮罩滤波

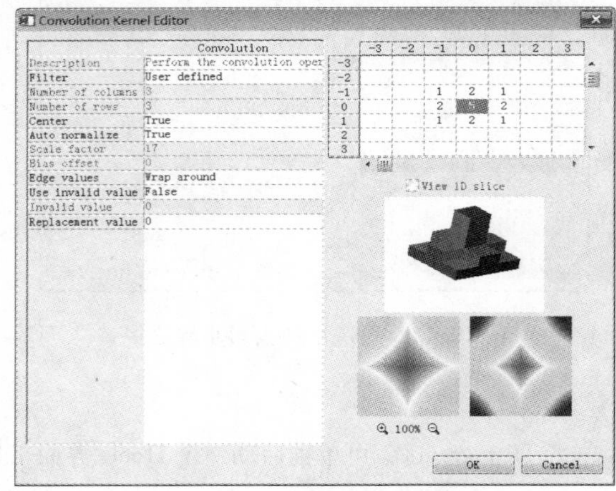

图 10.44　卷积滤波参数设置

9. 图像旋转

选中图像对象，选择菜单［Operations］-［Rotate Or Flip］，可以选择左旋转、右旋转、角度旋转、竖直翻转和水平翻转等。

10. 图像重采样

选中图像对象，选择菜单［Operations］-［Transform］-［Resample］，可设置图像重采样的 X、Y 方向比例系数与采样插值算法（图 10.45）。

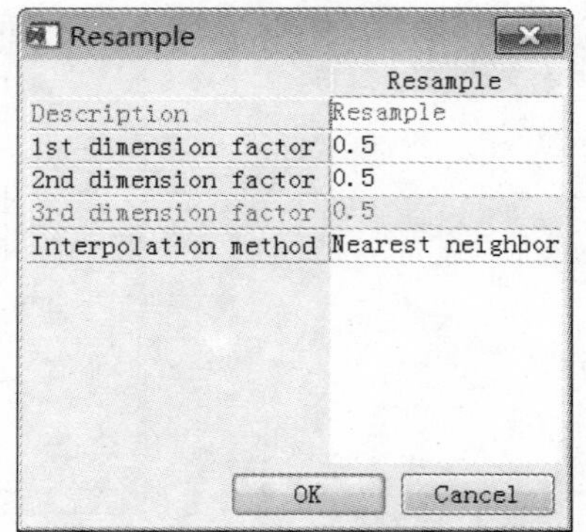

图 10.45　图像重采样参数

11. 形态学处理

选中图像对象，选择菜单［Operations］-［Morph］

-*。IDL 提供了膨胀、侵蚀、开运算、闭运算、形态梯度和变形梯度等形态学处理方法。

12. 添加等值线

选中图像对象，选择菜单［Operations］-［Contour］，设置等值线参数后可显示等值线（图 10.46）。

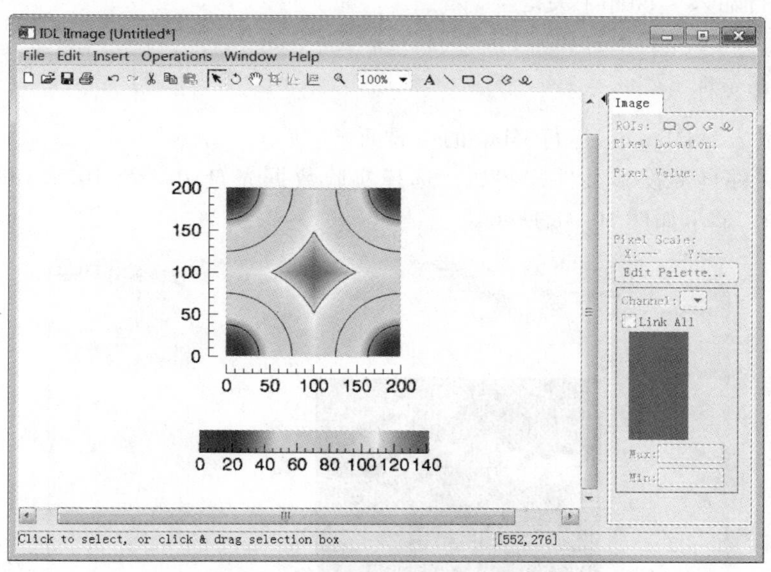

图 10.46　图像叠加等值线

13. 添加曲面

选中图像对象，选择菜单［Operations］-Surface，可以为对象添加曲面（图 10.47）。

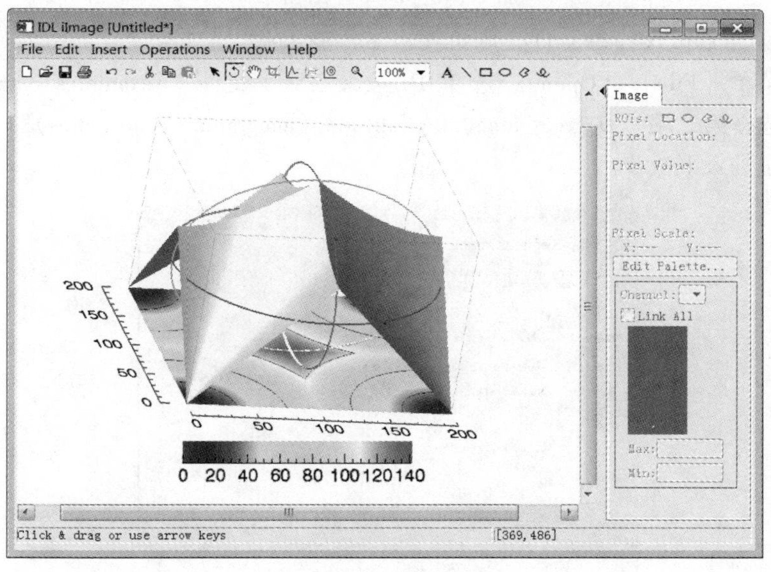

图 10.47　图像叠加曲面

10.1.5 iMap

iMap 是进行地图可视化的工具，启动方式有以下三种：

- 在命令行输入 "iMap"；
- 在命令行输入 "iMap + 关键字"；
- 在其他 iTools 界面中选择 [File] - [New] - [iMap]。

1. 显示栅格文件

在命令行输入 "iMap"，运行 iMap 的主界面。

如果图像文件自带投影文件，例如，选择实验数据光盘中 "第 10 章\data\color_half_world.tif" 文件，显示如图 10.48 所示。

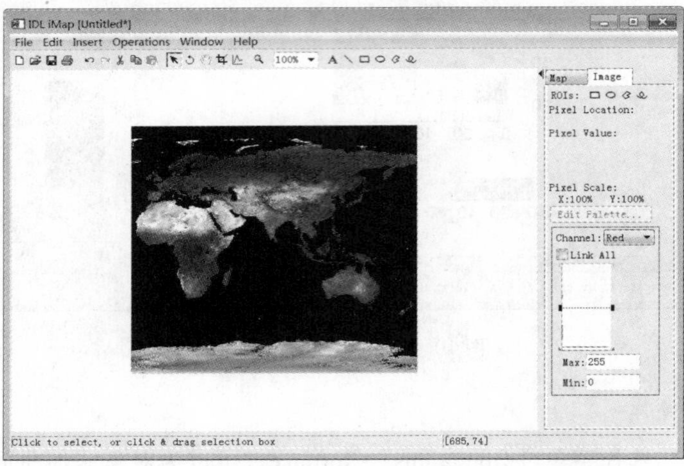

图 10.48 iMap 显示图像

如果图像文件不包含投影文件，则可按以下步骤操作：

(1) 单击菜单 [File] - [Open]，选择 IDL 安装目录下文件 "\examples\data\ avhrr. png"，在弹出界面中选择第二项 "Degrees longitude/latitude (geographic coordinates)" (图 10.49)，单击 "Next" 按钮进入下一步。

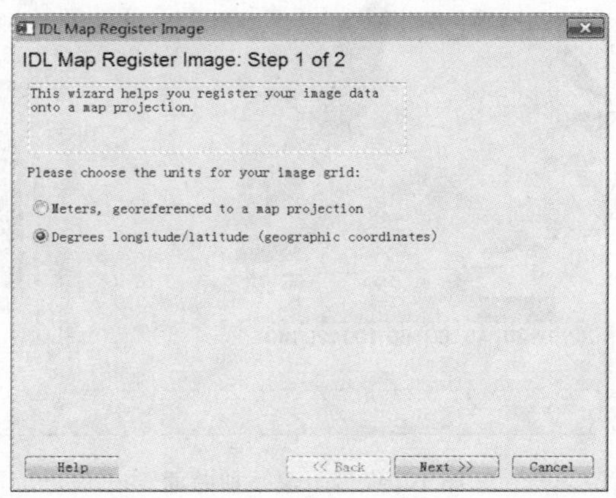

图 10.49 设置 map 参数

（2）该图像范围为全球，且大小为 720 像素 * 360 像素，故像素分辨率应该为 0.5° * 0.5°（图 10.50）；设置投影类型和椭球体等参数（图 10.51），单击 OK 按钮完成设置，显示效果见图 10.52 所示。

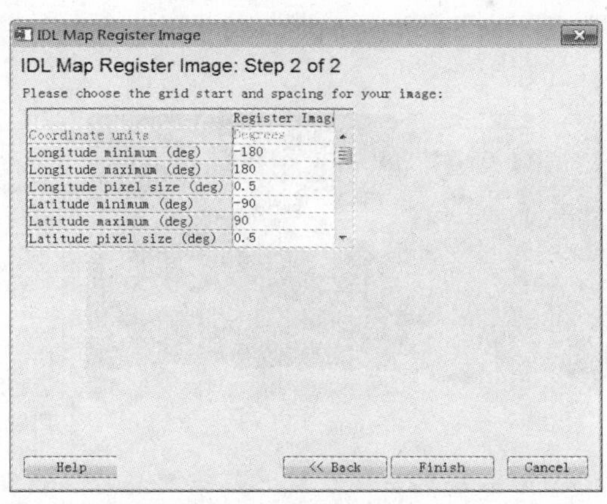

图 10.50　设置坐标参数

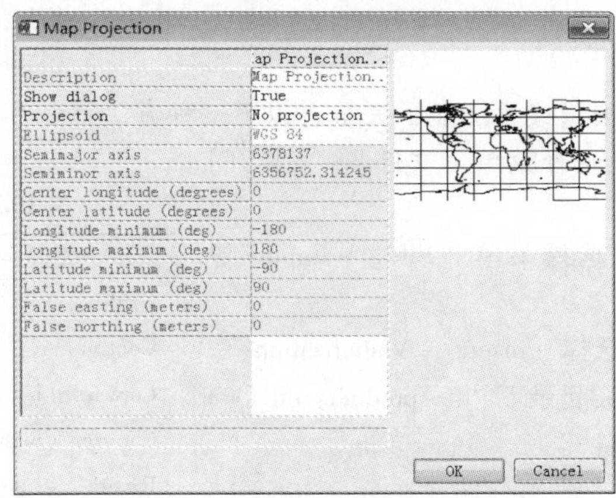

图 10.51　设置显示投影类型与参数

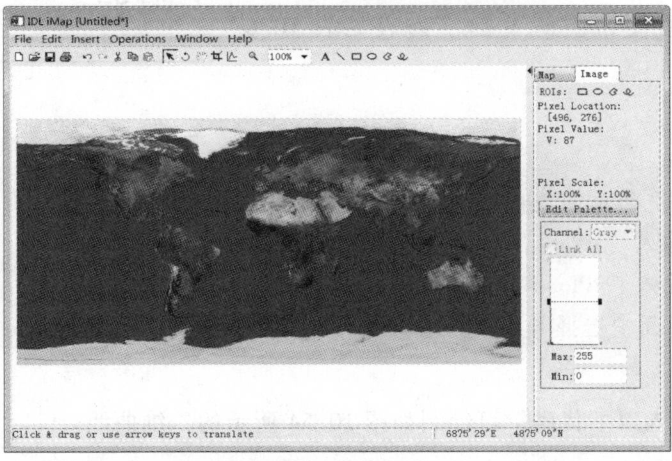

图 10.52　显示效果

（3）单击显示的图像对象，在右键菜单中选择 [Order] - [Send To BackGround]（置于底层），设置显示层次，最终显示效果见图 10.53 所示。

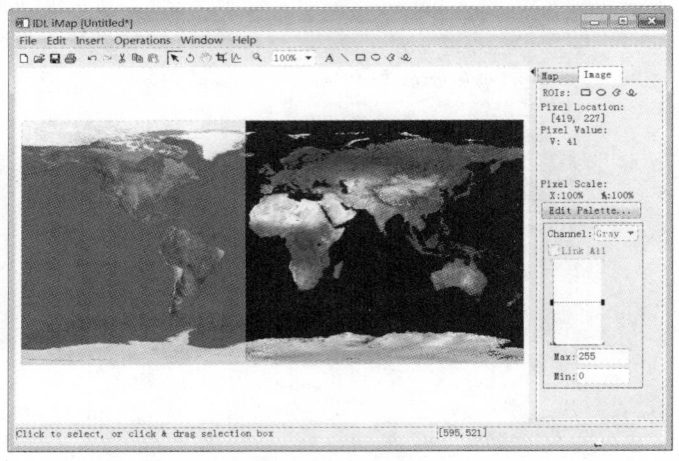

图 10.53　最终显示效果

2. 显示矢量文件

用 iMap 绘制、显示矢量或叠加显示矢量有以下三种方法：

- 在 IDL 主界面中，选择菜单 [文件] - [打开] 选择矢量文件；
- 在 iMap 界面下，选择菜单 [File] - import 导入矢量文件；
- 在 iMap 界面下，选择 [insert] - Visualization…。

本例中为导入 IDL 安装目录下 “..\products\envi * \data\vector\states.shp” 文件。

3. 添加地图要素

在 iMap 界面中可单击菜单 [Insert] - [Map] 下的按钮添加，其中按钮上的关键字列表见表 10.6 所示。

表 10.6　地图要素关键字

关键字	描述
Grid	经纬度网格
Continents	大陆边界
Contries (low res)	低分辨率国家边界
Contries (high res)	高分辨率国家边界
Rivers	河流
Lakes	湖泊
United States	美国州界
Canadan Provinces	加拿大省界

10.1.6　iPlot

iPlot 能够绘制二维或三维曲线，启动方式有以下三种：

- 在命令行输入 “iPlot”；
- 在命令行输入 “iPlot + 关键字”；
- 在 iTools 界面中选择 [File] - [New] - iPlot。

1. 二维曲线

在命令行中输入以下代码，可绘制如图 10.54 所示的二维曲线。

```
IDL > iPlot,RANDOMU(seed,20)
```

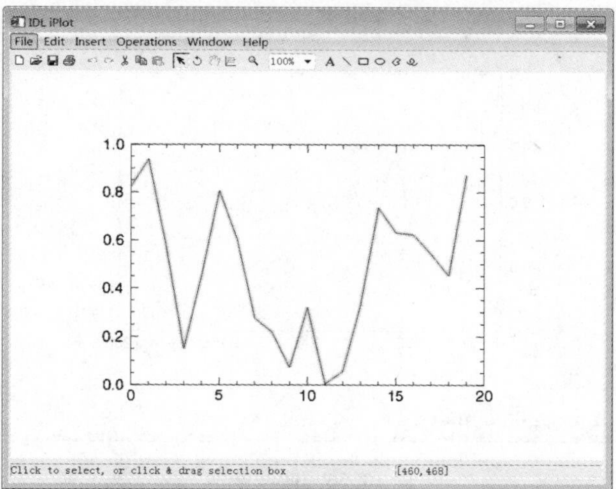

图 10.54　二维曲线

2. 三维曲线

在命令行中输入以下代码，可绘制如图 10.55 所示的三维曲线。

```
IDL > iPlot,FINDGEN(20),FINDGEN(20),RANDOMU(seed,20)
```

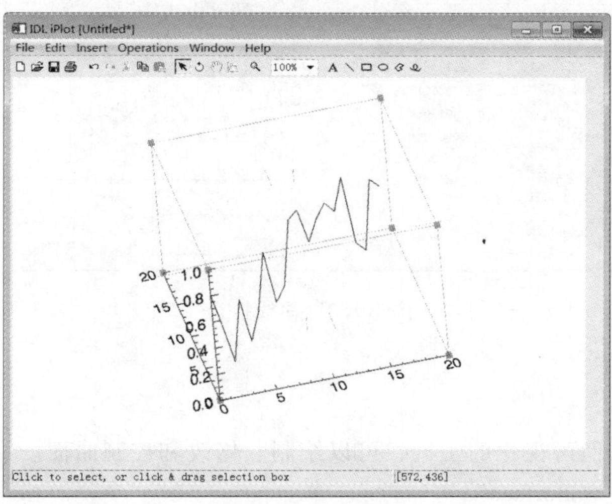

图 10.55　三维曲线

3. 叠加曲线

在命令行中输入以下代码，可实现曲线叠加（图 10.56）。

```
IDL > iPlot,SIN(2.0 * FINDGEN(200) * !PI/25.0) * EXP(-0.02 * FINDGEN(200))
IDL > iPlot,COS(2.0 * FINDGEN(200) * !PI/25.0) * EXP(-0.02 * FINDGEN(200)), $
IDL > color = [255,0,0],/overplot
```

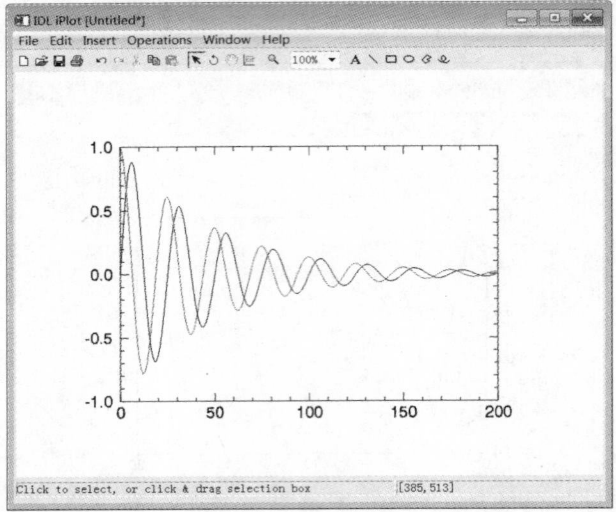

图 10.56　曲线叠加

4. 曲线拟合

选择创建的曲线，单击菜单［Operations］-［Filter］-［Curve Fitting］，可选择不同拟合算法（图 10.57）来拟合生成一幅新的图像。

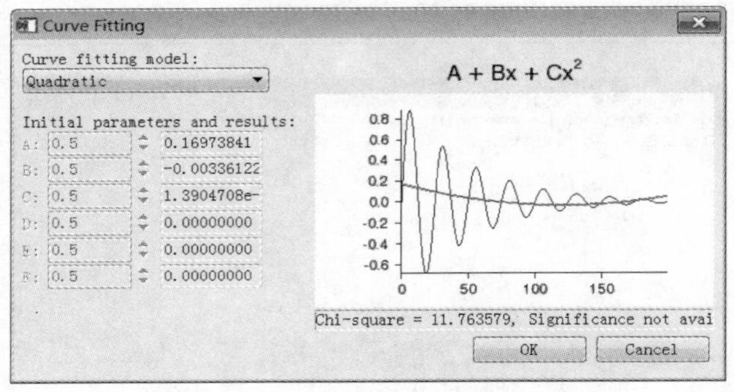

图 10.57　曲线拟合

10.1.7　iSurface

iSurface 是进行曲面可视化的工具，可以绘制、修改和控制曲面。启动方式有以下三种：

- 在命令行输入“iSurface”；
- 在命令行输入“iSurface + 关键字”；
- 在其他 iTools 界面中选择［File］-［New］- iSurface。

1. 绘制曲面

（1）从命令行运行“iSurface”启动 iSurface 主界面，单击 Open 按钮，选择 IDL 安装目录下文件“\examples\data\idemosurf. dat”。弹出二进制模版界面，单击“New Field”，设置参数（图 10.58）。

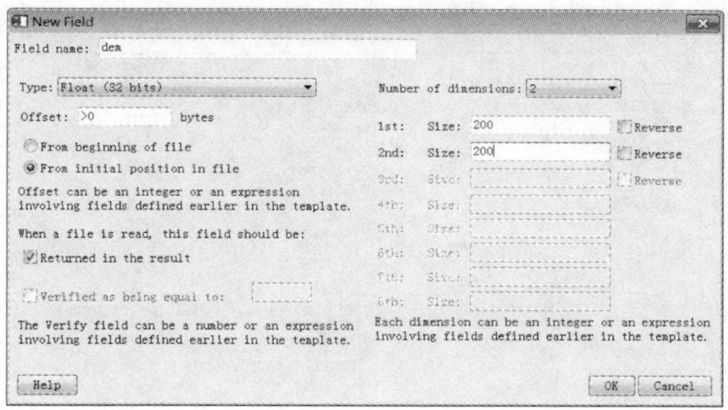

图 10.58　二进制文件参数

（2）单击 OK 按钮确认，iSurface 会显示创建的曲面（图 10.59）。

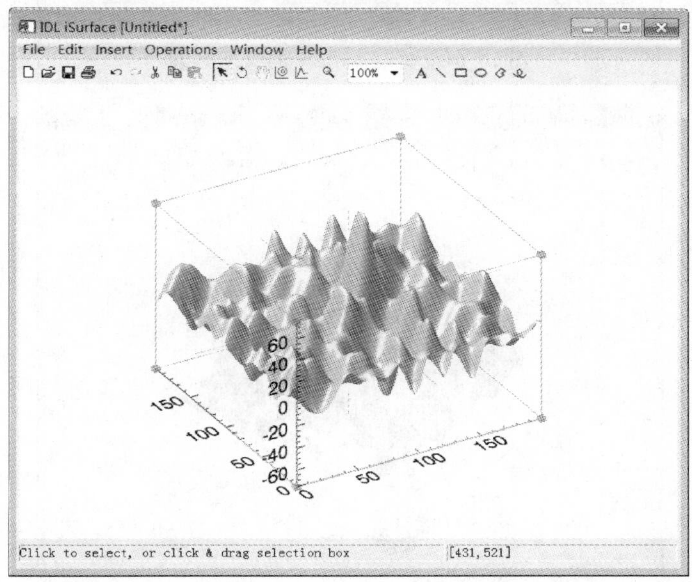

图 10.59　iSurface 显示曲面

2. 叠加纹理

（1）选中 surface 对象，右键菜单选择“Parameters”；在弹出的“Parameter Editor”界面，单击“Import File”功能，选择 IDL 安装目录下文件“\examples\data\rose. jpg”（图 10.60）。

（2）在“Parameter Editor”界面中单击“SurfaceParameters”的“Texture”属性，选择对象列表中的“Image Planes”，再单击下箭头导入按钮（图 10.61）；关闭属性窗口后显示可视化效果（图 10.62）。

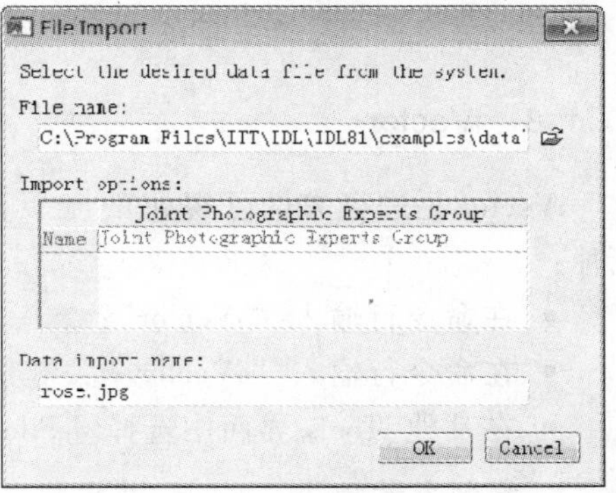

图 10.60　导入纹理图像

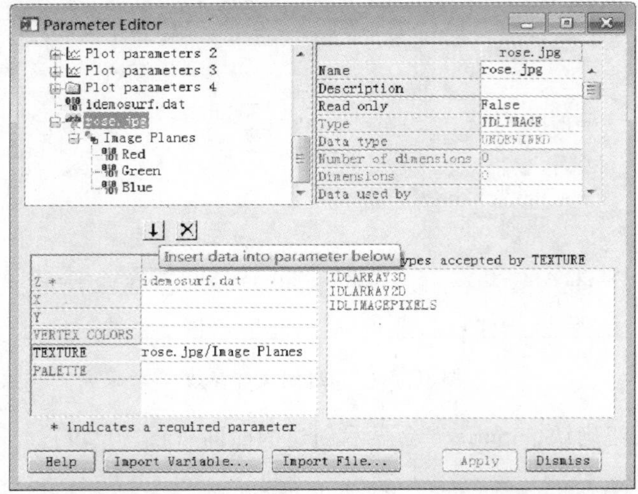

图 10.61 关联 Surface 的纹理对象

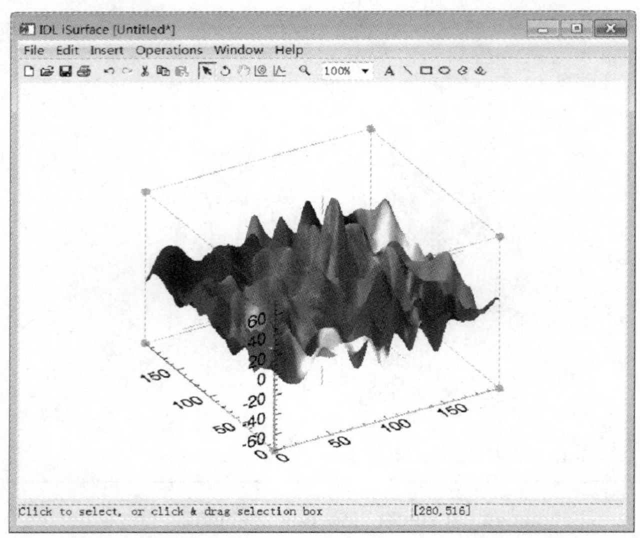

图 10.62 纹理叠加

10.1.8 iVector

iVector 是进行矢量可视化的工具，可以绘制、修改和控制矢量线。启动方式有以下三种：

- 在命令行输入“iVector”；
- 在命令行输入“iVector + 关键字”；
- 在其他 iTools 界面中选择［File］-［New］- iVector。

1. 绘制矢量场

例如，彩色显示矢量场，可以在命令行下输入下面命令，显示见图 10.63。

```
IDL >x = (y =FINDGEN(21) -10)
IDL >u =REBIN( -TRANSPOSE(y),21,21)
IDL >v =REBIN(x,21,21)
IDL >;矢量场绘制,使用39号颜色表(图10.63)
IDL >iVector,u,v,x,y,AUTO_COLOR =1, $
 >RGB_Table =39,Scale_ISOTropic =1
```

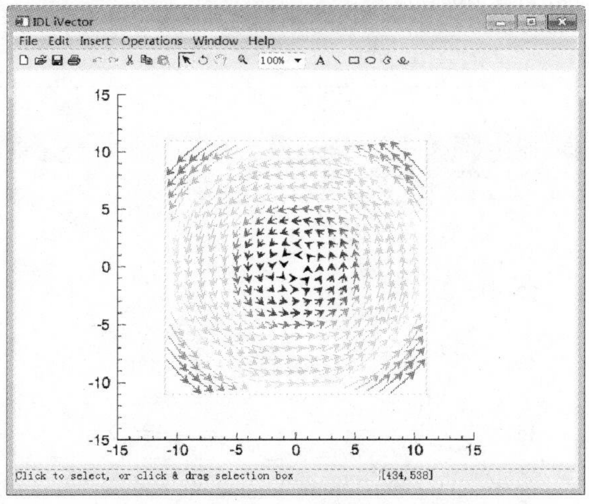

图10.63 绘制矢量场

2. 绘制风场

例如，绘制风场，可以在命令行下输入下面命令，显示见图10.64。

```
IDL >x = (y =2 * FINDGEN(11) -10)
IDL >u =9 * REBIN( -TRANSPOSE(y),11,11)
IDL >v =9 * REBIN(x,11,11)
IDL >;显示风场(图10.64)
IDL >iVector,u,v,x,y,VECTOR_STYLE =1
```

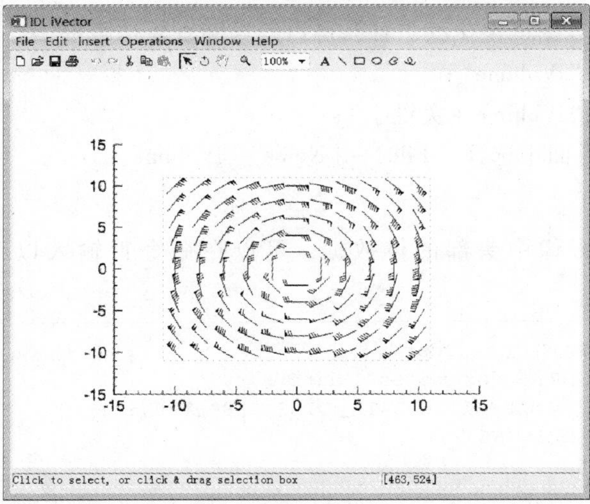

图10.64 绘制风场

3. 绘制流线

利用 iVector 绘制流线，可以在命令行输入以下命令，显示效果见图 10.65。

```
IDL > u = RANDOMU(1,20,20) - 0.5
IDL > v = RANDOMU(2,20,20) - 0.5
IDL > ;显示流线(图 10.65)
IDL > iVector,u,v,/STREAMLINES, $
IDL >   X_STREAMPARTICLES = 10,Y_STREAMPARTICLES = 10, $
 >   HEAD_SIZE = 0.1,STREAMLINE_NSTEPS = 200
```

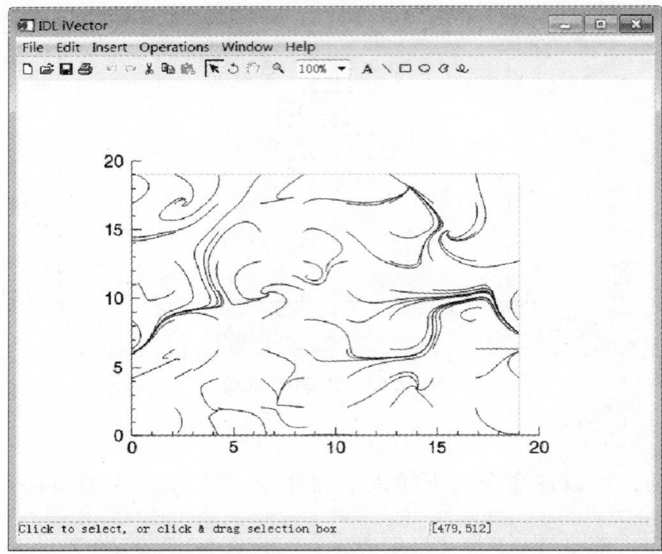

图 10.65　绘制流线

10.1.9　iVolume

iVolume 是进行体数据可视化的工具，可以绘制和查看体数据。启动方式有以下三种：

- 在命令行输入“iVolume”；
- 在命令行输入“iVolume + 关键字”；
- 在其他 iTools 界面中选择［File］-［New］- iVolume。

1. 绘制体数据

例如，显示医学影像中头部的体数据，可以在命令行输入以下命令，显示效果见图 10.66。

```
IDL > file = FILEPATH('head.dat', $
IDL >   SUBDIRECTORY = ['examples','data'])
IDL > data = READ_BINARY(file,DATA_DIMS = [80,100,57])
IDL > ;显示体数据(图 10.66)
IDL > iVolume,data
```

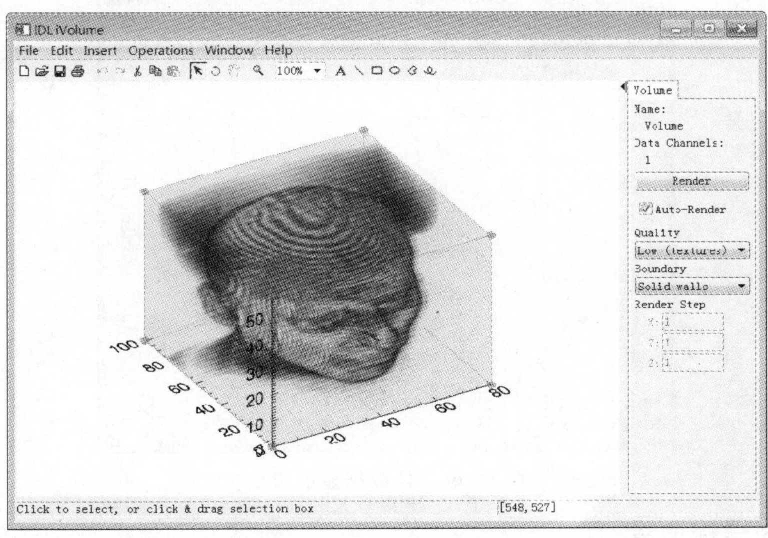

图 10.66 绘制体数据

2. 三维切片

不勾选右侧面板中的“Auto Render”，单击菜单［Operations］-［Volume］-Image Plane 可以进行体数据的切片选取（图 10.67）。

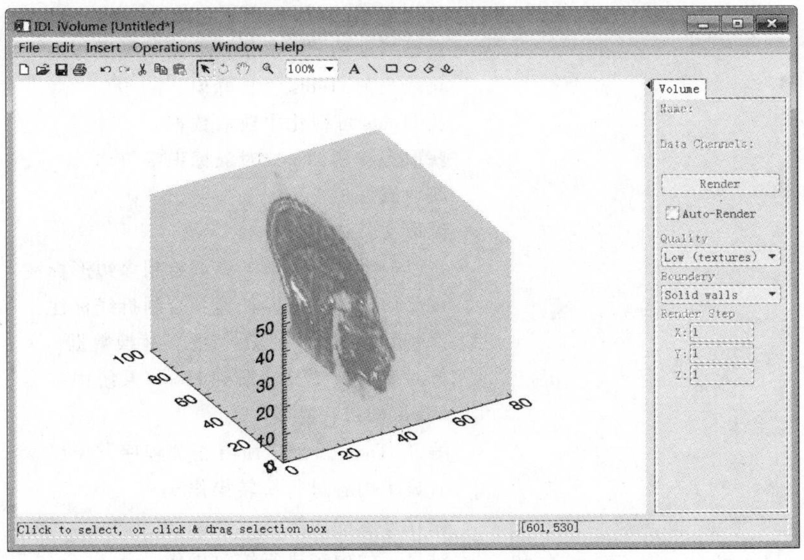

图 10.67 体数据三维切片

单击菜单［Operations］-［Image Plane］-Launch iImage，启动 iImage 查看切片（图 10.68）。

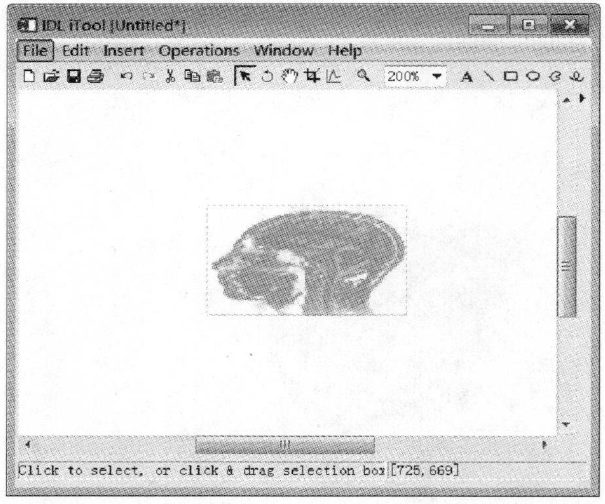

图 10.68 体数据显示切片

10.2 iTools 操控命令

iTools 工具均可以在命令行下利用操控命令（表 10.7）进行操控，如对显示的对象进行属性设置，显示内容保存为图像文件等。

表 10.7 iTools 操控命令

命令	功能描述
ICONVERTCOORD	在 iTools 的坐标系直接进行坐标转换
IDELETE	关闭启动的 iTools 工具
IELLIPSE	在已启动的 iTools 工具上绘制椭圆标注
IGETCURRENT	获取当前 iTools 工具标识
IGETDATA	从 iTools 可视化中获取数据
IGETID	获取完整的 iTools 对象标识字符串
IGETPROPERTY	获取属性值
IOPEN	读取文件内容
IPOLYGON	在已启动的 iTools 工具上绘制多边形标注
IPOLYLINE	在已启动的 iTools 工具上绘制折线标注
IPUTDATA	保持其他属性不变的情况下替换数据
IREGISTER	将对象类或工具注册到 iTools 系统中
IRESET	iTools 的进程重置
IRESOLVE	编译 iTools 目录下所有相关程序
IROTATE	对显示内容进行旋转操作
ISAVE	保存显示的内容
ISCALE	对显示的内容进行缩放操作
ISETCURRENT	把某工具设置为 iTools 系统的当前工具
ISETPROPERTY	设置属性值
ITEXT	在已启动的 iTools 工具上添加文字标注
ITRANSLATE	对显示内容进行平移操作
IZOOM	修改显示内容的缩放系数

下面是调用 iTools 绘制两个正弦曲线，添加椭圆标注并保存为 jpg 文件的示例代码：

```
IDL >;文件名称
IDL >dataFilePath = FILEPATH('sine_waves.txt', $
IDL >   SUBDIR = ['examples','data'])
IDL >;交互式读取 txt
IDL >templateStruct = ASCII_TEMPLATE(dataFilePath)
IDL >;可视化
IDL >IOPEN,dataFilePath,plotData,Palette, $
IDL >   TEMPLATE = templateStruct
IDL >;查看读取后信息
IDL >HELP,plotData,/STRUCTURE
** Structure <1889b840 >,2 tags,length = 4096,data length = 4096,refs = 1:
   FIELD1          LONG      Array[512]
   FIELD2          LONG      Array[512]
IDL >;绘制曲线(图 10.69)
IDL >IPLOT,INDGEN(512),plotData.FIELD1,TITLE = 'Two Sine Waves'
IDL >IPLOT,INDGEN(512),plotData.FIELD2,/OVERPLOT,LINESTYLE = 2
IDL >;定义椭圆中心点坐标
IDL >center = [238,115]
IDL >;定义长短半轴
IDL >majAxisDist = 50.0
IDL >minAxisDist = 30.0
IDL >;椭圆偏心率
IDL >eccentricity = SQRT(1 - (minAxisDist^2/majAxisDist^2))
IDL >;绘制红色椭圆标注,逆时针转 120 度(图 10.70)
IDL >IELLIPSE,majAxisDist,center[0],center[1], $
IDL >   /DATA,ECCENTRICITY = eccentricity, $
IDL >   THETA = 120,color = 'red'
IDL >;保存为 jpg 文件
IDL >ISAVE,'c:\temp\曲线.jpg'
```

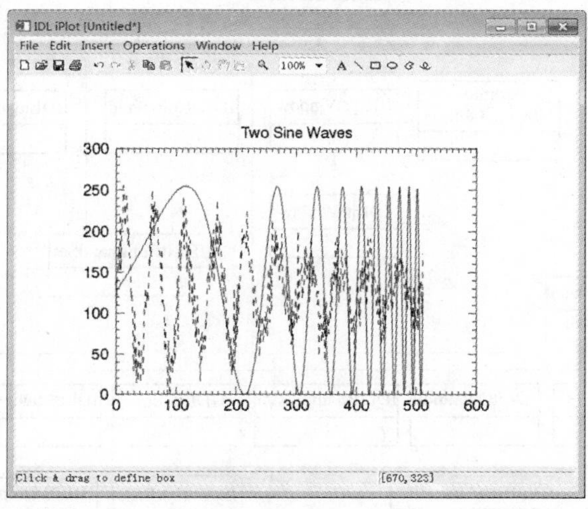

图 10.69 绘制正弦曲线

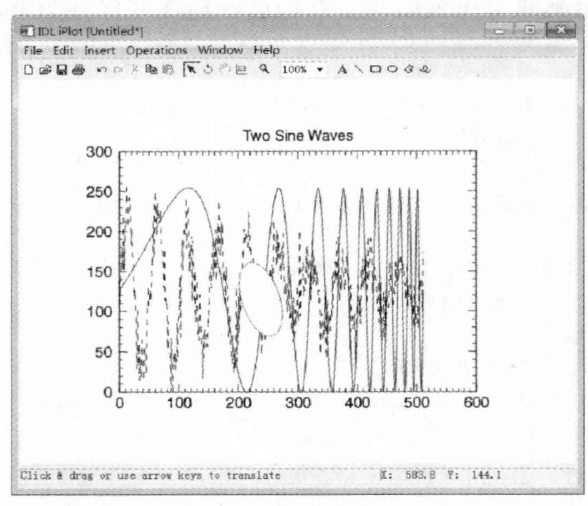

图 10.70 椭圆标注

10.3 iTools 开发

iTools 完全由 IDL 开发，所有源代码都在 IDL 目录的子目录 "lib\iTools" 下，方便用户进行查看、使用和学习。目录 "\lib\iTools\framework" 中包含了 iTools 下的功能基类；"lib\iTools\components" 中包含了 iTools 的派生类；"lib\iTools\ui_widgets" 中包含了 iTools 交互界面定义程序。

如果希望在 iTools 代码基础上进行深一步开发或调用，先要对 IDL 对象图形法有一定了解。需要注意的是不是所有程序在 IDL 的帮助文档中都有介绍，有些需要自己阅读分析源码。

10.3.1 iTools 对象类

iTools 工具是构建在一个完整的类框架之上，框架图见图 10.71 所示。框架图中包含各个对象类层次结构和基类名称。iTools 基础对象类及功能见表 10.8。

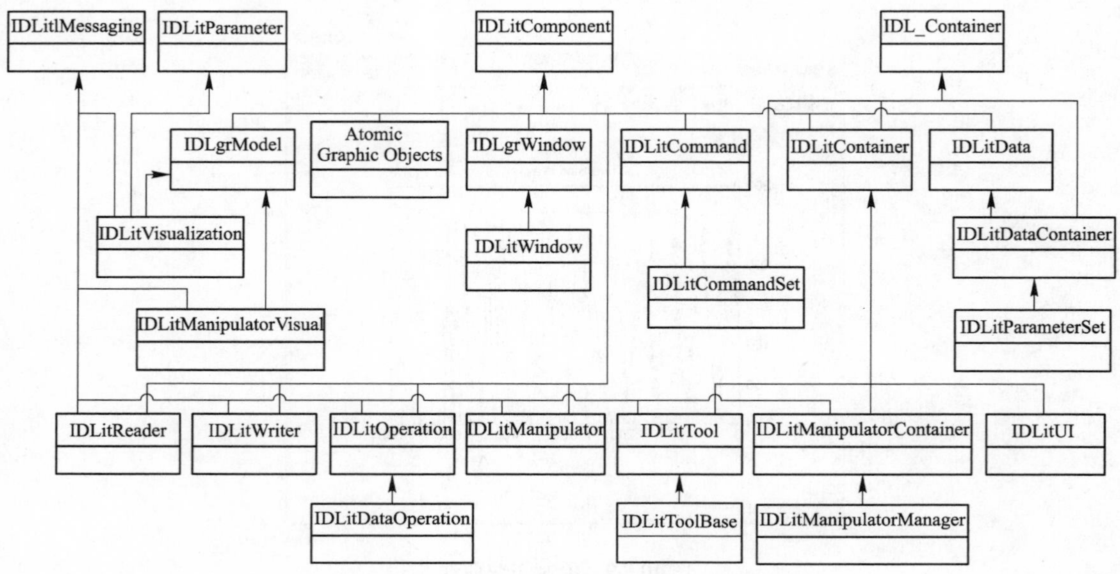

图 10.71 iTools 系统框架类

表 10.8 iTools 基础对象类

类型名称	基类名称	功能
iTools 可视化基类 (IDLitVisualization Classes)	IDLitVisAxis	显示坐标轴
	IDLitVisColorbar	显示颜色棒
	IDLitVisContour	显示二维或三维等值线
	IDLitVisHistogram	显示直方图
	IDLitVisImage	显示图像
	IDLitVisIntVol	显示体数据剖面
	IDLitVisIsoSurface	显示体数据外包多边形
	IDLitVisLegend	显示图例
	IDLitVisLight	显示光源
	IDLitVisLineProfile	显示剖面线
	IDLitVisMapGrid	显示经纬网格
	IDLitVisPlot	显示二维曲线
	IDLitVisPlotProfile	显示二维剖面线
	IDLitVisPlot3D	显示三维曲线
	IDLitVisPolygon	显示多边形
	IDLitVisPolyline	显示折线
	IDLitVisROI	显示感兴趣区
	IDLitVisShapePoint	显示 shape 矢量中的点
	IDLitVisShapePolygon	显示 shape 矢量中的多边形
	IDLitVisShapePolyline	显示 shape 矢量中的线
	IDLitVisSurface	显示三维曲面
	IDLitVisText	显示文本
	IDLitVisVolume	显示体数据
iTools 工具基类 (IDLitTool Classes)	IDLitToolContour (iContour tool)	iContour 的工具栏
	IDLitToolImage (iImage tool)	iImage 的工具栏
	IDLitToolMap (iMap tool)	iMap 的工具栏
	IDLitToolPlot (iPlot tool)	iPlot 的工具栏
	IDLitToolSurface (iSurface tool)	iSurface 的工具栏
	IDLitToolVolume (iVolume tool)	iVolume 的工具栏
	IDLitToolVector (iVector tool)	iVector 的工具栏
iTools 数据类型基类 (IDLitData Classes)	IDLitDataIDLArray2D	存储二维数组
	IDLitDataIDLArray3D	存储三维数组
	IDLitDataIDLImage	存储二维图像数据
	IDLitDataIDLImagePixels	存储图像原始数据

续表

类型名称	基类名称	功能
iTools 数据类型基类（IDLitData Classes）	IDLitDataIDLPalette	存储颜色表
	IDLitDataIDLPolyVertex	存储多边形顶点和连接关系
	IDLitDataIDLVector	存储一维矢量点数据
iTools 数据输入基类（IDLitReader Classes）	IDLitReadASCII	读取 ASCII 码文件
	IDLitReadBinary	读取二进制文件
	IDLitReadBMP	读取 BMP 图像文件
	IDLitReadDICOM	读取 DICOM 格式文件
	IDLitReadISV	读取 ISV 格式文件
	IDLitReadJPEG	读取 JPEG 图像文件
	IDLitReadJPEG2000	读取 JPEG2000 图像文件
	IDLitReadPICT	读取 PICT 格式文件
	IDLitReadPNG	读取 PNG 图像文件
	IDLitReadShapefile	读取 Shape 矢量文件
	IDLitReadTIFF	读取 TIFF 图像文件
	IDLitReadWAV	读取 WAV 格式文件
iTools 数据输出基类（IDLitWriter Classes）	IDLitWriteASCII	写出 ASCII 码文件
	IDLitWriteBinary	写出二进制文件
	IDLitWriteBMP	写出 BMP 图像文件
	IDLitWriteEMF	写出 EMF 图像文件
	IDLitWriteEPS	写出 EPS 图像文件
	IDLitWriteISV	写出 ISV 格式文件
	IDLitWriteJPEG	写出 JPEG 图像文件
	IDLitWriteJPEG2000	写出 JPEG2000 图像文件
	IDLitWritePICT	写出 PICT 格式文件
	IDLitWritePNG	写出 PNG 图像文件
	IDLitWriteTIFF	写出 TIFF 图像文件
iTools 数据、文件操作基类（IDLitOperation Classes）	IDLitOpBytscl	二维数据拉伸到 0 ~ 255 范围内
	IDLitOpConvolution	交互式卷积处理
	IDLitOpCurveFitting	交互式数据拟合处理
	DLitOpSmooth	平滑处理
iTools 可视化操作容器基类（IDLitManipulatorContainer Classes）	IDLitManipArrow	显示鼠标箭头
	DLitManipRange	控制曲线或等值线的范围
	IDLitManipRotate	交互式旋转，支持三维任意旋转和分别绕 *X* 轴、*Y* 轴和 *Z* 轴旋转

续表

类型名称	基类名称	功能
iTools 可视化操作基类 (IDLitManipulator Classes)	IDLitAnnotateFreehand	自由画线标注
	IDLitAnnotateLine	线段标注
	IDLitAnnotateOval	椭圆和圆标注
	IDLitAnnotatePolygon	多边形标注
	IDLitAnnotateText	文本标注
	IDLitManipAnnotation	标注管理界面
	IDLitManipCropBox	裁剪图像前的裁剪预览框
	IDLitManipImagePlane	为体数据选择纹理图像
	IDLitManipLine	绘制曲线或图像的剖面线
	IDLitManipROIFree	图像上绘制自由感兴趣区
	IDLitManipROIOval	图像上绘制椭圆或圆感兴趣区
	IDLitManipROIPoly	图像上绘制多边形感兴趣区
	IDLitManipROIRect	图像上绘制矩形感兴趣区
	IDLitManipRangeBox	修改曲线显示的区域范围
	IDLitManipRangePan	移动显示对象
	IDLitManipRangeZoom	放缩显示对象
	IDLitManipRotate3D	三维旋转显示对象
	IDLitManipRotateX	绕 X 轴旋转显示对象
	IDLitManipRotateY	绕 Y 轴旋转显示对象
	IDLitManipRotateZ	绕 Z 轴旋转显示对象
	IDLitManipScale	显示对象修改大小
	IDLitManipSelectBox	选择多个对象
	IDLitManipSurfContour	三维曲面上绘制等值线
	IDLitManipTranslate	移动显示对象
	IDLitManipView	操控显示区域
	IDLitManipViewPan	平移显示区域
	IDLitManipViewZoom	放缩显示区域

iTools 工具启动时，会基于预定义的基础对象类创建一系列的类对象；加载图像或对图像进行操作和处理时，会根据需要创建相关的类对象。

例如，在命令行下运行“iPlot”启动 iPlot 工具，只创建 iTools 界面框架类对象，导入数据后再创建 IDLitVisPlot 对象进行显示。

下面以 IDLitToolbase 类为例，对 iTools 的基础对象类结构和功能进行分析。IDLitToolBase 的功能是创建 iTools 的菜单、工具栏和组件右键菜单等功能，打开 IDL 目录下“\lib\itools\framework”下的“idlittoolbase_define. pro”文件。

1. 结构分析

源码大纲视图中包含“:: init”和“IDLitToolbase_Define”两部分。

2. 类定义

大纲视图中单击“IDLitToolbase _ Define”，定位到类定义部分代码，该类继承 IDLitTool 类。

```
;----------------------------------------------------------------
; IDLitToolBase_Define
;
; Purpose:
;   This method defines the IDLitTool class.
;
pro IDLitToolbase_Define
  ; Pragmas
  compile_opt idl2,hidden
  void = { IDLitToolbase,                    $
           inherits IDLitTool                $ ; Provides iTool interface
           }
end
```

3. 类初始化方法

大纲视图中单击“:: init”方法，定位到类的初始化方法部分，依次可查看类初始化函数的功能，包含菜单、工具栏按钮和右键菜单创建。

```
;------------------
; Lifecycle Routines
;------------------
; IDLitToolbase::Init
;
; Purpose:
; The constructor of the IDLitToolbase object.
;
; Parameters:
; None.
;
function IDLitToolbase::Init,_REF_EXTRA = _EXTRA
  ;; Pragmas
  compile_opt idl2,hidden

  ;; Call our super class
  if (~self -> IDLitTool::Init(_EXTRA = _extra)) then $
    return,0

  oSystem = self -> _GetSystem()

  ;; ------------
  ;;* * * File Menu

  ;; create folders
  self -> createfolders,'Operations/File',NAME = IDLitLangCatQuery('Menu:File')
  self -> createfolders,'Operations/File/New', $
       NAME = IDLitLangCatQuery('Menu:File:New')
  self -> RegisterOperation,'iPlot','IDLitOpNewTool', $
        IDENTIFIER = 'File/New/Plot'
```

```
    self -> RegisterOperation,'iSurface','IDLitOpNewTool', $
         IDENTIFIER = 'File/New/Surface'
…
      ; ------------------
    self -> RegisterOperation,IDLitLangCatQuery('Menu:File:Import'), $
         'IDLitopImportData', $
         IDENTIFIER = 'File/Import', $
         /SEPARATOR

; CT,Aug 2008: Removed old Export wizard
;     self -> RegisterOperation,IDLitLangCatQuery('Menu:File:Export'), $
;         'IDLitopExportData', $
;          IDENTIFIER = 'File/Export',ICON = 'export'

      self -> RegisterOperation,IDLitLangCatQuery('Menu:Edit:ExportImage'), $
         'IDLitopExportImage', $
         IDENTIFIER = 'File/ExportImage',ICON = 'export'

      self -> RegisterOperation,IDLitLangCatQuery('Menu:Edit:Export'), $
         'IDLitopclExport', $
         DESCRIPTION = 'Export Visualization Parameters to IDL Variables.', $
         IDENTIFIER = 'File/CLExport'
…
      ; -----------
      ; Create our File toolbar container.
      ;
      self -> Register,IDLitLangCatQuery('Menu:File:New'),'IDLitOpNewTool', $
         IDENTIFIER = 'Toolbar/File/NewTool',ICON = 'new'
      self -> Register,IDLitLangCatQuery('Menu:File:Open'), $
         PROXY = 'Operations/File/Open', $
         IDENTIFIER = 'Toolbar/File/Open'
    …
```

10.3.2 自定义 iTools 工具

基于 iTools 的系统基类可以自定义 iTools 工具，在 iTools 基础上添加自定义的功能。基本步骤可分为定义工具基类、基类注册和基类启动。创建显示图像并叠加等值线的工具(iImageContour)的操作步骤如下。

1. 编写工具调用接口

工具基类源码必须放置在 IDL 安装路径或在 IDL 系统路径参数中包含的路径，否则无法自动编译源码。调用 IREGISTER 注册“iImageContour”，定义文件名必须为“iImageContour_define. pro”。

2. 编写类源码

源码文件以“iImageContour_define. pro”，具体源码如下：

```
FUNCTION IIMAGECONTOUR::INIT,_REF_EXTRA = _extra
   ;初始化继承类
   IF ( self.IDLITTOOLBASE::INIT(_EXTRA = _extra) EQ 0) THEN $
```

```
    RETURN,0
  ;可视化
  ;注册可视化工具
  self.REGISTERVISUALIZATION,'Image&Contour','VisImageContour', $
    ICON ='image',/DEFAULT
  ;操作菜单
  ;可视化时调用菜单中增加 Canny 按钮,功能由 ImageContourCanny 类定义
self.REGISTEROPERATION,'Canny 边界检测','ImageContourCanny', $
    IDENTIFIER ='Operations/Canny'
  ;工具栏按钮
  ;可参考代码"idldir/examples/doc/itools/example3tool.pro"
  ;文件读取
  ;添加格式文件读取
  self.REGISTERFILEREADER,'读取 TIFF 格式','ImageContourReadTIFF', $
    ICON ='demo',/DEFAULT
  ;文件输出
  ;先将 iTools 自带的文件写出工具屏蔽
  self.UNREGISTERFILEWRITER,'Tag Image File Format'
  ;注册编写的 tif 文件输出工具
  self.REGISTERFILEWRITER,'写出 TIFF 格式','ImageContourWriteTIFF', $
    ICON ='demo',/DEFAULT
  ;类初始化成功
  RETURN,1
END
```

3. 功能函数

从前面介绍中可知，可视化工具、菜单、工具栏、格式读取和文件输出等功能都可以自定义。代码文件在随书配套光盘目录下，包括“iimagecontour_define. pro” “iImageContour. pro” “ImageContourCanny_define. pro” “VisImageContour_define. pro” “ImageContourWriteTIFF_define. pro” “ImageContourReadTIFF_define. pro” 等。例如，Canny 算法边缘检测工具定义代码如下：

```
FUNCTION ImageContourCanny::INIT,_REF_EXTRA =_extra
  ;基类初始化
  IF (~ self.IDLITDATAOPERATION::INIT(NAME ='Canny', $
    TYPES =['IDLVECTOR','IDLARRAY2D','IDLARRAY3D'], $
    DESCRIPTION ="Canny",_EXTRA =_extra)) THEN $
    RETURN,0
  ;设置默认值
  self._HIGHVALUE =60
  self._LOWVALUE =10
  self._SIGMAVALUE =60
  ;注册属性
  self.REGISTERPROPERTY,'HighValue',/FLOAT, $
    DESCRIPTION ='X resampling factor.'
  self.REGISTERPROPERTY,'LowValue',/FLOAT, $
    DESCRIPTION ='Y resampling factor.'
  self.REGISTERPROPERTY,'SigmaValue',/FLOAT, $
    DESCRIPTION ='Z resampling factor.'
  ;显示参数设置界面
  self.SETPROPERTYATTRIBUTE,'SHOW_EXECUTION_UI',HIDE =0
  ; keyword parameters to the superclass SetProperty method.
```

```
  IF (N_ELEMENTS(_extra) GT 0) THEN$
    self.IMAGECONTOURCANNY::SETPROPERT.Y,_EXTRA = _extra
  RETURN,1
END
;执行功能.
FUNCTION ImageContourCanny::EXECUTE,data
  ;执行 Canny 算法编译检测
  data = CANNY(data,HIGH = HighValue,LOW = LowValue,SIGMA = SigmaValue)
  RETURN,1
END
;参数设置界面显示
FUNCTION ImageContourCanny::DoExecuteUI
  ;获取当前工具的 tool
  oTool = self.GETTOOL()
  IF (~oTool) THEN RETURN,0
  ;参数设置生效
  self.SETPROPERTYATTRIBUTE, $
    ['HighValue','LowValue','SigmaValue'],SENSITIVE = 1
  result = oTool.DOUISERVICE('PropertySheet',self)
  RETURN,result
END
;获取属性参数
PRO ImageContourCanny::GetProperty, $
    HighValue = HighValue, $
    LowValue = LowValue, $
    SigmaValue = SigmaValue, $
    METHOD = method, $
    _REF_EXTRA = _extra
  ;如获取 HighValue 值,则返回 self._HighValue
  IF ARG_PRESENT(HighValue) THEN  HighValue = self._HIGHVALUE
  ;如获取 LowValue 值,则返回 self._LowValue
  IF ARG_PRESENT(LowValue) THEN LowValue = self._LOWVALUE
  ;如获取 SigmaValue 值,则返回 self._SigmaValue
  IF ARG_PRESENT(SigmaValue) THEN SigmaValue = self._SIGMAVALUE
  ;基类参数
  IF (N_ELEMENTS(_extra) GT 0) THEN$
    self.IDLITDATAOPERATION::GETPROPERTY,_EXTRA = _extra
END
;设置属性参数
PRO ImageContourCanny::SetProperty, $
    LowValue = LowValue, $
    HighValue = HighValue, $
    SigmaValue = SigmaValue, $
    METHOD = method, $
    _REF_EXTRA = _extra
  ;如赋 HighValue 值,则赋给 self._HighValue
  IF N_ELEMENTS(HighValue) THEN$
    IF (HighValue NE 0) THEN self._HIGHVALUE = HighValue
  ;如赋 LowValue 值,则赋给 self._LowValue
  IF N_ELEMENTS(LowValue) THEN$
    IF (LowValue NE 0) THEN self._LOWVALUE = LowValue
  ;如赋 SigmaValue 值,则赋给 self._SigmaValue
  IF N_ELEMENTS(SigmaValue) THEN$
    IF (SigmaValue NE 0) THEN self._SIGMAVALUE = SigmaValue
```

```
    ;基类参数
    IF (N_ELEMENTS(_extra) GT 0) THEN$
      self.IDLITDATAOPERATION::SETPROPERTY,_EXTRA = _extra
END
;类定义结构体
PRO IMAGECONTOURCANNY_DEFINE
  struc = {ImageContourCanny, $
    inherits IDLitDataOperation, $
    _HighValue: 0d, $
    _LowValue: 0d, $
    _SigmaValue: 0d, $
    _method: 0b$
    }
END
```

4. 运行工具

(1) 工具启动。与调用 iImage、iMap 等工具类似，在命令行直接输入以下命令启动(图 10.72)。

```
IDL > iImageContour,filepath('rbcells.jpg',subdir = ['examples','data'])
```

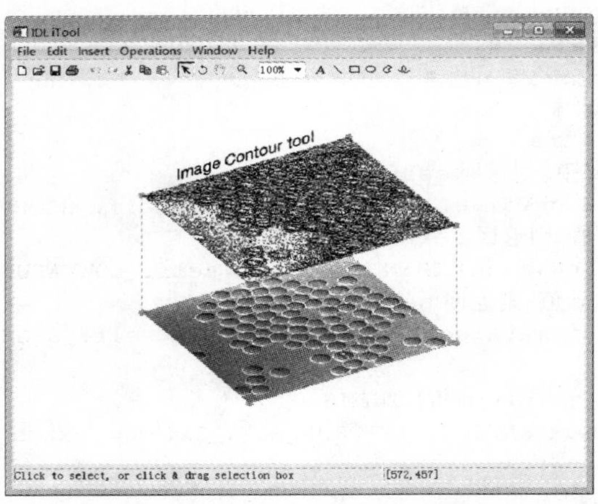

图 10.72　iImageContour 工具界面

(2) Canny 边界检测。单击菜单［Operations］-［Canny 边界检测］，弹出 Canny 算法参数设置界面（图 10.73）。

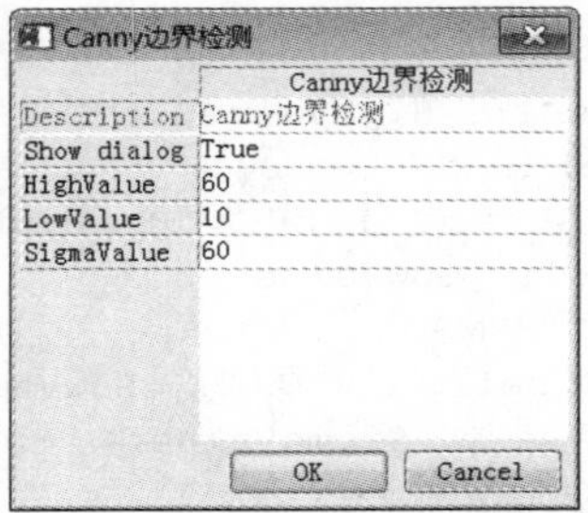

图 10.73　自定义的 Canny 边界检测

（3）输入与输出功能。单击菜单［File］-［Open］和［File］-［Save］，分别弹出文件输入和输出界面（图10.74）。

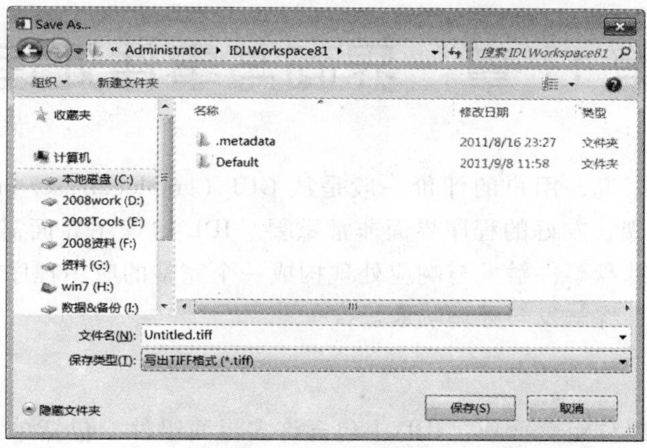

图10.74　自定义的Tiff输出

第 11 章　界面与事件处理

对一个应用程序来说，用户的评价一般是从 GUI（graphical user interface；图形用户界面）开始的，因此美观、友好的程序界面非常重要。IDL 的程序界面需要通过代码来实现，程序界面结合鼠标或键盘事件触发与响应处理构成一个完整的应用程序。本章主要介绍如何构建程序界面和编写事件触发与处理响应。

11.1　界面组件

程序界面由界面组件组合而成。IDL 中包含许多界面组件，包括单元组件界面、复合界面、对话框界面和功能界面。IDL 中程序界面设计、事件处理的一般步骤如下：

(1) 仔细进行需求分析，列出程序的功能模块及组成；

(2) 根据 GUI 组件之间的关系，给出结构和布局合理的 GUI 设计方案；

(3) 基于 GUI 设计方法实现 GUI；

(4) 例示 GUI；

(5) 对 GUI 进行事件触发与响应控制；

(6) 对 GUI 中组件的属性、事件进行设置和控制处理；

(7) 设计并实现 GUI 中各个组件之间的相互控制；

(8) 编写组件各个事件对应的功能函数；

(9) 设计 GUI 关闭时的析构函数。

11.1.1　界面单元组件

界面单元组件（表 11.1）是创建 IDL 程序界面的基础，基于单元组件可以创建复杂的界面程序。

表 11.1　界面单元组件

组件	描述
WIDGET_ACTIVEX	IDL 界面中创建 ActiveX 控件
WIDGET_BASE	容器组件
WIDGET_BUTTON	按钮组件
WIDGET_COMBOBOX	复合下拉列表组件
WIDGET_DISPLAYCONTEXTMENU	右键菜单
WIDGET_DRAW	显示组件
WIDGET_DROPLIST	下拉菜单组件
WIDGET_LABEL	标签组件
WIDGET_LIST	列表组件

续表

组件	描述
WIDGET_PROPERTYSHEET	属性编辑组件
WIDGET_SLIDER	滑动杆组件
WIDGET_TAB	TAB 组件
WIDGET_TABLE	表格组件
WIDGET_TEXT	文本组件
WIDGET_TREE	树组件
WIDGET_WINDOW	快速可视化窗口组件

1. 通用关键字

界面单元组件在使用过程中的通用关键字见表 11.2。

表 11.2 通用关键字

关键字	描述
Align_Bottom	组件底部对齐
Align_Center	组件居中
Align_Left	组件左对齐
Align_Right	组件右对齐
Align_Top	组件顶部对齐
Base_Align_Bottom	子 Base 组件底部对齐
Base_Align_Center	子 Base 组件居中
Base_Align_Left	子 Base 组件左对齐
Base_Align_Right	子 Base 组件右对齐
Base_Align_Top	子 Base 组件顶部对齐
Column	子组件列数
EVENT_FUNC	由 Widget_Event 获得的函数名
EVENT_PRO	由 Widget_Event 获得的程序名
Frame	外框线
Func_Get_Value	Widget_Control 调用 get_value 时的响应程序
Group_Leader	组界面中的“组长”（最顶层界面 ID）
Kbrd_Focus_Events	控制触发键盘时是否产生事件
Kill_Notify	界面销毁时响应的程序名称
Map	界面创建后控制显示或隐藏
No_Copy	对 UValue 进行操作时是否复制进行
Pro_Set_Value	Widget_Control 调用 set_value 时响应程序
Row	子组件行数
Scr_XSize	显示屏幕的 X 方向宽度
Scr_YSize	显示屏幕的 Y 方向高度

续表

关键字	描述
Sensitive	组件是否有效
Space	子组件直接的间隔宽度
Title	组件显示的标题
UName	组件名称，为组件标识
Units	单位类型，0 为像素；1 为英尺；2 为厘米
UValue	用户自定义值（User Value）
XOffset	组件 *X* 方向偏移量
XPad	组件与其父组件 *X* 方向边缘间隔
XSize	*X* 方向大小
X_Scroll_Size	*X* 方向滚动大小
YOffset	组件 *Y* 方向偏移量
YPad	组件与其父组件 *Y* 方向边缘间隔
YSize	*Y* 方向大小
Y_Scroll_Size	*Y* 方向滚动大小

2. 构建界面

构建界面时，界面组件层次是以 WIDGET_BASE 为顶的"金字塔"式结构（图 11.1）。

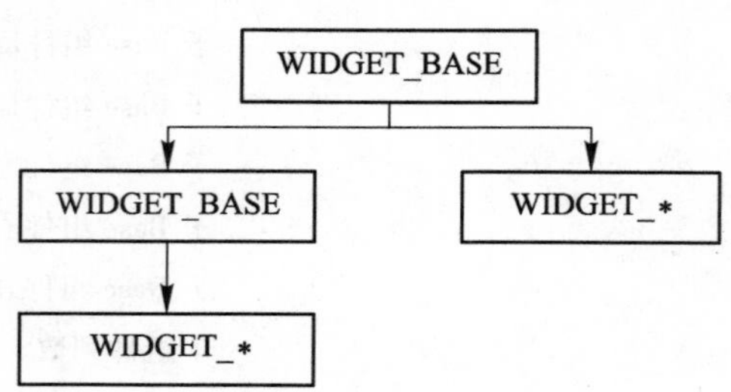

图 11.1　单元组件构建界面组织结构

（1）构建界面。构建界面是通过调用单元组件创建函数来实现的，单元组件函数调用成功后返回界面 ID。

```
IDL>;创建最高级别 base
IDL>tlb=WIDGET_BASE(uvalue='tlb')
IDL>;查看 tlb 的 ID
IDL>print,tlb
           1
IDL>;在 tlb 界面上创建按钮
IDL>button=widget_button(tlb,value='确定',uname='ok')
IDL>;查看创建的按钮 ID
IDL>print,button
           2
```

（2）界面例示。界面创建后，需要用 Widget_Control 进行例示，否则界面不能显示出来。一般来说，例示顶层组件即可。

```
IDL >;界面例示,可发现运行下面语句后界面已经显示
IDL >widget_control,tlb,/realize
```

（3）界面的控制。界面构建成功后，需要利用 Widget_Contrl 和 Widget_Info 两个命令进行属性设置或获取组件状态。各个单元组件界面参数的获取与设置可通过 Widget_Control 和 Widget_Info 命令配合对应的关键字来实现，各组件支持的关键字可详细查 IDL 帮助文档。

- Widget_Control 命令：可实现组件控制，如组件显示、组件属性设置、属性读取和组件销毁等操作，其常用关键字见表 11.3。调用格式为

```
Widget_Control, id, [关键字]
```

表 11.3 Widget_Control 的关键字

关键字	描述	关键字	描述
set_uvalue	设置组件的 uvalue	scr_xsize	组件的屏幕宽度
get_uvalue	获得组件的 uvalue	scr_ysize	组件的屏幕高度
hourglass	等待时鼠标显示为沙漏		

- Widget_Info 命令：可获得已经存在组件的信息，其常用关键字见表 11.4。调用格式为

```
result =Widget_Info(id,[关键字])
```

表 11.4 Widget_Info 的关键字

关键字	描述	关键字	描述
geometry	设置组件的位置偏移和大小信息	uname	获得组件的 uname
parent	获得组件的父组件	valid_id	组件是否有效
child	获得组件的孩子组件	find_by_uName	通过 uname 查找组件

组件的参数设置与控制示例代码如下：

```
IDL >;获取 tlb 的 UValue
IDL >Widget_Control,tlb,get_uvalue =tlbUValue
IDL >;查看 tlb 的 UValue 值
IDL >print,tlbUValue
tlb
IDL >;设置 tlb 的 UValue 为[1,2,3,4]
IDL >Widget_Control,tlb,Set_uvalue =[1,2,3,4]
IDL >;获取 tlb 的 UValue
IDL >Widget_Control,tlb,get_uvalue =tlbUValue
IDL >;查看 tlb 的 UValue 值
IDL >print,tlbUValue
1       2       3       4
IDL >;获取按钮的 Value 值
IDL >Widget_Control,button,get_value =buttonValue
IDL >;查看按钮的 Value 值
IDL >print,buttonValue
确定
IDL >;查看按钮的 Uname 值
```

```
IDL >print,Widget_Info(button,/UName)
ok
IDL >;查看 tlb 组件的位置、偏移与大小信息结构体
IDL >help,Widget_Info(tlb,/Geometry),/str
* * Structure WIDGET_GEOMETRY,12 tags,length =48,data length =48:
   XOFFSET          FLOAT          0.000000
   YOFFSET          FLOAT          0.000000
   XSIZE            FLOAT          54.0000
   YSIZE            FLOAT          26.0000
   SCR_XSIZE        FLOAT          72.0000
   SCR_YSIZE        FLOAT          69.0000
   DRAW_XSIZE       FLOAT          0.000000
   DRAW_YSIZE       FLOAT          0.000000
   MARGIN           FLOAT          0.000000
   XPAD             FLOAT          0.000000
   YPAD             FLOAT          0.000000
   SPACE            FLOAT          0.000000
```

通过组件之间继承关系，利用 Widget_info 功能查找组件，示例代码如下：

```
IDL >;查看 tlb 的子组件,输出 2 则表示子组件是按钮 button
IDL >print,Widget_Info(tlb,/child)
           2
IDL >;查看 button 的子组件,输出 0 表示无子组件
IDL >print,Widget_Info(button,/child)
           0
IDL >;查看 button 的父组件,输出 1 则表示父组件为 tlb
IDL >print,Widget_Info(button,/parent)
           1
IDL >;查看 tlb 中 uname 为'ok'的组件,输出 2 则表示为 button 组件
IDL >print,Widget_Info(tlb,find_By_Uname ='ok')
           2
```

3. 常用组件

（1）Base 组件（WIDGET_BASE）：可以称为容器组件，任何界面必须以 Base 组件为基础界面。创建组件：

```
Result =WIDGET_BASE([Parent] [,/Keywords)
```

其中，Keywords 是可选关键字，常用的关键字如下。

- Floating：创建浮动窗口，类似导航图窗口，可任意移动。
- Model：创建模式框窗口，该窗口在被关闭前无法对其“父”窗口进行操作。
- mBar：创建菜单栏，调用方式为 mbar = menuID，其中 menuID 是菜单栏组件 ID。
- TLB_FRAME_ATTR：创建不同类型窗口，参数见表 11.5。该数值可以累加，如 9 =1 +8，则创建的界面不能更改大小，不能进行最小化、最大化操作和不能被关闭。
- TLB_KILL_REQUEST_EVENTS：控制相应关闭事件，如果设置该参数为 1，则在界面事件响应程序中可以根据 TAG_NAMES（event，/ STRUCTURE_NAME）的返回值是否为 'WIDGET_KILL_REQUEST '来判断是否对组件进行了关闭操作。

表 11.5　窗口类型值

值	窗口类型	值	窗口类型
1	窗口不能进行大小更改、最小化、最大化等操作	4	不显示标题栏
		8	窗口无法关闭
2	不显示系统菜单	16	窗口不能移动

以下为组件调用示例（图 11.2），源码可参考实验数据光盘中“第 11 章\widget_base_example. pro”文件。

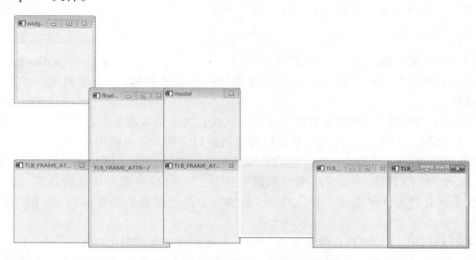

图 11.2　WIDGET_BASE 组件示例图

（2）按钮组件（WIDGET_BUTTON）：用来创建常规按钮、位图按钮（工具栏按钮或图形按钮）、单选按钮、复选按钮、标准菜单和菜单按钮等界面。创建组件：

```
Result = WIDGET_BUTTON([Parent] [,/Keywords)
```

其中，Parent 是按钮组件的上级组件 ID；Keywords 是可选关键字，常用关键字如下。

- TOOLTIP：鼠标在按钮上悬停时所显示的文字。
- Value：不同类型不同的显示方式，有下面几种。字符串，显示为文字；$n \times m$ 字节型数组，显示成黑白图片；$n \times m \times 3$ 字节型数组，显示成 24 位真彩色图片；Bitmap 控制是否显示成图标型按钮，若为 1，则 value 可以为图标文件名。
- Menu：创建菜单按钮。
- SEPARATOR：菜单之间的分割线。
- 复选或单选：由按钮父组件 WIDGET_BASE 中 EXCLUSIVE 和 NONEXCLUSIVE 关键字来控制。

以下为组件调用示例（图 11.3），源码可参考实验数据光盘中“第 11 章\widget_button_example. pro”文件。

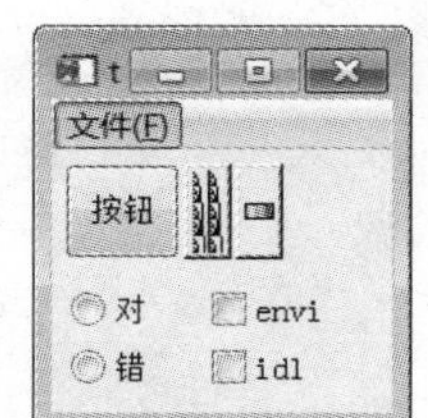

图 11.3　WIDGET_BUTTON 组件示例图

（3）标签组件（WIDGET_LABEL）：用来创建字符串标签。创建组件：

```
Result=WIDGET_LABEL( [Parent] [,/Keywords)
```

其中，Keywords 是可选关键字，常用关键字如下。

- Value：组件上显示的字符串，需换行显示可在字符串中间用 String（13b）分隔。
- Frame：字符串外围边框宽度，为 0 则不显示。

以下为组件调用示例（图 11.4），源码可参考实验数据光盘中“第 11 章\widget_label_example. pro”文件。

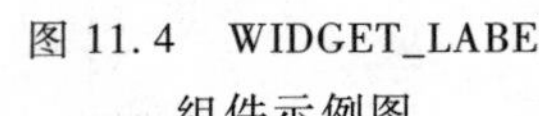

图 11.4　WIDGET_LABEL 组件示例图

（4）显示组件（WIDGET_DRAW）：用来创建 draw 组件，draw 是 IDL 下的标准矩形图像显示组件。创建组件：

```
Result=WIDGET_DRAW( [Parent] [,/Keywords)
```

其中，Keywords 是可选关键字，常用关键字如下。

- BUTTON_EVENTS：设为 1 则鼠标在组件内按下或弹起时响应事件。
- COLOR_MODEL：对象图形法下的色彩模式，为 1 则为索引颜色，为 0 为 RGB。
- GRAPHICS_LEVEL：设为 1 是直接图形法窗口，为 2 是对象图形法窗口。
- EVENT_PRO：事件响应程序名称，设置后事件响应会进入到该程序中。
- EXPOSE_EVENTS：是否产生“暴露”事件，可以控制窗口从被其他窗口遮挡或由最小化状态恢复到正常状态时，需要产生“暴露”事件（重新渲染显示），与 RETAIN 结合使用加快显示效率。
- KEYBOARD_EVENTS：键盘事件，设为 1 则触动键盘时响应事件。
- MOTION_EVENTS：鼠标移动事件，设为 1 则鼠标在 WIDGET_DRAW 内移动时会响应事件。
- RETAIN：设为 0 不进行后备存储操作（暂时不需要的程序和数据）备份；为 1 则操作系统进行后备存储操作；为 2 则 IDL 自身进行后备存储操作；
- TRACKING_EVENTS：是否产生“跟踪”事件，设为 1 则鼠标移动到 draw 区域内时会产生响应事件。
- WHEEL_EVENTS：设置为 1 则产生鼠标事件，例如需要利用鼠标滚轮进行放大缩小操作时则设置该关键字为 1。

以下为组件调用示例（图 11.5），源码可参考实验数据光盘中“第 11 章\widget_draw_example. pro”文件。

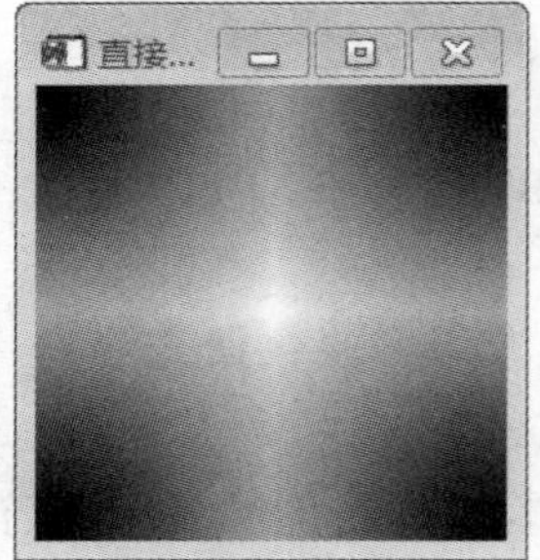

图 11.5　WIDGET_DRAW 组件示例图

(5) 属性列表组件 (WIDGET_PROPERTYSHEET): 用来编辑对象的属性信息，一般用在对象图形法中。创建组件:

```
Result =WIDGET_PROPERTYSHEET ( [Parent] [,/Keywords)
```

其中，Keywords 是可选关键字，常用关键字如 Value，是单个对象或对象集，属性的获取或设置调用对象自身的方法。

以下是组件调用示例 (图 11.6)，源码可参考实验数据光盘中 "第 11 章\widget_propertysheet_example. pro" 文件。

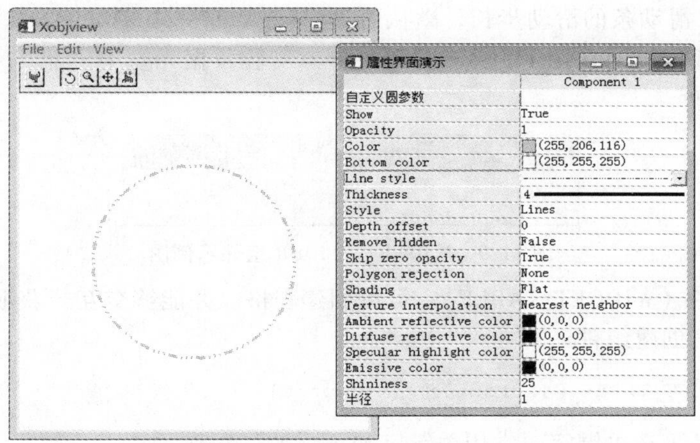

图 11.6　WIDGET_PROPERTYSHEET 组件示例图

(6) 列表组件 (WIDGET_LIST): 用来创建列选择组件。创建组件:

```
Result =WIDGET_LIST( [Parent] [,/Keywords)
```

其中，Keywords 是可选关键字，常用关键字如下。

- Value: List 组件显示的字符串或字符串数组。
- MULTIPLE: 组件列表可以多选。

以下为组件调用示例 (图 11.7)，源码可参考实验数据光盘中 "widget _ list _ example. pro" 文件，该程序包含事件响应。

(7) 下拉列表组件 (WIDGET_DROPLIST): 与 WIDGET_LIST 组件类似，可以创建下拉列表。创建组件:

```
Result =WIDGET_DROPLIST ( [Parent] [, /Keywords)
```

以下为组件调用示例 (图 11.8)，源码可参考实验数据光盘中 "第 11 章\widget_droplist_example. pro" 文件。

图 11.7　WIDGET_LIST 组件示例图

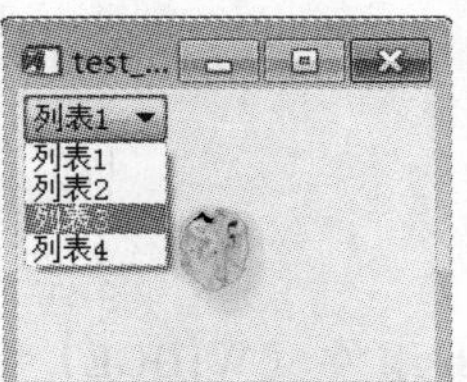

图 11.8　WIDGET_DROPLIST 组件示例图

（8）滑动条组件（WIDGET_SLIDER）：用来创建滑动条，滑动条可以交互获取或者设置指定范围内的整数值。创建组件：

```
Result = WIDGET_SLIDER ( [Parent] [,/Keywords)
```

其中，Keywords 是可选关键字，常用关键字如下。

- MAXIMUM：滑动条范围的最大值。
- MINIMUM：滑动条范围的最小值。
- Value：滑动条默认值。
- SCROLL：滑动条的滑动步长，默认值为(MaxiMum - MiniMum) * 0.1。

以下为组件调用示例（图 11.9），源码可参考实验数据光盘中“第 11 章\widget_slider_example. pro”文件。

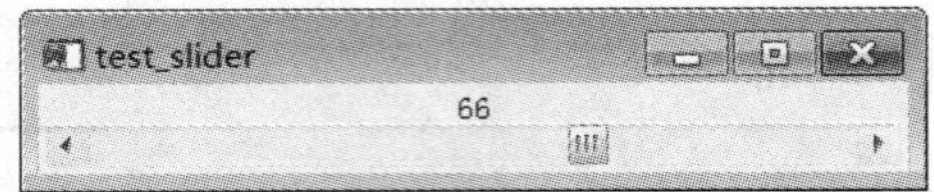

图 11.9　WIDGET_SLIDER 组件示例图

（9）表格组件（WIDGET_TABLE）：可以创建表格，并能够交互式获取或设置表格指定行列号范围内值。创建组件：

```
Result = WIDGET_TABLE ( [Parent] [,/Keywords)
```

其中，Keywords 是可选关键字，常用关键字如下。

- BACKGROUND_COLOR：表格背景颜色。
- COLUMN_LABELS：列名称字符串数组。
- DISJOINT_SELECTION：设为 1 时，可用鼠标选择表格的矩形区域。
- EDITABLE：设为 1 时，可修改表格单元的值。
- FOREGROUND_COLOR：表格前景色。
- ROW_LABELS：行名称字符串数组。

以下为组件调用示例（图 11.10），源码参考实验数据光盘中“第 11 章\widget_table_example. pro”文件。

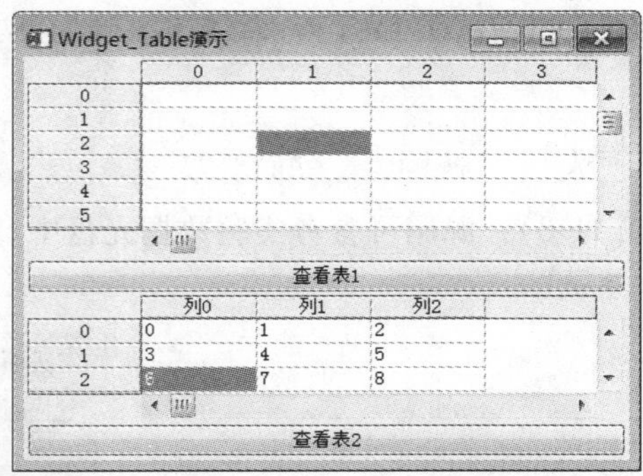

图 11.10　WIDGET_TABLE 组件示例图

（10）Tab 组件（WIDGET_TAB）：用来创建页面组件。创建组件：

```
Result = WIDGET_TAB ( [Parent] [,/Keywords)
```

以下为组件调用示例（图 11.11）源码可参考实验数据光盘中“第 11 章\widget_tab_example. pro”文件。

（11）文字组件（WIDGET_TEXT）：用来创建文字输入编辑组件。创建组件：

```
Result = WIDGET_TTEXT ( [Parent] [,/Keywords)
```

其中，Keywords 是可选关键字，常用关键字如下。

- Value：组件文字框中显示的字符串。
- Editable：文本框中的内容能否被编辑。
- XSize 与 YSize：文本框宽度，注意单位是字符列数和行数。

以下为组件调用示例（图 11.12），源码可参考实验数据光盘中“第 11 章\widget_text_example. pro”文件。

图 11.11　WIDGET_TAB 组件示例图

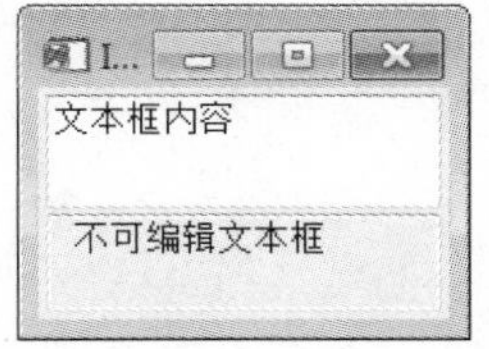

图 11.12　WIDGET_TEXT 组件示例图

（12）树组件（WIDGET_TREE）：用来创建的树形列表的组件。创建组件：

```
Result = WIDGET_TREE ( [Parent] [, /Keywords)
```

其中，Keywords 是可选关键字，常用关键字如下。

- Value：是 tree 的节点显示的名称。
- Folder：设为 1 时，当前节点是文件夹节点（树枝），可包含叶子节点
- EXPANDED：设为 1 时，可对文件夹节点进行展开、折叠控制。

以下为组件调用示例（图 11.13），源码可参考实验数据光盘中“第 11 章\widget_tree_example. pro”文件。

图 11.13　WIDGET_TEXT 组件示例图

11.1.2　复合界面组件

复合界面组件是 IDL 中具备某些功能的界面程序，均以 CW_开头，这类组件具备一定独立的功能。复合界面组件列表见表 11.6。

表 11.6　复合界面组件

名称	概述
CW_TMPL	事件调用模版组件
CW_ANIMATE	播放动画的复合界面组件（直接图形法）
CW_ANIMATE_GETP	获取播放动画界面的界面 ID
CW_ANIMATE_LOAD	为 CW_ANIMATE 运行载入图像
CW_ANIMATE_RUN	为 CW_ANIMATE 播放载入的图像
CW_CLR_INDEX	创建水平颜色索引选择界面组件
CW_COLORSEL	颜色表颜色索引选择界面组件

续表

名称	概述
CW_PALETTE_EDITOR_GET	调色板属性获取
CW_PALETTE_EDITOR	调色板操作界面组件
CW_PALETTE_EDITOR_SET	调色板属性设置
CW_RGBSLIDER	色彩 RGB 滑动杆选取
CW_FIELD	数据输入界面组件
CW_FILESEL	文件选择界面组件
CW_FORM	包含文字、数字、按钮、列表和下拉列表等组件的界面组件
CW_DEFROI	创建感兴趣区界面组件
CW_LIGHT_EDITOR	编辑 IDLgrLight 对象界面组件
CW_LIGHT_EDITOR_GET	获取 CW_LIGHT_EDITOR 的参数
CW_ZOOM	显示放大图像界面组件（直接图形法）
CW_ARCBALL	三维坐标旋转仿真
CW_ORIENT	交互式调整三维显示转换矩阵
CW_BGROUP	组合式创建菜单
CW_FSLIDER	浮点数选择滑动条组件
CW_PDMENU	菜单创建功能

数据输入组件（CW_FIELD）是 WIDGET_BASE、WIDGET_LABEL 和 WIDGET_TEXT 组件的结合，可以实现其他单元组件不具备的功能。创建组件：

```
Result = CW_FIELD ( [Parent] [,/Keywords)
```

其中，Keywords 是可选关键字，常用关键字如下。

- Title：组件文字框前面显示的字符。
- NOEDIT：设为 1 则当前字符串不可编辑。
- 类型关键字：包括 Floating、Long、Integer、String 等，设置后则字符输入时只能输入相应的数据类型，无法输入其他类型。

以下为组件使用示例（图 11.14），源码可参考实验数据光盘中“第 11 章\cw_field_example. pro”文件。

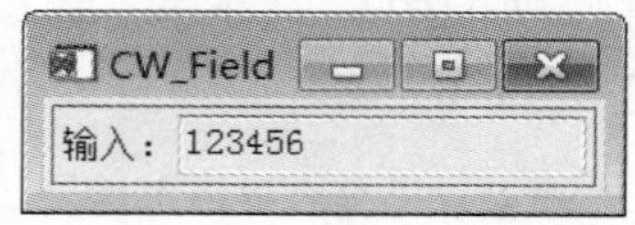

图 11.14　CW_FIELD 组件示例图

其他复合界面组件的详细介绍与使用方法可参考 IDL 帮助文档。以 CW_ARCBALL 为例，可以直接运行 IDL 中的示例代码（图 11.15）。

```
IDL > .RUN cw_arcball
IDL > ARCBALL_TEST
```

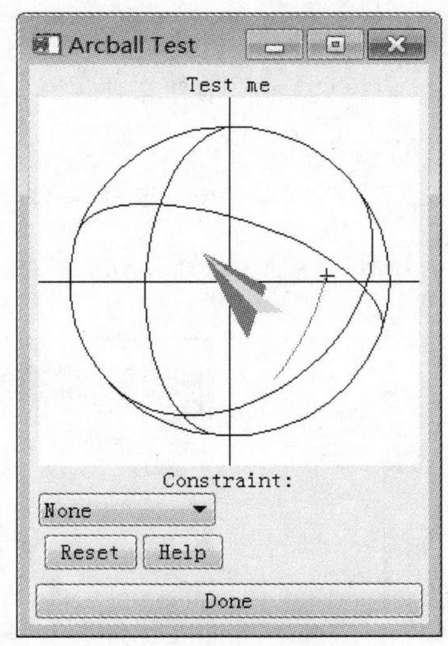

图 11.15　CW_ARCBALL 组件示例图

11.1.3　对话框界面组件

对话框的功能是以对话框方式进行信息提示或信息输入。IDL 中的对话框界面组件见表 11.7。以下主要介绍文件选择对话框和信息显示对话框的创建、常见关键字及调用。

表 11.7　对话框界面

名称	概述
DIALOG_MESSAGE	信息显示对话框
DIALOG_PICKFILE	文件选择对话框
DIALOG_PRINTERSETUP	打印机参数设置对话框
DIALOG_PRINTJOB	打印任务参数设置
DIALOG_READ_IMAGE	图像文件读取对话框
DIALOG_WRITE_IMAGE	图像文件写出对话框

(1) 文件选择（Dialog_PickFile）对话框：可以实现交互式文件或文件夹的选择。创建组件：

```
Result = Dialog_PickFile ( [Parent] [,/Keywords)
```

其中，Keywords 是可选关键字，常用关键字如下。

- Title：对话框的标题内容；
- Filter：过滤文件类型，设置字符串或字符串数组。

调用示例代码如下：

```
IDL >;对话框选择文件目录,见图 11.16(a)
IDL >file = dialog_pickfile(/Directory)
IDL >;对话框选择文件,见图 11.16(b)
IDL >file = dialog_pickfile()
```

```
    IDL >;添加初始化路径和文件类型过滤,见图 11.16(c)
    IDL > file = dialog_pickfile( title ='选择文件',path ='c:\',get_path = oriPath,
filter ='*.pro')
    IDL >;文件过滤,并可以多选,见图 11.16(d)
    IDL >   file = dialog_pickfile(title ='选择文件',path = oriPath,/multiple_
files,$
    >     filter = [['*.jpg','*.bmp','*.tif','*.*'],['JPG 文件','BMP 文件','TIF 文件','所
有文件']])
```

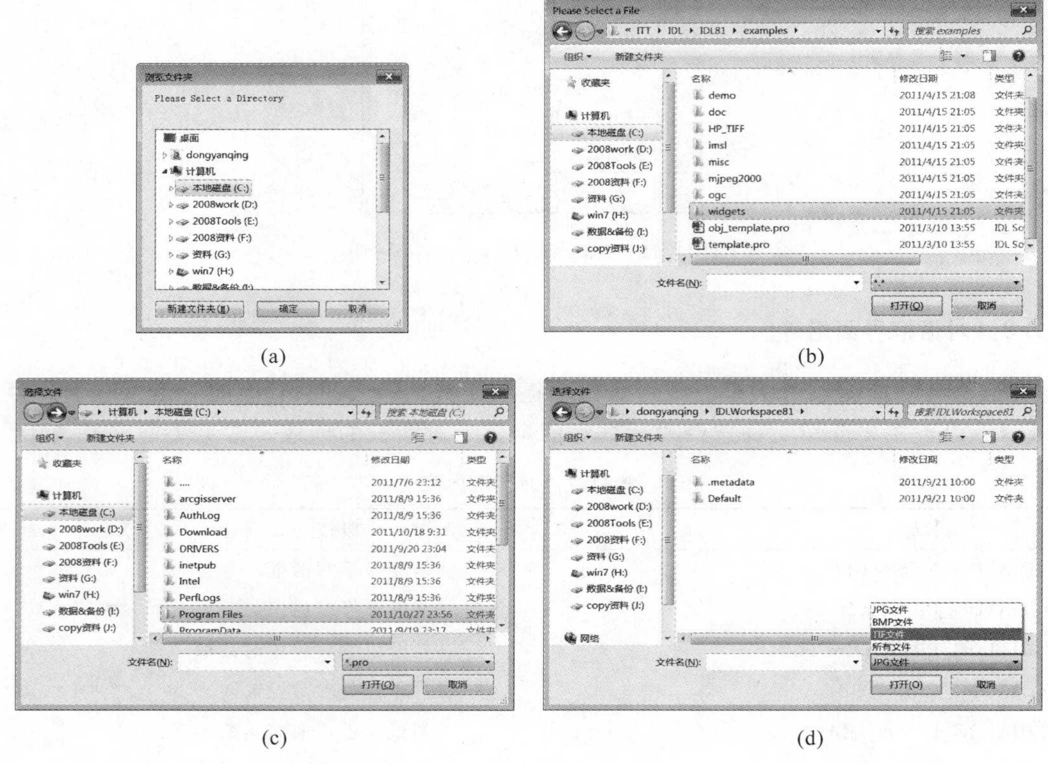

图 11.16 对话框文件选择示例图

(2) 信息提示 (Dialog_Message) 对话框：即弹出对话框同时阻塞当前程序进程，界面关闭后继续执行后续操作。创建组件：

```
Result = Dialog_Message ( [Parent] [,/Keywords)
```

其中，Keywords 是可选关键字，常用关键字如下。

- Cancel：设为 1 时界面中添加取消按钮。
- Default_Cancel：设为 1 时默认选择 Cancel 按钮。
- Default_No：设为 1 时默认选择 “No” 按钮。
- Error：设为 1 时创建 “错误” 提示对话框。
- Information：设为 1 时创建信息提示对话框。
- Question：设为 1 时创建疑问对话框。

调用示例代码如下：

```
IDL >;信息提示对话框,见图 11.17(a)
IDL >rlt = DIALOG_MESSAGE('信息提示',title = '信息',/Information)
IDL >;错误提示对话框,见图 11.17(b)
IDL >rlt = DIALOG_MESSAGE('程序出错了!',title = '错误',/Error)
IDL >;疑问对话框,见图 11.17(c)
IDL >rlt = DIALOG_MESSAGE('正确么?',title = '疑问',/Question)
IDL >;疑问对话框,见图 11.17(d)
IDL >rlt = DIALOG_MESSAGE('继续?',title = '疑问',/Cancel)
```

(a)

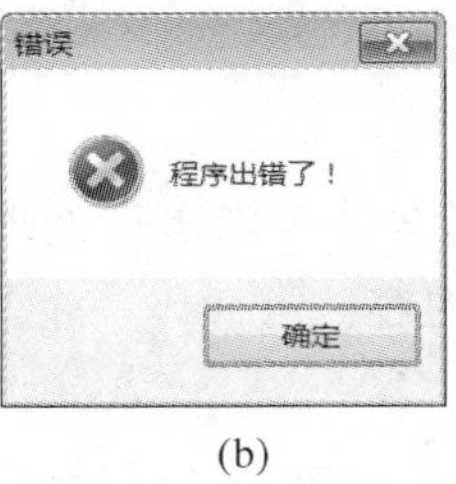

(b)

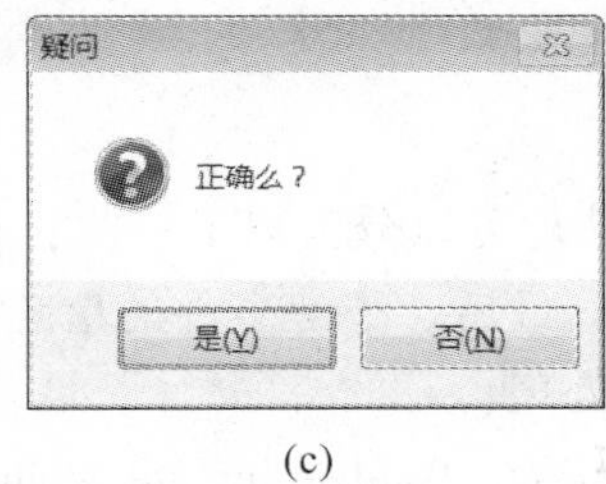

(c)

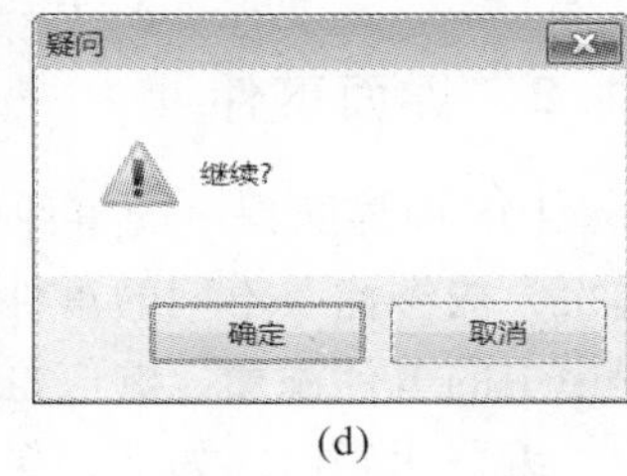

(d)

图 11.17　信息提示对话框示例图

11.1.4　功能界面组件

功能界面组件是 IDL 中自带的特殊函数，这些函数具备一定的界面并实现一些功能，且大部分提供源码参考（表 11.8）。

表 11.8　功 能 界 面

名称	概述
EFONT	矢量字体编辑器和显示工具
IDLEXBR_ASSISTANT	打开输出助手
SLIDE_IMAGE	创建一个滚动的图形窗口用来显示图像
XBM_EDIT	创建和编辑 IDL 编译器工具按钮位图图标
XDISPLAYFILE	显示 ASCII 码文本文件的组件
XDXF	查看和操控 DXF 对象
XFONT	选择和浏览 X Windows 字体的模式窗口
XINTERANIMATE	动态显示序列图像
XLOADCT	选择和设置颜色表的工具
XMTOOL	查看 XMANAGER 管理的组件的工具
XOBJVIEW	查看图形对象的工具
XOBJVIEW_ROTATE	旋转 XOBJVIEW 里面的对象
XOBJVIEW_WRITE_IMAGE	将 XOBJVIEW 中的对象输出成图片
XPALETTE	创建和修改颜色表的工具
XPCOLOR	颜色查看器
XPLOT3D	创建和手动编辑三维曲线
XROI	直接图形法下的感兴趣区编辑工具

续表

名称	概述
XSURFACE	以图形方式查看 Surface
XVAREDIT	IDL 中变量修改工具
XVOLUME	查看和操作体数据
XVOLUME_ROTATE	对 XVOLUME 显示的体对象进行旋转
XVOLUME_WRITE_IMAGE	将 XVOLUME 中的对象输出成图片

11.2　界面事件

IDL 中界面程序的事件处理可以分为以下三步：首先，要对事件处理添加一个“管家”；其次，能够捕获不同的事件；最后，了解事件的信息内容。下面以一个具体实例来说明界面程序中的事件添加、响应与处理。

编写代码内容如下，保存为“Widget_create_example. pro”，运行界面如图 11.18 所示。

```
;事件响应程序
PRO Widget_Create_Example_EVENT,event
  ;查看 event 事件结构体
  HELP,event,/Structure
  ;获得触发事件的组件 ID
  PRINT,'uName:',WIDGET_INFO(event.id,/uName)
  ;获得触发事件的 uValue 和 value
  WIDGET_CONTROL,event.id,get_Value = curValue,get_UValue = curUValue
  PRINT,'value:',curValue
  print,'UValue:',curUValue
END
;主程序
PRO Widget_Create_Example
  ;创建界面顶级 base,大小为 200 像素 * 200 像素
  ;column 则表示其子界面均行排列
  tlb = WIDGET_BASE(/COLUMN, $
    xsize = 200,ysize = 200)
  ;创建按钮 1,标签为 Close
  button1 = WIDGET_BUTTON(tlb, $
    value = 'Close', $
    xoffset = 100, $
    uValue = 'button1 uvalue', $
    uname = 'close')
  ;创建按钮 2,标签为 Information
  button2 = WIDGET_BUTTON(tlb, $
    value = 'Pop MSG', $
    uvalue = FINDGEN(4,4), $
    xoffset = 100, $
    uname = 'infor')
  ;组件例示,仅控制顶级 base 即可,否则不显示
  WIDGET_CONTROL,tlb,/REALIZE
  ;查看组件 ID
  print,'tlb:',tlb
  print,'button1:',button1
```

```
    print,'button2:',button2
    ;关联界面响应函数
    XMANAGER,'Widget_Create_Example',tlb,/NO_Block
  END
```

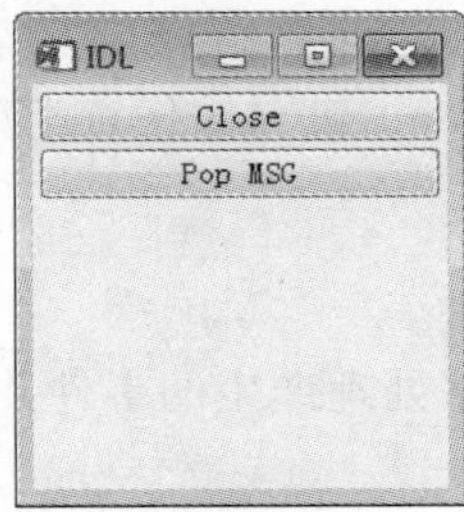

图11.18 界面程序图

初始化运行时控制台输出信息：

```
tlb:          1
button1:            2
button2:            3
```

单击 Close 按钮时控制台输出信息：

```
** Structure WIDGET_BUTTON,4 tags,length=16,data length=16:
   ID              LONG                 2
   TOP             LONG                 1
   HANDLER         LONG                 1
   SELECT          LONG                 1
uName:close
value:Close
UValue:button1 uvalue
```

单击 Pop MSG 按钮时控制台输出信息：

```
** Structure WIDGET_BUTTON,4 tags,length=16,data length=16:
   ID              LONG                 3
   TOP             LONG                 1
   HANDLER         LONG                 1
   SELECT          LONG                 1
uName:infor
value:Pop MSG
UValue:      0.000000      1.00000      2.00000      3.00000
        4.00000      5.00000      6.00000      7.00000
        8.00000      9.00000      10.0000      11.0000
        12.0000      13.0000      14.0000      15.0000
```

以上示例包含程序界面创建（单元组件 Widget_* 的创建）、组件事件关联与事件响应（Xmanager）。

1. 构建组件

界面组件按照“金字塔”模式创建（图 11.1），每个组件创建成功后 IDL 会分配一个

ID 号来标识。第一次程序运行时控制台输出的信息，表示该程序本次运行时 tlb 的 ID 是 1，button1 的 ID 是 2，button2 的 ID 是 3。

创建组件后不执行 Realize 操作（“例示”），则组件不会被显示，Widget_Control 与 Realize 关键字对顶级 base 操作即可正常显示（设置了隐藏关键字 map 时的除外）。

组件常用的属性有 uname——代表组件用户定义名（user name，需要是字符串）和 uValue——代表用户定义值（user value，可存储任意类型数据）等，属性的获取与设置利用 Widget_Info 和 Widget_Control 来实现。

2. 组件事件关联

组件创建成功后，用 XManager 来处理产生的事件并调用事件响应程序。调用方式为：

```
Xmanager,Name,ID,[关键字]
```

其中，Name 是一个字符串，如示例代码中的“Widget_Create_Example”；ID 是组件的标识 ID。

常用关键字有 EVENT_HANDLER 和 NO_BLOCK。其中，EVENT_HANDLER 可指定事件响应程序名，如果未指定，则默认响应程序名称是 Name + “_EVENT”，如示例代码中的“PRO Widget_Create_Example_EVENT”。NO_BLOCK 关键字控制程序运行过程中是否进行屏蔽命令行。

3. 事件响应程序

事件响应程序是一个 pro 程序，启动事件响应后，一旦有事件处理操作，系统会自动调用该事件程序并传递组件事件结构体。程序格式为：

```
pro program_event,var
```

其中，program 是指定的时间程序名称；var 是事件结构体变量，一般习惯写成 event 或 ev。结构体中包含组件的相关信息，通用成员变量有 ID、Top 和 Handler 三个，均为长整型变量。ID 为事件过程中组件的唯一标示符；Top 为组件层次结构中顶级的 base 的标识；Handler 为与事件响应组件的标识。

界面程序事件中，有时需要根据组件名称或事件类型对事件进行响应处理，参考示例代码中对组件的 uname、value 和 uValue 进行获取与使用。

11.3　界面程序编写

编写界面程序时，主要包括构建界面、设置传递参数和编写界面事件响应程序三个主要步骤。

11.3.1　界面构建

构建界面程序时，界面组件是“金字塔”结构，即一个具备三层界面组件关系的层次关系见图 11.19。其中，Widget1 为顶级 base；Widget2 和 Widget3 为第二级；Widget4、Widget5 和 Widget6 为第三级。Widget1

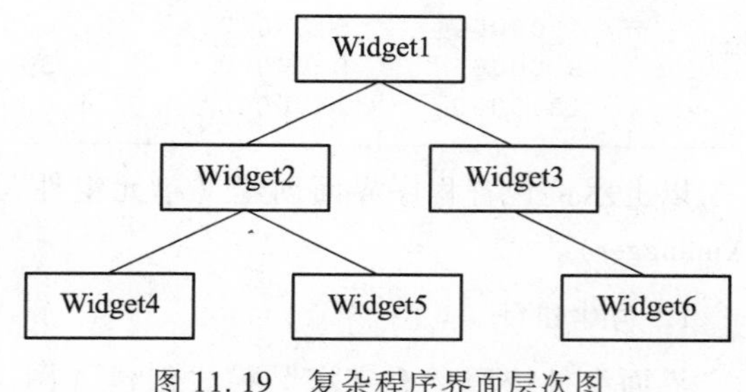

图 11.19　复杂程序界面层次图

必须为 WIDGET_BASE。

组件层次从属关系分两种：若上一级组件是下一级组件的 parent，则下一级组件在上一级界面中，如后面的示例代码界面（图 11.21）；若上一级组件是下一级组件的 group_leader，则各子组件相对独立，如图 11.20 中 ENVI 4.8 界面。

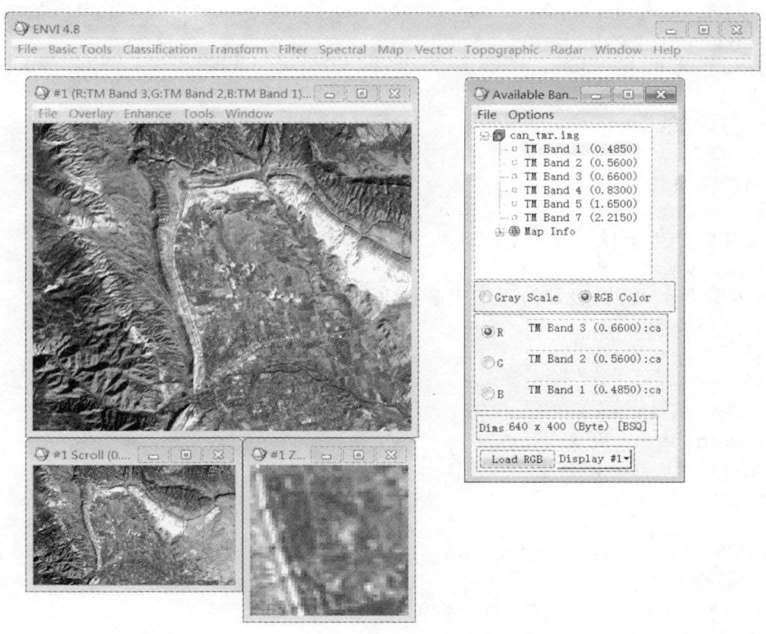

图 11.20 ENVI 4.8 主界面

以下为界面程序的创建代码，包括菜单、label 组件、text 组件、button 组件、draw 组件和右键菜单等单元界面（图 11.21）。

```
PRO WIDGET_EXAMPLES
  ;创建一个主 Base 窗体
  base1 = WIDGET_BASE( TITLE = '界面程序示例', $
    mBar = mBar , $
    uname = 'tlb', $
    ;按行排列
    /COLUMN, $
    ;重设置大小时产生事件
    /TLB_SIZE_EVENTS, $
    ;关闭时产生事件
    /TLB_KILL_REQUEST_EVENTS)
  ;创建系统菜单
  wFile = WIDGET_BUTTON( mbar,value = '文件( &F)')
  wOpen = WIDGET_BUTTON( wFile,value = '打开( &O)')
  wExit   = WIDGET_BUTTON( wFile,value = '退出( &E)', $
    ;添加分隔线
    /Separator)
  ;创建一个按钮
  base2 = WIDGET_BASE( base1 ,/row)
  label1 = WIDGET_LABEL( base2 , $
```

```
    value = '当前事件:')
  text1 = WIDGET_TEXT( base2, $
    xSize = 10)
  button = WIDGET_BUTTON( base2, $
    value = '按钮', $
    uName = 'button')
  mydraw = WIDGET_DRAW( base1, $
    retain = 1, $
    ;设置大小
    xsize = 400, $
    ysize = 400, $
    ;滚轮时产生事件
    /wheel_events, $
    ;单击按钮时产生事件
    /button_events, $
    ;暴露(从遮挡到最前显示时)时产生事件
    /expose_events, $
    ;鼠标移动时产生事件
    /motion_events, $
    ;键盘敲击时事件
    /keyboard_events, $
    ;设置组件的 uName,即名字
    uname = 'mydraw')
  ;例示
  WIDGET_CONTROL,base1,/REALIZE
  ;创建右键菜单界面
  contextBase = WIDGET_BASE( mydraw,/CONTEXT_MENU)
  ;右键菜单中菜单选项
  button1 = WIDGET_BUTTON( contextBase, $
    VALUE = '右键菜单 1', $
    uname = 'contexButton1')
  button2 = WIDGET_BUTTON(contextBase, $
    VALUE = '右键菜单 2', $
    uname = 'contexButton2')
```

图 11.21　程序运行后主界面

加载并显示一个伪彩色图像的代码，效果见图 11.22 所示。

```
;获取系统初始化颜色模式
  DEVICE,Get_Decomposed = oriD
  ;显示伪彩色图像
  DEVICE,decomposed = 0
  ;载入系统颜色表
  LOADCT,23
  ;显示一个 400 像素 * 400 像素的方形图像
  imgData = Dist(400)
  TVSCL,imgData
```

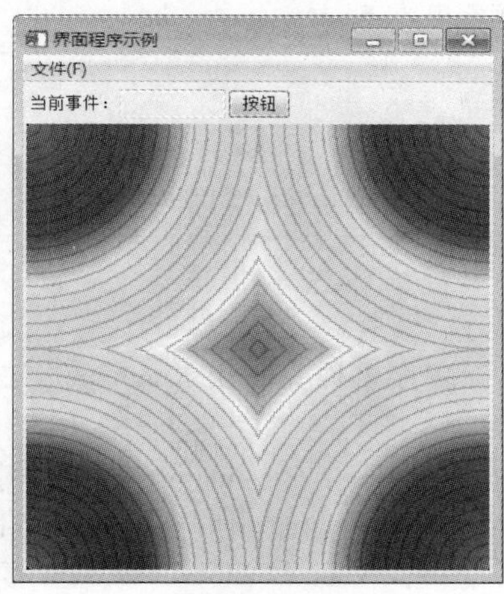

图 11.22　显示图像

11.3.2　数据传递

界面程序中的数据传递包括三种：① 系统变量；② Common；③ 组件的 uValue 值。较常用的是第三种方法，界面程序利用顶级组件的 uValue 值传递各种类型数据，一般使用结构体或指针。结构体传递的调用格式如下：

```
PRO my_widget_event,event
  ;获取 tlb 的 uValue - 结构体变量
  WIDGET_CONTROL,event.TOP,GET_UVALUE = structureVar,/NO_COPY
  ;事件处理代码
  ;对获取 tlb 的 uValue 赋值
  WIDGET_CONTROL,event.TOP,SET_UVALUE = structureVar,/NO_COPY
END
```

指针传递的调用格式如下：

```
PRO my_widget_event,event
  ;获取 tlb 的 uValue - 指针变量
  WIDGET_CONTROL,event.TOP,GET_UVALUE = PointVar
  ;事件处理代码
END
```

示例程序中传递的数据结构体定义代码语句如下：

```
;获取组件的大小信息
sz = WIDGET_INFO(base1,/geom)
drawSZ = WIDGET_INFO(myDraw,/geom)
;显示区域与主界面的边界间隔
drawSpace = [sz.xsize,sz.ySize] - [drawSZ.xSize,drawSZ.ySize]
;创建结构体,包含各个组件 ID 和参数
state = {label1:label1, $
  text1:text1, $
  oriD: oriD, $
  imgData : imgData , $
  drawSpace: drawSpace, $
  testStr  : '程序初始字符串,', $
  mydraw:mydraw}
;创建指针
pstate = PTR_NEW(state,/no_copy)
;将指针信息存到 tlb 的 uvalue 中保存
WIDGET_CONTROL,base1,set_uvalue = pstate
```

11.3.3 事件关联

第 11.2 节中已经介绍，界面程序事件关联用 Xmanager 实现方法有下面两种形式：组件指定事件和组件不指定事件。

如果创建单元组件时指定 event_func 或 event_pro 程序，事件响应时会调用指定的事件程序。例如，运行下面程序后单击 OK 按钮时响应 “buttonEvent”。

```
;事件响应程序
PRO buttonEvent,event
  help,event
END
;界面创建程序
PRO MY_WIDGET
  tlb = WIDGET_BASE()
  button = Widget_Button(tlb, $
    value = 'OK', $
    event_pro = 'buttonEvent')
  ;其他创建代码
  WIDGET_CONTROL,tlb,/Realize
  XMANAGER,'my_widget',tlb,/no_Block
END
```

如果创建组件时未指定 event_func 或 event_pro，会由 Xmanager 控制调用 Xmanager 指定的 event_pro；若 Xmanager 未指定 event_pro，则调用程序名 + “_event” 对应的程序。见下面示例代码：

```
;界面关闭响应程序
PRO  WIDGET_EXAMPLES_CLEANUP,event
END
;界面事件响应程序
PRO  WIDGET_EXAMPLES_EVENT,event
END
;界面示例,创建程序
```

```
PRO WIDGET_EXAMPLES
  …
  ;关联产生事件
  XMANAGER,'WIDGET_EXAMPLES',base1,$
  cleanup='WIDGET_EXAMPLES_CLEANUP',/NO_BLOCK
END
```

程序中有事件触发时会自动调用 WIDGET_EXAMPLE_EVENT；程序销毁时则执行 WIDGET_EXAMPLE_CLEANUP 程序。

11.3.4　响应事件

界面程序中有很多种事件，如鼠标单击、双击、右击，移动，修改界面大小等，这些都作为一种事件进行处理，下面基于程序“WIDGET_EXAMPLES”进行分析。

1. 界面关闭事件

程序在关闭时一般需要弹出确认关闭对话框，即需要判断是否单击了关闭按钮，此时响应的事件称为界面关闭事件。该事件需要在创建最顶层 base（widget_Base 组件）时设置关键字 TLB_KILL_REQUEST_EVENTS 为 1，事件响应程序中使用语句 TAG_NAMES（event，/ STRUCTURE_NAME）EQ ‘WIDGET_KILL_REQUEST’ 进行判断。示例代码如下：

```
CASE TAG_NAMES(event,/STRUCTURE_NAME) OF
    ;关闭事件
    'WIDGET_KILL_REQUEST': BEGIN
      tmp=DIALOG_MESSAGE('确认关闭?',$
        title='关闭系统',/question)
      IF tmp EQ 'Yes' THEN BEGIN
        ;销毁之前创建的指针
        WIDGET_CONTROL,event.top,get_uValue=pState
        PTR_FREE,pState
        ;销毁界面
        WIDGET_CONTROL,event.top,/destroy
        RETURN
      ENDIF
      RETURN
    END
```

2. Button 组件事件

Widget_Button 组件（类似还有 Widget_List 等组件）响应的事件可以单独指定，也可以在程序中利用某些属性进行区分处理。“WIDGET_EXAMPLES”示例代码中利用属性 uName 判断是否触发了某个组件，按钮单击时弹出一个信息提示对话框。功能代码如下：

```
;获取当前组件的 uName
  uName=WIDGET_INFO(event.id,/uname)
  ;单击了界面上按钮
  IF uName EQ 'button' THEN BEGIN
    tmp=DIALOG_MESSAGE((*pState).testStr,/Infor)
  ENDIF
```

3. Draw 组件事件

Widget_Draw 组件是显示组件，鼠标和键盘等输入设备是否需要响应处理事件是通过设置不同关键字来实现（表 11.9）。事件响应程序中通过事件结构体的成员变量 type 进行事件来源判断（表 11.10）。

表 11.9 Widget_Draw 组件的事件控制关键字

关键字	事件说明
Button_Events	鼠标在组件区域内按下或弹起时产生事件
Drop_Events	鼠标拖拽时产生事件
Keyboard_Events	键盘敲击时产生事件
Motion_Events	鼠标在组件区域内移动时产生事件
Tracking_Events	鼠标进入或离开组件区域时产生事件
Viewport_Events	组件区域移动时产生事件
Wheel_Events	鼠标滚轮滚动时产生事件

表 11.10 Widget_Draw 事件结构体中的 type

Type 值	事件来源
0	鼠标按键按下
1	鼠标按键弹起
2	鼠标移动
3	利用滑动条移动显示区域
4	暴露事件
5	键盘按下（CH 成员变量为按下 ASCII 字符）
6	键盘按下（KEY 成员变量为按下的非 ASCII 字符）
7	鼠标滚轮操作

（1）鼠标状态。

程序中响应鼠标事件时，需要判断鼠标按键来源和动作的类型。按键来源判断事件来自左键、右键或中键滚轮（表 11.11）。动作类型分按键按下、弹起或移动（表 11.10）。

“WIDGET_EXAMPLES”示例中的鼠标状态响应代码语句如下：

表 11.11 结构体成员变量 Press 和 Release

Press（按下时）和 Release（弹起时）	触发来源
1	鼠标左键
2	鼠标中键
4	鼠标右键

```
CASE event.type OF
          ;注意不同的类型对应的不同的事件
          ;键盘和鼠标等各自事件的结构体内容
          0: BEGIN
```

```
      CASE event.press OF
        1: value = '左键按下'
        2: value = '中键按下'
        4: value = '右键按下'
        ELSE: PRINT,event.press
      ENDCASE
    END
    1: BEGIN
      CASE event.release OF
        1: value = '左键释放'
        2: value = '中键释放'
        4: value = '右键释放'
        ELSE: PRINT,event.release
      ENDCASE
    END
    2: value = '鼠标移动'
    7: BEGIN
      IF event.clicks GT 0 THEN value = '滚轮前滚' $
      ELSE value = '滚轮后滚'
    END
```

（2）键盘状态。

响应键盘动作事件可以基于事件结构体的成员变量进行判断。事件结构体中 ch 变量为事件触发键盘的 ASCII 码值；Key 和 Modifiers 变量的值和对应功能键见表 11.12 和表 11.13 所示。

表 11.12　键盘事件结构体中变量 Key

值	触发来源	值	触发来源
1	Shift	7	Up
2	Ctrl	8	Down
3	Caps Lock	9	Page Up
4	Alt	10	Page Down
5	Left	11	Home
6	Right	12	END

表 11.13　键盘事件结构体中变量 Modifiers

PRESS（按下）和 RELEASE（弹起）	触发来源	PRESS（按下）和 RELEASE（弹起）	触发来源
1	Shift	4	Caps Lock
2	Ctrl	8	Alt

“WIDGET_EXAMPLES”示例程序中键盘事件代码如下：

```
    5: value = 'key = ' + STRTRIM(STRING(event.ch),2)
    6: value = 'key = ' + STRTRIM(STRING(event.ch),2)
```

（3）暴露事件。

存在多个显示窗体时，当一个显示窗体被另外一窗体遮挡，被遮挡的窗体置前时响应的事件称为暴露事件。一般在该事件中需要重新渲染显示。示例代码语句如下：

```
    4:  BEGIN
          value ='暴露事件'
          ;设置显示组件的大小
          drawSize   =WIDGET_INFO((*pState).myDraw,/Geom)
          ;适应性显示
          TVSCL,CONGRID(DIST(400),drawSize.xsize,drawSize.ysize)
        END
```

（4）界面尺寸修改。

在界面程序中，很多时候界面大小需要进行动态地修改，如窗口范围拉大、最大化等操作，这个时候响应的事件称为界面修改事件。该事件触发组件为 Top Level Base。鼠标动态修改界面时，此时界面大小存储在事件结构体的成员变量 *x* 和 *y* 中。示例代码语句如下：

```
;修改界面大小
IF uName EQ 'tlb'THEN BEGIN
  ;显示组件大小适应程序大小
  drawXSize =event.x  -(*pState).drawSpace[0]
  drawYSize =event.y  -(*pState).drawSpace[1]
  ;设置 tlb 大小(可忽略,因 Draw 组件后面已经设置了大小)
  ;WIDGET_CONTROL,event.top,xSize =event.x,ySize =event.y
  ;设置显示组件的大小
  WIDGET_CONTROL,(*pState).myDraw,xsize =drawXSize,ySize =drawYSize
  ;适应性显示
  TVSCL,CONGRID(DIST(400),drawXSize,drawYSize)
ENDIF
```

（5）析构函数。

析构函数是指界面程序关闭时调用的清理指针变量和销毁对象变量的函数，一般在 Widget_Base 创建时指定 cleanup 函数，调用时需要传入顶级 Widget_Base 的 ID。

```
;界面关闭响应程序
PRO WIDGET_EXAMPLES_CLEANUP,tlb
  ;获取 uValue
  WIDGET_CONTROL,tlb,get_uvalue =pstate
  ;因是指针,故需要销毁
  PTR_FREE,pState
END
```

IDL 自带了一些经典的界面示例程序源码，在 IDL 安装目录下“Example\widgets\wexmast\”子目录中，程序名称与功能见表 11.14 所示。

表 11.14 界面示例程序一

程序名称	功能概述
mbar. pro	创建菜单按钮
slots. pro	投币自动售货机游戏
w2menus. pro	创建多个按钮
wback. pro	计时器计时
wbitmap. pro	创建位图按钮
wbuttons. pro	按钮事件响应
wdr_scrl. pro	Widget_Draw 组件使用滑动条
wdraw. pro	Widget_Draw 组件绘图并获取鼠标位置
wdroplist. pro	获取 Widget_DropList 组件的下拉选项
wexclus. pro	创建单选按钮
wexmaster. pro	界面示例程序的主界面，单击按钮可查看相关源码
wlabel. pro	创建文字标签
wlabtext. pro	创建文字输入组件
wlist. pro	创建 Widget_list 组件并响应鼠标触发事件
wmotion. pro	Widget_Draw 的鼠标移动事件
wmtest. pro	创建复选按钮
worlddemo. pro	选择 IDL 自带数据并可在不同投影下旋转动画展示
worldrot. pro	全球范围的旋转动画展示程序，查看 worldrthelp. txt
wpdmenu. pro	创建按钮下拉菜单
wpopup. pro	单击按钮弹出界面并返回
wsens. pro	控制按钮是否有效
wslider. pro	使用水平滑动条
wtext. pro	文字编辑
wtoggle. pro	创建切换按钮
wvertical. pro	使用竖直滑动条
wxreg. pro	界面程序进程查看与控制
xgetdata. pro	获取 IDL 目录下的图像数据

“Example\doc\widgets\” 中还包含了一系列界面组件调用示例代码（表 11.15）。

表 11.15 界面示例程序二

程序名称	功能概述
basic_draw_doc. pro	图像显示与切换程序，支持鼠标修改界面大小
context_draw_example. pro	Widget_Draw 组件使用右键菜单
context_list_example. pro	Widget_List 组件使用右键菜单
context_menu_example. pro	Widget_Text 和 Widget_List 组件使用右键菜单
context_text_example. pro	Widget_Text 组件使用右键菜单

续表

程序名称	功能概述
context_tlbase_example. pro	Widget_Base 组件使用右键菜单
doc_widget1. pro	单按钮界面创建与事件响应
doc_widget2. pro	多按钮界面创建与事件响应
drag_and_drop_complex. pro	Widget_Tree 组件的拖拽与右键删除等管理操作
drag_and_drop_draw. pro	从 Widget_Tree 组件拖拽到 Widget_Draw 组件并进行文件显示
drag_and_drop_simple. pro	Widget_Tree 组件简单拖拽操作
draw_app_scroll. pro	Widget_Draw 使用滑动条并动态绘制
draw_scroll. pro	Widget_Draw 使用滑动条
draw_widget_data. pro	Widget_Draw 组件获取鼠标位置并输出数据值
draw_widget_example. pro	Widget_List 组件控制 Widget_Draw 组件显示
tab_widget_example1. pro	Widget_Tab 组件基本使用
tab_widget_example2. pro	使用 Widget_Tab 组件事件响应
table_widget_example1. pro	Widget_Table 组件综合使用 1
table_widget_example2. pro	Widget_Table 组件综合使用 2
tree_widget_example. pro	Widget_Tree 组件使用
xdice. pro	掷骰子游戏

第 12 章　图像处理与分析

图像处理是通过计算机对图像进行处理、分析或信息提取，以达到满足所需的技术。从 20 世纪 60 年代至今，图像处理的发展生机勃勃，在各个领域中得到了广泛应用。

面对越来越多的图像，如何方便、快速地实现图像处理分析显得非常重要。IDL 语言自身集成了大量的图像处理和分析函数，适于对图像文件进行快速、高效的处理。本章主要从图像处理和分析角度讲述如何在 IDL 中对图像实现重采样、裁剪、贴图、掩膜处理和校正等功能，列举了对图像进行域变换、增强、滤波和形状提取的函数及示例代码。

图像是以数组形式存储的格网像素，像素的值代表了强度或颜色。IDL 中的图像可分为二值图像、灰度图像、索引图像和真彩色图像（表 12.1）。

表 12.1　IDL 中的图像类型

图像类型	描述
二值图像	图像包含 0 和 1 两种值，常用在图像掩膜处理时作为掩膜文件
灰度图像	展现为强度图，数据范围为 0 ~ 255
索引图像	指加载颜色表后的灰度图像，即图像为灰度图，显示为彩色
RGB 图像	是一个三维数组，分别为红（red）、绿（green）、蓝（blue）

12.1　图像修改

12.1.1　裁剪

裁剪是从图像中提取所关注的区域，从数据处理角度上就是获取数组的子数组，一般为矩形裁剪，涉及的函数见表 12.2。图像裁剪的示例代码如下：

```
IDL > ;读取数据
IDL > world = READ_PNG(FILEPATH('avhrr.png', $
IDL > SUBDIRECTORY = ['examples','data']),R,G,B)
IDL > ;设置显示模式
IDL > DEVICE,DECOMPOSED = 0,RETAIN = 2
IDL > ;默认的颜色表
IDL > TVLCT,R,G,B
IDL > ;获得图像的大小
IDL >worldSize = SIZE(world,/DIMENSIONS)
IDL > ;建立同等大小的窗口
IDL > WINDOW,0,XSIZE =worldSize[0],YSIZE = worldSize[1]
IDL > ;显示图像,见图 12.1
IDL > TV,world
IDL > ;裁剪非洲区域
```

```
IDL >africa =world [312:475,103:264]
IDL > ;建立与裁剪区域同大小的窗口,见图 12.2
IDL > WINDOW,2,XSIZE =(475 -312 +1),YSIZE =(264 -103 +1)
IDL > ;显示裁剪后图像,见图 12.3
IDL > TV,africa
```

图 12.1　原图像

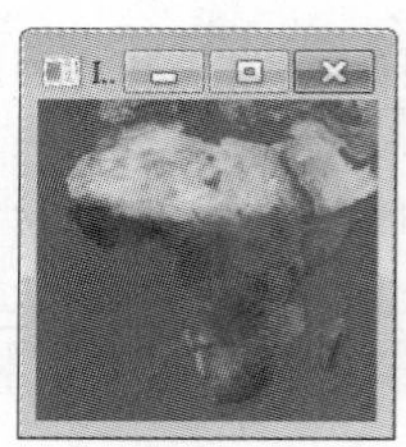

图 12.2　裁剪结果

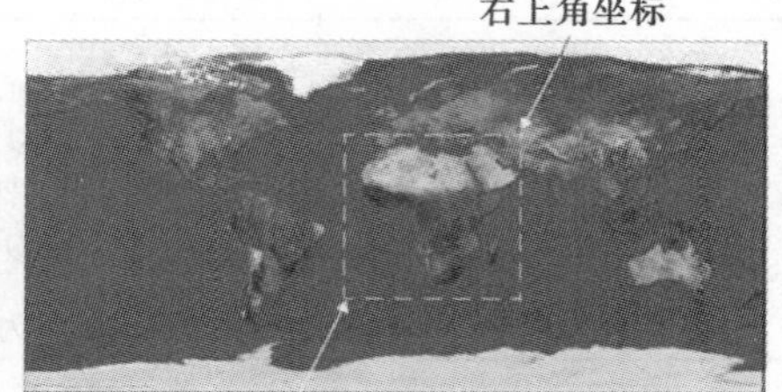

图 12.3　裁剪区域示意图

表 12.2　裁剪相关函数

函数名称	功能描述
Size	获得图像的大小等基本信息
Cursor	获取当前鼠标在显示窗口上的坐标，方便实现交互式裁剪。通过设置关键字/Data、/Device、/Normal 可分别获得数据坐标、设备坐标和归一化坐标

12.1.2　填充

填充图像即在图像边缘部分添加新的像素单元。例如，在图像左、右及下方各填充 10 像素、上方填充 30 像素的示例代码如下：

```
IDL > ;读入样例数据
IDL > earth =READ_PNG (FILEPATH ('avhrr.png', $
IDL >   SUBDIRECTORY =['examples','data']),R,G,B)
IDL > ;加载图像的颜色表,并用白色填充颜色表最后一个
IDL > TVLCT,R,G,B
```

```
IDL >maxColor = !D.TABLE_SIZE - 1
IDL > TVLCT,255,255,255,maxColor
IDL > ;设置显示设备参数
IDL > DEVICE,DECOMPOSED = 0,RETAIN = 2
IDL > ;获取图像的原始大小
IDL >earthSize = SIZE(earth,/DIMENSIONS)
IDL > ;创建显示窗口
IDL > WINDOW,0,XSIZE  = earthSize[0] + 20, $
IDL >  YSIZE  = earthSize[1] + 40
IDL > ;显示图像(图 12.4)
IDL > TV,earth
IDL > ;返回要输出大小的新数组
IDL >paddedEarth = REPLICATE(BYTE(maxColor),earthSize[0] + 20, $
IDL >earthSize[1] + 40)
IDL > ;将原图像 copy 到新数组中
IDL >paddedEarth [10,10] = earth
IDL > ;显示图像(图 12.5)
IDL > TV,paddedEarth
IDL > ;显示标题
IDL > x = (earthSize[0]/2) + 10
IDL > y  = earthSize[1] + 15
IDL > XYOUTS,x,y,'World Map',ALIGNMENT = 0.5,COLOR = 0, $
 >  /DEVICE
```

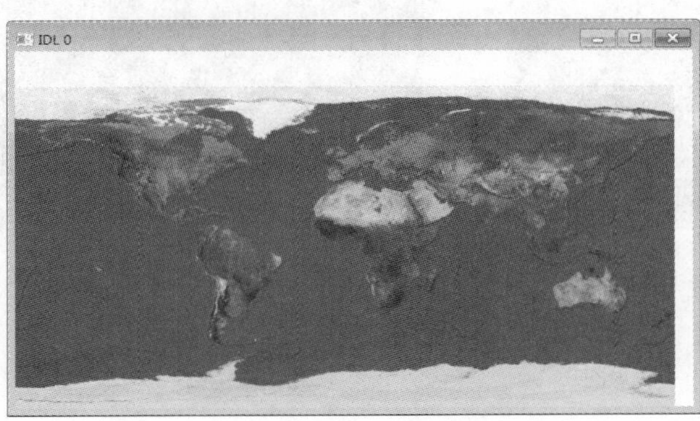

图 12.4　显示数据

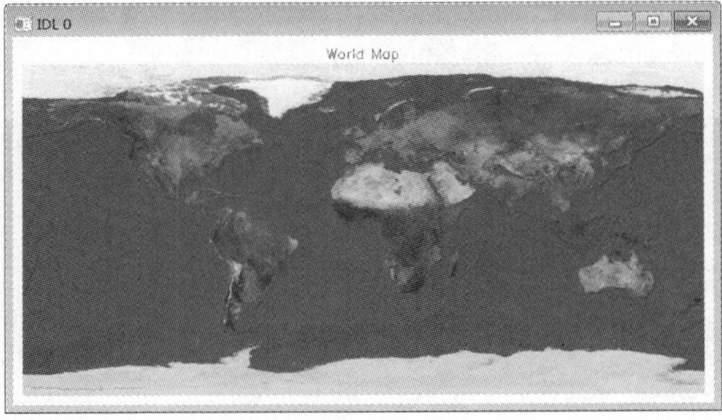

图 12.5　显示填充后图像

12.1.3 重采样

图像进行放大或缩小处理时需要进行重采样，重采样可以通过函数 Congrid、Rebin 或 Expand 来实现（表 12.3）。

表 12.3 重采样函数与算法

操作	放大			缩小		
函数	Congrid	Rebin	Expand	Congrid	Rebin	Expand
算法	一维或二维数组默认是相近邻重采样，三维默认是双线性内插	默认是双线性内插	双线性内插	近邻重采样	临近像元求平均值	双线性内插

运行实验数据光盘中“第 12 章\magnifyimage.pro”代码，效果见图 12.6 所示。

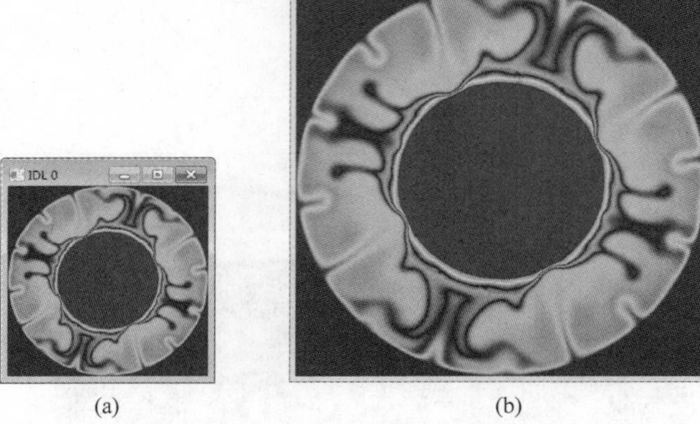

(a) (b)

图 12.6 图像重采样（放大）

12.1.4 平移

图像存在行列偏移时，可用 Shift 函数实现平移处理。平移图像示例代码如下：

```
IDL > ;读入原始数据
IDL > file = FILEPATH('shifted_endocell.png', $
IDL > SUBDIRECTORY = ['examples','data'])
IDL > image = READ_PNG(file,R,G,B)
IDL > ;载入图像颜色表
IDL > DEVICE,DECOMPOSED = 0,RETAIN = 2
IDL > TVLCT,R,G,B
IDL > ;获取图像尺寸
IDL >imageSize = SIZE(image,/DIMENSIONS)
IDL > ;构建显示窗口
IDL > WINDOW,0,XSIZE  = imageSize[0],YSIZE = imageSize[1], $
IDL >   TITLE = 'Original Image'
IDL > ;显示图像,见图 12.7(a)
IDL > TV,image
```

```
IDL > ;平移图像
IDL > image = SHIFT(image, - imageSize[0]/4, - imageSize[1]/3)
IDL > ;显示平移后结果
IDL > WINDOW,1,XSIZE  = imageSize[0],YSIZE = imageSize[1], $
IDL >   TITLE = 'Shifted Image'
IDL > ;见图 12.7(b)
IDL > TV,image
```

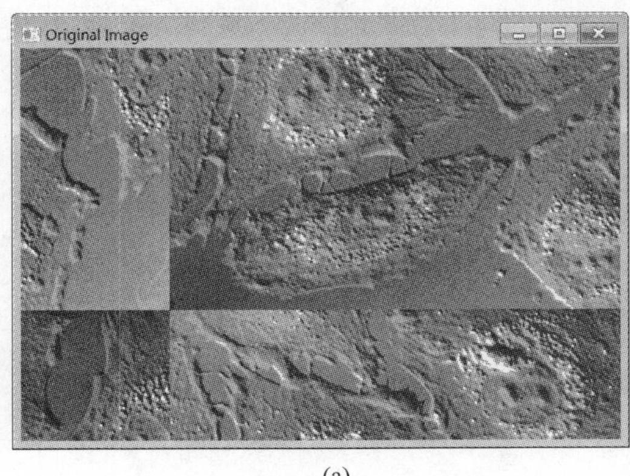

(a)

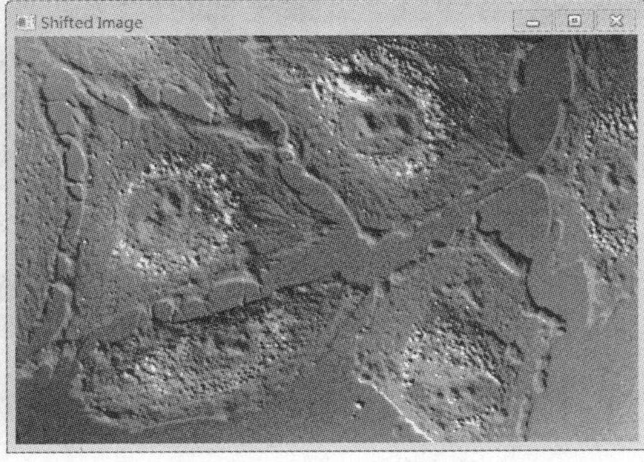

(b)

图 12.7　平移图像

12.1.5　翻转

图像的水平或竖直翻转处理可以通过 Reverse 函数实现。图像翻转的示例代码如下：

```
IDL > ;读入数据并获取数据大小
IDL > image = READ_DICOM (FILEPATH('mr_knee.dcm', $
IDL >   SUBDIRECTORY = ['examples','data']))
IDL > imgSize = SIZE (image,/DIMENSIONS)
IDL > DEVICE,DECOMPOSED = 0,RETAIN = 2
IDL > LOADCT,0
IDL > ;水平翻转图像
IDL > flipHorzImg = REVERSE(image,1)
IDL > ;竖直翻转图像
IDL > flipVertImg = REVERSE(image,2)
IDL > ;创建显示窗口
IDL > WINDOW,0,XSIZE = 2 * imgSize[0],YSIZE = 2 * imgSize[1], $
IDL >   TITLE = 'Original (Top) & Flipped Images (Bottom)'
IDL > ;显示原图像,见图 12.8
IDL > TV,image,0
IDL > TV,flipHorzImg,2
IDL > TV,flipVertImg,3
```

12.1.6　旋转

图像旋转可利用 Rotate 或 Rot 函数。Rotate 函数能进行 90°、180°和 270°旋转及转置（参考本书第 4.3.5 节中相关函数部分内容）。Rot 函数可以任意角度旋转图像并支持缩放。

Rotate 函数的调用示例代码如下：

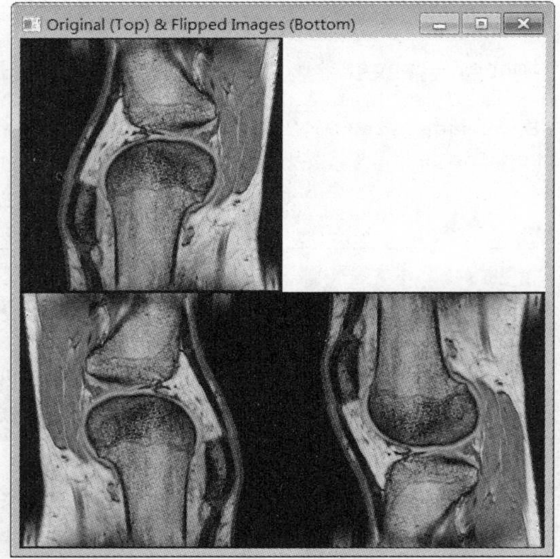

图 12.8　图像反转

```
IDL > ;读取文件
IDL > file = FILEPATH('galaxy.dat','SUBDIRECTORY = ['examples','data'])
IDL > image = READ_BINARY(file,DATA_DIMS = [256,256])
IDL > ;设置显示参数
IDL > DEVICE,DECOMPOSED = 0,RETAIN = 2
IDL > LOADCT,4
IDL > ;创建显示窗口,显示图像,见图 12.9(a)
IDL > WINDOW,0,XSIZE = 256,YSIZE = 256
IDL > TVSCL,image
IDL > ;对图像进行 270 度逆时针旋转
IDL >rotateImg = ROTATE(image,3)
IDL > ;创建新显示窗口,显示图像,见图 12.9(b)
IDL > WINDOW,1,XSIZE = 256,YSIZE = 256
IDL > TVSCL,rotateImg
```

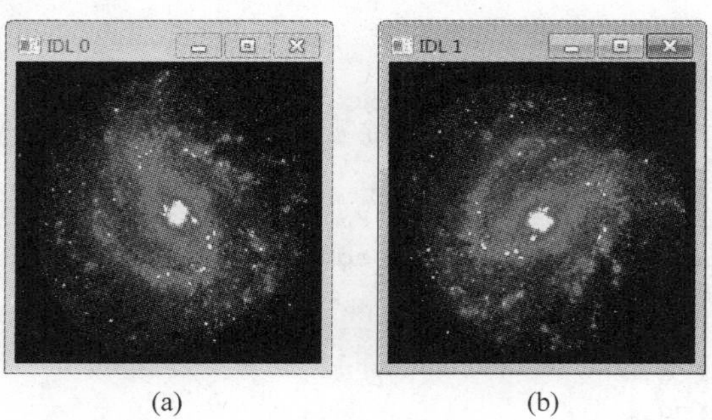

(a)　(b)

图 12.9　图像旋转前后

Rot 函数的调用示例代码如下：

```
IDL > ;读取数据
IDL > file = FILEPATH('m51.dat',SUBDIRECTORY = ['examples','data'])
IDL > image = READ_BINARY(file,DATA_DIMS = [340,440])
```

```
IDL > ;设置显示参数
IDL > DEVICE,DECOMPOSED = 0,RETAIN = 2
IDL > LOADCT,0
IDL > ;创建显示窗口,显示图像,见图 12.10(a)
IDL > WINDOW,0,XSIZE = 340,YSIZE = 440
IDL > TVSCL,image
IDL > ; 33 度旋转图像、缩小二分之一且背景值设置为 127
IDL >arbitraryImg = ROT(image,33,.5,/INTERP,MISSING = 127)
IDL > ;创建新显示窗口,显示图像,见图 12.10(b)
IDL > WINDOW,1,XSIZE = 340,YSIZE = 440
IDL > TVSCL,arbitraryImg
```

(a)

(b)

图 12.10　任意角度旋转

12.2　纹理贴图

纹理贴图，也称为纹理映射。把图像作为多边形、曲面或其他几何形状的贴图时会增强某些信息，如对地球添加卫星图像。纹理贴图的渲染与体数据渲染每个三维点相比，效率要高得多。

12.2.1　DEM 叠加纹理

直接图形法中用 Shae_surf 绘制显示 DEM；对象图形法创建曲面对象和纹理对象并进行叠加显示。示例代码如下：

```
IDL > ;构建图像文件路径
IDL >imageFile = FILEPATH('elev_t.jpg',SUBDIRECTORY = ['examples','data'])
IDL > ;读取图像文件
IDL > READ_JPEG,imageFile,image
IDL > ;构建 DEM 文件路径
IDL >demFile = FILEPATH('elevbin.dat',SUBDIRECTORY = ['examples','data'])
IDL > ;读取数据
IDL >dem = READ_BINARY(demFile,DATA_DIMS = [64,64])
IDL >dem = CONGRID(dem,128,128,/INTERP)
IDL > ;初始化显示
IDL > DEVICE,DECOMPOSED = 0,RETAIN = 2
IDL > ;构建显示窗口,图 12.11(a)
IDL > WINDOW,0,TITLE = 'Elevation Data', $
IDL >   XSIZE = 400,YSIZE = 300
IDL > SHADE_SURF,dem
```

```
IDL> ;初始化显示对象体系
IDL>oModel=OBJ_NEW('IDLgrModel')
IDL>oView=OBJ_NEW('IDLgrView')
IDL>oWindow=OBJ_NEW('IDLgrWindow',RETAIN=2,$
IDL>  COLOR_MODEL=0 ,$
IDL>  DIMENSION =[400,300])
IDL>oSurface=OBJ_NEW('IDLgrSurface',dem,STYLE=2)
IDL>oImage=OBJ_NEW('IDLgrImage',image,$
IDL>  INTERLEAVE=0,/INTERPOLATE)
IDL> ;计算归一化显示比例,并在各个方向平移 -0.5,从而使图像居中
IDL> ;显示区域默认坐标为[-1,-1],[1,1]
IDL>oSurface . GetProperty,XRANGE=xr,$
IDL>  YRANGE =yr,ZRANGE=zr
IDL>xs=NORM_COORD(xr)
IDL>xs[0]=xs[0]-0.5
IDL>ys=NORM_COORD(yr)
IDL>ys[0]=ys[0]-0.5
IDL>zs=NORM_COORD(zr)
IDL>zs[0]=zs[0]-0.5
IDL>oSurface . SetProperty,XCOORD_CONV=xs,$
IDL>  YCOORD_CONV =ys,ZCOORD=zs
IDL> ;曲面上添加纹理对象
IDL>oSurface . SetProperty,TEXTURE_MAP=oImage,$
IDL>  COLOR=[255,255,255]
IDL> ;构建对象体系,将 oModel 添加到 oView
IDL>oModel.Add,oSurface
IDL>oView.Add,oModel
IDL> ;为了得到更好的显示效果,旋转下 model
IDL>oModel.ROTATE,[1,0,0],-90
IDL>oModel.ROTATE,[0,1,0],30
IDL>oModel.ROTATE,[1,0,0],30
IDL> ;绘制 oView,图 12.11(b)
IDL>oWindow.Draw,oView
IDL> ;利用 XOBJVIEW 查看对象,图 12.11(c)
IDL> XOBJVIEW,oModel,/BLOCK,SCALE=1
```

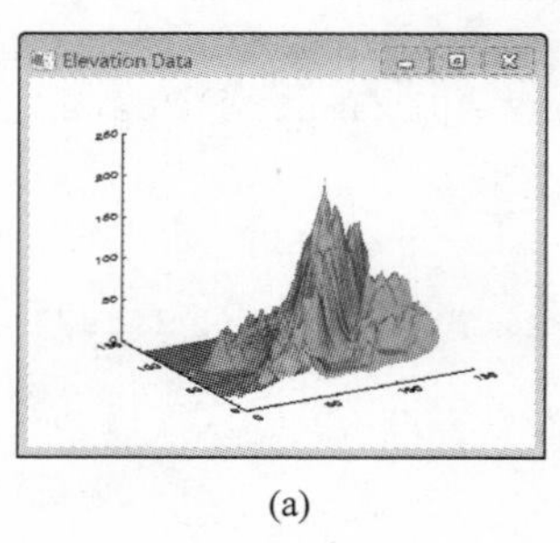

(a)

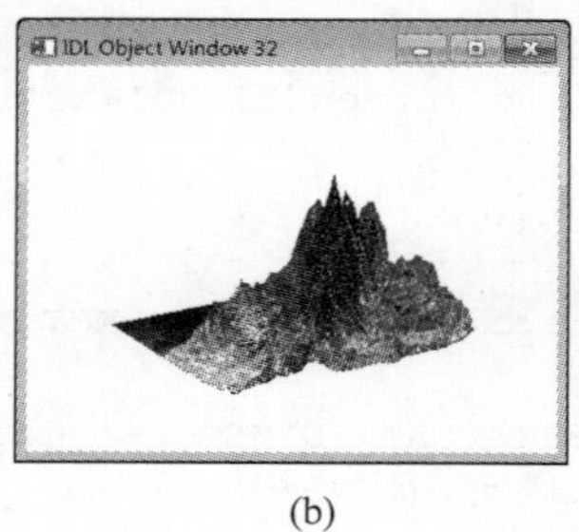

(b)

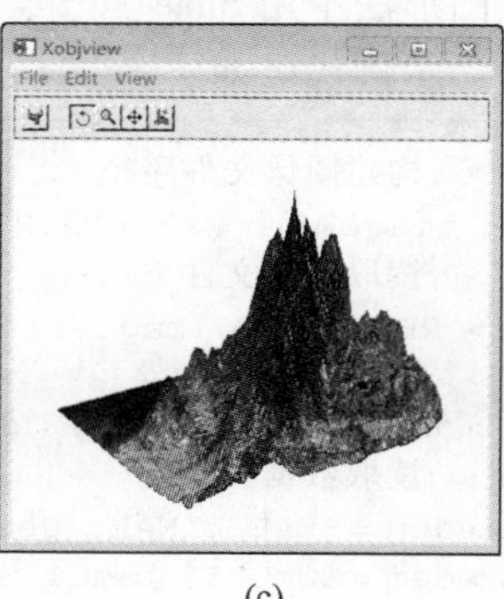

(c)

图 12.11 DEM 叠加纹理图像

12.2.2 球体纹理贴图

球体纹理贴图首先要将图像映射到空间数据表面上，然后在二维空间里渲染显示。直接图形法中的球体绘制及贴图的示例代码如下，效果见图 12.12 所示。

```
IDL > ;构建数据文件路径
IDL > file = FILEPATH('worldelv.dat', $
IDL >   SUBDIRECTORY = ['examples','data'])
IDL > ;读取数据
IDL > image = READ_BINARY(file,DATA_DIMS = [360,360])
IDL > ;初始化颜色表,并设置最后的颜色为白色
IDL > DEVICE,DECOMPOSED = 0
IDL > LOADCT,33
IDL > TVLCT,255,255,255,!D.TABLE_SIZE - 1
IDL > ;创建显示窗口显示原图,图 12.12(a)
IDL > WINDOW,0,XSIZE = 360,YSIZE = 360
IDL > TVSCL,image
IDL > ;调用 Mesh_obj 函数创建一个半径为 0.25 的球体
IDL > MESH_OBJ,4,vertices,polygons,REPLICATE(0.25,360,360), $
IDL >   /CLOSED
IDL > ;创建显示窗体,设置显示范围与方式,图 12.12(b)
IDL > WINDOW,2,XSIZE = 512,YSIZE = 512
IDL > ;设置 3D 显示的系统参数
IDL > SCALE3,XRANGE = [-0.25,0.25],YRANGE = [-0.25,0.25], $
IDL >   ZRANGE = [-0.25,0.25],AX = 0,AZ = -90
IDL > ;设置场景灯光渲染位置
IDL > SET_SHADING,LIGHT = [-0.5,0.5,2.0]
IDL > !P.BACKGROUND = !P.COLOR
IDL > ;三维方式绘制已经映射纹理的地球
IDL > TVSCL,POLYSHADE(vertices,polygons,SHADES = image,/T3D)
IDL > ;恢复系统变量为默认值
IDL > !P.BACKGROUND = 0
```

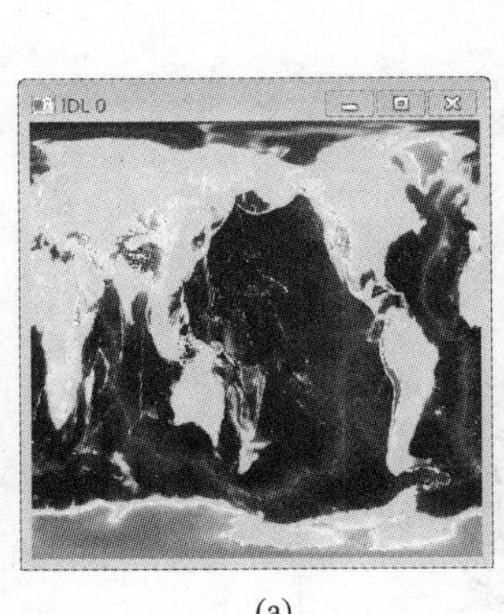

(a)

(b)

图 12.12　直接图形法下的纹理贴图

对象图形法中的球体绘制及贴图的示例代码如下，效果见图 12.13 所示。

```
IDL > ;构建数据文件路径
IDL > file = FILEPATH('worldelv.dat', $
IDL >   SUBDIRECTORY = ['examples','data'])
IDL > ;读取数据
IDL > image = READ_BINARY(file,DATA_DIMS = [360,360])
IDL > ;调用 Mesh_obj 函数创建一个半径为 0.25 的球体
```

```
IDL> MESH_OBJ,4,vertices,polygons,$
IDL>  REPLICATE(0.25,101,101)
IDL> ;创建一个 model 对象来囊括显示对象
IDL>oModel=OBJ_NEW('IDLgrModel')
IDL> ;包含 image 对象和颜色表对象来显示图像和颜色表
IDL>oPalette=OBJ_NEW('IDLgrPalette')
IDL>oPalette.LOADCT,33
IDL>oPalette.SetRGB,255,255,255,255
IDL>oImage=OBJ_NEW('IDLgrImage',image,$
IDL>  PALETTE =oPalette)
IDL> ;计算纹理映射坐标
IDL> vector =FINDGEN(101)/100
IDL>texure_coordinates=FLTARR(2,101,101)
IDL>texure_coordinates[0,*,*]=vector # REPLICATE(1.,101)
IDL>texure_coordinates[1,*,*]=REPLICATE(1.,101) # vector
IDL> ;创建 polygon 对象
IDL>oPolygons=OBJ_NEW('IDLgrPolygon',SHADING=1,$
IDL>  DATA=vertices,POLYGONS=polygons,$
IDL>  COLOR=[255,255,255],$
IDL>  TEXTURE_COORD =texure_coordinates,$
IDL>  TEXTURE_MAP =oImage,/TEXTURE_INTERP)
IDL> ;添加 polygon 对象到 model 中 . 注意:
IDL> ; object 已经包含了纹理图像对象和坐标映射关系
IDL>oModel.ADD,oPolygons
IDL> ;旋转 oModel 到一个合适的角度
IDL>oModel.ROTATE,[1,0,0],-90
IDL>oModel.ROTATE,[0,1,0],-90
IDL> ;显示 oModel(图 12.13)
IDL> XOBJVIEW,oModel,/BLOCK
IDL> ;销毁对象
IDL> OBJ_DESTROY,[oModel,oImage,oPalette]
```

图 12.13　对象图形法中的纹理贴图

12.3　掩膜与透明

12.3.1　掩膜

图像掩膜是对不相关区域进行屏蔽从而达到突出显示某一区域的目的。掩膜文件可以通过关系运算符 EQ、NE、GT、GE、LT 和 IE 等生成。下面对 DEM 数据的陆地和海洋部分进行掩膜显示。

```
IDL > ;构建数据文件路径
IDL > file = FILEPATH('worldelv.dat', $
IDL >   SUBDIRECTORY = ['examples','data'])
IDL > ;初始化定义文件大小
IDL > imageSize = [360,360]
IDL > ;二进制方式读取文件
IDL > image = READ_BINARY(file,DATA_DIMS = imageSize)
IDL > ;初始化显示
IDL > DEVICE,DECOMPOSED = 0
IDL > LOADCT,38
IDL > ;创建显示窗口并绘制 DEM 图像(图 12.14)
IDL > WINDOW,0,XSIZE = imageSize[0],YSIZE = imageSize[1], $
IDL >   TITLE = 'World Elevation'
IDL > TV,image
IDL > ;计算生成海洋掩膜数据
IDL > oceanMask = image LT 125
IDL > ;掩膜数据应用在 DEM 图像上
IDL > maskedImage = image * oceanMask
IDL > ;创建显示窗口并显示掩膜文件和 DEM 掩膜结果(图 12.15)
IDL > WINDOW,1,XSIZE = 2 * imageSize[0],YSIZE = imageSize[1], $
IDL >   TITLE = 'Oceans Mask (left) and Resulting Image (right)'
IDL > TVSCL,oceanMask,0
IDL > TV,maskedImage,1
IDL > ;计算陆地的掩膜数据
IDL > landMask = image GE 125
IDL > ;掩膜数据应用在 DEM 图像上
IDL > maskedImage = image * landMask
IDL > ;创建显示窗口并显示掩膜文件和 DEM 掩膜结果(图 12.16)
IDL > WINDOW,2,XSIZE = 2 * imageSize[0],YSIZE = imageSize[1], $
IDL >   TITLE = 'Land Mask (left) and Resulting Image (right)'
IDL > TVSCL,landMask,0
IDL > TV,maskedImage,1
```

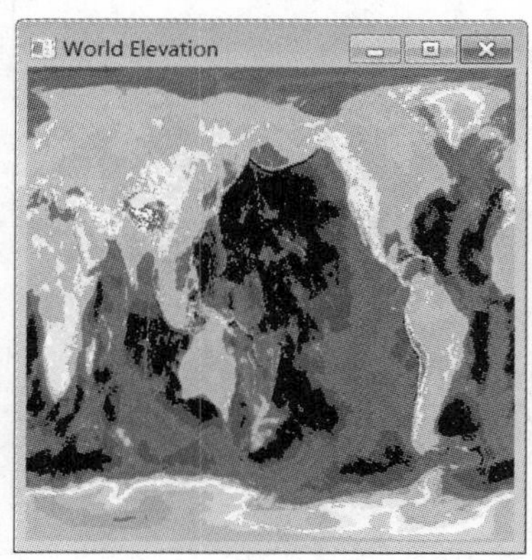

图 12.14　DEM 数据显示

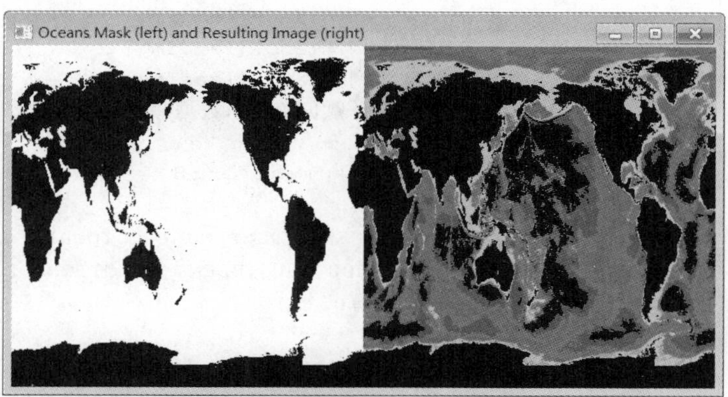

图 12.15　海洋掩膜文件与掩膜处理后

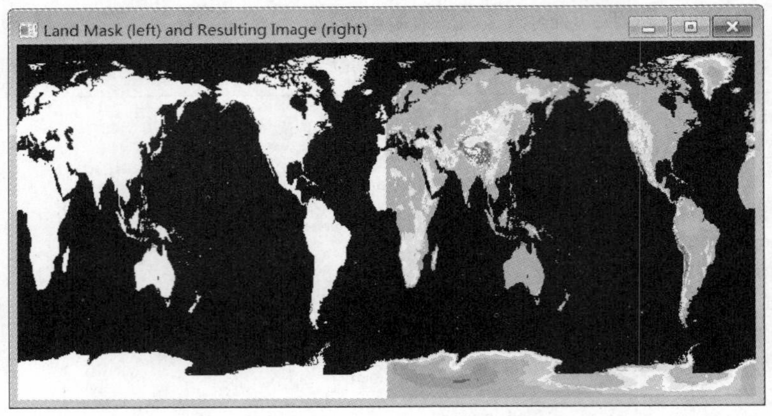

图 12.16　陆地掩膜文件与掩膜处理后

12.3.2　透明

对象图形法中图像半透明效果是通过对图像数据增加一个 Alpha 通波段并设置图像对象的 Alpha_Channel 属性来实现的。透明叠加显示的示例代码如下，效果见图 12.17 所示。

```
IDL> ;打开并读取文件
IDL>mapFile = FILEPATH('afrpolitsm.png', $
IDL>   SUBDIRECTORY = ['examples','data'])
IDL>mapImg = READ_PNG(mapFile,mapR,mapG,mapB)
IDL> ;创建颜色表对象
IDL>mapPalette = OBJ_NEW('IDLgrPalette',mapR,mapG,mapB)
IDL> ;打开陆地分类文件并读取
IDL>landFile = FILEPATH('africavlc.png', $
IDL>   SUBDIRECTORY = ['examples','data'])
IDL>landImg = READ_PNG (landFile,landR,landG,landB)
IDL>landImgDims = SIZE(landImg,/Dimensions)
IDL> ;创建 4 通道具备透明度的显示数据
IDL>alphaLand = BYTARR(4,landImgDims[0],landImgDims[1])
IDL> ;赋前面三个通道分别为原数据 RGB 数据
IDL>alphaLand[0,*,*] = landR[landImg]
IDL>alphaLand[1,*,*] = landG[landImg]
IDL>alphaLand[2,*,*] = landB[landImg]
IDL> ;计算生成掩膜文件并赋值给显示数据
IDL> mask = (landImg GT 0)
IDL>alphaLand [3,*,*] = mask*255B
IDL> ;生成显示数据对象
IDL>oAlphaLand = OBJ_NEW('IDLgrImage',alphaLand, $
IDL>   DIMENSIONS = [600,600],BLEND_FUNCTION = [3,4], $
IDL>   ALPHA_CHANNEL = 0.35)
IDL> ;创建地图数据
IDL>oMapImg = OBJ_NEW('IDLgrImage',mapImg, $
IDL>   DIMENSIONS = [600,600],PALETTE = mapPalette)
IDL> ;创建显示对象体系结构
IDL>oWindow = OBJ_NEW('IDLgrWindow', $
```

```
IDL >    DIMENSIONS = [600,600],RETAIN = 2, $
IDL >    TITLE = 'Overlay of Land Cover Transparency')
IDL > viewRect = [0,0,600,600]
IDL > oView = OBJ_NEW('IDLgrView',VIEWPLANE_RECT = viewRect)
IDL > oModel = OBJ_NEW('IDLgrModel')
IDL > oModel.Add,oMapImg
IDL > oView.Add,oModel
IDL > ;绘制显示,见图 12.17(a)
IDL > oWindow.Draw,oView
IDL > ;添加显示对象
IDL > oModel.Add,oAlphaLand
IDL > ;绘制显示,见图 12.17(b)
IDL > oWindow.Draw,oView
IDL > ;销毁对象
IDL > OBJ_DESTROY,[oView,oMapImg,oAlphaLand,mapPalette]
```

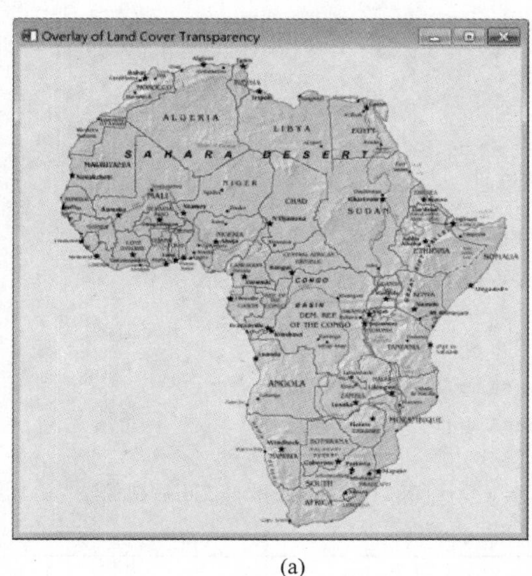

(a)

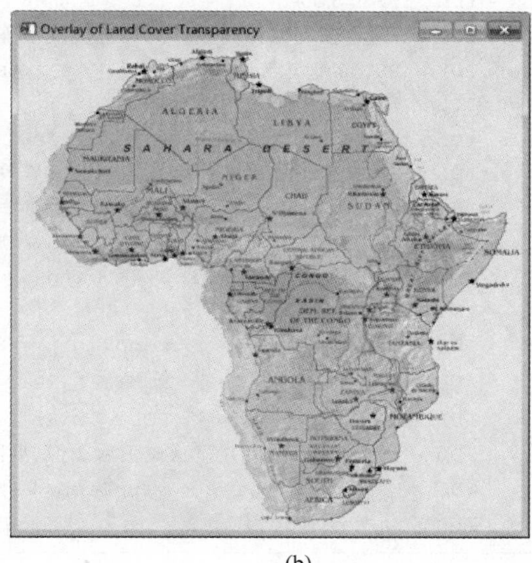

(b)

图 12.17 透明叠加显示

12.4 图像校正

图像校正是通过控制点对来校正两幅图像，使两者的重叠区域部分保持一致。IDL 的 Demo库中图像校正演示程序是 “Features - Data Analysis - Image Processing - Warping and Morphing Demo”。IDL 中图像校正函数见表 12.4 所示。

表 12.4 图像校正相关函数

函数名称	功能描述
POLYWARP	基于控制点对技术多形式校正系数，用于 POLY_2D
POLY_2D	多形式校正图像
WARP_TRI	三角网校正图像

多形式校正的示例代码：

```
IDL > ;打开并读取数据文件
IDL > roseFile = FILEPATH('rose.jpg', $
IDL >   SUBDIRECTORY = ['examples','data'])
IDL > READ_JPEG,roseFile,roseImg
IDL > ;获取文件信息
IDL > dims = size(roseImg,/Dimension)
IDL > ;创建显示窗口并显示原始图像,见图 12.18(a)
IDL > Window,0,xsize = dims[1],ysize = dims[2],title = '原始图像'
IDL > tv,roseImg,/true
IDL > ;设置控制点对
IDL > Xo = [0.25,0.75,0.75,0.25]
IDL > Yo = [0.75,0.75,0.25,0.25]
IDL > Xi = Xo + [1, -1, -1,1] * 1.0/8
IDL > Yi  = Yo + [-1, -1,1,1] * 1.0/8
IDL > ;通过控制点计算多形式校正转换矩阵
IDL > POLYWARP,Xo * dims[1],Yo * dims[2],Xi * dims[1],Yi * dims[2],1,KX,KY
IDL > ;校正第一个波段数据
IDL > tempImg = POLY_2D(Reform(roseImg[0, * , * ]),KX,KY)
IDL > ;根据校正波段文件信息定义三波段校正结果文件
IDL > warpDims = Size(tempImg,/Dimension)
IDL > warpType = Size(tempImg,/Type)
IDL > WarpImg = Make_Array(3,warpDims[0],warpDims[1],type = warpType)
IDL > ;三波段依次校正
IDL > warpImg[0, * , * ] = tempImg
IDL > warpImg[1, * , * ] = POLY_2D(Reform(roseImg[1, * , * ]),KX,KY)
IDL > warpImg[2, * , * ] = POLY_2D(Reform(roseImg[2, * , * ]),KX,KY)
IDL > ;创建显示窗口并显示校正后图像,见图 12.18(b)
IDL > Window,1,xsize  = warpDims[0],ysize = warpDims[1],title = '校正后图像'
IDL > tv,warpImg,/True
```

(a)

(b)

图 12.18　图像多形式校正前后

12.5　感兴趣区

图像中的某一区域需要重点关注或进行特殊处理，也就是对该区域特别感兴趣，那么这一区域可称为感兴趣区（region of interest，ROI）。直接图形法下通过 XROI 和 Draw_ROI 等函数进行 ROI 的创建、显示和分析；对象图形法下通过对象类 IDLgrROI 实现。利用该类的 ComputeMask、ComputeGeometry 等方法和 Image_Statics 函数实现信息统计。

直接图形法下进行 ROI 区域创建与统计的示例代码：

```
IDL > ;显示体系
IDL > DEVICE,DECOMPOSED = 0,RETAIN = 2
IDL > LOADCT,0
IDL > ;读取数据文件
IDL > kneeImg = READ_DICOM(FILEPATH('mr_knee.dcm', $
IDL >   SUBDIRECTORY = ['examples','data']))
IDL > ;获取文件的大小信息
IDL > dims = SIZE(kneeImg,/DIMENSIONS)
IDL > ;旋转并拉伸文件
IDL > kneeImg = ROTATE(BYTSCL(kneeImg),2)
IDL > ;调用 XROI 功能,鼠标选择多边形股骨为感兴趣区,存在变量 femurROIout 中
IDL > ;感兴趣的大小和统计信息分别存在变量 femurGeom 和 femurStats 中
IDL > ;见图 12.19(a)
IDL > XROI,kneeImg,REGIONS_OUT = femurROIout, $
IDL >   ROI_GEOMETRY = femurGeom,STATISTICS = femurStats,/BLOCK
IDL > ;调用 XROI 功能,鼠标选择多边形胫骨为感兴趣区,存在变量 tibiaROIout 中
IDL > ;见图 12.19(b)
IDL > XROI,kneeImg,REGIONS_OUT = tibiaROIout, $
IDL >   ROI_GEOMETRY = tibiaGeom,STATISTICS = tibiaStats,/BLOCK
IDL > ;创建窗口显示原图,见图 12.19(c)
IDL > WINDOW,0,XSIZE = dims[0],YSIZE = dims[1]
IDL > TVSCL,kneeImg
IDL > ;载入颜色表并绘制选择的 ROI 区域
IDL > LOADCT,12
IDL > DRAW_ROI,femurROIout,/LINE_FILL,COLOR = 80,SPACING = 0.1, $
IDL >   ORIENTATION = 315,/DEVICE
IDL > DRAW_ROI,tibiaROIout,/LINE_FILL,COLOR = 42,SPACING = 0.1, $
IDL >   ORIENTATION = 30,/DEVICE
IDL > ;输出查看感兴趣区的信息
IDL > PRINT,'股骨区域几何和统计信息'
IDL > PRINT,'     面积  =',femurGeom.area, $
IDL >   '     周长 =',femurGeom.perimeter, $
IDL >   '     像素数  =',  femurStats.count
IDL > PRINT,''
IDL > PRINT,'胫骨区域几何和统计信息'
IDL > PRINT,'     面积  =',tibiaGeom.area, $
IDL >   '     周长 =',tibiaGeom.perimeter, $
IDL >   '     像素数  =',tibiaStats.count
股骨区域几何和统计信息
   面积 =      10995.5    周长 =        456.270    像素数 =         11257
 胫骨区域几何和统计信息
   面积 =      5581.00    周长 =        308.465    像素数 =          5764
IDL > ;销毁对象
IDL > OBJ_DESTROY,[femurROIout,tibiaROIout]
```

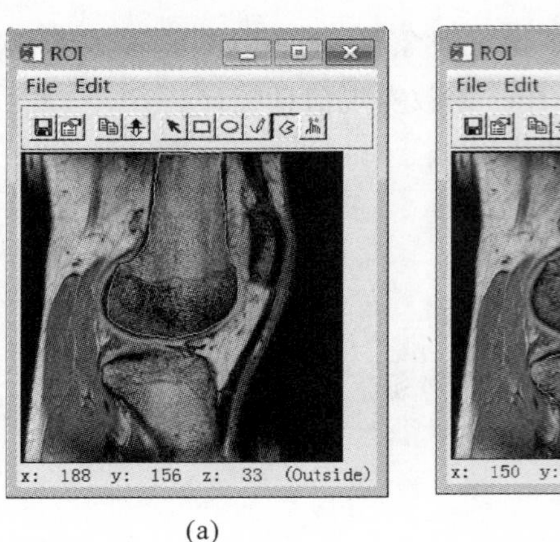

(a)

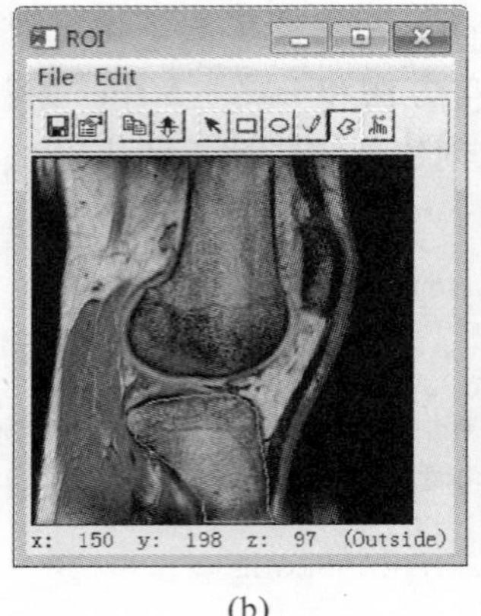

(b)

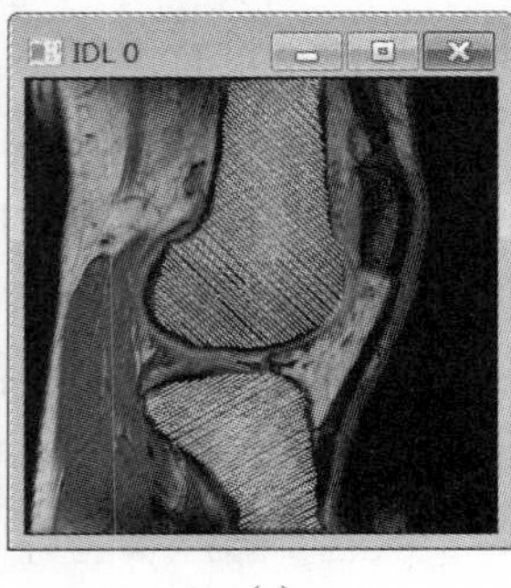

(c)

图 12.19　感兴趣区的创建与填充显示

12.6　其他图像处理

图像处理包含非常广泛的范围，除了基本的图像修改、校正之外，还包括域变换、滤波和形态学等处理。表 12.5 列出了 IDL 支持的图像处理功能、函数和示例代码名称，代码所在文件夹为 IDL 安装目录下子目录“...\examples\doc\image”。

表 12.5　图像处理函数

处理类型	功能描述	功能函数	源码名称
域变换	快速傅里叶变换	FFT	forwardfft. pro displayfft. pro inversefft. pro removingnoisewithfft. pro
	小波变换	WTN	forwardwavelet. pro displaywavelet. pro inversewavelet. pro removingnoisewithwavelet. pro
	Hough 和 Radon 变换	HOUGH、RADON	forwardhoughandradon. pro backprojecthoughandradon. pro findinglineswithhough. pro contrastingcellswithradon. pro
对比度增强和滤波	灰度拉伸	BYTSCL	bytescaling. pro
	直方图均衡化	HIST_EQUAL ADAPT_HIST_EQUAL	equalizing. pro adaptiveequalizing. pro
	滤波	CONVOL	lowpassfiltering. pro highpassfiltering. pro directionfiltering. pro laplacefiltering. pro

续表

处理类型	功能描述	功能函数	源码名称
对比度增强和滤波	图像平滑	SMOOTH MEDIAN	smoothingwithsmooth. pro smoothingwithmedian. pro
	图像锐化	CONVOL	sharpening. pro
	边缘检测	EDGE_DOG EMBOSS PREWITT ROBERTS SHIFT_DIFF SOBEL	detecting_edges_doc. pro
	噪声去除	HANNING LEEFILT	removingnoisewithhanning. pro removingnoisewithleefilt. pro
形状提取与分析	腐蚀与膨胀	ERODE DILATE	morpherodedilate. pro
	开运算	MORPH_OPEN	morphopenexample. pro
	闭运算	MORPH_CLOSE	morphcloseexample. pro
	峰值亮度检测	MORPH_TOPHAT	morphtophatexample. pro
	分水岭边界检测	WATERSHED	watershedexample. pro
	图像识别	MORPH_HITORMISS	morphhitormissexample. pro
	边缘检测－坡度计算	MORPH_GRADIENT	morphgradientex. pro
	图像距离图	MORPH_DISTANCE	morphdistanceexample. pro
	图像细化	MORPH_THIN	morphthinexample. pro
	图像形状分析	LABEL_REGION CONTOUR	labelregionexample. pro extractcontourinfo. pro

第13章 数学与统计分析

IDL是一门基于数组运算的语言，数学运算功能很强大，其数学库函数可分基础数学库和IMSL数学库。IMSL（Internationl Mathematics Statistics Library）是国际数学/统计学函数库的缩写，它是一个综合性的数学和统计学程序库，具有函数丰富、程序效率高、可移植性强和文档说明详细等特点，被广泛应用在科学计算、工程设计、医学和经济学等领域。本章主要介绍IDL的数学与统计分析功能，详细介绍IDL基础数学库和IMSL数学库的函数，并对部分函数进行调用代码示例。

13.1 基础数学库

IDL的基础数学库包含了大量的数学与统计分析函数，下面分别进行介绍。

13.1.1 数学类函数

数学类函数是基础数学运算相关的函数，除了基本的数组求和、阶乘、平均值和取整之外，还包含了诸如点到直线距离、多边形求面积等功能函数，详细参考表13.1。

表13.1 数学类函数

函数名称	功能描述
ABS	求绝对值
CEIL	返回大于或等于该值的整数
CIR_3PNT	基于给定的三点返回半径和圆心坐标
COMPLEXROUND	对复数进行四舍五入取整
DIAG_MATRIX	对角矩阵生成或提取矩阵对角元素
DIST	创建数组，元素值与频率成正比
EXP	自然指数函数
FLOOR	返回小于或等于该值的整数
IMAGINARY	复数的虚部
ISHFT	位移操作
LEEFILT	Lee滤波
MATRIX_MULTIPLY	对矩阵进行运算
MATRIX_POWER	计算矩阵与其自身的乘积
PNT_LINE	计算点到直线的垂直距离
POLY_AREA	计算给定顶点的多边形面积
PRIMES	返回素数数组
PRODUCT	计算矩阵的元素乘积
ROUND	四舍五入取整
SPH_4PNT	给定四个点，计算包含这些点的三维球中心点和半径
SQRT	开平方
TOTAL	数组元素求和
VOIGT	计算原子吸收波谱的强度

例如，对浮点数取整和计算多边形面积的示例代码如下：

```
IDL > var = [1.1,1.9,2.4,3.5]
IDL > ;向上取整
IDL > PRINT,CEIL(var)
       2           2           3           4
IDL > ;向下取整
IDL > PRINT,FLOOR(var)
       1           1           2           3
IDL > ;四舍五入取整
IDL > PRINT,ROUND(var)
       1           2           2           4
IDL > ;多边形点的 x 坐标
IDL > x = [0,6,3]
IDL > ;多边形点的 y 坐标
IDL > y = [0,0,6]
IDL > ;输出查看多边形面积
IDL > PRINT,POLY_AREA(x,y)
      18.0000
```

13.1.2 三角函数

IDL 中的三角函数见表 13.2 所示。需要注意的是，三角函数的输入要求单位是弧度，如果是角度可以通过系统变量!DTOR(π/180)或!RADEG(180/π)进行转换。

表 13.2 三角函数

函数名称	功能描述	函数名称	功能描述
ACOS	计算反余弦	COSH	计算双曲余弦
ALOG	计算自然对数	EXP	计算自然指数
ALOG10	计算以 10 为底的对数	SIN	计算正弦
ASIN	计算反正弦	SINH	计算双曲正弦
ATAN	计算反正切	TAN	计算正切
COS	计算余弦	TANH	计算双曲正切

例如，求解正弦、余弦值的示例代码如下：

```
IDL > ;求 30°角的正弦
IDL > PRINT,SIN(30 * !DTOR)
      0.500000
IDL > ;求 π/2 的正弦
IDL > PRINT,SIN(!PI/2)
      1.00000
IDL > ;求余弦为 0.5 的角度(°)
IDL > PRINT,ACOS(0.5) * !RADEG
      60.0000
```

13.1.3 特殊数学函数

IDL 中包含了标函数和多项式函数等特殊数学函数，可参考表 13.3。

表 13.3　特殊数学函数

函数名称	功能描述	函数名称	功能描述
BESELI	I 贝塞尔函数	GAMMA	γ 函数
BESELJ	J 贝塞尔函数	IBETA	不完全 β 函数
BESELK	K 贝塞尔函数	IGAMMA	不完全 γ 函数
BESELY	Y 贝塞尔函数	LAGUERRE	Laguerre 多项式求值
BETA	β 函数	LEGENDRE	Legendre 多项式求值
ERF	误差函数	LNGAMMA	γ 函数的对数
ERFC	互补误差函数	POLY	对多形式函数求值
ERFCX	缩小因子互补误差函数	SPHER_HARM	球体调和函数
EXPINT	指数积分		

例如，绘制贝塞尔曲线的示例代码如下：

```
IDL > ;创建数据
IDL > X = FINDGEN(100)/10
IDL > ;绘制多个贝塞尔曲线
IDL > PLOT,X,BESELJ(X,0),TITLE = 'J and Y Bessel Functions'
IDL > OPLOT,X,BESELJ(X,1)
IDL > OPLOT,X,BESELJ(X,2)
IDL > OPLOT,X,BESELY(X,0),LINESTYLE = 2
IDL > OPLOT,X,BESELY(X,1),LINESTYLE = 2
IDL > OPLOT,X,BESELY(X,2),LINESTYLE = 2
IDL > ;添加曲线注记,最终效果见图 13.1
IDL > xcoords = [1,1.66,3,.7,1.7,2.65]
IDL > ycoords = [.8,.62,.52,-.42,-.42,-.42]
IDL > labels = ['!8J!X!D0','!8J!X!D1','!8J!X!D2','!8Y!X!D0','!8Y!X!D1','!8Y!X!D2']
IDL > XYOUTS,xcoords,ycoords,labels,/DATA
```

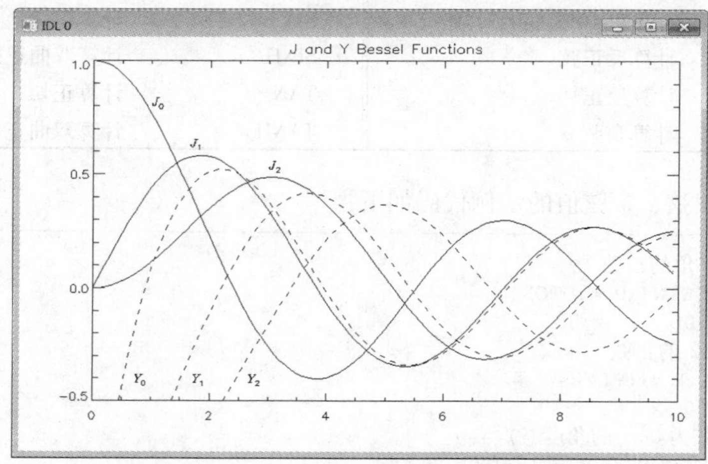

图 13.1　贝塞尔曲线

13.1.4　复数函数

复数是指写成“$a+bi$”形式的数，其中，a 和 b 是实数；i 是虚数单位（-1 的平方根）。IDL 中与复数相关的函数见表 13.4。

表 13.4　复数函数

函数名称	功能描述	函数名称	功能描述
COMPLEX	复数转换	IMAGINARY	返回复数的虚部
CONJ	计算复数的共轭	REAL_PART	返回复数的实部
DCOMPLEX	双精度负数转换		

创建与使用复数的示例代码如下：

```
IDL > ;创建复数数组：
IDL > cValues = COMPLEX([1,2,3],[4,5,6])
IDL > ;输出复数的实部
IDL > PRINT,REAL_PART(cValues)
      1.00000      2.00000      3.00000
```

13.1.5　导数和积分

IDL 中的导数和积分函数可参考表 13.5。

表 13.5　导数和积分函数

函数名称	功能描述
DERIV	基于三点拉格朗日插值的微分导数
DERIVSIG	导数的标准差
INT_2D	二元函数的二次积分
INT_3D	三元函数的三次积分
INT_TABULATED	离散面数据插值构成闭合区域
LSODE	常微分方程的高级数值解法
QROMB	闭区间内积分
QROMO	开区间积分
QSIMP	Simpson 方法求数值积分
RK4	fourth - order Runge - Kutta 算法求解微分方程

二重积分求解的积分表达式为

$$I = \int_{x=0.0}^{x=2.0}\int_{y=0.0}^{y=x^2} y \cdot \cos(x^5)\,\mathrm{d}y\mathrm{d}x$$

求解步骤如下所述。

首先，定义积分表达式函数，代码如下：

```
;定义积分函数 F(x,y)
FUNCTION fxy,X,Y
  RETURN,Y * COS(X^5)
END
;外部积分函数
FUNCTION pq_limits,X
  RETURN,[0.0,X^2]
END
```

然后，利用 INT_2D 函数求解，代码如下：

```
IDL > ab_limits = [0.0,2.0]
IDL > PRINT,INT_2D('fxy',ab_limits,'pq_limits',48)
    0.0551419
```

三重积分求解的积分表达式为

$$\int_{x=-2}^{x=2}\int_{y=-\sqrt{4-x^2}}^{y=\sqrt{4+x^2}}\int_{z=0}^{z=\sqrt{4-x^2-y^2}} z\cdot(x^2+y^2)\,dzdydx$$

求解步骤如下所述。首先，定义积分表达式函数，代码如下：

```
;定义积分 Fxyz 函数
FUNCTION FXYZ,X,Y,Z
  RETURN,Z * (X^2 + Y^2 + Z^2)^1.5
END
;定义 P(x)和 Q(x)关系公式
FUNCTION PQ_LIMITS,X
  RETURN,[ - SQRT(4.0 - X^2),SQRT(4.0 - X^2)]
END
;定义 U(x,y)和 V(x,y)关系公式
FUNCTION UV_LIMITS,X,Y
  RETURN,[0.0,SQRT(4.0 - X^2 - Y^2)]
END
```

然后，利用 INT_3D 函数来求解，代码如下：

```
IDL > ;调用三重积分函数
IDL > PRINT,INT_3D('fxyz',[ -2.0,2.0], $
IDL >  'pq_limits','uv_limits',6)
      57.4177
```

13.1.6 特征值与特征向量

IDL 中求解特征值和特征向量的函数可参考表 13.6。

表 13.6 特征值和特征向量函数

函数名称	功能描述
EIGENQL	计算特征值和实对称矩阵的特征向量
EIGENVEC	计算特征值和实非对称矩阵的特征向量
ELMHES	计算非对称矩阵的为 upper Hessenberg 矩阵
HQR	upper Hessenberg 矩阵的特征值
TRIQL	三对角线矩阵的特征值与特征向量
TRIRED	实对称矩阵为三对角线矩阵

使用函数 EIGENQL 求解特征值与特征向量的示例代码如下：

```
IDL > ;定义 n * n 实对称数组
IDL > A = [[5.0,  4.0,  0.0, -3.0], $
IDL >   [4.0,  5.0,  0.0, -3.0], $
IDL >   [0.0,  0.0,  5.0, -3.0], $
IDL >   [-3.0, -3.0, -3.0,  5.0]]
IDL > ;计算特征值与特征向量
IDL > eigenvalues = EIGENQL(A,EIGENVECTORS = evecs, $
IDL >  RESIDUAL = residual)
IDL > ;输出查看结果
IDL > PRINT,'Eigenvalues:'
IDL > PRINT,eigenvalues
```

```
IDL > PRINT,'Eigenvectors:'
Eigenvalues:
    12.0915      6.18662      1.00000      0.721872
Eigenvectors:
IDL > PRINT,evecs
   -0.554531    -0.554531    -0.241745      0.571446
   -0.342981    -0.342981     0.813186     -0.321646
    0.707107    -0.707107 -4.91838e-008 -6.46506e-008
    0.273605     0.273605     0.529422      0.754979
```

13.1.7 线性代数

IDL 中线性代数相关的函数可参考表 13.7。

表 13.7 线性代数函数

函数名称	功能描述
LA_CHOLDC	正定对称矩阵的 Cholesky 矩阵分解（Cholesky factorization）
LA_CHOLMPROVE	利用 Cholesky 矩阵分解优化线性方程组求解
LA_CHOLSOL	与函数 LA_CHOLDC 一起用来对线性方程组求解
LA_DETERM	利用 LU 分解来求正方阵列行列式的值
LA_EIGENPROBLEM	利用 QR 算法来计算矩阵的特征值和特征向量
LA_EIGENQL	计算特征值和特征向量
LA_EIGENVEC	利用 QR 算法计算特征向量
LA_ELMHES	简化实非对称或复数矩阵
LA_GM_LINEAR_MODEL	求解高斯 - 马尔可夫线性模型
LA_HQR	利用 QR 来求解矩阵的所有特征值
LA_INVERT	利用 LU 分解求矩阵的逆
LA_LEAST_SQUARE_EQUALITY	求解线性最小二乘问题
LA_LEAST_SQUARES	用来解决线性最小二乘问题
LA_LINEAR_EQUATION	利用 LU 分解求解线性方程组
LA_LUDC	计算数组的 LU 分解
LA_LUMPROVE	利用 LU 分解来优化线性方程组求解
LA_LUSOL	与 LA_LUDC 求解线性方程
LA_SVD	计算数组的奇异值分解
LA_TRIDC	计算三角对线矩阵的 LU 分解
LA_TRIMPROVE	利用三角对线矩阵来优化线性方程组的解
LA_TRIQL	利用 implicitly - shifted QR 算法来计算矩阵的特征值和特征向量
LA_TRIRED	实对称或复数埃尔米特矩阵转换为实三对角线矩阵
LA_TRISOL	与 LA_TRIDC 一起求解线性方程组的解

利用函数 LA_LEAST_SQUARES 求解线性方程组

$$2t+5u+3v+4w=3$$

$$7t+u+3v+5w=1$$

$$4t+3u+6v+2w=6$$

的示例代码如下：

```
IDL > ;定义方程左侧系数数组
IDL > a = [[2,5,3,4], $
IDL >   [7,1,3,5], $
IDL >   [4,3,6,2]]
IDL > ;定义方程右侧系数数组
IDL > b = [3,1,6]
IDL > ;利用函数 LA_LEAST_SQUARES 求最小范数解
IDL > x = LA_LEAST_SQUARES(a,b)
IDL > PRINT,x
    -0.0376844      0.350628      0.986164      -0.409066
```

13.1.8 线性系统

IDL 提供了多种求解线性方程组的算法函数，包含超定方程组、欠定方程组和复杂线性方程组等求解，函数列表可参考表 13.8。

表 13.8 线性系统函数

函数名称	功能描述
CHOLDC	矩阵的 Cholesky 分解
CHOLSOL	线性方程的求解（与 CHOLDC 一起使用）
COND	方矩阵的条件数
CRAMER	利用 Cramer 法求解线性方程组
CROSSP	计算向量积
DETERM	计算方阵的行列式
GS_ITER	高斯－塞德尔迭代法求解线性方程
IDENTITY	生成单位矩阵
INVERT	计算矩阵的逆
LINBCG	利用迭代共轭梯度法求解线性方程组的解
LU_COMPLEX	利用 LU 分解求解复数线性方程
LUDC	LU 分解替换数组
LUMPROVE	LU 分解迭代优化近似解
LUSOL	与 LUDC 求线性方程的解
NORM	计算欧几里得范数
SVDC	数组的奇异值分解
SVSOL	逆运算求解线性方程
TRACE	计算矩阵的迹
TRISOL	求解三对角线的线性方程组

1. 简单方程组求解

求解线性方程组

$$\begin{bmatrix} 1.0 & 2.0 \\ 1.0 & 3.0 \\ 0.0 & 0.0 \end{bmatrix} \begin{bmatrix} X_0 \\ X_1 \end{bmatrix} = \begin{bmatrix} 4.0 \\ 5.0 \\ 6.0 \end{bmatrix}$$

代码如下：

```
IDL > ;定义 A 矩阵
IDL > A = [[1.0,2.0], $
IDL >   [1.0,3.0], $
IDL >   [0.0,0.0]]
IDL > B = [4.0,5.0,6.0]
IDL > ;计算数组的奇异值分解
```

```
IDL > SVDC,A,W,U,V
IDL > N = N_ELEMENTS(W)
IDL > WP = FLTARR(N,N)
IDL > ;创建对角矩阵
IDL > FOR K = 0,N - 1 DO IF ABS(W(K)) GE 1.0e - 5 THEN WP(K,K) = 1.0 / W(K)
IDL > ;基于数学理论基础求解
IDL > X = V ## WP ## TRANSPOSE(U) ## B
IDL > ;查看结果
IDL > PRINT,X
     2.00000
     1.00000
```

2. 复数方程求解

方程组

$$\begin{bmatrix} -1+0i & 1-3i & 2+0i & 3+3i \\ -2+0i & -1+3i & 0+1i & 3+1i \\ 3+0i & 0+4i & 0-1i & 0-3i \\ 2+0i & 1+1i & 2+1i & 2+1i \end{bmatrix} \begin{bmatrix} z_0 \\ z_1 \\ z_2 \\ z_3 \end{bmatrix} = \begin{bmatrix} 15-2i \\ -2-1i \\ -20+11i \\ -10+10i \end{bmatrix}$$

求解代码如下：

```
IDL > ;定义系数的实部
IDL > re = [[ -1,1,2,3], $
IDL >   [ -2, -1,0,3], $
IDL >   [3,0,0,0], $
IDL >   [2,1,2,2]]
IDL > ;定义系数的虚部
IDL > im = [[0, -3,0,3], $
IDL >   [0,3,1,1], $
IDL >   [0,4, -1, -3], $
IDL >   [0,1,1,1]]
IDL > ;方程左边复数系数
IDL > A = COMPLEX(re,im)
IDL > ;定义方程右侧系数
IDL > B = [COMPLEX(15, -2),COMPLEX( -2, -1),COMPLEX( -20,11), $
IDL >   COMPLEX( -10,10)]
IDL > ;求解双精度类型的方程解
IDL > Z = LU_COMPLEX(A,B,/DOUBLE)
IDL > ;以复数形式输出结果
IDL > PRINT,TRANSPOSE(Z),FORMAT = '(f5.2,",",f5.2,"i")'
 -4.00,1.00i
  2.00,2.00i
  0.00,3.00i
 -0.00, -1.00i
```

13.1.9　非线性方程

非线性方程中因变量与自变量之间的关系不是线性关系（如平方关系、对数关系、指数关系、三角函数关系等）。求解此类方程往往很难得到精确解，一般是求出近似解。IDL 中的非线性方程相关函数见表 13.9 所示。

表 13.9 非线性方程函数

函数名称	功能描述
BROYDEN	Broyden 法求解非线性方程组
FX_ROOT	一元非线性方程的实根和复根
FZ_ROOTS	利用拉格朗日方法求复系数多项式的根
NEWTON	利用牛顿法求解非线性方程组

例如，求方程

$$f(x) = x^2 - 4$$

的解，表达式$x^2 - 4$ 可以看做$x^2 + 0x - 4$，求解代码如下：

```
IDL > ;方程系数
IDL > coeffs = [ -4,0,1]
IDL > ;输出结果,复数(实部,虚部)
IDL > print,fz_roots(coeffs)
(     -2.00000,     0.000000)(      2.00000,      0.000000)
```

又例如，求方程

$$p(x) = e^{(\sin x^2 + \cos x^2 - 1)} - 1$$

的实数解，首先定义函数表达式：

```
;定义函数表达式
FUNCTION FUNC,X
  RETURN,EXP(SIN(X)^2 + COS(X)^2 -1) -1
END
```

再利用函数 fx_root 求解：

```
IDL > ;初始化设置 x 实数估计值
IDL > x = [0.0, - !pi/2,!pi]
IDL > ;调用 fx_root 求解
IDL > root = FX_ROOT(X,'FUNC',/DOUBLE)
IDL > ;查看 root
IDL > PRINT,root
        3.1415927
```

13.1.10 稀疏矩阵

大多数元素为 0 的矩阵称为稀疏矩阵，标准线性代数技术在处理稀疏矩阵时效率低，IDL 提供了专门针对稀疏矩阵的函数，从而提高了稀疏矩阵的运算效率。稀疏矩阵函数见表 13.10 所示。

表 13.10 稀疏矩阵函数

函数名称	功能描述	函数名称	功能描述
FULSTR	稀疏矩阵恢复到全存储模式	SPRSAX	稀疏矩阵的向量乘
LINBCG	双共轭梯度法求解稀疏线性方程组	SPRSIN	转换矩阵为行索引稀疏矩阵
READ_SPR	文件中读取行索引稀疏矩阵	SPRSTP	构造稀疏矩阵的转置
SPRSAB	稀疏矩阵的矩阵乘法	WRITE_SPR	将行索引稀疏矩阵结构体保存为文件

稀疏矩阵部分函数使用举例：

```
IDL > ;初始化数组 A:
IDL > A = [[5.0,  0.0,0.0],$
IDL >   [3.0,-2.0,0.0],$
IDL >   [4.0,-1.0,0.0]]
IDL > ;定义右式变量
IDL > X = [1.0,2.0,-1.0]
IDL > ;转换为稀疏矩阵格式,乘以 X:
IDL > result = SPRSAX(SPRSIN(A),X)
IDL > ;查看结果
IDL > PRINT,result
     5.00000     -1.00000      2.00000
```

13.1.11 数学错误检测

计算机进行数学运算过程中经常会出现如除以零、越界、对负数求对数等错误运算，IDL 提供了一系列函数（表 13.11）用于检测和处理该类错误。

表 13.11 数学错误检测函数

函数名称	功能描述
CHECK_MATH	检测和清除数学错误信息
FINITE	判断变量或数组是否有限
MACHAR	检测浮点数运算机器的特有参数

函数使用示例代码如下：

```
IDL > ;定义 10 个元素的浮点数组
IDL > A = FLTARR(10)
IDL > ;设置一些值为 NaN 或无限极值
IDL > A[3] = !VALUES.F_NAN
IDL > A[4] = - !VALUES.F_NAN
IDL > A[6] = !VALUES.F_INFINITY
IDL > A[7] = - !VALUES.F_INFINITY
IDL > ;查看数组的值
IDL > PRINT,A
     0.000000      0.000000      0.000000           NaN          -NaN      0.000000           Inf
         -Inf      0.000000      0.000000
IDL > ;获取数组中无限极值的位置
IDL > PRINT,WHERE(FINITE(A,/INFINITY))
           6           7
IDL > ;获取数组中 NaN 的位置
IDL > PRINT,WHERE(FINITE(A,/NAN))
           3           4
```

13.1.12 拟合

拟合是用光滑的曲线或曲面将一系列离散点连接起来。IDL 中含有丰富的拟合函数，见表 13.12 所示。

表 13.12　拟合函数

函数名称	功能描述
COMFIT	利用六种方法（指数模型、几何模型、Gompertz 模型、双曲线模型、逻辑模型和对数模型）拟合数据点对
CRVLENGTH	计算曲线长度
CURVEFIT	对多元数据进行用户自定义拟合
GAUSS2DFIT	拟合 2D 椭圆高斯方程为格网数据形式
GAUSSFIT	非线性、最小二乘拟合
GRID_TPS	平板样条插值方法将不规则的二维点对插值生成规则网格
KRIG2D	克里金方法插值
LADFIT	线性拟合（最小绝对偏差方法拟合）
LINFIT	线性拟合（卡方统计最小法拟合）
LMFIT	最小二乘法非线性拟合。
MIN_CURVE_SURF	曲面曲率最小或薄板样条曲面方法插值
POLY_FIT	最小二乘法多项式拟合
REGRESS	多重线性回归拟合
SFIT	曲面的多形式拟合
SVDFIT	基于 SVD 的多元最小二乘法
TRIGRID	基于三角网将不规则网格数据插值为规则网格数据

1. 对数函数拟合

示例代码如下：

```
IDL > ;已知 xy 数组
IDL > X = [2.27,15.01,34.74,36.01,43.65,50.02,53.84,58.30, $
IDL >      62.12,64.66,71.66,79.94,85.67,114.95]
IDL > Y = [5.16,22.63,34.36,34.92,37.98,40.22,41.46,42.81, $
IDL >      43.91,44.62,46.44,48.43,49.70,55.31]
IDL > ;初始化对数模型系数
IDL > A = [1.5,1.5,1.5]
IDL > ;计算对数模型拟合系数
IDL > result = COMFIT(X,Y,A,/LOGSQUARE)
IDL > ;查看结果
IDL > PRINT,result
      1.42494       7.21900       9.18794
```

2. 指数函数拟合

若函数方程格式为

$$F(x) = a(1 - e^{-bx})$$

已知对应 x 和 y 点为[0.25，0.75，1.25，1.75，2.25]和[0.28，0.57，0.68，0.74，0.79]，求解函数方程的操作步骤如下：

首先，根据信息定义名为“FUNCT”的函数

```
;函数定义
PRO FUNCT,X,A,F,PDER
  F = A[0] * (1.0 - EXP(-A[1] * X))
  ;输入参数至少为 4
  IF N_PARAMS() GE 4 THEN BEGIN
    pder = FLTARR(N_ELEMENTS(X),2)
    ;A[0]的偏导数
    pder[*,0] = 1.0 - EXP(-A[1] * X)
    ;A[1]的偏导数
    pder[*,1] = A[0] * x * EXP(-A[1] * X)
  ENDIF
END
```

然后，利用 curvefit 函数求解。函数调用方法如下，系数 a、b 即为结果数组 $\boldsymbol{A}$。

```
IDL > ;离散对称数据点对
IDL > X = [0.25,0.75,1.25,1.75,2.25]
IDL > Y = [0.28,0.57,0.68,0.74,0.79]
IDL > ;计算数据权重
IDL > W = 1.0 /Y
IDL > A = [1.0,1.0]
IDL > ;计算方程系数
IDL > yfit = CURVEFIT(X,Y,W,A,SIGMA_A,FUNCTION_NAME = 'funct')
IDL > ;输出计算结果
IDL > PRINT,A
      0.787386      1.71602
```

最后，确定函数方程。基于计算的结果，最终方程为

$$F(x) = 0.787386 \cdot (1 - e^{-1.71602x})$$

13.1.13　插值

插值是在离散数据上补插满足一定要求的数据。根据需求先建立已知离散数据之间的关系函数再计算出结果。IDL 中的插值函数见表 13.13 所示。

表 13.13　插值函数

函数名称	功能描述
BILINEAR	对数组进行双线性内插
CONGRID	对数组进行任意大小的缩小和放大
GRID_INPUT	对二维数组进行预处理，剔除重复值；或在球面坐标和直角坐标之间进行转换
GRID_TPS	利用薄板样条法从不规则数据点插值为规则面
GRID3	基于 3D 离散点构建规则 3D 面
GRIDDATA	基于离散点位置及数值插值为平面或曲面规则网格
INTERPOL	矢量数组的线性插值
INTERPOLATE	计算内插数组
KRIG2D	克里金插值
MIN_CURVE_SURF	最小曲率或薄板样条法内插点
POLY	曲面极坐标插值到直角坐标
SPH_SCAT	球面插值

续表

函数名称	功能描述
SPL_INIT	确立样条插值方法
SPL_INTERP	三次样条插值（数值分析方法）
REBIN	数组或矢量重采样到指定大小
SPLINE	三次样条插值
SPLINE_P	带参数的三次样条插值
TRI_SURF	格网点的五次曲面平滑
TRIANGULATE	构建 Delaunay 三角网
TRIGRID	不规则点集插值为规则网格
VALUE_LOCATE	数值在给定数组中定位
VORONOI	基于 Delaunay 三角网计算 Voronoi 多边形

对已知 4 个点利用三次样条插值并显示前后对比效果（图 13.2）的示例代码如下：

```
IDL > ;定义 X 和 Y 数组
IDL > X = [1,2,3,4]
IDL > Y = [1,2,1,2]
IDL > ;插值
IDL > SPLINE_P,X,Y,XR,YR
IDL > ;创建 400 * 400 的窗口
IDL > window,1,xsize =400,ysize =400
IDL > ;绘制原始,图 13.2(a)
IDL > plot,x,y
IDL > ;创建 400 * 400 的窗口
IDL > window,2,xsize =400,ysize =400
IDL > ;曲线插值结果,图 13.2(b)
IDL > PLOT,XR,YR
```

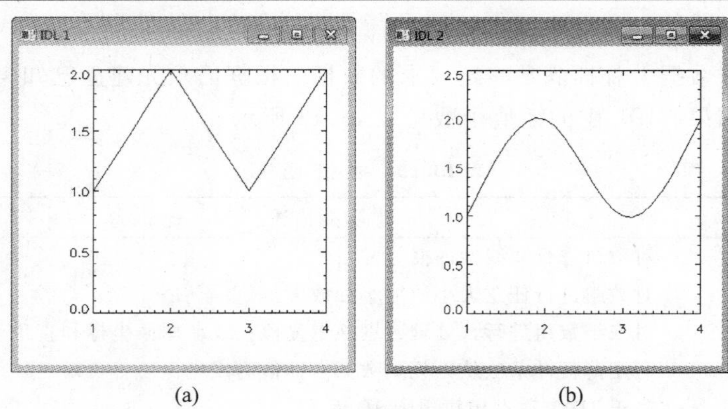

(a)　　(b)

图 13.2　插值前后曲线对比

13.1.14　相关分析

相关分析研究现象之间是否存在某种依存关系，对具体有依存关系的现象探讨其相关方向以及相关程度，是研究随机变量之间的相关关系的一种统计方法。

相关系数是变量之间相关程度的指标，用 r 表示，定义如下

$$r = \frac{XY\text{的协方差}}{X\text{标准差} \times Y\text{标准差}}$$

或

$$r = \frac{\frac{1}{N-1}\sum_{i=0}^{N-1}\left(X_i - \left[\sum_{k=0}^{N-1}\frac{X_k}{N}\right]\right)\left(Y_i - \left[\sum_{k=0}^{N-1}\frac{Y_k}{N}\right]\right)}{\sqrt{\frac{1}{N-1}\sum_{i=0}^{N-1}\left(X_i - \left[\sum_{k=0}^{N-1}\frac{X_k}{N}\right]\right)^2}\sqrt{\frac{1}{N-1}\sum_{i=0}^{N-1}\left(Y_i - \left[\sum_{k=0}^{N-1}\frac{Y_k}{N}\right]\right)^2}}$$

相关系数的取值范围为 [-1, 1]。$|r|$值越大，变量之间的线性相关程度越高；$|r|$值越接近0，变量之间的线性相关程度越低。

IDL 中的相关分析函数见表 13.14 所示。

表 13.14　相关分析函数

函数名称	功能描述
A_CORRELATE	自相关系数
C_CORRELATE	互相关系数
CORRELATE	线性 Pearson 系数
M_CORRELATE	多重相关系数（复相关系数）
P_CORRELATE	净相关系数（偏相关系数）
R_CORRELATE -	秩相关系数

计算相关系数的示例代码如下：

```
IDL > ;定义两一维数组:
IDL > X = [257,208,296,324,240,246,267,311,324,323,263,$
IDL >  305,270,260,251,275,288,242,304,267]
IDL > Y = [201,56,185,221,165,161,182,239,278,243,197,$
IDL >  271,214,216,175,192,208,150,281,196]
IDL > ;计算 x 和 y 的 Spearman 等级相关系数
IDL > result = R_CORRELATE(X,Y)
IDL > PRINT,"Spearman's (rho) rank correlation: ",result
Spearman's (rho) rank correlation:        0.835967  4.42899e-006
IDL > ;计算 x 和 y 的 Kendall 等级相关系数
IDL > result = R_CORRELATE(X,Y,/KENDALL)
IDL > PRINT,"Kendalls's (tau) rank correlation: ",result
Kendalls's (tau) rank correlation:        0.624347  0.000118732
```

13.1.15　多元分析

IDL 提供了一系列函数（表 13.15）进行多元分析，函数大致可分为两类：聚类分析和主成分分析。

聚类分析是将相对同质的样本分为一类的统计分析技术，首先生成预定数量的类中心，然后对每个样本数据按照确定的最小距离法则进行归类。

主成分分析是将多个变量通过线性变换以选出较少个数重要变量的一种多元统计分析方法。基本原理是原来变量重新组合成一组新的互相无关的几个综合变量，同时根据实际需要从中可以取出几个较少的综合变量尽可能多地反映原来变量的信息。这样一方面尽可能地保持了原数据中的信息，另一方面对数据进行了降维。

表 13.15　多元分析函数

函数名称	功能描述
CLUST_WTS	聚类分析中计算群聚中心（cluster weights）
CLUSTER	聚类分析
CLUSTER_TREE	计算 n 维空间下的子集的分层聚类树
CTI_TEST	卡方拟合优度检验
DENDRO_PLOT	直接图形法绘制聚类树（可由 Cluster_tree 创建）
DENDROGRAM	基于聚类树（可由 Cluster_tree 创建）构建树枝状的点集和链接关系以便进行可视化
DISTANCE_MEASURE	计算数组数据两两之间的距离
KW_TEST	Kruskal - Wallis 检验
M_CORRELATE	计算复相关系数（多重相关系数）
P_CORRELATE	计算偏相关系数
PCOMP	主成分分析
STANDARDIZE	计算标准化变量

例如，分级聚类树状曲线绘制的示例代码如下：

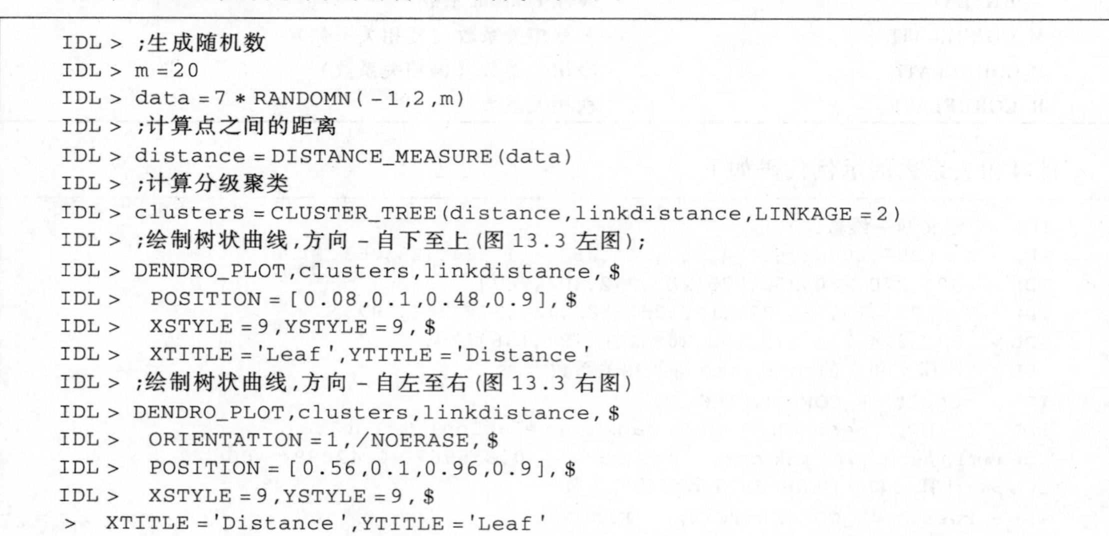

```
IDL> ;生成随机数
IDL> m=20
IDL> data=7*RANDOMN(-1,2,m)
IDL> ;计算点之间的距离
IDL> distance=DISTANCE_MEASURE(data)
IDL> ;计算分级聚类
IDL> clusters=CLUSTER_TREE(distance,linkdistance,LINKAGE=2)
IDL> ;绘制树状曲线,方向-自下至上(图 13.3 左图);
IDL> DENDRO_PLOT,clusters,linkdistance,$
IDL>  POSITION=[0.08,0.1,0.48,0.9],$
IDL>  XSTYLE=9,YSTYLE=9,$
IDL>  XTITLE='Leaf',YTITLE='Distance'
IDL> ;绘制树状曲线,方向-自左至右(图 13.3 右图)
IDL> DENDRO_PLOT,clusters,linkdistance,$
IDL>  ORIENTATION=1,/NOERASE,$
IDL>  POSITION=[0.56,0.1,0.96,0.9],$
IDL>  XSTYLE=9,YSTYLE=9,$
 >  XTITLE='Distance',YTITLE='Leaf'
```

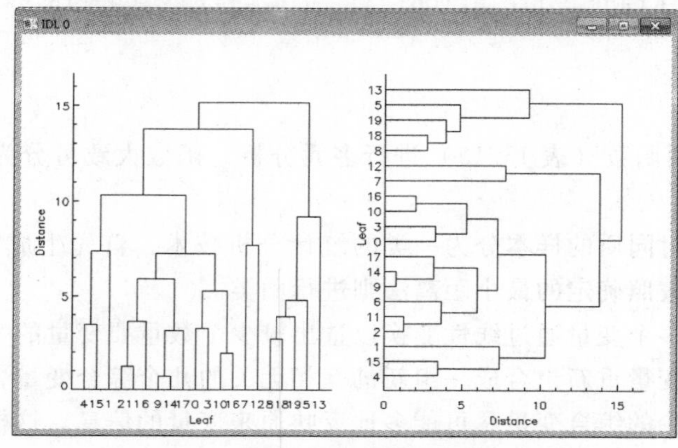

图 13.3　分级聚类树

又例如，主成分分析的示例代码如下：

```
IDL > ;4 * 20 的观测数据
IDL > array = [[19.5,43.1,29.1,11.9], $
IDL >  [24.7,49.8,28.2,22.8], $
IDL >  [30.7,51.9,37.0,18.7], $
IDL >  [29.8,54.3,31.1,20.1], $
IDL >  [19.1,42.2,30.9,12.9], $
IDL >  [25.6,53.9,23.7,21.7], $
IDL >  [31.4,58.5,27.6,27.1], $
IDL >  [27.9,52.1,30.6,25.4], $
IDL >  [22.1,49.9,23.2,21.3], $
IDL >  [25.5,53.5,24.8,19.3], $
IDL >  [31.1,56.6,30.0,25.4], $
IDL >  [30.4,56.7,28.3,27.2], $
IDL >  [18.7,46.5,23.0,11.7], $
IDL >  [19.7,44.2,28.6,17.8], $
IDL >  [14.6,42.7,21.3,12.8], $
IDL >  [29.5,54.4,30.1,23.9], $
IDL >  [27.7,55.3,25.7,22.6], $
IDL >  [30.2,58.6,24.6,25.4], $
IDL >  [22.7,48.2,27.1,14.8], $
IDL >  [25.2,51.0,27.5,21.1]]
IDL > ;移除均值处理.
IDL > m = 4     ;单个样本包含变量数
IDL > n = 20    ;样本个数
IDL > means = TOTAL(array,2)/n
IDL > array = array - REBIN(means,m,n)
IDL > ;基于主成分分析进行计算
IDL > result = PCOMP(array,COEFFICIENTS = coefficients, $
IDL >   EIGENVALUES = eigenvalues,VARIANCES = variances,/COVARIANCE)
IDL > ;查看计算结果
IDL > PRINT,result,FORMAT = '(4(F8.2))'
 -107.38    13.40   -1.41   -0.03
    3.20     0.70    5.95   -0.02
   32.50    38.66   -3.87    0.01
   40.89    13.79   -4.98   -0.01
 -107.24    19.36    1.77    0.02
   18.43   -17.15   -1.47   -0.00
   99.89    -6.23    0.13    0.02
   45.38     8.11    6.53   -0.01
  -21.31   -18.31    3.75   -0.01
    5.54   -11.17   -4.52    0.02
   83.14     4.97    0.09    0.01
   87.11    -3.16    2.81    0.00
 -101.32   -11.78   -6.12    0.01
  -73.07     6.24    6.61    0.02
 -137.02   -19.10    1.33    0.01
   57.11     6.96    0.84   -0.01
   42.13   -10.07   -2.14    0.01
   83.30   -16.69   -2.72   -0.01
  -54.13     2.56   -4.21   -0.03
    2.84    -1.06    1.62   -0.01
IDL > ;计算信息含量
```

```
IDL > eigenvectors = coefficients / REBIN(eigenvalues,m,m)
IDL > ;依次输出统计信息
IDL > FOR mode = 0,3 DO PRINT,mode + 1,eigenvalues[mode],variances[mode] * 100
      1    73.4205    79.7970
      2    14.7099    15.9875
      3    3.86271    4.19818
      4  0.0159915  0.0173803
```

从最后统计信息可以看出，分离出的前面两行样本已经包含了原数据的 95.7% 的信息量。

13.1.16　优化

IDL 中的优化函数列表见 13.16 所示。

表 13.16　优化相关函数

函数名称	功能描述
AMOEBA	下降单纯形法（downhill simplex method）来约束多维函数
CONSTRAINED_MIN	广义既约梯度法约束函数
DFPMIN	Davidon – Fletcher – Powell 最小化约束函数
POWELL	Powell 方法最小化约束函数
SIMPLEX	单纯形法解决线性规划问题

例如，求解

$$Z = X_1 + X_2 + 3X_3 - 0.5X_4$$

的最大值，其中约束条件为

$$X_1 + 2X_3 \leqslant 740$$
$$2X_2 - 7X_4 \leqslant 0$$
$$X_2 - X_3 + 2X_4 \geqslant 0.5$$
$$X_1 + X_2 + X_3 + X_4 = 9$$

IDL 中的求解代码如下：

```
IDL > ;建立方程的系数数组
IDL > Zequation = [1,1,3, -0.5]
IDL > ;建立约束条件数组
IDL > Constraints = [ $
IDL >   [740, -1,  0, -2,  0], $
IDL >   [  0,  0, -2,  0,  7], $
IDL >   [0.5,  0, -1,  1, -2], $
IDL >   [  9, -1, -1, -1, -1] ]
IDL > ; Number of less - than constraint equations.
IDL > m1 = 2
IDL > ; Number of greater - than constraint equations.
IDL > m2 = 1
IDL > ; Number of equal constraint equations.
IDL > m3 = 1
IDL > ;调用函数
```

```
IDL > result = SIMPLEX(Zequation,Constraints,m1,m2,m3)
IDL > ;输出最后结果
IDL > PRINT,'Z 最大值为:',result[0]
Z 最大值为:      17.0250
IDL > PRINT,'X 值为:',result[1:*]
X 值为:      0.000000      3.32500      4.72500      0.950000
```

13.1.17 概率

IDL 中包含了各种常见的概率函数，见表 13.17 所示。

表 13.17　概率函数

函数名称	功能描述
BINOMIAL	二项分布
CHISQR_CVF	基于卡方分布和临界值计算概率
CHISQR_PDF	卡方分布概率
F_CVF	*F* 分布的临界值
F_PDF	*F* 分布概率
GAUSS_CVF	高斯分布的临界值
GAUSS_PDF	高斯分布概率
GAUSSINT	高斯分布概率积分
T_CVF	Student *t* 分布临界值
T_PDF	Student *t* 分布概率

例如，需要计算服从高斯分布的随机变量在大于等于 2 并小于等于 10 之间的概率，代码如下：

```
IDL > PRINT,GAUSS_PDF(10.0) - GAUSS_PDF(2.0)
      0.0227501
```

13.1.18 假设检验

假设检验是数理统计学中根据一定假设条件由样本推断总体的一种方法。首先，根据问题对所研究的总体作某种假设，记作 H0；然后，选取合适的统计量，这个统计量的选取要使得在假设 H0 成立时，其分布为已知；由实测的样本，计算出统计量的值，并根据预先给定的显著性水平进行检验，做出拒绝或接受假设 H0 的判断。

IDL 中包含双单侧检验、参数检验和非参数检验等检验方法（表 13.18）。

表 13.18　假设检验函数

函数名称	功能描述
CTI_TEST	卡方拟合优度检验
FV_TEST	*F* 统计量计算
KW_TEST	克鲁斯凯 - 沃利斯检验
LNP_TEST	Lombg 归一化周期
MD_TEST	随机的中值 Delta 检验

续表

函数名称	功能描述
R_TEST	随机性检验
RS_TEST	Wilcoxon 秩和检验
S_TEST	等级检验
TM_TEST	Student t-分布统计
XSQ_TEST	拟合优度的卡方检验

IDL 中进行卡方检验的示例代码如下：

```
IDL > ;定义 n * n 实对称数组
IDL > obfreq = [[748,821,786,720,672],$
IDL >          [74,  60,  51,  66,  50],$
IDL >          [31,  25,  22,  16,  15],$
>              [ 9,  10,   6,   5,   7]]
IDL > ;调用卡方检验函数
IDL > result = CTI_TEST(obfreq,COEFF = coeff)
IDL > ;输出卡方检验值与单尾检验值
IDL > print,result
     14.3953     0.276181
IDL > print,coeff
   0.0584860
```

13.1.19 统计

IDL 中计算阶乘、方差和标准差等常用统计量的函数见表 13.19 所示。

表 13.19 统计类函数

函数名称	功能描述
FACTORIAL	阶乘
HIST_2D	两个变量计算直方图
HISTOGRAM	数组的直方图（强度分布）
KURTOSIS	矢量的统计峰态
MAX	最大值
MEAN	平均值
MEANABSDEV	平均绝对偏差
MEDIAN	中值计算或中值滤波
MIN	最小值
MOMENT	计算均值、方差、偏斜度和峰态
RANDOMN	生成正态分布随机数
RANDOMU	生成均匀分布随机数
RANKS	计算基于 magnitude 的秩
SKEWNESS	偏斜度
SORT	数组排序（注意：返回的是排序后索引）
STDDEV	标准差
TOTAL	数组元素求和
VARIANCE	统计方差

例如，绘制二维图像的直方图示例代码如下：

```
IDL > ;创建简单二维图像
IDL > D = DIST(200)
IDL > ;绘制直方图,默认间隔为 1(图 13.4)
IDL > PLOT,HISTOGRAM(D)
IDL > ;绘制 10 - 50 之间间隔为 4 的直方图(图 13.5)
IDL > PLOT,HISTOGRAM(D,MIN = 10,MAX = 50,BINSIZE = 4)
IDL > ;数组
IDL > arr = [2,1,4,6,5,3]
IDL > ;利用 Histogram 进行数组排序
IDL > PRINT,WHERE(HISTOGRAM(arr,omin = omin)) + omin
        1          2          3          4          5          6
```

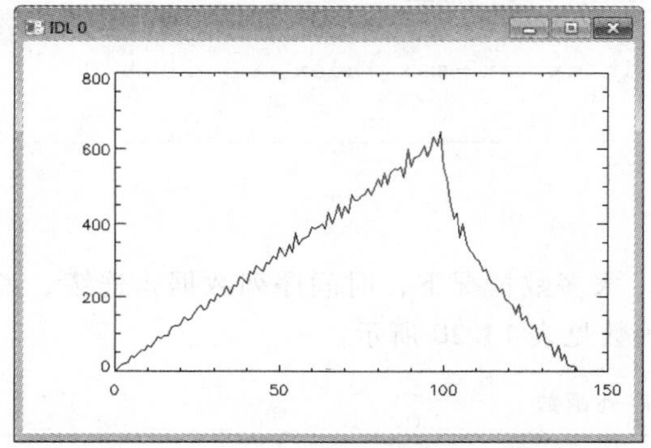

图 13.4　间隔为 1 的直方图曲线

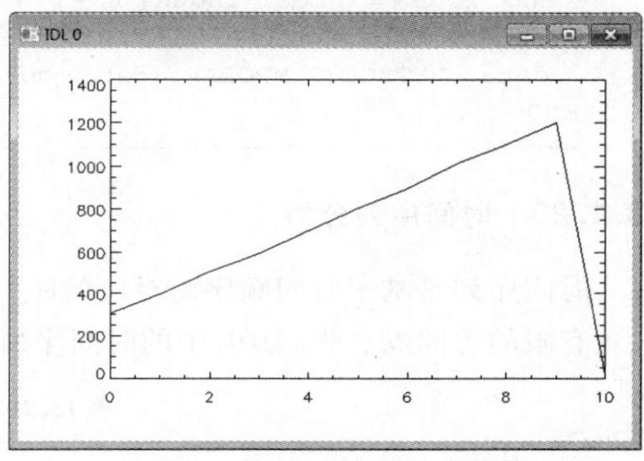

图 13.5　间隔为 4 的直方图曲线

基于函数 Histogram 可以求数组并集、交集及对二维图像进行线性 2% 裁剪拉伸处理，示例代码如下：

```
;两数组求并集
FUNCTION SETUNION,a,b
  IF N_ELEMENTS(a) EQ 0 THEN RETURN,b
  IF N_ELEMENTS(b) EQ 0 THEN RETURN,a
  RETURN,WHERE(HISTOGRAM([a,b],OMin = omin)) + omin
END
;两数组求交集
FUNCTION SETINTERSECTION,a,b
  minab = MIN(a,Max = maxa) > MIN(b,Max = maxb)
  maxab = maxa < maxb
  IF maxab LT minab OR maxab LT 0 THEN RETURN, -1
  r = WHERE((HISTOGRAM(a,Min = minab,Max = maxab) NE 0) AND    $
    (HISTOGRAM(b,Min = minab,Max = maxab) NE 0),count)
  IF count EQ 0 THEN RETURN, -1 ELSE RETURN,r + minab
END
;二维图像进行线性 2% 拉伸
FUNCTION LINESTRECH2D,data
  ;计算数据的大小
  dimens = SIZE(data,/dimensions)
  ;计算 2% 的最大最小位置索引
```

```
    MinCount = FLOAT(dimens[0]) * dimens[1] * 0.02
    MaxCount = FLOAT(dimens[0]) * dimens[1] * 0.98
    ;求数据最大最小值
    min = MIN(data,max = max)
    ;统计数据分布
    hist = HISTOGRAM(data)
    ;获取累加个数
    hist_sum = TOTAL(hist,/cumulative)
    ;找极值下限
    index = WHERE(hist_sum GT MinCount)
    min_index = (FLOAT(index[0] +1) * (max - min)/256) + min
    ;找极值上限
    index = WHERE(hist_sum GT MaxCount)
    max_index = (FLOAT(index[0] +1) * (max - min)/256) + min
    ;根据极值做拉伸处理
    data = BYTSCL(TEMPORARY(data),min = min_index,max = max_index,top = 255)
  END
```

13.1.20　时间序列分析

时间序列是基于时间顺序而对应的序列数据，大多数情况下，时间序列数据是连续、离散且有限的等间隔点集。IDL 中的时间序列分析函数见表 13.20 所示。

表 13.20　时间序列函数

函数名称	功能描述
A_CORRELATE	计算自相关
C_CORRELATE	计算互相关
SMOOTH	矩形窗口平均值平滑
TS_COEF	计算时间序列的自回归系数
TS_DIFF	计算时间序列的前向差分
TS_FCAST	计算时间序列数据前向或后向预测
TS_SMOOTH	计算时间序列的移动平均数

例如，对下面的时间序列函数进行预测，示例代码如下：

```
IDL > ;时间序列数据
IDL > X = [6.59,6.38,6.09,5.83,5.64,5.51,5.31,5.07,4.85,4.73]
IDL > ;时间顺序预测 2 个时刻数据
IDL > PRINT,TS_FCAST(X,5,2)
IDL > ;时间反序预测 2 个时刻数据
      4.62165      4.44917
IDL > PRINT,TS_FCAST(X,5,2,/backcast)
      6.85041      6.72353
```

13.1.21　域变换

IDL 中进行卷积、傅里叶变换、霍夫变换等常见域变换的函数见表 13.21 所示。

表 13.21　域变换函数

函数名称	功能描述
BLK_CON	脉冲过渡函数卷积
CHEBYSHEV	前向或后向 Chebyshev 多项式方式扩展
CONVOL	卷积核卷积
FFT	快速傅里叶变换
HILBERT	Hilbert 变换
HOUGH	二维图像霍夫变换（Hough transform）
RADON	二维图像雷登变换（Radon transform）
WTN	小波变换

例如，快速傅里叶变换示例代码：

```
IDL > ;创建余弦波曲线
IDL > n =256
IDL > x = FINDGEN(n)
IDL > y = COS(x * !PI /6) * EXP( - ((x - n/2)/30)^2 /2)
IDL > ;构造二维图像
IDL > z = REBIN(y,n,n)
IDL > ;两个角度旋转并合成
IDL > z = ROT(z,10) + ROT(z, -45)
IDL > WINDOW,XSIZE =540,YSIZE =270
IDL > LOADCT,39
IDL > TVSCL,z,7,7
IDL > ;计算二维快速傅里叶变换(图 13.6)
IDL > f = FFT(z)
IDL > ;能量谱的对数
IDL > logpower = ALOG10(ABS(f)^2)
IDL > TVSCL,logpower,277,7
```

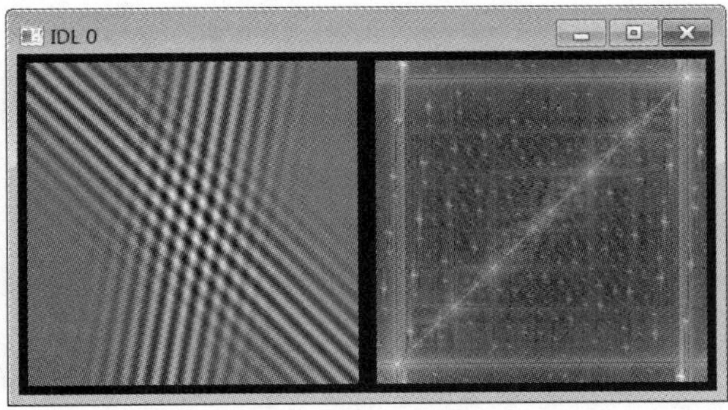

图 13.6　FFT 变换

13.2　IMSL 数学库

13.2.1　线性系统

IMSL 数学库中包含的线性系统函数有矩阵求逆（表 13.22）、线性方程组（表 13.23）、线性最小二乘方程组（表 13.24）和稀疏矩阵（表 13.25）四类函数。

表 13.22 矩阵求逆函数

函数名称	功能描述
IMSL_INV	求逆矩阵

表 13.23 线性方程组

函数名称	功能描述
IMSL_LUSOL	求逆矩阵
IMSL_LUFAC	矩阵的 LU 因式分解
IMSL_CHSOL	对称正定线性方程组求解
IMSL_CHFAC	Cholesky 系数计算

表 13.24 线性最小二乘方程组

函数名称	功能描述
IMSL_QRSOL	求逆矩阵
IMSL_QRFAC	实矩阵因子分解
IMSL_SVDCOMP	奇异值分解（SVD）
IMSL_CHNNDSOL	实对称非负线性方程求解
IMSL_CHNNDFAC	实矩阵的 Cholesky 分解
IMSL_LINLSQ	线性约束的最小二乘求解

表 13.25 稀疏矩阵

函数名称	功能描述
IMSL_SP_LUSOL	线性稀疏矩阵求解
IMSL_SP_LUFAC	稀疏矩阵的 LU 分解
IMSL_SP_BDSOL	线性方程求解
IMSL_SP_BDFAC	计算 LU 分解
IMSL_SP_PDSOL	稀疏对称正定矩阵求解
IMSL_SP_PDFAC	对称正定矩阵因式分解
IMSL_SP_BDPDSOL	线性对称正定方程求解
IMSL_SP_BDPDFAC	Cholesky 分解
IMSL_SP_GMRES	广义最小残差求解线性方程
IMSL_SP_CG	共轭梯度方法求解实对称矩阵方程
IMSL_SP_MVMUL	稀疏矩阵的向量积

例如，利用最小二乘法求解方程组

$$\begin{cases} 3x_1 + 2x_2 + x_3 = 3.3 \\ 4x_1 + 2x_2 + x_3 = 2.2 \\ 2x_1 + 2x_2 + x_3 = 1.3 \\ x_1 + x_2 + x_3 = 1.0 \end{cases}$$

其中限制条件为

$$\begin{cases} x_1 + x_2 + x_3 \leqslant 3.3 \\ 0 \leqslant x_1 \leqslant 0.5 \\ 0 \leqslant x_2 \leqslant 0.5 \\ 0 \leqslant x_3 \leqslant 0.5 \end{cases}$$

```
IDL > ;定义方程组参数和限制条件
IDL > a  =  TRANSPOSE([[3.0,2.0,1.0],[4.0,2.0,1.0],$
IDL >  [2.0,2.0,1.0],[1.0,1.0,1.0]])
IDL > b  =  [3.3,2.3,1.3,1.0]
IDL > c  =  [[1.0],[1.0],[1.0]]
IDL > xub  =  [0.5,0.5,0.5]
IDL > xlb  =  [0.0,0.0,0.0]
IDL > contype  =  [1]
IDL > bc  =  [1.0]
IDL > ;求解
IDL > sol  =  IMSL_LINLSQ(b,a,c,bc,bc,contype,Xlb = xlb,Xub = xub)
IDL > PM,sol,Title = '解:'
% Compiled module: PM
解:
    0.500000
    0.300000
    0.200000
```

13.2.2 特征系统分析

特征系统分析函数见表13.26所示。

表13.26 特征系统分析函数

函数名称	功能描述
IMSL_EIG	矩阵特征值
IMSL_EIGSYMGEN	$A = \lambda Bx$ 的广义特征值，其中 A、B 为实对称矩阵
IMSL_GENEIG	$A = \lambda Bx$ 的广义特征值

例如，求解矩阵的特征值的示例代码如下：

```
IDL > ;定义矩阵
IDL > arr = [[8, -1, -5],[ -4,4, -2],[18, -5, -7]]
IDL > ;特征值求解
IDL > eigval = IMSL_EIG(arr)
IDL > ;查看特征值
IDL > PRINT,eigval
(2.00000,4.00000)(2.00000, -4.00000)(1.00000,0.000000)
```

13.2.3 插值与近似

插值与近似函数见表13.27所示。

表 13.27 插值与近似函数

函数名称	功能描述
IMSL_CSINTERP	三次样条插值
IMSL_CSSHAPE	shape - preserving 三次样条插值
IMSL_BSINTERP	一维或二维的样条插值
IMSL_BSKNOTS	样条插值的节点
IMSL_SPVALUE	样条曲线值或导数
IMSL_SPINTEG	一维或二维的样条积分
IMSL_FCNLSQ	最小二乘法拟合
IMSL_BSLSQ	一维或二维样条的最小二乘逼近
IMSL_CONLSQ	约束样条逼近
IMSL_CSSMOOTH	三次样条平滑
IMSL_SMOOTHDATA1D	基于误差检测的一维或二维数据平滑
IMSL_SCAT2DINTERP	离散点进行插值平滑
IMSL_RADBF	基于径向基线计算离散数据的逼近值
IMSL_RADBE	基于径向基线的拟合

例如，对离散点进行曲线拟合的示例代码如下：

```
IDL > ;创建 800 * 400 的显示窗口
IDL > WINDOW,3,xsize =800,ysize =400,title ='IMSL_CSSMOOTH'
IDL > n =25
IDL > x =6 * FINDGEN(n)/(n -1)
IDL > f =SIN(x) +.5 * (IMSL_RANDOM(n) -.5)
IDL > ;生成随机点
IDL > pp = IMSL_CSSMOOTH(x,f)
IDL > ;拟合平滑
IDL > x2 =6 * FINDGEN(100)/99
IDL > ppeval = IMSL_SPVALUE(x2,pp)
IDL > ;绘制曲线
IDL > PLOT,x2,ppeval
IDL > ;叠加显示点符号(图 13.7)
IDL > OPLOT,x,f,Psym =6,Symsize =.5
```

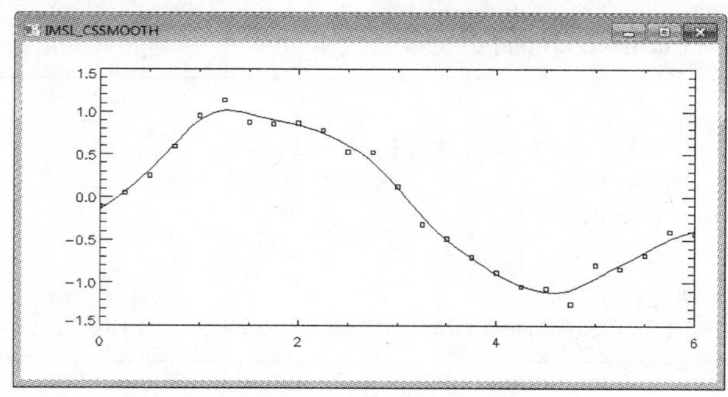

图 13.7 离散点的三次样条拟合平滑

13.2.4 积分与导数

积分与导数函数见表 13.28 所示。

表 13.28 积分与导数函数

函数名称	功能描述
IMSL_INTFCN	积分函数，通过关键字可使用多种积分方法
IMSL_INTFCNHYPER	多重积分计算
IMSL_INTFCN_QMC	Quasi Monte-Carlo 方法计算多重积分
IMSL_GQUAD	Gauss、Gauss-Radau 和 Gauss-Lobatto 方法求积分
IMSL_FCN_DERIV	计算一阶、二阶或三阶导数

例如，利用函数进行积分计算，积分函数表达式为

$$\int_0^1\int_x^{2x}\sin(x+y)\,dy\,dx$$

定义积分函数表达式的示例代码如下：

```
;定义函数
FUNCTION f,x,y
  RETURN,SIN(x + y)
END
;积分下限
FUNCTION g,x
  RETURN,x
END
;积分上限
FUNCTION h,x
  RETURN,2 * x
END
```

积分计算的示例代码如下：

```
IDL > ;计算积分
IDL > ans = IMSL_INTFCN('f',0,1,'g','h',/Two_Dimensional)
% Compiled module: IMSL_INTFCN.
% Compiled module: IMSL_MACHINE.
IDL > ;查看积分结果
IDL > print,ans
    0.407609
```

又如，利用函数进行导数计算，计算函数为

$$f(x) = -2\sin(3x/2)$$

在 $x=2$ 时的一阶和二阶导数。函数表达式定义代码：

```
;定义函数 f(x) = -2sin(3x/2)
FUNCTION FCN,x
  f = -2 * SIN(3 * x/2)
  RETURN,f
END
```

调用 IMSL_FCN_DERIV 求一阶和二阶导数：

```
IDL > ;一阶导数
IDL > deriv1 = IMSL_FCN_DERIV('fcn',2.0)
IDL > ;二阶导数
IDL > deriv2 = IMSL_FCN_DERIV('fcn',2.0,order = 2,/double)
IDL > ;输出结果
IDL > PRINT,'函数 -2sin(3x/2)在 x = 2 的一阶和二阶导数为:',deriv1,deriv2
函数 -2sin(3x/2)在 x = 2 的一阶和二阶导数为:      2.97008      0.63504004
```

13.2.5 微分方程

微分方程函数见表 13.29 所示。

表 13.29 微分方程函数

函数名称	功能描述
IMSL_ODE	求解常微分方程
IMSL_PDE_MOL	求解偏微分方程组
IMSL_POISSON2D	求解泊松方程或 Helmholtz 方程

以下给出应用举例——狐狸与野兔（捕食者与被捕食者）问题。

在一个封闭的大草原环境里生长着狐狸和野兔，野兔有足够多的食物供享用，而狐狸仅以野兔为食物。野兔和狐狸的数量分别为 $x(t)$ 和 $y(t)$。理想情况下，假设野兔和狐狸独立生存时的数量变化用数学模型来模拟。

野兔数量为

$$x' = rx$$

其中，r 是增长率；

狐狸数量为

$$y' = -dy$$

其中，d 是死亡率。

又因狐狸以野兔为食从而使野兔数量减少，野兔的死亡率与狐狸数量成正比，那么野兔数量为

$$x'(t) = (r - ay)x = rx - axy$$

其中，a 是狐狸的捕食能力。

野兔为狐狸提供了食物而减少了狐狸的死亡率，那么狐狸数量的数学模拟方程为

$$y'(t) = -(d - bx)y = -dy + bxy$$

其中，b 是野兔对狐狸的供养能力。

那么假设初始化条件 $x(0)=1$ 和 $y(0)=3$，且时间 t 满足条件 $0 \leqslant t \leqslant 40$，程序中满足 $y(0)=r$ 和 $y(1)=f$。

利用 IDL 的 IMSL_ODE 函数进行数学分析，函数源码如下：

```
FUNCTION F,t,y
  yp = y
  yp(0) = 2 * y(0) * (1 - y(1))
  yp(1) = - y(1) * (1 - y(0))
  RETURN,yp
END
```

在命令行中调用：

```
IDL > y = [1,3]
IDL > t = 40 * FINDGEN(100)/99
IDL > y = IMSL_ODE(t,y,'f',/R_K_V)
IDL > ;图形化展示(图 13.8)
IDL > PLOT,y[0,*],y[1,*],Psym = 2,XTitle = 'Density of Rabbits',$
>   YTitle = 'Density of Foxes'
```

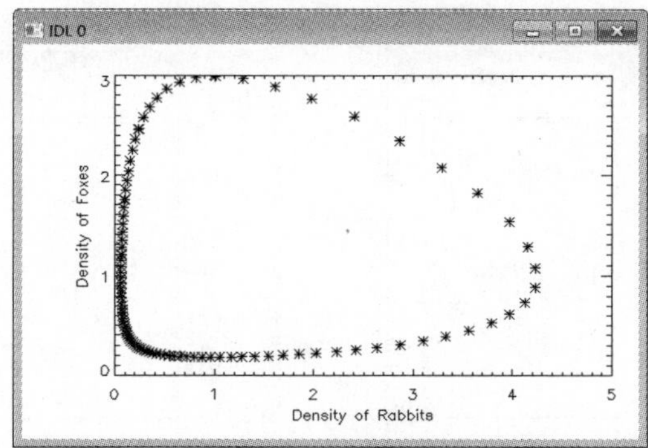

图 13.8　野兔与狐狸密度分析

13.2.6　变换

变换函数见表 13.30 所示。

表 13.30　变换函数

函数名称	功能描述
IMSL_FFTCOMP	离散傅里叶变换
IMSL_FFTINIT	计算 IMSL_FFTCOMP 调用时所需要的参数
IMSL_CONVOL1D	两个一维数组的离散卷积
IMSL_CORR1D	两个一维数组的离散相关
IMSL_LAPLACE_INV	逆拉普拉斯变换

例如，通过离散卷积来实现曲线的 5 点移动平均和 25 点的移动平均（图 13.9 和图 13.10）。

```
PRO IMSL_Convol1d_example
    IMSL_RANDOMOPT,SET = 1234579L
    ;设置随机数因子
    ny = 100
    t = FINDGEN(ny)/(ny - 1)
```

```
    y = SIN(2 * !PI * t) + .5 * IMSL_RANDOM(ny,/Uniform) - .25
    ; Define a 1 - period sine wave with added noise.
    win = 0
    FOR nfltr = 5,25,20 DO BEGIN
        nfltr_str = strcompress(nfltr,/Remove_All)
        fltr = fltarr(nfltr)
        fltr(*) = 1./nfltr
        ;定义参数
        z = IMSL_CONVOL1D(fltr,y,/Periodic)
        ;循环创建窗口,显示曲线
        WINDOW,win ++ ,xsize  = 600,ysize = 400
        PLOT,y,LINESTYLE = 1,TITLE = nfltr_str + $
             ' - point Moving Average'
        OPLOT,shift(z, - nfltr/2)
    ENDFOR
END
```

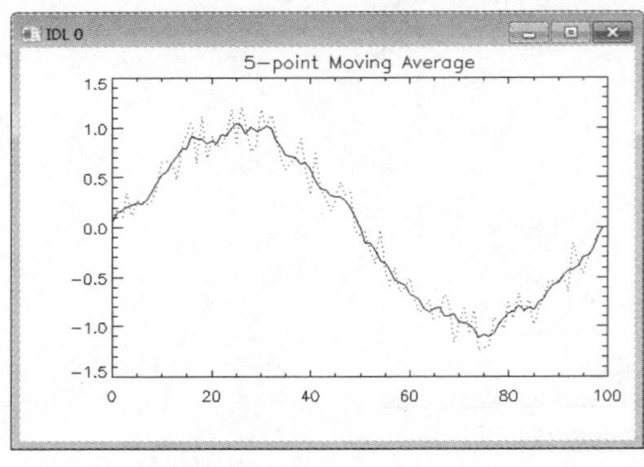

图 13.9　5 个点移动平均

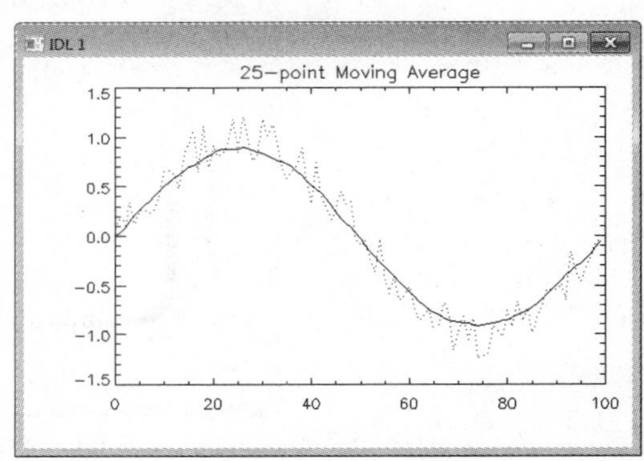

图 13.10　25 个点移动平均

13.2.7　非线性方程组

非线性方程组函数见表 13.31 所示。

表 13.31　非线性方程组函数

函数名称	功能描述
IMSL_ZEROPOLY	求解非线性多项式的 0 值点，默认伴随矩阵法求解，可用三阶 Jenkins-Traub 逼近算法
IMSL_ZEROFCN	米勒算法求解实数非线性多项式
IMSL_ZEROSYS	利用 Powell 混合算法求解非线性方程组

例如，求解三次多项式方程：

$$f(x) = x^3 - 3x^2 + 3x - 1$$

方程定义代码如下：

```
FUNCTION F,x
  RETURN,x^3 - 3 * x^2 + 3 * x - 1
END
```

求解代码如下：

```
IDL > ;根据多形式表达式求解
IDL > zero = IMSL_ZEROFCN('f')
IDL > ;绘制 f(x)函数曲线
IDL > x = 2 * FINDGEN(100)/99
IDL > PLOT,x,F(x)
IDL > ;绘制 0 点时坐标点
IDL > OPLOT,[zero],[F(zero)],Psym = 6
IDL > ;输出字符串与标识(图 13.11)
IDL > XYOUTS,.2,.5,'Computed zero is at x =' + $
 >   STRTRIM(zero(0),2),Charsize = 1.5
```

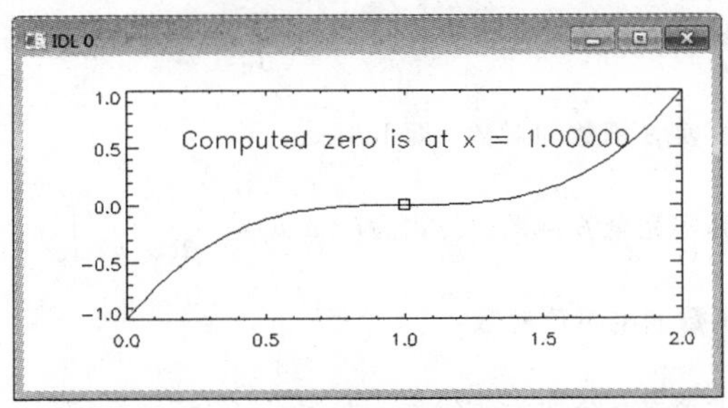

图 13.11　三次多项式曲线与 0 值时的点

13.2.8　最优化

最优化函数见表 13.32 所示。

表 13.32　最优化函数

函数名称	功能描述
IMSL_FMIN	求解曲线 $f(x)$ 在某一区间段内的最小值
IMSL_FMINV	拟牛顿法求多变量函数的最值
IMSL_NLINLSQ	利用 Levenberg - Marquardt 算法求解非线性最小二乘
IMSL_LINPROG	修正单纯形法求解线性问题
IMSL_QUADPROG	求解线性约束或不等式约束下的二次多项式的最值
IMSL_MINCONGEN	求解线性等式或不等式约束下的函数表达式的最小值
IMSL_CONSTRAINED_NLP	等约束连续二次规划方法解决一般非线性规划

例如，对函数 $f(x) = e^x - 5x$ 求 x 在[-100,100]区间上的 $f(x)$ 最小值。

函数表达式定义代码如下：

```
FUNCTION F,x
  RETURN,EXP(x) - 5 * x
END
```

求解部分代码如下：

```
IDL > ;调用函数
IDL > xMin = IMSL_FMIN('f', -100,100)
IDL > PRINT,xMin
     1.60953
```

13.2.9 特殊函数

IDL 中的特殊函数见表 13.33 所示。

表 13.33 特殊函数

函数名称	功能描述
IMSL_ERF	计算评估误差函数 erf (x)，公式为 $\mathrm{erf}(x) = \frac{2}{\sqrt{\pi}}\int_0^x e^{-t^2}dt$
IMSL_ERFC	计算互补误差函数 $\mathrm{erfc}^{-1}(x)$，公式为 $\mathrm{erfc}^{-1}(x) = \frac{2}{\sqrt{\pi}}\int_x^\infty e^{-t^2}dt$
IMSL_BETA	计算实 β 函数，公式为 $\beta(x,y) = \int_0^1 t^{x-1}(1-t)^{y-1}dt$
IMSL_LNBETA	计算实 β 函数的对数，即 $\ln\beta(x,y)$
IMSL_BETAI	计算实完全 β 函数，公式为 $I_x(a,b) = \frac{1}{\beta(a,b)}\int_0^x t^{a-1}(1-t)^{b-1}dt$
IMSL_LNGAMMA	Γ 函数的绝对值对数
IMSL_GAMMA_ADV	实 Γ 函数，公式为 $\Gamma(x) = \int_0^\infty t^{x-1}e^{-t}dt$
IMSL_GAMMAI	计算不完全 γ 函数，公式为 $\gamma(a,x) = \int_0^x t^{a-1}e^{-t}dt$
IMSL_BESSI	计算第一类修正的贝塞尔函数，公式为 $I_v(z) = e^{-\frac{v\pi i}{2}}J_v(z e^{\frac{\pi i}{2}})$，其中 $-\pi < \arg z < \pi$
IMSL_BESSI_EXP	第一类修正的贝塞尔函数指数，参数 0 和 1 时的表达式为 $I_0(x) = \frac{1}{\pi}\int_0^\pi \cos(x\cos\theta)d\theta$ 和 $I_0(x) = \frac{1}{\pi}\int_0^\pi e^{x\cos\theta}\cos\theta d\theta$
IMSL_BESSK	计算第二类修正的贝塞尔函数，公式为 $K_v(z) = \frac{\pi}{2}e^{\frac{v\pi i}{2}}[iJ_v(iz) - Y_v(iz)]$，其中 $-\pi < \arg z < \frac{\pi}{2}$
IMSL_BESSK_EXP	第二类修正的贝塞尔函数指数，参数 0 和 1 时的公式为 $K_0(x) = \int_0^\infty \cos x\sin t dt$ 和 $K_1(x) = \frac{1}{\pi}\int_0^\pi e^{x\cos\theta}\cos\theta d\theta$
IMSL_BESSY	计算第二类修正的贝塞尔函数，公式为 $Y_v(z) = e^{\frac{(v+1)\pi i}{2}}I_v(z) - \frac{2}{\pi}e^{-\frac{v\pi i}{2}}K_v(z)$，其中 $-\pi < \arg z < \frac{\pi}{2}$
IMSL_ELK	第一类完全椭圆积分，公式为 $K(x) = \int_0^{\frac{\pi}{2}}\frac{d\theta}{[1 - x\sin^2\theta]^{\frac{1}{2}}}$，其中 $0 \le x < 1$
IMSL_ELE	第二类完全椭圆积分，公式为 $E(x) = \int_0^{\frac{\pi}{2}}[1 - x\sin^2\theta]^{\frac{1}{2}}d\theta$，其中 $0 \le x < 1$
IMSL_ELRF	第一类 Carlson's 椭圆积分，公式为 $R_F(x,y,z) = \frac{1}{2}\int_0^\infty \frac{dt}{[(t+x)(t+y)(t+z)]^{\frac{1}{2}}}$

续表

函数名称	功能描述
IMSL_ELRD	第二类 Carlson's 椭圆积分，公式为 $R_D(x,y,z) = \frac{3}{2}\int_0^{\infty}\frac{dt}{[(t+x)(t+y)(t+z)^3]^{\frac{1}{2}}}$
IMSL_ELRJ	第三类 Carlson's 椭圆积分，公式为 $R_J(x,y,z,\rho) = \frac{3}{2}\int_0^{\infty}\frac{dt}{[(t+x)(t+y)(t+z)^3]^{\frac{1}{2}}}$
IMSL_ELRC	初等积分，对数、反曲线积分，公式为 $R_C(x,y) = \frac{1}{2}\int_0^{\infty}\frac{dt}{[(t+x)(t+y)^2]^{\frac{1}{2}}}$
IMSL_FRESNEL_COSINE	余弦菲涅耳积分，公式为 $C(x) = \int_0^x \cos\left(\frac{\pi}{2}t^2\right)dt$
IMSL_FRESNEL_SINE	正弦菲涅耳积分，公式为 $S(x) = \int_0^x \sin\left(\frac{\pi}{2}t^2\right)dt$
IMSL_AIRY_AI	Airy 函数积分，公式为 $\mathrm{Ai}(x) = \frac{1}{\pi}\int_0^{\infty}\cos\left(xt+\frac{1}{3}t^3\right)dt = \sqrt{\frac{x}{3\pi^2}}K_{\frac{1}{3}}\left(\frac{1}{3}x^{\frac{3}{2}}\right)$
IMSL_AIRY_BI	第二类 Airy 函数，公式为 $\mathrm{Bi}(x) = \frac{1}{\pi}\int_0^{\infty}\sin\left(xt+\frac{1}{3}t^3\right)dt$
IMSL_KELVIN_BER0	Kelvin 函数，定义为$J_0(xe^3\pi^{\frac{i}{4}})$，其中$J_0(x)$ 公式为 $J_0(x) = \frac{1}{\pi}\int_0^{\pi}\cos(x\sin\theta)d\theta$
IMSL_KELVIN_BEI0	Kelvin 函数，定义为 $\mathrm{ber}(x) = J_0(x\,e^{\frac{3\pi}{4}})$，其中$J_0(x)$ 公式为 $J_0(x) = \frac{1}{\pi}\int_0^{\pi}\cos(x\sin\theta)d\theta$
IMSL_KELVIN_KEI0	Kelvin 函数，定义为$K_0(xe^{\frac{3\pi}{4}})$，其中$K_0(x)$ 公式为$K_0(x) = \int_0^{\infty}\cos(x\sin t)dt$

例如，求解 Airy 函数积分的示例代码如下：

```
IDL> ;计算 airy 函数
IDL> PRINT,IMSL_AIRY_AI(-4.9)
% Compiled module: IMSL_AIRY_AI.
% Compiled module: IMSL_CALL_SPCL_FCN1.
% Compiled module: IMSL_SIZE.
% Compiled module: IMSL_N_ELEMENTS.
% Compiled module: IMSL_LONG.
% Loaded DLM: IMSL.
   0.374536
```

13.2.10　基础统计与随机数生成

基础统计与随机数相关函数见表 13.34 所示。

表 13.34 基础统计与随机数相关函数

函数名称	功能描述
IMSL_SIMPLESTAT	计算基本的数据数组统计变量
IMSL_NORM1SAMP	基于单正态分布样本计算均值和方差
IMSL_NORM2SAMP	基于两个正态分布样本计算均值和方差
IMSL_FREQTABLE	将观测数据转换为一维或二维的频率表
IMSL_SORTDATA	将观测数据转换为多路频率表
IMSL_RANKS	观测数据的秩、正态分数和指数分数

例如，利用 IMSL_SIMPLESTAT 函数可计算数组的统计值，包括均值、方差、标准差、偏斜系数、峰度系数、最小值、最大值、范围、变异系数、个数、均值置信下限、均值置信上限、方差的置信下限和置信上限等。主要统计值的定义公式如下：

均值计算公式为

$$\bar{x}_{\mathrm{W}}=\frac{\sum f_i w_i x_i}{\sum f_i w_i}$$

方差计算公式为

$$S_{\mathrm{W}}^{2}=\frac{\sum f_i w_i(x_i-\bar{x}_{\mathrm{W}})^2}{n-1}$$

偏斜系数计算公式为

$$\frac{\dfrac{\sum f_i w_i(x_i-\bar{x}_{\mathrm{W}})^3}{n}}{\left[\dfrac{\sum f_i w_i(x_i-\bar{x}_{\mathrm{W}})^2}{n}\right]^{\frac{3}{2}}}$$

峰度系数计算公式为

$$\frac{\dfrac{\sum f_i w_i(x_i-\bar{x}_{\mathrm{W}})^4}{n}}{\left[\dfrac{\sum f_i w_i(x_i-\bar{x}_{\mathrm{W}})^2}{n}\right]^{2}}-3$$

变异系数计算公式为

$$\frac{s_{\mathrm{W}}}{\bar{x}_{\mathrm{W}}}\bar{x}\neq 0$$

$$\text{数组}x_i\text{的中值}=\begin{cases}\text{排序后的中间值（总个数 } n \text{ 为奇数）}\\ \text{排序后中间两个值的均值（} n \text{ 为偶数）}\end{cases}$$

IDL 中调用该函数的示例代码如下：

```
IDL > ;初始化数组
IDL > x = IMSL_STATDATA(5)
IDL > ;统计值
IDL > stats = IMSL_SIMPLESTAT(x)
IDL > ;输出提示信息
IDL > labels = ['means','variances','std. dev', $
IDL >  'skewness','kurtosis','minima', $
IDL >  'maxima','ranges','C.V.','counts', $
```

```
IDL >  'lower mean','upper mean','lower var','upper var']
IDL > ;依次格式化输出
IDL > FOR i =0,13 DO PM,labels(i),stats(i,*),FORMAT ='(a10,5f9.3)'
     means    7.462   48.154   11.769   30.000   95.423
 variances   34.603  242.141   41.026  280.167  226.314
  std. dev    5.882   15.561    6.405   16.738   15.044
  skewness    0.688   -0.047    0.611    0.330   -0.195
  kurtosis    0.075   -1.323   -1.079   -1.014   -1.342
    minima    1.000   26.000    4.000    6.000   72.500
    maxima   21.000   71.000   23.000   60.000  115.900
    ranges   20.000   45.000   19.000   54.000   43.400
      C.V.    0.788    0.323    0.544    0.558    0.158
    counts   13.000   13.000   13.000   13.000   13.000
lower mean    3.907   38.750    7.899   19.885   86.332
upper mean   11.016   57.557   15.640   40.115  104.514
 lower var   17.793  124.512   21.096  144.065  116.373
 upper var   94.289  659.817  111.792  763.434  616.688
```

13.2.11 回归

回归函数见表 13.35 所示。

表 13.35 回 归 函 数

函数名称	功能描述
IMSL_REGRESSORS	生成一个线性模型回归量
IMSL_MULTIREGRESS	基于最小二乘法进行多元线性回归模型拟合
IMSL_MULTIPREDICT	计算预测值，置信区间和回归模型拟合诊断
IMSL_ALLBEST	选择最佳多元线性回归模型
IMSL_STEPWISE	利用前向、后向或逐步方式构建多元线性回归模型
IMSL_POLYREGRESS	最小二乘法多项式回归模型拟合
IMSL_POLYPREDICT	计算多项式回归的预测值和置信区间或拟合评价
IMSL_NONLINREGRESS	非线性回归模型
IMSL_HYPOTH_PARTIAL	构造一个等同的多元一般线性假设
IMSL_HYPOTH_SCPH	多元一般线性假设的误差平方和重交叉积
IMSL_HYPOTH_TEST	多元一般线性假设检验
IMSL_NONLINOPT	使用序贯二次规划算法拟合为非线性
IMSL_LNORMREGRESS	多元线性回归

例如，利用最小二乘法进行回归拟合的示例代码如下：

```
IDL > ;离散点对
IDL > x = [0,0,1,1,2,2,4,4,5,5,6,6,7,7]
IDL > y = [508.1,498.4,568.2,577.3,651.7,657.0,755.3,$
IDL >  758.9,787.6,792.1,841.4,831.8,854.7,871.4]
IDL > ;利用最小二乘法计算二次多项式系数
IDL > coefs = IMSL_POLYREGRESS(x,y,2)
IDL > ;定义连续点
IDL > x2 =9 * FINDGEN(100)/99 -1
```

```
IDL > ;绘制多项式曲线,方程为 f(x) = c + bx + ax^2
IDL > PLOT,x2,coefs(0) + coefs(1) * x2 + coefs(2) * x2^2
IDL > ;叠加原始离散点对(图 13.12)
% Compiled module: IMSL_POLYREGRESS.
% Compiled module: IMSL_LONG.
% Loaded DLM: IMSL.
IDL > OPLOT,x,y,Psym = 1
```

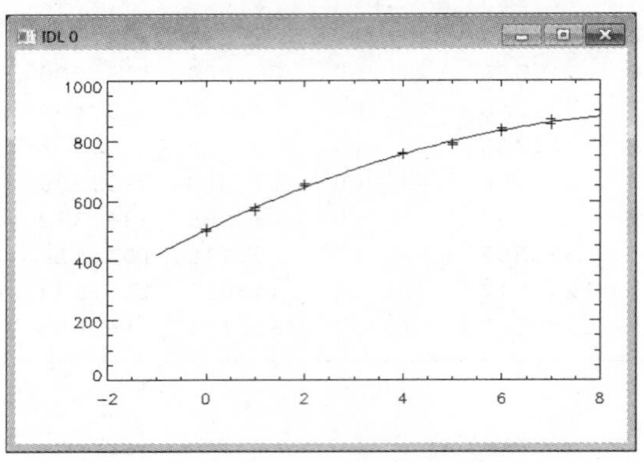

图 13.12 多形式回归验证

13.2.12 相关性与协方差

相关性与协方差函数见表 13.36 所示。

表 13.36 回归函数

函数名称	功能描述
IMSL_COVARIANCES	样本方差 - 协方差矩阵或相关矩阵
IMSL_PARTIAL_COV	从协方差矩阵或相关矩阵中计算偏协方差或偏相关系数
IMSL_POOLED_COV	合并方差和协方差
IMSL_ROBUST_COV	协方差矩阵或均值向量中计算强估计

例如，求解数据的方差 - 协方差矩阵的示例代码如下：

```
IDL > ;生成鸢尾花数据
IDL > x = IMSL_STATDATA(3)
IDL > ;取前面 50 个数据
IDL > x = x[0:49, * ]
IDL > ;计算
IDL > cov = IMSL_COVARIANCES(x)
IDL > ;查看结果
IDL > PRINT,cov
     0.000000    0.000000     0.000000     0.000000     0.000000
     0.000000    0.124249    0.0992163    0.0163551    0.0103306
     0.000000   0.0992163     0.143690    0.0116980   0.00929796
     0.000000   0.0163551    0.0116980    0.0301592   0.00606939
     0.000000   0.0103306   0.00929796   0.00606939    0.0111061
```

13.2.13　方差分析

方差分析函数见表13.37所示。

表13.37　方差分析函数

函数名称	功能描述
IMSL_ANOVA1	单向分类模型，置信区间的计算有六种方法：① Tukey 方法；② Tukey-Kramer 方法；③ Dunn-Šidák 方法；④ Bonferroni 方法；⑤ Scheffé 方法；⑥ One-at-a-Time t 方法
IMSL_ANOVAFACT	固定影响模型的平衡析因设计
IMSL_MULTICOMP	SNK 法检验（Q 检验）
IMSL_ANOVANESTED	不等重复次数的完全随机设计
IMSL_ANOVABALANCED	固定、随机和混合模型的完全平衡试验设计

例如，对数据进行单向方差分析的示例代码如下：

```
IDL > n = [3,2,10]
IDL > y = [73.0,102.0,118.0,104.0,  81.0,$
IDL >  107.0,100.0,  87.0,117.0,111.0,$
IDL >  90.0,  76.0,  90.0,  64.0,  86.0,$
IDL >  51.0,  72.0,  90.0,  95.0,  78.0,$
IDL >  98.0,  74.0,  56.0,111.0,  95.0,$
IDL >  88.0,  82.0,  77.0,  86.0,  92.0,$
IDL >  107.0,  95.0,  97.0,  80.0,  98.0,$
IDL >  74.0,  74.0,  67.0,  89.0,  58.0,$
IDL >  94.0,  79.0,  96.0,  98.0,102.0,$
IDL >  102.0,108.0,  91.0,120.0,105.0,$
IDL >  49.0,  82.0,  73.0,  86.0,  81.0,$
IDL >  97.0,106.0,  70.0,  61.0,  82.0]
IDL > p_value = IMSL_ANOVAFACT(n,y)
IDL > PRINT,'p - value =',p_value
p - value =     0.00229943
```

13.2.14　非数值数据和离散数据分析

非数值数据和离散数据分析函数见表13.38所示。

表13.38　非数值数据和离散数据分析函数

函数名称	功能描述
IMSL_CONTINGENCY	拟合优度的卡方检验
IMSL_EXACT_ENUM	计算概率统计参数
IMSL_EXACT_NETWORK	使用网络算法计算费歇尔恰当概率和费歇尔统计
IMSL_CAT_GLM	数理逻辑模型、概率单位模型、泊松模型和其他广义线性模型（表13.39）对分类资料进行分析

表 13.39 广义线性模型介绍

模型编号	响应变量	参数化
0	$f(y)=\dfrac{[\lambda_y \exp(-\lambda)]}{y!}$	$\lambda = Nx\exp(\omega+\eta)$
1	$f(y)=\begin{pmatrix} S+y-1 \\ y-1 \end{pmatrix}\theta^{s}(1-\theta)^{y}$	$\theta=\dfrac{\exp(\omega+\eta)}{1+\exp(\omega+\eta)}$
2	$f(y)=\dfrac{(1-\lambda)^{y}}{(y\ln\theta)}$	$\theta=\dfrac{\exp(\omega+\eta)}{1+\exp(\omega+\eta)}$
3	$f(y)=\begin{pmatrix} N \\ \theta \end{pmatrix}\theta^{y}(1-\theta)^{N-y}$	$\theta=\dfrac{\exp(\omega+\eta)}{1+\exp(\omega+\eta)}$
4	$f(y)=\begin{pmatrix} N \\ \theta \end{pmatrix}\theta^{y}(1-\theta)^{N-y}$	$\theta=\Phi(\omega+\eta)$
5	$f(y)=\begin{pmatrix} N \\ \theta \end{pmatrix}\theta^{y}(1-\theta)^{N-y}$	$\theta=1+\exp(\omega+\eta)$

例如，计算相依表（列联表）的概率密度的示例代码如下：

```
IDL > table = [[8,8],[12,2]]
IDL > p = IMSL_EXACT_ENUM(table,P_Value = pv,Prob_Table = pt,Error_Chk = ec)
% Compiled module: IMSL_EXACT_ENUM.
% Compiled module: IMSL_LONG.
% Compiled module: IMSL_CVT_ARR.
% Compiled module: IMSL_SIZE.
% Loaded DLM: IMSL.
IDL > PRINT,'p - value =',p
p - value =     0.0576712
```

13.2.15 非参数统计

非参数统计函数见表 13.40 所示。

表 13.40 非参数统计函数

函数名称	功能描述
IMSL_SIGNTEST	符号检验
IMSL_WILCOXON	Wilcoxon 和符号秩检验
IMSL_NCTRENDS	周期变化趋势的 Noether 检验
IMSL_CSTRENDS	Cox-Stuart 检验
IMSL_TIE_STATS	计算 tie 统计参数，结果计算公式为 $\text{result}[0]=\sum_{j=1}^{\tau}\dfrac{[t_j(t_j-1)]}{2}$ $\text{result}[1]=\sum_{j=1}^{\tau}\dfrac{\{[t_j(t_j-1)](t_j+1)\}}{12}$ $\text{result}[2]=\sum_{j=1}^{\tau}t_j(t_j-1)(2t_j+5)$ $\text{result}[3]=\sum_{j=1}^{\tau}t_j(t_j-1)(t_j-2)$

续表

函数名称	功能描述
IMSL_KW_TEST	Kruskal-Wallis 检验
IMSL_FRIEDMANS_TEST	Friedman 检验
IMSL_COCHRANQ	Cochran Q 检验
IMSL_KTRENDS	K 样本的趋势检验

例如，调用符号检验函数的示例代码如下：

```
IDL > x = [92,139,-6,10,81,-11,45,-25,-4,$
IDL >  22,2,41,13,8,33,45,-33,-45,-12]
IDL > PRINT,'Probability =',IMSL_SIGNTEST(x)
% Compiled module: IMSL_SIGNTEST.
Probability =      0.179642
```

13.2.16 拟合优度

拟合优度函数见表 13.41 所示。

表 13.41 拟合优度函数

函数名称	功能描述
IMSL_CHISQTEST	卡方拟合优度检验
IMSL_NORMALITY	正态 Shapiro-Wilk W 检验
IMSL_KOLMOGOROV1	Kolmogorov-Smirnov 单样本检验
IMSL_KOLMOGOROV2	Kolmogorov-Smirnov 双样本检验
IMSL_MVAR_NORMALITY	偏斜度和峰度的多元分析
IMSL_RANDOMNESS_TEST	随机性检验

例如，定义累积分布函数的示例代码如下：

```
;定义假设累积分布函数
FUNCTION USER_CDF,k
  RETURN,IMSL_NORMALCDF(k)
END
```

调用代码如下：

```
IDL > IMSL_RANDOMOPT,Set =123457
IDL > ;随机常态变量
IDL > x = IMSL_RANDOM(1000,/Normal)
IDL > ;执行卡方检验
IDL > p_value = IMSL_CHISQTEST('user_cdf',10,x)
IDL > PRINT,p_value
    0.154603
```

13.2.17 时间序列与预测

时间序列与预测函数见表 13.42 所示。在调用函数时需注意，若观测数据有缺失，则缺失部分设置成 NaN 即可。

表 13.42 时间序列与预测函数

函数名称	功能描述
IMSL_ARMA	矩量法和最小二乘方法
IMSL_DIFFERENCE	季节性或非季节性时间序列的差别分析
IMSL_BOXCOXTRANS	Box-Cox 变换
IMSL_AUTOCORRELATION	计算样本自相关函数
IMSL_PARTIAL_AC	平稳时间序列计算样本自相关
IMSL_LACK_OF_FIT	单变量时序数据的缺适检定
IMSL_GARCH	GARCH(p,q)模型参数估算
IMSL_KALMAN	卡尔曼滤波和状态空间模型的似然函数估计

13.2.18 多元分析

多元分析函数见表 13.43 所示。

表 13.43 多元分析函数

函数名称	功能描述
IMSL_K_MEANS	K 均值聚类分析
IMSL_PRINC_COMP	主成分计算
IMSL_FACTOR_ANALYSIS	因子分析中的初始化因子估计
IMSL_DISCR_ANALYSIS	线性或二次线性判别函数

13.2.19 生存分析

IDL 中的生存分析函数见表 13.44 所示。

表 13.44 生存分析函数

函数名称	功能描述
IMSL_SURVIVAL_GLM	对校对样本广义线性模型分析或不同参数模型下危险分析存活与概率估计

13.2.20 概率分布

概率分布函数见表 13.45 所示。

表 13.45 概率分布函数

函数名称	功能描述
IMSL_NORMALCDF	标准常态分布(高斯分布), $\Phi(x) = \frac{1}{\sqrt{2\pi}}\int_{-\infty}^{x} e^{-t^2}dt$
IMSL_BINORMALCDF	二元正态分布, 均值为 0, 方差为 1, $F(x,y) = \frac{1}{2\pi\sqrt{1-\rho^2}}\int_{-\infty}^{x}\int_{-\infty}^{y}\exp\left(-\frac{u-2\rho uv+v^2}{1-\rho}\right)dudv$

续表

函数名称	功能描述
IMSL_CHISQCDF	卡方分布，$F(x) = \frac{1}{2^{\frac{v}{2}}\Gamma(v/2)}\int_0^x e^{-t/2}\, t^{\frac{v}{2}-1}dt$
IMSL_FCDF	F 分布
IMSL_TCDF	Student's t 分布，$F(t_0) = \int_{-\infty}^{t_0} \frac{(v^{\frac{v}{2}} e^{\frac{-\delta^2}{2}})}{\sqrt{\pi}\Gamma(v/2)(v+x^2)} \sum_{i=0}^{\infty} \Gamma\left[\frac{(v+i+1)}{2}\right]\left(\frac{\delta^i}{i!}\right)\left(\frac{2x^2}{v+x^2}\right)dx$
IMSL_GAMMACDF	γ 分布，$F(x) = \frac{1}{\Gamma(a)}\int_0^x e^{-t}\, t^{a-1}dt$
IMSL_BETACDF	β 分布，$I_x(p,q) = \frac{\Gamma(p)\Gamma(q)}{\Gamma(p+1)}\int_0^x t^{p-1}\,(1-t)^{q-1}dt$
IMSL_BINOMIALCDF	二项分布，$P_r(X=j) = \frac{(n+1-j)p}{j(1-p)}P_r(X=j-1)$
IMSL_BINOMIALPDF	二项式概率
IMSL_HYPERGEOCDF	超几何分布，$P_r(X=j) = \frac{\left(\frac{m}{j}\right)\left(\frac{1-m}{n-j}\right)}{\frac{1}{n}}$，其中 $j = i, i+1, \cdots \min(n,m)$；$i = \max\,(0, n-1+m)$
IMSL_POISSONCDF	泊松分布，$f(x) = (e^{-\theta}\,\theta^x)/x!$，其中 $x = 0,1,2,\cdots$

例如，求解符合相应条件概率分布的示例代码如下：

```
IDL > ;X 符合标准分布,均值为 100,方差是 225;
IDL > ;求 X 小于 90 的概率
IDL > x1 = (90 -100)/SQRT(225)
IDL > ;调用 IMSL 函数
IDL > p = IMSL_NORMALCDF(x1)
IDL > ;输出结果
IDL > PM,p,Title ='X 小于 90 的概率为:'
X 小于 90 的概率为:
    0.252493
IDL > ;求 X 分布在 105 和 110 之间的概率
IDL > x1 = (105 -100)/SQRT(225)
IDL > x2 = (110 -100)/SQRT(225)
IDL > p = IMSL_NORMALCDF(x2) - IMSL_NORMALCDF(x1)
IDL > PM,p,Title ='X 分与在 105 和 110 之间的概率为:'
X 分与在 105 和 110 之间的概率为:
    0.116949
IDL > ;X 符合泊松分布,且 θ =10,求 X 不大于 7 的概率
IDL > p = IMSL_POISSONCDF(7,10)
IDL > PM,'Pr(x < = 7) =',p,FORMAT ='(a13,f7.4)'
Pr(x < = 7) =  0.2202
```

13.2.21 随机数生成

IDL 中生成随机数的函数见表 13.46 所示。

表 13.46 随机数函数

函数名称	功能描述
IMSL_RANDOMOPT	从随机数生成函数中获取参数和设置随机数种子
IMSL_RANDOM_TABLE	从 shuffled 或 GFSR 随机数生成函数中获取或设置随机数组
IMSL_RANDOM	生成伪随机数，默认参数是符合均匀分布的随机数，可使用很多关键字
IMSL_RANDOM_NPP	从非齐次泊松过程中生成随机数
IMSL_RANDOM_ORDER	从均匀分布或标准正态分布数组中生成伪随机顺序统计
IMSL_RAND_TABLE_2WAY	生成随机二维数组
IMSL_RAND_ORTH_MAT	生成随机正交矩阵或相关矩阵
IMSL_RANDOM_SAMPLE	从有限总体中生成随机样本
IMSL_RAND_FROM_DATA	从给定的样本中随机生成多元分布样本
IMSL_CONT_TABLE	设置参数以辅助其他程序生成随机数
IMSL_RAND_GEN_CONT	基于一般随机分布生成随机数
IMSL_DISCR_TABLE	离散分布生成随机数设置参数
IMSL_RAND_GEN_DISCR	从离散分布中生成随机数
IMSL_RANDOM_ARMA	从 IMSL_ARMA 模型中生成特定的时间序列
IMSL_FAURE_INIT	初始化计算 Shuffled Faure 序列的结构体
IMSL_FAURE_NEXT_PT	生成 Shuffled Faure 序列

例如，生成满足特定条件的随机数的示例代码如下：

```
IDL> ;生成每一列的和是 6 和 10,每一行的和是 2,8,6 的 3*2 数组
IDL> r = IMSL_RAND_TABLE_2WAY([6,10],[2,8,6])
IDL> PRINT,r
           1          1
           3          5
           2          4
IDL> r = IMSL_RAND_TABLE_2WAY([6,10],[2,8,6])
IDL> PRINT,r
           2          0
           3          5
           1          5
```

13.2.22 数学统计与函数常量

IDL 中具有系列数学统计与物理常量的函数，其中数学统计函数见表 13.47 所示。物理常量函数见表 13.48 所示。

表 13.47 数学统计函数

函数名称	功能描述
IMSL_DAYSTODATE	转换自 1900 年 1 月 1 日起的天数到具体的年月日
IMSL_DATETODAYS	计算从 1900 年 1 月 1 日到输入日期的天数
IMSL_CONSTANT	数学和物理常数
IMSL_MACHINE	返回当前计算机的数据范围描述结构体
IMSL_STATDATA	生成通用数据集

续表

函数名称	功能描述
IMSL_BINOMIALCOEF	二项式系数，计算公式为$\binom{n}{m}=\frac{n!}{m!(n-m)!}$
IMSL_NORM	计算单向量的不同范数或两个向量的差值，默认计算公式为$(\sum_{i=0}^{n-1} x_i^2)^{\frac{1}{2}}$设置 One 关键字时计算公式为$\sum_{i=0}^{n-1}\vert x_i\vert$
IMSL_MATRIX_NORM	矩阵不同的范数，默认公式为$\Vert A\Vert_2=[\sum_{i=0}^{m-1}\sum_{j=0}^{n-1}A_{ij}^2]^{\frac{1}{2}}$，设置One_Norm 关键字时计算公式为$\Vert A\Vert_1=\max_{0\leqslant j\leqslant n-1}\sum_{i=0}^{m-1}\vert A_{ij}\vert$Inf_Norm 关键字时计算公式为$\Vert A\Vert_\infty=\max_{0\leqslant j\leqslant n-1}\sum_{i=0}^{m-1}\vert A_{ij}\vert$
PM	格式化输出数组
RM	交互式创建数组

表 13.48 IMSL_CONSTANT 函数物理常量

名称	描述	物理常量及单位
amu	原子质量单位	1.6605655×10^{-27} kg
atm	标准大气压	1.01325×10^{5} N/m^2
AU	天文单位	1.496×10^{11} m
Avogadro	阿伏伽德罗常数（N）	6.022045×10^{23} 1/mol
Boltzmann	玻尔兹曼常数（k）	1.380662×10^{-23} J/K
C	光速（c）	2.997924580×10^{8} m/s
Catalan	Catalan 常数	0.915965…
E	自然对数底（e）	2.718…
ElectronCharge	电子电荷（e）	1.6021892×10^{-19} C
ElectronMass	电子质量（m_e）	9.109534×10^{-31} kg
ElectronVolt	电子伏特（eV）	1.6021892×10^{-19} J
Euler	欧拉常数（γ）	0.577…
Faraday	法拉第常数（F）	9.648456×10^{4} C/mol
FineStructure	精细结构常数（α）	7.2973506×10^{-3}
Gamma	欧拉常数（γ）	0.577…
Gas	气体常数（R_0）	8.31441 J/（mol · K）
Gravity	引力常数（G）	6.6720×10^{-11} N · m^2/kg^2
Hbar	普朗克常数/2π	1.0545887×10^{-34} J · s
PerfectGasVolume	理想气体标准状态摩尔体积	2.241383×10^{-2} m^3/mol
Pi	圆周率（π）	3.141…
Planck	普朗克常数（h）	6.626176×10^{-34} J · s
ProtonMass	质子质量（m_p）	1.6726485×10^{-27} kg
Rydberg	里德伯常数（$R_{infinity}$）	1.097373177×10^{7}/m
Speedlight	光速（c）	2.997924580×10^{8} m/s

续表

名称	描述	物理常量及单位
StandardGravity	标准重力（g）	9.80665 m/s^2
StandardPressure	标准大气压	1.01325×10^5 N/m^2
StefanBoltzmann	斯蒂芬-玻尔兹曼常数	5.67032×10^{-8} $W\cdot m^2/K^4$
WaterTriple	水的三相点	2.7316×10^2 K

表 13.49 IMSL_CONSTANT 函数单位

类型	参数描述
时间	Day，hour = hr，min = minute，s = sec = second，year
频率	Hertz = Hz（赫兹）
质量	AMU（原子质量单位），g = gram（克），lb = pound（磅），ounce = oz（盎司），slug（斯勒格）
距离	Angstrom（埃），feet = foot（英尺），in = inch（英寸），m = meter = metre（米），micron（微米），mile（英里），mill（厘），parsec（秒差距），yard（码）
面积	acre（英亩）
体积	l = liter = litre（升）
力	Dyn（达因），N = Newton（牛顿）
热量	Btu，Erg（尔格），J = Joule（焦耳）
电能	W = watt（瓦特）
压力	atm = atmosphere，bar（巴）
温度	degC = Celsius（摄氏度），degF = Fahrenheit（华氏温度），degK = Kelvin（开尔文）
黏度	poise（泊），stoke（斯）
电量	Abcoulomb（仑），C = Coulomb（库仑），statcoulomb（静库）
电流	A = ampere（安培），abampere（电磁安），statampere（静安）
电压	Abvolt（电磁伏），V = volt（伏特）
磁	T = Tesla（特斯拉），Wb = Weber（韦伯）
其他	farad（法拉），mol（摩尔），Gauss（高斯），Henry（亨），Maxwell（麦克斯韦），Ohm（欧姆）

表 13.50 数学计数的缩略表示

前缀标识	含义	值
a	微微微（百亿亿分之一）	10^{-18}
f	毫微微（千万亿分之一）	10^{-15}
p	微微（万亿分之一）	10^{-12}
n	毫微（十亿分之一）	10^{-9}
u	微（百万分之一）	10^{-6}
m	毫（千分之一）	10^{-3}
c	厘（百分之一）	10^{-2}
d	分（十分之一）	10^{-1}
dk	十	10^1
k	千	10^3
	万	10^4
	兆	10^6
g	千兆	10^9
t	兆兆（万亿）	10^{12}

表 13.51 IMSL_STATDATA 构造数据

参数	列	行	数据描述
1	16	7	Longley
2	176	2	Wolfer sunspot（太阳黑子）
3	150	5	Fisher iris（鸢尾花）
4	144	1	Box and Jenkins Series G
5	13	5	Draper and Smith Appendix B
6	197	1	Box and Jenkins Series A
7	296	2	Box and Jenkins Series J
8	100	4	Robinson Multichannel Time Series
9	113	34	Afifi and Azen Data Set A

以下为日期计算和物理常数输出的示例代码如下：

```
IDL > ;计算从 2006 年起第 600 天的年月日
IDL > d0 = IMSL_DATETODAYS(31,12,2005)
IDL > ;调用
IDL > IMSL_DAYSTODATE,d0 +600,d,m,y
IDL > ;输出
IDL > PM,d,m,y,TITLE ='2006 年的第 600 天是 (日 - 月 - 年)', $
 >  FORMAT ='(16x,i2,i2,i5)'
2006 年的第 600 天是 (日 - 月 - 年)
                23 8 2007
IDL > ;计算 2001 年 7 月 13 日申奥成功到 2008 年 8 月 8 日北京奥运会开幕之间的天数
IDL > d0 = IMSL_DATETODAYS(13,7,2001)
IDL > d1 = IMSL_DATETODAYS(8,8,2008)
IDL > PM,d1 - d0,TITLE ='北京申奥成功到奥运会开幕之间的天数为:'
北京申奥成功到奥运会开幕之间的天数为:
           2583
IDL > ;获取不同单位下的物理常数:光速
IDL > c1 = IMSL_CONSTANT('SpeedLight','meter/second')
IDL > c2 = IMSL_CONSTANT('SpeedLight','mile/second')
IDL > c3 = IMSL_CONSTANT('SpeedLight','cm/ns')
IDL > PM,'光的速度是:',c1,c2,c3,Title ='单位:米/秒   英里/秒   厘米/纳秒'
单位:米/秒        英里/秒        厘米/纳秒
光的速度是:2.99792e+008      186282.       29.9792
```

第14章 数 据 库

本章主要介绍IDL的DataMiner功能。DataMiner是IDL通过ODBC（Open Database Connectivity；开放数据库互连）接口进行数据库操作的IDL函数集。ODBC是美国微软公司开放服务结构（Windows Open Services Architecture，WOSA）中有关数据库的一个组成部分，它建立了一组规范，并提供了一组对数据库访问的标准API（应用程序编程接口）。ODBC本身也提供对SQL语言的支持，用户可以直接将SQL语句传送给ODBC。基于ODBC的应用程序对数据库操作不依赖任何数据库管理系统（DBMS），所有的数据库操作均由对应的DBMS的ODBC驱动程序完成。

14.1 数据库操作

IDL中DataMiner支持的数据库操作包括连接DBMS；查询DBMS；获取DBMS中已有的数据表信息；读取DBMS中的表；创建DBMS表；删除DBMS中的表；执行标准SQL操作；获取选择表的行信息；对表记录进行添加、修改和删除操作。

DataMiner提供了两类数据库读取的对象：Database object（数据库对象IDLdbDatabase）和Recordset object（表记录对象IDLdbRecordset）。其他辅助函数包括Dialog_DBConnect（界面连接数据库函数）和DB_Existes（判断ODBC存在函数）等。

14.1.1 创建对象

判断当前系统中IDL的ODBC与许可状态可利用DB_Status函数，示例代码如下：

```
IDL> ;判断当前系统的ODBC驱动与IDL dataMiner许可授权状态
IDL>odbcStatus=DB_EXISTS()
IDL> print ,odbcstatus
       1
```

返回值为1，说明当前系统中IDL可以直接调用数据库相关函数。

用户在与数据库建立连接之前需要先创建一个数据库IDLdbDatabase类对象，用Obj_Valid()函数测试对象是否创建成功，示例代码如下：

```
IDL> ;创建数据库对象
IDL>oDataBase=OBJ_NEW('IDLdbDatabase')
IDL> ;判断数据库对象是否成功
IDL> PRINT,OBJ_VALID(oDataBase)
     1
```

14.1.2　连接数据库

数据库对象创建成功后，利用 IDLdbDatabase 类的 GetDatasources( )方法可以查看当前系统支持的数据库类型。可以用数据库的 connect 方法或函数 DIALOG_DBCONNECT( )连接数据库，示例代码如下：

```
IDL > ;获取当前系统中已安装的数据库
IDL > sources = oDataBase.GETDATASOURCES()
IDL >print,sources.datasource,format ='(a)'
dBASE Files
Excel Files
MS Access Database
Visual FoxPro Tables
Visual FoxPro Database
Visio Database Samples
IDL > ;连接 Access 数据库
IDL >oDataBase.CONNECT,DATASOURCE ='MS Access Database; DBQ =' +'c:\temp\access.mdb'
```

14.1.3　连接表

对数据库中的表操作，要先连接表记录以获取表信息，然后对表记录进行操作。获取表信息可利用 IDLdbDatabase 的 GetTables( ) 函数，表记录进行操作可以用 IDLdbRecordset 对象。示例代码如下：

```
IDL > ;获取数据库中的表
IDL > tables = oDatabase.GETTABLES()
IDL > ;如需要对特定表操作,可以用 where 进行搜索
IDL >index =WHERE(tables.name EQ 'oData',matchNum)
IDL > IF matchNum GE 1 THEN PRINT,'成功查找到表'
成功查找到表
IDL > ;创建记录对象来获取表信息
IDL >objRS =OBJ_NEW('IDLDBRecordset',oDataBase,table ='oData')
IDL >help,objRS
OBJRS            OBJREF     =  <ObjHeapVar2(IDLDBRECORDSET)>
```

14.1.4　表操作

表记录的参数获取、添加或删除记录等操作可通过 IDLDBRecordset 表对象的方法来实现，示例代码如下：

```
IDL > ;查看表记录内容字段数
IDL >fieldNums =objRS.NFIELDS()
IDL >print,fieldNums
           5
IDL > ;移动到第一条记录
IDL > status =objRS.MOVECURSOR(/first)
IDL > ;依次读出记录内容
IDL > FORi =0,fieldNums -1 DO PRINT,objRS.GETFIELD(i)
           1
       20.690000
```

```
        0.69000000
        303874
        527899
IDL > ;移动到下一条记录
IDL > status = objRS.MOVECURSOR(/next)
IDL > FORi = 0,fieldNums - 1 DO PRINT,objRS.GETFIELD(i)
            2
      20.900000
     -4.6000000
    305286
    528264 IDL > ;移动到最后
IDL > status  = objRS.MOVECURSOR(/last)
IDL > FORi = 0,fieldNums - 1 DO PRINT,objRS.GETFIELD(i)
           17
      21.120000
     -3.8800000
    304552
    527780
IDL > ;添加新记录
IDL > objRS.ADDRECORD,18,1,2,3,4
IDL > status  = objRS.MOVECURSOR(/last)
IDL > FOR i = 0,fieldNums - 1 DO PRINT,objRS.GETFIELD(i)
          18
     1.0000000
     2.0000000
            3
            4
```

14.1.5 执行 SQL 语句

可以调用 IDLdbDatabase 对象的 ExecuteSQL 方法执行 SQL 语句。IDL 的数据类型与 SQL 数据类型见表 14.1 所示。IDLdbDatabase 执行 SQL 时不能获得 SQL 的返回值，但可以在初始化 IDLDBRECORDSET 时调用 SQL 语句来获取返回值，示例代码如下：

```
IDL > ;创建数据库对象
IDL > oDataBase = OBJ_NEW('IDLdbDatabase')
IDL > ;连接数据库
IDL > oDataBase.CONNECT, DATASOURCE = 'MS Access Database;DBQ =' + 'c:\temp\ac-
cess.mdb'
IDL > ;通过 SQL 语句创建新表
IDL > oDataBase.EXECUTESQL,"create table im_info (id integer,x integer," + $
IDL >   "y integer,data image,name char(50))"
IDL > ;创建新建表的记录对象
IDL > oRS = OBJ_NEW('IDLdbRecordSet',oDataBase,table = 'im_info')
IDL > ;添加一条新记录
IDL > oRS.ADDRECORD,1,400,400,BYTSCL(DIST(400)),'first image'
IDL > ;移动记录指针到第一个
IDL > status  = oRS.MOVECURSOR(/FIRST)
IDL > ;获取刚添加记录的信息
IDL > X  = oRS.GETFIELD(1)
IDL > Y  = oRS.GETFIELD(2)
```

```
IDL > image =oRS.GETFIELD(3)
IDL > name =oRS.GETFIELD(4)
IDL >;销毁记录对象
IDL >OBJ_DESTROY,oRS
IDL > ;通过 SQL 语句删除表
IDL >oDataBase.EXECUTESQL,'drop table im_info'
IDL > ;销毁数据库对象
IDL > OBJ_DESTROY,oDataBase
```

表 14.1 IDL 与 SQL 下数据对照表

IDL 类型	SQL 类型
STRING	DECIMAL NUMERIC CHAR LONG VARCHAR
BYTE	BIT TINYINT BIGINT
INT	SMALLINT
LONG	INTEGER
LONG64	BIGINT
FLOAT	REAL
DOUBLE	FLOAT DOUBLE PRECISION
BYTE ARRAY	BINARY VARBINARY VARCHAR LONG VARBINARY
ODBC_SQL_DATE Struct	DATE
ODBC_SQL_TIME Struct	TIME
ODBC_SQL_TIMESTAMP Struct	TIMESTAMP

14.2 读取 Excel 示例

通过 ODBC 可以读写 Excel 文件，源码参考实验数据光盘中的“第 14 章\using_odbc_excel.pro”，Excel 文件中的内容见图 14.1。

代码编译运行后控制台的输出如下：

```
IDL >using_odbc_excel
% Compiled module: USING_ODBC_EXCEL.
```

```
table name[Sheet2 $ ]
table name[Sheet1 $ ]
Talbe: Sheet1 $ ,Filed Name: Satellite,Value: LandSat TM5
… …(省略部分)
Talbe: Sheet1 $ ,Filed Name: Satellite,Value: RapidEye
Talbe: Sheet1 $ ,Filed Name: Country,Value: German
Talbe: Sheet1 $ ,Filed Name: Lauch Time,Value: 2008
Talbe: Sheet1 $ ,Filed Name: SpatialResolution_Meter,Value: 5.8
Talbe: Sheet1 $ ,Filed Name: Period_day,Value: 1
```

SatelliteInformation.xlsx

	A	B	C	D	E
1	Satellite	Country	Lauch Time	SpatialResolution_Meter	Period_day
2	LandSat TM5	USA	1984	30&120	16
3	LandSat ETM+	USA	1999	30&60&15	16
4	Spot4	Franch	2001	10&20	26
5	ASTER	Japan	1000	15&30&90	15
6	IKONOS	USA	1999	1&4	1.5-2.9
7	SPOT5	Franch	2001	5&10	26
8	Quick Bird	USA	2001	0.61&2.44	1-3.5
9	FORMOSAT II	Chinese Taiwa	2004	2&8	1
10	EROS-B	Israel	2006	0.7	5
11	CartoSAT -1（P5	India	2005	2.5	5
12	ALOS	Japan	2005	2.5&10	2
13	BeiJing-1	China	2005	4&32	3-5
14	KOMPSAT-2	Korean	2006	1&4	3
15	WorldView-1,2	Korean	2008	0.5&2.4	1.1-3.7
16	CEBRS-2B	China	2008	2.37&19.5	26
17	GEOEye-1	USA	2008	0.41&1.65	2-3
18	RapidEye	German	2008	5.8	1

图 14.1 Excel 文件内容

14.3 函数列表

IDL 中与 DataMiner 相关的函数见表 14.2 所示。

表 14.2 IDL 的 DataMiner 函数列表

函数名称	功能描述
Dialog_DBConnect	通过标准 ODBC 对话框连接 DBMS
DB_Exists	当前系统平台中是否存在 ODBC
IDLdbDataBase::Cleanup	对象销毁处理
IDLdbDataBase::Connect	连接数据库源
IDLdbDataBase::ExecuteSQL	执行 SQL 语句
IDLdbDataBase::GetDatasource	获取当前可用的数据库源
IDLdbDataBase::GetProperty	属性获取
IDLdbDataBase::GetTables	获取数据库中的表属性
IDLdbDataBase::Init	数据库对象类初始化函数
IDLdbDataBase::SetProperty	属性赋值
IDLdbRecordset::AddRecord	添加记录表
IDLdbRecordset::Cleanup	对象销毁处理
IDLdbRecordset::CurrentRecord	当前记录索引
IDLdbRecordset::DeleteRecord	删除当前记录

续表

函数名称	功能描述
IDLdbRecordset::GetField	获取当前记录的属性
IDLdbRecordset::GetProperty	属性获取
IDLdbRecordset::GetRecord	获取记录
IDLdbRecordset::Init	表记录对象类初始化
IDLdbRecordset::MoveCursor	移动记录指针
IDLdbRecordset::NFields	获取记录中的属性个数
IDLdbRecordset::SetField	设置属性域值

第 15 章　小波与数字信号处理

小波变换是 20 世纪 80 年代中期发展起来的一种时频分析方法，被广泛应用在语音处理、图像分割、石油勘探和雷达探测等方面，也被应用于音频、图像和视频的压缩编码，逐渐成为数据处理和图像分析中重要的技术方法。较为成功的应用诸如在地球物理、医学影像处理（心电图和医疗成像）、天文（图像处理）、计算机科学（物体识别和图像压缩）等众多领域。

小波变换通过特定的小波函数对信号进行分解使用，可以构造成一个在二维空间（或时间）和小波尺度（或频率）函数。本章主要介绍 IDL 中的小波工具箱和数字信号处理功能。

15.1　小波工具箱

IDL 的小波工具箱包含了一系列预定的图像可视化界面程序和小波分析功能函数，主要包括小波可视化、连续小波变换、离散小波转换、小波函数、三维小波功率谱、多分辨率分析和降噪等工具，同时支持添加自定义功能函数。

15.1.1　启动小波工具箱

小波工具箱的启动函数为 WV_APPLET，调用格式为

```
WV_APPLET [,Input] [,ARRAY = array] [,GROUP_LEADER = widget_id] [,/NO_SPLASH]
[,TOOLS = string array] [,WAVELETS = string or string array]
```

其中，Input 为打开的小波工具包保存文件或一维二维数据；Array 为二维或二维数据；NO_SPLASH 控制启动时是否出现小波工具箱的启动画面；TOOLS 可以在小波工具包界面工具栏上添加自定义工具，后面直接指定字符串或字符串数组，对应功能函数名称是字符串去除空格后字符串并加前缀“WV_TOOL_”；例如，TOOLS = ['Renormalize', 'My Tool']，对应功能函数名为“WV_Tool_MyTool”；WAVELETS 是字符串或字符串数组，是小波功能函数名称。

在命令行中输入“WV_APPLET”启动小波工具箱，启动后效果见图 15.1 所示。

15.1.2　菜单与工具栏

使用小波工具箱的功能菜单或工具栏按钮（图 15.2）可以调用小波功能，菜单名称及功能见表 15.1 所示。

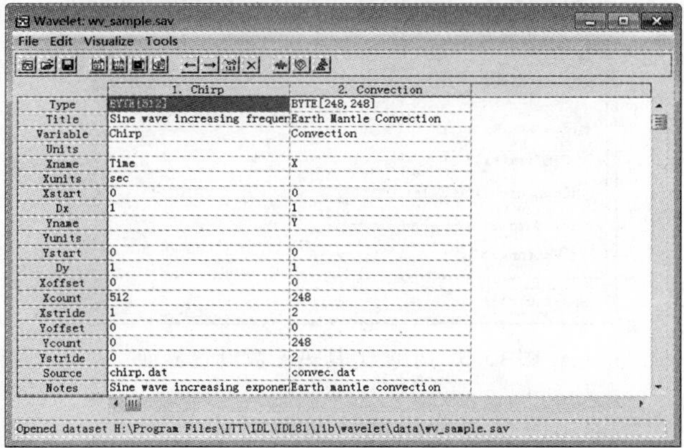

图 15.1　小波工具箱主界面

图 15.2　小波工具箱菜单与工具栏

表 15.1　小波工具箱菜单

菜单名称	功能
New Applet	新建一空的小波工具箱
Open Dataset...	选择数据
Save	保存为当前数据和设置参数到当前文件
Save As...	保存为当前数据和设置参数到新文件
Import...	数据导入
Perference	参数设置
Exit	退出
Move Variable Left	当前选择变量移动到左边
Move Variable Right	当前选择变量移动到右边
View Data Values	查看数据数值
Delete Variable	删除变量
Wavelet Functions	启动小波函数选用界面
Wavelet Power Spectrum	启动小波功率谱
Multiresolution Analysis	多维数据分析
Denoise	降噪处理

15.1.3　参数设置

单击主菜单[File]-[Perference]弹出小波工具箱参数设置界面，如图 15.3 所示。各参数的含义如下所述。

- Default directory：默认路径；
- Remember current directory：若不勾选，则每次选择文件会打开 Default directory；

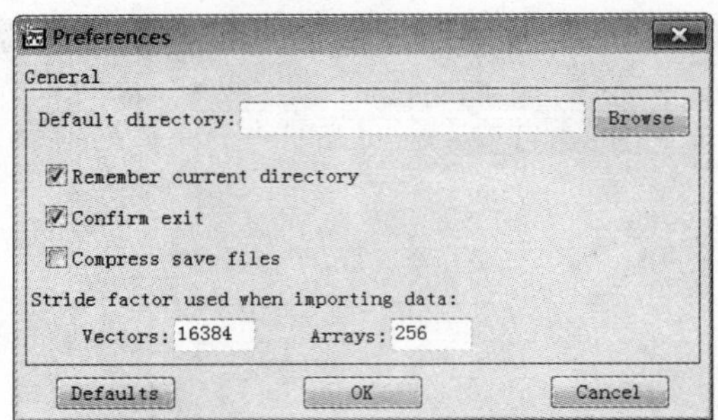

图 15.3　小波工具箱参数设置界面

- Confirm exit：控制退出时是否弹出确认对话框；
- Compress save files：设置 sav 文件保存时是否压缩；
- Stride factor used when importing data：控制大数据导出时的缩放比例系数；
- Defaults：恢复默认参数。

15.1.4　数据导入

单击菜单[File]-[Import]下的 ASCII、Binary、Image file、WAV Audio file 或单击工具栏上功能图标导入相应的格式文件（图 15.4）。

图 15.4　小波工具箱数据导入按钮

导入 ASCII 码文件的操作步骤如下：

（1）单击[File]-[import]-[ASCII]或单击工具栏按钮，选择 IDL 安装目录下“...\lib\wavelet\data\el_nino.txt”文件，弹出 ASCII 文件导入界面，设置数据起始行为 3，如图 15.5 所示。

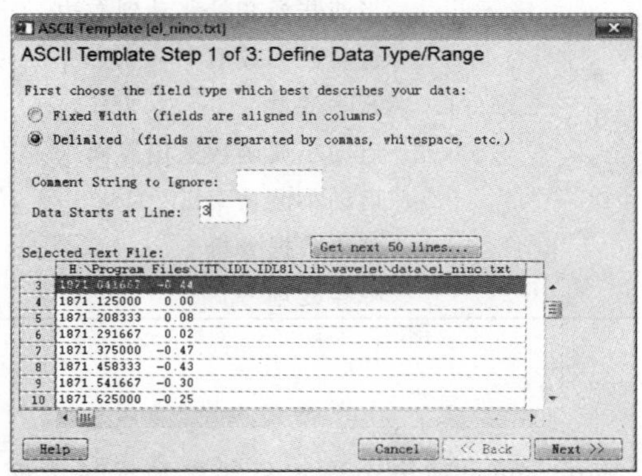

图 15.5　定义数据读取起始行

（2）单击 Next 按钮，在格式定义界面中设置每行数值域为 2；分隔符默认为空格（White Space），见图 15.6 所示。

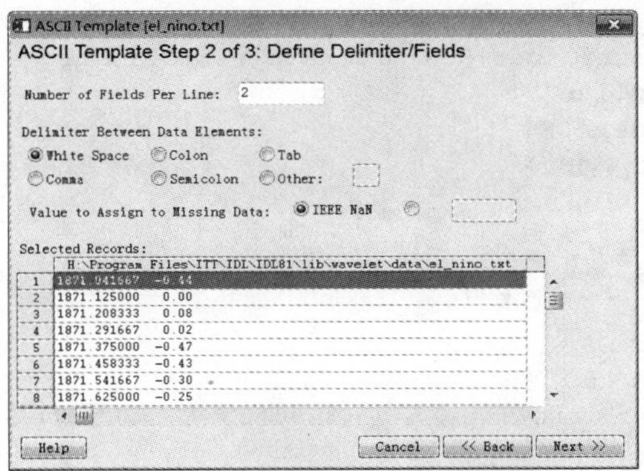

图 15.6 行数与分隔符设置

(3) 单击 Next 按钮，设置数据类型，默认为浮点类型（Floating Point），如图 15.7 所示。

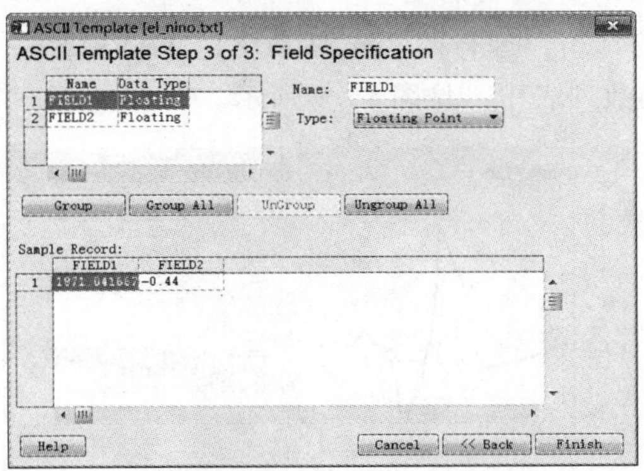

图 15.7 设置数据类型

15.1.5 小波函数可视化

小波函数可视化工具提供了小波函数的图形化展示功能，通过工具栏按钮或菜单[Visualize] - [WaveLength Functions]或命令行下输入“wID = WV_CW_WAVELET( )”启动界面（图 15.8）。

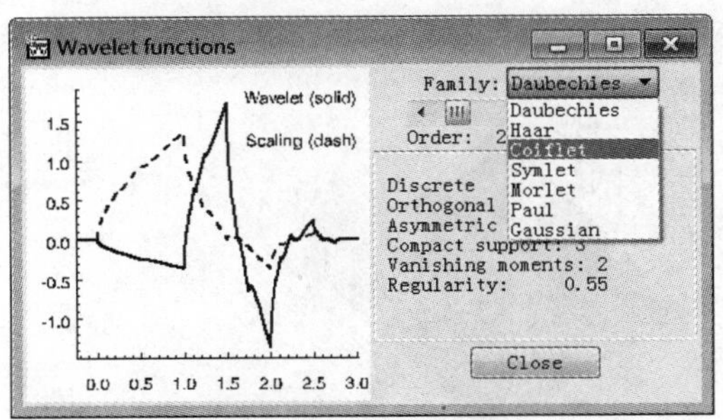

图 15.8 小波函数可视化界面

IDL 自带了 7 种小波函数，同时支持自定义函数增加。例如，在编译器中新建函数代码“WV_FN_SPLINE”，代码内容如下：

```
FUNCTIONwv_fn_spline,Order,Scaling,Wavelet,Ioff,Joff
  info = {family:'Spline', $
    order_name:'Order', $
    order_range:[1,5,1], $
    order:order, $
    discrete:1, $
    orthogonal:1, $
    symmetric:0, $
    support:support, $
    moments:moments, $
    regularity:regularity}
  RETURN,info
END
```

保存到 IDL 安装目录下并命名为“wv_fn_spline. pro”；在命令行中输入命令“WV_APPLET，WAVELETS = 'Spline'”即可启动。

如果已经启动小波工具箱，运行“WV_IMPORT_WAVELET，'Spline'”命令可添加该函数到小波可视化界面函数列表中，见图 15.9 所示。

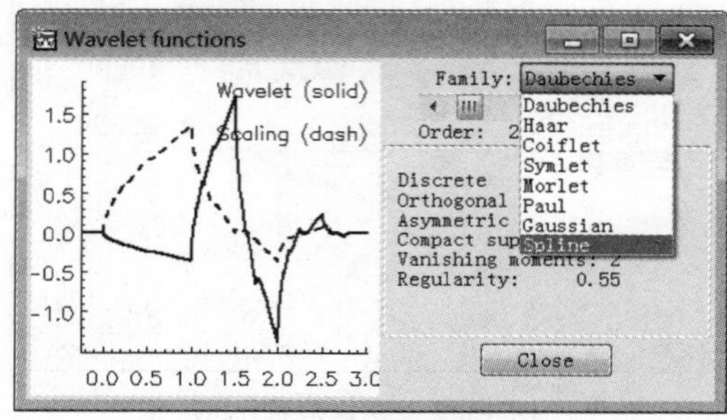

图 15.9　小波函数可视化

15.1.6　小波功率谱分析

小波功率谱分析是小波工具箱提供的一个可视化工具（图 15.10），可通过工具栏按

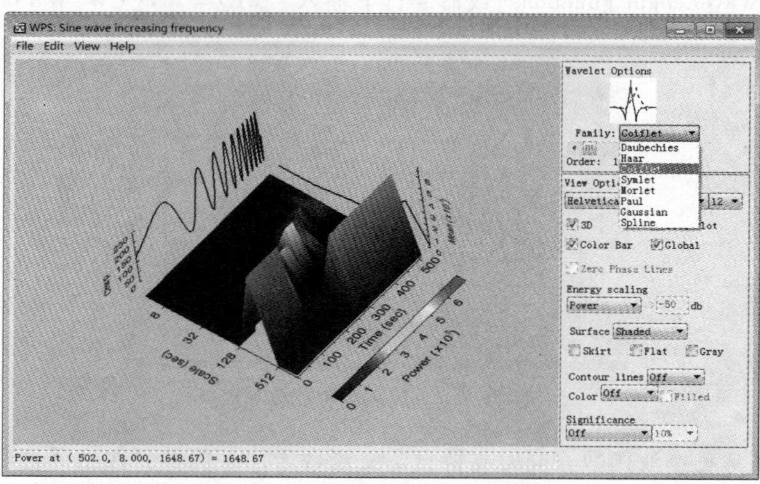

图 15.10　小波功率谱分析

钮或菜单[Visualize]-[WaveLength Power Spectrum]来启动。

15.1.7 多分辨率分析

IDL小波工具箱的多分辨率分析（multiresolution analysis）是在许多不同尺度上进行的信号分析，每个尺度分析后结果包括三部分：平滑数据信息（低通部分）、细节部分（带通部分）和粗糙部分（高通部分）。多分辨率分析可通过工具栏按钮或菜单[Visualize]-[Multiresolution Analysis]启动，界面见图15.11所示。

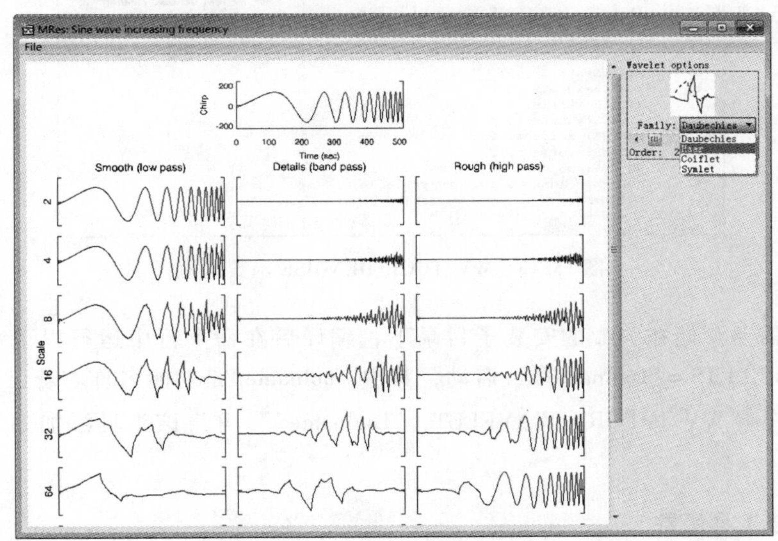

图15.11 多分辨率分析

15.1.8 降噪处理

小波工具箱中的降噪处理可以实现不同算法下的噪声去除和小波数据压缩。单击主菜单[Tools]-[Denoise]启动噪声处理，见图15.12所示。

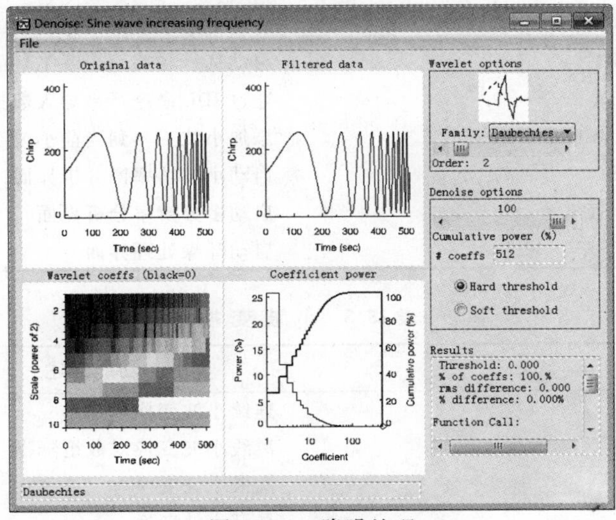

图15.12 降噪处理

15.1.9　自定义功能

在小波工具箱上添加自定义功能非常方便，函数名需要以“WV_TOOL”开头，编写格式可以参考“WV_TOOL_DENOISE”等工具箱现有功能的源码格式，见图 15.13 所示。

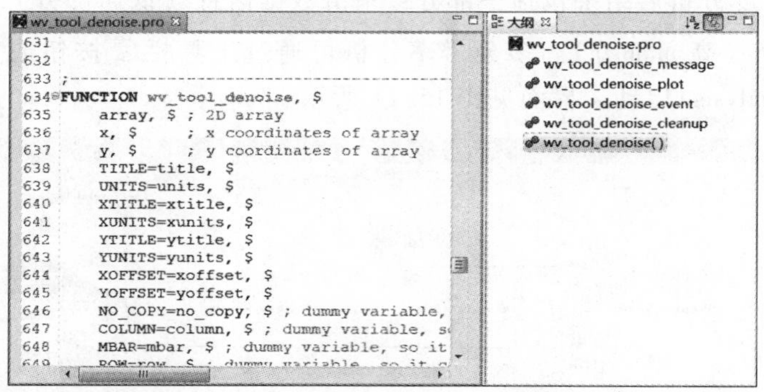

图 15.13　WV_TOOL_DENOISE 函数结构

源码文件需要存储在 IDL 的安装子目录下，编译后在命令行中运行以下命令来“WV_APPLET，WAVELETS='Toolname'”启动，其中'Toolname'是功能名称。若已经启动小波工具箱，运行命令“WV_IMPORT_WAVELET，'Toolname'”可将该工具添加到小波工具箱函数列表中。

15.1.10　小波工具函数

小波工具箱的可视化工具函数见表 15.2 所示；小波变换函数见表 15.3 所示；小波函数见表 15.4 所示。

表 15.2　小波界面命令和可视化工具

命令	功能描述
WV_APPLET	启动 IDL 小波工具箱的 GUI 界面
WV_CW_WAVELET	启动选择和调用小波工具的界面
WV_IMPORT_DATA	通过 IDL 命令行来导入数据
WV_IMPORT_WAVELET	添加小波工具到当前小波工具箱中
WV_PLOT3D_WPS	启动小波功率谱分析界面
WV_PLOT_MULTIRES	启动多分辨率分析界面
WV_TOOL_DENOISE	启动降噪处理界面

表 15.3　小 波 变 换

命令	功能描述
WV_CWT	连续小波变换
WV_DENOISE	离线小波变换对数组降噪
WV_DWT	离散小波变换
WV_PWT	局部小波变换

表 15.4　小 波 函 数

命令	功能描述
WV_FN_COIFLET	计算 coiflet 小波函数的小波系数
WV_FN_DAUBECHIES	计算 Daubechies 小波系数
WV_FN_GAUSSIAN	计算高斯小波系数
WV_FN_HAAR	哈尔小波系数
WV_FN_MORLET	Morlet 小波函数
WV_FN_PAUL	Paul 小波函数
WV_FN_SYMLET	计算 Symlet 小波系数

15.2　数字信号处理

信号中包含有用的信息，但很多时候由于存在噪声难以从原始信号中获取有用信息。信号处理是为了能够从信号中提取有用信息。信号处理与图像处理类似，但信号数据一般是一维数据。

15.2.1　信号处理函数

IDL 中的数字信号处理函数见表 15.5 所示。

表 15.5　数字信号处理函数

函数名称	功能描述
A_CORRELATE	计算自相关系数
BLK_CON	对数字信号或脉冲序列进行快速卷积处理
BUTTERWORTH	低通蝶值因子的绝对值
CANNY	Canny 边缘检测
C_CORRELATE	计算互相关
CONVOL	卷积计算
CORRELATE	线性 Pearson 相关系数
DIGITAL_FILTER	非递归数字滤波系数
FFT	快速傅里叶变换
HANNING	汉宁窗或海明窗变换
HILBERT	Hilbert 变换
INTERPOL	矢量插值
IR_FILTER	无限冲激响应滤波
LEEFILT	Lee 滤波
M_CORRELATE	多重相关系数
MEDIAN	中值计算和中值滤波
P_CORRELATE	偏多重相关系数
R_CORRELATE	秩相关
SAVGOL	Savitzky-Golay 滤波
SMOOTH	指定宽度的均值平滑
TS_COEF	时间序列数据的自回归系数
TS_DIFF	计算时间序列的前向差分
TS_FCAST	时间序列数据前向或后向预测
TS_SMOOTH	计算时间序列数据的移动平均数
WTN	小波变换处理

15.2.2 信号变换分析

例如，生成模拟信号（1024 个时间点；时间间隔 0.02s；直流分量和频率分量分别为 2.8 和 6.5；每秒周期为 11）的示例代码如下：

```
IDL > ;生成模拟信号数据
IDL > N =1024
IDL >delt =0.02
IDL > u = -0.3 +1.0 * SIN(2 * !PI * 2.8  * delt * FINDGEN(N)) $
IDL >   +1.0 * SIN(2 * !PI * 6.25  * delt * FINDGEN(N)) $
 >   +1.0 * SIN(2 * !PI * 11.0  * delt * FINDGEN(N))
```

绘制信号函数 $u(k)$ 直方图效果图见图 15.14 所示，示例代码如下：

```
DL > ;离散时间序列
IDL > t  =delt * FINDGEN(N)
IDL > ;信号采集开始时间
IDL > t1 =1.0
IDL > ;信号采集结束时间
IDL > t2 =2.0
IDL > ;绘制曲线(图 15.14)
IDL > IPLOT,T + delt /2,U,/HISTOGRAM, $
IDL >   XRANGE = [t1,t2],XTITLE ='time in seconds',YTITLE ='amplitude', $
 >   TITLE ='Portion of Sampled Time Signal u(k)'
```

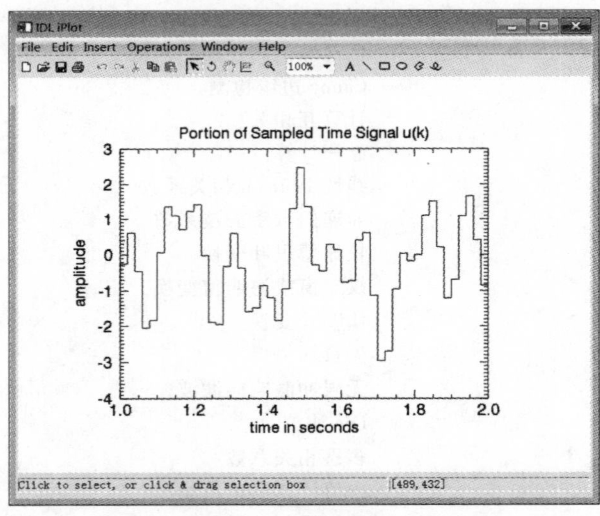

图 15.14　信号数据直方图

1. 傅里叶变换

离散傅里叶变换（DFT）是在数字信号频谱中广泛应用的方法，在实际应用中通常采用快速傅里叶变换（FFT）以高效计算 DFT。

离散傅里叶变换公式为

$$v(m)=\frac{1}{N}\sum_{k=0}^{N-1}u(k)\exp\left[-j2\pi mk/N\right]$$

逆变换公式为

$$u(k)=\sum_{m=0}^{N-1} v(m)\exp\left[j2\pi mk/N\right]$$

IDL 中快速傅里叶变换函数是 FFT，傅里叶变换后的结果有多种可视化形式。

（1）实部和虚部的示例代码如下，效果图见图 15.15。

```
IDL > ;快速傅里叶变换
IDL > V = FFT(U)
IDL > M = (INDGEN(N) - (N/2 -1))
IDL > F = M / (N * delt)
IDL > ;显示信号的实部(图 15.15 上)
IDL > IPLOT,F,FLOAT(SHIFT(V,N/2 -1)), $
IDL >  DIMENSIONS = [500,800],VIEW_GRID = [1,2], $
IDL >  YTITLE = 'Real part of spectrum', $
IDL >  XTITLE = 'Frequency in cycles /second', $
IDL >  XRANGE = [ -1,1]/(2 * delt), $
IDL >  TITLE = 'Real and Imaginary Spectrum of u(k)'
IDL > ;显示信号的虚部(图 15.15 下)
IDL > IPLOT,F,IMAGINARY(SHIFT(V,N/2 -1)), $
IDL >  /VIEW_NEXT, $
IDL >  YTITLE = 'Imaginary part of spectrum', $
IDL >  XTITLE = 'Frequency in cycles /second', $
 >  XRANGE = [ -1,1]/(2 * delt)
```

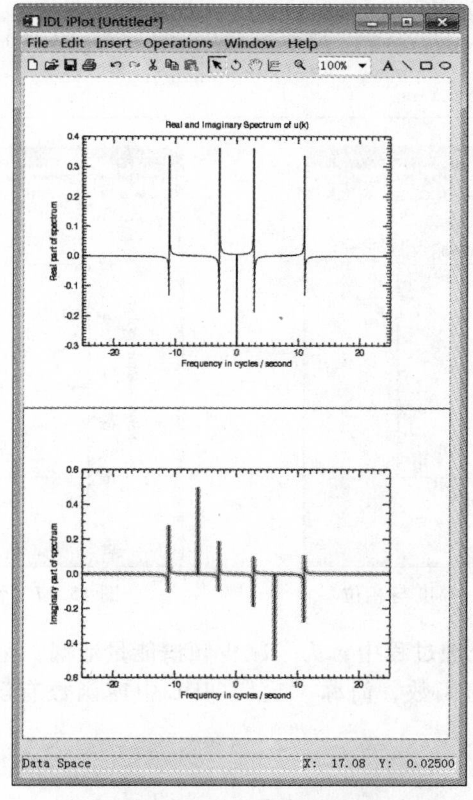

图 15.15　快速傅里叶变换后的实部和虚部

（2）幅度和相位的示例代码如下，效果图如图 15.16 所示。

```
IDL > ;快速傅里叶变换
IDL > V = FFT(U)
IDL > F = FINDGEN(N/2 +1) /(N * delt)
IDL > ;幅度
IDL > mag = ABS(V(0:N/2))
IDL > ;相位
IDL > phi = ATAN(V(0:N/2),/PHASE)
IDL > ;幅度的对数(实蓝色)相位(度,黑色)
IDL > IPLOT,F,20 * ALOG10(mag), $
IDL >   YTITLE ='Magnitude in dB / Phase in degrees', $
IDL >   XTITLE ='Frequency in cycles / second',COLOR = [72,72,255], $
IDL >   TITLE ='Magnitude (solid) and Phase (dashed)'
IDL > IPLOT,F,phi/!DTOR, $
IDL >   YRANGE = [-180,180],  YMAJOR =7,/X_LOG, $
IDL >   XRANGE = [1.0,1.0/(2.0 * delt)], $
 >  LINESTYLE =2,  /OVERPLOT
```

（3）功率谱的示例代码如下，显示效果如图 15.17 所示。

```
IDL > ;快速傅里叶变换
IDL > V = FFT(U)
IDL > F = FINDGEN(N/2 +1) /(N * delt)
IDL > ;绘制功率谱(图 15.17)
IDL > IPLOT,F,ABS(V(0:N/2))^2, $
IDL >   YTITLE ='Power Spectrum of u(k)',/Y_LOG,YMINOR =0, $
IDL >   XTITLE ='Frequency in cycles / second',/X_LOG, $
IDL >   XRANGE = [1.0,1.0/(2.0 * delt)], $
 >  TITLE ='Power Spectrum'
```

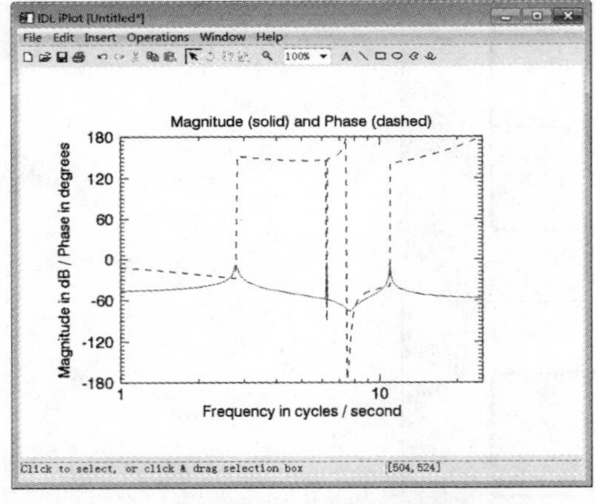

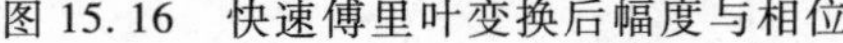

图 15.16　快速傅里叶变换后幅度与相位

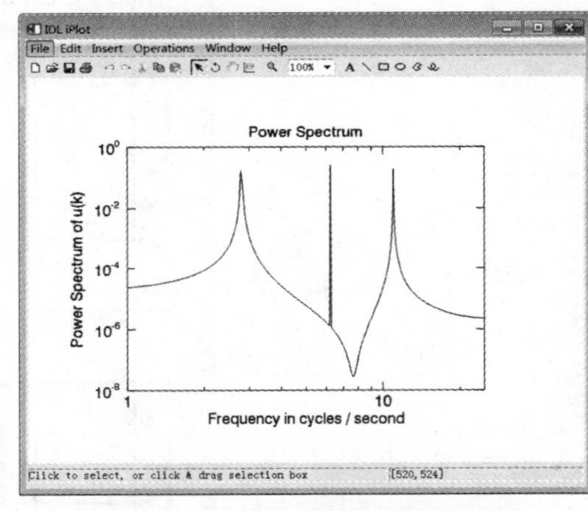

图 15.17　快速傅里叶变换后功率谱

（4）窗函数。在信号处理过程中，为了减少频谱能量泄漏，采用不同的截取函数对信号进行截断，截断函数称为窗函数，简称“窗”。IDL 中窗函数有汉宁（Hanning）窗和海明（Hamming）窗。

汉宁窗定义为

$$w(k) = \frac{1}{2}\left[1 - \cos\left(\frac{2\pi k}{N}\right)\right]$$

海明窗定义为

$$w(k)=0.54-0.46\cos\left(\frac{2\pi k}{N}\right)$$

2. 希耳伯特变换

希尔伯特变换（Hilbert transform）是将信号 $s(t)$ 与 $1/(\pi t)$ 做卷积，以得到 $s(t)$。因此，希尔伯特变换结果 $s(t)$ 可以被解读为输入是的线性非时变系统（linear time invariant system）的输出，而此时系统的脉冲响应为 $1/(\pi t)$。例如，以下为希尔伯特变换可视化代码：

```
IDL > ;创建仿真信号数据
IDL > N =1024
IDL >delt =0.02
IDL > T  =delt * FINDGEN(N)
IDL > f1 =5.0 /((n -1) * delt)
IDL > f2 =0.5 /((n -1) * delt)
IDL > R = SIN(2 * !PI * f1 * T) * SIN(2 * !PI * f2 * T)
IDL > ;绘制希尔伯特变换(图 15.18)
IDL > IPLOT,T,R, - FLOAT(HILBERT(R)), $
IDL >   XTITLE ='time in seconds ', $
IDL >   YTITLE ='real ',ZTITLE ='imaginary ', $
 >   TITLE ='Analytic Signal for r(t) Using Hilbert Transform '
```

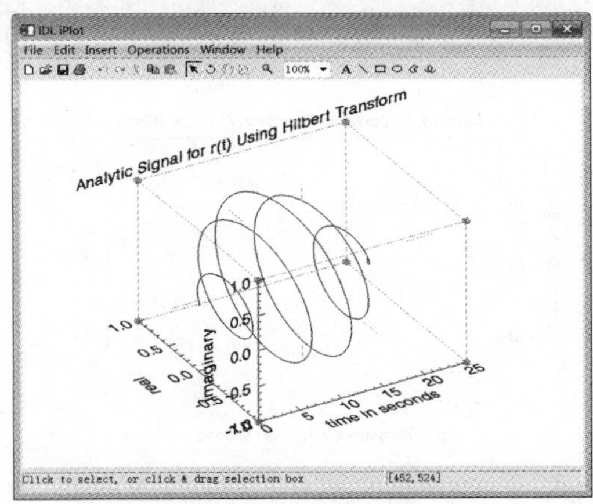

图 15.18　希耳伯特变换

3. 数字滤波

滤波可以去除信号中的噪声。IDL 中对信号处理的滤波包括有限冲击响应滤波、无线冲击响应滤波、移动平均和自我回归移动平均，相关函数可参考表 15.5。

- 有限冲激响应滤波器（FIR）：是对单位冲激的输入信号的响应为有限长序列的数字滤波器。IDL 下的 DIGITAL_FILTER 函数可以构造生成低通滤波、高通滤波、带通滤波或带阻滤波核，然后调用 CONVOL 来实现滤波功能。BLK_CON 提供了对信号高效卷积处理的功能。

```
IDL > ;采样周期
IDL >delt =0.02
IDL > ;高于 f_low 的过滤
IDL >f_low =15.
```

```
IDL > ;低于 f_high 的过滤
IDL > f_high = 7.
IDL > ;脉动幅度
IDL > a_ripple = 50.
IDL > ;滤波次数
IDL > nterms = 40
IDL > ;计算脉冲响应
IDL > bs_ir_k = DIGITAL_FILTER(f_low * 2 * delt,f_high * 2 * delt, $
IDL > a_ripple,nterms)
IDL > nfilt = N_ELEMENTS(bs_ir_k)
IDL > ;放缩快速傅里叶的频率响应
IDL > bs_fr_k = FFT(bs_ir_k) * nfilt
IDL > ;带阻滤波器的幅度
IDL > f_filt = FINDGEN(nfilt /2 +1) /(nfilt * delt)
IDL > mag = ABS(bs_fr_k(0:nfilt /2))
IDL > ;绘制滤波结果(图 15.19)
IDL > IPLOT,f_filt,20 * ALOG10(mag),YTITLE = 'Magnitude in dB', $
IDL >   XRANGE = [1.0,1.0 /(2.0 * delt)],YRANGE = [-60,20], $
IDL >   XTITLE = 'Frequency in cycles /second',/X_LOG, $
>  TITLE = 'Frequency Response forBandstop FIR Filter (Kaiser)'
```

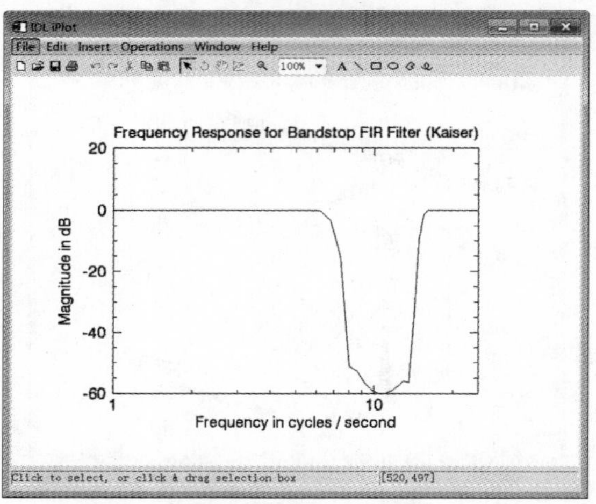

图 15.19　带阻滤波

- 无限冲激响应滤波器（IIR）：是对单位冲激输入信号的响应为无限长序列的数字滤波器，示例代码如下：

```
IDL > ;模拟仿真信号
IDL > delt = 0.02
IDL > f0 = 6.5
IDL > C = (1.0 - !PI * f0 * delt) /(1.0 + !PI * f0 * delt)
IDL > B = [(1 + C^2)/2, -2 * C,(1 + C^2)/2]
IDL > A = [   C^2,     -2 * C,     1    ]
IDL > na = N_ELEMENTS(A) - 1
IDL > nb = N_ELEMENTS(B) - 1
IDL > N = 1024L
```

```
IDL > U = FLTARR(N)
IDL > U[0] = FLOAT(N)
IDL > Y = FLTARR(N)
IDL > Y[0] = B[2] * U[0] /A[na]
IDL > ;递归计算滤波信号
IDL > FOR K = 1,N - 1 DO $
IDL >   Y(K) = ( TOTAL( B[nb - K > 0:nb   ] * U[K - nb > 0:K   ] ) $
IDL >    - TOTAL( A[na - K > 0:na - 1] * Y[K - na > 0:K - 1] ) ) /A[na]
IDL > ;频谱计算
IDL > V = FFT(Y)
IDL > F = FINDGEN(N/2 + 1) /(N * delt)
IDL > mag = ABS(V(0:N/2))
IDL > phi = ATAN(V(0:N/2),/PHASE)
IDL > ;绘制曲线显示(图 15.20 上)
IDL > IPLOT,F,20 * ALOG10(mag),DIMENSIONS = [550,800],$
IDL >   VIEW_GRID = [1,2],YTITLE = 'Magnitude in dB',$
IDL >   XTITLE = 'Frequency in cycles /second',$
IDL >   /X_LOG,XRANGE = [1.0,1.0/(2.0 * delt)],$
IDL >   TITLE = 'Frequency Response Function of b(z)/a(z)'
IDL > ;绘制曲线显示(图 15.20 下)
IDL > IPLOT,F,phi/!DTOR,$
IDL >   /VIEW_NEXT,YTITLE = 'Phase in degrees',$
IDL >   YRANGE = [-180,180],YTICKS = 4,YMINOR = 3,$
IDL >   XTITLE = 'Frequency in cycles /second',/X_LOG,$
 >   XRANGE = [1.0,1.0/(2.0 * delt)]
```

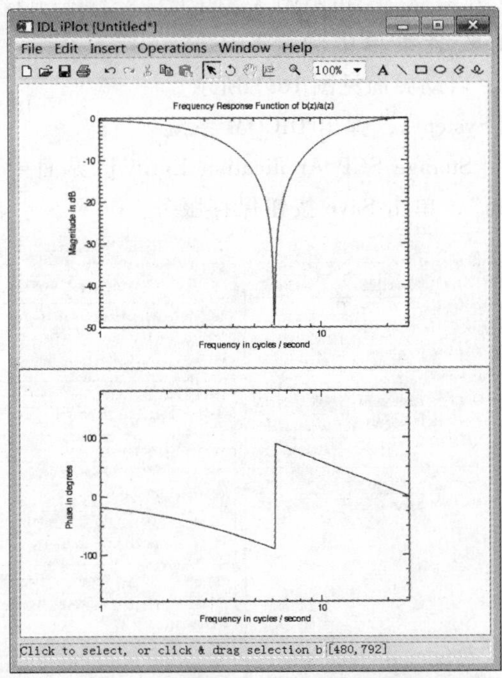

图 15.20 IIR 的冲击响应和频率响应

第16章 医学应用

在医学影像信息学的发展和图像管理与通信系统（PACS）的研究过程中，由于医疗设备生产厂商的不同，造成与各种设备有关的医学影像存储格式和传输方式千差万别，使得医学影像及其相关信息在不同系统、不同应用之间的交换受到严重阻碍。DICOM（Digitalimaging and Communications in Medicine）标准是美国放射学会（ACR）和全美电子厂商联合会（NEMA）为了规范医学影像及其相关信息的交换而创建的。DICOM 标准规范了医学影像极其相关信息的交换，大大简化了医学影像信息交换，推动了远程放射学系统、PACS 的研究与发展。本章主要介绍 IDL 中 DICOM 标准网络服务的配置、访问和数据读写。

16.1 DICOM 网络服务

IDL 支持 DICOM 服务——包括服务主机（service class provider，SCP）和用户机器（service class user，SCU）的基本配置、SCU 查询接收、SCU 和 SCP 保存。

以下简介对 SCU 服务进行配置、查询和保存等基本操作步骤。

（1）SCU 配置：

① 启动。在命令行中输入“DICOMEX _ NET, /System”命令或单击 IDL 安装菜单中的［Tools］-［DICOM Network Services］，启动界面见图 16.1 所示。

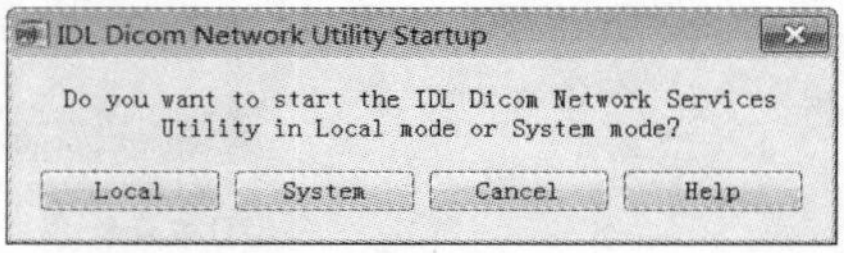

IDL Dicom Network Utility Startup

Do you want to start the IDL Dicom Network Services Utility in Local mode or System mode?

Local System Cancel Help

图 16.1　DICOM 配置程序

② 设置参数。选择［System］，弹出 DICOM 系统配置界面（图 16.2）。在［Storage SCP Application Entity］界面中，设置［IDL_AE_STOR_SCP］的路径为“c:\dicom”，单击 Save 按钮保存服务。

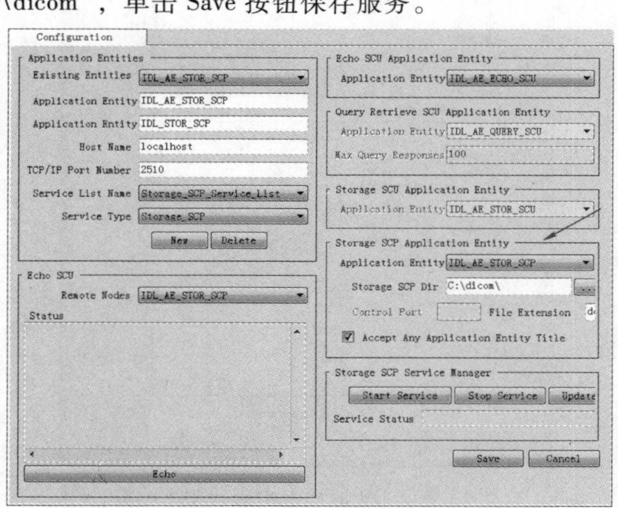

图 16.2　参数设置界面

③ 新增服务配置。单击［Application Entities］下的［New］可以查看配置的服务列表（表16.1）与配置参数（表16.2）。

表16.1 DICOM服务配置服务列表

参数	含义
IDL_AE_QUERY_SCU	设置数据库中包含DICOM文件的路径
IDL_AE_STOR_SCP	监听默认TCP/IP端口的文件传入及保存文件
IDL_AE_STOR_SCU	将DICOM文件传送到远程接点
IDL_AE_ECHO_SCU	检测SCU服务，远程SCP节点是否可用

表16.2 DICOM服务配置参数

参数	功能描述
Application Entity Name	服务名称
Application Entity Title	服务名称标识（最多15个字符）
Host Name	主机名称或IP地址（最多30个字符）
TCP/IP Port Number	端口号（最多5个字符），SCU服务为9999；SCP服务默认值为2510

④ 配置测试。在［Echo SCU］页面中，选择要测试的［Remote Nodes］，单击Echo按钮，可测试出SCU的基本信息（图16.3）。

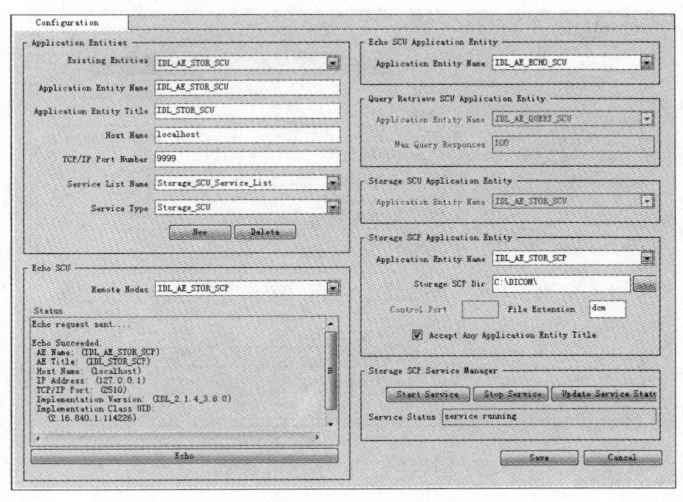

图16.3 测试基本信息

（2）数据查询与获取。查询与获取数据的基本流程为客户端通过SCU查询服务连接服务器并发出SCP接收请求，服务器将查询结果消息返回给客户端机器，同时把从SCP存储端获得的文件传送给客户端；客户端也可以通过这种方式直接或间接将文件存储在服务器（SCP存储），详细流程见图16.4。

① 启动服务管理。单击IDL安装程序菜单中的［Tools］-［DICOM Network Services］，选择［Local］；或在命令行中输入“DICOMEX_NET”命令（图16.5）。

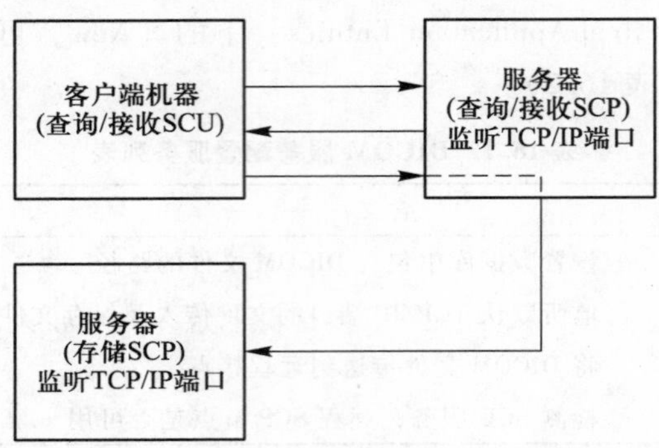

图 16.4　查询和获取数据流程

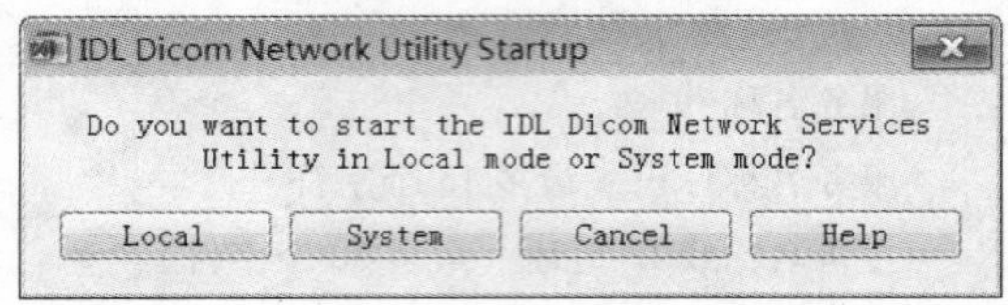

图 16.5　DICOM 配置程序

② 设置参数。单击［Configuration］-［Application Retities］界面中 New 按钮，设置参数见图 16.6 所示。

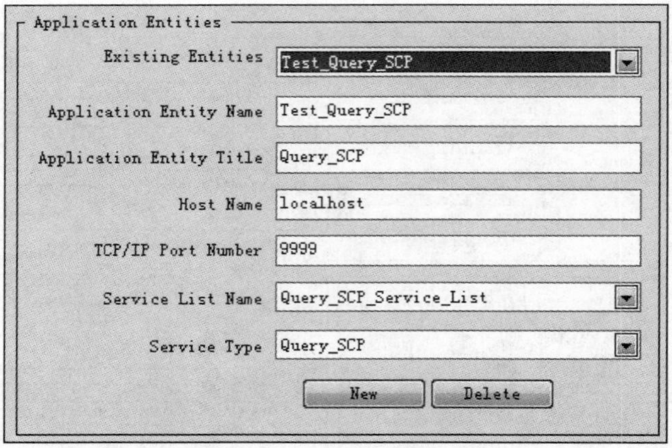

图 16.6　Query SCP 参数

③ 查询获取。依次单击［Configuration］-［Query Retrieve SCU］-［Query］，在［Query Node］列表中选择“Test_Query_SCP”，单击 Query 按钮，结果将在［Results］-［Patient Ids］中列出。

获取数据可单击［Retrieve］界面中的 Retrieve 按钮，见图 16.7 所示。

(3) 数据保存。数据保存即客户机器向服务器发送 Store 请求，服务器接收请求与文件的过程。

在 DICOM 服务配置程序界面中单击［Storage SCU］，单击［Send Patient Data］下的目录设置按钮和数据传送按钮进行文件传送，界面中包含传送状态显示部分（图 16.8）。

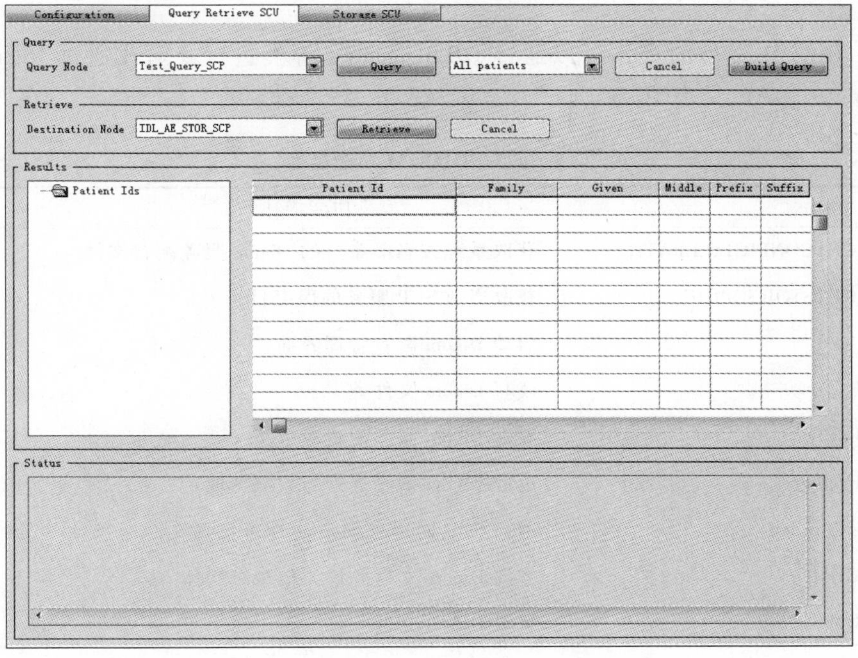

图 16.7 SCU 的查询与获取

图 16.8 数据传送界面

16.2 DICOM 文件读写

IDL 下 DICOM 文件的操作可以通过 IDLffDicomEx 等类进行读写或通过 Read_dicom 读取。DICOM 功能函数见表 16.3。

表 16.3 DICOM 功能函数

名称	功能描述
DICOMEX_GETCONFIGFILEPATH	获取系统或当前账户的 Dicom 服务配置文件
DICOMEX_GETSTORSCPDIR	获取当前 SCP 服务的保存目录
DICOMEX_NET	启动 Dicom 配置管理界面
IDLffDicomEx	读写 Dicom 文件类
IDLffDicomExCfg	编辑 Dicom 服务配置参数类
IDLffDicomExQuery	远程 Dicom 信息查询与数据获取
IDLffDicomExStorScu	本地 SCU 向远程 Storage SCP 传送文件
QUERY_DICOM	查询 Dicom 文件并返回信息结构体
READ_DICOM	读取 Dicom 文件

1. 系统参数获取与设置

调用 DICOMEX_GETCONFIGFILEPATH 和 DICOMEX_GETSTORSCPDIR 获取系统参数的示例代码如下：

```
IDL >;参数文件
IDL >PRINT,DICOMEX_GETCONFIGFILEPATH()
C:\Users\Administrator\.idl\itt\dicomex-1-400\dicomexcfg.xml
IDL >ocfg = OBJ_NEW('IDLffDicomExCfg', /SYSTEM)
IDL >;查看 Scp 状态
IDL >status = ocfg.STORAGESCPSERVICE('start')
IDL >PRINT, 'start Status: ', status
start Status: service already running
IDL >;销毁对象
IDL >OBJ_DESTROY,ocfg
```

2. 读 DICOM 文件

利用 Query_Dicom 和 Read_Dicom 函数对 Dicom 文件进行信息查询和读取的示例代码如下：

```
IDL >;IDL 自带的 dicom 文件
IDL >dicomFile = FILEPATH('mr_knee.dcm',SUBDIR = ['examples','data'])
IDL >;查询文件基本信息
IDL >result = QUERY_DICOM(dicomFile,infor)
IDL >;创建显示窗口(图 16.9)
IDL >window,0,xsize = infor.dimensions[0],ysize = infor.dimensions[1]
IDL >TVSCL,READ_DICOM(dicomFile)
```

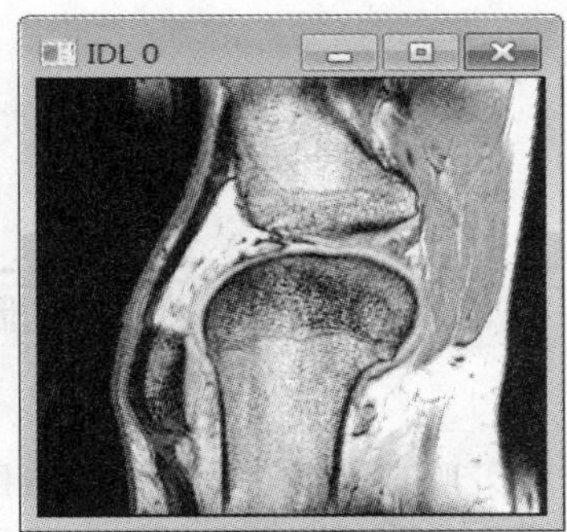

图 16.9 显示 Dicom 数据

在 IDL 中，安装目录“…\examples\doc\dicom\”的子目录中有相关的示例程序（表 16.4）。示例程序运行后的效果图见图 16.10。

表 16.4 IDL 自身 DICOM 示例程序

文件名	功能
dicom_example. pro	基于函数和对象类读取 Dicom 文件演示，图 16.10（a）
dicomex_importimage_doc. pro	利用 IDLffDicomEx 类保存 Dicom 文件
filter_clonedicom_doc. pro	利用 DLffDicomEx 类读取 Dicom 文件，并对图像进行动态滤波对比，图 16.10（b）

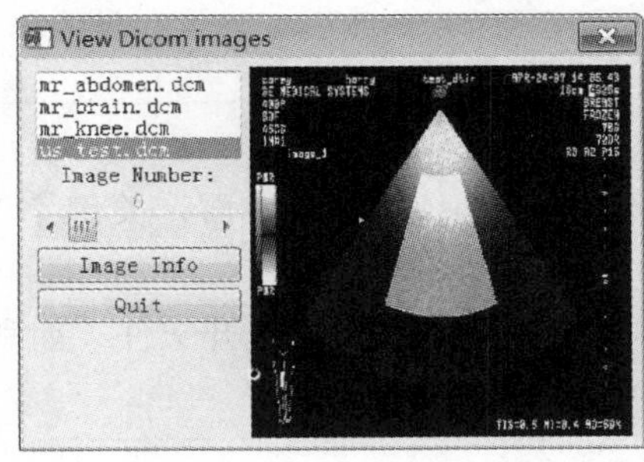

(a)

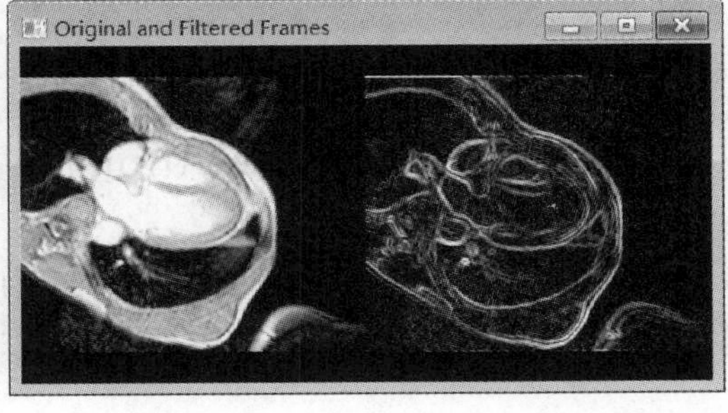

(b)

图 16.10 示例代码效果展示

第17章 混合编程

混合编程是同时使用多种语言实现一个业务化系统的编程方式，目的是为了充分发挥不同语言的优势。这种编程方式需要各个语言提供方便的扩展和外部接口调用方法。本章主要介绍 IDL 调用外部语言与其他常用语言调用 IDL 的方式，涉及的语言诸如 VC ++、Visual Studio . NET 和 Java。

17.1 IDL 功能扩展

17.1.1 调用可执行程序

1. SPAWN

IDL 可以直接调用外部可执行程序，如在 Windows 系统下通过“SPAWN”命令直接 exe 执行程序，SPAWN 在执行时会构建子进程来执行命令。

例如，调用 Windows 系统自带的画图程序，输入如下代码：

```
IDL > SPAWN, 'mspaint '
```

系统会启动一个命令行界面并启动画图程序。

执行“SPAWN”时使用关键字/NOSHELL，则不启动 Dos 命令行界面；关键字 LOG_OUTPUT 可使得程序启动时最小化；

除可执行程序外，还可以调用其他文件，调用时会执行默认程序来打开文件，如利用下面语句可直接通过 Microsoft Word 程序打开文件“c:\temp\test. docx”。

```
IDL > SPAWN, "c:\temp\test.docx"
```

2. OnLine_Help

与 SPAWN 类似的是帮助启动方式，程序中的帮助一般是打开帮助 html 文件或 pdf 文件，IDL 提供了一个帮助启动程序“OnLine_Help”，调用格式为

```
ONLINE_HELP [, Value][,BOOK ='filename '][, /FULL_PATH]
```

其中，Book 可以指定下面四种类型的帮助文件：HTML（*. html）；Adobe PDF（*. pdf）；Microsoft HTML Help（*. chm）；Microsoft Windows Help（*. hlp）。

例如，调用帮助文件“help. pdf”的示例代码如下：

```
IDL > ONLINE_HELP, BOOK ='help.pdf '
```

17.1.2 调用 DLL

DLL（Dynamic Link Library），即动态链接库。DLL 是一个可由多个程序同时使用的代

码或数据的库，动态库提供进程调用外部功能函数的标准方法。通过使用 DLL，程序可以由相对独立的组件组成，程序在运行时将各个模块动态的加载到主程序中。由于模块是彼此独立的，而且模块只在相应的功能被请求时才加载，所以程序的加载速度很快。

通过 Call_External 命令 IDL 能够直接调用特定的 DLL，从而可以实现 IDL 调用其他语言（如 C、C ++ 和 Fortran 等）已有的功能模块。

以下是在 Visual C ++6.0 下实现线性拉伸功能动态库 DLL，并在 IDL 下进行调用的步骤。其中，(1) ~ (5) 步骤为编写 DLL；(6) 和 (7) 步骤为调用 DLL。

(1) 新建 VC ++6.0 工程：

① 选择工程类型 "Win32 Dynamic – Link Library"；

② 工程名称（Project Name）为 "imageProcess"；

③ 单击 OK 按钮后，选择动态库类型为 "A simple DLL project"，如图 17.1 所示。

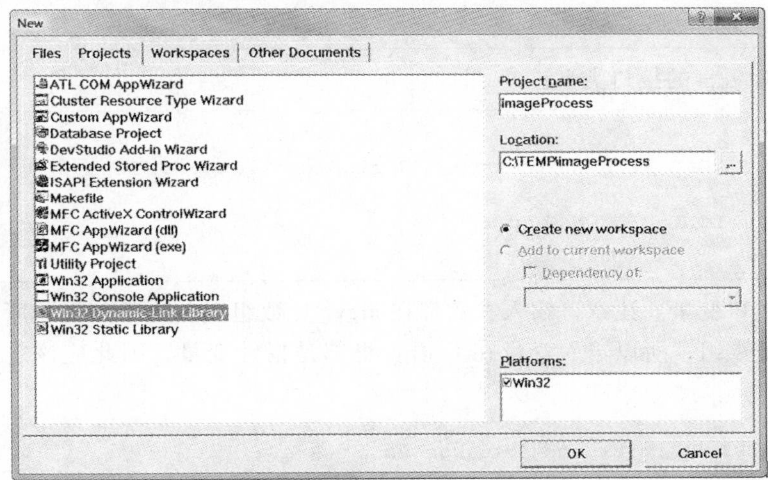

图 17.1　动态库创建工程参数

(2) 编写 ClinearStretch 函数：

① 新建一个 class 文件，命名为 "ClinearStretch"；

② 打开 "linearStretch. h"，编写函数接口定义内容如下：

```
long  ExtendImg(BYTE * Bits,int width,int height,int minpixel,int maxpixel);
```

③ 打开 "linearStretch. cpp"，编辑函数如下：

```
long  ClinearStretch::ExtendImg(BYTE * Bits,int width,int height,int minpixel,int
maxpixel)
{
    if(minpixel <0) minpixel =0;
    if(maxpixel >255) maxpixel =255;
    if(Bits == NULL || width <0 || height <0 )
        return 0;
    float a,b;
    a = (float)255 /(maxpixel - minpixel);
    b = (float) - minpixel * 255 /(maxpixel - minpixel);
    for(int i =0;i < width * height;i ++)
```

```
    {
        float temp = ((float)Bits[i] - minpixel)/(maxpixel - minpixel) * 255;
        if(temp < 0) temp = 0.0;
        if(temp > 255) temp = 255.0;
        Bits[i] = (BYTE)temp;
    }
    return 1;
}
```

④ 将 IDL 安装路径下“\external\include\idl_export.h”文件拷贝到工程路径下，并添加到工程中。

⑤ 打开“imageProcess.cpp”文件，添加如下代码：

```
#include "idl_export.h"
#include "linearStretch.h"
```

(3) 定义 C 语言的接口类型：

```
#ifdef WIN32
#define IDL_LONG_RETURN extern "C" _declspec(dllexport) long
#else
#define IDL_LONG_RETURN long
#endif
```

(4) 定义接口变量。注意，输入参数都在 argv[ ] 数组里，由于 IDL 的所有变量都是矩阵形式，也就是数组，所以输入变量在 C 语言里都是指针变量，因此应该定义指针变量接收外部参数。

```
IDL_LONG_RETURN ImgExtend(int argc,void * argv[])
{
  //用指针类型变量获得外部数据的地址
  BYTE * SrcBits = (BYTE * )argv[0];
  int * iw = NULL;
  iw = (int * )argv[1];
  int * ih = NULL;
  ih = (int * )argv[2];
  int * minp = NULL;
  minp = (int * )argv[3];
  int * maxp = NULL;
  maxp = (int * )argv[4];
  ClinearStretch  Img;
  return Img.ExtendImg(SrcBits, * iw, * ih, * minp, * maxp);
}
```

打开 stdafx.h 文件，添加如下代码：

```
#include < afxwin.h >
```

(5) 生成动态库。单击菜单 [Build] - [Build imageProcess.dll] 或按快捷键 F7，构建生成动态库文件。

(6) 设置路径。将生成的“imageProcess.dll”文件拷贝到 IDL 安装路径下的子目录“\bin\

bin. x86\" 或设置 IDL 系统变量 path 中包括 "imageProcess. dll" 所在的路径，调用动态库文件时无需输入完整路径。

（7）功能调用。在 IDL 命令行中输入如下代码，调用生成的 dll 函数功能，效果图如图 17.2所示。

```
IDL>;动态库文件完整路径
IDL>dll='c:\temp\imageProcess\debug\imageProcess.dll'
IDL>;测试图像
IDL>image=Bytscl(Dist(200,200))
IDL>;创建400像素*200像素的窗口
IDL>window,1,xsize=400,ysize=200
IDL>;显示原始图像(图17.2左图)
IDL>tv,image,0
IDL>;拉伸参数
IDL>width=200L
IDL>height=200L
IDL>min=20L
IDL>max=220L
IDL>ret=Call_External(dll,'ImgExtend',image,width,height,min,max)
IDL>;显示DLL拉伸后图像(图17.2右图)
IDL>Tv, image,1
```

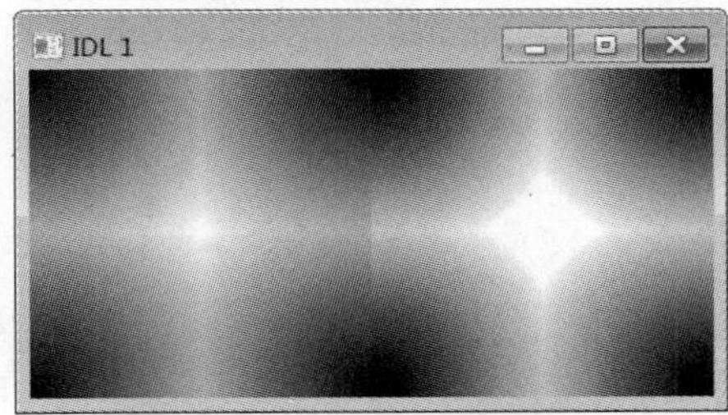

图 17.2　图像原图与拉伸

17.1.3　调用 DLM

DLM（Dynamically Loadable Modules），由一个特定规则创建的动态库（DLL）和一扩展名为 DLM 的 ASCII 文件组成。通过 DLM 可以对 IDL 进行功能的扩充，进行变量、数组、字符串和结构体等基本数据类型的互相传递和内存共享。

DLM 中的函数或功能可以直接在 IDL 中使用，调用与 IDL 自身的函数调用无异，故该方法是扩展 IDL 功能最好的方式之一。

下面是在 Visual C++6.0 下线性拉伸功能动态库 DLM 实现的基本步骤。其中，(1)~(7)步骤为编写 DLL 和 DLM；(8)和(9)步骤为调用 DLM。

（1）新建 Visual C++6.0 工程：

① 选择 "Win32 Dynamic-Link Library"；

② 工程名称为 "imageStretch"；

③ 选择类型为 "An empty DLL project"。

（2）添加头文件：

① 将 IDL 安装目录下子目录\external 中的 "export. h" 加入到工程中；

② 将 IDL 安装目录下子目录 \ bin \ bin. x86 目录下的 IDL. lib 加入到工程中；

③ 建立文本文件 imageStretch. def 添加到工程，编辑输入以下内容：

```
LIBRARY ImageStretch
DESCRIPTION 'ImageStretch'
EXPORTS IDL_Load  @ 1
```

(3) 新建 “imageStretch. h” 并加入工程中。

```
#ifndef IDL_C_H
#define IDL_C_H
#include "export.h"
/* 信息数量 ...... */
#define imageStretch_ERROR 0
#define imageStretch_NOSTRINGARRAY -1
/* 宏 */
#define ARRLEN(arr) (sizeof(arr)/sizeof(arr[0]))
extern IDL_MSG_BLOCK msg_block;
/* 定义将 C 函数添加到 IDL 中的功能和退出 */
extern void IMAGESTETCH_exit_handler(void);
extern int IMAGESTETCH_Startup(void);
#endif
```

(4) 编写 “imageStretch. c” 函数。

```
#include <stdio.h>
#include <math.h>
#include <string.h>
#include <stdlib.h>
#include "imageStretch.h"
#include "export.h"
//初始化定义错误变量
static IDL_MSG_DEF msg_arr[] =
{
  {"imageStretch_ERROR",                    "% NError:% s."},
  {"imageStretch_NOSTRINGARRAY","% Nstring arrays not allowed % s"}
};

IDL_MSG_BLOCK msg_block;

int IDL_Load(VOID)//IDL 接口
{
  if(!(msg_block = IDL_MessageDefineBlock("imageStretch",ARRLEN(msg_arr),
        msg_arr))) {
        return IDL_FALSE ;
}
//调用 IDLtoC_scalarExamplesStartup()
if(!IMAGESTETCH_Startup()) {
      IDL_MessageFromBlock(msg_block,imageStretch_ERROR,
          IDL_MSG_RET,"不能初始化程序");
  }
  return IDL_TRUE;
}
```

（5）新建“imageStretch_ExamplesStartup. c”并加入工程中。

```
#include < stdio.h >
#include < math.h >
#include < string.h >
#include < stdlib.h >
#include "imageStretch.h"
#include "export.h"
//过程声明
extern void IDL_CDECL IMAGESTRETCH_STRETCH(int argc, IDL_VPTR argv[], char *
argk);

static char statusBuffer[256];
//这里的 imageStretch 和 DLM 文件中的过程名字要一致
//    也是 IDL 调用 DLL 的接口格式
static IDL_SYSFUN_DEF2 imageStretch_procedures[] = {
 {(IDL_FUN_RET) IMAGESTRETCH_STRETCH, "IMAGESTRETCH", 5, 5, 0, 0},
};

#if defined(WIN32)
#include < windows.h >
#endif

int IMAGESTETCH_Startup(VOID)
{
  //procedures 的运行
  if (!IDL_SysRtnAdd(imageStretch_procedures, FALSE, ARRLEN(imageStretch_
procedures)))
  {
       return IDL_FALSE;
   }

  IDL_ExitRegister(IMAGESTETCH_exit_handler);
  return(IDL_TRUE);
}
VOID IDL_CDECL IMAGESTRETCH_STRETCH(int argc,IDL_VPTR argv[],char * argk)
{
       int numElements,width,height,minpixel,maxpixel;
       int i;
       byte * pInArray;
       IDL_ENSURE_ARRAY(argv[0]);
       //存储元素的总个数
       numElements = argv[0] -> value.arr -> n_elts;
       //ndims = argv[0] -> value.arr -> n_dim;
       IDL_ENSURE_SCALAR(argv[1]);
       width = IDL_LongScalar(argv[1]);
       IDL_ENSURE_SCALAR(argv[2]);
       height = IDL_LongScalar(argv[2]);
       IDL_ENSURE_SCALAR(argv[3]);
       minpixel = IDL_LongScalar(argv[3]);
       IDL_ENSURE_SCALAR(argv[4]);
       maxpixel = IDL_LongScalar(argv[4]);
       //获取输入的 byte 数据
       pInArray = argv[0] -> value.arr -> data;
       if(minpixel < 0) minpixel = 0;
```

```
        if(maxpixel >255) maxpixel =255;
        for(i =0;i <width * height;i ++)
        {
        float temp = ((float)pInArray[i] - minpixel)/(maxpixel - minpixel) * 255;
        if(temp <0) temp =0.0;
        if(temp >255) temp =255.0;
        //计算后赋值
        pInArray[i] = (byte)temp;
    }
}
//当 IDL 关闭时调用 - 析构函数
VOID IMAGESTETCH_exit_handler(VOID)
{
};
```

(6) 生成动态库。单击菜单［Build］-［Build imageStretch. dll］或快捷键 F7。

(7) 新建 ASCII 文件“ImageStretch. dlm”。编写如下文件内容，其中“//”部分为注释。

```
//MODULE 模块名称 - 只能占一行
MODULE ImageStretch
DESCRIPTION LineFunction,args [byteValue,Width,Length,minpixel,maxpixel]
//描述信息
VERSION 1.0
SOURCE DYQ
BUILD_DATE 2011 -3
PROCEDURE IMAGESTRETCH 5 5 //格式为:FUNCTION RtnName[MinArgs][MaxArgs][Options…]
//格式为: PROCEDURE RtnName[MinArgs][MaxArgs][Options…]
```

(8) 设置路径：将“imageStretch. dll”和“imageStretch. dlm”文件复制到 IDL 安装路径下子目录“…\bin\bin. x86\”中或设置 IDL 系统参数 DLM_PATH（主菜单［窗口］-［首选项］-［IDL］-［路径］-［DLM 路径］）来添加“imageStretch. Dll”和“imageStretch. dlm”所在的目录。

(9) 功能调用。重新启动 IDL，通过 Help 命令查看 DLM 文件的信息，输入下面命令：

```
IDL >help,/dlm,'imageStretch'
** IMAGESTRETCH - LineFunction,args [byteValue,Width,Length,minpixel,maxpix-
el] (not loaded)
    Version: 1.0, Build Date: 2011 -3, Source: DYQ
    Path: C:\Program Files\ITT\IDL\IDL80\bin\bin.x86\imageStretch.dll
```

DLM 中的功能调用示例代码如下：

```
IDL >;测试图像
IDL >image =BYTSCL(DIST(200, 200))
IDL >;创建 400 像素 * 200 像素的窗口
IDL >WINDOW,1,xsize =400,ysize =200
IDL >;显示原始图像,见图 17.2 左图
IDL >TV,image,0
IDL >;调用 DLM 提供的函数调用
IDL >IMAGESTRETCH,image,200,200,20,200
IDL >;显示 DLM 拉伸后图像,见图 17.2 右图
% Compiled module: DIST.
```

```
% Loaded DLM: IMAGESTRETCH.
IDL > TV,image,1
```

17.1.4　调用 COM 和 ActiveX

COM（Component Object Model）是组件对象模型；ActiveX 是 OLE 控件或 OCX 控件。IDL 使用 IDLcomIDispatch 类和 IDLcomActiveX 类来调用 COM 组件和 ActiveX 控件。

1. Media Player 控件

以 IDL 调用 Windows 系统自带的多媒体播放器控件为例，控件调用的基本步骤如下。

（1）查看控件信息。控件信息可通过查阅 MSDN 中的说明或使用一些工具来实现。例如，以下是通过 VC++6.0 的 OLE Viewer 查看 Media Player 控件的方法：单击［开始］-［程序］-［Microsoft Visual Studio 6.0］-［Microsoft Visual Studio 6.0］-［Tools］-［OLE View］，启动 OLE View 查看器；单击节点［Type Libraries］展开，查找到 Windows Media Player 控件 Windows Media Player（Ver1.0）；单击可在右侧面板中查看相关信息，如 ID 为 {6BF52A50-394A-11D3-B153-00C04F79FAA6}，见图 17.3 所示。

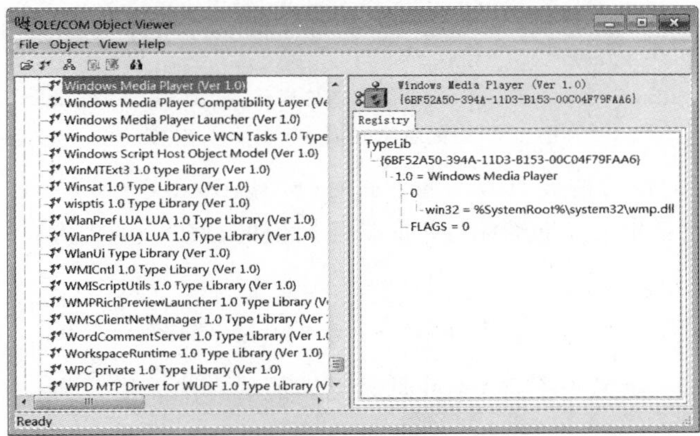

图 17.3　OLE/COM Object Viewer

（2）接口描述。在 Windows Media Player（Ver1.0）节点上单击右键，在弹出菜单中选择“View…”（图 17.4），弹出 ITypeLib Viewer 界面，该界面中列出了该控件的属性和接口

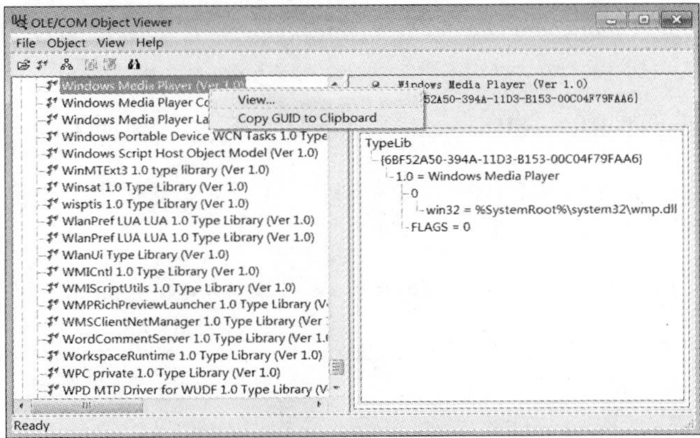

图 17.4　Windows Media Player 控件信息

描述说明；单击菜单［File］-［Save as］或单击工具栏的按钮，另存为“wmp. IDL”文件。注意，此 IDL（Interface Description Language）是接口描述文件，文件中包含了控件类型说明（过程或函数）、操作参数以及数据类型等信息，可直接用记事本等程序打开，如图 17.5所示。

```
wmp.IDL - 记事本
文件(F) 编辑(E) 格式(O) 查看(V) 帮助(H)
// Generated .IDL file (by the OLE/COM Object Viewer)
//
// typelib filename: wmp.dll

[
  uuid(6BF52A50-394A-11D3-B153-00C04F79FAA6),
  version(1.0),
  helpstring("Windows Media Player")
]
library WMPLib
{
    // TLib :     // TLib : OLE Automation : {00020430-0000-0000-C000-000000000046}
    importlib("stdole2.tlb");

    // Forward declare all types defined in this typelib
    interface IWMPEvents;
    interface IWMPEvents2;
    interface IWMPSyncDevice;
    interface IWMPEvents3;
    interface IWMPCdromRip;
    interface IWMPCdromBurn;
    interface IWMPPlaylist;
    interface IWMPMedia;
    interface IWMPLibrary;
    interface IWMPMediaCollection;
    interface IWMPStringCollection;
    dispinterface _WMPOCXEvents;
    interface IWMPPlayer4;
    interface IWMPCore3;
```

图 17.5　记事本查看 WMP. IDL 内容

接口文件中描述的接口按被 IDL 调用方式可分为以下六类。

- 函数方式调用：定义中包含 retval 即带返回值的方法，格式为

```
[id(0x00000001)]
HRESULT GetCLSID([out, retval] BSTR * pBstr);
```

- 过程方式调用：定义中不含 retval 且无返回值的方法，格式为

```
[id(0x00000033), helpstring("Begins playing media")]
HRESULT play();
```

- 对象返回调用：即 IDLcomIDispatch::GetProperty 返回一个对象，格式为

```
[id(0x00000004), propget, helpstring("Returns the control handler")]
HRESULT controls([out, retval] IWMPControls ** ppControl);
```

- 对象传入调用：即 IDLcomIDispatch::SetProperty 传入一个对象，格式为

```
[id(0x00000001), propput, helpstring("Returns or sets the URL")]
HRESULT URL([in] BSTR pbstrURL);
```

- 调用时参数可选，即根据需求该参数可设置或不设置。定义中包含 optional 关键字，格式为

```
[id(0x00000004)]
HRESULT Msg1or2InParams( [in] BSTR str,[in, optional] int val,
[out, retval] BSTR * pVal);
```

• 提供默认参数值。定义中提供了 defaultvalue( )，同时该参数是可选参数。例如，下面函数接口第二个参数的默认值为 15。格式为

```
HRESULT
Msg1or2InParams([in] BSTR str, [in, defaultvalue(15)]  int val, [out, retval]
BSTR * pVal)
```

(3) 调用控件。IDL 中调用 ActiveX 控件的格式为

```
Result = WIDGET_ACTIVEX( Parent, COM_ID)
```

其中，返回值 Result 是 IDLcomActiveX 类对象，该类继承了 COM 组件类 IDLcomIDispatch，提供了 SetProperty 和 GetProperty 两种方法。根据组件接口描述说明（图 17.6）调用组件方法的示例代码如下：

```
;控件初始化
wmp = WIDGET_ACTIVEX(wmpBase,'{6BF52A52 - 394A - 11D3 - B153 - 00C04F79FAA6}', $
    SCR_XSIZE = 600,SCR_YSIZE = 598, $
    EVENT_PRO = 'media_player_event ')
;获取 Player 对象
WIDGET_CONTROL,wmp,GET_VALUE = oPlayer
;获得控件的属性
oPlayer -> GETPROPERTY,CONTROLS = oControls, $
   SETTINGS = oSettings,VERSIONINFO = version
```

```
wmp.IDL - 记事本
文件(F) 编辑(E) 格式(O) 查看(V) 帮助(H)
  oleautomation
]
interface IWMPCore : IDispatch {
    [id(0x00000003), helpstring("Closes the media")]
    HRESULT close();
    [id(0x00000001), propget, helpstring("Returns or sets the URL")]
    HRESULT URL([out, retval] BSTR* pbstrURL);
    [id(0x00000001), propput, helpstring("Returns or sets the URL")]
    HRESULT URL([in] BSTR pbstrURL);
    [id(0x00000002), propget, helpstring("Returns the open state of the player")]
    HRESULT openState([out, retval] WMPOpenState* pwmpos);
    [id(0x0000000a), propget, helpstring("Returns the play state of the player")]
    HRESULT playState([out, retval] WMPPlayState* pwmpps);
    [id(0x00000004), propget, helpstring("Returns the control handler")]
    HRESULT controls([out, retval] IWMPControls** ppControl);
    [id(0x00000005), propget, helpstring("Returns the settings handler")]
    HRESULT settings([out, retval] IWMPSettings** ppSettings);
    [id(0x00000006), propget, helpstring("Returns or sets the current media object")]
    HRESULT currentMedia([out, retval] IWMPMedia** ppMedia);
    [id(0x00000006), propput, helpstring("Returns or sets the current media object")]
    HRESULT currentMedia([in] IWMPMedia* ppMedia);
    [id(0x00000008), propget, helpstring("Returns the media collection handler")]
    HRESULT mediaCollection([out, retval] IWMPMediaCollection** ppMediaCollection);
    [id(0x00000009), propget, helpstring("Returns the playlist collection handler")]
    HRESULT playlistCollection([out, retval] IWMPPlaylistCollection** ppPlaylistCollection);
    [id(0x0000000b), propget, helpstring("Returns the version information for the player")]
    HRESULT versionInfo([out, retval] BSTR* pbstrVersionInfo);
    [id(0x0000000c)]
    HRESULT launchURL([in] BSTR bstrURL);
```

图 17.6　控件的接口说明

(4) 控件接口调用。根据 oPlayer 对象获得的 oControls、oSettings 和 version 对象，接口调用方法可查看接口描述文件（图 17.7）。

基于控件的接口描述，文件的播放、停止和暂停等控制可分别调用 oControl 的方法 play、stop 和 pause。IDL 可通过代码 oControl. play、oControl. stop 和 oControl. pause 等来实现，程序的运行界面见图 17.8。源码可参见实验数据光盘中“第 17 章\using_Activex. pro”。

```
wmp.IDL - 记事本
文件(F) 编辑(E) 格式(O) 查看(V) 帮助(H)
    ]
    interface IWMPControls : IDispatch {
        [id(0x0000003e), propget, helpstring("Returns whether or not the specified media functionality
is available")]
        HRESULT isAvailable(
                        [in] BSTR bstrItem,
                        [out, retval] VARIANT_BOOL* pIsAvailable);
        [id(0x00000033), helpstring("Begins playing media")]
        HRESULT play();
        [id(0x00000034), helpstring("Stops play of media")]
        HRESULT stop();
        [id(0x00000035), helpstring("Pauses play of media")]
        HRESULT pause();
        [id(0x00000036), helpstring("Fast play of media in forward direction")]
        HRESULT fastForward();
        [id(0x00000037), helpstring("Fast play of media in reverse direction")]
        HRESULT fastReverse();
        [id(0x00000038), propget, helpstring("Returns the current position in media")]
        HRESULT currentPosition([out, retval] double* pdCurrentPosition);
        [id(0x00000038), propput, helpstring("Returns the current position in media")]
        HRESULT currentPosition([in] double pdCurrentPosition);
        [id(0x00000039), propget, helpstring("Returns the current position in media as a string")]
        HRESULT currentPositionString([out, retval] BSTR* pbstrCurrentPosition);
        [id(0x0000003a), helpstring("Sets the current item to the next item in the playlist")]
        HRESULT next();
        [id(0x0000003b), helpstring("Sets the current item to the previous item in the playlist")]
        HRESULT previous();
        [id(0x0000003c), propget, helpstring("Returns/Sets the play item")]
        HRESULT currentItem([out, retval] IWMPMedia** ppIWMPMedia);
```

图 17.7　control 对象的接口说明

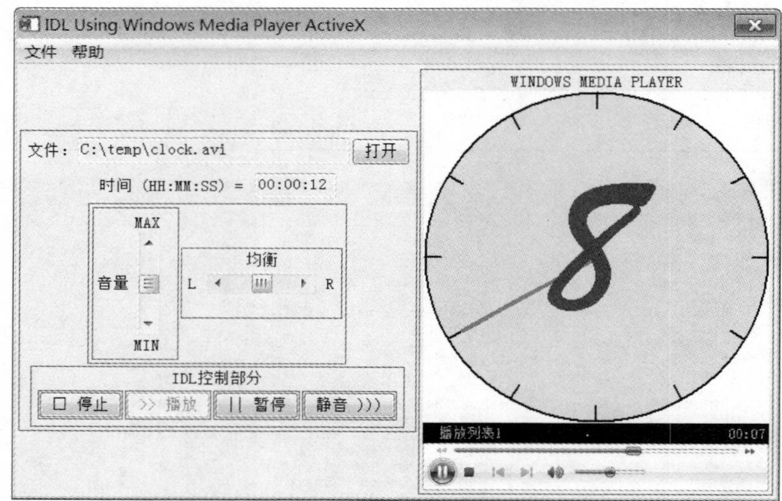

图 17.8　调用 ActiveX 控件程序运行界面

2. 日期选择控件

与调用 Media Player 控件类似，通过以上方式可调用系统的日期选择控件（图 17.9）。源码可参见实验数据光盘中“第 17 章\Using_ActiveX_InputDate. pro”。

图 17.9　日期选择

17.1.5 调用 Java

IDL 利用对象类 IDLjavaObject 调用 Java，调用格式为

```
oJava = OBJ_NEW(IDLjavaObject $ JAVACLASSNAME,JavaClassName[,Arg1, Arg2, ..., ArgN])
```

调用示例代码如下：

```
    IDL > oBridgeSession = OBJ_NEW("IDLJavaObject $ IDLJAVABRIDGESESSION")
    IDL > help,oBridgeSession
    OBRIDGESESSION   OBJREF      = < ObjHeapVar1 (IDLJAVAOBJECT$IDLJAVABRIDGESES-
SION) >
    IDL > oVersion = oBridgeSession.getVersionObject()
    IDL > print,oVersion.getJavaVersion()
    1.6.0_17
    IDL > print,oVersion.getBuildDate()
    Jun 17 2010
    IDL > obj_destroy, oBridgeSession
    IDL > joStr = OBJ_NEW("IDLJavaObject $ JAVA_LANG_STRING", $
    "java.lang.String", "hello IDL (from Java)")
    IDL > print,jostr.tostring()
    hello IDL (from Java)
    IDL > obj_destroy,jostr
```

IDL 调用 Java 时，先创建 IDLjavaObject 对象。Java 类中定义的方法可以通过对象调用方式（“->”或“.”）调用；公有变量通过 GetProperty 方法和 SetProperty 方法获取和设置，最后销毁对象。具体操作步骤如下所述。

（1）编写 Java 代码。在 Eclipse 下新建文件，保存为“c:\temp\java\arrayDemo.java”，内容如下：

```
//arrayDemo:Java 类,创建数组、设置数组、返回值,可通过 IDL 调用
//
public class arrayDemo
{
 //定义数组
 short[][]  intarr;

 //根据传入的数值创建数组
 public arrayDemo(int SIZE1,int SIZE2) {
   intarr = new short[SIZE1][SIZE2];
  //循环赋值,数据值是索引和 * 2
   for (int i = 0; i < SIZE1; i ++) {
     for (int j = 0; j < SIZE2; j ++) {
       intarr[i][j] = (short)(i * 2 + j * 2);
     }
   }
 }
 //setArrayValue 方法,整个数组赋值
 public void setArrayValue(short[][]_inArr) {
   intarr = _inArr;
 }
 //获取数组值
```

```
  public short[][] getArrayValues() {return intarr;}
  //根据索引获取数组值
  public short getValueByIndex(int i, int j) {
   return intarr[i][j];
  }
 }
```

（2）生成 Jar 文件。在命令行下运行下面命令，javac arraydemo. java，jar cvf arraydemo. jar arraydemo. class，见图 17. 10，生成 “arrayDemo. jar” 文件。

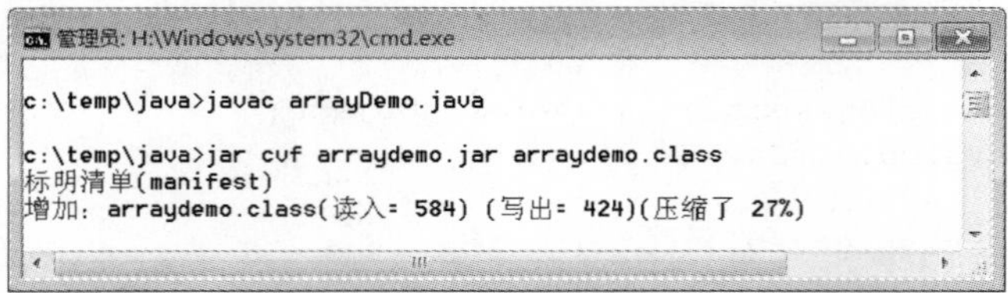

图 17. 10　生成 jar 文件

（3）配置文件。将生成的文件 “arrayDemo. class” 和 “arrayDemo. jar” 复制到 IDL 安装目录下子目录的 “\ resource \ bridges \ import \ java” 中。

（4）调用。在 IDL 控制台命令行中输入调用 Java 类代码，示例代码如下：

```
IDL >;初始化 Java 类,由 java 代码创建 5 * 5 的数组
IDL >   joArr = OBJ_NEW('IDLJavaObject $ arrayDemo', 'arrayDemo',5,5)
IDL >   ;获取数组下标为[2,3]的值
IDL >   print,'数组[2,3] =', joArr -> getValueByIndex(2,3)
数组[2,3] =        10
IDL >   ;获取 Java 中所有数组的值
IDL >   IDL_Arr = joArr -> getArrayValues()
IDL >   ;查看从 Java 类中获取数组的信息
IDL >   help, IDL_Arr
IDL_ARR          INT        = Array[5, 5]
IDL >   ;查看数组
IDL >   print,'数组[2,3] =', IDL_Arr[2,3]
数组[2,3] =        10
IDL >   ;数组运算,原乘以 2
IDL >   IDL_Arr = IDL_Arr * 2
IDL >   ;将运算后数组存储到 Java 中
IDL >   joArr -> setArrayValue, IDL_Arr
IDL >   ;获取数组下标为[2,3]的值
IDL >   print,'数组[2,3] =', joArr -> getValueByIndex(2,3)
数组[2,3] =        20
IDL >   ;销毁对象
IDL >   OBJ_DESTROY, joArr
```

IDL 中的变量与 Java 变量的数据类型对照关系见表 17. 1 所示。

表 17. 1　Java 与 IDL 类型对照

Java 类型	IDL 类型	Java 类型	IDL 类型
boolean	Integer	char	Byte
byte	byte	short	integer

续表

Java 类型	IDL 类型	Java 类型	IDL 类型
int	long	double	double
long	long 64	Java. lang . String	string
float	float	Null	! null

17.2　其他语言调用 IDL

17.2.1　Visual C ++ 调用 IDL

Callable 技术是 Visual C ++ 下调用 IDL 的一种方式，是利用动态链接库方式调用 IDL 的技术。通过该技术外部程序可以在 VC 开发环境中与在 IDL 环境中一样执行 IDL 的功能语句和调用执行程序及函数，Callable 技术相关函数见表 17.2 所示。

表 17.2　Callable 相关函数

函数名称	功能描述
int IDL_Initialize（IDL_INIT_DATA * init_data）	初始化 IDL
int IDL_Execute（int argc，char * argv［］）或 int IDL_ExecuteStr（char * cmd）	执行 IDL 语句，可以编译 pro 文件和执行 sav 文件
int IDL_Cleanup（int just_cleanup）	退出 IDL

在 VC ++ 6.0 下新建一个标准 Win32 程序工程，工程中添加“IDL_Expot. h”和“calltest. h”的调用；另外指定输出目录到 IDL 安装目录的“…\ bin \ bin. x86”下，设置后程序运行时不需要再指定相关的动态库文件，见图 17.11 所示。

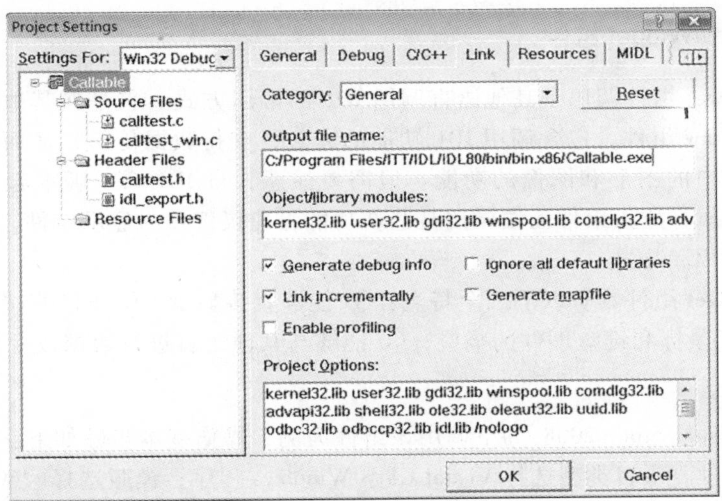

图 17.11　VC 下设置工程参数

源码可参考实验数据光盘中“第 17 章 \ Callable \ Callable. dsw”，程序（图 17.12）用到的函数见表 17.1 所示。

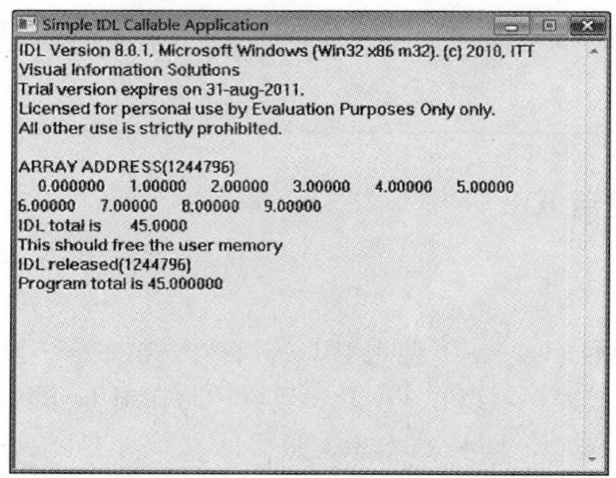

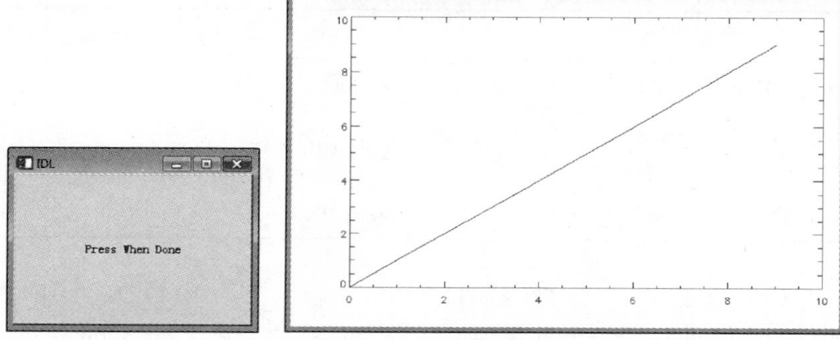

图 17.12　Callable 实例运行效果

17.2.2　IDLDrawWidget 组件

IDLDrawWidget 组件调用是其他语言调用 IDL 的常用方式。它是在其他语言中创建使用 IDL 的 Widget_Draw 组件，包含调用 IDL 功能的方法，支持数据传递，从而可以实现在程序界面中显示 IDL 中的图形和图像的功能。但需要注意，自 IDL 6.4 版本起，IDLDrawWidget 组件不在持续更新，故该组件无法调用某些新功能，建议仅作为显示组件，功能调用可采取 COM_IDL_CONNECT 方式。

IDLDrawWidget 组件具备以下三个特点：① 能够直接显示 IDL 下的直接法图形或对象法图形；② 提供了鼠标和键盘事件的响应；③ 能够与其他语言进行数据或变量传递。

1. 调用组件

下面以在 Visual Studio2008 C#下调用该组件为例，操作基本步骤如下：

（1）新建项目。项目类型选择 Visual C#下 Windows 程序；模版选择“Windows 窗体应用程序”；项目名称设置为“UsingIDLDrawWidget”（图 17.13）。

（2）添加组件。在工具箱的组件上单击右键，在弹出菜单中选择［选择项］，见图 17.14 所示。

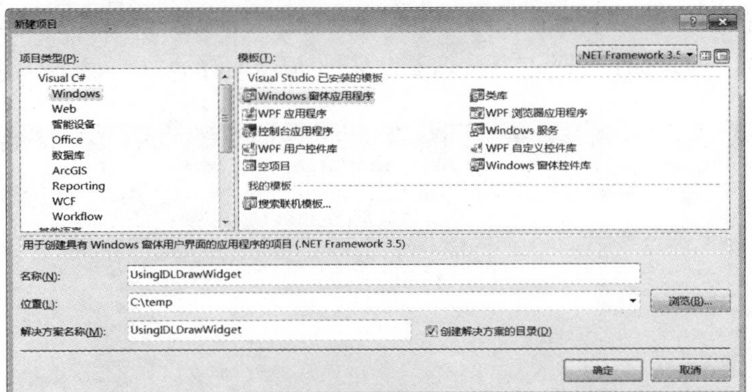

图 17.13　新建项目

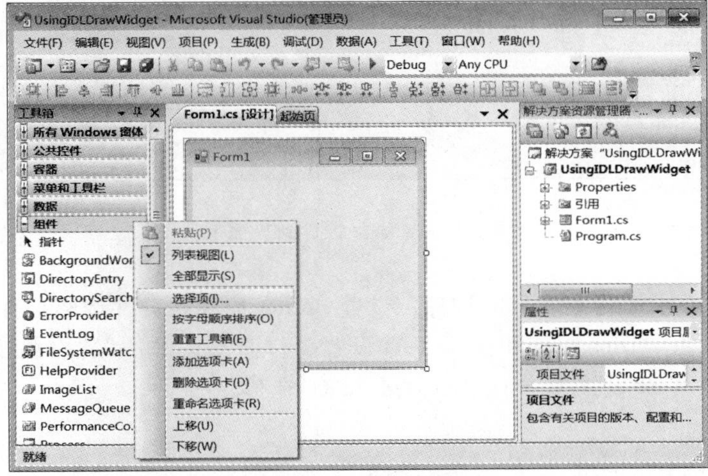

图 17.14　添加组件

（3）选择组件。在弹出的选择工具箱项界面中单击［COM 组件］界面，列表中勾选“IDLDrawWidget Control 3.0”，如图 17.15 所示。若列表中不存在，可单击［浏览］查找 IDL 目录“…\bin\bin.x86”下的“idldrawx3.ocx”文件。

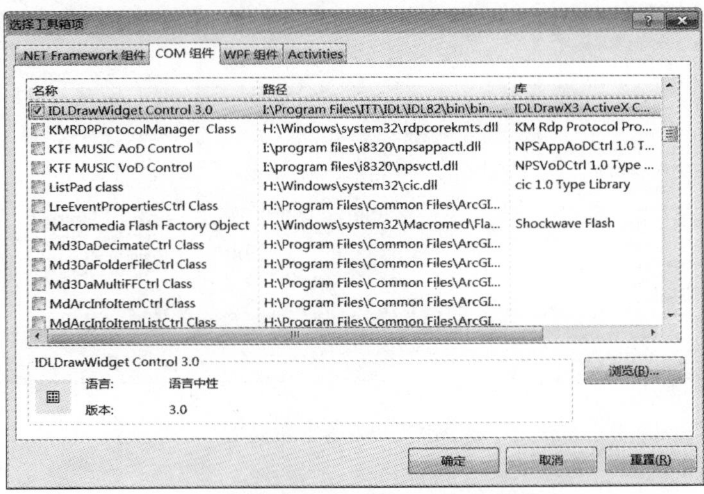

图 17.15　选择 IDLDrawWidget 控件

（4）使用组件。单击确定后，即可发现工具箱的组件列表出现“IDLDrawWidget Control3.0”按钮，将其拖拽到窗体 Form 上，见图 17.16 所示。

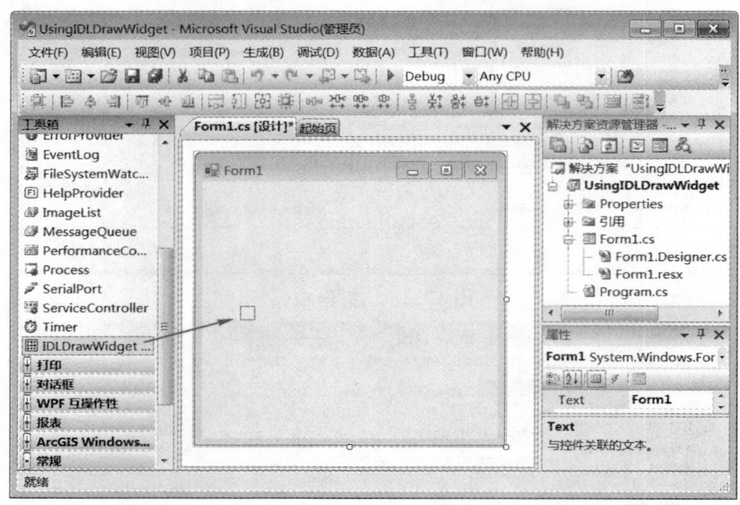

图 17.16　添加控件到界面上

在 Form 窗体上添加两个 Button 控件，设置 Button 控件参数并调整控件布局和大小，左侧按钮 Name 设置为“DirectGraphics”，Text 设置为“直接图形法”；右侧按钮 Name 设置为“ObjectGraphics”，Text 设置为“对象图形法”，如图 17.17 所示。

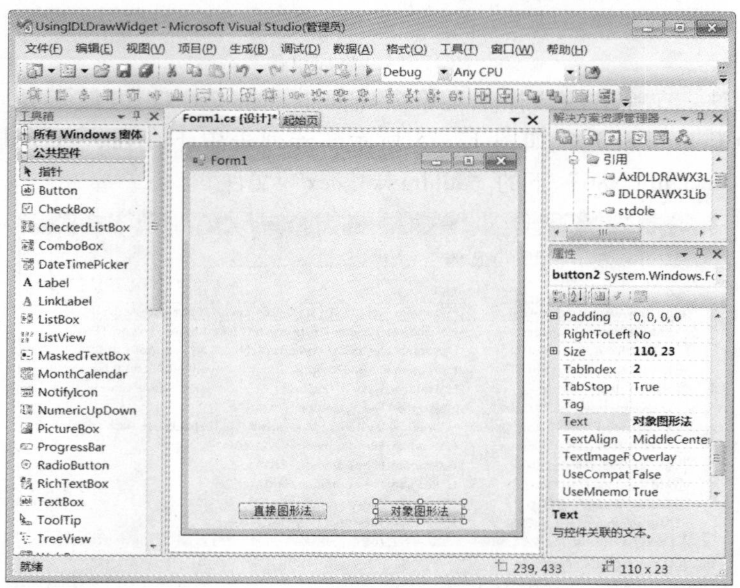

图 17.17　界面布局

(5) 组件初始化。双击窗体的非控件和非按钮区域，进入界面创建函数，添加初始化代码：

```
    private void Form1_Load(object sender, EventArgs e)
    {
      //定义 IDL 控件的路径
      this.axIDLDrawWidget1.IdlPath = @ "I:\Program Files\ITT\IDL\IDL82\bin\bin.x86";
       //控件初始化
      int n = axIDLDrawWidget1.InitIDL((int)this.Handle);
    if (n == 0)
      {
       MessageBox.Show("IDL 初始化失败", "IDL 初始化失败,无法继续!");
       return;
       }
    }
```

IDLDrawWidget 组件包含了变量与源码文件编辑的多种操作方法（表 17.3）和 C#中事件在组件中的事件传递方式设置（表 17.4）。

表 17.3　IDLDrawWidget 组件的方法

方法	功能描述
CopyNamedArray	复制 IDL 下数组到组件调用环境中的变量数组
CopyWindow	将 IDLDrawWidget 组件显示内容复制到 Windows 剪贴板中
CreateDrawWidget	IDLDrawWidget 控件初始化界面
DoExit	退出 ActiveX 控件并释放 IDL 占用的资源
ExecuteStr	执行 IDL 命令，相当于 IDL 的命令行功能
GetNamedData	获取 IDL 中变量的值
InitIDL	IDL 环境初始化（1：成功；0：失败；-1：组件未安装许可；-2：IDL 未安装许可）
InitIDLEx	IDL 运行环境初始化（可传入参数）
Print	组件中显示内容输出到默认打印机
RegisterForEvents	组件是否传递程序事件（参考表 17.2）
SetNamedArray	基于输入的变量名和内容在 IDL 下创建数组
SetNameData	基于输入的变量名和内容在 IDL 下创建变量
SetOutputWnd	组件显示内容输出到指定窗口
VariableExists	判断 IDL 下是否存在此变量

表 17.4　RegisterForEvents 的含义

值	功能描述	值	功能描述
0	停止传递所有事件	4	传递视图滚动条事件
1	传递鼠标移动事件	8	传递暴露事件
2	传递鼠标按键单击事件		

(6) 编写直接图形法功能代码。双击“直接图形法”按钮，编写代码，代码内容如下；程序执行后界面见图 17.18 所示。

```
//如果已经创建且不是直接图形法则先销毁
if ((axIDLDrawWidget1.DrawId != -1) && (axIDLDrawWidget1.GraphicsLevel != 1))
{
    axIDLDrawWidget1.DestroyDrawWidget();
}
//组件参数设置为直接图形法
axIDLDrawWidget1.GraphicsLevel = 1;
//初始化 IDL 界面
axIDLDrawWidget1.CreateDrawWidget();
//执行 IDL 的语句
axIDLDrawWidget1.ExecuteStr("Widget_Control," + axIDLDrawWidget1.DrawId.ToString
() + ",Get_Value = WinID");
//执行 Wset 来控制显示在显示窗口上
axIDLDrawWidget1.ExecuteStr("WSet,WinID");
axIDLDrawWidget1.ExecuteStr("tv,dist(400)");
```

图 17.18　IDLDrawWidget 控件调用直接图形法

(7) 编写对象图形法功能代码。对象图形法可以与直接图形法调用一样执行单个语句实现，还可以通过执行 IDL 的 pro 源码方式实现。新建源码文件“PRO IDLDRAWWIDGET_OBJECTSHOW. pro”，保存到目录“c:\temp”下，实现组件上图像对象图形法显示功能，代码如下：

```
PRO IDLDRAWWIDGET_OBJECTSHOW,drawID
  ;获取 draw 的 value - IDLgrWindow
  WIDGET_CONTROL, drawID, get_Value = oWindow
  ;构建对象图形法基础显示类
  oView = OBJ_NEW('IDLgrView', $
    color = [255,255,255], $
    ViewPlane_Rect = [-100, -100,600,600])
  oModel = OBJ_NEW('IDLgrModel')
  oImage = OBJ_NEW('IDLgrImage',DIST(400))
  ;构建显示体系
  oView.ADD,oModel
  oModel.ADD,oImage
  ;绘制显示图像
  oWindow.DRAW,oView
END
```

双击“直接图形法”按钮编写代码，代码内容如下：

```
//如果已经创建且不是对象图形法则先销毁
if ((axIDLDrawWidget1.DrawId != -1) && (axIDLDrawWidget1.GraphicsLevel != 2))
{
    axIDLDrawWidget1.DestroyDrawWidget();
}
//组件参数设置为直接图形法显示
axIDLDrawWidget1.GraphicsLevel = 2;
//初始化 IDL 界面
axIDLDrawWidget1.CreateDrawWidget();
//编译源码文件
axIDLDrawWidget1.ExecuteStr(@".compile 'c:\temp\IDLDrawWidget_ObjectShow.pro'");
axIDLDrawWidget1.ExecuteStr("IDLDrawWidget_ObjectShow," + axIDLDrawWidget1.Draw-
Id.ToString());
```

单击“对象图形法”按钮，图形显示后的界面见图 17.19 所示。

图 17.19 IDLDrawWidget 控件对象图形法

2. 传递数据

IDLDrawWidget 组件可以通过组件方法（表 17.3）进行数据传递，传递支持的基本数据类型见表 17.5 所示。

表 17.5 IDL 基本变量类型与 ActiveX 下的基本变量类型

IDL 类型	ActiveX 类型
IDL_TYPE_BYTE	UT_UI1 – unsigned char
IDL_TYPE_BYTE	VT_I1 – signed char
IDL_TYP_INT	VT_I2 – signed short
IDL_TYP_LONG	VT_I4 – signed long
IDL_TYP_FLOAT	VT_R4 – float
IDL_TYP_DOUBLE	VT_R8 – double

下面对组件的数据传递进行示例操作。

(1) 创建界面。在 “UsingIDLDrawWidget” 项目基础上，新添加一按钮，将属性参数中 Name 设置为 “exchange”；Text 设置为 “参数传递”，见图 17.20 所示。

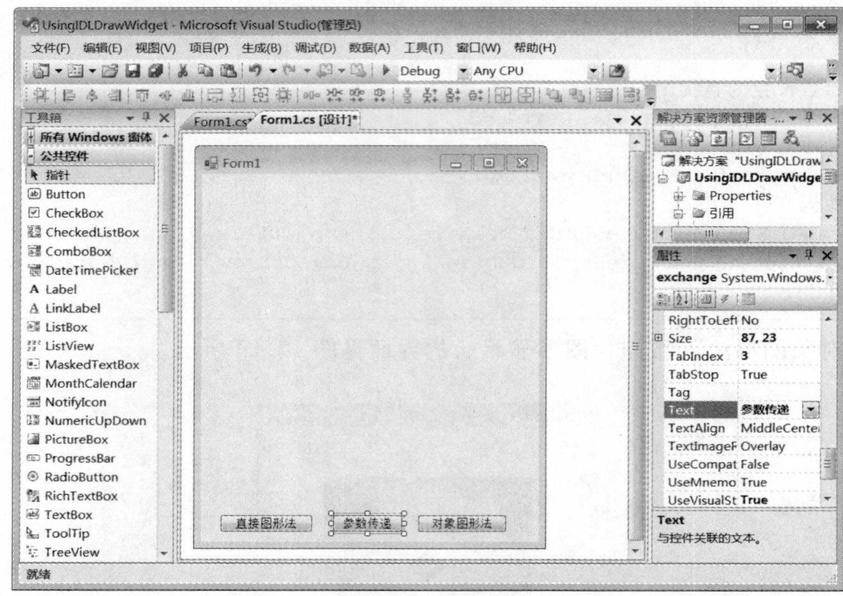

图 17.20 增加 “传递参数” 按钮

(2) 编写代码。编写 IDL 变量传递测试功能代码文件 “exchangevar. pro”，并保存在当前工程 “Debug” 目录下，代码内容如下：

```
PRO EXCHANGEVAR,var = var
  tmp = DIALOG_MESSAGE(StrTrim(var,2),/infor,$
    title ='IDL Show Dialog_Message')
  var = StrTrim(var,2) +'com from IDL'
END
```

编写 IDL 和数组传递测试功能代码文件 “exchangearr. pro”，保存在当前工程 “Debug” 目录下，代码内容如下：

```
PRO EXCHANGEARR,arr,oriArr = oriArr
  tmp = DIALOG_MESSAGE(STRING(arr),/infor,$
    title ='IDL Show Dialog_Message')
  oriArr = arr
  arr = arr +3
END
```

双击界面中的 “参数传递” 按钮，编写代码，代码内容如下：

```
//初始化定义变量
object objStr = "abc";
object objOri,objNow;
//定义变量
```

```
this.axIDLDrawWidget1.SetNamedData("var", objStr);
//编译 IDL 功能代码并传入单个变量
this.axIDLDrawWidget1.ExecuteStr(@".compile 'exchangevar.pro'");
this.axIDLDrawWidget1.ExecuteStr("exchangevar, var = var");
//将 IDL 中修改过的变量获得并对话框显示
objStr = this.axIDLDrawWidget1.GetNamedData("var");
//显示 IDL 程序中更改后的值
MessageBox.Show("C#中的变量值为:" + objStr.ToString());
//定义数组
int[,] dataarr = new int[3, 2] { {6, 4}, {12, 9}, {18,5} };
//将数组内容复制到 IDL 下的变量 arr 中
this.axIDLDrawWidget1.SetNamedArray("arr", dataarr, true);
//编译 IDL 功能代码并传入数组
this.axIDLDrawWidget1.ExecuteStr(".compile 'exchangeArr.pro'");
this.axIDLDrawWidget1.ExecuteStr("exchangeArr,arr,oriArr = oriArr");
//通过 CopyNameArray 方法直接复制获取 IDL 中的数组
objOri = this.axIDLDrawWidget1.CopyNamedArray("oriarr");
//通过 CopyNameArray 方法直接复制获取 IDL 中的数组
objNow = this.axIDLDrawWidget1.CopyNamedArray("arr");
//弹出第一个元素的值
MessageBox.Show("C#中的数组值为:" + ((Array)objNow).GetValue(0, 0));
```

单击“传递参数”按钮，先后执行变量传递测试（图 17.21）和数组传递测试（图 17.22）。

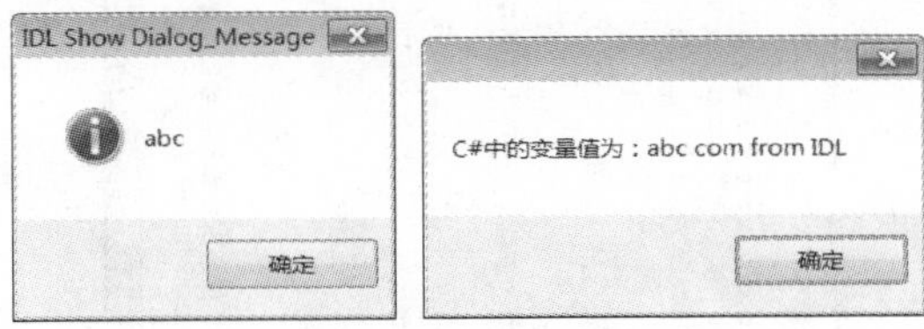

图 17.21　变量传递测试

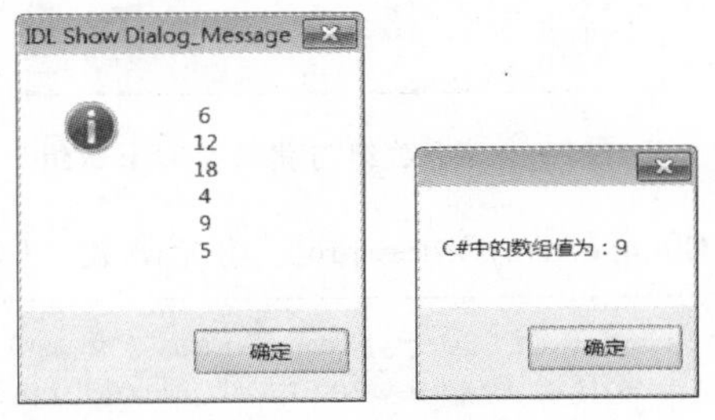

图 17.22　数组传递测试

（3）数组传递分析。在 C#程序中添加断点进行调试，在局部变量界面中对比变量 objOri、objNow 和 dataarr（图 17.23）。需要注意的是，C#与 IDL 可以互相传递基本类型的变量数组，两种语言下的区别是数组顺序分别为“先行后列”和“先列后行”。

C#中初始化三行两列数组，即

$$\begin{bmatrix} 6 & 4 \\ 12 & 9 \\ 18 & 5 \end{bmatrix}$$

通过“SetNamedArray”方法传入 IDL 后转为两行三列，即

$$\begin{bmatrix} 6 & 12 & 18 \\ 4 & 9 & 5 \end{bmatrix}$$

也就是说，IDL 与 C#中数组在内存中存储的顺序一致，均是按行存储。

C#中使用“CopyNamedArray”方法获取 IDL 中以上所述两行三列数组时，认为该数组是三行两列，即

$$\begin{bmatrix} 6 & 12 \\ 18 & 4 \\ 9 & 5 \end{bmatrix}$$

先读列，并最终转换得到两行三列的结果，即

$$\begin{bmatrix} 6 & 18 & 9 \\ 12 & 4 & 5 \end{bmatrix}$$

同理，通过“CopyNamedArray”方法获取的 IDL 中运算过的两行三列数组为

$$\begin{bmatrix} 9 & 21 & 12 \\ 15 & 7 & 7 \end{bmatrix}$$

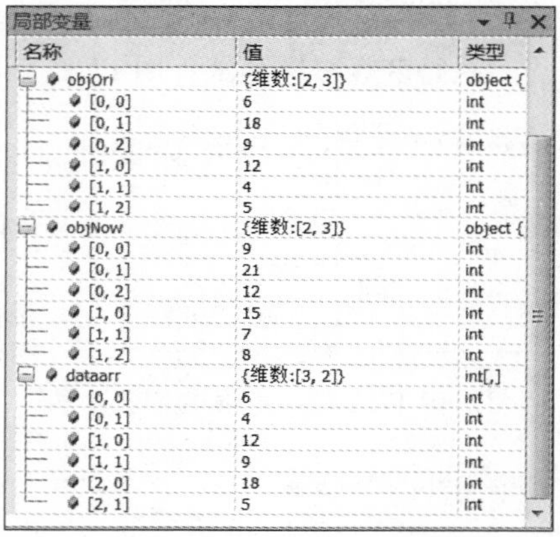

局部变量

名称	值	类型
objOri	{维数:[2, 3]}	object {
[0, 0]	6	int
[0, 1]	18	int
[0, 2]	9	int
[1, 0]	12	int
[1, 1]	4	int
[1, 2]	5	int
objNow	{维数:[2, 3]}	object {
[0, 0]	9	int
[0, 1]	21	int
[0, 2]	12	int
[1, 0]	15	int
[1, 1]	7	int
[1, 2]	8	int
dataarr	{维数:[3, 2]}	int[,]
[0, 0]	6	int
[0, 1]	4	int
[1, 0]	12	int
[1, 1]	9	int
[2, 0]	18	int
[2, 1]	5	int

图 17.23　C#中数组与获取 IDL 下数组

数组传递时可以调用“ChangeArrayOrder.pro”功能函数，C#中的示例代码如下：

```
objectobjvar = axIDLDrawWidget1.CopyNamedArray("var");
axIDLDrawWidget1.SetNamedArray("newvar", objVar, true);
axIDLDrawWidget1.ExecuteStr(".compile 'changearrayorder.pro'");
axIDLDrawWidget1.ExecuteStr("var1 = changearrayorder(newvar)");
```

利用 C#和 IDL 两者结合的方式实现图像处理的程序可以充分发挥 C#和 IDL 语言各自的优势（IDL 的可视化与图像处理功能），即程序主界面由 C#搭建，图像处理功能由 IDL 来实现。

（1）图像处理程序

以下为一个图像处理程序的示例，实现包括增强、域变换、滤波、噪声去除、边界提取和形状提取等图像处理，支持鼠标平移拉框放大、缩小和滚轮缩放等操作，运行后界面见图 17.24所示。源码为“第 17 章 \ IDLDrawWidget_ImageProcess”，IDL 代码为“imageprocess_define.pro”。

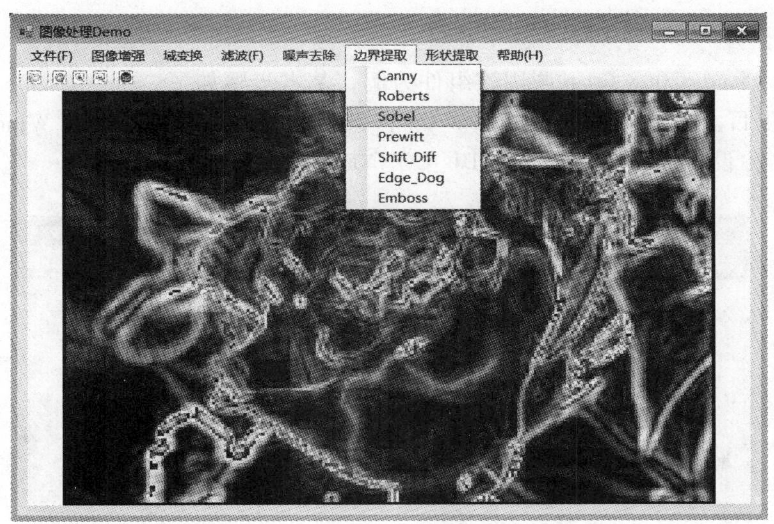

图 17.24 图像处理程序界面

(2) 投影变换程序

本示例的程序功能包括图像处理和栅格矢量的投影叠加显示与投影转换，图像的平移和鼠标滚轮放大缩小操作，运行界面如图 17.25 所示。源码可参考实验数据光盘中 “IDLDrawWidget_imageProjection”，IDL 代码采取了对象方式组织构建。

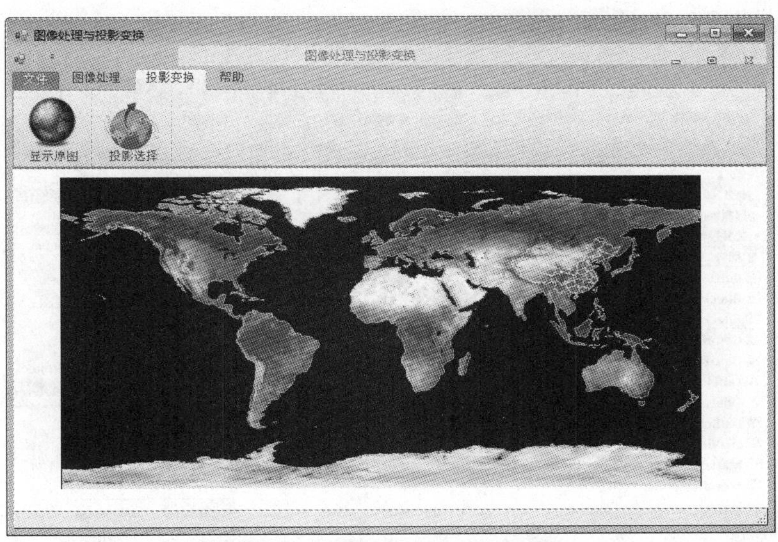

图 17.25 投影变换程序界面

17.2.3 COM_IDL_CONNECT 组件

COM_IDL_CONNECT 与 IDLDrawWidget 类似，也是其他语言调用 IDL 的常用方式之一。COM_IDL_CONNECT 组件不提供显示窗口。

1. 调用组件

以在 Visual Studio2008 C#下调用该组件为例，基本步骤如下：

(1) 新建项目。项目类型选择 Visual C#下 “Windows”；模版选择 “Windows 窗体应用程序”；项目名称设置为 “UsingCOM_IDL_CONNECT”，如图 17.26 所示。

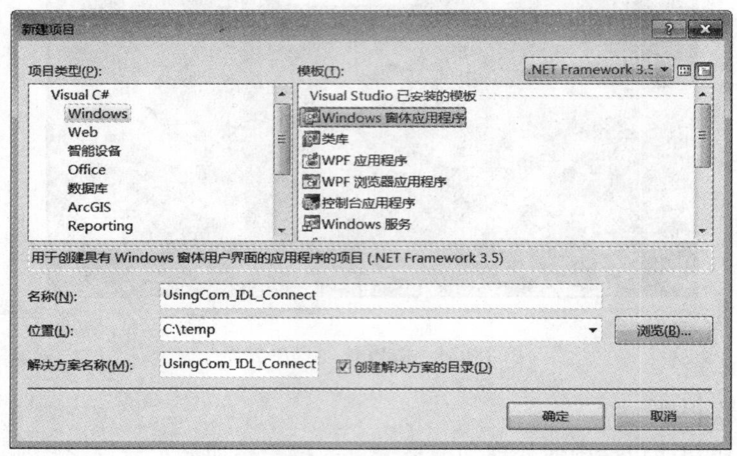

图 17.26　新建工程

(2) 添加引用。在解决方案资源管理器的 “引用” 上单击右键，在弹出菜单中选择 [添加引用]，见图 17.27 所示。

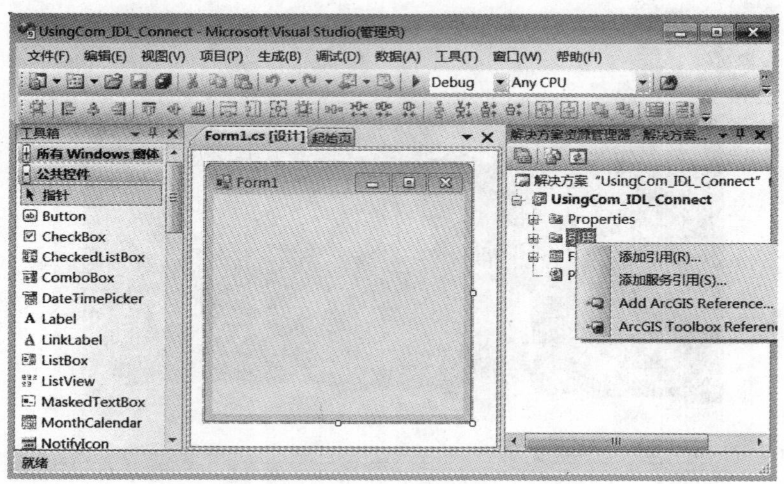

图 17.27　添加引用

(3) 组件选择。在 “添加引用” 界面中单击 [COM] 界面，列表中找到 [COM_IDL_CONNECT] 并单击确定。如果系统中安装了多个版本的 IDL，注意选择要调用的控件版本，见图 17.28 所示。若列表中不存在该组件，可单击 [浏览] 查找 IDL 目录 “…\IDL\IDL82\resource\bridges\export\COM” 下的 “com_idl_connect.dll” 文件。

（4）添加界面组件。在 Form 窗体上添加一个 Button 控件，设置 Button 控件参数并调整控件大小和布局，左侧按钮 Name 设置为“UsingCom”；Text 设置为“UsingCom”（图 17.29）。

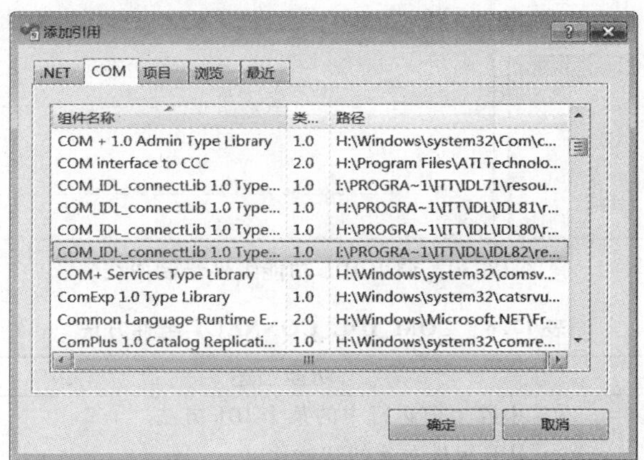

图 17.28　选择 COM_IDL_CONNECT 组件

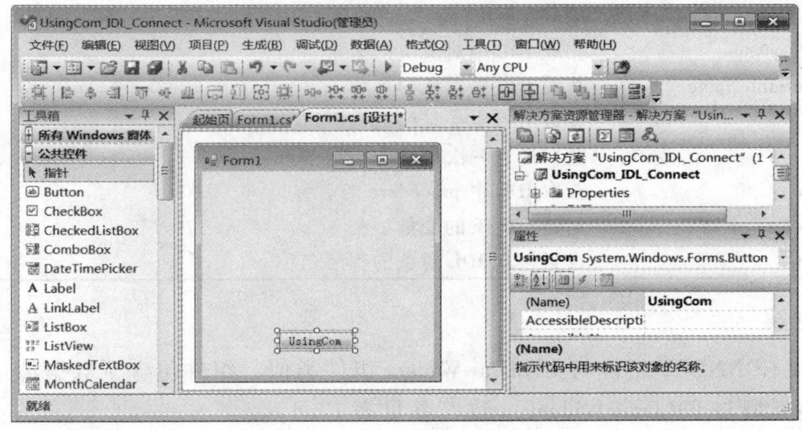

图 17.29　添加界面组件

（5）引用初始化与调用。双击“UsingCom”按钮，编写组件引用初始化代码，内容如下：

```
    //新建 COM_IDL_CONNECT 对象
    COM_IDL_connectLib.COM_IDL_connect oComIDL = new COM_IDL_connectLib.COM_IDL_
connect();
    //对象初始化
    oComIDL.CreateObject(0,0,0);
    //调用 IDL 功能(图 17.30)
    oComIDL.ExecuteString("window,1,title='C# call IDL'");
    oComIDL.ExecuteString("plot,sin(findgen(200)/20)");
    //功能调用完毕后销毁对象
    oComIDL.DestroyObject();
```

COM_IDL_CONNECT 组件提供常用的功能方法，见表 17.6 所示。

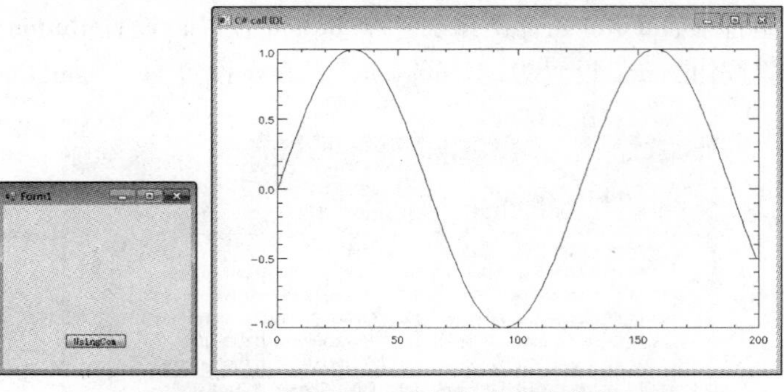

图 17.30　调用 IDL 功能组件绘制曲线

表 17.6　COM_IDL_CONNECT 组件方法

方法名称	功能描述
Abort	中断当前运行中的某个 IDL 方法
CreateObject	IDL 组件对象的初始化
CreateObjectEx	可传参数的 IDL 组件对象初始化
DestroyObject	IDL 组件对象销毁
ExecuteString	IDL 命令执行，功能相当于 IDL 中的命令行
GetIDLObjectClassName	获取 IDL 中对象类的名字
GetIDLObjectVariableName	获取 IDL 中对象的名称
GetIDLVariable	获取 IDL 中变量的值
GetLastError	获取最近一次出错的错误信息
GetProcessName	获取 IDL 中 procedure 的名称
SetIDLVariable	创建 IDL 下的变量
SetProcessName	设置包含 IDL 对象的程序名称

2. 传递数据

COM_IDL_CONNECT 组件与 IDLDrawWidget 组件类似，组件包含了数据传递的方法，支持的数据传递类型与 IDLDrawWidget 一致（参见表 17.4）。

以下为该组件进行数据传递的示例程序，步骤如下：

（1）界面创建。在“UsingCOM_IDL_CONNECT”界面之上，添加一按钮，Name 属性设置为“exchange”；Text 属性值设置为“传递参数”（图 17.31）。

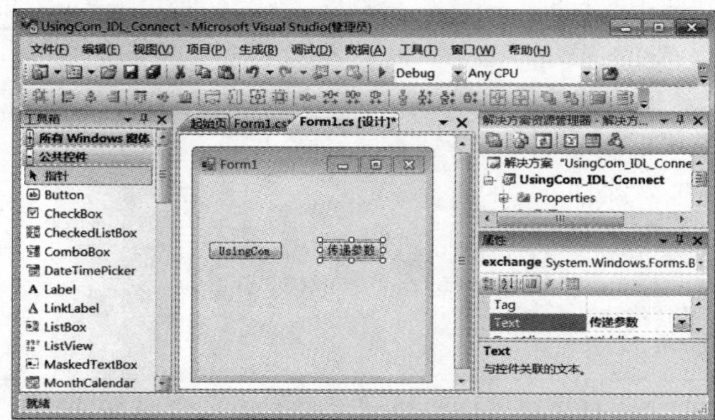

图 17.31　添加“参数传递”按钮

（2）编写代码。编写 IDL 变量传递测试功能代码文件“exchangevar. pro”，并保存在当前工程“Debug”目录下，代码内容如下：

```
PRO EXCHANGEVAR,var = var
  tmp = DIALOG_MESSAGE(StrTrim(var,2),/infor,$
    title = 'IDL Show Dialog_Message')
  var = StrTrim(var,2) + 'com from IDL'
END
```

编写 IDL 数组传递测试代码文件“exchangearr. pro”，保存在当前工程“Debug”目录下，代码内容如下：

```
PRO EXCHANGEARR,arr,oriArr = oriArr
  tmp = DIALOG_MESSAGE(STRING(arr),/infor,$
    title = 'IDL Show Dialog_Message')
  oriArr = arr
  arr = arr + 3
END
```

双击“参数传递”按钮，编写操作代码，内容如下：

```
//新建 COM_IDL_CONNECT 对象
COM_IDL_connectLib.COM_IDL_connect oComIDL = new COM_IDL_connectLib.COM_IDL_
connect();
//对象初始化
oComIDL.CreateObject(0, 0, 0);
//定义变量
string varInt = "C# using IDL";
//定义 IDL 下的变量 var,初始值为 varInt
oComIDL.SetIDLVariable("var", varInt);
//编译 IDL 功能源码
oComIDL.ExecuteString(".compile" + Application.StartupPath.ToString() + "\\ex-
changevar.pro");
oComIDL.ExecuteString("exchangevar,var = var");
//获取 IDL 下的 var 变量
object objVar = oComIDL.GetIDLVariable("var");
MessageBox.Show(objVar.ToString());
//定义数组
int[,] dataarr = new int[3, 2] { {6, 4}, {12, 9}, {18,5} };
//定义 IDL 下的变量 var,初始值为 varInt
oComIDL.SetIDLVariable("arr", dataarr);
//编译 IDL 功能源码
oComIDL.ExecuteString(".compile" + Application.StartupPath.ToString() + "\\Ex-
changeArr.pro");
oComIDL.ExecuteString("ExchangeArr, arr,oriArr = oriArr");
//获取 IDL 下变量 arr
object objArr = oComIDL.GetIDLVariable("arr");
object objArrOri = oComIDL.GetIDLVariable("oriArr");
//弹出第一个元素的值
MessageBox.Show("C#中的数组值为:" + ((Array)objArr).GetValue(0, 0));
```

运行项目后单击“参数传递”按钮，依次弹出界面（图 17.32 和图 17.33）。

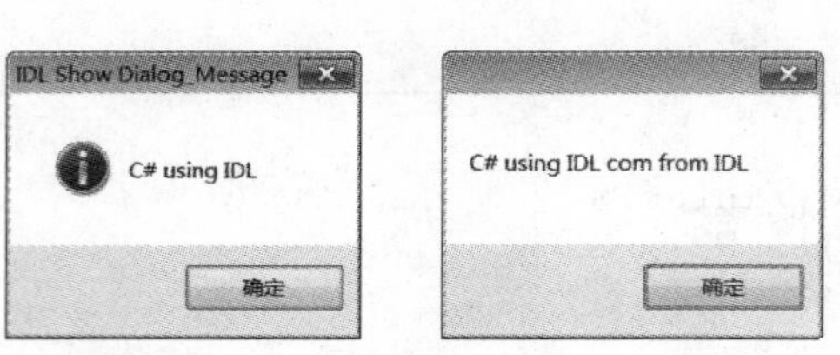

图 17.32　变量传递测试

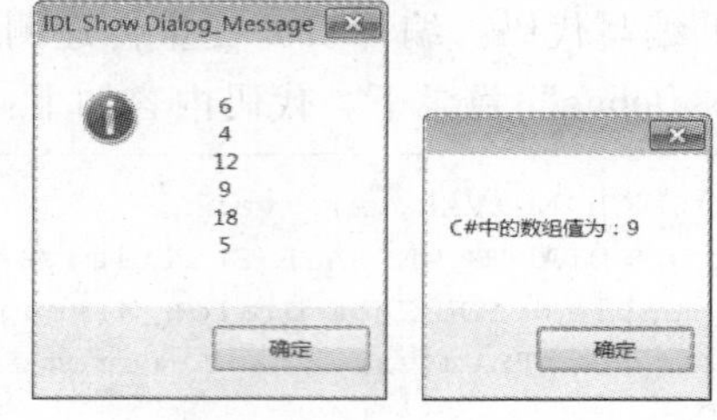

图 17.33　数组传递测试

（3）数组传递分析。添加断点，程序运行到最后，在局部变量界面中查看 dataarr、objArr 和 objArrOri 三个变量，见图 17.34 所示。COM_IDL_CONNECT 组件数组传递与 IDLDrawWidget 组件数组传递的机制一致。

局部变量

名称	值	类型
dataarr	{维数:[3, 2]}	int[,]
[0, 0]	6	int
[0, 1]	4	int
[1, 0]	12	int
[1, 1]	9	int
[2, 0]	18	int
[2, 1]	5	int
objArr	{维数:[2, 3]}	object {int[,]}
[0, 0]	9	int
[0, 1]	21	int
[0, 2]	12	int
[1, 0]	15	int
[1, 1]	7	int
[1, 2]	8	int
objArrOri	{维数:[2, 3]}	object {int[,]}
[0, 0]	6	int
[0, 1]	18	int
[0, 2]	9	int
[1, 0]	12	int
[1, 1]	4	int
[1, 2]	5	int

图 17.34　C#中数组与 IDL 中获取的数组

利用 com_idl_connect 组件可以调用 ENVI 下的二次开发程序，比如调用面向对象特征提取模块。

首先介绍面向对象特征提取。

面向对象的技术是集合临近像元为对象用来识别感兴趣的光谱要素，充分利用高分辨率的全色和多光谱数据，利用空间、质地和光谱信息来分割和分类，以高精度的分类结果或者矢量输出。

ENVI 中的面向对象特征提取采取了简单操作的向导式操作工具，可以快速、方便地从高分辨率全色或者多光谱数据中提取纹理明显的地物，如车辆、建筑物、道路、桥、河流、湖泊和田地等（图 17.35）。

示例程序可参考实验数据光盘中“第 17 章\UsingCom_IDL_Connect_FX”。需要注意，程序中 ENVI 二次开发程序的 IDL 源码中只需写“ENVI_Batch_init”，无需写“ENVI_Batch_exit”，代码最后需要调用组件的方法“DestroyObject”。

该程序的操作步骤如下：新建 Visual Studio2008 C#下的 Windows 窗体应用程序，添加公共控件来构建包含数据文件夹、对象规则和结果文件夹三个输入、输出项的界面，见图 17.36 所示。

图 17.35　ENVI 中的面向对象特征提取

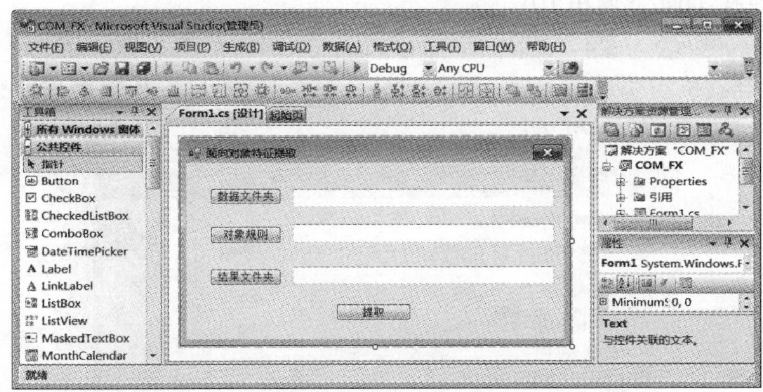

图 17.36　C#下调用面向对象特征提取界面

"提取" 按钮的功能调用代码如下，程序运行后的界面见图 17.37 所示。

```
    private void ENVI_FX_Click(object sender, EventArgs e)
        {
            //新建 COM_IDL_CONNECT 对象
            COM_IDL_connectLib.COM_IDL_connect oComIDL = new COM_IDL_connectLib.COM_IDL_connect();
            //对象初始化
            oComIDL.CreateObject(0, 0, 0);
            //满足条件则调用功能
            if((inputDir.Text != "") && (rulefile.Text != "") && (saveDir.Text != ""))
            {
                //编译 IDL 代码
                oComIDL.ExecuteString(".compile 'd:\\ENVI_FX.pro'");
                //根据输入参数定义执行字符串
                string tmp = "envi_fx,'" + inputDir.Text.ToString() +"','" + rulefile.Text.ToString() +"','" + saveDir.Text.ToString() +"'";
                //执行功能
                oComIDL.ExecuteString(tmp);
            }
    }
```

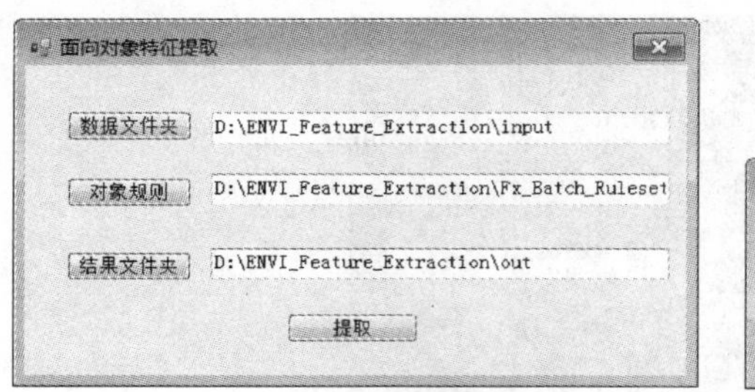

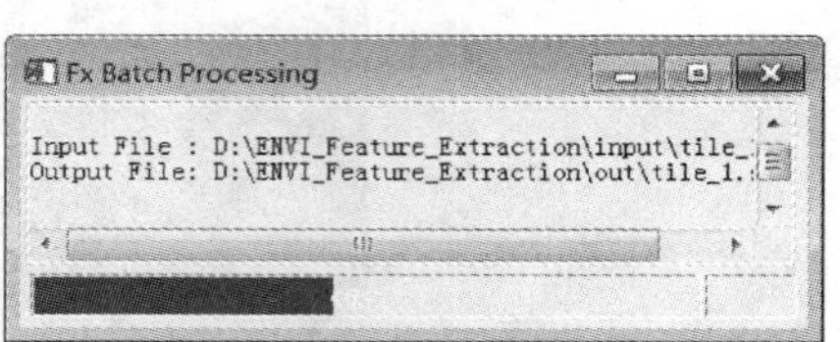

图 17.37 C#下执行 ENVI 的面向对象特征提取运行

17.2.4 Javaidlb 函数包

IDL 提供了一个与 COM_IDL_CONNECT 组件类似的 Java 函数包“javaidlb. jar”，通过这个 jar 可以方便地在 Java 下调用 IDL。

以在 eclipse + jdk1.6.0.22 下调用该组件为例，调用的基本步骤如下：

(1) 新建项目。单击菜单 [File] - [New] - [Java Project]，在弹出界面中设置项目名称为“CallingIDL”，如图 17.38 所示。

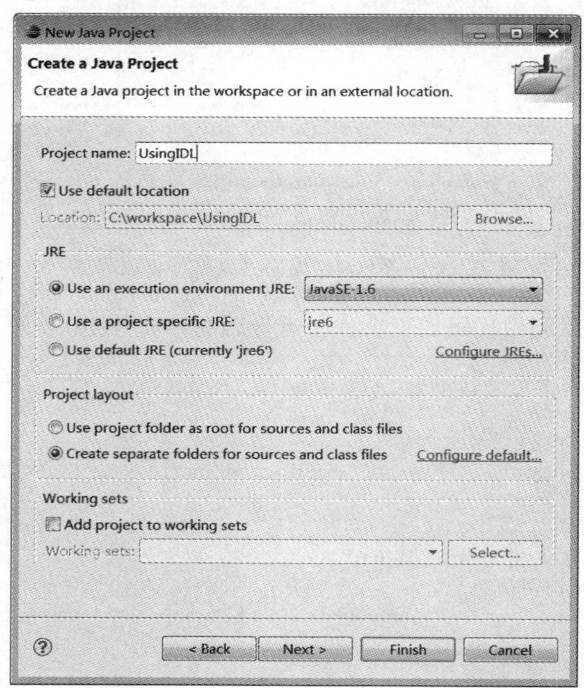

图 17.38 新建 Java 项目

(2) 添加函数包。在项目“UsingIDL”上右击，在弹出菜单中单击“Properties”选项；单击页面左侧“Java Build Path”，选择“Liraries”，如图 17.39 所示；单击“Add External JARs”按钮，选择 IDL 安装目录下子目录“resource \ bridges \ export \ java”中的“javaidlb. jar”文件，单击 OK 按钮。

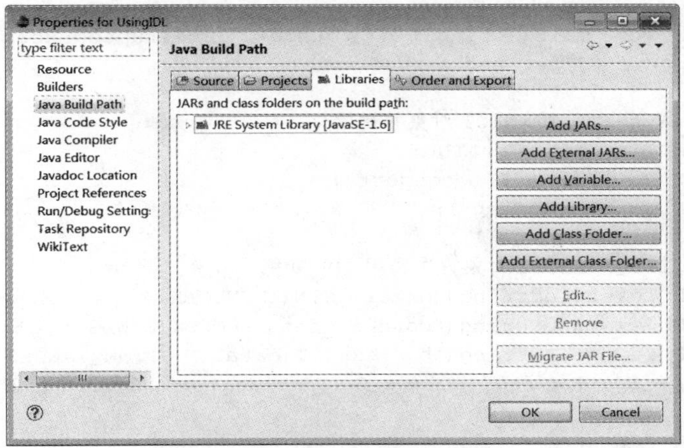

图 17.39　添加引用 Java 包

(3) 新建 Java 类。右击弹出菜单，单击［New］-［Class］，设置名称为“UsingIDL”，并勾选“public static void main (String[ ]args)”选项这样虚拟机调用程序时不创建对象并没有返回值，如图 13.40 所示。

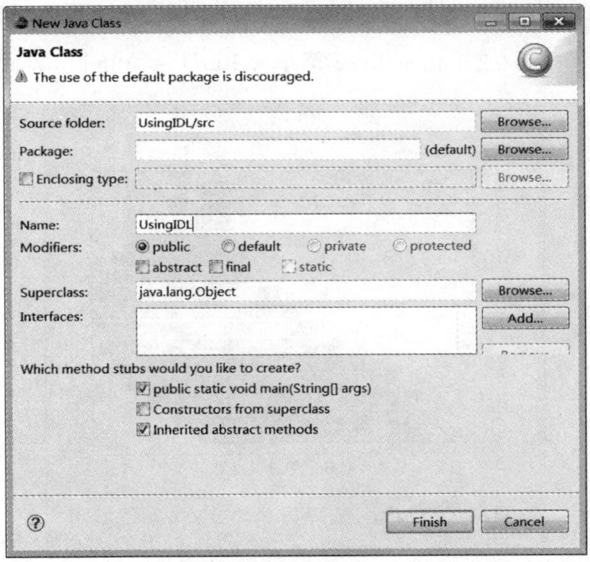

图 17.40　新建 Java 类

(4) 类初始化与调用。在“UsingIDL. java”文件中添加引用与类初始化与调用语句，源码内容如下：

```
import com.idl.javaidl.*;
public class UsingIDL {

  /**
  *@param args
  *@throws InterruptedException
  */
```

```
    public static void main(String[] args) throws InterruptedException {
        //TODO Auto-generated method stub

        //新建 JAVA_IDL_CONNECT 对象并初始化
        java_IDL_connect oJavaIDL;
        oJavaIDL = new java_IDL_connect();
        oJavaIDL.createObject();

        //JAVA_IDL_CONNECT 对象方法调用 IDL 功能
        oJavaIDL.executeString("data1 = SIN((FINDGEN(15) +1)/15 * !PI/2)");
        oJavaIDL.executeString("bottom = data1 + COS((FINDGEN(15))/15 * !PI/2)");
        oJavaIDL.executeString("b = BARPLOT(data1, BOTTOM_VALUES = bottom, " +
            "FILL_COLOR = 'red',BOTTOM_COLOR = 'yellow', C_RANGE = [0,1], " + "/HORI-
ZONTAL)");

        //线程暂停 5 秒
        Thread.currentThread().sleep(5000);

        //JAVA_IDL_CONNECT 对象销毁
        oJavaIDL.destroyObject();
    }
}
```

(5) 运行。按 Ctrl + F11 或单击 eclipse 菜单 [Run] - [run]，界面如图 13.41 所示。

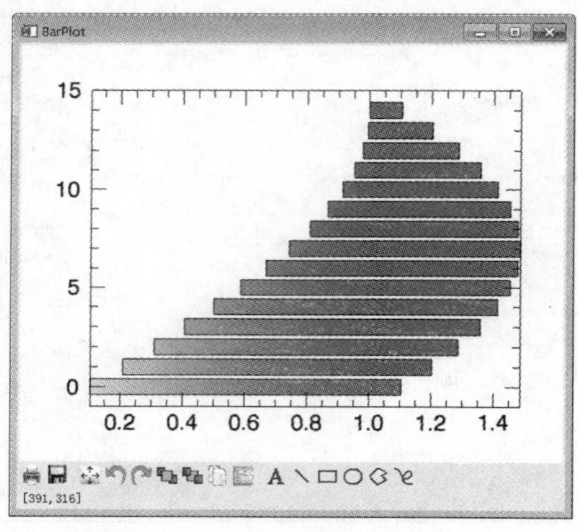

图 17.41 Java 调用 IDL 函数界面

Javaidlb. jar 提供的常用功能方法见表 17.7 所示。

表 17.7 javaidlb. jar 功能方法

方法名称	功能描述
Abort	中断当前运行中的某个 IDL 方法
addIDLNotifyListener	设置 IDL 提示响应
addIDLOutputListener	设置 IDL 输出信息响应
callFunction	调用函数
callProcedure	调用过程

续表

方法名称	功能描述
CreateObject	IDL 组件对象的初始化
CreateObjectEx	可传参数的 IDL 组件对象初始化
DestroyObject	IDL 组件对象销毁
equals	对象相同
ExecuteString	IDL 命令执行，功能相当于 IDL 中的命令行
GetClass	获取当前对象类
GetClassName	获取当前类名称
GetIDLObjectClassName	获取 IDL 中对象类的名字
GetIDLObjectVariableName	获取 IDL 中对象的名称
GetIDLVariable	获取 IDL 中变量的值
GetProcessName	获取 IDL 中 procedure 的名称
GetProperty	获取属性
initListeners	初始化信息响应
isObjCreated	判断对象是否创建
isObjectDisplayable	对象是否可视
RemoveIDLNotifyListener	移除 IDL 提示响应
RemoveIDLOutputListener	移除 IDL 输出信息响应
SetIDLVariable	创建 IDL 下的变量
SetProcessName	设置 IDL 中 procedure 的名称
toSring	转换为字符串
Wait	当前线程等待

17.2.5 对象输出助手

IDL 的对象输出助手可以方便地将 IDL 的数据可视化与分析功能输出为通用的 COM 组件和 Java 类，这样可以轻松地将 IDL 功能应用到 Java 和 COM 环境。对象输出助手对 Visual Studio 和 Java 编译器的要求参照表 17.8。

表 17.8 对象输出助手编译器要求

输出对象	编译器要求
COM	Visual Studio2005 或 2008（C#和 C++）
Java	JDK 和 JRE1.5 或更新

1. COM 组件输出与调用

COM 组件（COM component）是微软公司为了让计算机软件更加符合人类行为方式开发的一种软件开发技术。在 COM 构架下，人们可以开发出各种各样的功能专一的组件，然后将它们按照需求组合起来，构成复杂的应用系统。IDL 可以将对象类定义代码输出为 COM 组件，即使不熟悉 IDL，利用输出的 COM 组件也可以方便、快捷地使用 IDL 功能。

COM 组件输出与调用的基本步骤如下：

（1）编写对象类。编写对象类可以参考本书第 8.5 节关于自定义对象类中的内容。例如，编写具备字符串返回和数组测试功能的对象类源码“helloComEx_define. pro”，内容如下：

```
;编写方法 MessageFrom,响应数组传递
FUNCTION helloComEx::ArrayTest, array
  ;获取数组的信息
  type = size(array,/type)
  dims = size(array,/dimension)
  tmp = dialog_message('数组信息 Dims[0]:' + StrTrim(dims[0]),/infor)
  tmp = dialog_message('数组信息 Dims[1]:' + StrTrim(dims[1]),/infor)
  return,array +2
end
;编写方法 MessageFrom,字符串传递
FUNCTION helloComEx::MessageFrom, input
  ;如果调用时有变量输入,则弹出信息
  IF (N_ELEMENTS(input) NE 0) THEN self.message = "Hello World from " + input $
  else self.message = 'Hello World'
  tmp = dialog_Message(self.message,title = 'IDL',/infor)
  ;返回 tmp
  return, tmp
END
;对象类初始化方法
FUNCTION helloComEx::INIT
  RETURN, 1
END
;对象类定义代码
PRO helloComEx_define
  struct = {helloComEx, $
    message: ''}
END
```

(2) 设置参数。

① 添加编译器路径变量。在系统变量中添加 Visual Studio 的安装路径。右击计算机桌面图标“计算机”，在弹出菜单中选择［属性］-［高级系统设置］-［高级］-［环境变量］；单击系统变量“Path”，并单击“编辑”，在“变量值”后面添加 Visual Studio2005 的安装目录 -“；C:\Program Files\Microsoft Visual Studio 8\Common7\IDE\”（图 17.42）；重启 IDL。

图 17.42　设置系统环境变量

② IDL 添加源码路径。单击 IDL 工作台的菜单［窗口］-［首选项］-［IDL］-［路径］，单击［插入］，选择源码文件所在路径并勾选，见图 17.43 所示。

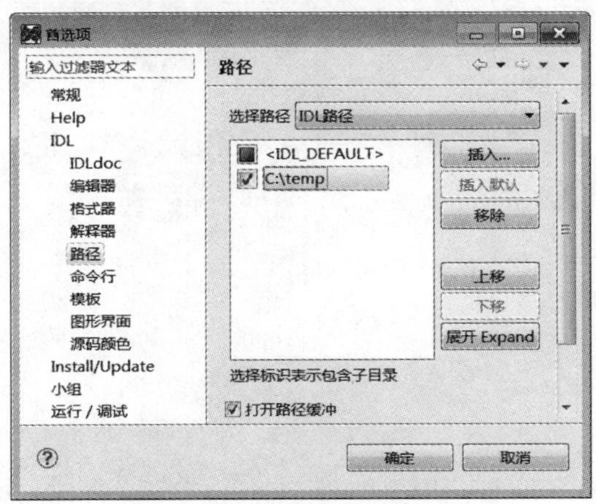

图 17.43 添加程序源码路径

(3) COM 输出。

① 启动输出助手。在 IDL 命令行中输入 “idlexbr_assistant”。

② 选择输出源码文件。单击菜单［File］-［New project］-［COM］，见图 17.44 所示；弹出 “文件选择对话框”，选择文件 “c:\temp\helloComEx_define.pro”。

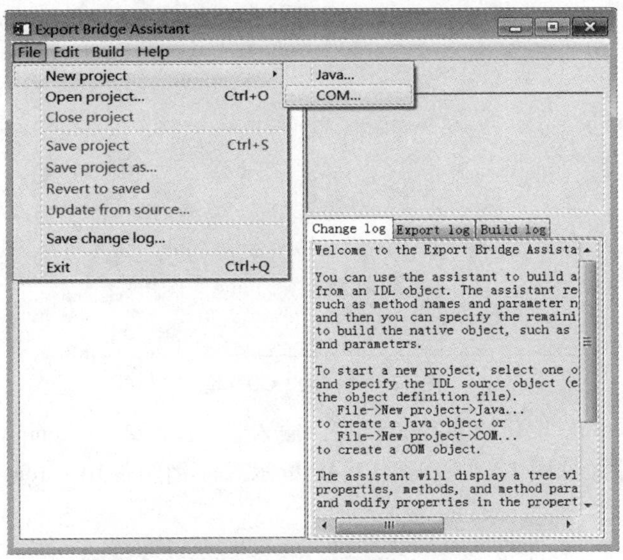

图 17.44 输出助手主界面

③ 设置参数，包括 ArrayTest 方法和 Message From 方法。参数设置完成后的界面见图 17.45所示。

④ 生成 COM 组件。单击菜单［Build］-［Build object］，或工具栏图标，或按快捷键 F5，弹出 “工程保存提示对话框”，选择 “否”。导出后可单击［Build log］查看相关信息（图 17.46）。

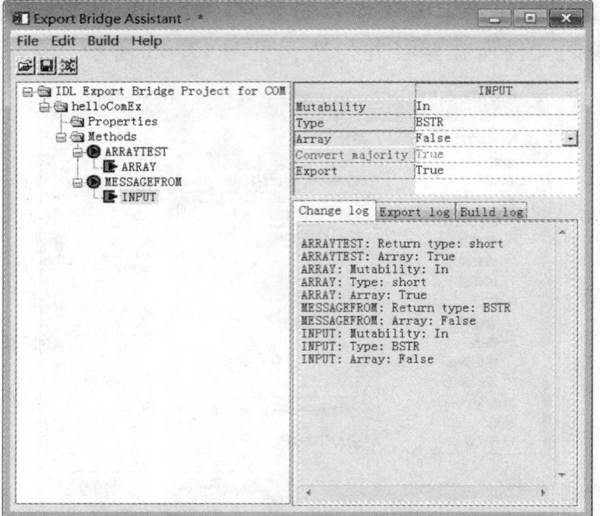

图 17.45 设置 COM 输出参数

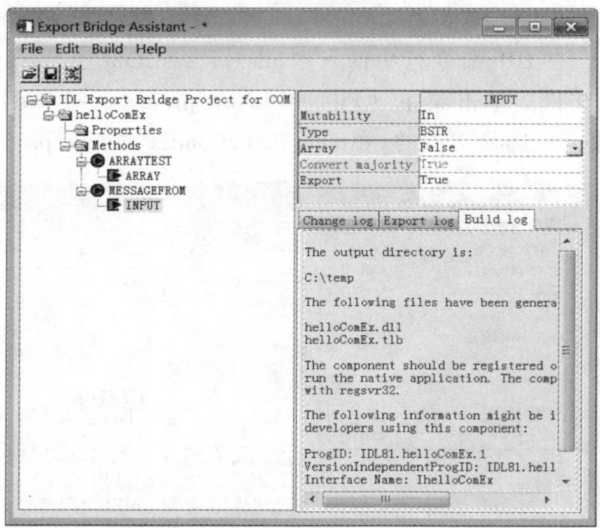

图 17.46 输出 COM 完成

（4）组件注册。单击［开始］-［运行］，输入“regsvr32 c：\temp\helloComEx. dll”，单击“确定”注册组件，见图 17.47 和图 17.48 所示。注销组件用“regsvr32 /u c：\temp\helloComEx. dll”即可。

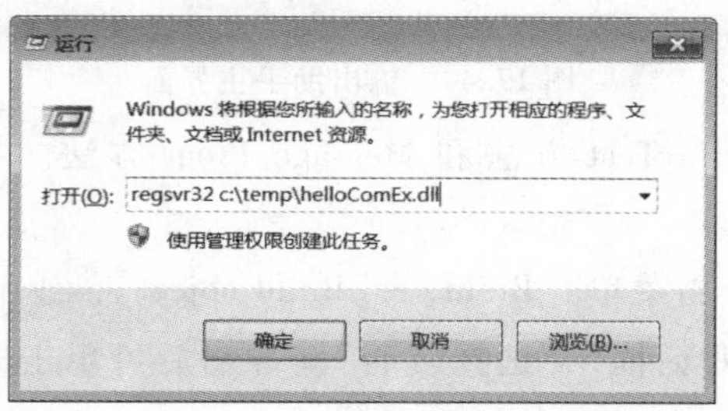

图 17.47 注册导出后的组件

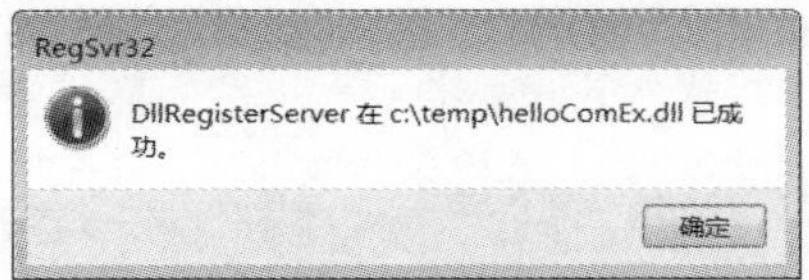

图 17.48　组成注册成功

(5) 组件调用。

① 新建项目。启动 Visual Studio 2008，单击菜单［文件］-［新建项目］，项目类型选择“Visual C#”，模版选择“Windows 窗体 应用程序”，设置解决方案名称与保存位置，如图 17.49所示。

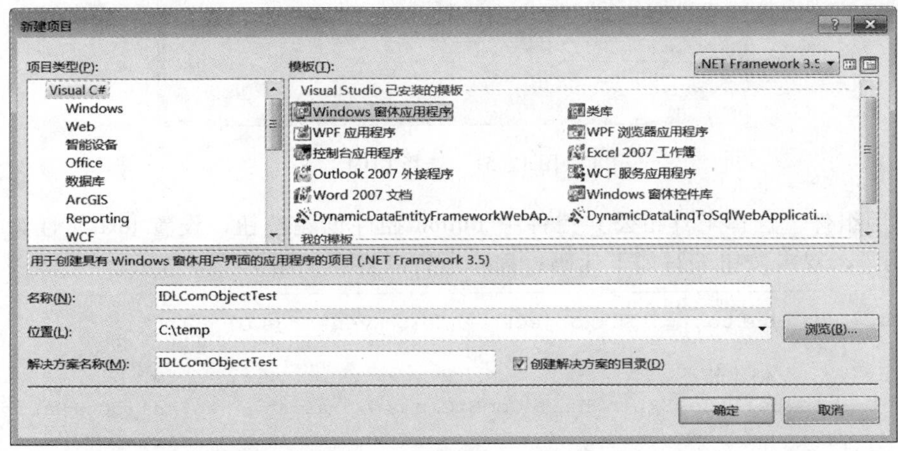

图 17.49　新建解决方案

② 添加组件。在解决方案管理器中右击“引用”，在弹出菜单中选择“添加引用”，见图 17.50 所示。

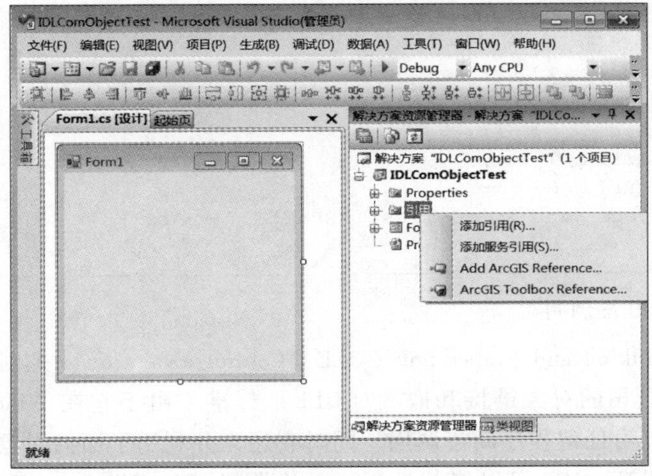

图 17.50　添加引用

在“添加引用”界面中单击“COM”，从列表中选择“helloComExlib…”，单击“确定”按钮（图 17.51）。

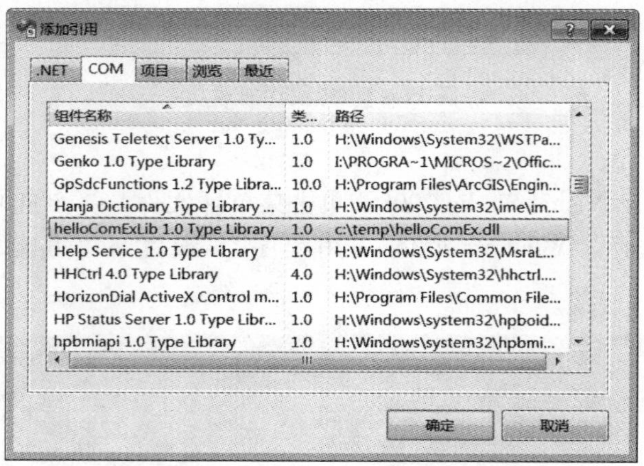

图 17.51　选择 COM

③ 使用组件。选择工具箱公共控件中 Button 控件创建按钮，设置 text 属性为“IDL 输出助手调用”，双击按钮编写如下代码；程序运行后界面见图 17.52 所示。

```
private void button1_Click(object sender, EventArgs e)
        {
            //创建新类
             helloComExLib.helloComExClass oComTest = new helloComExLib.hello-
ComExClass();
            //类初始化操作
            oComTest.CreateObject(0, 0, 0);
            //调用 IDL 下的函数
            string input = oComTest.MESSAGEFROM("C# call IDL");
            MessageBox.Show(input);
            //定义数组传递到 IDL 中
            int[,] inArr = new int[2, 3];
            inArr[0, 0] = 0;
            inArr[0, 1] = 1;
            inArr[0, 2] = 2;
            inArr[1, 0] = 3;
            inArr[1, 1] = 4;
            inArr[1, 2] = 5;
            Object result = oComTest.ARRAYTEST(inArr);
        }
```

2. OCX 控件输出与调用

OCX [Object Linking and Embedding (OLE) Control eXtension] 是对象类别扩充组件，OCX 控件基于微软公司的对象链接和嵌入（OLE）标准。由于它在 Windows 系统中可以用任何语言写出并可以由任何程序动态调用，同时它还充分利用了面向对象的优点，使得程序效率得到了很大的提高。IDL 可以将基于界面对象类如 IDLgrWindow、IDLitWindow 或 IDLitDirectWindow 等导出为 OCX 控件。

图 17.52　COM 组件输出后的测试

(1) 编写对象类。以 IDL 安装目录下子目录“… \examples\doc\bridges”的源码文件为例，输出为 OCX 可视化控件。源码文件为“idlgrwindowexample_define. pro”、“idlitdirectwindowexample_define. pro”和“idlitwindowexample_define. pro”。参数设置、输出步骤和组件注册与输出 COM 组件完全一致，无需修改参数，按默认值即可。

(2) 组件调用。

① 新建项目。启动 Visual Studio 2008，单击菜单［文件］-［新建项目］，项目类型选择“Visual C#”；模版选择“Windows 窗体应用程序”；设置解决方案名称与保存位置，如图 17.53所示。

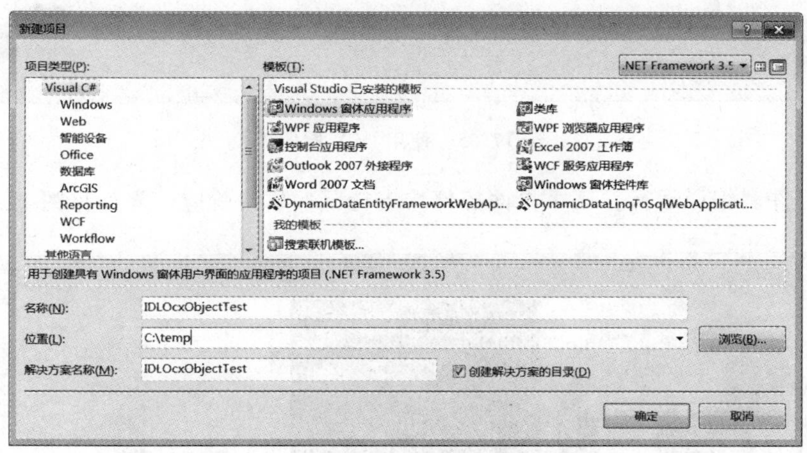

图 17.53　新建项目

② 添加组件。在工具箱的组件上单击右键，在弹出菜单中选择［选择项］，弹出界面中选择“COM 组件”，勾选列表中“idlgrwindowexample Class”、“idlitdirectwindowexample Class”和“idlitwindowexample Class”（图 17.54）。将三个组件拖拽到界面窗口中，调整组件的大小和布局（图 17.55）。

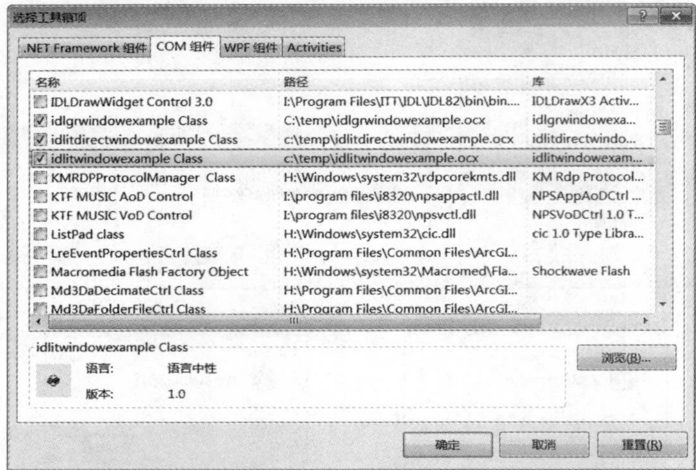

图 17.54　添加 COM 组件

图 17.55　使用 OCX 控件

③ 使用组件。编译运行，三个界面控件均支持鼠标事件响应，界面见图 17.56 所示。

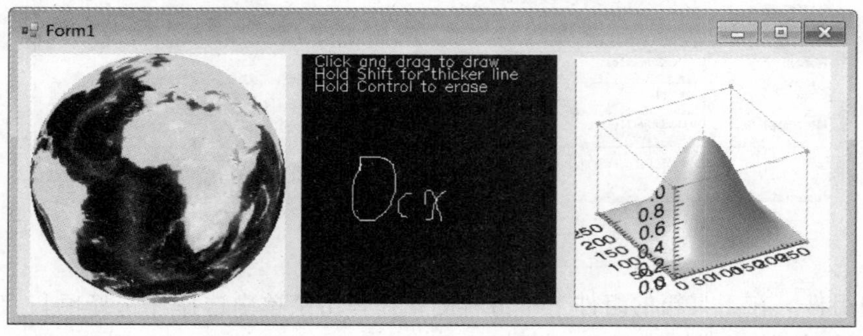

图 17.56　OCX 调用程序

3. Java 类输出与调用

Java 是一种可以撰写跨平台应用软件的面向对象的程序设计语言，由 Sun Microsystems 公司于 1995 年 5 月推出。Java 技术具有卓越的通用性、高效性、平台移植性和安全性，IDL 可以方便地将功能对象类源码输出为 Java 类。

（1）编写对象类。导出为 Java 类的代码与上一节中导出为 COM 类的源码一样，必须是对象类的格式。

（2）设置参数。

① 设置 Java 参数。系统中安装至少 JDK1.5 以上版本并正确设置系统变量；新建系统变量 JAVA_HOME，变量值为 JDK 的安装目录，如“c:\java”；系统变量 Path 中添加 JAVA 的 bin 路径；右击桌面的计算机图标，弹出菜单中单击［属性］-［高级系统设置］-［高级］-［环境变量］，编辑系统变量 Path，在其内容后添加“;%JAVA_HOME%\bin”，完成后重启 IDL。

② 路径参数。添加源码所在路径到 IDL 系统路径参数中，因“helloworldex_define.pro”已经在 IDL 安装目录下，故路径无需添加。

（3）输出。下面将 IDL 安装目录子目录“…\examples\doc\bridges”下的“helloworldex_define.pro”代码导出为 Java 类。

① 启动输出助手：IDL 的命令行中输入“idlexbr_assistant”回车。

② 选择文件：选择菜单［File］-［New project］-［JAVA］，选择“helloworldex_define.pro”。

③ 设置输出参数：各参数设置后界面如图 17.57 所示。

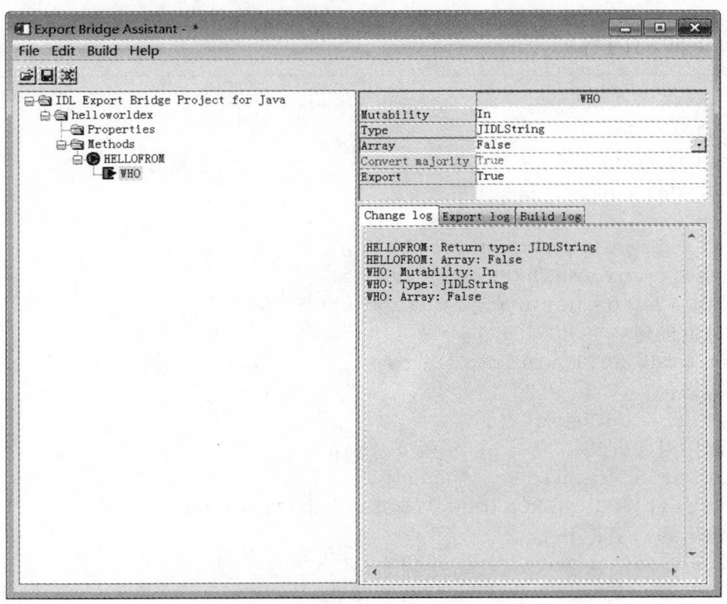

图 17.57 设置 Java 输出参数

④ 生成 Java 类。单击菜单［Build - Build object］，或工具栏图标，或按快捷键 F5，弹出工程保存提示对话框，选择“否”。导出后可生成“helloworldex.java”文件。

(4) 调用。在 Eclipse 下新建一工程，添加导出的"helloworldex. java"，引用"…\IDL8 * \resource\bridges\export\java\javaidlb. jar"，添加 IDL 安装目录下子目录"…\IDL8 * \resource\bridges\export\java"下的 javaidlb. jar 文件，见图 17. 58 所示。

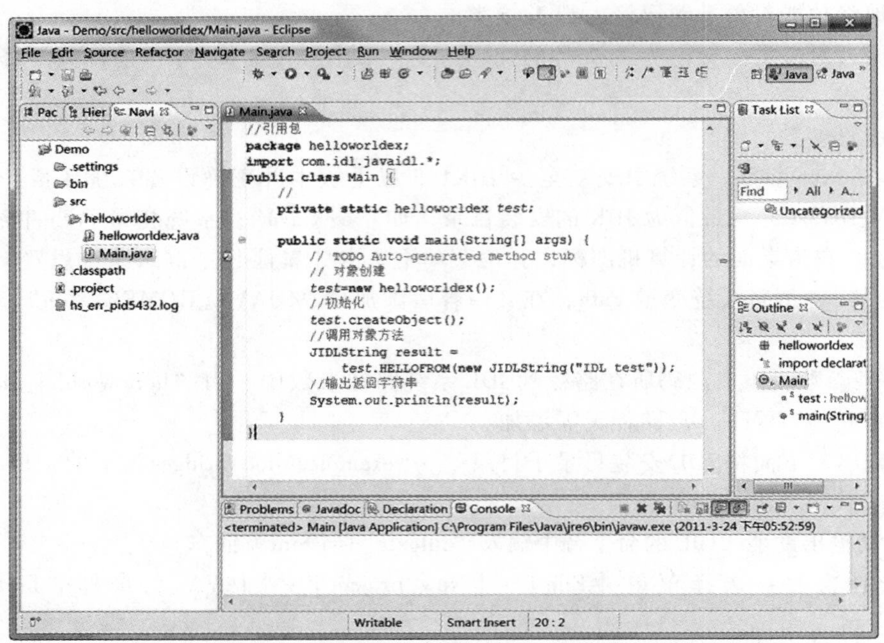

图 17. 58　JDK 编译环境下调用 Java

其中，main. java 的内容如下：

```
//引用包
package helloworldex;
import com.idl.javaidl. * ;
public class Main {
  //
  private static helloworldex test;
  public static void main(String[] args) {
        //TODO Auto - generated method stub
        //对象创建
        test = new helloworldex();
        //初始化
        test.createObject();
        //调用对象方法
        JIDLString result =
            test.HELLOFROM(new JIDLString("IDL test"));
        //输出返回字符串
        System.out.println(result);
  }
}
```

单击工具栏上的 Run 按钮，运行代码，可在控制台区域查看 IDL 功能函数输出字符串结果，见图 17. 59 所示。

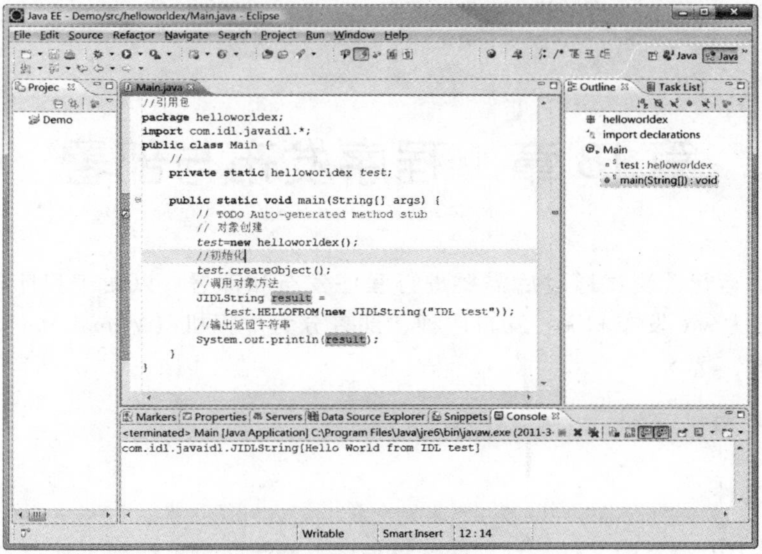

图 17.59　调用 IDL 导出的 Java 类

第 18 章　程序发布与部署

程序编译、运行、测试通过后需要进行程序发布和部署，以便于程序的进一步应用。IDL 程序发布分为 sav 发布和 exe 发布两种；部署分为虚拟机（Virtual Machine）和运行时（Runtime）两种。

18.1　程序发布

18.1.1　Sav 文件

Sav 文件是 IDL 特有的文件类型，能够将程序、函数、对象或数据保存到其中，方便地共享程序功能或者数据。Sav 文件中包含程序时可以通过虚拟机调用执行。

1. 生成 sav 文件

利用 save 命令可以将程序或数据或变量保存为 sav 文件，调用格式为

```
SAVE [,Var1, ..., Varn] [,/ALL] [,/COMM, /VARIABLES] [,/COMPRESS] [,DESCRIPTION = string] [,/EMBEDDED] [,FILENAME = string] [,/ROUTINES] [,/SYSTEM_VARIABLES] [,/VERBOSE]
```

其中，Varn 是需要保存的变量名称或程序名称，若不写则依靠其他关键字控制；All 关键字保存系统变量、公共变量和自定义变量等到 sav 文件中，不保存程序；COMM 关键字可以保存系统公共变量到 sav 文件中；COMPRESS 关键字可以控制 sav 文件是否压缩；DESCRIPTION 关键字设置 sav 文件中的描述内容；EMBEDDED 控制是否在 sav 文件中嵌入许可；FILENAME 设置输出的 sav 文件名；ROUTINES 关键字可以保存程序到 sav 文件中；SYSTEM_VARIABLES 关键字设置是否保存系统变量；VARIABLES 关键字控制是否保存变量；VERBOSE 控制保存为 sav 对象是输出信息。

（1）变量。

Save 命令支持将变量保存到 sav 文件中，变量保存与使用的示例代码如下：

```
IDL >;查看变量查看器,只有系统变量,无自定义变量,见图 18.1(a)
IDL >;创建变量 data 为 600 * 600 的浮点数组,见图 18.1(b)
IDL >data = FLTARR(600,600)
IDL >;保存变量到 var.sav
IDL >SAVE,/variable, filename ='var.sav'
IDL >;命令行对 IDL 进行重置,data 变量已经销毁,见图 18.1(a)
IDL >.RESET_SESSION
IDL >;恢复 var.sav 文件,见图 18.1(b)
IDL >RESTORE,'var.sav'
```

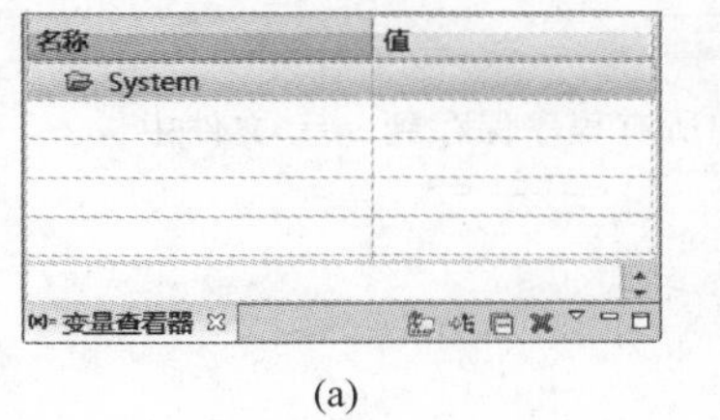

(a)

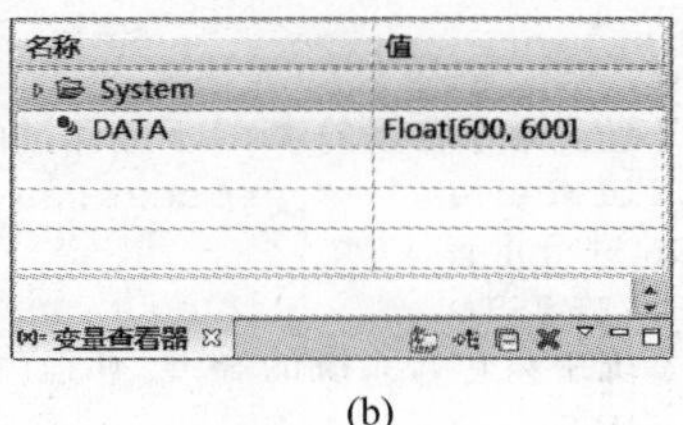

(b)

图 18.1　变量查看器

（2）Pro 程序。

① 纯 IDL 程序发布。

纯 IDL 程序是指未调用 ENVI 的 IDL 程序。一个或多个 pro 文件发布为 sav 文件的方式可参考以下代码：

```
IDL >;查看当前 IDL 环境下编译的 procedure,仅包含系统的 $ MAIN 程序,见图 18.2
IDL >help,/pro
Compiled Procedures:
 $ MAIN $
IDL >;编译 my_process.pro 源码,该文件中包含定义的两个 procedure;
IDL >.compile -v 'C:\temp \my_process.pro'
%  Compiled module: MY_PROCESS_DEFINE_BUTTONS.
%  Compiled module: MY_PROCESS.
IDL >;查看 IDL 下编译的 procedure,包含三个程序
IDL >help,/pro
Compiled Procedures:
 $ MAIN $
MY_PROCESS              event
MY_PROCESS_DEFINE_BUTTONS        buttoninfo
IDL >;调用 save 命令保存'my_process '到 sav 文件中
IDL >save,'my_process ',filename ='my_process.sav',/routines
IDL >;对 IDL 进行重置
IDL >.RESET_SESSION
IDL >;此时系统中只包含系统的 $ MAIN 程序
IDL >help,/pro
Compiled Procedures:
 $ MAIN $
IDL >;恢复 my_process.sav 文件
IDL >restore,filename ='my_process.sav'
IDL >;此时系统中包含了 my_process 的程序
IDL >help,/pro
Compiled Procedures:
 $ MAIN $
MY_PROCESS              event
IDL >;对 IDL 进行重置
IDL >.RESET_SESSION
IDL >;查看 IDL 下编译的 procedure,为 IDL 初始状态
IDL >help,/pro
Compiled Procedures:
 $ MAIN $
IDL >;编译 my_process.pro 源码
IDL >.compile -v 'C:\temp \my_process.pro'
%  Compiled module: MY_PROCESS_DEFINE_BUTTONS.
```

```
% Compiled module: MY_PROCESS.
IDL >;调用 save 命令将当前 IDL 下编译过的所有程序保存到 sav 文件中
IDL >save,filename ='my_process.sav',/routines
IDL >;对 IDL 进行重置
IDL >.RESET_SESSION
IDL >;此时系统中只包含系统的 $MAIN 程序
IDL >help,/pro
Compiled Procedures:
 $MAIN$
IDL >;恢复 my_process.sav 文件
IDL >restore,filename ='my_process.sav'
IDL >;此时 IDL 中包含了 my_process 和 my_process_define_buttons 两个程序
IDL >help,/pro
Compiled Procedures:
 $MAIN$
MY_PROCESS                event
MY_PROCESS_DEFINE_BUTTONS       buttoninfo
```

以上代码中，调用 save 命令时设置程序名称和 routines 关键字将 IDL 中编译过的程序内容保存到 sav 文件中。通过 restore 命令恢复 sav 文件中的程序内容到内存中。

如果程序中对其他 pro 程序或函数进行了使用，未对引用程序进行编译可以调用 Resolve_All 命令。该命令可以编译程序中调用到的函数源码。

如果程序中调用 iTools 中的功能，需用 ITRESOLVE 进行辅助编译 iTools 的相关代码。

② ENVI 二次开发程序发布。

二次开发程序是指 ENVI 二次开发模式下编写的代码。以程序“ENVI_BATCH_MODE.pro”为例，发布为 sav 文件的操作步骤如下：首先，确保代码进行编译和运行正常；重置 IDL 编译器，单击工具栏“重置”按钮或在命令行中输入“.reset_session”；编译代码，单击工具栏“编译”按钮进行编译或在命令行使用 Resolve_All 编译，即“RESOLVE_ALL, /continue_on_error, skip_routines ='envi'”；在命令行中输入 sav 保存命令，即“save, filename = 'c:\temp\envi_batch_mode.sav', /routines”。此时，sav 文件大小为 3kb（图 18.3a），双击或通过 IDL 虚拟机能够正确调用运行。若代码经过编译和运行，再在命令行中输入 sav 保存命令“save, filename ='c:\temp\envi_batch_mode.sav', /routines”；此时，sav 文件大小近25.6 Mb（图 18.3b），双击 sav 或通过 IDL 虚拟机调用 sav 文件不能正常运行，会自动启动 ENVI 程序。

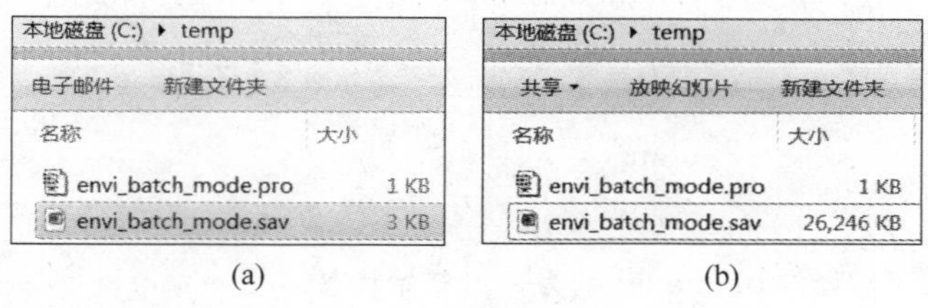

图 18.2　不同方式保存的 sav 文件

以下介绍 ENVI 二次开发程序编写及发布保存为 sav 时的注意事项：

- 在 pro 程序第一行写上 compile_opt idl2 或 compile_opt strictArr，避免编译时找不到 ENVI 函数或报格式错误。

• 为避免调用 ENVI_Batch_Exit 时，ENVI 和 IDL 同时关闭。需要在 ENVI 下修改系统配置参数，单击 ENVI 主菜单［File］-［Perference］，在 Miscellaneous 面板下，将“Exit IDL on Exit from ENVI”修改为“No”，然后点 OK 按钮保存。

• 程序调试过程中需要终止程序时，不要单击工具栏“终止”按钮或按快捷键（Ctrl + F2），单击“编译”即可。

• 如果已经单击了“终止”按钮，再次运行程序前需要重置 IDL 进程。重置方法为单击工具栏“重置”按钮，或在命令行输入“. reset_session”或“. FULL_RESET_SESSION”。

• 确保是在 IDL 编译器进行了“重置”且仅对源码和引用函数进行编译之后来使用 save 命令生成的文件。

③ 工程项目模式。

工程项目模式是用来组织、管理 IDL 源码文件及资源文件的代码管理方式。工程通过“构建工程”和“运行工程”进行工程项目的编译和运行，构建工程时可以自动生成 sav 文件。

• IDL 工程项目：即非 ENVI 二次开发程序工程。以 IDL 的 Helloworld 工程项目为例，单击主菜单［项目］-［属性］或在工程上右键菜单中选择［属性］弹出的工程属性界面中设置参数。单击［IDL 工程属性］，可在文本框（“helloworld”）中修改主函数名称（图 18.3）。

在构建工程时是否需要创建 sav 文件及 sav 文件名称，可以在右击弹出的菜单中选择［IDL 工程属性］-［工程构建属性］中勾选选项［创建 Save 文件］进行设置（图 18.4）。然后右击工程列表，选择弹出菜单中的“构建工程”即可。

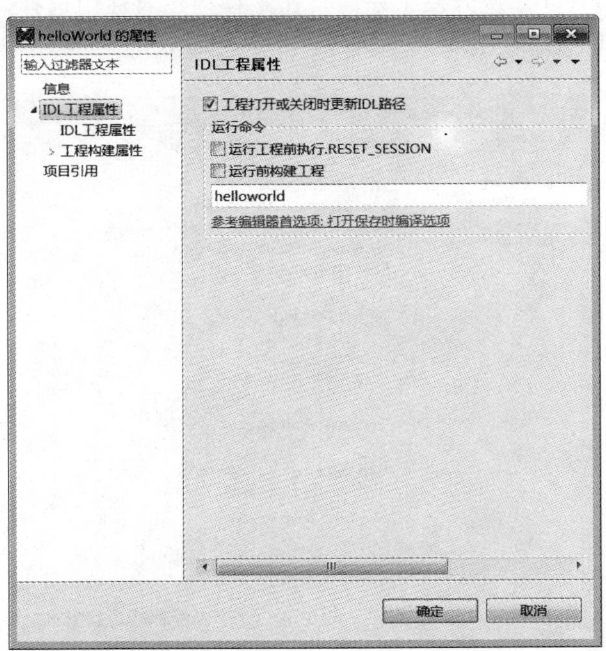

图 18.3　IDL 工程名称设置

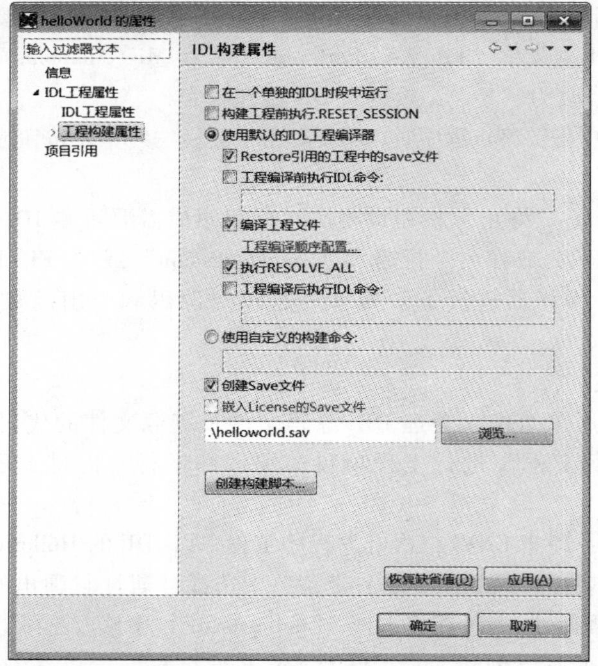

图 18.4　设置工程创建 sav 名称

• ENVI 二次开发工程项目：包含 ENVI 二次开发的工程构建生成 sav 文件时与单纯的 IDL 工程构建有所不同。ENVI 二次开发工程需要在工程构建属性中选择“［构建工程前执行.RESET_SESSION］”选项，且不选“［执行 RESOLVE_ALL］”（图 18.5）。

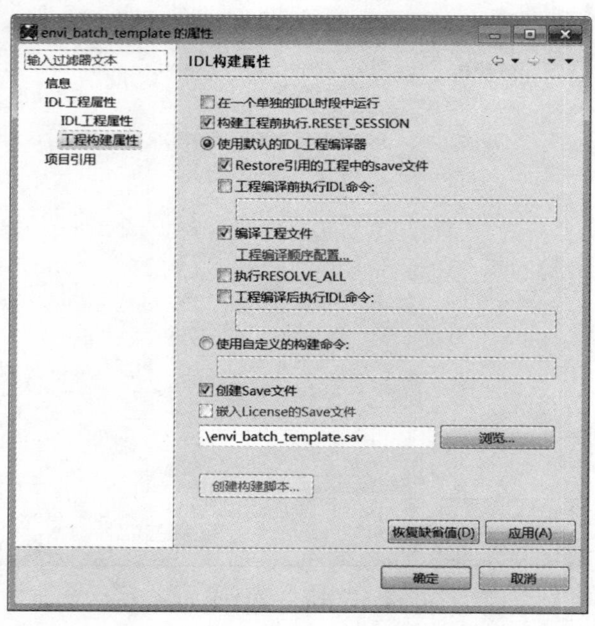

图 18.5　ENVI 二次开发时的工程参数设置

2. 运行 sav 文件

从本书第 18.1 节生成 sav 文件的系列代码中能看到，可以利用“restore”加载 sav 文件。加载后，文件中的数据、变量和程序均加载到当前 IDL 编译器进程中直接使用。

(1) IDL_Save_File 对象。查询 sav 文件格式，可以通过对象类“IDL_SaveFile”来实现，示例代码如下：

```
IDL>;选择系统自带的一个 sav 文件,包含了体数据
IDL>savefile=FILEPATH('cduskcD1400.sav',$
IDL>   SUBDIRECTORY=['examples','data'])
IDL>;创建 Savefile 对象
IDL>sObj=OBJ_NEW('IDL_Savefile',savefile)
IDL>;调用对象方法查询 sav 文件内容
IDL>sContents=sObj.CONTENTS()
IDL>;查看 sav 内容个数
IDL>PRINT, sContents.N_VAR
           3
IDL>;获取 sav 文件中的变量名称
IDL>sNames=sObj.NAMES()
IDL>;查看变量名称
IDL>PRINT, sNames
DENSITY MASSFLUX VELOCITY
IDL>;查询变量'density'的信息,等同于 size()函数
IDL>sDensitySize=sObj.SIZE('density')
IDL>;查看变量信息
IDL>PRINT, sDensitySize
       3          30          30          15          1          13500
IDL>;恢复变量到 IDL 内存中
IDL>sObj.RESTORE, 'density'
IDL>;调用 iTools 工具显示(图 18.6)
IDL>IVOLUME, density
```

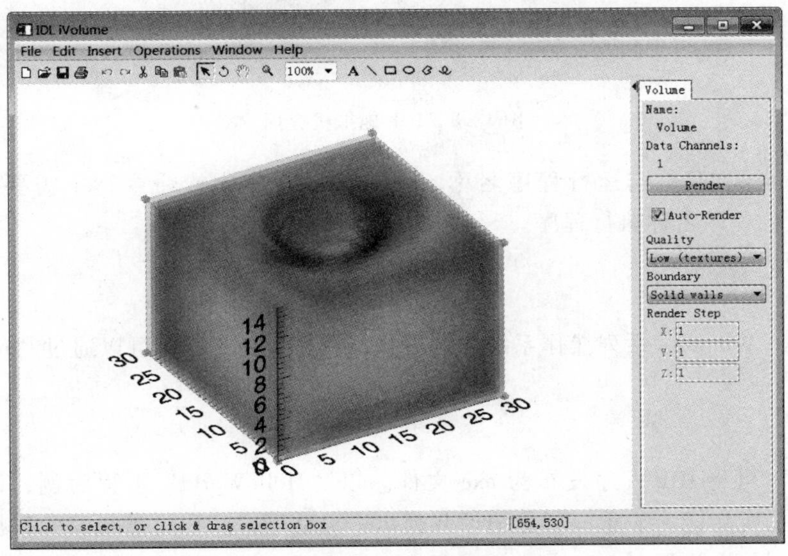

图 18.6　体数据用 iVolume 显示

(2) 直接运行。若 sav 文件中包含直接运行的程序，如果 sav 文件名与程序名一致，则可以直接双击 sav 文件运行；如果文件类型默认打开程序有误，可手动选择 IDL 安装目录下的“\bin\bin. x86\idlrt_admin. exe”打开 sav 类型（图 18.7）。

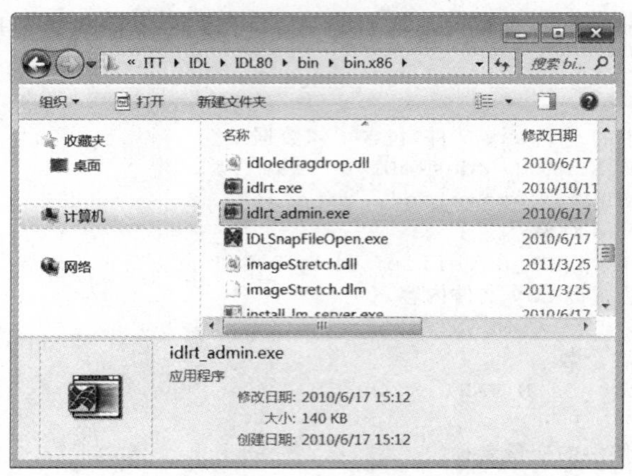

图 18.7　选择 sav 文件格式打开程序

(3) 虚拟机调用。单击系统菜单［开始］-［程序］-［IDL *］-［Tools］-［IDL Virtual Machine］，启动 IDL 虚拟机（图 18.8）执行 sav 文件。

图 18.8　IDL 虚拟机界面

注意：若 sav 文件名与运行程序名称不一致，在程序中或命令行下需要先“restore”，然后再调用运行程序名称执行程序。

18.1.2　Exe 文件

Exe 文件是 Windows 系列操作系统下的可执行程序文件，IDL 可以通过“make_rt”输出为 exe 文件。

1. IDL 程序

“make_rt”可将 IDL 程序发布为 exe 文件。以“HelloWorld”工程为例，该工程包含一个 pro 文件，主要功能为显示一彩色图像并弹出一对话框，代码可参考实验数据光盘中“第 18 章\HelloWorld\HelloWorld. pro”。

(1) 明确信息。工程主程序名称：HelloWorld；确定发布后目录，如“c:\temp”，目录非空则调用“make_rt”时使用关键字“overwrite”；确认工程构建后sav文件存放路径，如路径“D:\helloWorld\helloworld.sav”。

(2) 运行MAKE_RT。MAKE_RT的调用参数格式为

```
MAKE_RT, Appname, Outdir, [,/DATAMINER] [,/DICOMEX] [/EMBEDDED] [,/GRIB][,/HIRES_MAPS] [,/HIRES_SHAPEFILES] [,IDLDIR = path] [,/LIN32] [,/LIN64] [,LOGFILE = path] [,/MACINT32] [,/MACINT64] [,/SUN32] [,MANIFEST = path] [,/OVERWRITE] [,SAVEFILE = path] [,/SUN32] [,/SUN64] [,/SUNX86_64] [,/VIDEO] [,/VM] [,/WIN32] [,/WIN64]
```

程序中用到数据库、DICOM、GRIB等模块或功能函数时，要使用DATAMINER、DICOMEX、GRIB等关键字，否则发布后程序无法运行。

工程“HelloWorld”发布的代码如下：

```
IDL> MAKE_RT,'helloworld','c:\temp',savefile='D:\helloWorld\helloworld.sav',/OverWrite
```

发布完成后，输出文件夹中文件列表见图18.9所示。

(3) 发布后处理。

① 添加相关文件：项目源码中如果读取了配置文件或自带数据，需要复制到发布后程序相应的目录下，避免出现找不到文件的错误。

HelloWorld工程中使用到IDL中“Example\data”下的“people.jpg”文件，需要将该文件复制到发布后程序子目录“examples\data”下（目录不存在则新建目录）。

图18.9 调用MAKE_RT后文件夹的文件列表

② 修改程序运行配置文件：默认双击“HelloWorld.exe”时，会启动弹出一个程序控制对话框界面，如图18.10所示。如果不希望弹出此界面，可修改目录下包含一个与exe文件同名的ini配置文件，用记事本打开编辑该文件，内容如图18.11所示。配置文件部分字段对应含义见表18.1所示。

图18.10 对话框界面

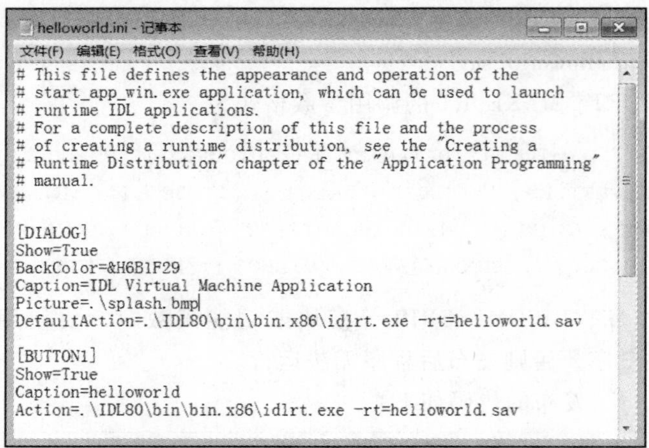

helloworld.ini - 记事本

文件(F)　编辑(E)　格式(O)　查看(V)　帮助(H)

```
# This file defines the appearance and operation of the
# start_app_win.exe application, which can be used to launch
# runtime IDL applications.
# For a complete description of this file and the process
# of creating a runtime distribution, see the "Creating a
# Runtime Distribution" chapter of the "Application Programming"
# manual.
#

[DIALOG]
Show=True
BackColor=&H6B1F29
Caption=IDL Virtual Machine Application
Picture=.\splash.bmp
DefaultAction=.\IDL80\bin\bin.x86\idlrt.exe -rt=helloworld.sav

[BUTTON1]
Show=True
Caption=helloworld
Action=.\IDL80\bin\bin.x86\idlrt.exe -rt=helloworld.sav
```

图 18.11　程序发布后配置文件内容查看

表 18.1　配置文件字段及含义

字段	含义
[DIALOG]	主界面对话框的参数
Show = True	主界面是否弹出 < True 和 False >
BackColor = &H6B1F29	主界面的背景颜色
Caption = < any string >	主界面的标题文字
Picture = . \splash. bmp	主界面显示图像的相对路径，图像标准大小 480 像素 ×335 像素
DefaultAction = < path to application >	不显示主界面时执行的代码
[BUTTON1]	主界面上按钮 1 的参数
…	…

若将［DIALOG］下的“Show = True”修改为“Show = False”，则运行“HelloWorld. exe”时不启动对话框界面直接出现虚拟机界面。

2. ENVI 二次开发程序

ENVI 二次开发程序发布的步骤与 IDL 的程序发布步骤基本一致。

以工程“envi_batch_template”为例，调用“make_rt”发布后的目录文件列表（图 18.12）。双击“envifile2tif. exe”文件时会弹出错误对话框（图 18.13）。

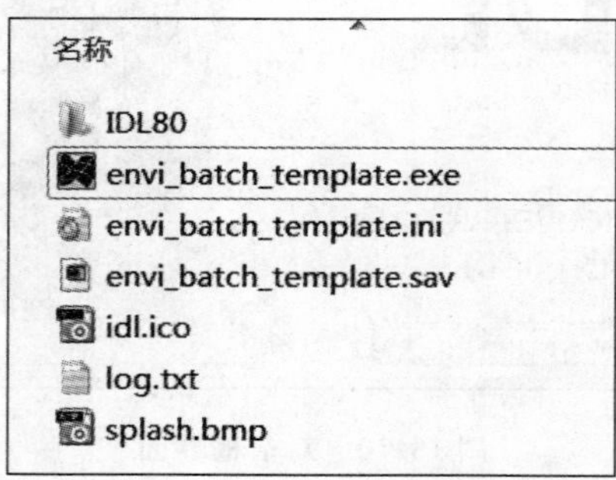

图 18.12　make_rt 后目录

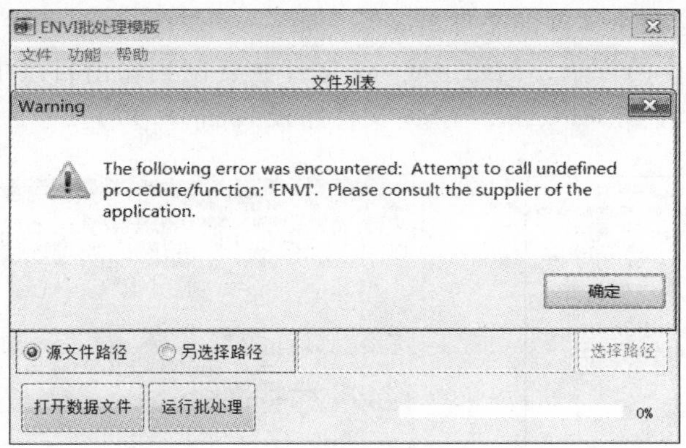

图 18.13　运行 exe 报错

出现该错误是因为发布时只发布了 IDL 的基本运行环境函数支撑，并未包含 ENVI 运行库。需要修改“envi2file. ini”文件中［Button1］的 Action 语句。原语句为

```
Action = . \IDL80 \bin \bin. x86 \idlrt. exe - rt = envifile2tif. sav
```

修改后语句为

```
Action = C: \Program Files \ITT \IDL \IDL80 \bin \bin. x86 \idlrt. exe - rt = envi-
file2tif. sav
```

即利用当前计算机中 ENVI 安装目录下的“idlrt. exe”来运行 sav 文件，这样可以正确调用。最终脚本内容见图 18.14 所示。

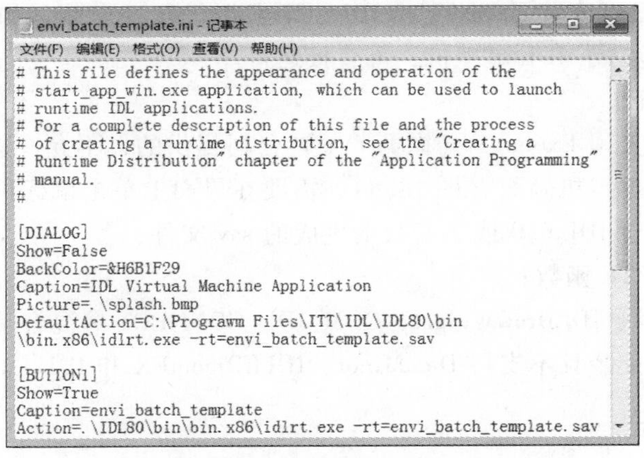


```
# This file defines the appearance and operation of the
# start_app_win.exe application, which can be used to launch
# runtime IDL applications.
# For a complete description of this file and the process
# of creating a runtime distribution, see the "Creating a
# Runtime Distribution" chapter of the "Application Programming"
# manual.
#

[DIALOG]
Show=False
BackColor=&H6B1F29
Caption=IDL Virtual Machine Application
Picture=.\splash.bmp
DefaultAction=C:\Prograwm Files\ITT\IDL\IDL80\bin
\bin.x86\idlrt.exe -rt=envi_batch_template.sav

[BUTTON1]
Show=True
Caption=envi_batch_template
Action=.\IDL80\bin\bin.x86\idlrt.exe -rt=envi_batch_template.sav
```

图 18.14　修改后运行脚本内容

可以看出，程序运行时并未用到“make_rt”生成的 IDL80 目录，故可将其删除，只保留必要的文件（图 18.15）。

名称
envi_batch_template.exe
envi_batch_template.ini
envi_batch_template.sav

图 18.15　发布程序简化后列表

从上面的步骤能够看出，ENVI 二次开发程序运行只需要 sav 文件以及一个 exe 和 ini 文件。因此，可简化发布步骤：从 IDL 安装路径子目录“.. \bin \make_rt”（图 18.16）中复制“start_app_win. exe”和“start_app_win. ini”到输出目

录并重命名。注意，这两个文件的文件名必须一致。

按照第 18.1.1 节中的方法，创建生成 sav 文件并复制到输出目录中；修改运行脚本 ini 文件中对应［Action］下的 idlrt 路径与 sav 文件路径（图 18.17）。

图 18.16　make_rt 目录文件结构

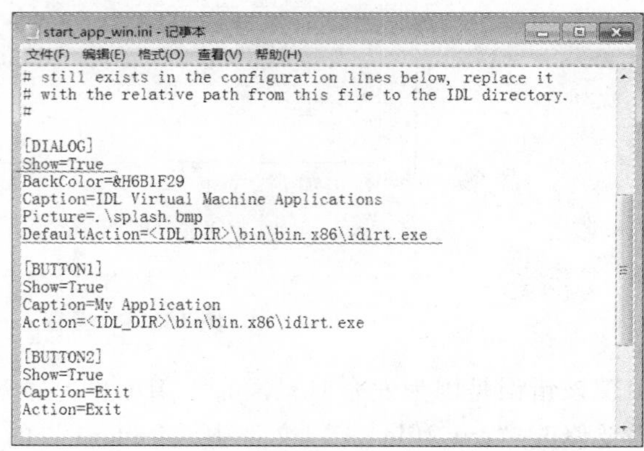

图 18.17　待修改运行脚本文件

18.2　程序部署

18.2.1　虚拟机方式

IDL 的虚拟机（Virtual Machine，VM）是一个免费的程序运行支撑平台。VM 适用于所有 IDL 支持的操作系统平台，这样可以方便在各种操作系统上部署和运行 IDL 程序。

若当前操作系统已经安装了 ENVI 或 IDL，则虚拟机已经安装；如果程序经过“make_rt”发布，文件夹中包含了 IDL 虚拟机，可直接运行。

虚拟机的限制如下：

- 虚拟机必须是美国 ExelisVis（原 ITTVis）公司提供的，不允许进行更改；
- 启动时会弹出虚拟机画面（图 18.8），需要在界面上单击鼠标再选择 sav 文件；
- 虚拟机只能运行 IDL 6.0 或更高版本生成的 sav 文件；
- 不支持 EXECUTE 函数；
- 不支持 Callable、IDLDrawWidget、COM_IDL_CONNECT 等混合编程技术；
- 虚拟机默认不安装且不支持 DataMiner、IDLffDicomEX 和 IDL - Java bridge 等组件。

18.2.2　Runtime 方式

IDL Runtime 是一种高性价比的 IDL 软件发布方法，它不仅可以发布 IDL 程序，而且可以发布 IDL 与其他语言混编的程序。Runtime 程序运行时是需要 Runtime 许可的，Runtime 许可分为单机版（Single）和浮动版（Floating）。

1. 单机版配置

单机版许可配置包括复制许可文件和设置系统变量两种方法。

复制许可文件到发布后的程序 license 目录下，即建立与 IDL * 目录同级的 license 目录，复制许可文件“license.dat”或“license.lic”文件到 license 目录下（图 18.18）。

设置系统变量的操作步骤如下：右击［我的电脑］，选择［属性］-［高级系统设置］-［高级］-［环境变量］；单击［系统变量］中的［新建］，变量名设为“LM_LICENSE_FILE”，变量值设为许可文件全路径（图 18.19）。

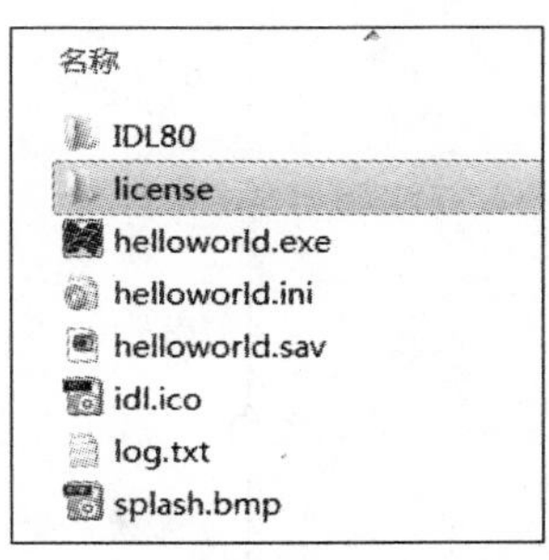

图 18.18　建立 license 目录

图 18.19　设置系统变量

2. 浮动版配置

（1）服务器配置。安装 ENVI 或 IDL，在提示是否安装许可时，如果选择“否”，之后可以单击菜单［开始］-［IDL *］-［Tools］-［License Wizard］再次配置；如果选择“是”，可直接弹出 License Wizard 界面（图 18.20）。在界面中选择第三项“Install a license you have received”，单击 Next 按钮；在导入许可界面中单击“Browse to import license file…”（图 18.21）导入许可。

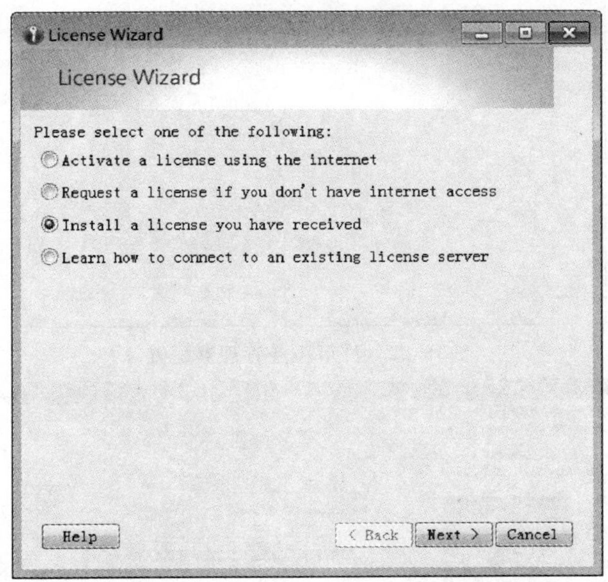

图 18.20　安装许可

导入许可后，弹出许可服务安装和服务配置选项（图 18.22）。

注意：如果未出现“Install license manager service”和“Lauch lmtools utility to manage service”选项，则需要检查许可 HostID 或 HostName 与当前系统 HostID 或 HostName 是否匹配。

单击 Next 按钮，进入许可服务安装和服务配置选项界面（图 18.23）。

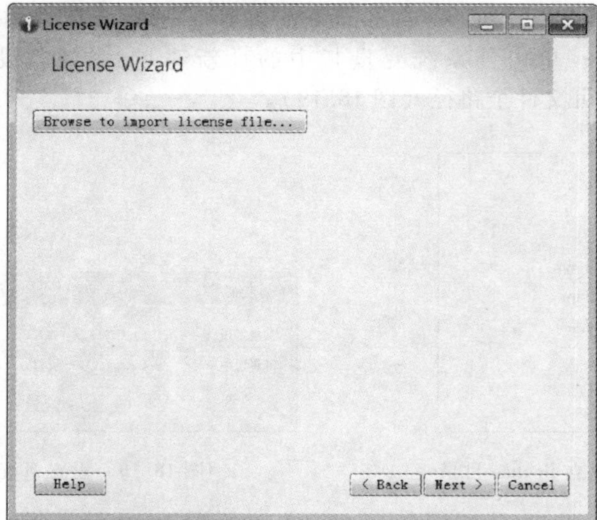

图 18.21 导入许可界面

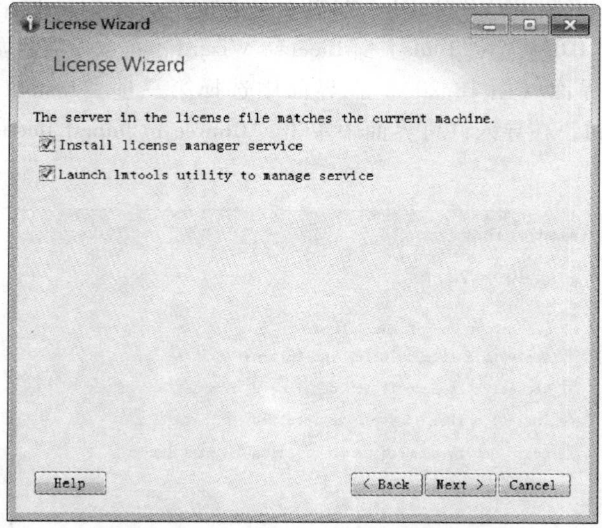

图 18.22 许可服务管理器配置

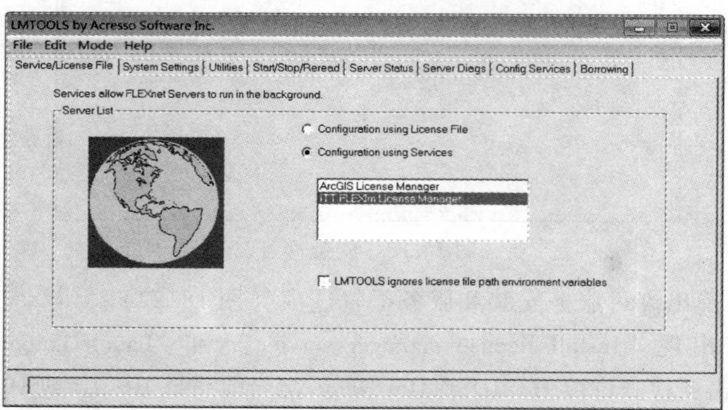

图 18.23 Lmtools 管理界面

在“Server Diags”界面中单击“Perform Diagnostics”按钮，对当前存在的服务状态进行诊断。如果许可内容正确，则显示当前许可可用的功能模块（图18.24）。

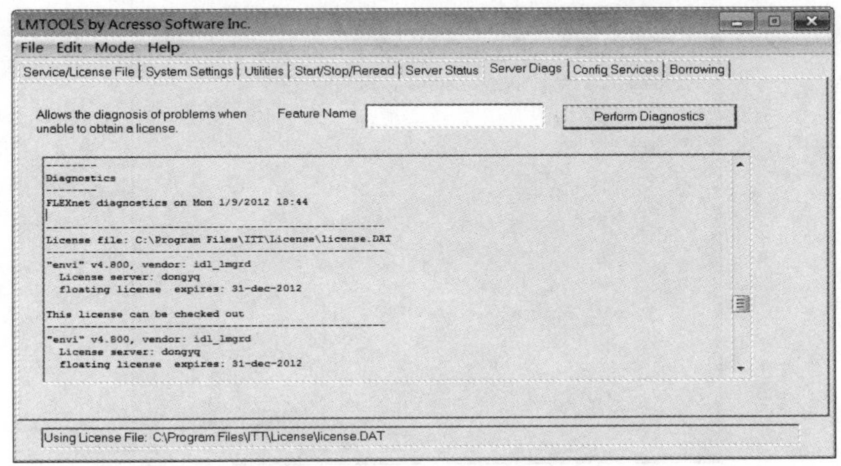

图18.24　许可服务诊断

如果功能模块未能正确诊断，重新检查硬件加密锁和许可文件，然后在LMTools界面中，选择Start/Stop/Reread界面，对默认的许可服务“ITT FLEXlm License Manager”先单击“Stop Server”，再单击“Start Server”（图18.25）。

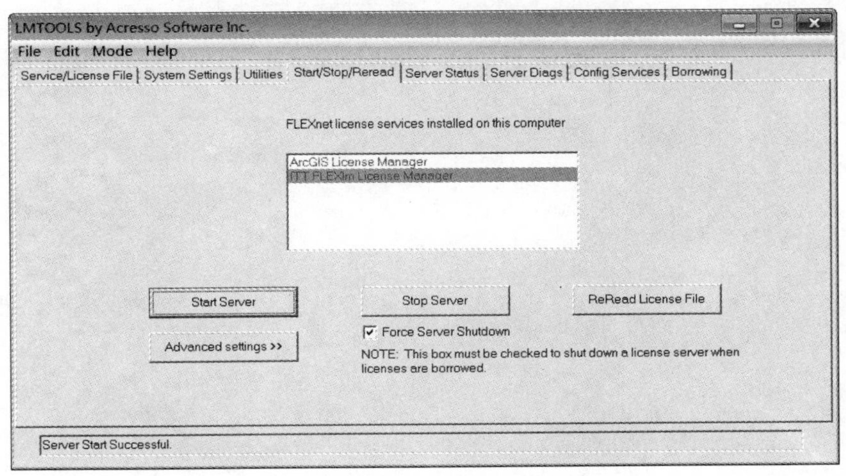

图18.25　启动服务

重复许可诊断测试，成功后单击Finish按钮，关闭许可管理器界面（图18.26）。

(2) 客户端配置。确保客户端与服务器的局域网连接畅通，建立环境变量步骤如下：右击［我的电脑］，选择［属性］-［高级系统设置］-［高级］-［环境变量］；单击［系统变量］的［新建］，变量名设为“LM_LICENSE_FILE”，变量值设为“1700@servername”。其中，servername是服务器的主机名或ip地址（图18.27）。

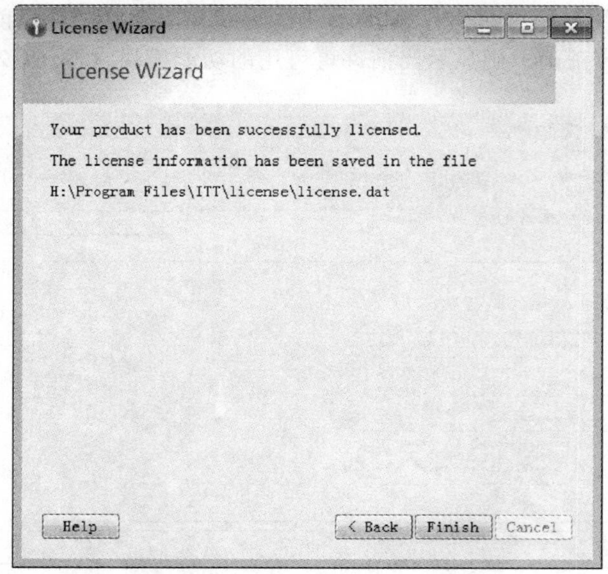

图 18.26　许可文件安装完成

图 18.27　客户端配置环境变量

第 19 章　ENVI 波段运算与功能扩展

ENVI（The Environment for Visualizing Images）是由遥感领域的科学家采用 IDL 开发的一套功能齐全的遥感图像处理软件。其软件处理技术覆盖遥感数据的输入/输出、定标、几何校正、正射校正、图像融合、镶嵌、裁剪、图像增强、图像解译、图像分类、基于知识的决策树分类、面向对象图像分类、动态监测、矢量处理、DEM 提取及地形分析、雷达数据处理、制图、三维场景构建、与 GIS 的整合等内容，提供专业的波谱分析工具和高光谱分析工具。ENVI/IDL 软件几乎可以支持市面上所有的 Windows XP/Vista/7/Server2008、Mac OS X、Linux 与 UNIX 等操作系统。

ENVI 提供了使用方便、功能强大的波段运算和波谱运算，只需了解基本的语法规则就可以方便地调用自定义运算功能。同时，ENVI 也提供了一系列界面组件和功能函数接口，通过这些接口可以方便地对 ENVI 进行功能扩展，使得程序能够保持与 ENVI 一致的外观，同时也极大地降低了程序开发难度。

19.1　波段与波谱运算

用户可以通过波段或波谱运算对话框输入运算表达式或运算函数。波段与波谱操作中的数据输入/输出、函数调用都由 ENVI 内部进行控制。

波段运算中定义的变量必须以“b”或“B”开头，后面为数字且不超过 5 位；波谱运算中定义的变量必须以“s”或“S”开头，后面为数字且不超过 5 位。

图 19.1 说明了利用波段运算进行三个波段相加的处理过程。表达式中每一个波段变量对应一个输入影像的波段，通过运算函数进行波段的求和处理，最后输出结果图像。

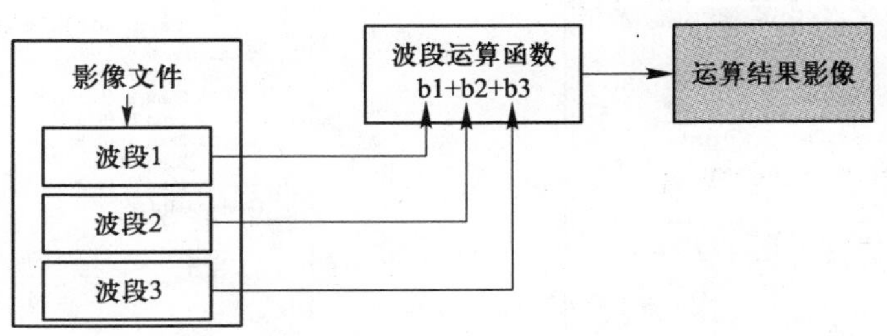

图 19.1　波段运算原理

表达式中的每个变量不仅可以对应单一波段，也可以对应一个文件。例如，在表达式“b1 + b2”中，如果 b1 映射为多波段文件而 b2 映射为单一波段，则最终结果为 b1 对应文件的所有波段和 b2 对应波段进行求和。

19.1.1　波段与波谱运算表达式

进行波段运算和波谱运算时，可以直接编写运算表达式，表达式中可以使用 IDL 的运算符和函数，运算符可参考表 19.1。

表 19.1　波段与波谱运算的运算符

数学运算符	三角运算符	其他运算符
加（+）	正弦［sin(x)］	关系运算符（EQ、NE、LE、LT、GE、GT）
减（-）	余弦［cos(x)］	逻辑运算符（AND、OR、XOR、NOT）
乘（*）	正切［tan(x)］	类型转换函数（byte、fix、long、float、double、complex）
除（/）	反正弦［asin(x)］	
最小运算符（<）	反余弦［acos(x)］	
最大运算符（>）	反正切［atan(x)］	
绝对值［abs(x)］	双曲正弦［sinh(x)］	
平方根［sqrt(x)］	双曲余弦［cosh(x)］	
指数（^）	双曲正切［tanh(x)］	
自然指数［exp(x)］		
自然对数［alog(x)］		
以 10 为底的对数［alog10(x)］		

注意，由于 ENVI 内部对数据处理是分块进行的，所以要尽量避免使用关于整个波段的函数，如 min()、max()等。

以对影像进行除 2 运算为例，ENVI 中的操作步骤如下：

（1）单击菜单［File］-［Open Image File］，打开影像；

（2）单击菜单［Basic Tools］-［Band Math］，启动 BandMath；

（3）输入表达式 b1/2.0，单击 Add to List 按钮，单击 OK 按钮，见图 19.2 所示；

（4）在弹出的变量映射界面中，单击变量 b1，选择影像中的任意一个波段。需要对整个影像操作时，可单击 Map Variable to Input File 按钮，选择变量对应的文件，见图 19.3 所示；

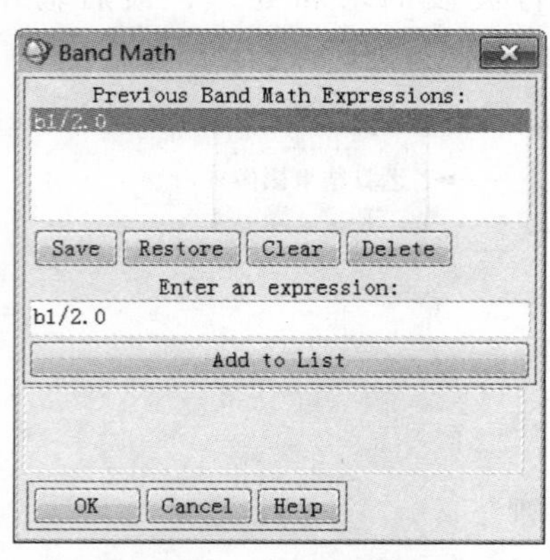

图 19.2　输入波段运算表达式

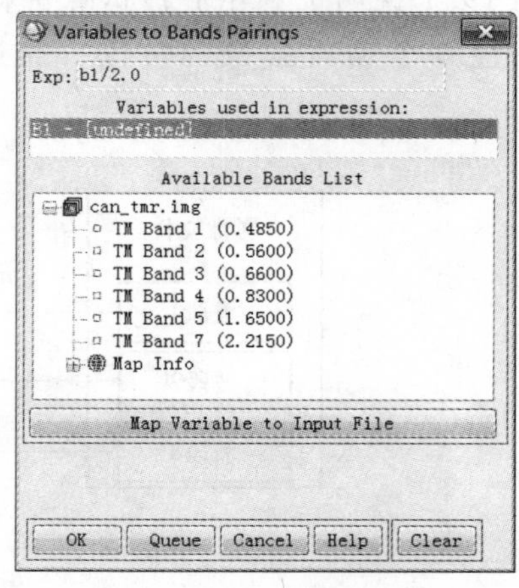

图 19.3　波段运算选择文件

（5）单击“Spatial Subset”，设置运算图像区域大小；设置输出文件路径后单击 OK 按钮。

19.1.2　波段与波谱运算函数

在影像进行复杂运算时，简单的波段运算表达式往往不能满足要求，这时可以调用波段或波谱运算函数。函数调用分为两种：pro 源码调用和 sav 文件调用。若进行 pro 源码调用，需要启动 ENVI + IDL。

1. 源码调用

（1）源码编译，有两种方式：

- 启动 ENVI + IDL，打开函数源码文件，进行编译；
- 启动 ENVI + IDL，单击 ENVI 主菜单 [File] - [Compile IDL Module]，选择源码文件。

如果希望 ENVI 启动时自动编译函数，可将源码文件复制到 ENVI 安装目录 "SAVE_ADD" 子目录下，重新启动 ENVI + IDL。

（2）函数调用。单击菜单 [Basic Tools] - [Band Math] 启动 BandMath 界面，输入函数调用表达式即可。

2. Sav 调用

（1）恢复文件。启动 ENVI，单击主菜单 [File] - [Compile IDL Module] 选择 sav 文件；与源码调用一样，将源码文件复制到 ENVI 安装目录 "SAVE_ADD" 子目录下，重新启动 ENVI，则 ENVI 启动时可以自动编译。

（2）函数调用。单击菜单 [Basic Tools] - [Band Math] 启动 BandMath 界面，输入函数调用表达式即可。

下面以实验数据光盘中 "第 19 章\bm_divz. pro" 文件为例，调用步骤如下：

（1）启动 ENVI + IDL，打开 bm_divz. pro，单击 "编译" 或单击 ENVI 主菜单 [File] - [Compile IDL Module] 选择 "bm_divz. pro"；

（2）打开需要进行运算的文件；

（3）启动波段运算，单击 ENVI 菜单 [Basic Tools] - [Bandmath]；

（4）在波段运算界面中输入表达式 "bm _ divz （b1，b2，/check，div _ zero = 1）"（图 19.4），单击 OK 按钮，即可完成调用。

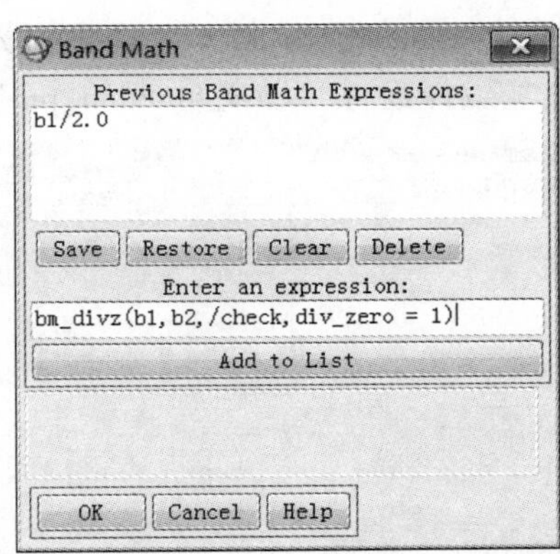

图 19.4　调用波段运算函数

19.1.3　波段运算表达式举例

1. 赋值

波段中数据值小于 0 的赋予 -999，表达式如下：

```
(b1 LT 0)*(-999)+(b1 GE 0)*b1
```

2. 求平均值

对三个波段求平均值，要求如果该波段小于 0，则不参加运算。例如，某点的波段值分别为 b1 等于 4；b2 等于 6；b3 等于 0；那么平均值 ave 等于（b1 + b2 + b3)/(1 + 1)，表达式如下：

```
(b1 >0 +b2 >0 +b3 >0)/(((b1 ge 0)+(b2 ge 0)+(b3 ge 0))>1)
```

3. 影像去云

对影像 b1 中的云部分（像元值大于 200），用影像 2 中的无云部分替换，表达式如下：

```
(b1 GT 200)*b2 +(b1 LE 200)*b1
```

4. 分段运算

对图像波段，需进行以下运算，如果 b1 <0，则 b1 =0；如果 0≤b1≤10，则 b1 = b1 * 100；如果 b1 >10，则 b1 = b1 * 10，表达式如下：

```
(b1 LE 0)*b1 >0 +((b1 ge 0)and (b1 le 10))*b1*100 +(b1 gt 10)*10
```

19.2　ENVI 功能扩展

功能扩展函数是在 ENVI 提供了大量调用函数接口的基础上，对 ENVI 的已有功能进行扩展。基于 ENVI 功能扩展接口，可以快速地实现 ENVI 读取数据格式支持和功能模块扩展等。

19.2.1　编写功能函数

功能扩展函数与常规的源码稍有不同，它必须以“pro”开头，并具备一个关键字传入事件结构体；关键字变量名常用“event”。可参考实验数据光盘中“源码\第 19 章\envi_function.pro”。启动 ENVI + IDL，编译运行“envi_function.pro”，程序界面见图 19.5 所示。

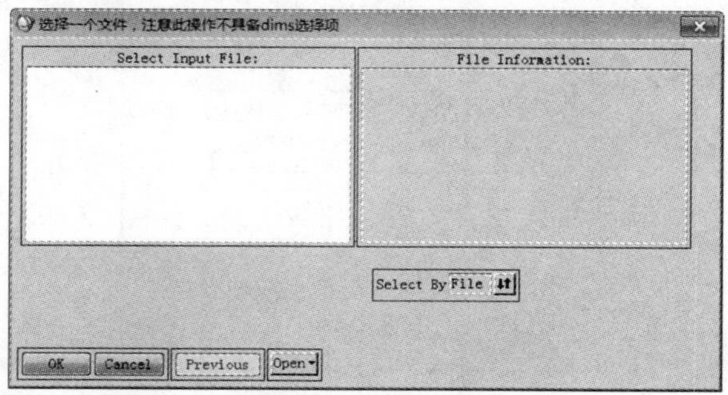

图 19.5　调用 envi 的文件选择界面

19.2.2 自定义菜单

功能扩展需要在ENVI菜单下调用，在ENVI已有的菜单中添加自定义功能菜单的方法有两种：修改菜单文件和利用函数添加。

1. 修改ENVI菜单文件

ENVI菜单系统包括主菜单和显示窗口菜单，这两种菜单的定义文件在ENVI安装目录下"…\idlxx\products\envixx\menu"子目录中，分别为"envi.men"和"display.men"。

"envi.men"文件定义了ENVI主菜单；"display.men"文件定义了显示窗口菜单。两者均为ASCII码文件，Windows下用记事本直接打开编辑。

ENVI启动时，读取菜单文件并构建ENVI菜单。如果需要修改菜单，只需在菜单文件中添加相应的文件内容并重启ENVI即可。

下面介绍菜单文件结构说明。

使用文本编辑器打开envi.men文件。文件开始部分有分号注释的说明，注释后面的内容结构如下：

```
0 {File}
  1 {Open Image File} {open envi file} {envi_menu_event}
  1 {Open Vector File} {open vector file} {envi_menu_event}
  1 {Open Remote File} {open remote file} {envi_menu_event}
  1 {Open External File} {separator}
    2 {Landsat}
      3 {Fast} {open eosat tm} {envi_menu_event}
```

每一行内容中，开始的部分定义了菜单项的层次。0表示最顶层；1表示一级子菜单；2表示二级子菜单，以此类推。

以1 {Open Image File} {open envi file} {envi_menu_event} 为例，各部分说明如下：

- 1表示该菜单选项为一级子菜单；
- {Open Image File} 是显示在菜单上的内容；
- {open envi file} 是用户的自定义值部分，该值在同函数处理多个菜单项时有用，用来判断选中的菜单项；
- {envi_menu_event} 是事件处理程序的名称，即用户函数名。需要注意这里使用的是用户函数名，而不是用户函数所在的文件名。

2. 利用函数添加

利用函数ENVI_DEFINE_MENU_BUTTON即可在程序中自动添加菜单。例如，功能函数名称为"my_fun，event"，那么需添加过程"PRO my_fun_define_buttons，buttonInfo"，菜单的添加就可以在这个过程下利用该函数完成。

ENVI_DEFINE_MENU_BUTTON的调用格式为

```
ENVI_DEFINE_MENU_BUTTON,ButtonInfo [,/DISPLAY],EVENT_PRO = string |/MENU | UVALUE = string [,POSITION = long integer or string] [,REF_INDEX = long integer] [,REF_UVALUE = variable],REF_VALUE = string [,SEPARATOR = {0 |1 |-1}] [,/SIBLING],VALUE = string
```

其中，各参数说明如下所述。

- ButtonInfo：调用时 ENVI 传入参数。
- Display：创建主菜单的子菜单或显示菜单的子菜单；
- Event_Pro：程序事件名称；
- Menu：是否为菜单；
- Position：菜单位置控制，可设置 before、after、first、last 等字符串；
- Ref_Index：当有多个 Ref_Value 时，可用此参数来控制；
- Ref_Value：已存在菜单名，作为创建菜单的参照菜单；
- Sibling：是否创建同级菜单；
- Value：菜单的显示信息。

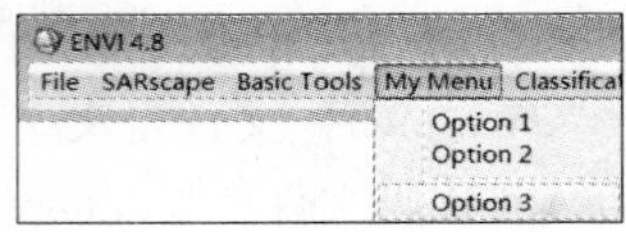

图 19.6　添加功能菜单

下面举例说明通过程序在 ENVI 主菜单上添加菜单(图 19.6)，源码如下：

```
;菜单添加示例
PRO MY_PROCESS_DEFINE_BUTTONS,buttonInfo
  COMPILE_OPT IDL2
  ;在主菜单 Basic Tools 的后面添加菜单"My Menu"
  ENVI_DEFINE_MENU_BUTTON,buttonInfo, $
    value ='My Menu',/menu, $
    ref_value ='Basic Tools', $
    /sibling,position ='after'
  ;在 My Menu 菜单最后添加菜单 option1,事件响应程序为 my_process
  ENVI_DEFINE_MENU_BUTTON,buttonInfo, $
    value ='Option 1',uvalue ='option 1', $
    event_pro ='my_process', $
    ref_value ='My Menu',position ='last'
  ;在 My Menu 菜单最后添加菜单 option2,事件响应程序为 my_process
  ENVI_DEFINE_MENU_BUTTON,buttonInfo, $
    value ='Option 2',uvalue ='option 2', $
    event_pro ='my_process', $
    ref_value ='My Menu',position ='last'
  ;在 My Menu 菜单最后添加菜单 option3,显示分隔线,事件响应程序为 my_process
  ENVI_DEFINE_MENU_BUTTON,buttonInfo, $
    value ='Option 3',uvalue ='option 3', $
    event_pro ='my_process', $
    ref_value ='My Menu',position ='last', $
    /separator
END
;ENVI 功能扩展函数
PRO MY_PROCESS,event
  COMPILE_OPT IDL2
  ENVI_SELECT,title ='请选择一个文件',fid = in_fid
  IF(in_fid EQ -1) THEN RETURN
  ENVI_FILE_QUERY,in_fid,ns = ns,nl = nl,nb = nb,fname = fname
  tmp = DIALOG_MESSAGE(fname,/info)
END
```

将程序修改为如下，可在 ENVI 现有菜单基础上创建新功能菜单，见图 19.7 所示。

```
;菜单添加示例
PRO MY_PROCESS_DEFINE_BUTTONS,buttonInfo
  COMPILE_OPT IDL2
  ;在 Basic Tools 下第一个 Preprocessing 最后添加 New Tools 的菜单
  ENVI_DEFINE_MENU_BUTTON,buttonInfo,VALUE ='New Tools', $
    /MENU,REF_VALUE ='Preprocessing',REF_INDEX =0, $
    POSITION ='last'
  ;在新菜单 New Tools 下添加子菜单 Tool 1
  ENVI_DEFINE_MENU_BUTTON,buttonInfo,VALUE ='Tool 1', $
    UVALUE ='tool 1',EVENT_PRO ='my_process', $
    REF_VALUE ='New Tools'
END
…
```

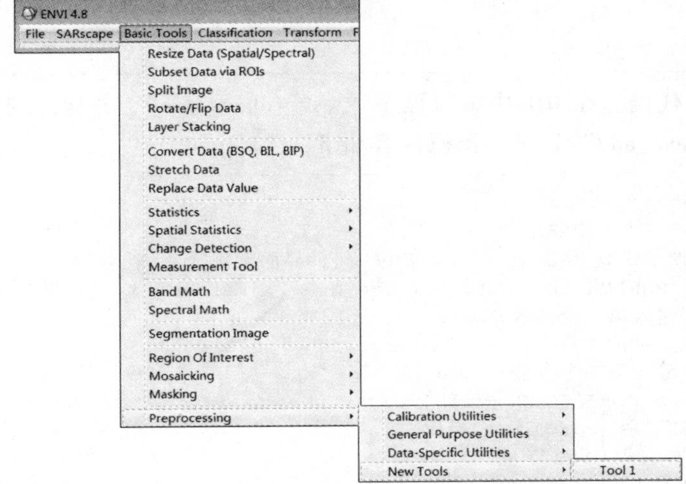

图 19.7　在 ENVI 现有菜单上添加菜单

19.2.3　编写界面

功能扩展的界面包括界面创建与事件响应两部分。ENVI 提供了一系列 Widget_ * 组件，其调用格式与 IDL 界面组件的调用格式基本一致。

1. 界面控制

在 IDL 中，界面创建时必须要有一个 TLB（最高顶级 base），在 ENVI 组件界面中由 WIDGET_AUTO_BASE 来实现。

IDL 中在界面创建后，需要调用 Xmanager 进行事件的响应与处理，ENVI 组件编写后无需调用 Xmanager，AUTO_WID_MNG 可以实现该功能，且提供了 OK 按钮和 Cancel 按钮。

实现 ENVI 系统组件调用的伪代码如下：

```
PRO MYUSERFUNCTION,Event
  ;创建自动管理事件的 base
  TLB =WIDGET_AUTO_BASE(...)
```

```
  ;创建组件
  1st_parameter = WIDGET_PARAM(TLB,uvalue = 'param1'...)
  ;自动响应事件
  result = AUTO_WID_MNG(TLB)
  ;触发后处理
  DO the processing...
END
```

2. 实例

编写具备两个输入的功能扩展示例程序，具体操作步骤如下。

（1）添加菜单。修改 envi. men 文件菜单，在文件最后添加如下内容：

```
…
0 {界面}
  1 {弹出} {pop menu} {test_widgets}
```

（2）编写功能代码。在 IDL 中编写程序“test_widgets. pro”，并保存到“...\IDL\IDL80\products\envi48\save_add”目录。源码内容如下：

```
PRO test_widgets,event
  COMPILE_OPT STRICTARR
  TLB = WIDGET_AUTO_BASE(title = 'ENVI 组件界面示例')
  p1 = WIDGET_PARAM(tlb,/auto_manage,dt = 4,field = 2, $
    prompt = '输入第一个参数:',uvalue = 'p1')
  p2 = WIDGET_PARAM(tlb,/auto_manage,dt = 4,field = 2, $
    prompt = '输入第二个参数:',uvalue = 'p2')
  operation = WIDGET_TOGGLE(tlb,/auto_manage,default = 0, $
    list = ['加','乘'],prompt = '操作', $
    uvalue = 'operation')
  result = AUTO_WID_MNG(TLB)
  IF (result.accept EQ 0) THEN RETURN
  IF (result.operation EQ 0) THEN $
    ENVI_INFO_WID,STRTRIM(result.p1 + result.p2) ELSE $
    ENVI_INFO_WID,STRTRIM(result.p1 * result.p2)
END
```

（3）调用。重启 ENVI + IDL，单击菜单［窗口］-［弹出］，弹出界面（图 19.8）。

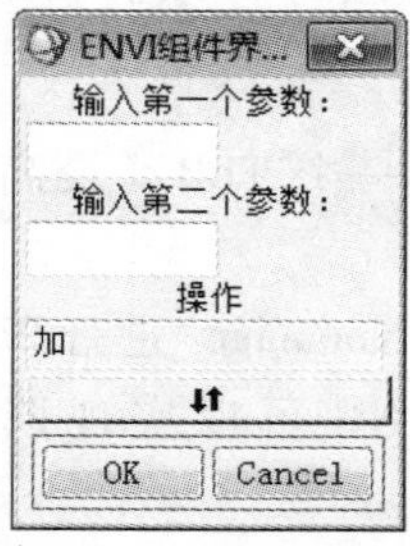

图 19.8　ENVI 组件调用示例

3. 界面组件

ENVI 提供了一系列复合界面组件，便于在进行功能扩展时方便地实现 ENVI 的界面。表 19.2 列出了每个组件的功能、描述和调用示例代码文件名（见随书附赠实验数据光盘）。

表 19.2　ENVI 提供的界面组件

组件名称	描述	调用示例代码文件
WIDGET_BORDER	边界参数设置和颜色选择	envi_widget_border_ex. pro
WIDGET_CMENU	颜色选择	envi_widget_cmenu_ex. pro
WIDGET_DEFAULT_STRETCH	拉伸参数设置	envi_widget_default_stretch_ex. pro
WIDGET_DATE	日期选择	envi_widget_date_ex. pro
WIDGET_EDIT	列表编辑	envi_widget_edit_ex. pro
WIDGET_FONT	字体选择	envi_widget_font_ex. pro
WIDGET_GEO	经纬度数据参数输入	envi_widget_geo_ex. pro
WIDGET_MAP	投影坐标数据输入	envi_widget_map_ex. pro
WIDGET_MENU	菜单、单选按钮、复选按钮	envi_widget_menu_ex. pro
WIDGET_MULTI	多选列表编辑	envi_widget_multi_ex. pro
WIDGET_OUTF	输出文件名选择	envi_widget_outf_ex. pro
WIDGET_OUTFM	输出到内存或文件选择	envi_widget_outfm_ex. pro
WIDGET_PARAM	参数设置	envi_widget_ param_ex. pro
WIDGET_PIXEL_SIZE	像素大小设置	envi_widget_ pixel_size_ex. pro
WIDGET_PMENU	下拉菜单选择	envi_widget_ pmenu_ex. pro
WIDGET_PROJ	投影参数设置	envi_widget_ proj_ex. pro
WIDGET_RGB	RGB 颜色选择	envi_widget_ rgb_ex. pro
WIDGET_SLABEL	文本标签	envi_widget_slable_ex. pro
WIDGET_SLIST	列表选择	envi_widget_slist_ex. pro
WIDGET_SSLIDER	滑动条	envi_widget_sslider_ex. pro
WIDGET_STRING	字符串显示	envi_widget_string_ex. pro
WIDGET_SUBSET	裁剪区域选择	envi_widget_subset_ex. pro
WIDGET_TOGGLE	选择切换	envi_widget_toggle_ex. pro

19.2.4　错误处理

在 IDL 中，ENVI_IO_ERROR 函数提供了一个输入/输出错误信息弹出界面（图 19.9），调用示例代码如下：

```
IF (my_error NE 0) THEN ENVI_IO_ERROR,'文件读取错误'
```

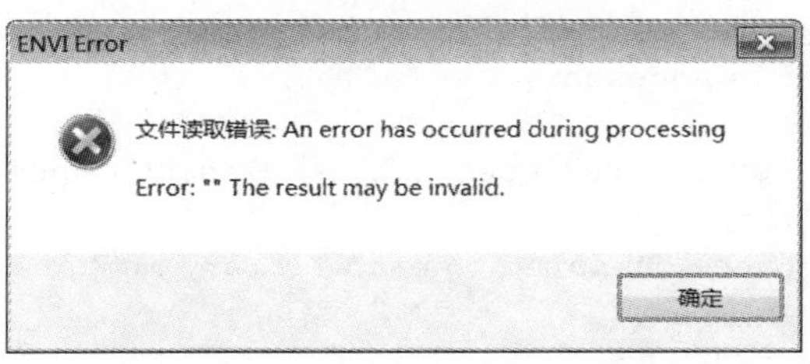

图 19.9　ENVI 读取错误处理

此外，也可使用 CATCH 函数，具体可参考本书第 5.6 节错误检测与程序恢复中的内容。

19.2.5 扩展与应用

1. 曲线绘制函数

利用曲线绘制函数可以通过 ENVI 绘制自定义曲线，以 ENVI 自带源码 “irplot. pro” 为例，添加曲线绘制函数的操作步骤如下：

(1) 编写功能代码文件。源码文件存储在 ENVI 的子目录 “save_add” 中，曲线绘制函数内容如下：

```
FUNCTION pf_zero_mean,plot_x,plot_y,bbl,bbl_array,$
    _extra = _extra
  bbl_ptr = WHERE(bbl_array EQ 1b,count)
  IF(count GT 0) THEN $
    RETURN,FLOAT(plot_y) - (TOTAL(plot_y(bbl_ptr))/
    N_ELEMENTS(bbl_ptr)) $
  ELSE RETURN,FLTARR(N_ELEMENTS(plot_y))
END
```

(2) ENVI 下添加标识。修改 ENVI 安装目录下子目录 “menu” 中的文件 “useradd. txt”，添加以下内容：

```
{plot}{Zero Mean}{pf_zero_mean}{type = 0}
```

其中，plot 用于标识添加的是曲线绘制功能；Zero Mean 为按钮名称。

(3) 运行调用。启动 ENVI + IDL，打开一幅图像，选择 image 窗口中菜单 [Tools] – [Profiles] – [X Profile]，弹出剖面线界面，单击菜单 [Plot_Function] – [Zero Mean] 来绘制曲线（图 19.10）。

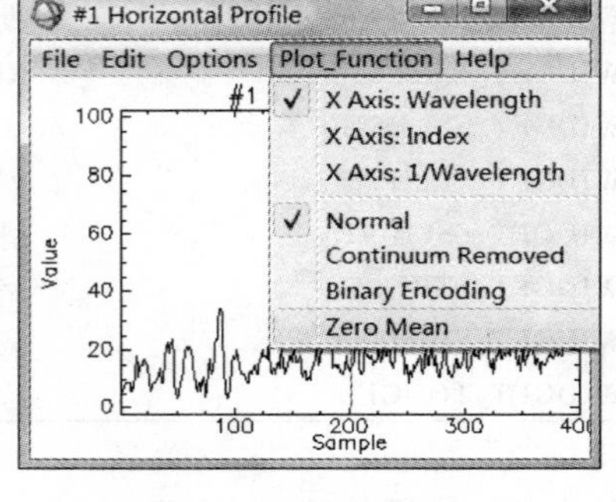

图 19.10 光谱分析函数

2. 光谱分析函数

光谱分析函数提供了自定义光谱分析。以 ENVI 自带的计算当前波谱曲线与波谱库曲线最小距离函数 “irsadist. pro” 为例，调用的基本步骤如下：

(1) 编写功能代码。源码文件存储在 ENVI 的子目录 “save_add” 中，光谱分析函数内容如下：

```
PRO IRSADIST_FUNC_SETUP,wl,spec_lib,handles,num_spec = num_spec
; No initialization is necessary
END
FUNCTION IRSADIST_FUNC,wl,ref,spec_lib,handles,num_spec = num_spec,$
    scale_vals = scale_vals
  ; Compute the distance compared to each library member
  result = DBLARR(num_spec)
  FOR i = 0L,num_spec - 1 DO $
    result[i] = SQRT(TOTAL((spec_lib[*,i] - ref)^2,/double))
  ; scale the result from zero to one
  dmax = MAX(result,min = dmin)
  RETURN,(1d - ((result - dmin)/(dmax - dmin)))/scale_vals[1]
END
```

(2) ENVI 下添加标识。在 ENVI 安装目录下子目录“menu”中编辑修改“useradd. txt”文件（图 19.11），添加下面的内容：

```
{identify}{Minimum Distance}{MDIST}{irsadist_func}{0,1.}
```

```
useradd.txt - 记事本
文件(F) 编辑(E) 格式(O) 查看(V) 帮助(H)
{plot} {Normal} {sp_normal} {type=0}
{plot} {Continuum Removed} {sp_continuum_removed} {type=1}
{plot} {Binary Encoding} {sp_binary_encoding} {type=0}
{plot} {Smooth} {sp_smooth_plot_sarscape} {type=0}*
{plot} {Smooth dB} {sp_smooth_plot_db_sarscape} {type=0}
{plot} {Zero Mean} {pf_zero_mean} {type=0}

{identify} {Spectral Angle Mapper} {SAM} {envi_identify_sam} {0,.78539816}
{identify} {Spectral Feature Fitting} {SFF} {envi_identify_sff} {0,.1}
{identify} {Binary Encoding} {BE} {envi_identify_be} {0,1.}
{identify} {Minimum Distance} {MDIST} {irsadist_func} {0,1.}
```

图 19.11 useradd. txt 内容

(3) 运行调用。启动 ENVI + IDL，打开一幅图像，单击主菜单 [Spectral] - [Spectral Analyst]，选择波谱库后，在 Edit Identify Methods Weighting 界面会增加“Minimum Distance”方法，见图 19.12 所示。

3. 自定义投影类型

ENVI 支持不同类型的地图投影，同时支持自定义投影。可以通过单击菜单 [Map] - [Customize Map Projection] 来交互创建投影（图 19.13）。

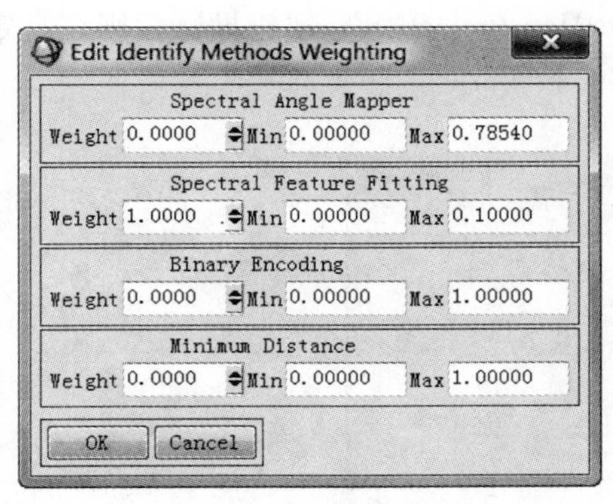

图 19.12 波谱分析方法选择

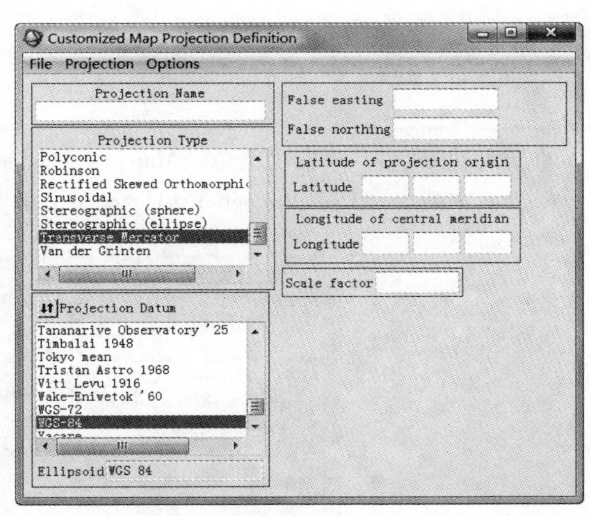

图 19.13 ENVI 下自定义投影界面

(1) 自定义投影方式。修改 ENVI 安装目录下子目录“menu”中的“usradd. txt”文件，添加语句格式为

```
{projection type} {projection name} {routine_root_name} {number of extra parameters}
```

其中，各参数含义为 {projection type}：投影类型。{projection name}：投影名称。{routine_root_name}：程序名称。{number of extra parameters}：定义投影时的额外设置参数，包括椭球体参数 a 和 b、投影原点（经纬度）以及东偏移和北偏移等，最多可定义 9 个参数。如果

没有参数，直接设置为 {0} 即可。

(2) 自定义程序。自定义程序分两部分：一部分是参数输入功能，需要编写 routine_ root_ name_DEFINE 函数；另一部分为坐标转换功能，需要编写 routine_ root_ name_CONVERT 函数。

routine_ root_ name_CONVERT 的格式为

```
routine_root_name_CONVERT,x,y,lat,lon,to_map=to_map,projection=proj
```

其中，x，y：投影坐标。Lat，lon：经纬度坐标。To_map：设置该参数，则进行经纬度坐标到投影坐标的转换；否则，进行投影坐标到经纬度坐标的转换。Proj：自定义的投影。

(3) 自定义投影实例。修改 ENVI 安装目录下子目录 "menu" 中的 "usradd. txt" 文件，添加投影名称和投影转换程序参数，格式为

```
{projection type} {User Projection #1} {user_proj_test1} {0}
```

编写函数 "user_ proj_test1_convert. pro" 内容如下，存储到子目录 "save_add" 下。

```
PRO user_proj_test1_convert,x,y,lat,lon,to_map=to_map,projection=p
  IF(KEYWORD_SET(to_map)) THEN BEGIN
    X=lon
    Y=lat
  ENDIF ELSE BEGIN
    Lon=x
    Lat=y
  ENDELSE
END
```

重新启动 ENVI，单击主菜单 [Map] - [Customize Map Projection] 创建投影，则在自定义投影界面中列出 "User Projection #1" 类型，如图 19. 14 所示。

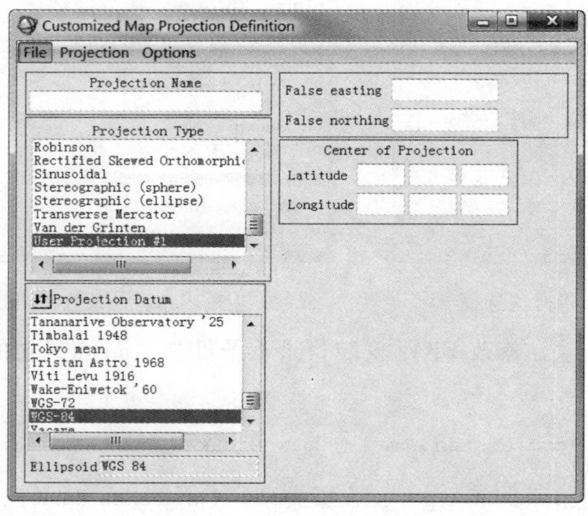

图 19. 14　自定义投影

如果定义包含参数输入的投影，可先修改“usradd. txt”文件，添加如下内容：

```
{projection type}{User Projection #2}{user_proj_test2}{4}
```

编写函数“user_ proj_test2_convert. pro”内容如下，存储到子目录“save_add”下。

```
PRO USER_PROJ_TEST2_DEFINE,add_params
  IF (N_ELEMENTS(add_params) GT 0) THEN BEGIN
    default_1 = add_params[0]
    default_2 = add_params[1]
    default_3 = add_params[2]
    default_4 = add_params[3]
  ENDIF
  base = WIDGET_AUTO_BASE(title = 'User Projection #1 Additional Parameters')
  sb = WIDGET_BASE(base,/column,/frame)
  sb1 = WIDGET_BASE(sb,/row)
  wp = WIDGET_PARAM(sb1,prompt = 'Parameter #1 ', $
    xsize = 12,dt = 4,field = 4,default = default_1, $
    uvalue = 'param_1 ',/auto)
  sb1 = WIDGET_BASE(sb,/row)
  wp = WIDGET_PARAM(sb1,prompt = 'Parameter #2 ', $
    xsize = 12,dt = 4,field = 4,default = default_2, $
    uvalue = 'param_2 ',/auto)
  sb1 = WIDGET_BASE(sb,/row)
  wp = WIDGET_PARAM(sb1,prompt = 'Parameter #3 ', $
    xsize = 12,dt = 4,field = 4,default = default_3, $
    uvalue = 'param_3 ',/auto)
  sb1 = WIDGET_BASE(sb,/row)
  wp = WIDGET_PARAM(sb1,prompt = 'Parameter #4 ', $
    xsize = 12,dt = 4,field = 4,default = default_4, $
    uvalue = 'param_4 ',/auto)
  result = AUTO_WID_MNG(base)
  IF (result.ACCEPT) THEN $
    add_params = [result.PARAM_1,result.PARAM_2, $
    result.PARAM_3,result.PARAM_4]
END
PRO USER_PROJ_TEST2_CONVERT,x,y,lat,lon, $
    to_map = to_map,projection = p
  COMPILE_OPT IDL2
  IF (KEYWORD_SET(to_map)) THEN BEGIN
    x = lon * 100. + p.PARAMS[4]
    y = lat * 100. + p.PARAMS[5]
  ENDIF ELSE BEGIN
    lon = (x - p.PARAMS[4])/100.
    lat = (y - p.PARAMS[5])/100.
  ENDELSE
END
```

重新启动ENVI，单击主菜单［Map］-［Customize Map Projection］创建投影，则界面中列出“User Projection #2”类型；单击按钮［Additional Projection parameters］，弹出参数输入界面，见图19.15所示。

投影创建成功后，打开文件“... \map_ proj\map_ proj. txt”，可查看新创建投影的参数。

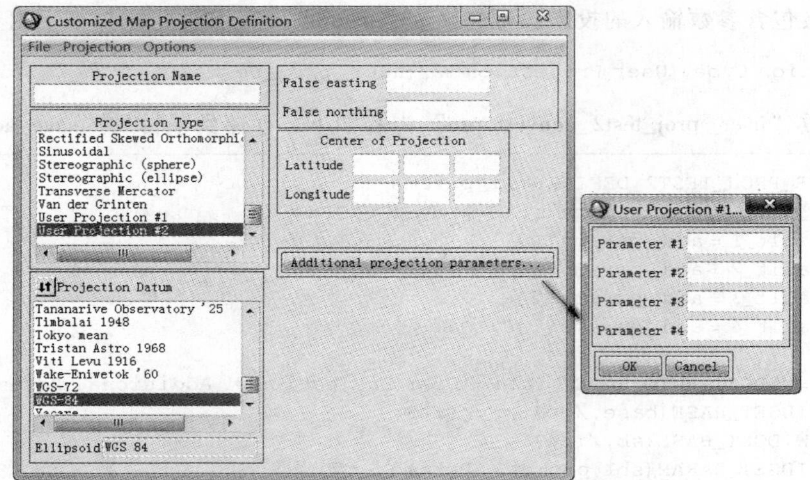

图 19.15 自定义投影参数输入

4. RPC 参数读取

单击 ENVI 主菜单 [Map] - [Orthorectification] - [Generic RPC]，可以使用自定义的函数来读取特定格式的 RPC 文件。函数可以将 RPC 文件内容读入到 RPC 结构中，然后将结构体返回给 ENVI。如果找不到任何 RPC 参数的文件，则返回 -1。

ENVI 的自定义 RPC 参数读取程序可以使用关键字 FID 或 FNAME，但两者不能同时使用。

如果使用 FID，表示 RPC 信息自己打开的文件。FID 可用来获取打开的图像以及与之相联系的 RPC 信息；如果从该 FID 中没有读到任何 RPC 信息，将会提示选择包含 RPC 系数的文件。如果用户选择了包含 RPC 信息的文件，该文件将会以 FNAME 关键字传递给自定义 RPC 读取程序，否则将返回 -1。

ENVI 的 RPC 数据必须严格按照 ENVI_PRC_STRUCT 结构体（表 19.3）的形式存放。

表 19.3 ENVI_PRC_STRUCT 结构体

标记名	数据类型及大小	描述
OFFSETS	Double array [5]	用于计算 PRC 转换标准偏移系数，顺序为 line、sample、latitude、longtitude、height
SCALES	Double array [5]	用于计算 PRC 转换标准缩放系数，顺序为 line、sample、latitude、longitude、height
LINE_NUM_COEFF	Double array [20]	用于计算有理多项式行值（row value）的 20 个分子系数
LINE_DEN_COEFF	Double array [20]	用于计算有理多项式行值（row value）的 20 个分母系数
SAMP_NUM_COEFF	Double array [20]	用于计算有理多项式列值（column value）的 20 个分子系数
SAMP_DEN_COEFF	Double array [20]	用于计算有理多项式列值（column value）的 20 个分母系数
P_OFF	Double scalar	列偏移（图像坐标系统），从 RPC 定位图像的左上角到图像左上角的 x 偏移量。该值一般都是 0，只有当 RPC 系数描述的坐标范围比对应的图像范围小时，才会用上这个值
L_OFF	Double scalar	行偏移（图像坐标系统），从 RPC 定位图像的左上角到图像左上角的 y 偏移量。该值一般都是 0，只有当 RPC 系数描述的坐标范围比对应的图像范围小时，才会用上这个值

编写完自定义的 RPC 读取函数 pro 文件后，将其或是编译后的 sav 文件复制到“... \save_add”目录下；重新启动 ENVI + IDL 或 ENVI。

修改“useradd. txt”，加入用户定义的 RPC 读入程序，在文件中加入以下内容：

```
{rpc reader}{rpc reader name}{rpc reader function name}{}
```

其中，{rpc reader} 为标识 rpc 读取程序；{rpc reader name} 为标识自定义 rpc 读取程序的名称；{rpc reader function name} 为指定自定义 rpc 读取程序名；{} 为保持为空。

下面举例说明编写并调用 RPC 自定义读入的程序。例子中包含 RPC 系数的文件名和输入的图像文件名一致，并以 . rpc 作为扩展名。读入程序通过名称和扩展名，直接从相关图像中读入 RPC 系数。

```
FUNCTION ENVI_USER_RPC_READER,FID = fileID,FNAME = filename, $
    _EXTRA = extra
  COMPILE_OPT STRICTARR
  ;如果没有 RPC 文件,则返回 -1,读取 RPC 文件成功则返回 RPCs 的结构体
  IF (N_ELEMENTS(filename) EQ 0) THEN BEGIN
    IF (N_ELEMENTS(fileID) EQ 0) THEN RETURN, -1
    ENVI_FILE_QUERY,fileID,FNAME = filename
    filename = filename +'.rpc'
  ENDIF
  ;创建 RPC 结构体
  rpcCoeffs = get_rpc_coefficient_structure()
  ;找到 RPC 文件并打开读取,.rpc 文件和图像数据文件在同一目录
  IF (~FILE_TEST(filename)) THEN RETURN, -1
  OPENR,unit,filename,/GET_LUN
  value = ''
  ;读取 RPC 结构体赋值
  FOR index = 0,4 DO BEGIN
    READF,unit,value
    rpcCoeffs.OFFSETS[index] = DOUBLE(value)
  ENDFOR
  FOR index = 0,4 DO BEGIN
    READF,unit,value
    rpcCoeffs.SCALES[index] = DOUBLE(value)
  ENDFOR
  FOR INDEX = 0,19 DO BEGIN
    READF,unit,value
    rpcCoeffs.LINE_NUM_COEFF[index] = DOUBLE(value)
  ENDFOR
  FOR INDEX = 0,19 DO BEGIN
    READF,unit,value
    rpcCoeffs.LINE_DEN_COEFF[index] = DOUBLE(value)
  ENDFOR
  FOR INDEX = 0,19 DO BEGIN
    READF,unit,value
    rpcCoeffs.SAMP_NUM_COEFF[index] = DOUBLE(value)
  ENDFOR
  FOR INDEX = 0,19 DO BEGIN
    READF,unit,value
    rpcCoeffs.SAMP_DEN_COEFF[index] = DOUBLE(value)
  ENDFOR
```

```
  READF,unit,value
  rpcCoeffs.P_OFF = DOUBLE(value)
  READF,unit,value
  rpcCoeffs.L_OFF = DOUBLE(value)
  ;文件关闭
  FREE_LUN,unit
  ;返回 RPC 结构体
  RETURN,rpcCoeffs
END
```

将以上代码保存到文件“envi_user_rpc_reader.pro”中，并存储到“save_add”目录下。

编辑“useradd.txt”文件，添加以下内容：

```
{rpc reader} {example rpc reader} {envi_user_rpc_reader} {}
```

启动 ENVI + IDL，单击主菜单［Map］-［Orthorectification］-［Generic RPC］，ENVI 会在标准的 ENVI RPC 读入程序读取失败后调用自定义的 RPC 读入程序。

5. 鼠标移动响应程序

鼠标移动响应程序接口为在利用鼠标对 ENVI 进行交互式操作时的处理提供了接口方式，包含两类：Move 程序和 Motion 程序。Move 程序是鼠标在 zoom 窗口上鼠标位置移动时触发的程序事件；Motion 程序是鼠标在界面上移动时触发的程序事件。

(1) Move 程序示例。

自定义 ENVI 经纬度显示的程序，代码见实验数据光盘中“第 19 章\user_cursor_info.pro”，并复制到“\save_add”子目录下。

重新启动 ENVI + IDL，单击 ENVI 主菜单［File］-［Preferences］，在弹出界面中单击［User Defined Files］界面，设置 User Defined Move Routine 的值为函数名称“USER_CURSOR_INFO”，见图 19.16 所示，单击 OK 按钮保存系统参数。

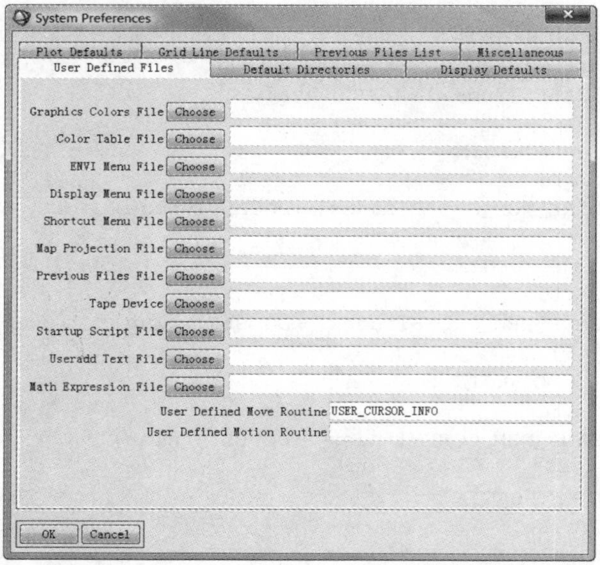

图 19.16 自定义 Move 程序

打开自带投影坐标的文件后，鼠标在显示窗口中移动时会弹出自定义经纬度显示界面（图 19.17）。

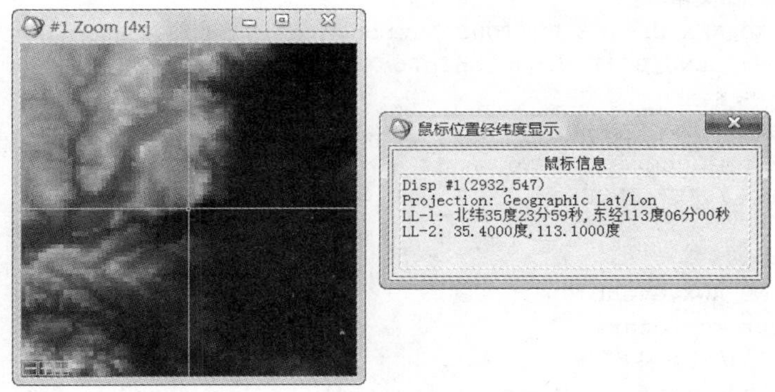

图 19.17 自定义经纬度显示

（2）Motion 程序示例。

编写控制台输出鼠标位置信息的 Motion 程序，参考实验数据光盘中的代码“第 19 章\user_cursor_motion. pro”。

复制文件到“\save_add”目录下，重新启动 ENVI + IDL；单击 ENVI 主菜单［File］-［Preferences］，在弹出界面中单击［User Defined Files］界面，设置 User Defined Move Routine 的值为函数名称“USER_CURSOR_MOTION”，单击 OK 按钮保存系统参数，见图 19.18 所示。

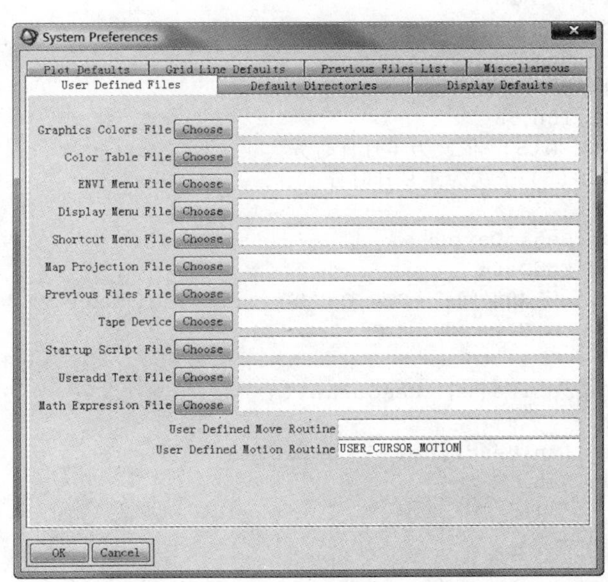

图 19.18 自定义控制台输出信息程序

6. 文件格式读取

自定义格式的文件，ENVI 可以通过调用格式解析代码的方式来快速读取。以本书第 6.2.3 节中自我格式描述解析代码为例，进行简单修改，以便于在 ENVI 下直接调用。

(1) AWX 读取实例。修改后的内容如下：

```
;ENVI 下自动添加菜单
PRO ENVI_READ_AWX_DEFINE_BUTTONS,buttonInfo
  ENVI_DEFINE_MENU_BUTTON,buttonInfo,  VALUE='AWX',$
    uValue='',$
    event_pro='ENVI_READ_AWX',$
    REF_VALUE='Generic Formats',$
    POSITION=1,REF_INDEX=0
END
;AWX 文件解析程序
PRO ENVI_READ_AWX,event
  compile_opt strictarr
  ;获取 ENVI 默认设置参数
  cfg=envi_get_configuration_values()
  ;默认数据打开目录
  inPath=cfg.DEFAULT_DATA_DIRECTORY
  ;对话框选择文件
  file=DIALOG_PICKFILE(path=inPath,$
    filter='*.awx',title='选择 AWX 文件')
  ;判断文件是否存在
  IF FILE_TEST(file) NE 1 THEN RETURN
  ;打开文件
  OPENR,file_lun,file,/Get_Lun
  ;定位到信息部分
  POINT_LUN,file_lun,20
  HeadLine=INDGEN(3)
  READU,file_lun,HeadLine
  ;定位到信息部分
  POINT_LUN,file_lun,58
  BeginDate=INDGEN(5) ;依次为年月日时分
  EndDate=INDGEN(5);依次为年月日时分
  ;读取
  READU,file_lun,BeginDate
  READU,file_lun,EndDate
  descriptionStr='起始时间:'+STRJOIN(StrTrim(BeginDate,2),'-')+$
    '结束时间:'+STRJOIN(StrTrim(EndDate,2),'-')
  ;定义数据
  data=BYTARR(HeadLine[2],(HeadLine[0]))
  ;定位到数据部分
  POINT_LUN,file_lun,HeadLine[0]*HeadLine[1]
  READU,file_lun,data
  ;关闭文件 lun
  FREE_LUN,file_lun
  ;设置 ENVI 内容
  ENVI_SETUP_HEAD,fname=file,$
    ns=headLine[2],nl=HeadLine[0],nb=1,$
    DESCRIP=descriptionStr,$
    interleave=0,data_type=1,$
    offset=HeadLine[0]*HeadLine[1],/write,/open
END
```

（2）代码使用。将源码复制到“...\save_add”目录下，重新启动 ENVI + IDL；在主菜单［File］-［Open External File］-［Generic Formats］下，可发现自动创建的菜单［AWX］，见图 19.19 所示。

（3）运行功能。单击菜单［AWX］，选择 AWX 文件。ENVI 可调用读取程序解析文件并在“Available Band List”中列出，见图 19.20 所示。

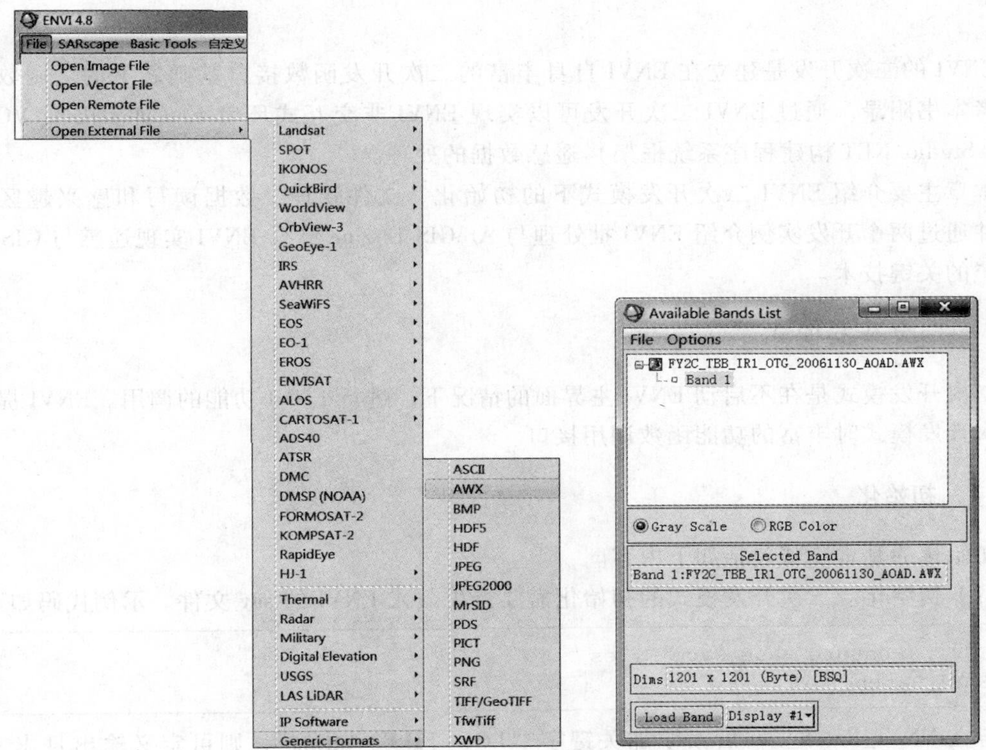

图 19.19 自定义添加菜单　　　　图 19.20 ENVI 波段列表

第20章 ENVI二次开发

ENVI的二次开发是建立在ENVI自身丰富的二次开发函数接口基础之上的。函数列表可参考本书附录。通过ENVI二次开发可以实现ENVI非交互式环境下（如IDL或VC++、Visual Studio. NET构建程序系统框架）遥感数据的处理。

本章主要介绍ENVI二次开发模式下的初始化、文件管理、数据读写和感兴趣区等功能；并通过两个开发实例介绍ENVI批处理与ArcGIS Engine结合ENVI实现遥感与GIS一体化系统的关键技术。

20.1 二次开发模式

二次开发模式是在不启动ENVI主界面的情况下，进行ENVI功能的调用。ENVI提供了在二次开发模式时丰富的功能函数调用接口。

20.1.1 初始化

初始化的基本步骤包括如下内容。

（1）初始化。二次开发模式的初始化需要首先载入ENVI的sav文件。示例代码如下：

```
ENVI,/Restore_Base_Save_Files
ENVI_Batch_init
```

若在ENVI_Batch_init后面添加关键字"LOG_FILE = string"，则可定义输出日志文件；添加"/NO_STATUS_WINDOW"，可控制后续ENVI处理过程中不显示进度条。进度条的开关还可以通过"ENVI_BATCH_STATUS_WINDOW"来控制。

（2）关闭。ENVI功能调用完成后，需要关闭二次开发模式。否则，多次进行初始化而未关闭，可能会出现功能的调用异常。关闭代码如下：

```
ENVI_Batch_Exit
```

下面是初始化ENVI的二次开发模式，调用ENVI函数来打开文件，实现通过对话框提示ENVI函数获取的文件名的功能示例代码如下：

```
PRO ENVI_BATCH_MODE
  ;严格编译规则
  COMPILE_OPT IDL2
  ;恢复 ENVI 的 sav 文件
  ENVI,/RESTORE_BASE_SAVE_FILES
  ;初始化 ENVI,并保存日志文件
  ENVI_BATCH_INIT,log_file ='batch.LOG'
```

```
    ;ENVI 函数打开文件
    ENVI_OPEN_FILE,fname,r_fid = fid
    ;如果未选择文件或文件无法打开
    IF (fid EQ -1) THEN BEGIN
      ;ENVI 二次开发模式关闭
      ENVI_BATCH_EXIT
      RETURN
    ENDIF
    ;查询文件信息
    ENVI_FILE_QUERY,fid,fName = fileName
    ;对话框提示文件名称
    tmp = DIALOG_MESSAGE(fileName,/infor)
    ;ENVI 二次开发模式关闭
    ENVI_BATCH_EXIT
  END
```

20.1.2 常用关键字

关键字是ENVI二次开发中的重要部分。ENVI二次开发中调用功能时的参数输入和获取都是通过关键字来实现的。常用的关键字见表20.1所示。

表20.1 二次开发中的关键字

关键字名称	描 述
FID (File ID)	长整型的变量，ENVI中对文件进行的所有操作都是通过FID进行的
DIMS	5个长整型元素的数组，它定义了数据的空间子集。用户对文件操作时须同时使用DIMS确定该文件的空间子集。其中，DIMS [1] 为列的起始位置；DIMS [2] 为列的终止位置；DIMS [3] 为行的起始位置；DIMS [4] 为行的结束位置
Data_Type	数据类型代码标识，可参考表4.1
IN_MEMORY	是否输出内存。设置为1，则输出到内存；
Interleave	数据存储格式。0为BSQ；1为BIL；2为BIP
NB	文件的波段数
NL	文件的行数
NS	文件的列数
M_FID	掩膜文件ID，确定掩膜文件
OUT_BNAME	输出波段名字，是与波段数一致的字符串数组
OUT_NAME	输出文件的名称
POS	长整型数组。当文件具有多个波段时，可使用POS来确定用于处理的波段集。需要注意，pos是从0开始的。例如，POS = [2,3]，表示文件的第三波段和第四波段
R_FID	输出结果ID。结果存于内存中时，R_FID是对结果进行访问的唯一方法

20.1.3 文件管理

文件管理包括文件的选择、打开和关闭等操作。下面的示例代码均是在 ENVI + IDL 环境下命令行中运行的。

1. 对话框选择

函数 ENVI_PICKFILE 可以弹出文件选择对话框进行文件选择，示例代码如下：

```
ENVI > ;对话框选择文件,见图 20.1
ENVI > filename = ENVI_PICKFILE(title = 'Pick a img file',  filter = '*.img')
ENVI > ;查看选择的文件名
ENVI > PRINT,filename
C:\Program Files\ITT\IDL\IDL80\products\envi48\data\can_tmr.img
```

图 20.1 ENVI 的文件选择对话框

2. 文件选择与打开

ENVI_SELECT 函数会弹出 ENVI 的文件选择对话框，选择时可以选取影像任意区域和任意波段，返回选择文件的 ID、波段与空间子集等信息。

```
ENVI > ;打开文件
ENVI > ENVI_OPEN_FILE,filename,r_fid = fid
ENVI > ;选择文件,见图 20.2
ENVI > ENVI_SELECT,fid = fid,dims = dims,pos = pos
ENVI > ;查看选择的信息
ENVI > PRINT,dims,pos
        -1          136          519          47          261
         2
```

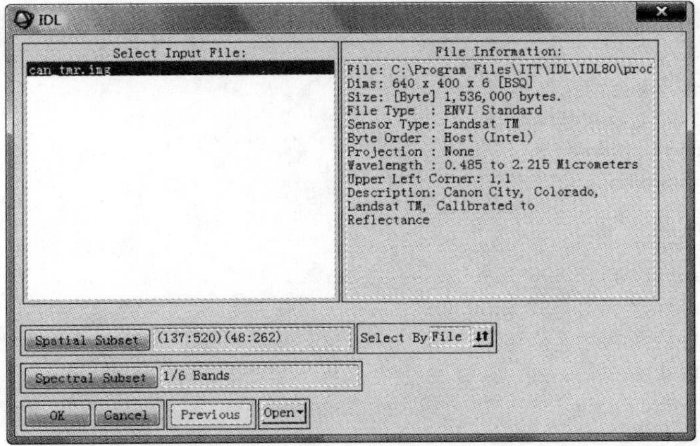

图 20.2　ENVI文件选择界面

3. 获取文件ID

ENVI_GET_FILE_IDS 函数可以获取 ENVI 下已经打开文件的 ID，示例代码如下：

```
ENVI >;获取已经打开的文件 ID
ENVI >ids = ENVI_GET_FILE_IDS()
ENVI >;输出 ID
ENVI >PRINT,ids
       2
```

ENVI_OPEN_FILE 打开文件并返回 FID，即等同于 ENVI 主菜单的 [File] – [Open Image File] 功能。ENVI_OPEN_DATA_FILE 用来打开传感器数据、软件和特定文件格式等文件，即等同于 ENVI 主菜单的 [File] – [Open Eternal File] 功能。

```
ENVI >;打开文件
ENVI >ENVI_OPEN_FILE,filename,r_fid = fid
```

4. 文件移除和删除

ENVI_FILE_MNG 函数可以对波段列表中或 ENVI 下已经打开的文件进行移除和删除处理

```
ENVI >;移除已经打开的文件 ID
ENVI >ENVI_FILE_MNG,id = fid,/Remove
ENVI >;获取已经打开的文件 ID
ENVI >fids = ENVI_GET_FILE_IDS()
ENVI >;输出内容
ENVI >print,fids
     -1
ENVI >;移除已经打开的文件 ID 并从磁盘上删除
ENVI >ENVI_FILE_MNG,id = fid1,/Remove,/Delete
```

20.1.4　文件读写

1. 信息查询

ENVI 下在对文件进行读取前需要明确文件的基本信息，如行列数、数据类型和波段个数等。这些基本信息可以利用 ENVI_FILE_QUERY 函数获取，调用示例代码如下：

```
ENVI >;根据文件 id 查询文件信息
ENVI >ENVI_FILE_QUERY,fid, $
ENVI >     fname = fName, $
ENVI >     dims = dims, $
ENVI >     nb = nb , $
ENVI >     ns = ns , $
ENVI >     nl = nl , $
ENVI >     SENSOR_TYPE = SENSOR_TYPE
ENVI >;查看文件的 ID
ENVI >print,fid
       3
ENVI >;查看文件名
ENVI >print,fname
C:\Program Files\ITT\IDL\IDL80\products\envi48\data\can_tmr.img
ENVI >;查看文件空间子集范围
ENVI >print,dims
       -1          0        639         0        399
ENVI >;查看波段数
ENVI >print,nb
       6
ENVI >;查看文件列数
ENVI >print,ns
     640
ENVI >;查看文件行数
ENVI >print,nl
     400
ENVI >;查看传感器代码
ENVI >print,sensor_type
     35
```

2. 数据读取

文件直接读取（即不分块）时，波谱数据读取可以用 ENVI_GET_SLICE 函数；栅格数据读取可以用 ENVI_GET_DATA 函数；若文件分块读取，可参考第 20.1.5 节的内容。

```
ENVI >;读取所有波段、第 20 行、20 - 40 列的波谱数据
ENVI >data = envi_get_slice(fid = fid,line = 20,pos = lindgen(nb),xs = 20,xe = 40)
ENVI >help,data
DATA            BYTE        = Array[21,6]
ENVI >;读取文件的第一波段数据内容
ENVI >data = ENVI_GET_DATA(fid = fid,dims = dims,pos = 0)
ENVI >help,data
DATA            BYTE        = Array[640,400]
ENVI >;读取文件的第二波段数据内容
ENVI >data = ENVI_GET_DATA(fid = fid,dims = dims,pos = 1,XFACTOR = 0.5,yFACTOR = 0.5)
ENVI >help,data
DATA            BYTE        = Array[320,200]
```

3. 数据保存

ENVI 下的数据保存分为保存到内存和保存到硬盘。ENVI_ENTER_DATA 函数可以将数据保存到内存，示例代码如下，运行后见图 20.3 所示。这种保存到内存的方式需要获取 r_fid，以便于后续操作。

```
ENVI >;将读取的第一个波段存储到内存中
ENVI >ENVI_ENTER_DATA,data,r_fid = rFid
```

函数 CF_DOIT 和 ENVI_OUTPUT_TO_EXTERNAL_FORMAT 可将文件另存为常见格式或其他常用软件格式。

ENVI 标准格式文件包含二进制数据文件和头信息文件（扩展名为 hdr），可以按照先输出二进制数据文件，再输出 hdr 头文件的步骤保存 ENVI 标准格式文件。示例代码如下：

```
ENVI >;获取 ENVI 的配置参数结构体
ENVI >cfg = envi_get_configuration_values()
ENVI >;默认输出目录
ENVI >out_path = cfg.DEFAULT_OUTPUT_DIRECTORY
ENVI >;定义输出文件名
ENVI >out_file = out_path + 'tm_band1.img'
ENVI >;二进制方式输出
ENVI >OPENW,lun,out_file,/get_lun
ENVI >WRITEU,lun,data
ENVI >FREE_LUN,lun
ENVI >;写出文件的头文件信息并打开文件(图 20.4)
ENVI >ENVI_SETUP_HEAD,fname = out_file, $
ENVI >   ns = ns,nl = nl,nb = 1, $
ENVI >   interleave = 0, $
ENVI >   data_type = data_type, $
ENVI >     offset = 0,/write,/open
```

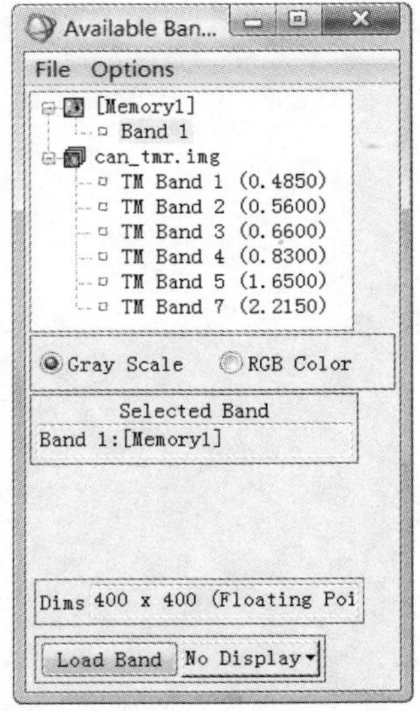

图 20.3 输出到内存后的波段列表

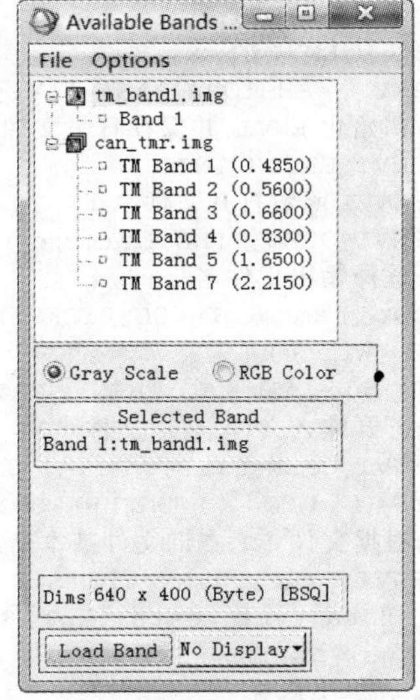

图 20.4 输出为文件后的波段列表

20.1.5 分块调度

ENVI 在数据处理过程中会对数据进行空间和波谱分块处理，这样无论多大的数据，ENVI 都能够处理，从而避免出现内存不足的情况。

1. 空间分块与波谱分块

空间分块是每个波段按行进行分块；波谱分块是按波谱进行分块，见图 20.5 所示。分块大小基于 ENVI 的系统参数 Image Tile Size，单击主菜单［File］-［Preference］，在 Miscellaneous 界面中可以进行修改。

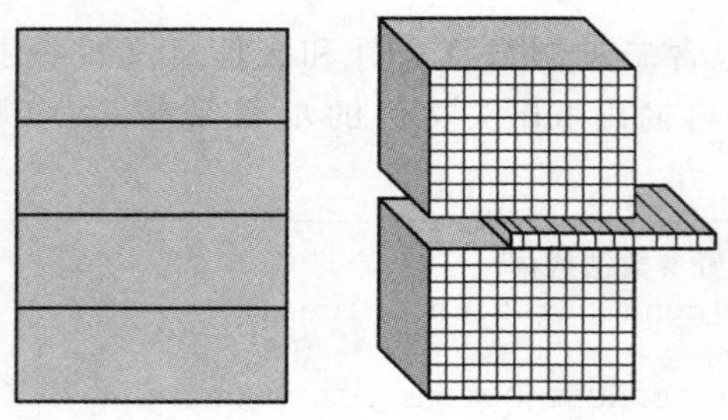

图 20.5 ENVI 的空间分块和波谱分块

2. 分块函数

分块函数包括 ENVI_INIT_TILE、ENVI_GET_TILE 和 ENVI_TILE_DONE。

- ENVI_INIT_TILE：初始化数据分块，可获得分块后的数据 ID；
- ENVI_GET_TILE：获取分块后的块数据；
- ENVI_TILE_DONE：关闭数据分块处理。

数据分块读写功能示例代码如下：

```
PRO USING_ENVI_TILE_WRITEFILE
  COMPILE_OPT IDL2
  ;恢复 ENVI 的 sav 文件
  ENVI,/RESTORE_BASE_SAVE_FILES
  ;初始化 ENVI,并保存日志文件
  ENVI_BATCH_INIT
  ;ENVI 函数打开文件
  ENVI_OPEN_FILE,fname,r_fid = fid
  ;选择输出文件名
  out_name = DIALOG_PICKFILE(title = '选择输出文件名', $
    /Write)
  IF out_name EQ "THEN   RETURN
  ;打开输入文件,获取文件 ID
  ENVI_OPEN_FILE,fname,R_fid = fid
  IF (fid EQ -1) THEN RETURN
  ;根据文件 ID,查询文件基本信息
  ENVI_FILE_QUERY,fid, $
    data_type = data_type, $
    ns = ns, $
    nl = nl, $
```

```
  nb = nb, $
  dims = dims
pos = lindgen(nb)
;打开文件,并获取文件设备号 unit
OPENW,unit,out_name,/get_lun
;ENVI 分块初始化操作
tile_id = ENVI_INIT_TILE(fid,pos,interleave = 0, $
  num_tiles = num_tiles,xs = dims[1],xe = dims[2], $
  ys = dims[3],ye = dims[4])
;依次读取块对应数据
FOR i = 0L,num_tiles - 1 DO BEGIN
  ;获取块数据
  data = ENVI_GET_TILE(tile_id,i,band_index = band_index)
  ;查看当前块索引与波段索引
  PRINT,i,band_index
  ;将读出的块数据存储到文件中
  WRITEU,unit,data
ENDFOR
;关闭文件设备号
FREE_LUN,unit
;设置输出文件的 hdr 头信息内容
ENVI_SETUP_HEAD, $
  fname = out_name, $                          ;输出文件名
  ns = ns, $                                   ;数据行数
  nl = nl, $                                   ;数据列数
  nb = nb, $                                   ;波段数
  data_type = data_type, $                     ;数据类型
  offset = 0, $                                ;偏移量
  interleave = 0, $                            ;存储格式
  descrip = 'save envi standard file', $       ;文件描述信息
  /write                                       ;写出到文件
;关闭块 ID
ENVI_TILE_DONE,tile_id
;ENVI 二次开发模式关闭
ENVI_BATCH_EXIT
END
```

20.1.6 坐标系与投影

IDL 中的坐标系分文件坐标和地理坐标。

(1) 文件坐标：即像素坐标，对应到影像数据也就是数据数组的下标。例如，一个影像大小为 300 像素 * 400 像素，那么对应的文件坐标范围为 [0:299] * [0:399]。

(2) 地理坐标：根据地图学的知识，影像文件如果包含地理坐标信息，那么可以用经纬度坐标或平面坐标（笛卡儿坐标）来描述。

ENVI 获取文件投影的函数有 ENVI_GET_MAP_INFO 和 ENVI_GET_PROJECTION。利用这两个函数读取文件地理坐标信息的示例代码如下：

```
ENVI >;定义文件完整路径
ENVI >file ='C:\Program Files\ITT\IDL\IDL80 products\envi48\data\bhtmref.img'
ENVI >;打开文件
ENVI >ENVI_OPEN_FILE,file,r_fid = fid
```

```
ENVI >;获取文件的 map 信息
ENVI >mapinfor = ENVI_GET_MAP_INFO(fid = fid,UNDEFINED = uDefined)
ENVI >;如果文件不包含 map 信息,则输出信息
ENVI >IF uDefined EQ 1 THEN PRINT,'文件不包含 map_info'
ENVI >;包含信息则查看 map 信息结构体
ENVI >HELP,mapInfor
** Structure ENVI_MAP_INFO_STRUCT,11 tags,length = 328,data length = 310:
   PROJ            STRUCT     -> ENVI_PROJ_STRUCT Array[1]
   MC              DOUBLE     Array[4]
   PS              DOUBLE     Array[2]
   ROTATION        DOUBLE          0.00000000
   PSEUDO          INT             0
   KX              DOUBLE     Array[2,2]
   KY              DOUBLE     Array[2,2]
   BEST_ROOT       INT             0
   O_RPC           OBJREF     <NullObject>
   NS              LONG                0
   NL              LONG                0
ENVI >;查看文件投影信息
ENVI >HELP,mapInfor.PROJ
** Structure ENVI_PROJ_STRUCT,9 tags,length = 184,data length = 174:
   NAME            STRING     'UTM'
   TYPE            INT             2
   PARAMS          DOUBLE     Array[15]
   UNITS           INT             0
   DATUM           STRING     'North America 1927'
   USER_DEFINED    INT             0
   PE_COORD_SYS_OBJ
                   ULONG64                 535682232
   PE_COORD_SYS_STR
                   STRING
'PROJCS["UTM_Zone_13N",GEOGCS["GCS_North_American_1927",DATUM["D_North_American_
1927",SPHEROID["Clarke_1866",6378206.4,294.9786'...
   PE_COORD_SYS_CODE
                   ULONG                   0
ENVI >;输出文件左上角点信息
ENVI >PRINT,mapinfor.MC
     0.00000000     0.00000000       274785.00       4906905.0
ENVI >;输出文件分辨率
ENVI >PRINT,mapinfor.PS
      30.000000      30.000000
ENVI >;获取文件投影信息,与 mapInfor.PROJ 一致
ENVI >fileProj = ENVI_GET_PROJECTION(fid = fid)
ENVI >;查看投影信息参数
ENVI >HELP,fileProj
** Structure ENVI_PROJ_STRUCT,9 tags,length = 184,data length = 174:
   NAME            STRING     'UTM'
   TYPE            INT             2
   PARAMS          DOUBLE     Array[15]
   UNITS           INT             0
   DATUM           STRING     'North America 1927'
   USER_DEFINED    INT             0
   PE_COORD_SYS_OBJ
                   ULONG64                 535682232
   PE_COORD_SYS_STR
```

```
                  STRING
'PROJCS["UTM_Zone_13N",GEOGCS["GCS_North_American_1927",DATUM["D_North_American_1927",
SPHEROID["Clarke_1866",6378206.4,294.9786'...
      PE_COORD_SYS_CODE
                  ULONG              0
```

从以上代码可以看出，文件的地理信息由 map_info 和 projection 两个结构体描述，两者的结构体成员变量含义可根据创建坐标系时的参数获得。

以下简要介绍在 ENVI 中创建地理坐标系的方法。

1. 创建投影函数

创建投影的函数是 ENVI_PROJ_CREATE，各参数含义参见表 20.2，调用格式如下：

```
Result = ENVI_PROJ_CREATE([,/ARBITRARY] [,DATUM = value] [,/GEOGRAPHIC] [,/MAP_BASED] [,NAME = string] [,PARAMS = array] [,PE_COORD_SYS_CODE = integer] [,PE_COORD_SYS_STR = string] [,/SOUTH] [,/STATE_PLANE] [,TYPE = integer] [,UNITS = integer] [,/UTM] [,ZONE = integer])
```

表 20.2 ENVI_PROJ_CREATE 各个参数的含义

参数	含义
Result	函数返回值。如果创建正确，返回的是 projection 结构体
ARBITRARY	创建任意投影，实现以左上角为投影坐标原点的伪投影
DATUM	椭球体名称，具体可参考 ENVI 安装目录 map_info 子目录下 datum. txt 中的内容
GEOGRAPHIC	创建经纬度投影
MAP_BASED	仅用 ARBITRARY 时有效，对其他投影类型不起作用
NAME	投影名称，可自定义
PARAMS	投影参数数组，包含 15 个变量来描述投影信息，具体可参考投影类型的说明，创建 Arbitrary，Geographic，State Plane 或 UTM 投影时不需要设置该参数
PE_COORD_SYS_CODE	GEOGCS 和 PROJCS 的坐标系统标识代码
PE_COORD_SYS_STR	GEOGCS 和 PROJCS 的坐标系统信息字符串
SOUTH	创建南半球时的 UTM 投影
STATE_PLANE	设置该关键字可创建 State Plane 投影
TYPE	投影类型标识
UNITS	投影坐标单位标识
UTM	设置该关键字可创建 UTM 投影
ZONE	设置 UTM 投影的时区

2. 投影创建

ENVI_PROJ_CREATE 函数创建经纬度和 UTM 投影的示例代码如下：

```
ENVI>;创建经纬度投影
ENVI>proj = ENVI_PROJ_CREATE(/geographic)
ENVI>;查看创建的经纬度投影结构体信息
ENVI>help,proj
** Structure ENVI_PROJ_STRUCT,9 tags,length = 184,data length = 174:
   NAME           STRING    'Geographic Lat/Lon'
   TYPE           INT              1
   PARAMS         DOUBLE    Array[15]
   UNITS          INT              6
   DATUM          STRING    'WGS-84'
```

```
    USER_DEFINED     INT              0
    PE_COORD_SYS_OBJ
                 ULONG64                   540144816
    PE_COORD_SYS_STR
                 STRING
'GEOGCS["GCS_WGS_1984",DATUM["D_WGS_1984",SPHEROID["WGS_1984",6378137.0,
298.257223563'...
    PE_COORD_SYS_CODE
                 ULONG                  0
  ENVI>;设置椭球体名称
  ENVI>datum='WGS-84'
  ENVI>;创建椭球体为 WGS-84 的带号为 23 的南半球 UTM 投影
  ENVI>Proj=ENVI_PROJ_CREATE(/utm,$
  ENVI>  zone=23,/south,$
  ENVI>  datum=datum,units=units)
  ENVI>;查看创建的 UTM 投影结构体信息
  ENVI>HELP,proj
  **Structure ENVI_PROJ_STRUCT,9 tags,length=184,data length=174:
    NAME           STRING    'UTM'
    TYPE           INT             2
    PARAMS         DOUBLE    Array[15]
    UNITS          INT             1
    DATUM          STRING    'WGS-84'
    USER_DEFINED   INT             0
    PE_COORD_SYS_OBJ
    ULONG64             533624448
    PE_COORD_SYS_STR
    STRING
'PROJCS["UTM_Zone_23S",GEOGCS["GCS_WGS_1984",DATUM["D_WGS_1984",SPHEROID["WGS_
1984",6'...
    PE_COORD_SYS_CODE
                 ULONG                 0
```

基于 ENVI 中的已有参数和 ArcGIS 中的投影信息字符串创建相应投影的示例如下。

(1) 创建横轴墨卡托投影。在 ENVI 帮助中查询横轴墨卡托投影创建的参数，列表如下：

```
a,b,lat0,lon0,x0,y0,and k0
```

其中，a 为赤道半径（长半轴）；b 为极半径（短半轴）；lat0 为中心纬度；lon0 为中心经度；x0 为东偏移；y0 为西偏移；k0 为中央经线比例因子。

创建横轴墨卡托投影的示例代码如下：

```
  ENVI>;定义投影参数数组
  ENVI>Params=[6378160.0,6356774.7,$
  ENVI>  0.000000,99.000000,$
  ENVI>  500000.,10000000.,$
  ENVI>  .9996]
  ENVI>;定义椭球体名称和投影名称
  ENVI>datum='Australian Geodetic 1966'
  ENVI>name='Australian Map Grid (AGD 66) Zone 47'
  ENVI>;创建投影
  ENVI>proj=ENVI_PROJ_CREATE(type=3,$
  ENVI>  name=name,$
```

```
ENVI >   datum = datum, $
 >   params = params)
ENVI >;查看创建的投影结构体信息
ENVI >HELP,proj
 * * Structure ENVI_PROJ_STRUCT,9 tags,length = 184,data length = 174:
   NAME             STRING    'Australian Map Grid (AGD 66) Zone 47'
   TYPE             INT        3
   PARAMS           DOUBLE    Array[15]
   UNITS            INT         0
   DATUM            STRING    'Australian Geodetic 1966'
   USER_DEFINED      INT         0
   PE_COORD_SYS_OBJ
                    ULONG64              533625680
   PE_COORD_SYS_STR
                    STRING
'PROJCS["Transverse_Mercator",GEOGCS["GCS_Australian_1966",DATUM["D_Australian_
1966",SPHEROID["Australian",6378160.0,298.25]],P'...
   PE_COORD_SYS_CODE
                    ULONG           0
```

（2）创建 ArcGIS 标准投影。

利用“PE_COORD_SYS_STR”关键字可创建 ArcGIS 下的标准投影方式，例如，ArcGIS 中 BeiJing1954 的 3°带中央经线为东经 111°E 的投影参数文件为“\Coordinate Systems\Projected Coordinate Systems\Gauss Kruger\Beijing 1954\Beijing 1954 3 Degree GK CM 111E. prj”，代码内容为

```
PROJCS["Beijing_1954_3_Degree_GK_CM_111E",GEOGCS["GCS_Beijing_1954",DATUM["D_
Beijing_1954",SPHEROID["Krasovsky_1940",6378245.0,298.3]],PRIMEM["Greenwich",0.0],
UNIT["Degree",0.0174532925199433]],PROJECTION["Gauss_Kruger"],PARAMETER["False_
Easting",500000.0],PARAMETER["False_Northing",0.0],PARAMETER["Central_Meridian",
111.0],PARAMETER["Scale_Factor",1.0],PARAMETER["Latitude_Of_Origin",0.0],UNIT["Me-
ter",1.0],AUTHORITY["EPSG",2434]]
```

函数创建的方式如下：

```
ENVI >;投影参数信息字符串
ENVI >projcsStr = 'PROJCS["Beijing_1954_GK_Zone_19N",GEOGCS["GCS_Beijing_
1954",DATUM["D_Beijing_1954",SPHEROID["Krasovsky_1940",6378245.0,298.3]],PRIMEM
["Greenwich",0.0],UNIT["Degree",0.0174532925199433]],PROJECTION["Gauss_Kruger"],
PARAMETER["False_Easting",500000.0],PARAMETER["False_Northing",0.0],PARAMETER
["Central_Meridian",111.0],PARAMETER["Scale_Factor",1.0],PARAMETER["Latitude_Of_
Origin",0.0],UNIT["Meter",1.0],AUTHORITY["EPSG",21479]]'
ENVI >;创建投影,type 为 42 即使用 ESRI Projection Engine 创建投影
ENVI >proj = ENVI_PROJ_CREATE(type = 42, $
ENVI >   pe_coord_sys_str = projcsStr)
ENVI >;查看创建的投影结构体信息
ENVI >HELP,proj
 * * Structure ENVI_PROJ_STRUCT,9 tags,length = 184,data length = 174:
   NAME             STRING    'Gauss_Kruger'
   TYPE             INT            42
   PARAMS           DOUBLE    Array[15]
   UNITS            INT             0
```

```
    DATUM           STRING    'D_Beijing_1954'
    USER_DEFINED     INT            0
    PE_COORD_SYS_OBJ
                   ULONG64              533626032
    PE_COORD_SYS_STR
                   STRING
'PROJCS["Beijing_1954_GK_Zone_19N",GEOGCS["GCS_Beijing_1954",DATUM["D_Beijing_
1954",SPHEROID["Krasovsky_1940",6378245.0,298.3]]'...
    PE_COORD_SYS_CODE
                   ULONG              0
```

（3）创建地理坐标系。创建地理坐标系可利用函数 ENVI_MAP_INFO_CREATE（表 20.3），调用格式为

```
Result = ENVI_MAP_INFO_CREATE([,/ARBITRARY] [,DATUM = value] [,/GEOGRAPHIC] [,/MAP_
BASED],MC = array [,NAME = string] [,PARAMS = array] [,PE_COORD_SYS_CODE = integer] [,PE_
COORD_SYS_STR = string] [,PROJ = structure],PS = array [,ROTATION = value] [,/SOUTH]
[,/STATE_PLANE] [,TYPE = integer] [,UNITS = integer] [,/UTM] [,ZONE = integer])
```

表 20.3　ENVI_MAP_INFO_CREATE 函数参数及含义

参数	含义
Result	函数返回值。如果创建正确，返回的应是 map_infor 结构体
ARBITRARY	创建任意投影，实现以左上角为投影坐标原点的伪投影
DATUM	椭球体名称，具体可参考 ENVI 安装目录 map_info 子目录下 datum.txt 中的内容
GEOGRAPHIC	创建经纬度投影
MAP_BASED	仅用 ARBITRARY 时有效，对其他投影类型不起作用
MC	参数数组，有 4 个参数，分别代表了图像起点（左上角）的 X、Y 像素坐标和地理坐标
NAME	投影名称，可自定义
PARAMS	投影参数数组，包含 15 个变量来描述投影信息，具体可参考投影类型的说明。创建 Arbitrary，Geographic，State Plane 或 UTM 投影时不需要设置该参数
PE_COORD_SYS_CODE	GEOGCS 和 PROJCS 的坐标系统标识代码
PE_COORD_SYS_STR	GEOGCS 和 PROJCS 的坐标系统信息字符串
PROJ	ENVI_PROJ_CREATE 创建的投影信息结构体
PS	双精度数组 $[x, y]$，影像的空间分辨率
ROTATION	投影中的旋转角度，从正北方向顺时针计
SOUTH	创建南半球时的 UTM 投影
STATE_PLANE	设置该关键字可创建 State Plane 投影
TYPE	投影类型标识
UNITS	投影坐标单位标识
UTM	设置该关键字可创建 UTM 投影
ZONE	设置 UTM 投影的带号

创建地理坐标系的示例代码如下：

```
ENVI >;图像左上角点图像坐标与地理坐标
ENVI >;[0.5d,0.5d]代表左上角第一个像素的中心
```

```
ENVI >;[-117.4D,34.5D]表示该位置的经纬度坐标值
ENVI >mc = [0.5D,0.5D,-117.4D,34.5D]
ENVI >;图像的分辨率
ENVI >ps = [1D/3600,1D/3600]
ENVI >;创建经纬度坐标,默认投影坐标单位是度
ENVI >map_info = ENVI_MAP_INFO_CREATE($
ENVI >   /geographic,$
ENVI >   mc = mc,ps = ps)
ENVI >;查看创建的地理坐标结构体信息
ENVI >HELP,map_info
** Structure ENVI_MAP_INFO_STRUCT,11 tags,length = 328,data length = 310:
   PROJ            STRUCT     - > ENVI_PROJ_STRUCT Array[1]
   MC              DOUBLE     Array[4]
   PS              DOUBLE     Array[2]
   ROTATION        DOUBLE           0.00000000
   PSEUDO          INT              0
   KX              DOUBLE     Array[2,2]
   KY              DOUBLE     Array[2,2]
   BEST_ROOT       INT              0
   O_RPC           OBJREF     <NullObject>
   NS              LONG                  0
   NL              LONG                  0
ENVI >;转换 km 单位标识
ENVI >units = ENVI_TRANSLATE_PROJECTION_UNITS('km')
ENVI >;设置椭球体名称
ENVI >datum = 'North America 1983'
ENVI >;设置左上角点像素坐标与地理坐标
ENVI >mc = [0D,0,177246,8339330]
ENVI >;分辨率为 0.03km = 30m
ENVI >ps = [0.03,0.03]
ENVI >;创建投影
ENVI >map_info = ENVI_MAP_INFO_CREATE($
ENVI >   /UTM,ZONE = 23,/SOUT,$
ENVI >   DATUM = datum,UNITS = units,$
ENVI >   MC = mc,PS = ps)
ENVI >;查看创建的地理坐标结构体信息
ENVI >HELP,map_info
** Structure ENVI_MAP_INFO_STRUCT,11 tags,length = 328,data length = 310:
   PROJ            STRUCT     - > ENVI_PROJ_STRUCT Array[1]
   MC              DOUBLE     Array[4]
   PS              DOUBLE     Array[2]
   ROTATION        DOUBLE           0.00000000
   PSEUDO          INT              0
   KX              DOUBLE     Array[2,2]
   KY              DOUBLE     Array[2,2]
   BEST_ROOT       INT              0
   O_RPC           OBJREF     <NullObject>
   NS              LONG                  0
   NL              LONG                  0
ENVI >;查看创建后地理坐标系中的投影结构体信息
ENVI >help,map_info.PROJ
** Structure ENVI_PROJ_STRUCT,9 tags,length = 184,data length = 174:
   NAME            STRING     'UTM'
   TYPE            INT              2
```

```
    PARAMS          DOUBLE    Array[15]
    UNITS           INT            1
    DATUM           STRING    'North America 1983 '
    USER_DEFINED     INT            0
    PE_COORD_SYS_OBJ
                    ULONG64             533626208
    PE_COORD_SYS_STR
                    STRING
 'PROJCS["UTM_Zone_23S",GEOGCS["GCS_North_American_1983",DATUM["D_North_American_1983",
SPHEROID["GRS_1980",6378137.0,298.2572221'...
    PE_COORD_SYS_CODE
                    ULONG          0
```

20.1.7 感兴趣区

感兴趣区（ROI）是指特别关注图像中的一区域，可以是多边形、折线或离散点。ENVI 提供了对 ROI 进行创建和读取等操作的系列函数。

1. 创建与保存 ROI

利用函数 ENVI_CREATE_ROI 和 ENVI_DEFINE_ROI 可创建和定义 ROI。

（1）ENVI_CREATE_ROI 函数的功能是创建 ROI，调用格式为

```
Result = ENVI_CREATE_ROI([,COLOR = integer] [,FILL_MODE = integer] [,FILL_ORIEN = integer] [,FILL_SPACING = floating point] [,NAME = string],NL = value [,/NO_UPDATE],NS = value)
```

其中，Result 是创建的 ROI 的 ID 标识；COLOR 是颜色索引；FILL_MODE 是多边形填充模式，默认 1 为实填充；FILL_ORIEN 是填充方向，单位是角度；FILL_SPACING 是填充间隔像素；NAME 是 ROI 的名称；NL 是 ROI 关联图像的列数；NO_UPDATE 用来控制新创建的 ROI 不在之前创建的 ROI 组中（在 ENVI 界面中使用）。

（2）ENVI_DEFINE_ROI。该函数的功能是定义 ROI，调用格式为

```
ENVI_DEFINE_ROI,ROI_ID [,/NO_UPDATE] [,/POINT] [,/POLYGON] [,/POLYLINE],XPTS = array,YPTS = array
```

其中，ROI_ID 是创建成功后的 ROI 地址 ID；NO_UPDATE 用来控制新创建的 ROI 不在之前创建的 ROI 组中（在 ENVI 界面中使用）；POINT 是创建离散点 ROI；POLYGON 是创建多边形 ROI；POLYLINE 是创建折线 ROI；XPTS 是创建感兴趣区的点 *X* 坐标；YPTS 是创建感兴趣区的点 *Y* 坐标。

（3）ENVI_SAVE_ROIS。该函数是对已创建的 ROI 执行保存操作，调用格式为

```
ENVI_SAVE_ROIS,Filename,ROI_ID
```

其中，Filename 是输出文件名；ROI_ID 是 ROI 的地址 ID。

（4）ROI 创建与保存示例。下面示例的功能是定义一方形 ROI 并保存到文件，代码如下：

```
;ENVI 函数打开文件
  ENVI_OPEN_FILE,fname,r_fid = fid
  ;查询文件基本信息
  ENVI_FILE_QUERY,fid,dims = dims, $
    ns = ns,nl = nl
  ;定义 ROI 的 ID
  roi_id = ENVI_CREATE_ROI(ns = ns,nl = nl, $
    color = 4,name = '方形')
  ;定义方形感兴趣区的 X 和 Y 坐标点(单位:像素坐标)
  xpts = [100,200,200,100,100]
  ypts = [100,100,200,200,100]
  ;定义多边形 ROI
  ENVI_DEFINE_ROI,roi_id,/polygon, $
    xpts = xpts,ypts = ypts
;保存 ROI
ENVI_SAVE_ROIS,'c:\temp\test.roi',roi_id
```

在 ENVI 下打开选择的文件与 ROI 工具界面，以上代码创建的 ROI 效果见图 20.6 所示。

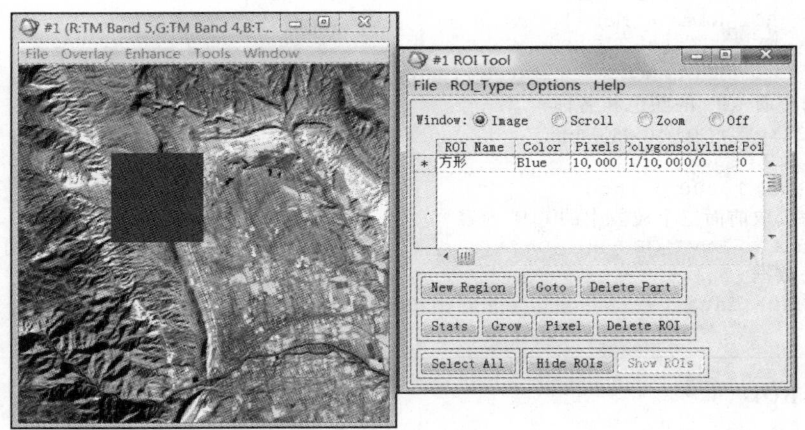

图 20.6 自定义 ROI

2. 打开 ROI

ROI 文件可以用 ENVI_RESTORE_ROIS 函数载入，然后通过 ENVI_GET_ROI_ID 函数获取 ROI 的地址 ID，以便进一步操作，示例代码如下：

```
ENVI >;载入保存的 ROI 文件
ENVI >ENVI_RESTORE_ROIS,'c:\temp\test.roi'
ENVI >;获取 ENVI 中的 ROI - id 与 ROI 名称
ENVI >cur_roi_id = ENVI_GET_ROI_IDS(roi_names = roi_names)
ENVI >;查看 roi 名称
ENVI >PRINT,roi_names
方形 [Blue] 10000 points
```

需要注意，如果 ENVI_RESTORE_ROIS 函数对同一个 ROI 文件调用了两次，此时 ENVI 下会包含两个同一感兴趣区域的 ID 地址。

3. 读取 ROI 数据

ROI 关联的是文件的像素坐标。ROI 信息的读取可以利用 ENVI_GET_ROI 函数，对文件的 ROI 内数据读取可以利用 ENVI_GET_ROI_DATA 函数。

(1) ENVI_GET_ROI 函数调用格式为

```
Result = ENVI_GET_ROI(ROI_ID,ROI_COLOR = variable,ROI_NAME = variable)
```

其中，Result 是 ROI 的信息指针；ROI_ID 是输入待读取的 ROI 地址 ID；ROI_COLOR 指定变量保存 ROI 颜色数组；ROI_NAME 指定变量保存 ROI 的名称。

(2) ENVI_GET_ROI_DATA 函数：调用格式为

```
Result = ENVI_GET_ROI_DATA(ROI_ID [,ADDR = value],FID = file ID,POS = value)
```

其中，Result 是文件中 ROI 区域的数据内容；ROI_ID 是输入待读取的 ROI 地址 ID。

读取 ROI 数据的示例代码如下：

```
ENVI >;获取 ROI 的信息
ENVI >result = ENVI_GET_ROI(cur_roi_id[0],ROI_Color = rColor,$
ENVI >    ROI_Name = rName)
ENVI >help,result
RESULT          LONG        = Array[10000]
ENVI >;查看 ROI 的颜色和名称
ENVI >PRINT,rColor,rName
   0   0 255
方形 [Blue] 10000 points
ENVI >;读取前面三个波段中的 ROI 内容
ENVI >data = ENVI_GET_ROI_DATA(cur_roi_id[0],fid = fid,pos = [0,1,2])
ENVI >;数据
ENVI >HELP,data
DATA            BYTE        = Array[3,10000]
```

4. 关闭 ROI

利用 ENVI_DELETE_ROIS 函数可以关闭对创建的 ROI 或已打开感兴趣区的 ID，调用格式为：

```
ENVI_DELETE_ROIS [,ROI_IDS] [,/ALL]
```

其中，ROI_IDS 是 ROI 文件 ID；ALL 关键字则控制关闭所有的 ROI。

20.1.8 矢量处理

ENVI 支持 EVF（ENVI Vector Format）、Esri Shape 等格式的矢量文件读写。其中，Esri Shape 文件的读写通过 IDL 的文件格式类“IDLFFShape”来实现；EVF 文件的读写通过 ENVI 函数 ENVI_EVF_OPEN、ENVI_EVF_DEFINE_INIT、ENVI_EVF_DEFINE_ADD_RECORD、ENVI_EVF_DEFINE_CLOSE、ENVI_EVF_INFO、ENVI_EVF_READ_RECORD、ENVI_WRITE_DBF 和 ENVI_EVF_CLOSE 等完成。

1. EVF 矢量创建

在创建 EVF 文件过程中用到了 ENVI_EVF_DEFINE_INIT、ENVI_EVF_DEFINE_ADD_RECORD、ENVI_EVF_DEFINE_CLOSE 和 ENVI_EVF_CLOSE 等函数，参考以下代码：

```
PRO USING_ENVI_CREATE_EVF
  COMPILE_OPT IDL2
  ;创建经纬度投影
  proj = ENVI_PROJ_CREATE(/geographic)
  ;定义经纬度离散点
  points = [-106.572,39.6643, $
     -106.643,39.5218, $
     -106.453,39.4386, $
     -106.417,39.6168, $
     -106.595,39.4386  ]
  ;点集重组为5*2的点
  points = REFORM(points,2,5)
  ;定义折线经纬度点坐标集合
  polyline = [-106.904,41.5887, $
     -106.821,42.2302, $
     -106.013,42.2183, $
     -105.206,41.3749, $
     -105.657,40.5078, $
     -105.835,39.5574, $
     -105.170,38.8447, $
     -104.125,39.4862, $
     -103.269,40.0563, $
     -103.269,40.0682, $
     -102.913,39.0585, $
     -102.901,39.0585, $
     -102.901,39.0348, $
     -103.210,38.4289, $
     -103.804,38.3695]
  ;点集重组为15*2的点
  polyline = REFORM(polyline,2,15)
  ;定义多边形顶点坐标集合
  polygon = [-104.113,41.6956, $
     -103.994,42.1589, $
     -103.934,41.6838, $
     -103.471,41.8738, $
     -103.887,41.5531, $
     -103.863,41.0185, $
     -103.851,41.0185, $
     -104.041,41.4818, $
     -104.041,41.4937, $
     -104.552,41.2680, $
     -104.220,41.6006, $
     -104.422,42.0995, $
     -104.113,41.6956]
  ;点集重组为13*2的点
  polygon = REFORM(polygon,2,13)
  ;初始化创建 evf
  evf_ptr = ENVI_EVF_DEFINE_INIT('c:\temp\sample.evf', $
    projection = proj,data_type = 4, $
    layer_name = 'Sample EVF File')
  ;创建失败则返回
  IF (PTR_VALID(evf_ptr) EQ 0) THEN RETURN
```

```
  ;添加离散点记录
  FOR i =0,4 DO ENVI_EVF_DEFINE_ADD_RECORD,evf_ptr,points[*,i]
  ;添加折线记录
  ENVI_EVF_DEFINE_ADD_RECORD,evf_ptr,polyline
  ;添加多边形记录
  ENVI_EVF_DEFINE_ADD_RECORD,evf_ptr,polygon
  ;EVF 文件定义完毕,关闭文件
  evf_id = ENVI_EVF_DEFINE_CLOSE(evf_ptr,/return_id)
  ENVI_EVF_CLOSE,evf_id
  ;定义属性文件,1 -5 为点文件,6 为折线,7 为多边形
  attributes = REPLICATE({name:'',id:0L},7)
  FOR i =0,4 DO BEGIN
    attributes[i].NAME ='Sample Point ' + STRTRIM(i +1,2)
    attributes[i].ID = i +1
  ENDFOR
  attributes[5].NAME ='Sample Polyline'
  attributes[5].ID =6
  attributes[6].NAME ='Sample Polygon'
  attributes[6].ID =7
  ;写出矢量属性文件
  ENVI_WRITE_DBF_FILE,'c:\temp\sample.dbf',attributes
END
```

用 ENVI 打开创建后的 EVF 文件，效果见图 20.7 所示。

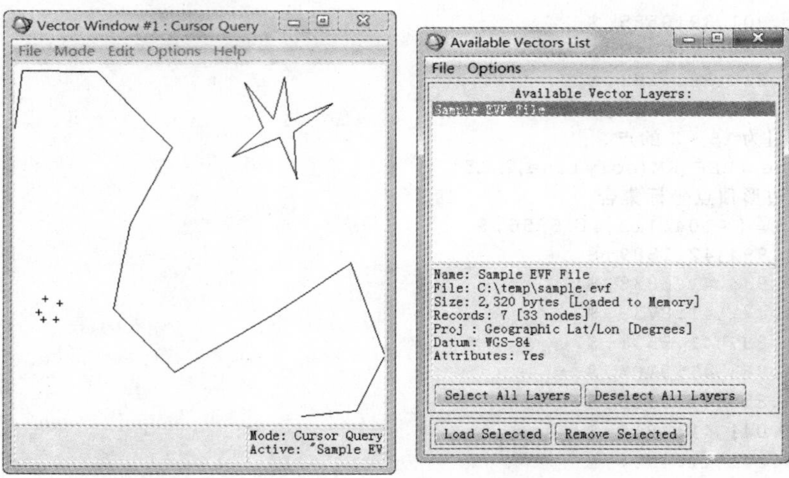

图 20.7　显示打开创建的矢量文件

2. EVF 矢量读取

EVF 文件读取过程中需要用到 ENVI_EVF_OPEN、ENVI_EVF_INFO、ENVI_EVF_READ_RECORD 和 ENVI_EVF_CLOSE 等函数，参考以下代码：

```
PRO USING_ENVI_READ_EVF
COMPILE_OPT IDL2
;定义 EVF 文件
  evf_fname ='c:\temp\sample.evf'
```

```
    ;打开 EVF 文件
    evf_id = ENVI_EVF_OPEN(evf_fname)
    ;查询 EVF 文件信息
    ENVI_EVF_INFO,evf_id,num_recs = num_recs, $
      data_type = data_type,projection = projection, $
      layer_name = layer_name
    ;输出记录数
    PRINT,'Number of Records: ',num_recs
    ;依次输出记录
    FOR i = 0,num_recs -1 DO BEGIN
      ;读取当前记录
      record = ENVI_EVF_READ_RECORD(evf_id,i,type = type)
      ;输出点记录与点数
      PRINT,'Number of nodes in Record: ' + $
        STRTRIM(i +1,2) + ': ',N_ELEMENTS(record[0, * ])
      ;输出记录数据类型,1:点;3:折线;5:多边形;8:多点
      PRINT,'Record Type: ' + STRTRIM(type,2)
    ENDFOR
    ;关闭 EVF 文件
    ENVI_EVF_CLOSE,evf_id
  END
```

3. EVF 转换为 Shape

ENVI_EVF_TO_SHAPEFILE 函数可以将 EVF 矢量转换为 Shape 格式，调用格式为

```
ENVI_EVF_TO_SHAPEFILE,EVF_ID,output_shapefile_rootname
```

其中，EVF_ID 是 EVF 的地址 ID；output_shapefile_ rootname 是输出 Shape 文件名称；

4. Shape 矢量文件创建

IDL 用 IDLffShape 对象类来创建 Shape 格式。IDLffShape 类具有 ADDATTRIBUTE、GetEntity、PutEntity、SetAttributes 等方法；Shape 的类型名称和代码参考表 20.4。创建一个点实体 Shape 文件的示例代码如下：

```
  PRO VECTOR_CREATE_SHAPEFILE
    ;创建矢量文件对象,实体类型参照表 20.4
    mynewshape = OBJ_NEW('IDLffShape','c:\temp\cities.shp',ENTITY_TYPE = 1)
    ;添加属性信息
    mynewshape.ADDATTRIBUTE,'CITY_NAME',7,25, $
      PRECISION = 0
    mynewshape.ADDATTRIBUTE,'STAT_NAME',7,25, $
      PRECISION = 0
    ;定义实体结构体成员值
    entNew = {IDL_SHAPE_ENTITY}
    ;定义实体值
    entNew.SHAPE_TYPE = 1
    entNew.ISHAPE = 1458
    entNew.BOUNDS[0] = -104.87270
    entNew.BOUNDS[1] = 39.768040
    entNew.BOUNDS[2] = 0.00000000
    entNew.BOUNDS[3] = 0.00000000
    entNew.BOUNDS[4] = -104.87270
```

```
  entNew.BOUNDS[5]=39.768040
  entNew.BOUNDS[6]=0.00000000
  entNew.BOUNDS[7]=0.00000000
  entNew.N_VERTICES=1
  ;获取对象的属性结构体
  attrNew=mynewshape .GETATTRIBUTES(/ATTRIBUTE_STRUCTURE)
  ;对结构体成员赋值
  attrNew.ATTRIBUTE_0='Denver'
  attrNew.ATTRIBUTE_1='Colorado'
  ;添加实体到 shape 对象中
  mynewshape.PutEntity,entNew
  ;添加实体属性到 shape 对象中
  mynewshape.SetAttributes,0,attrNew
  ;关闭 shape 对象
  OBJ_DESTROY,mynewshape
END
```

表 20.4　Shape 类型名称与类型代码对照

类型名称	类型代码	类型名称	类型代码
点	1	多点 Z	18
线	3	点 M	21
面	5	线 M	23
多点	8	面 M	25
点 Z	11	多点 M	28
线 Z	13	多面体	31
面 Z	15		

5. Shape 矢量文件读取

矢量读取需要依次对矢量的实体进行解析、查询和读取。下面示例的功能是读取 Shape 并分别在直接图形法（图 20.8）和对象图形法（图 20.9）下绘制显示，直接图形法下绘制矢量的示例代码如下：

```
PRO VECTOR_READ_SHAPEFILE
  ;设置显示属性
  DEVICE,RETAIN=2,DECOMPOSED=0
  ;设置背景颜色
  !P.BACKGROUND=255
  ;定义颜色表
  r=BYTARR(256) & g=BYTARR(256) & b=BYTARR(256)
  r[0]=0 & g[0]=0 & b[0]=0                    ;定义黑色
  r[1]=100 & g[1]=100 & b[1]=255              ;定义蓝色
  r[2]=0 & g[2]=255 & b[2]=0                  ;定义绿色
  r[3]=255 & g[3]=255 & b[3]=0                ;定义黄色
  r[255]=255 & g[255]=255 & b[255]=255 ;定义白色
  ;载入颜色表
  TVLCT,r,g,b
  black=0 & blue=1 & green=2 & yellow=3 & white=255
```

```
  ;设置 shape 显示窗口投影
  MAP_SET,/ORTHO,45,-120,  /ISOTROPIC,$
    /HORIZON,E_HORIZON = {FILL:1,COLOR:blue},$
    /GRID,COLOR = black,/NOBORDER
  ;填充显示大陆
  MAP_CONTINENTS,/FILL_CONTINENTS,COLOR = green
  ;绘制显示海岸线
  MAP_CONTINENTS,/COASTS,COLOR = black
  ;读取 Example 下的 shape 文件
  myshape = OBJ_NEW('IDLffShape',FILEPATH('states.shp',$
    SUBDIR = ['examples','data']))
  ;从矢量对象中获取实体个数
  myshape.IDLFFSHAPE::GETPROPERTY,N_ENTITIES = num_ent
  ;获取每个实体的信息
  FOR x = 1,(num_ent - 1) DO BEGIN
    ;获取实体的属性信息
    attr = myshape.IDLFFSHAPE::GETATTRIBUTES(x)
    ;提取矢量中 Colorado 的内容
    IF attr.ATTRIBUTE_1 EQ 'Colorado'THEN BEGIN
      ;获取实体点
      ent = myshape.IDLFFSHAPE::GETENTITY(x)
      ;用黄色绘制实体面
      POLYFILL,(*ent.VERTICES)[0,*],(*ent.VERTICES)[1,*],$
        COLOR = yellow
      ;销毁实体点
      myshape.IDLFFSHAPE::DESTROYENTITY,ent
    ENDIF
  ENDFOR
  ;关闭矢量对象
  OBJ_DESTROY,myshape
END
```

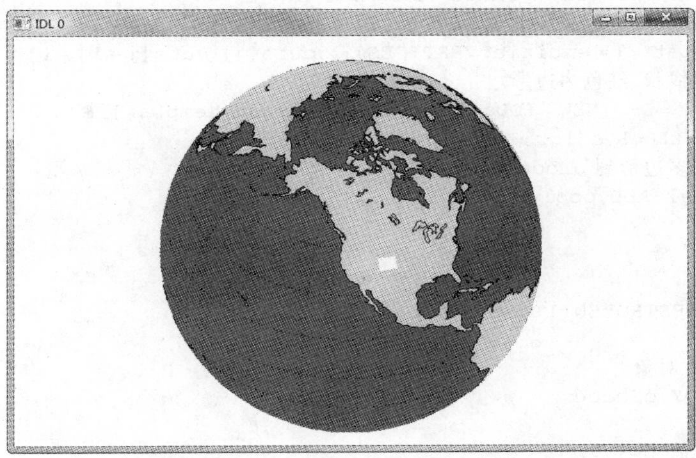

图 20.8 矢量读取并在直接图形法下绘制

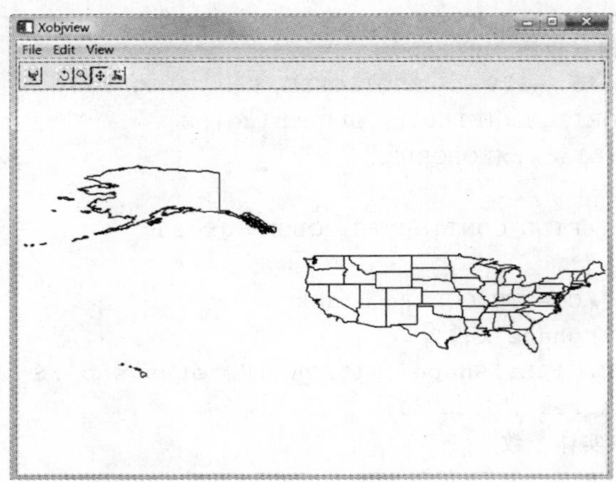

图 20.9　矢量读取并在对象图形法下绘制

对象图形法下绘制显示矢量数据的示例代码如下：

```
PRO VECTOR_READ_SHAPEFILE_OBJECT
  ;读取 IDL 自带的 shape 文件
  shapeFile = FILEPATH('lakes.shp', $
    SUBDIR = ['resource\maps','shape'])
  ;设置显示属性
  oShape = OBJ_NEW('IDLffShape',shapeFile)
  ;从矢量对象中获取实体个数
  oShape.GETPROPERTY,N_Entities = nEntities
  ;创建 IDLgrModel 对象
  oModel = OBJ_NEW('IDLgrModel')
  ;获取每个实体的信息
  FOR i = 0,nEntities - 1 DO BEGIN
    entitie = oShape.GETENTITY(i)
    ;读取实体的组分
    IF PTR_VALID(entitie.PARTS) NE 0 THEN BEGIN
      cuts = [*entitie.PARTS,entitie.N_VERTICES]
      ;每个实体组分创建多边形
      FOR j = 0,entitie.N_PARTS - 1 DO BEGIN
        tempLon = (*entitie.VERTICES)[0,cuts[j]:cuts[j+1]-1]
        tempLat = (*entitie.VERTICES)[1,cuts[j]:cuts[j+1]-1]
        ;创建线状、红色多边形
        opoly = OBJ_NEW('IDLgrPolygon',[tempLon,tempLat], $
          STYLE = 1,color = [255,0,0])
        ;添加多边形到 oModel 中
        omodel.ADD,opoly
      ENDFOR
    ENDIF
    ;删除实体
    oShape.DESTROYENTITY,entitie
  ENDFOR
  ;销毁 shape 对象
  OBJ_DESTROY,oShape
  ;查看显示
  XOBJVIEW,oModel
END
```

6. Shape 矢量文件更新

如果需要对Shape文件进行更新，可在创建IDLffShape对象时添加关键字“update”，调用矢量文件的更新模式即可，参考以下示例代码：

```
PRO VECTOR_UPDATE_SHAPE
  ;矢量文件更新
  mynewshape = OBJ_NEW('IDLffShape','c:\temp\cities.shp',/UPDATE)
  ;创建实体结构体
  entNew = {IDL_SHAPE_ENTITY}
  ;定义实体结构体成员值
  entNew.SHAPE_TYPE = 1
  entNew.ISHAPE = 200
  entNew.BOUNDS[0] = -666.25100
  entNew.BOUNDS[1] = 40.026878
  entNew.BOUNDS[2] = 0.00000000
  entNew.BOUNDS[3] = 0.00000000
  entNew.BOUNDS[4] = -105.25100
  entNew.BOUNDS[5] = 40.026878
  entNew.BOUNDS[6] = 0.00000000
  entNew.BOUNDS[7] = 0.00000000
  entNew.N_VERTICES = 1
  ;获取对象的属性结构体
  attrNew = myshape .GETATTRIBUTES(/ATTRIBUTE_STRUCTURE)
  ;对结构体成员赋值
  attrNew.ATTRIBUTE_0 = 'Boulder'
  attrNew.ATTRIBUTE_1 = 'Colorado'
  ;添加实体到 Shape 对象中
  myshape.PutEntity,entNew
  ;添加实体属性到 Shape 对象中
  myshape.SetAttributes,0,attrNew
  ;关闭 Shape 对象
  OBJ_DESTROY,myshape
END
```

20.1.9 进度条

ENVI提供了一个进度条组件，由函数ENVI_REPORT_INC、ENVI_REPORT_INIT和ENVI_REPORT_STAT来实现调用。调用效果见图20.10所示，示例代码如下：

```
PRO ENVI_Report_Ex
  ;ENVI 进度条
  ENVI,/restore_base_save_files
  ENVI_BATCH_INIT
  ;初始化进度条
  ENVI_REPORT_INIT,'数据处理中...',$
    title = "ENVI 进度条示例",$
    base = base ,/INTERRUPT
  ENVI_REPORT_INC,base,100
  FOR i = 0,100 -1 DO BEGIN
    ENVI_REPORT_STAT,base,i,100.,CANCEL = cancelvar
    ;判断是否点击取消
```

```
    IF cancelVar EQ 1 THEN BEGIN
      tmp = DIALOG_MESSAGE('点击了取消' + STRING(i) + '% ',/info)
      ENVI_REPORT_INIT,base = base,/finish
      BREAK
    ENDIF
    WAIT,0.1
  ENDFOR
  ENVI_REPORT_INIT,base = base,/finish
  ENVI_BATCH_EXIT
END
```

IDL 也提供了一个单独的进度条程序，即 IDLITWDPROGRESSBAR。该程序是基于 iTools 编写的，在 ENVI/IDL 下可以方便地调用。效果见图 20.11 所示，示例代码如下：

```
PRO IDL_Reprot_Ex
  tlb = WIDGET_BASE(xsize = 400,ysize = 300)
  WIDGET_CONTROL,tlb,/real
  ;
  ;IDL 的 iTools 自带进度条
  prsbar = IDLITWDPROGRESSBAR(GROUP_LEADER = tlb,title = '进度',CANCEL = cancelIn)
  FOR i = 0,99 DO BEGIN
    ;判断是否点击取消
    IF WIDGET_INFO(prsbar,/valid) THEN  BEGIN
      IDLITWDPROGRESSBAR_SETVALUE,prsbar,i
    ENDIF ELSE BEGIN
      tmp = DIALOG_MESSAGE('点击了取消,当前进度位置' + STRING(i) + '% ',/info)
      BREAK
    ENDELSE
    ;等待 0.1 秒
    WAIT,0.1
  ENDFOR
  Widget_Control,tlb,/destroy
END
```

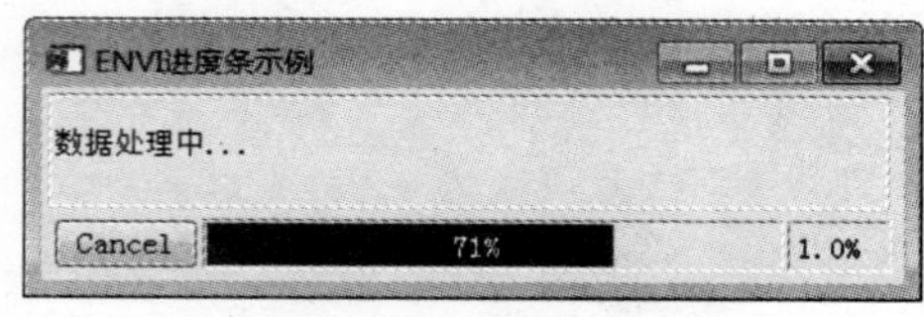

图 20.10　ENVI 的进度条

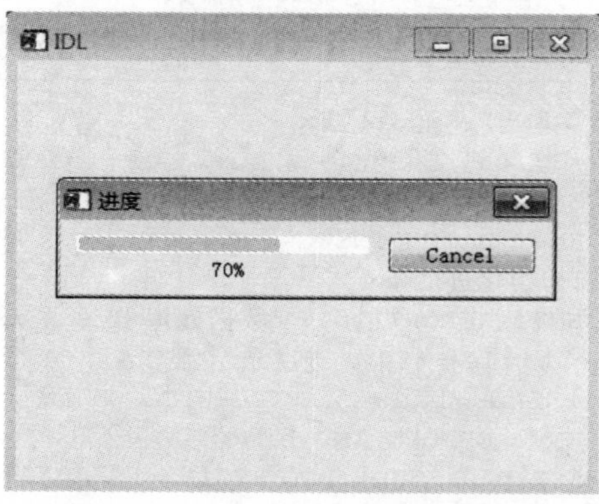

图 20.11　IDL 的进度条

20.1.10 端元波谱收集

高光谱数据处理中，端元波谱收集是非常重要的。ENVI下的端元波谱收集界面提供了调用接口：ENVI_COLLECT_SPECTRA。在ENVI二次开发的过程中，调用示例代码如下：

```
;端元波谱收集界面响应程序
PRO COLLECTIONEVENT,fid = fid,pos = pos,dims = dims, $
    spec = spec,snames = snames, $
    scolors = scolors,_extra = extra
  ;查看对应的文件信息
  ENVI_FILE_QUERY,fid,fName = fileName
  ;查看选择的波谱信息
  PRINT,spec
  ;查看选择的波谱名称
  PRINT,name
  ;查看颜色
  PRINT,scolors
END
;主调用函数
PRO USING_ENVI_SPECTRA_COLLECTION,event
  ;调用 ENVI 文件波段与区域选择界面
  ENVI_SELECT,fid = fid,pos = pos,dims = dims
  ;调用端元波谱收集界面,指定事件程序名为'CollectionEvent'
  ENVI_COLLECT_SPECTRA,dims = dims,fid = fid, $
    pos = pos,title = title,h_info = info, $
    procedure = 'CollectionEvent'
END
```

运行后，会弹出文件选择界面和端元波谱收集界面，见图20.12所示；端元波谱收集操作完成之后单击Apply按钮，程序会调用COLLECTIONEVENT功能输出选择的端元波谱信息。

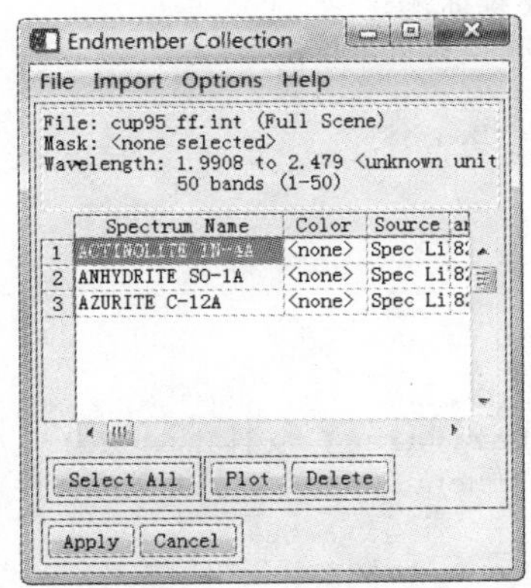

图20.12 ENVI端元波谱收集界面

20.2 开发实例

20.2.1 海量数据批处理

进行海量数据批处理时，可以先编写海量数据批处理模版，这样只需在使用到批处理功能时添加此功能部分源码即可。

（1）模版功能分析。一般来说，数据批处理的模版需要具备以下功能：交互式文件选择界面；文件批量处理功能；自定义文件输出目录；显示处理进度。

（2）编写代码。基于功能分析，新建工程“envi_batch_template”，见图 20.13 所示；依次编写界面部分代码和交互操作响应事件代码。

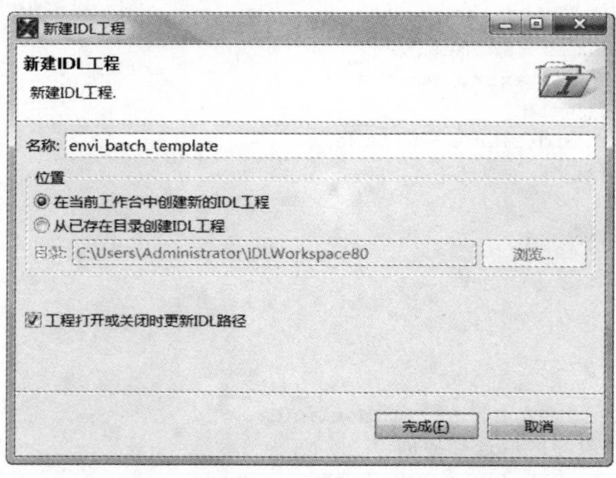

图 20.13　新建 IDL 工程

① 界面创建。新建 pro 文件 ENVI_BATCH_TEMPLATE，编写界面创建和初始化代码如下：

```
PRO ENVI_BATCH_TEMPLATE
  COMPILE_OPT idl2
  ;初始化组件大小
  sz = [600,400]
  ;设置系统变量,可方便修改系统标题
  DEFSYSV,'!SYS_Title','ENVI 批处理模版'
  ;创建界面的代码
  tlb = WIDGET_BASE(MBAR = mBar, $
    /COLUMN , $
    title = !SYS_Title, $
    /Tlb_Kill_Request_Events, $
    tlb_frame_attr = 1, $
    Map = 0)
  ;创建菜单
  fMenu = WIDGET_BUTTON(mBar,value = '文件',/Menu)
  wButton = WIDGET_BUTTON(fMenu,value = '打开数据文件', $
    uName = 'open')
  fExit = WIDGET_BUTTON(fMenu,value = '退出', $
    uName = 'exit',/Sep)
  eMenu = WIDGET_BUTTON(mBar,value = '功能',/Menu)
  wButton = WIDGET_BUTTON(eMenu, $
    value = '运行批处理', $
    uName = 'execute')
  hMenu =   WIDGET_BUTTON(mBar,value = '帮助',/Menu)
  hHelp = WIDGET_BUTTON(hmenu,value = '关于', $
```

```
  uName ='about',/Sep)
;上面的输入 base
wInputBase = WIDGET_BASE(tlb, $
  xSize = sz[0], $
  /Frame, $
  /Align_Center, $
  /Column)
wLabel = WIDGET_LABEL(wInputBase, $
  value ='文件列表')
wList = WIDGET_LIST(wInputBase, $
  YSize = sz[1]/(2 * 15), $
  XSize = sz[0]/8)
;输出路径设置
wLabel = WIDGET_LABEL(tlb, $
  value ='输出参数设置')
;输出参数控制界面
wSetBase = WIDGET_BASE(tlb, $
  xSize = sz[0], $
  /Row)
values = ['源文件路径', $
  '另选择路径']
bgroup = CW_BGROUP(wSetBase,values, $
  /ROW,/EXCLUSIVE, $
  /No_Release, $
  SET_VALUE =1, $
  uName ='filepathsele', $
  /FRAME)
outPath = WIDGET_TEXT(wSetBase, $
  value ='', $
  xSize =30, $
  /Editable, $
  uName ='outroot')
wSele = WIDGET_BUTTON(wSetBase, $
  value ='选择路径', $
  uName ='selePath')
;执行按钮 base
wExecuteBase = WIDGET_BASE(tlb, $
  /align_center, $
  /row)
wButton = WIDGET_BUTTON(wExecuteBase, $
  ysize =40, $
  value ='打开数据文件', $
  uName ='open')
wButton = WIDGET_BUTTON(wExecuteBase, $
  value ='运行批处理', $
  uName ='execute')
;状态栏,仅显示进度条
wStatus = WIDGET_BASE(tlb,/align_right)
prsbar = IDLITWDPROGRESSBAR(wExecuteBase , $
  title ='进度', $
  CANCEL =0)
;结构体传递参数
state = {wButton:wButton, $
  tlb : tlb, $
```

```
      oriRoot: '',$
      outPath: outPath,$
      wSele : wSele,$
      bgroup : bgroup ,$
      inputFiles : PTR_NEW(),$
      prsbar : prsbar ,$
      wList : WLIST }
    pState = PTR_NEW(state,/no_copy)
    ;操作界面居中
    CENTERTLB,tlb
    WIDGET_CONTROL,tlb,/Realize,/map,set_uValue = pState
    XMANAGER,'ENVI_Batch_Template',tlb,/No_Block,$
      cleanup = 'ENVI_Batch_Template_Cleanup'
  END
```

在以上界面创建过程中，调用了界面居中功能代码 CenterTlb；进度条组件调用了 IDL 自带 iTools 中的组件 IDLITWDPROGRESSBAR（为了方便嵌入，对其源码进行了简单调整），最终程序运行界面见图 20.14 所示。

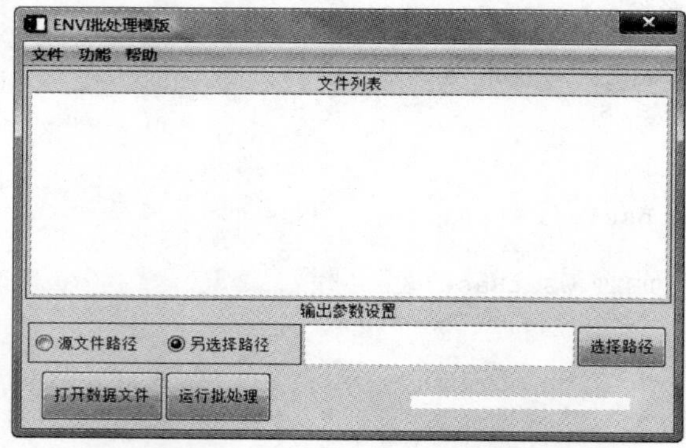

图 20.14　批处理模版界面

② 事件处理。对批处理模版，需要编写各个按钮的单击事件功能，如打开数据、路径选择和运行批处理等，代码如下：

```
PRO ENVI_BATCH_TEMPLATE_EVENT,event
  COMPILE_OPT idl2
  WIDGET_CONTROL,event.TOP,get_UValue = pState
  ;关闭事件
  IF TAG_NAMES(event,/Structure_Name) EQ 'WIDGET_KILL_REQUEST' THEN BEGIN
    status = DIALOG_MESSAGE('关闭?',/Question)
    IF status EQ 'No' THEN RETURN
    ;销毁
    WIDGET_CONTROL,event.TOP,/Destroy
    RETURN;
  ENDIF
  ;根据系统的 uname 进行判断单击的组件
  uName = WIDGET_INFO(event.ID,/uName)
  CASE uname OF
    ;打开文件
```

```
    'open': BEGIN
      files = DIALOG_PICKFILE(/MULTIPLE_FILES, $
        title = !SYS_Title + '打开文件', $
        path = (* pState).ORIROOT)
      IF N_ELEMENTS(files) EQ 0 THEN RETURN
      ;设置显示文件
      WIDGET_CONTROL, (* pState).WLIST, set_value = files
      (* pState).INPUTFILES = PTR_NEW(files)
      (* pState).ORIROOT = FILE_DIRNAME(files[0])
      ;重置进度条进度
      IDLITWDPROGRESSBAR_SETVALUE, (* pState).PRSBAR, 0
    END
    ;退出
    'exit': BEGIN
      status = DIALOG_MESSAGE('关闭?', $
        title = !SYS_Title, $
        /Question)
      IF status EQ 'No' THEN RETURN
      WIDGET_CONTROL, event.TOP, /Destroy
    END
    ;关于
    'about': BEGIN
      void = DIALOG_MESSAGE(!SYS_Title + 'V1.0 ' + STRING(13b) + '欢迎使用,问题讨论请
去 bbs.esrichina - bj.cn!', /information)
    END
    ;路径选择按钮
    'filepathsele': BEGIN
      WIDGET_CONTROL, event.ID, get_value = value
      WIDGET_CONTROL, (* pState).WSELE, Sensitive = value
      WIDGET_CONTROL, (* pState).OUTPATH, Sensitive = value
    END
    ;选择输出路径
    'selePath': BEGIN
      outroot = DIALOG_PICKFILE(/dire, title = !SYS_Title)
      WIDGET_CONTROL, (* pState).OUTPATH, set_value = outRoot
    END
    ;功能执行
    'execute': BEGIN
      ;获取选择的方法
      WIDGET_CONTROL, (* pState).BGROUP, get_Value = mValue
      IF PTR_VALID((* pState).INPUTFILES) EQ 0 THEN RETURN
      ;初始化 ENVI
      ENVI, /restore_base_save_files
      ENVI_BATCH_INIT, /NO_Status_Window
      ;循环处理文件
      FOR i = 0, N_ELEMENTS(files) - 1 DO BEGIN
      ;添加功能代码
      ;……
      ENDFOR
      void = DIALOG_MESSAGE('处理完成 ', title = !sys_title, /infor)
      ;关闭 ENVI 二次开发模式
      ENVI_BATCH_EXIT
    END
    ELSE:
  ENDCASE
END
```

（3）程序发布。

① 添加辅助函数。项目中新建目录“Functions”，将程序中调用到的相关源码函数复制到工程中，最终效果见图 20.15 所示。

② 设置属性。在工程选项中设置项目构建属性，由于批处理过程中使用了 ENVI 二次开发模式，故勾选“在构建工程前执行 .RESET_SESSION”选项，不勾选“执行 RESOLVE_ALL”（图 20.16）。

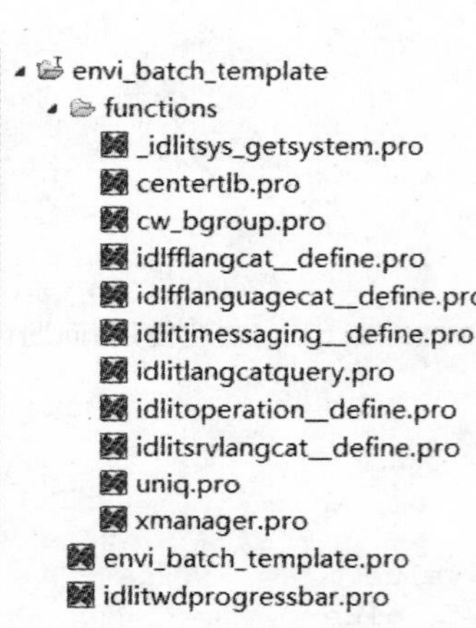

图 20.15　批处理模版界面

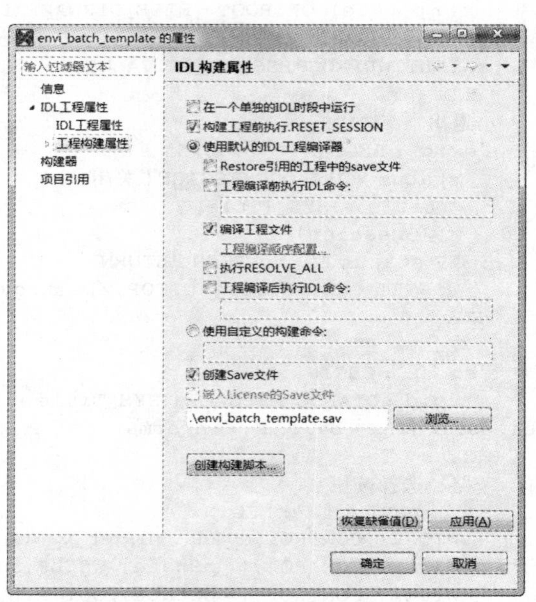

图 20.16　批处理模版界面

③ 构建项目。按快捷键“Ctrl + B”或单击菜单［项目］-［构建工程］，或右击弹出菜单，单击“构建工程”对项目进行构建，生成“envi_batch_template. sav”文件。

（4）应用模版。在批处理模版基础上添加批量文件转存为 tiff 格式的功能（多个波段文件时取前三个波段，否则只存第一个波段），部分功能示例代码如下：

```
FOR i = 0,N_ELEMENTS(files) - 1 DO BEGIN
  ;构建输出文件名
  fileName = FILE_BASENAME(files[i])
  pointPos = STRPOS(fileName,'.')
  ;查找文件名中点的位置
  IF pointPos[0] NE -1 THEN BEGIN
    fileName = STRMID(fileName,0,pointPos)
  ENDIF
  out_name = outfiledir + PATH_SEP() + fileName + '.tiff'
  ENVI_OPEN_FILE,files[i],r_fid = fid
  IF (fid EQ -1) THEN BEGIN
    tmp = DIALOG_MESSAGE(files[i] + '文件读取错误', $
      title = !sys_title,/error)
```

```
    CONTINUE
  ENDIF
  ;文件信息
  ENVI_FILE_QUERY,fid,dims = dims,nb = nb,bnames = bnames
  ;设置 tiff 文件输出参数
  ;如果波段小于 3 个
  IF nb LE 3 THEN bandList = INDGEN(nb)ELSE $
    bandList = [3,2,1]
  ;调用 ENVI 功能函数另存数据
  ENVI_OUTPUT_TO_EXTERNAL_FORMAT,fid = fid, $
    dims = dims,out_name = out_name,pos = bandList, $
    out_bname = bnames[bandlist],/TIFF
  ;输出完成
  ENVI_FILE_MNG,id = fid,/remove
  ;设置进度条
  IDLITWDPROGRESSBAR_SETVALUE,(*pState).PRSBAR,(i+1)*per
ENDFOR
```

最终程序运行界面见图 20.17 所示。

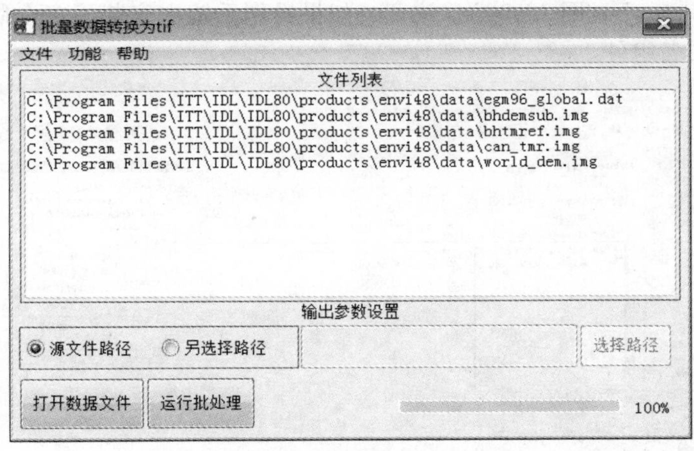

图 20.17 批处理格式转换应用

20.2.2 ArcGIS Engine 与 ENVI 集成

ArcGIS Engine 是一套完整的嵌入式 GIS 组件库和工具库，开发人员使用自己擅长的程序语言如 C++、C#、Basic 等可以快速地建立 GIS 应用程序。通过 IDL 可以调用 ENVI 自身丰富的函数接口，同时 IDL 可以与 C++、C#、Basic 等语言方便地进行集成开发，故而利用 ArcGIS Engine 和 ENVI 开发一个遥感与 GIS 一体化应用程序变得非常轻松。

下面以实现 C#下集成 ArcGIS Engine 数据管理功能和 ENVI 栅格重采样功能为例，介绍基本步骤如下。

(1) 新建项目。启动 Visual Studio 2008，项目类型选择“Visual C#” – “ArcGIS” – “Extending ArcObjects”；模版选择“MapControl Application”；解决方案名称设为“ArcGISEngineUsingENVI”，见图 20.18 所示。

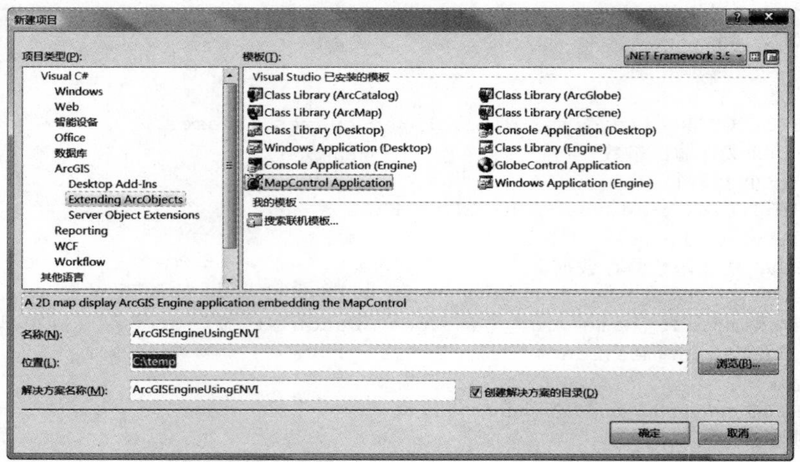

图 20.18　新建项目

(2) 添加引用。在解决方案的“引用”上右击，在弹出菜单中选择［添加引用］（图 20.19）；在“添加引用”界面中，选择“COM”页面列表中的“COM_IDL_connectLib1.0 Type Library”（图 20.20）。注意，如果操作系统中安装了多个版本的 IDL，则页面中会存在多个同名组件。

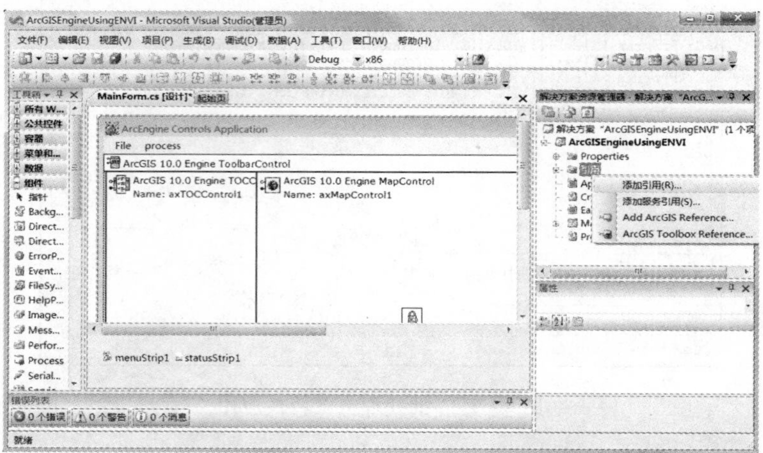

图 20.19　项目添加引用

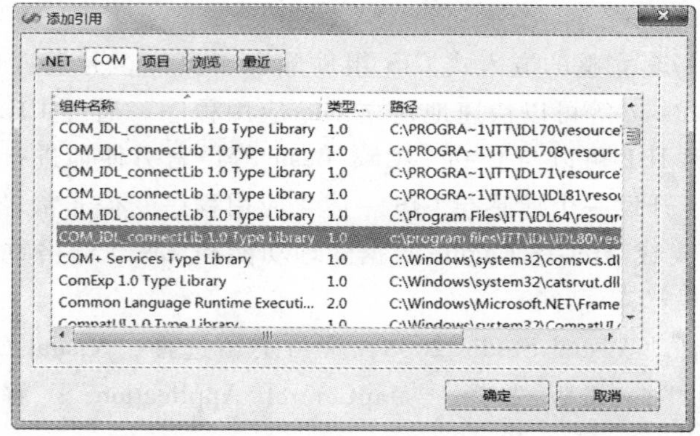

图 20.20　选择 COM_IDL_CONNECT 组件

以同样的方式添加“ESRI. ArcGIS. DataSourceRaster”和“ESRI. ArcGIS. Geodatabase”组件（图20.21）。

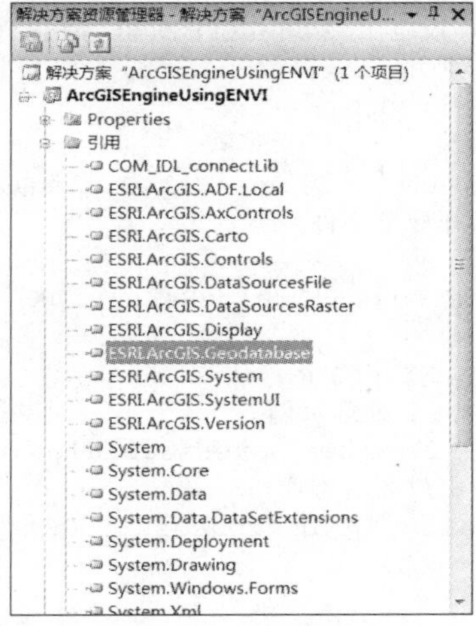

图20.21 添加相关引用

(3) 编写代码。

① 编写C#代码。在主界面解决方案中双击列表的“MapForm. cs”文件，在开始部分添加引用如下代码：

```
//添加自定义引用
using ESRI.ArcGIS.DataSourcesRaster;
using ESRI.ArcGIS.Geodatabase;
```

在主界面中添加菜单［栅格预处理］-［重采样］（图20.22），双击［重采样］并添加如下代码：

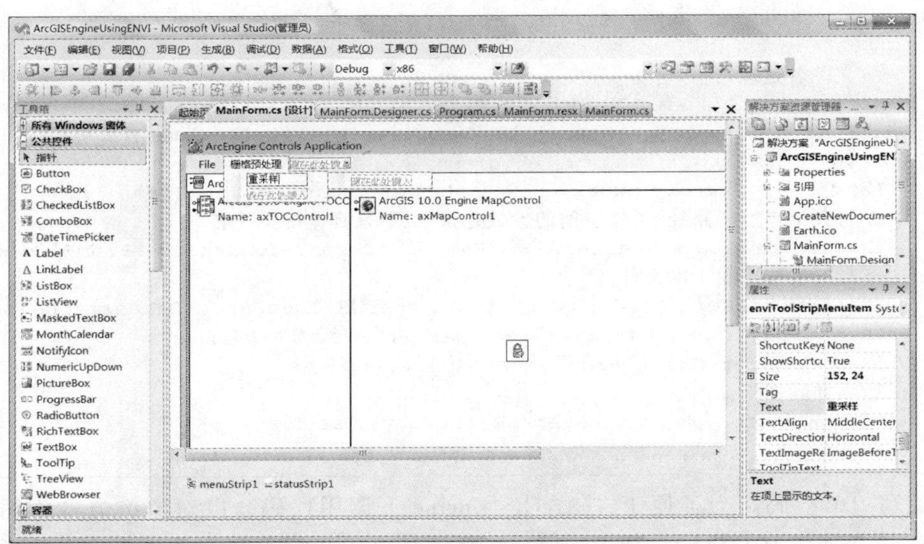

图20.22 添加重采样菜单

```
private void enviToolStripMenuItem_Click(object sender,EventArgs e)
  {
    //初始化 ENVI
    COM_IDL_connectLib.COM_IDL_connectClass oComIDL = new
 COM_IDL_connectLib.COM_IDL_connectClass();
    oComIDL.CreateObject(0,0,0);
    //文件打开
    OpenFileDialog pOpenFile = new OpenFileDialog();
    pOpenFile.Title = "打开栅格文件";
    //文件选择
    if (pOpenFile.ShowDialog() == DialogResult.OK)
    //打开显示栅格文件
    OpenRaster(pOpenFile.FileName);
    //调用 ENVI 进行栅格放大 * 2 处理示例
    SaveFileDialog pSaveFile = new SaveFileDialog();
    pSaveFile.Title = "输出放大后影像";
    if(pSaveFile.ShowDialog() == DialogResult.OK)
        {
        //执行重采样
        oComIDL.ExecuteString(".compile'" + System.IO.Directory.GetCurrentDirecto-
ry() + @ "\object_envi_resize_define.pro'");
        oComIDL.ExecuteString(@"s = obj_new('object_envi_resize','" + pOpen-
File.FileName +"','" + pSaveFile.FileName +"')");
        oComIDL.ExecuteString("s.EXECUTERESIZE,2,2,0");
        oComIDL.ExecuteString("Obj_destroy,s");
        //加载放大后影像
        OpenRaster(pSaveFile.FileName);
      }
   }
}
```

编写该段代码中调用到的“OpenRaster”函数：

```
//定义栅格打开函数
  private void OpenRaster(string rasterFileName)
  {
     //文件名处理
     string ws = System.IO.Path.GetDirectoryName(rasterFileName);
     string fbs = System.IO.Path.GetFileName(rasterFileName);
     //创建工作空间
     IWorkspaceFactory pWork = new RasterWorkspaceFactoryClass();
     //打开工作空间路径,工作空间的参数是目录,不是具体的文件名
     IRasterWorkspace pRasterWS = (IRasterWorkspace)pWork.OpenFromFile(ws,0);
     //打开工作空间下的文件,
     IRasterDataset pRasterDataset = pRasterWS.OpenRasterDataset(fbs);
     IRasterLayer pRasterLayer = new RasterLayerClass();
     pRasterLayer.CreateFromDataset(pRasterDataset);
     //添加到图层控制中
     m_mapControl.Map.AddLayer(pRasterLayer as ILayer);
}
```

② 编写 IDL 代码。为了便于在 ArcGIS Engine 下调用代码，以对象类方式编写和调用 ENVI 重采样功能的 IDL 代码，其中 ENVI 二次开发模式初始化和重采样操作分别是类的两种方法，见以下示例代码：

```
;重采样执行功能
;输入放缩比例和采样方法
PRO Object_ENVI_Resize::EXECUTEResize, $
    xfactor,yfactor,method
  COMPILE_OPT idl2,hidden
  ;打开文件
  ENVI_OPEN_FILE,self.INFILENAME,R_FID = fid
  IF(fid EQ -1) THEN RETURN
  ;查询文件基本信息
  ENVI_FILE_QUERY,fid,dims = dims,nb = nb
  pos   = LINDGEN(nb)
  ;重采样处理
  ENVI_DOIT,'resize_doit', $
    fid = fid,pos = pos,dims = dims, $
    interp = 1,rfact = 1./[XFACTOR,YFACTOR], $
    method = METHOD, $
    out_name = self.OUTFILENAME
END
;对象的析构函数
PRO Object_ENVI_Resize::CLEANUP
  COMPILE_OPT idl2,hidden
  ;关闭 ENVI 二次开发模式
  ;需要注意,COM 组件调用该功能的时候,必须设置如下参数:
  ;在 ENVI 主菜单的 File - Preference - Miscellaneous 下
  ;设置 Exit IDL on Exit from ENVI 为'NO'
  ENVI_BATCH_EXIT
END
;ENVI 二次开发模式初始化方法
FUNCTION Object_ENVI_Resize::initEnvi
  CATCH,error_status
  IF Error_status NE 0 THEN BEGIN
    RETURN, -1
    CATCH,/CANCEL
  ENDIF
  ;ENVI 二次开发模式初始化
  ENVI,/Restore_Base_Save_Files
  ENVI_BATCH_INIT
  RETURN,1
END
;对象初始化函数
;包含两个参数:输入和输出文件名
FUNCTION Object_ENVI_Resize::INIT, $
    inFileName ,outFileName
  COMPILE_OPT idl2
  ;文件名参数
  self.INFILENAME = inFileName
  self.OUTFILENAME = outFileName
  ;初始化 ENVI
  INITFALG = self.INITENVI()
  RETURN,INITFALG
END
;类定义
```

```
PRO OBJECT_ENVI_RESIZE_DEFINE
  ;类定义结构体
  void = {Object_ENVI_Resize, $
    inFileName :", $
    outFileName :" $
    }
END
```

(4) 运行项目。按快捷键 F5 或工具栏 ▶ 按钮，或单击主菜单［调试］-［启动调试］执行调试运行，运行后在界面中单击菜单［栅格预处理］-［重采样］，选择待处理栅格文件并定义输出文件名，程序会调用 ENVI 函数进行重采样处理（图 20.23）。处理后的文件在左侧图层列表中列出。

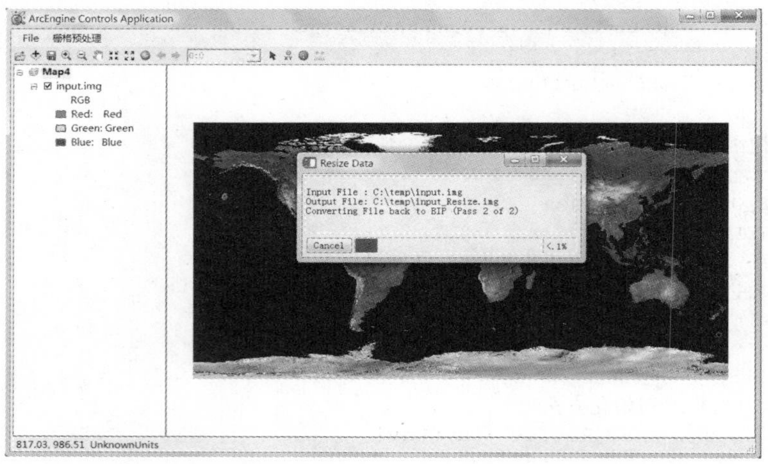

图 20.23　ArcGIS Engine 中调用 ENVI 的重采样功能

调整重采样前后文件的显示顺序，可以看出，图像的 x 和 y 方向均放大了两倍（图 20.24）。

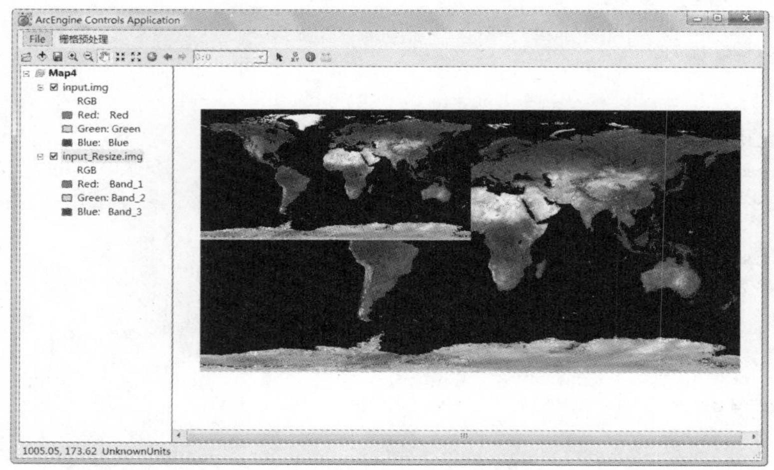

图 20.24　重采样前后影像对比

附录　ENVI 二次开发功能函数列表

附表 1　二次开发模式

函数名称	功能描述
ENVI	在二次开发模式下恢复 ENVI 运行的基础库函数（.sav）；IDL 命令行下运行此命令可启动 ENVI
ENVI_BATCH_EXIT	退出 ENVI 的二次开发模式
ENVI_BATCH_INIT	初始化 ENVI 的二次开发模式
ENVI_BATCH_STATUS_WINDOW	启用或禁止 ENVI 的状态信息窗体

附表 2　文件信息查询

函数名称	功能描述
ENVI_FILE_QUERY	查询数据文件信息
ENVI_FILE_TYPE	文件类型代码与描述之间进行转换
ENVI_SENSOR_TYPE	对传感器类型代码和名称直接进行转换
ENVI_SET_INHERITANCE	获得 ENVI 的继承结构

附表 3　文件打开和管理

函数名称	功能描述
ENVI_FILE_MNG	关闭或删除文件
ENVI_GET_FILE_IDS	获取已经打开文件的 ID
ENVI_GET_PATH	获取当前 ENVI 安装的绝对路径
ENVI_OPEN_DATA_FILE	打开非 ENVI 标准格式文件
ENVI_OPEN_FILE	打开 ENVI 支持的文件格式
ENVI_SELECT	选择文件和波段的对话框组件

附表 4　文件输出

函数名称	功能描述
CF_DOIT	将波段列表中的文件存储为文件或存放到内存中
ENVI_ENTER_DATA	将一幅影像按照 ENVI 文件方式存储到内存中
ENVI_OUTPUT_TO_EXTERNAL_FORMAT	影像数据输出为特定格式
ENVI_OUTPUT_TO_GDB	影像数据输出为一个文件或 GDB
ENVI_SETUP_HEAD	写出 ENVI 头文件（hdr）
SLICE_DOIT	输出影像的水平或垂直切片数据到文件中

附表 5 数据读取（不分块）

函数名称	功能描述
ENVI_GET_DATA	从文件中读取数据
ENVI_GET_IMAGE	获取显示窗体中的数据
ENVI_GET_SLICE	获取影像的光谱曲线

附表 6 数据读取（分块）

函数名称	功能描述
ENVI_GET_TILE	获取影像分块中的一块
ENVI_INIT_TILE	初始化分块处理并返回块的 ID 号
ENVI_TILE_DONE	分块处理结束

附表 7 感兴趣区（ROI）处理

函数名称	功能描述
ENVI_CREATE_ROI	创建新的感兴趣区
ENVI_DEFINE_ROI	添加区域到 ROI 中
ENVI_DELETE_ROIS	删除 ROI 的 ID
ENVI_GET_ROI	获取 ROI 对应的像素地址
ENVI_GET_ROI_DATA	获取影像的感兴趣区内数据
ENVI_GET_ROI_DIMS_PTR	获取 ROI 指针 DIMS 的第一个元素值
ENVI_GET_ROI_IDS	获取 ROI 的 ID
ENVI_GET_ROI_INFORMATION	获取定义的 ROI 的信息
ENVI_RESTORE_ROIS	恢复 ROI
ENVI_SAVE_ROIS	保存感兴趣区

附表 8 进 度 条

函数名称	功能描述
ENVI_REPORT_ERROR	通过 ENVI 进度提示界面提示错误信息字符串
ENVI_REPORT_INC	设置 ENVI 进度提示界面状态
ENVI_REPORT_INIT	ENVI 进度提示初始化和结束
ENVI_REPORT_STAT	ENVI 进度提示百分比或进度更新

附表 9 投 影 信 息

函数名称	功能描述
ENVI_ADD_PROJECTION	ENVI 下添加一个投影坐标系统
ENVI_AUTO_TIE_POINTS_DOIT	对两幅影像自动寻找控制点对，作为配准基础
ENVI_CONVERT_FILE_COORDINATES	对文件投影坐标与像素坐标进行互相转换计算
ENVI_CONVERT_PROJECTION_COORDINATES	对不同投影坐标系下的坐标进行互相转换
ENVI_GET_MAP_INFO	获取文件或显示窗口的投影信息
ENVI_GET_PROJECTION	获取文件的投影信息
ENVI_MAP_INFO_CREATE	创建新的地图坐标系
ENVI_PROJ_CREATE	创建投影
ENVI_TRANSLATE_PROJECTION_NAME	对不同投影的名称和代号之间进行转换
ENVI_TRANSLATE_PROJECTION_UNITS	投影单位转换

附表 10 界面组件

函数名称	功能描述
AUTO_WID_MNG	对 ENVI 的复合组件自动进行事件调度
ENVI_CENTER	获得组件居中的偏移量
ENVI_COLLECT_SPECTRA	进行端元波谱收集
ENVI_DEFINE_MENU_BUTTON	在 ENVI 菜单系统中自动创建菜单按钮
ENVI_INFO_WID	在信息提示界面中显示文本数据
ENVI_PICKFILE	对话框选择文件
ENVI_SELECT	选择文件和波段的对话框组件
RGB_GET_BANDS	显示一对话框组件来从当前文件列表中选择三个波段
WIDGET_AUTO_BASE	创建自动调度事件管理的组件
WIDGET_EDIT	编辑多行文字列表的复合组件
WIDGET_GEO	度分秒方式输入经纬度的复合组件
WIDGET_MAP	输入和编辑投影坐标系统的组件
WIDGET_MENU	创建单选或复选框的组件
WIDGET_MULTI	多选的复合组件
WIDGET_OUTF	输出文件选择的组件
WIDGET_OUTFM	输出到文件还是到内存的选择组件
WIDGET_PARAM	设定输入格式的参数输入组件
WIDGET_PMENU	下拉列表组件
WIDGET_RGB	RGB、HLS 或 HSV 方式修改颜色组件
WIDGET_SLABEL	显示文本信息的组件
WIDGET_SLIST	列表显示选择组件
WIDGET_SSLIDER	滑动条组件
WIDGET_STRING	文本字符串输入组件
WIDGET_SUBSET	选择裁剪范围的组件，包含文件坐标、地理坐标和文件等类型
WIDGET_TOGGLE	开关按钮组件

附表 11 图像显示

函数名称	功能描述
DISP_GET_LOCATION	获取当前显示窗体的像素坐标
DISP_GOTO	移动鼠标指针到指定坐标位置
ENVI_CLOSE_DISPLAY	关闭显示窗体组
ENVI_DISP_QUERY	返回显示窗体组件信息
ENVI_DISPLAY_BANDS	在显示窗体中显示一幅图像
ENVI_GET_DISPLAY_NUMBERS	获取当前显示窗体的数目
ENVI_GET_IMAGE	获取显示窗体中的数据

附表 12 矢量处理

函数名称	功能描述
ENVI_EVF_CLOSE	关闭 EVF 文件
ENVI_EVF_DEFINE_ADD_RECORD	在 EVF 文件中添加一条记录
ENVI_EVF_DEFINE_CLOSE	关闭编辑的 EVF 文件

续表

函数名称	功能描述
ENVI_EVF_DEFINE_INIT	创建一个新的 EVF
ENVI_EVF_INFO	获取已有的 EVF 信息
ENVI_EVF_OPEN	打开一个 EVF 获取 EVF 的 ID 号
ENVI_EVF_READ_RECORD	读取 EVF 记录到变量中
ENVI_EVF_TO_SHAPEFILE	将 EVF 输出为 Shape 格式
ENVI_WRITE_DBF_FILE	以 DBF 格式写出 EVF 的属性参数

附表 13 图像处理功能

函数名称	功能描述
ADAPT_FILT_DOIT	实现自适应滤波
AIRSAR_HEADER_DOIT	读取雷达数据（AIRSAR 和 TOPSAR）的头文件信息
AIRSAR_PED_HEIGHT_DOIT	基于 AIRSAR 压缩数据计算基线高度
AIRSAR_PHASE_IMAGE_DOIT	AIRSAR 数据计算相位影像
AIRSAR_POLSIG_DOIT	基于 AIRSAR 计算极化信号
AIRSAR_SCATTER_DOIT	基于 AIRSAR 计算散射分类
AIRSAR_SYNTH_DOIT	极化 AIRSAR 影像
ASPECT_DOIT	对 Landsat 多光谱影像进行光学角度校正
BAD_DATA_DOIT	去除坏线行
CLASS_CONFUSION_DOIT	计算分类结果文件的混淆矩阵
CLASS_CS_DOIT	对分类结果进行聚类或过滤处理
CLASS_DOIT	执行监督分类功能
CLASS_MAJORITY_DOIT	对分类结果进行最大或最少成分分析
CLASS_RULE_DOIT	对规则影像进行分类
CLASS_STATS_DOIT	对分类结果进行分类统计
COM_CLASS_DOIT	对分类结果进行分类合并
CONTINUUM_REMOVE_DOIT	包络线去除功能
CONV_DOIT	卷积滤波功能
CONVERT_DOIT	转换数据的存储方式（BSQ、BIP 和 BIL）
CONVERT_INPLACE_DOIT	直接转换文件的存储方式（BSQ、BIP 和 BIL）
CROSS_TRACK_CORRECTION_DOIT	对雷达数据进行天线阵列校正
DARK_SUB_DOIT	提供简化黑暗像元法大气校正
DECOR_DOIT	提供饱和度拉伸功能
DEM_BAD_DATA_DOIT	对 DEM 数据提供坏点数据校正
DESKEW_DOIT	消除地球旋转引起的倾斜
DESTRIPE_DOIT	影像数据的条带去除
DISP_OUT_IMG	输出影像为 Postscript 文件
ELINE_CAL_DOIT	经验线性定标工具
EMITTANCE_CALC_DOIT	转换为发射率
ENVI_ACE_DOIT	调用自适应想干估计的目标检测功能

续表

函数名称	功能描述
ENVI_ASSIGN_HEADER_VALUE	设置头文件中的用户自定义字段
ENVI_AVHRR_CALIBRATE_DOIT	对 AVHRR 传感器进行定标或计算 SST
ENVI_AVHRR_GEOMETRY_DOIT	计算 AVHRR 的定位信息，每个像素的太阳高度角和传感器顶角等参数
ENVI_AVHRR_WARP_DOIT	对 AVHRR 数据进行几何校正并输出
ENVI_BANDMAX_SELECT_BANDS	对影像进行 BandMax 背景抑制算法处理
ENVI_BUFFER_ZONE_DOIT	计算分类结果的缓冲区
ENVI_CAL_DOIT	对影像进行平场域或内部平均反射（IARR）算法定标
ENVI_CEM_DOIT	进行最小能量约束的目标探测分析
ENVI_CLOVER_DOIT	叠加分类结果到输出文件上
ENVI_COMPUTE_SUN_ANGLES	计算太阳角度
ENVI_CONVERT_FILE_MAP_PROJECTION	对文件进行投影转换
ENVI_CONVERT_LIDAR_DATA_DOIT	读取 LAS 格式雷达数据（LiDAR）转换成 ENVI 标准栅格格式或矢量格式
ENVI_CUBE_3D_DOIT	创建 3D 影像立方体
ENVI_DEFAULT_STRETCH_CREATE	获得 ENVI 下拉伸类型结构体
ENVI_DOIT	用来执行所有的 ENVI 处理功能函数（_DOIT 类型）
ENVI_ENVISAT_GEOREF_DOIT	对 ENVISAT 卫星的 AATSR、ASAR 和 MERIS 进行地理校正
ENVI_FILTER_DOIT	快速傅里叶滤波
ENVI_FX_DOIT	ENVI 的面向对象特征提取，必须安装 ENVI 和 ENVI EX 并授权
ENVI_GEOREF_FROM_GLT_DOIT	对影像进行 GLT 几何校正
ENVI_GET_CONFIGURATION_VALUES	获取 ENVI 当前配置文件中的参数信息
ENVI_GET_HEADER_VALUE	获取用户自定义值
ENVI_GET_RGB_TRIPLETS	获取图像显示索引的 RGB 值
ENVI_GET_STATISTICS	获取 ENVI 统计文件的内容
ENVI_GLT_DOIT	基于输入的定位数据创建 GLT
ENVI_GRID_DOIT	转换不规则网格为栅格影像
ENVI_GS_SHARPEN_DOIT	执行 Gram - Schmidt 融合
ENVI_ICA_DOIT	正向独立主成分分析
ENVI_ICA_INV_DOIT	逆向独立主成分分析
ENVI_IO_ERROR	出现输入/输出错误时提示
ENVI_IS_GDB	判断一个 ArcGIS 的 Catalog 路径是否是 geodatabase
ENVI_LAYER_STACKING_DOIT	组合生成一新的具备同分辨率和投影的多波段文件
ENVI_MASK_APPLY_DOIT	使用掩膜文件对文件进行掩膜处理
ENVI_NEURAL_NET_DOIT	神经元网络分类
ENVI_OPEN_GDB	从一个 ArcGIS 的 GDB 中打开文件
ENVI_OSP_DOIT	利用正交子空间投影法进行目标探测
ENVI_PC_SHARPEN_DOIT	主成分（PC）变换融合
ENVI_PLOT_DATA	绘制 X，Y 曲线
ENVI_QUERY_VERSION	获取当前 ENVI 的版本号

续表

函数名称	功能描述
ENVI_RADARSAT_GEOREF_DOIT	提取 RADARSAT 文件中的地理坐标点
ENVI_READ_COLS	读取 ASCⅡ的列数据
ENVI_REGISTER_DOIT	栅格文件几何校正
ENVI_RESAMPLE_SPECTRA	独立光谱的重采样
ENVI_RIGOROUS_ORTHO_DOIT	精确正射校正功能，调用该函数必须安装 ENVI 正射校正模块并安装许可
ENVI_ROI_TO_IMAGE_DOIT	利用感兴趣区生成分类结果影像，结果影像中每一个 ROI 均为一类
ENVI_RXD_DOIT	对多光谱或高光谱影像执行 RXD 异常检测
ENVI_SEAWIFS_GEOMETRY_DOIT	对 SeaWiFS 的 HDF 或 CEOS 数据计算地理定位信息
ENVI_SEAWIFS_GEOREF_DOIT	对 SeaWiFS 的 HDF 或 CEOS 数据进行地理定位
ENVI_SEGMENT_DOIT	将分类结果影像分割成连续的板块
ENVI_SMACC_DOIT	执行 SMACC 处理
ENVI_SPECTRAL_RESAMPLING_DOIT	对影像或波谱库文件进行波谱重采样
ENVI_STATS_DOIT	对数据文件进行统计
ENVI_SUBSPACE_BACKGROUND_STATS_DOIT	在运行基于统计的波谱检测方法移除异常像素的影像
ENVI_SUM_DATA_DOIT	对一组波段进行统计参数计算
ENVI_SVM_DOIT	执行 SVM 算法的监督分类
ENVI_SYNTHETIC_COLOR_DOIT	执行影像彩色合成
ENVI_TCIMF_DOIT	执行基于目标约束的干扰最小化筛选目标分析
ENVI_TCIMF_MF_DOIT	中混合通道的干扰最小化滤波器目标检测分析
ENVI_THERMAL_CORRECT_DOIT	热红外大气校正
ENVI_TOGGLE_CATCH	控制 ENVI 错误捕获机制开或关
ENVI_USER_DEFINED_ANNOTATION	创建一个 ENVI 的注记文件或对现有的 ENVI 注记文件添加一条注记
ENVI_VEG_INDEX_AVAILABLE_INDICES	根据数据类型分析可计算的植被指数种类
ENVI_VEG_INDEX_DOIT	计算图像植被指数
ENVI_VEG_SUPPRESS_DOIT	植被抑制
ENVI_WRITE_COSMOSKYMED_METADATA	将 COSMO – SkyMed 元数据文件写出 XML
ENVI_WRITE_ENVI_FILE	将 IDL 图像转换为 ENVI 影像
ENVI_WRITE_FILE_HEADER	写出用户自定义的头文件信息
ENVI_WRITE_STATISTICS	输出 ENVI 统计格式文件
FFT_DOIT	快速傅里叶变换
FFT_INV_DOIT	利用傅里叶变换结果进行快速傅里叶逆变换
GAINOFF_DOIT	应用增益和偏移进行定标
GEN_IMAGE_DOIT	生成测试影像
HANDLE_VALUE	获取和设置当前数据值
HIST_EXPORT_DOIT	应用查找表输出图像
MAGIC_MEM_CHECK	必要的时候为内存中的函数清理内存
MATCH_FILTER_DOIT	执行影像的匹配滤波
MATCH_FILTER_MT_DOIT	执行混合调谐匹配滤波（MTMF）
MATH_DOIT	执行波段运算功能

续表

函数名称	功能描述
MNF_DOIT	执行最小噪声分离转变换功能
MNF_INV_DOIT	执行最小噪声分离的逆变换
MORPH_DOIT	形态滤波功能
MOSAIC_DOIT	对影像波段进行镶嵌功能
MUNSELL_DOIT	将影像从 RGB 转换到 Munsell 色彩坐标系
MUNSELL_INV_DOIT	将影像从 Munsell 色彩坐标系转换到 RGB
NDVI_DOIT	计算归一化植被指数（NDVI）
PC_ROTATE	执行主成分变换分析功能
PPI_DOIT	计算纯净像元指数（PPI）
RADAR_INC_ANGLE_DOIT	计算雷达数据的入射角影像
RATIO_DOIT	计算波段比值
RESIZE_DOIT	裁剪或重采样数据
RGB_ITRANS_DOIT	颜色反变换
RGB_TRANS_DOIT	颜色变换
ROC_CURVE_DOIT	计算 ROC 曲线
ROI_THRESH_DOIT	生成阈值范围内的 ROI
ROTATE_DOIT	旋转影像文件
RTV_DOIT	执行栅格与矢量转换操作
SAT_STRETCH_DOIT	饱和度拉伸
SHARPEN_DOIT	执行影像的融合功能
SIRC_HEADER_DOIT	读取 SIR - C 数据头文件
SIRC_MULTILOOK_DOIT	SIR - C 影像的多视功能
SIRC_PED_HEIGHT_DOIT	从 SIR - C 复视图像中计算影像的基线高度
SIRC_PHASE_IMAGE_DOIT	从 SIR - C 复视图像中计算相位
SIRC_POLSIG_DOIT	从 SIR - C 复视图像中计算极化
SIRC_SYNTH_DOIT	对 SIR - C 影像进行合成
SLT2GND_DOIT	进行地斜距转换
SPECTRAL_FEATURE_DOIT	波谱特征拟合（SFF）
STRETCH_DOIT	对影像数据进行对比度拉伸
TASCAP_DOIT	生成缨帽变换的植被和土壤维度
TEXTURE_COOCCUR_DOIT	计算灰度共生矩阵的纹理自相关特征
TEXTURE_STATS_DOIT	计算灰度共生矩阵纹理特征
TIMS_CAL_DOIT	热红外多光谱扫描（TIMS）数据定标
TMCAL_DOIT	定标 Landsat MSS、TM 和 ETM + 为辐射率或反射率
TOPO_DOIT	计算 DEM 的地形模型
TOPO_FEATURE_DOIT	将地形特征输出为分类结果影像
UNMIX_DOIT	线性波谱分离
VAX_IEEE_DOIT	执行 VAX 与（IEEE）浮点转换

主要参考文献

邓书斌．2010．ENVI 遥感图像处理方法．北京：科学出版社

韩培友．2006．IDL 可视化分析与应用．西安：西北工业大学出版社

韩培友．2007．基于 IDL 的医学图像三维可视化系统设计与实现．计算机工程，33(6)：265－267

柯新利．2008．3DMAX 模型在 IDL 中的读取和重建．地理空间信息，6(5)：33－35

刘媛媛，应显勋，赵芳．2006．GRIB2 介绍及解码初探．气象科技，34：61－64

汤泉，牛铮．2008．基于 IDL 与 ENVI 二次开发的遥感系统开发方法．计算机应用，28：270－272

王克，杨建宇，黄钰林．2009．基于 IDL 语言的双基 SAR 成像软件开发．电子设计工程，17 (7)：107－109

阎殿武．2003．IDL 可视化工具入门与提高．北京：机械工业出版社

赵芳．2007．气象代码的应用现状及向表格驱动代码过渡的影响分析．应用气象学报，18 (5)：709－715

Bowman K P. 2005. An Introduction to Programming with IDL. New York：Academic Press，2006

Fanning D W. 2000. IDL Programming Techniques，2nd Edition. Fort Collins，Colorado，USA：Fanning Software Consulting

GalloyM. 2011. Modern IDL：A Guide to IDL Programming.

Gonzalez R C，Woods R E. 2003. 数字图像处理．阮秋琦，阮宇智等译．北京：电子工业出版社

Gumley L E. 2001. Practical IDL Programming. Boston MA，USA：Morgan Kaufmann

Kling R. 1999. Application Development with IDL：Combining analytical methods with widget programming. Warrenton，VA：Kling Research and Software，Inc.

Kling R. 2002. Power Graphics with IDL：A Beginners Guide to IDL Object Graphics. Warrenton，VA：Kling Research and Software，Inc.

Kling R. 2001. Calling C and C ++ from IDL. Warrenton，VA：Kling Research and Software，Inc.

Kling R. 2007. IDL Primer. Warrenton，VA：Kling Research and Software，Inc.